Mammifères

Frank E. Beddard

Writat

Cette édition parue en 2023

ISBN : 9789359251639

Publié par
Writat
email : info@writat.com

Contenu

PRÉFACE

Dans la mesure où Sir WH Flower et M. Lydekker ne pouvaient prétendre traiter les Mammalia de manière exhaustive dans les limites de près de 800 pages, dans leur *Introduction à l'étude des mammifères*, il est évident que le présent volume, qui paraît dix ans plus tard et est de de taille plutôt réduite, ne peut contenir qu'une sélection de l'énorme masse de faits dont dispose l'étudiant de ce groupe. La principale question pour moi était donc de savoir quoi choisir et quoi laisser de côté. On observera que j'ai réduit les pages de ce livre à la conformité avec celles des autres volumes de la série en traitant certains groupes plus brièvement que d'autres. Il m'a semblé souhaitable de traiter en détail des groupes tels que les Edentata et les Marsupialia , et il est permis d'être plus bref en traitant d'ordres aussi vastes que ceux des Rodentia et des Chiroptères . Les longues discussions sur des animaux aussi familiers et relativement inintéressants que le lion et le léopard ont été réduites, et l'espace ainsi économisé a été consacré à des récits plus courts et plus nombreux sur d'autres créatures. Comme il existe près de six cents genres de mammifères vivants connus de la science, l'omission ainsi que la compression sont devenues une nécessité absolue. J'ai donné, je l'espère, un traitement adéquat, au point de vue d'un traité nécessairement limité, à la majorité des genres les plus importants de mammifères, vivants et éteints ; mais la longueur de cette partie du livre a dû être augmentée par les découvertes, qui me donnent à la fois un avantage et un inconvénient par rapport aux deux auteurs dont j'ai cité les noms, d'un nombre considérable de nouveaux types importants dans le dernier dix ans. Des formes telles que *Notoryctes* , *Romerolagus* , *Caenolestes* , " *Neomylodon* " et *Ocapia* n'auraient pas pu être omises.

En préparant mes récits sur les formes vivantes et éteintes, j'ai presque invariablement consulté les autorités d'origine et j'ai souvent complété ou vérifié ces récits par mes propres dissections dans les jardins de la Société Zoologique. Ma règle n'a cependant pas été invariable en la matière, dans la mesure où il existe deux manuels récents et dignes de confiance de paléontologie des mammifères : *le Handbuch der Palaeontologie* du professeur Zittel et le manuel du Dr A. Smith Woodward, *Outlines of Vertebrate Paleontology* , dans le Série biologique de Cambridge. Lorsque le nom d'un genre seulement ou sa répartition, ou simplement un ou deux faits à son sujet, sont mentionnés, je n'ai pas cru nécessaire d'aller plus loin que ces deux ouvrages. Mais beaucoup a été fait depuis la parution de ces deux volumes, que je n'ai pas ignorés.

Je dois remercier mes éditeurs pour le soin qu'ils ont pris dans la révision des épreuves et pour leurs nombreuses suggestions. Je remercie le professeur Osborn, de l'Université Columbia, à New York, de ses aimables suggestions.

Ma fille Iris m'a aidé de diverses manières. Enfin, je désire exprimer ma gratitude à M. Dixon et à M. MP Parker pour le soin qu'ils ont apporté à la préparation des figures qu'ils ont dessinées spécialement pour ce travail.

FRANK E. BEDDARD .

LONDRES , *28 février 1902* .

CHAPITRE I

INTRODUCTION

Les Mammalia forment un groupe d'animaux vertébrés qui correspondent à peu près à ce que l'on appelle dans le langage populaire « quadrupèdes », ou aux termes encore plus vernaculaires de « bêtes » ou « animaux ». Le nom « Mammifère » dérive de la caractéristique la plus marquante du groupe, *à savoir* la possession de mamelles ; mais si le terme était utilisé dans un sens étymologique absolument strict, il ne pourrait pas inclure les Monotrèmes, qui, bien que possédant des glandes mammaires, n'ont pas de mamelles complètement différenciées (voir p. 16) . Il existe cependant, comme nous le verrons bientôt, d'autres caractères qui nécessitent l'inclusion de ces quadrupèdes pondeurs dans la classe des Mammalia.

Les Mammalia sont incontestablement les plus grands des Vertébrés. Cette affirmation, bien que généralement acceptable, nécessite quelques explications et justifications. « Le plus haut » implique la perfection, ou, en tout cas, la perfection relative. On pourrait dire avec une parfaite vérité qu'un serpent est à sa manière un exemple de perfection de structure : non gêné par ses membres, il peut se glisser rapidement dans l'herbe, nager comme un poisson, grimper comme un singe et se précipiter sur sa proie avec rapidité. et la précision. C'est un exemple de reptile extrêmement spécialisé , la perte des membres étant la manière la plus évidente de se spécialiser par rapport aux types reptiliens plus généralisés . La spécialisation est en effet souvent synonyme de dégradation et, dans ce cas, implique une vie restreinte. D'un autre côté, la simplification ne doit pas toujours être interprétée comme une dégénérescence. La mâchoire inférieure, par exemple, des mammifères contient moins d'os que celle des reptiles et est articulée de manière plus concise avec le crâne ; cela implique une plus grande efficacité en tant qu'organe mordant. Le terme le plus élevé inclut cependant une complexité accrue ainsi qu'une simplification, les deux séries de modifications s'entremêlant pour former un organisme plus efficace. Il ne fait aucun doute que la complexité accrue du cerveau des mammifères les élève dans l'échelle, tout comme la série complexe et délicatement ajustée d'os qui constituent l'organe de transmission du son à l'oreille interne. La séparation de la cavité contenant les poumons, et le revêtement de la cloison ainsi formée par des fibres musculaires , rendent l'action des poumons plus efficace ; et il existe d'autres exemples parmi les mammifères d'une plus grande complexité des diverses parties et organes du corps par rapport aux formes inférieures, ce qui aide à justifier le terme « supérieur » généralement appliqué à ces créatures.

La complexité et la finition de la structure s'accompagnent souvent d'une grande taille ; et les mammifères sont, dans l'ensemble, plus grands que tous les autres vertébrés, et contiennent aussi les espèces les plus colossales. Les énormes dinosaures de l' époque mésozoïque, bien que parmi les plus grands animaux, sont dépassés par les baleines ; et ce dernier groupe comprend la créature la plus puissante qui existe ou ait jamais existé, le Rorqual de Sibbald , long de quatre-vingt-cinq pieds . En nous limitant strictement aux faits et en évitant toute théorie sur la relation possible entre la complexité et la finesse de la construction et la capacité d'augmentation de la masse, il ressort clairement de l'histoire de plus d'un groupe de mammifères que l'augmentation de la masse accompagne la spécialisation de la structure . C'est ce que nous enseignent l'énorme Dinocerata, comparé à l'ancestral *Pantolambda* , ainsi que de nombreux exemples similaires. Au sein du groupe des mammifères, comme dans le cas des autres vertébrés, la différence de taille correspond approximativement à la différence d'habitat. Les baleines contiennent non seulement les plus gros animaux, mais leur taille moyenne est grande ; il en va de même pour la Sirenia, également aquatique, et la Pinnipedia, très aquatique . Ici, le soutien offert par l'eau et la diminution conséquente du besoin de puissance musculaire pour neutraliser les effets de la gravité permettent une augmentation de l'encombrement. Viennent ensuite les animaux purement terrestres ; et enfin les mammifères arboricoles et, plus encore, "volants" sont de petite taille, car le maintien de la position lors du déplacement et de l'alimentation nécessite un énorme effort musculaire.

Les mammifères se séparent plus facilement des vertébrés situés plus bas dans la série que n'importe lequel de ces derniers ne l'est les uns des autres dans l'ordre ascendant. Un grand nombre de caractères pourraient être utilisés en plus de ceux qui seront utilisés dans le bref catalogue suivant des caractéristiques essentielles des mammifères, s'il n'y avait pas les Monotremata bas placés d' une part et les baleines hautement spécialisées de l'autre. En incluant ces formes, les mammifères doivent être distingués de tous les autres vertébrés par la série suivante de caractéristiques structurelles, qui seront développées plus tard dans une brève étude sur la structure générale des mammifères. La classe Mammalia peut, en fait, être définie ainsi : -

Vertébrés poilus, dotés de glandes cutanées chez la femelle, sécrétant du lait pour nourrir les petits. Crâne sans os préfrontal, postfrontal, quadrato -jugal et quelques autres os, et avec deux condyles occipitaux formés entièrement par les exoccipitaux. Mâchoire inférieure composée uniquement d'os dentaire, s'articulant uniquement avec le squamosal. Os de l'oreille : chaîne de trois ou quatre os séparés. Vertèbres cervicales nettement distinctes des dorsales , et si elles ont des côtes libres, ne montrant aucune transition entre celles-ci et les côtes thoraciques. Cerveau à quatre lobes optiques. Poumons et cœur séparés de la cavité abdominale par un diaphragme musculaire. Cœur avec un seul arc aortique gauche. Globules rouges non nucléés.

Les caractères suivants sont aussi très presque universels, et en tout cas absolument distinctifs :— Vertèbres cervicales, sept ; vertèbres avec épiphyses. Articulation de la cheville « cruro -tarsienne », *c'est à dire* entre la jambe et la cheville, et non au milieu de la cheville. [1] Fixation du bassin à la colonne vertébrale en position pré-acétabulaire.

Les mammifères, car ce sont des créatures à sang chaud, sont plus indépendants de la température que les reptiles ; on les retrouve ainsi répartis sur une zone plus large de la surface terrestre. Cependant, comme, bien qu'ils aient le sang chaud, ils n'ont pas les facultés de locomotion que possèdent les oiseaux, ils ne sont pas aussi largement répandus que ces animaux. Les Mammalia s'étendent jusqu'à l'extrême nord, mais, à l'exception de certaines formes principalement aquatiques, comme les lions de mer, on ne les connaît pas sur le continent Antarctique. À l'exception des chauves-souris volantes, les mammifères indigènes sont totalement absents de Nouvelle-Zélande ; et il semble douteux que ces prétendues îles océaniques qui abritent une faune de mammifères soient réellement d'origine océanique. Les continents et les océans sont peuplés d'un peu plus de trois mille espèces de mammifères, un nombre considérablement inférieur à celui des oiseaux ou des reptiles. Il semble clair que, du moins en ce qui concerne le nombre de familles et de genres, la faune mammifère d'aujourd'hui est moins variée qu'elle ne l'était à l'époque du Tertiaire moyen, l'apogée de la vie des mammifères. Il est assez remarquable de contraster ainsi les mammifères et les oiseaux. Les deux classes du règne animal semblent être nées à peu près à la même époque ; mais les oiseaux ou bien ont atteint aujourd'hui leur point culminant, ou bien ne l'ont pas encore atteint. Les Mammalia, en revanche, se sont multipliés de manière extraordinaire au cours des périodes Éocène et Miocène, et ont depuis diminué. La rupture est plus marquée à la fin du Pléistocène et peut être due en partie à l'influence directe de l'homme. À l'heure actuelle, l'homme exerce un effet si énorme, tant directement qu'indirectement, que l'histoire future des Mammalia est probablement préfigurée par les exemples du Rhinocéros Blanc et du Quagga. D'un autre côté, l'utilité économique des mammifères est supérieure à celle de tout autre animal ; et la prochaine ère la plus importante de leur histoire sera probablement celle de la domesticité et de la « préservation ».

CHAPITRE II

STRUCTURE ET DISTRIBUTION ACTUELLE DES MAMMIFÈRES

externe . — Il serait tout à fait impossible à quiconque de confondre un autre animal quadrupède avec un mammifère. Le corps d'un reptile est comme suspendu entre ses membres, comme le corps d'un char du XVIIIe siècle entre ses quatre roues ; chez le mammifère, le corps est entièrement élevé au-dessus et est soutenu par les quatre membres. Les axes de ces membres sont également, en règle générale, parallèles à l'axe vertical du corps de leur propriétaire. Il y a ainsi une plus grande perfection dans les rapports des membres avec le tronc, au point de vue d'un être terrestre, qui doit utiliser ces membres pour un mouvement rapide. La même perfection dans ces relations se retrouve, il convient de l'observer, chez les formes courantes chez les Vertébrés inférieurs, comme les oiseaux et les dinosaures, où l'angulation réelle des membres est celle des mammifères purement courants. Ces relations sont bien entendu absolument perdues chez les cétacés aquatiques, et non marquées chez diverses créatures fouisseuses. La manière dont les membres antérieurs et postérieurs sont angulés est considérablement différente dans les deux cas. Dans ces derniers, qui sont les plus utilisés et qui poussent pour ainsi dire sur la partie antérieure du corps, le fémur a son extrémité inférieure dirigée vers l'avant, le tibia et le péroné font saillie vers l'arrière à l'extrémité inférieure, tandis que la cheville et le pied sont à nouveau incliné dans le même sens que le fémur. Avec les membres antérieurs, il n'y a pas cette alternance régulière. L'humérus est dirigé en arrière, l'avant-bras en avant et la main encore plus en avant. Cette angulation semble faciliter le mouvement, dans la mesure où elle se voit même chez les amphibiens et les reptiles inférieurs, chez lesquels cependant les différences entre les membres antérieurs et postérieurs sont moins marquées, indiquant donc un état moins spécialisé des membres . Il est intéressant de noter que l'angulation des membres est dans une certaine mesure oblitérée chez les créatures très volumineuses, et presque entièrement chez les éléphants (voir p. 217), qui semblent avoir besoin de piliers solides et droits pour soutenir dûment leurs énormes piliers. corps.

La vigilance et la supériorité intellectuelle générale des mammifères par rapport à tous les animaux situés au-dessous d'eux dans la série (à l'exception des oiseaux, qui sont à leur manière presque au niveau des mammifères) se manifestent par leurs mouvements actifs et continus. Les longues périodes d'immobilité absolue, si familières à tout le monde chez une créature telle que le crocodile, sont inconnues parmi les mammifères les plus typiques, sauf pendant le sommeil. Cet état mental se manifeste clairement par le développement proportionné des parties externes de tous les organes des sens supérieurs. En règle générale, les mammifères ont des lambeaux de peau bien développés, souvent extrêmement grands, entourant l'entrée de l'organe de l'audition, souvent appelés « oreilles », mais mieux appelés « pavillons ». Ceux-ci sont dotés de muscles spéciaux et peuvent être souvent déplacés et dans de nombreuses directions. Le nez est toujours, ou presque toujours, très remarquable par son caractère nu ; par la grande surface, souvent humide, qui entoure les narines ; et encore par les muscles, qui permettent de mouvoir à volonté cette étendue du tégument. Les yeux, peut-être, ont une prédominance moins marquée sur les yeux des Vertébrés inférieurs que ne le sont les oreilles et le nez ; mais ils sont pourvus en général de paupières supérieures et inférieures, ainsi que d'une membrane nictitante comme chez les Vertébrés inférieurs. La prédominance apparente des sens de l'odorat et de l'ouïe sur celui de la vue semble être marquée chez les Mammalia, et peut expliquer la diversité de leur voix ainsi que de leur odorat , ainsi que la similitude générale de coloration qui distingue ce groupe des brillamment. - des oiseaux et reptiles colorés . La tête également, qui porte ces organes sensoriels spéciaux, est plus nettement marquée à partir du cou et du corps que ce n'est le cas chez les créatures plus ternes occupant les branches inférieures de la tige des vertébrés.

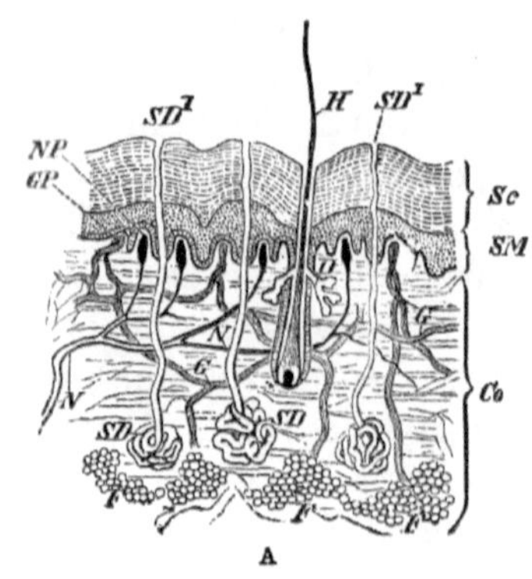

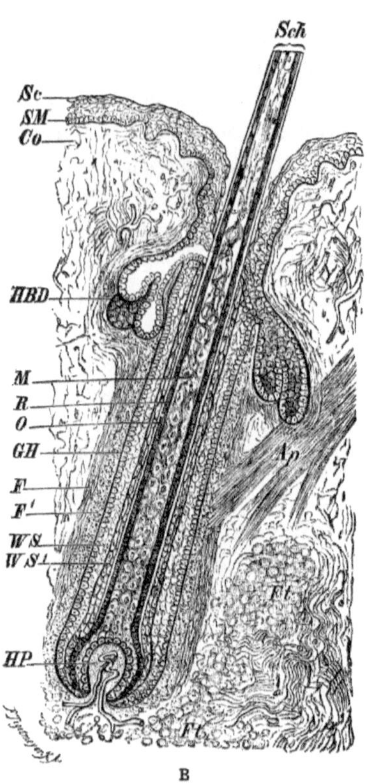

FIGURE. 1.— **A** , Coupe de peau humaine. Co , Derme ; D , glandes sébacées ; F , graisse dans le derme ; G , vaisseaux du derme ; GP , papilles vasculaires ; H , cheveux ; N , nerfs du derme ; NP , papilles nerveuses ; Sc , couche cornée de l'épiderme ; SD , glande sudoripare ; SD^1 , canal de la glande sudoripare ; SM , couche Malpighienne. **B** , Coupe longitudinale d'un cheveu (schéma). Ap , Bande de fibres musculaires insérée dans le follicule pileux ; Co , corium (derme) ; F , longitudinal externe ; F^1 , couche fibreuse circulaire interne du follicule ; Ft , tissu adipeux du derme ; GH , membrane hyaline située entre la gaine racinaire et le follicule ; HBD , glande sébacée ; HP , papille pileuse avec des vaisseaux à l'intérieur ; M , substance médullaire (moelle) du cheveu ; O , cuticule de la gaine racinaire ; R , couche corticale ; Sc , couche cornée de l'épiderme ; Sch , tige capillaire ; SM , couche malpighienne de

l'épiderme ; *WS* , *WS* [1] , couches
externe et interne de la gaine
racinaire. (D'après Wiedersheim
Anatomie comparée .)

Les cheveux. — Les mammifères se distinguent absolument de tous les
autres vertébrés (ou d'ailleurs des invertébrés) par la possession de poils.
Définir un mammifère comme un vertébré à poils serait une définition tout
à fait exclusive ; même chez les baleines lisses, quelques poils au moins sont
présents, qui peuvent être réduits à seulement deux poils sur les lèvres. Le
terme « cheveux », cependant, est susceptible d'être appliqué de manière
quelque peu vague ; il a été utilisé pour décrire, par exemple, les
prolongements grêles de la peau chitineuse des Crustacés. Il faudra donc
entrer dans la structure microscopique et le développement du poil des
mammifères. Les poils se trouvent chez tous les mammifères. La première
apparition d'un poil est un léger épaississement de la couche Malpighii de
l'épiderme, les cellules qui y participent étant allongées et convergeant
légèrement en haut et en bas. Le Dr Maurer a attiré l'attention sur la
ressemblance remarquable entre les cheveux embryonnaires à ce stade et les
simples organes sensoriels des Vertébrés inférieurs. Plus tard se forme en
dessous une agrégation plus dense du corium, qui devient finalement la
papille du cheveu. C'est l'homologue apparent de la première partie formée
d'une plume, qui se projette en papille avant que l'épiderme ait subi aucune
modification. Il y a donc dès le début une différence entre les plumes et les
poils, différence qu'il faut soigneusement garder à l'esprit, surtout si l'on
considère la forte ressemblance superficielle entre les poils et les simples
plumes sans ardillons. Plus tard encore, le bouton de cellules épidermiques
devient déprimé en une structure tubulaire, qui est tapissée de cellules
également dérivées de la couche Malpighii , mais qui est remplie d'une
continuation des cellules les plus superficielles de l'épiderme. C'est le follicule
pileux, et des cellules épidermiques naissent les cheveux par métamorphose
directe de ces cellules ; il n'y a pas d'excrétion des cheveux par les cellules,
mais les cellules deviennent les cheveux. Du follicule pileux pousse également
une paire de glandes sébacées, qui servent à maintenir l'humidité des cheveux
entièrement formés.

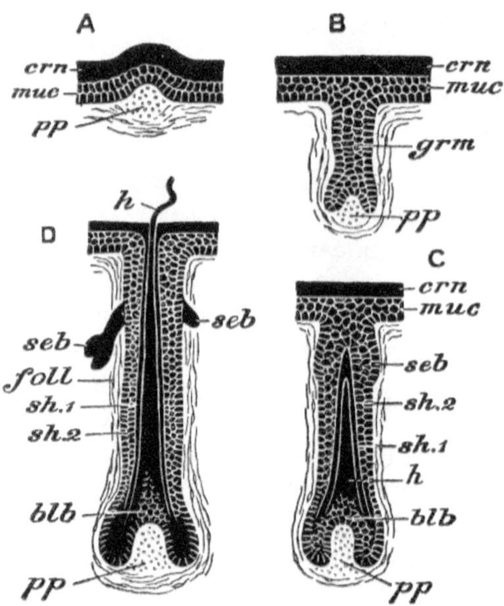

FIGUE. 2.— Quatre diagrammes des étapes du développement d'un cheveu. A, stade le plus précoce chez l'un de ces mammifères dans lequel la papille dermique apparaît en premier ; B, C, D, trois étapes du développement du poil chez l'embryon humain. *blb* , bulbe pileux ; *crn* , couche cornée de l'épiderme ; *foll* , follicule pileux ; *grm* , germe de cheveux ; *h* , cheveux, en D, projetant sur la surface ; *muc* , couche malpighienne de l'épiderme ; *pp* , papille cutanée ; *seb* , développement des glandes sébacées ; *sh.1* , *sh.2* , gaines radiculaires interne et externe. (D'après Hertwig .)

Le Dr Meijerle [2] a récemment décrit avec assez de détails la disposition particulière des poils individuels chez les mammifères ; ils ne sont en aucun cas dispersés sans ordre, mais présentent une disposition définie et régulière, qui varie selon l'animal. Par exemple, chez un singe américain (*Midas*), les poils poussent par trois : trois poils de taille égale jaillissant de l'épiderme rapprochés ; chez le Paca (*Coelogenys*), il y a dans chaque groupe trois poils gros alternant avec trois poils fins. Dans certaines formes, un certain nombre de poils naissent d'un point commun : chez la Gerboise (*Dipus*), douze ou treize sortent d'un seul trou ; chez *Ursus arctos,* le plan général est le même, mais il y a un poil gros et quatre ou cinq poils grêles. Il existe de nombreuses autres complications et modifications, mais les faits, quoique intéressants, ne semblent pas jeter de lumière sur les affinités mutuelles des animaux. Les formes alliées peuvent avoir une disposition très différente, tandis que dans les formes qui n'ont pas de relation étroite, le plan peut être très similaire, comme le montrent les exemples cités dans l' article du Dr Meijerle . De plus, les groupes de poils ont eux-mêmes une disposition définie, que le même anatomiste a comparée à la disposition des touffes de poils derrière et entre les écailles du tatou, et qui l'a amené à penser que les ancêtres des mammifères étaient créatures écailleuses – un point de vue également soutenu par le professeur Max Weber [3], et qui n'est pas en soi déraisonnable si l'on considère les nombreux points d'affinité entre les Mammalia primitifs et certaines formes éteintes de reptiles. [4]

La forme des poils est considérablement modifiée chez différents mammifères et dans différentes parties de leur corps. Il arrive très souvent qu'un sous-poil doux se distingue des poils plus longs et plus grossiers, qui cachent dans une certaine mesure ces derniers. Ainsi, la « peau de phoque » du commerce est la sous-fourrure de l' *Otaria. ursine* du Nord. Les poils les plus grossiers peuvent être différenciés en poils ; celles-ci encore en épines, comme celles du hérisson et du porc-épic. Encore une fois, l'aplatissement et l'agglutination des poils semblent être responsables des écailles du *Manis.* et pour les cornes du *rhinocéros* . Il est de notoriété publique que sur la tête de divers animaux, *par exemple* le chat domestique, se développent des poils longs et sensibles, qui sont reliés aux terminaisons nerveuses et remplissent une fonction sensorielle, probablement tactile. Ceux-ci se produisent sur le museau, au-dessus des yeux et au voisinage des oreilles. Il est intéressant de noter qu'une touffe de poils tout à fait semblables se rencontre sur la main de nombreux mammifères, près du poignet, qui, au moins dans le cas de *Bassaricyon* , sont reliés à une forte branche provenant du nerf du bras. Ces touffes se rencontrent également chez les Lémuriens, chez le Chat, chez divers Rongeurs et Marsupiaux, et sont probablement assez générales chez les Mammifères qui « sentent » avec leurs membres antérieurs ; chez lesquels, en fait, les membres antérieurs ne sont pas exclusivement des organes de fonctionnement. Le fait que les derniers poils restants des cétacés se trouvent sur le museau est peut-être significatif de l'importance de ces poils sensoriels. L'absence totale de poils est assez courante dans cet ordre, même si l'on en retrouve parfois des traces dans l'embryon. Les Sirenia sont également relativement glabres, tout comme de nombreux ongulés. La question de savoir si la présence de graisse dans le premier cas et l'existence d'une peau très épaisse chez les seconds animaux sont des faits qui ont quelque chose à voir avec la disparition des poils ou non, reste une question à examiner plus à fond.

La structure intime du cheveu varie considérablement. Les variations concernent la forme des cheveux, qui peuvent être ronds en section transversale, ou ovales pour paraître assez plats lorsque les cheveux sont examinés dans leur intégralité. La substance du cheveu est constituée d'une moelle centrale ou moelle avec un cortex périphérique ; ce dernier est écailleux, et les écailles sont souvent imbriquées et avec des bords proéminents. La quantité des deux constituants diffère également et le cortex peut être réduit à une série de bandes entourant uniquement des étendues de la moelle enfermée. Les poils contiennent le pigment auquel est principalement due la couleur des mammifères. Des étendues de peau de couleur vive peuvent exister, comme chez les singes de certains genres ; mais de telles structures ne sont pas générales. Le pigment des cheveux semble être constitué de substances pigmentaires appelées mélanines . Il est remarquable de trouver une cause aussi uniforme de coloration, si l'on considère la grande variété de pigments de plumes que l'on trouve chez les oiseaux. Les variations de couleur du poil des mammifères sont dues à la répartition inégale de ces pigments bruns. Il existe très peu de mammifères pouvant être qualifiés de couleurs vives . Les chauves-souris du genre *Kerivoula* ont été comparées à de grands papillons, et certains écureuils volants présentent des contrastes fortement marqués de brun rougeâtre, de blanc et de jaune. On peut en dire autant des épines de certains porcs-épics. Mais nous ne trouvons pas dans les cheveux des bleus, des verts et des rouges vifs comme ceux qui sont communs chez les oiseaux.

Il existe certains faits généraux sur la coloration des mammifères qui nécessitent une attention particulière ici. A côté des teintes généralement sombres de ces animaux, il convient de noter l'absence générale de coloration sexuelle secondaire. Dans quelques cas seulement, parmi les lémuriens et les chauves-souris, nous trouvons des divergences marquées dans les teintes entre les mâles et les femelles. Les caractères sexuels secondaires chez les mammifères sont, il est vrai, souvent manifestés par la grande longueur de certaines touffes de poils chez le mâle, telles que la crinière du lion, les touffes de gorge et de pattes du mouflon de Barbarie, etc. ; mais en dehors de cela, les caractères sexuels secondaires des mammifères sont principalement manifestés par la taille, *par exemple* le gorille, ou par la présence de défenses, *par exemple* divers sangliers, ou de cornes, comme chez le cerf, etc. La coloration des mammifères présente fréquemment des caractères remarquables. modèles de marquage. Celles-ci se présentent sous forme de rayures longitudinales, de rayures croisées ou de taches ; ces dernières peuvent être des taches « pleines », ou divisées, comme chez le Léopard et le Jaguar, en groupes de taches plus petites disposées en rosette. Nous ne trouvons jamais chez les mammifères les "yeux" compliqués et autres marques que l'on retrouve chez tant d'oiseaux et chez d'autres vertébrés inférieurs. Il est important de noter que chez les mammifères dont le sens de la vue est très développé, il devrait y avoir une absence pratique de couleurs sexuelles secondaires . Quant à la relation entre les diverses formes de marquage qui se produisent, il semble clair qu'il y a eu une progression d'un état rayé ou tacheté vers une coloration uniforme. Car nous constatons que de nombreux cerfs ont repéré des jeunes ; que le jeune Tapir du Nouveau Monde est tacheté, alors que ses parents sont uniformément brun noirâtre ; les taches fortement marquées du jeune Puma contrastent avec le brun uniforme de l'adulte ; et le Lionceau, comme chacun le sait, est également tacheté, la lionne adulte présentant des traces considérables de taches.

Le changement saisonnier des couleurs de certains mammifères est un sujet sur lequel beaucoup a été écrit. L'extrême de cette situation est observé chez ces créatures, comme le lièvre polaire et le renard arctique, qui deviennent entièrement blanchis en hiver et récupèrent leur pelage plus foncé au printemps. Il ne s'agit là cependant que d'un cas extrême d'un changement général. La plupart des animaux ont une fourrure plus épaisse en hiver et l'échangent contre une fourrure plus légère en été. Et les teintes du manteau changent en correspondance.

Glandes de la peau. — La grande variété de glandes tégumentaires que possèdent les Mammalia les distingue de tout groupe de Vertébrés inférieurs. Cette variabilité ne concerne cependant que la structure anatomique des glandes concernées. Histologiquement, ils semblent tous appartenir à l'un des deux types suivants, les sudoripares ou glandes sudoripares et les glandes sébacées. Les glandes sudoripares et sébacées simples sont abondantes chez les mammifères, à quelques exceptions près. Les structures qui nous intéressent maintenant sont des agglomérations de ces glandes. Les glandes mammaires seront traitées à propos du marsupium ; ce sont soit des masses de glandes sudoripares, soit des glandes sébacées dont la sécrétion a été transformée en lait.

De nombreux Carnivores possèdent des glandes s'ouvrant vers l'extérieur, près de l'anus, par un large orifice. Celles-ci sécrètent diverses substances odoriférantes, dont la célèbre « civette » est un exemple. D'autres glandes odoriférantes sont les glandes musquées du Cerf porte-musc et du Castor ; la glande suborbitale de nombreuses antilopes ; la glande dorsale du Pécari, qui a donné au genre le nom de *Dicotyles* , *à cause de sa ressemblance de forme avec un nombril.* Cette glande peut sécréter un liquide aqueux clair. L'éléphant possède une glande située sur la tempe, qui est censée sécréter pendant certaines périodes seulement et qui sert d'avertissement pour laisser l'animal tranquille. Les glandes du pied de certaines espèces de *rhinocéros sont très remarquables* ; ils ne sont pas universellement présents chez ces animaux et sont donc utiles comme distinctions spécifiques. À l'arrière de la racine de la queue, chez de nombreux chiens se trouvent des glandes similaires. Le lémurien doux (*Hapalemur*) possède sur le bras une glande particulière, de la taille d'une amande, qui, chez le mâle, se trouve sous une zone d'excroissances épineuses. Chez *Lemur varius,* il y a une zone dure de peau noire qui peut être les restes d'une telle glande. On pense que les callosités des pattes des chevaux et des ânes sont des restes de glandes.

L'une des structures les plus complexes qui ait été examinée au microscope existe chez le marsupial *Myrmecobius* . [5] Sur la peau de la partie antérieure de la poitrine, juste en avant du sternum, se trouve une zone de peau nue que l'on voit perforée de nombreux pores. Outre les glandes sébacées et sudoripares ordinaires, il existe une série de masses de glandes, ouvertes par des orifices plus grands, qui présentent l'apparence de groupes de glandes sébacées et sont d'un caractère racémeux ; mais l'existence de fibres musculaires dans leur pelage semble indiquer qu'il faut les rapporter plutôt à la série sudoripare . Sous le tégument se trouve une grosse glande tubulaire composée d'un demi-pouce de diamètre.

Chez *Didelphys dimidiata,* il existe une zone glandulaire précisément similaire et une grande glande sous-jacente, la correspondance étant remarquable chez deux marsupiaux si éloignés par leur position géographique et leurs affinités. Même parmi les genres Diprotodont, il existe quelque chose de semblable ; pour dans *Dorcopsis luctuosa* et *D. muelleri* sont une collection de quatre follicules sébacés inhabituellement grands sur la gorge, et chez le kangourou arboricole (*Dendrolagus bennettii*) il y a la même collection de follicules pileux hypertrophiés, bien qu'ils soient apparemment quelque peu réduits par rapport à ceux de *Dorcopsis* . Ce ne sont bien sûr que quelques exemples parmi tant d'autres.

Il semble possible que la fonction de ces différentes glandes soit au moins double. En premier lieu, elles peuvent servir, lorsqu'elles sont prédominantes dans un sexe, à rapprocher les sexes. En second lieu, les glandes peuvent être utiles pour permettre à un animal égaré d'une espèce grégaire de reconquérir le troupeau. Il est également tout à fait concevable que dans d'autres cas, les glandes puissent constituer une protection contre les attaques, comme elles le sont sans aucun doute chez la Skunk. A propos de la première, et plus spécialement de la seconde, des utilisations possibles de ces glandes, il est intéressant de noter que chez les créatures purement terrestres, comme le rhinocéros, les glandes sont situées sur les pieds, et souilleraient donc l'herbe. et des herbes au passage de l'animal, et laissent ainsi une trace au profit de son compagnon. On peut en dire autant des glandes rudimentaires du cheval, si ce sont réellement des glandes. La sécrétion du « crumen » des Antilopes est quelquefois déposée délibérément par *Oreotragus* sur les objets environnants, procédé qui atteindrait le même but. On peut même peut-être déceler du « mimétisme » dans les odeurs similaires de certains animaux. Les proies peuvent être attirées vers leur destruction ou les ennemis effrayés. Le cerf porte-musc, sans défense , peut échapper à ses ennemis grâce à l' odeur musquée d'un crocodile. Il est en tout cas parfaitement concevable que la variété des odeurs chez les mammifères puisse jouer un rôle très important dans leur vie, et il est peut-être intéressant de noter que les oiseaux au plumage très varié ne sont pourvus que de la glande uropygiale, tandis que les mammifères en ont généralement la coloration terne et similaire présente une grande variété de glandes cutanées. L'odorat est sans aucun doute un sentiment d'une plus grande importance chez les mammifères que chez les oiseaux. Le sujet mériterait une étude plus approfondie.

Ongles et griffes. — À l'exception des cétacés (où des rudiments ont été trouvés chez le fœtus), les extrémités des doigts et des orteils des mammifères sont recouvertes ou enfermées dans des plaques épidermiques cornées, connues sous le nom d'ongles, de griffes et de sabots.

La variété dans la forme et le développement de ces gaines cornées jusqu'aux doigts est très caractéristique des mammifères par opposition aux vertébrés inférieurs. Si l'on prend des cas extrêmes, tels que l'ongle du pouce chez l'Homme, le sabot du Cheval et la griffe du Chat, il est facile de distinguer les trois sortes de couvertures cornées des phalanges. Mais les différences s'estompent à mesure que l'on passe de ces types à des types apparentés. L'ongle du petit doigt chez l'Homme se rapproche de la forme d'une griffe ; et les sabots du Lama sont presque des griffes à cause de la pointe de leurs extrémités. En somme, on peut dire que les griffes et les sabots embrassent l'os qu'ils recouvrent, tandis que les ongles ne reposent que sur sa face dorsale. La forme de la phalange distale qui porte le clou présente cependant deux sortes de modifications qui ne supportent pas une telle classification. Lorsque ces phalanges sont gainées de sabots ou recouvertes d'un clou, elles se terminent par une terminaison arrondie et aplatie. Par contre, lorsqu'ils portent une griffe , ils sont eux-mêmes aiguisés à l'extrémité et souvent rainurés au-dessus.

Le Marsupium. — Il peut sembler inutile à ce stade de parler de la poche marsupiale, que l'on considère si généralement comme une caractéristique du groupe des Marsupialia . Des rudiments de cette structure ont cependant été récemment découverts chez les mammifères supérieurs et, comme l'a fait remarquer le Dr Klaatsch [6] , toutes les recherches sur « l'histoire des mammifères aboutissent à la question de savoir si les mammifères placentaires passent par un stade marsupial ». ou non." Nous ne pouvons donc pas considérer la poche marsupiale comme une affaire affectant uniquement les Marsupiaux, bien qu'il soit vrai que cet organe n'est actuellement fonctionnel que chez eux et chez les Monotremata .

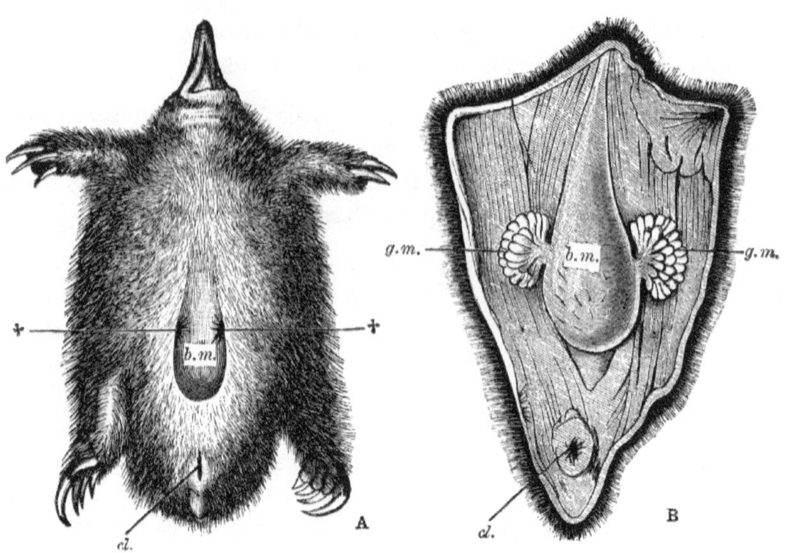

FIGUE. 3.— *Échidné hystrix* . **A** , Surface inférieure de la femelle couvante ; **B** ; dissection montrant une vue dorsale de la poche et des glandes mammaires ; ††, les deux touffes de poils des plis latéraux de la poche mammaire d'où s'écoule la sécrétion, *bm* , Poche ; *cl* , cloaque ; *gm* , groupes de glandes mammaires. (D'après Wiedersheim *Anatomie comparée* , d'après W. Haacke .)

Chez les Marsupiaux, la poche abrite les petits, qui naissent dans un état extrêmement imparfait, minuscules, nus et aveugles, avec une bouche « larvaire » adaptée seulement pour saisir de façon permanente la tétine, sur laquelle ils sont soigneusement fixés par le parent. Mais même plus tard, la poche est utilisée comme refuge temporaire : de la poche des kangourous femelles du jardin zoologique, on peut fréquemment observer que dépassent la queue et les pattes postérieures d'un jeune kangourou aussi gros qu'un chat, et parfaitement bien capable de prendre soin de lui-même.

Chez les Monotrèmes (chez *l'Échidné*), il y a un pli profond de la peau qui abrite l'œuf non éclos et dans lequel s'ouvrent les glandes mammaires, une de chaque côté. Cette structure ne se développe que périodiquement et naît de deux rudiments, un correspondant à chaque zone mammaire ; mais chez la femelle avec des œufs ou des petits, il n'y a qu'une seule dépression profonde, qui occupe la même région du corps que la poche marsupiale des Marsupiaux. [7] On considère généralement que cette structure n'a pas exactement la même valeur morphologique que la poche du Marsupial ; et la différence s'exprime en appelant l'une (celle d' *Échidné*) la poche mammaire, et l'autre le marsupium. À première vue, il peut sembler inutile de séparer deux structures qui présentent des similitudes si nombreuses et si évidentes.

Il n'est cependant pas certain que la différence ne soit pas encore plus profonde que ne semblent l'indiquer des opinions ultérieures. Non seulement les Monotrèmes n'ont pas de mamelles, comme nous l'avons déjà signalé, mais les glandes mammaires elles-mêmes sont d'une nature tout à fait différente de celles des mammifères supérieurs, y compris les Marsupiaux. Il n'y a donc aucune objection *a priori* à ce que les parties accessoires développées en relation avec les glandes mammaires soient également différentes. Le trayon des mammifères supérieurs se développe autour de la zone sur laquelle s'ouvrent les conduits des glandes mammaires ; c'est un pli de peau qui finit par prendre la forme cylindrique du trayon adulte et qui comprend les conduits des glandes laitières. Il a été suggéré que les deux plis de peau qui forment la poche mammaire de *l'échidné* doivent être considérés comme l'équivalent du trayon initial du mammifère supérieur. [8] Dans ce cas, il est clair que les plis marsupiaux du Marsupial ne peuvent pas correspondre exactement aux plis apparemment similaires de *l'Échidné*, car il y a aussi des trayons. Ce sont les trayons qui correspondent aux plis marsupiaux de *l'Échidné*. Ce point de vue est apparemment en contradiction avec une découverte intéressante dans un spécimen de Phalanger par le Dr Klaatsch. [9] Ce marsupial, comme la plupart des autres, possède une poche marsupiale bien développée, dans laquelle les petits sont logés à la naissance ; mais autour de deux des trayons se trouve un autre pli distinct de chaque côté, dont la paroi extérieure forme la paroi générale de la poche. Le Dr Klaatsch pense que ces poches plus petites et incluses sont les équivalents des poches mammaires de *l'Échidné*. Ils contiennent des tétines, mais cette comparaison n'enlève rien à la validité de la suggestion déjà évoquée de Gegenbaur, car les tétines sont (voir ci-dessus) secondaires. Si l'on peut raisonnablement interpréter ce fait dans le sens que lui donne le Dr Klaatsch, nous avons un cas intéressant de croissance d'un nouvel organe à partir d'un ancien organe et le remplaçant en partie. Chez les Monotrèmes, il y a une pochette qui facilite ou remplit à la fois des fonctions nutritives et protectrices ; dans la Phalanger, ces deux fonctions s'exercent dans des pochettes séparées ; enfin, chez d'autres Marsupiaux, on retrouve un retour à l' état indifférencié des Monotrèmes, mais avec l'aide d'un nouvel organe introuvable chez eux.

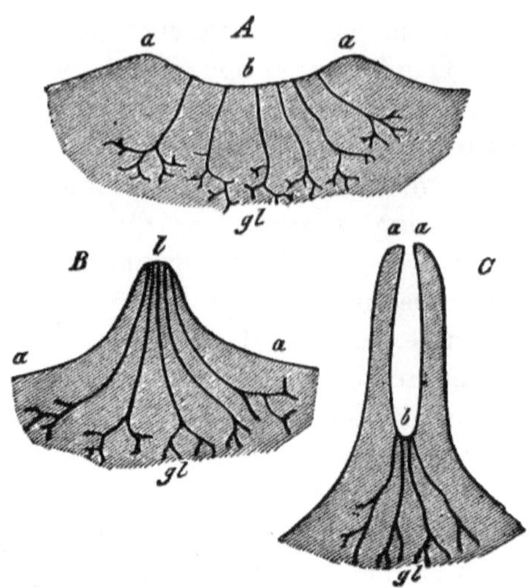

FIGURE. 4.— Schéma du développement du mamelon (en coupe verticale). **A** , Stade indifférent, zone glandulaire plate ; **B** , élévation de la zone glandulaire avec le mamelon ; **C** , élévation de la périphérie de la zone glandulaire dans le faux trayon, *a* , périphérie de la zone glandulaire ; *b* , zone glandulaire ; *gl* , glandes. (De Gegenbaur .)

Bien que si caractéristique des marsupiaux, la poche marsupiale n'est pas toujours développée chez eux. Il est présent chez tous les Kangourous, Wallabies et Wombats, voire chez les Diprotodontes. Il est également présent chez un certain nombre de marsupiaux carnivores polyprotodontes ; mais chez *Phascologale* , il n'est présent qu'à l'état rudimentaire, et chez *Myrmecobius* il est entièrement obsolète. Chez les Opossums américains, l'état de la pochette est variable. "Généralement absents, parfois simplement composés de deux plis latéraux de peau séparés à chaque extrémité, rarement complets", résume M. Thomas dans sa définition de la famille des Didelphyidae . [10] Une autre caractéristique curieuse de la pochette chez les Marsupiaux est la variabilité de la position de l'embouchure de la pochette : chez tous les Diprotodontes, elle regarde vers l'avant ; mais chez de nombreux Polyprotodonts , il regarde en arrière. Ceci a cependant quelque rapport avec l'attitude habituelle du possesseur : chez le Kangourou, sautant sur ses pattes postérieures, il faut que la poche s'ouvre en avant ; mais chez le Thylacine, qui ressemble à un chien et qui se met à quatre pattes, le fait que la poche s'ouvre vers l'arrière est moins désavantageux pour les petits qu'il contient.

Le Thylacine mâle possède une pochette qui est tout à fait ou presque aussi bien formée que celle de la femelle. Il existe également des rudiments de poche chez les fœtus mâles de nombreux marsupiaux, en particulier ceux appartenant à la section Polyprotodont de l'ordre, bien que ces rudiments ne soient en aucun cas confinés à cette subdivision. Jusqu'à l'âge de quatre mois (longueur 19,8 cm), le mâle *Dasyurus ursinus* possède une poche.

Il nous faut maintenant considérer l'intéressante série de faits relatifs à la permanence — à l'état rudimentaire il est vrai — de la poche mammaire chez les Mammalia supérieurs, faits qui semblent être une preuve supplémentaire qu'ils dérivent d'un ancêtre chez lequel la poche était un organe d'importance fonctionnelle. La première preuve définitive de l'apparition d'une poche chez un mammifère autre qu'un marsupial ou un monotrème a été faite par Malkmus , qui a découvert cette structure chez un mouton. Il semble cependant que les structures retrouvées chez les mammifères supérieurs ne soient pas toujours comparables au marsupium des Marsupiaux, mais parfois à la poche mammaire des Monotrèmes. Que les Marsupiaux soient une ligne secondaire et ne soient pas impliqués dans l'ascendance des Eutheria , est une opinion qui est actuellement largement répandue. En même temps , il est raisonnable de supposer que le stock original situé entre les Prototheria et les Metatheria, d'où sont issues ces dernières et les Eutheria , a conservé à la fois la poche mammaire du mammifère inférieur et le marsupium du stade plus développé, comme *Phalangista* le fait occasionnellement de nos jours. Par conséquent, trouver des restes des deux structures chez les mammifères existants ne serait pas si incroyable. C'est ce que pense le Dr Klaatsch . Chez certains Ongulés, dont deux espèces d'Antilopes, le Dr Klaatsch a trouvé des rudiments très considérables de plis pourvus de fibres musculaires non striées ; il y avait chez l'adulte *Cervicapra isabellina* une paire de poches, une de chaque côté, et un rudiment d'une seconde de chaque côté ; il est possible que cette multiplication des poches soit liée au nombre de petits. Le fait qu'il y ait plus d'une poche rend probable une comparaison avec la poche mammaire plutôt qu'avec le marsupium. La tétine Ongulé, faut-il le rappeler (voir p. 16), est une tétine secondaire ; la comparaison ne présente donc aucune difficulté de ce point de vue. Une pochette contenant une tétine primaire serait bien entendu absolument incomparable avec une poche mammaire, car dans ce cas la paroi de la tétine elle-même serait la pochette.

Des mammifères appartenant à des ordres bien différents présentent des traces plus ou moins marquées d'un marsupium. Chez les jeunes chiens, les mamelles sont portées sur une zone où la peau est plus fine, la couverture de poils moins dense qu'ailleurs, autant de points de ressemblance avec l'intérieur de la poche d'un marsupial ; en plus de cela, il y a des traces du muscle sphincter marsupii . Chez d'autres Carnivores, il existe des vestiges similaires. Chez *Lemur catta,* on rencontre un rudiment plus complet d'une pochette marsupiale. Chez ce Lémurien, les mamelles sont à la fois inguinales et pectorales ; la peau de ces régions est fine et légèrement velue, et s'étend vers l'avant sous forme de deux bandes de même finesse et de même douceur de chaque côté de la peau densément velue recouvrant le sternum. Cette zone est nettement séparée du reste du tégument par un pli parallèle à l' axe longitudinal du corps et ne peut être comparée à rien d'autre qu'au rudiment du pli marsupial.

On est tenté de se demander dans quelle mesure l'habitude qu'ont certains Lémuriens de porter leurs petits en travers du ventre, la queue enroulée autour du corps de la mère, n'est-elle pas une réminiscence d'une poche marsupiale.

Squelette.

Le squelette des Mammalia est presque uniquement constitué de l'endosquelette. Ce n'est que chez les Edentata que l'on rencontre un exosquelette de plaques osseuses dans la peau. Comme chez les autres Vertébrés, le squelette est divisible en une partie axiale, le crâne et la colonne vertébrale, et en un squelette appendiculaire, celui des membres. Les os des mammifères sont bien ossifiés et chez l' adulte , il ne reste que peu et petites étendues de cartilage.

vertébrale . — La colonne vertébrale des mammifères, comme celle des Vertébrés supérieurs, est constituée d'un certain nombre de vertèbres distinctes et entièrement ossifiées.

La constitution d'une vertèbre sur laquelle sont marqués tous les processus habituels est la suivante : Il y a d'abord le corps ou centre de la vertèbre, morceau d'os massif en forme de disque ou de cylindre. Les centres des vertèbres contiguës sont séparés par une certaine quantité de tissu fibreux formant le disque intervertébral, et les surfaces adjacentes des centres sont en règle générale presque plates. Dans ce dernier trait, et dans le fait important que les centra sont ossifiés à partir de trois centres distincts , les pièces antérieures et postérieures (« épiphyses ») restant distinctes pendant un temps, voire longtemps (comme chez les Baleines), les centra chez les mammifères diffèrent de ceux des reptiles et des oiseaux. Les épiphyses ne se trouvent pas dans toute la colonne vertébrale des organes peu organisés . Monotremata , et ils ne semblent pas exister dans la Sirenia.

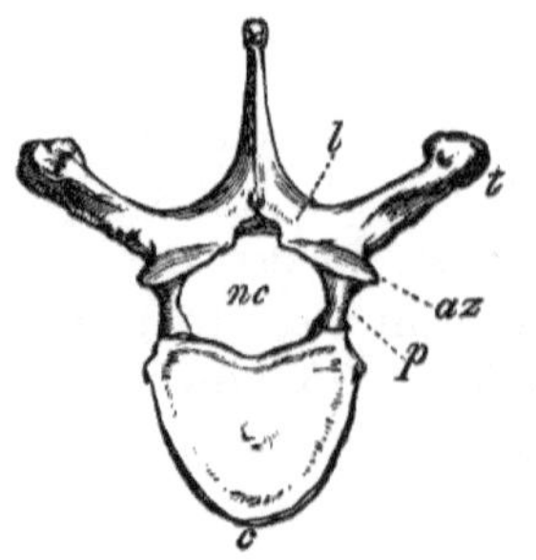
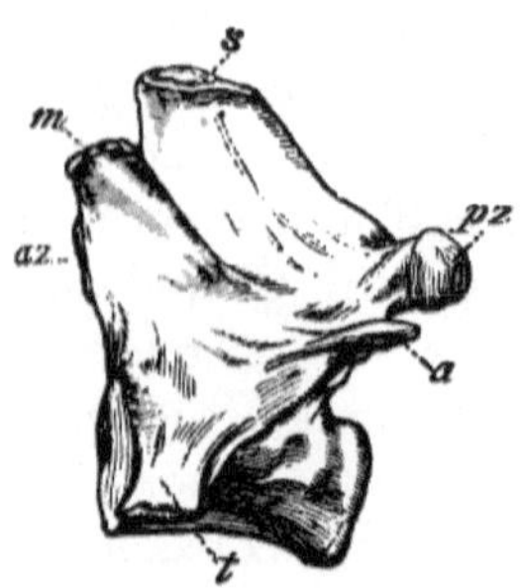

FIGUE. 5.— Surface antérieure de la vertèbre thoracique humaine (quatrième), × ⅔ . *az* , zygapophyse antérieure ; *c* , corps ou centre ; *l* , lame, et *p* , pédicule, de l'arc neural ; *nc* , canal neural ; *t* , processus transversal. (Extrait de *l'Ostéologie des mammifères de* Flower .)

FIGUE. 6.—Vue latérale de la première vertèbre lombaire du Chien (*Canis familiaris*). × ¾. *une* , Anapophyse ; *az* , zygapophyse antérieure ; *m* , métapophyse ; *pz* , zygapophyse postérieure ; *s* , apophyse épineuse ; *t* , processus transversal. (De *l'ostéologie* de Flower .)

De chaque côté du centre, sur la face dorsale, naît un processus osseux qui rencontre son homologue dans la ligne médiane au-dessus, et de là se prolonge souvent en une épine. Un canal se forme ainsi qui accueille la moelle épinière. Cet arc osseux est connu sous le nom d'arc neural, et l'apophyse dorsale est identique à l'apophyse épineuse. Les côtés de l'arc neural portent des facettes ovales, par lesquelles les vertèbres successives s'articulent entre elles : celles situées en avant sont les zygapophyses antérieures, tandis que celles situées sur la face postérieure de l'arc sont les zygapophyses postérieures ; ces facettes articulaires n'existent pas dans la région de la queue de nombreux mammifères, *par exemple* les baleines.

En plus de l'apophyse épineuse médiane dorsale de la vertèbre, il peut y avoir une apophyse médiane ventrale, issue bien sûr du centre, appelée hypapophyse .

Sur les côtés de l'arc neural, ou depuis le centre lui-même, il existe généralement un processus plus ou moins long de chaque côté, appelé processus transverse. Celui-ci est quelquefois formé de deux processus distincts, l'un au-dessus de l'autre ; dans de tels cas, la partie supérieure est appelée diapophyse, la partie inférieure est appelée parapophyse .

L'arc neural peut également porter d'autres processus latéraux, dont l'un dirigé vers l'avant est la métapophyse , l'autre dirigé vers l'arrière l' anapophyse .

La série d'os qui constitue la colonne vertébrale peut être divisée en régions. Il est possible de reconnaître les vertèbres cervicales, dorsales, lombaires, sacrées et caudales. Chez les animaux dotés uniquement de membres postérieurs rudimentaires, comme les baleines, il n'y a pas de région sacrée reconnaissable . Les vertèbres cervicales ou cervicales sont presque toujours au nombre de sept. Les exceptions bien connues sont le lamantin, au nombre de six, et certains paresseux, au nombre de six, huit ou neuf. Ces rares exceptions ne font qu'accentuer la très remarquable constance du nombre, très distinctive des mammifères par rapport aux Vertébrés inférieurs. Il y a bien sûr des anomalies, la dernière cervicale, et parfois les deux dernières, prenant les caractères des dorsales suivantes , en développant une côte plus ou moins complète. Il existe également des exemples enregistrés de *Bradypus* , dans lesquels le nombre de cervicales est porté à dix. Les caractéristiques des vertèbres cervicales sont donc d'abord qu'elles ne portent pas normalement de côtes libres, et qu'il y a en règle générale une rupture entre la dernière cervicale et la première dorsale pour cette raison. Chez les oiseaux, par exemple, les cervicales , en nombre différent selon les familles et les genres, se rapprochent progressivement des dorsales par les côtes qui s'allongent progressivement. Les apophyses transverses des vertèbres sont généralement perforées par un canal pour l'artère vertébrale et sont bifides à leurs extrémités. Chez certains ongulés, ces vertèbres se rapprochent en outre des vertèbres des vertébrés inférieurs en ce sens qu'il y a des articulations à rotule entre les centres, au lieu de seulement les disques fibreux des vertèbres restantes.

Les deux premières vertèbres de la série sont toujours très différentes de celles qui suivent. Le premier est appelé atlas et s'articule avec le crâne. Le fait le plus remarquable concernant cet os (partagé cependant par les Vertébrés inférieurs) est que son centre en est détaché et attaché à la vertèbre suivante, à propos de laquelle il sera immédiatement mentionné. L'os entier prend ainsi une forme annulaire et les apophyses saillantes des autres vertèbres sont peu développées, à l'exception des apophyses transverses, qui sont larges et en forme d'ailes. Chez de nombreux Marsupiaux, comme le Wombat et le Kangourou, l'arc de l'atlas est ouvert en dessous, il n'y a pas de centre d'ossification. Dans d'autres, comme *Thylacinus* , il existe un nodule osseux distinct dans cette situation, non concrescent avec le reste de l'arcade.

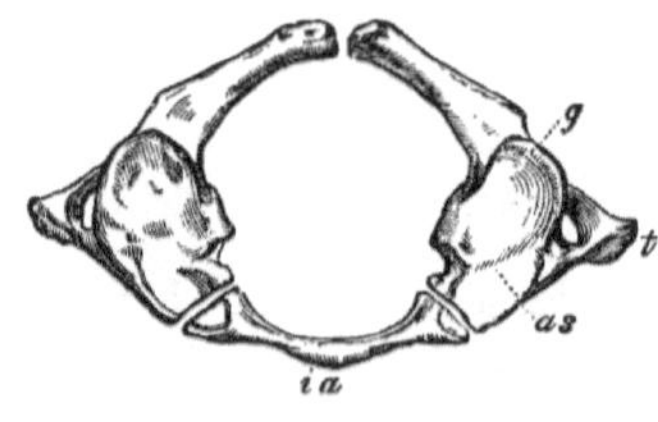

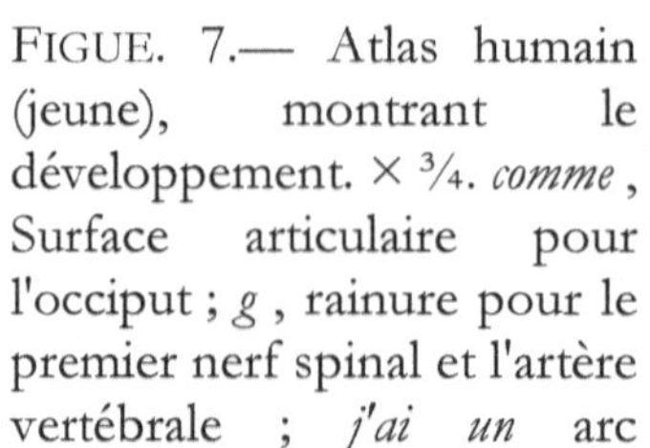

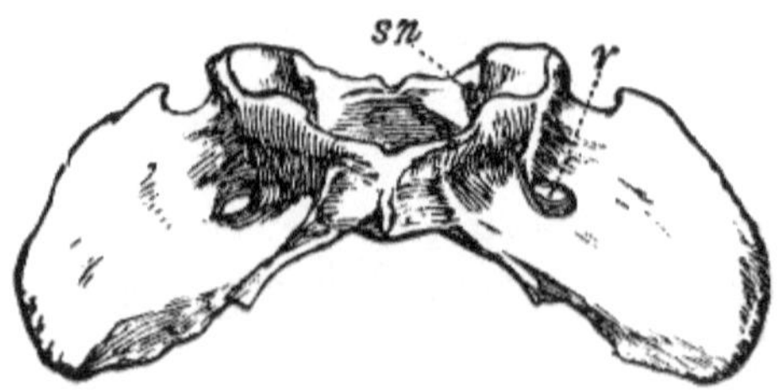

FIGUE. 7.— Atlas humain (jeune), montrant le développement. × ¾. *comme* , Surface articulaire pour l'occiput ; *g* , rainure pour le premier nerf spinal et l'artère vertébrale ; *j'ai un* arc

FIGUE. 8.— Surface inférieure de l'atlas du Chien. × ½. *sn* , Foramen du premier nerf spinal ; *v* , canal vertébrartériel . (De *l'ostéologie* de Flower .)

inférieur, ; *t* , processus transversal. (De *l'ostéologie* de Flower .)

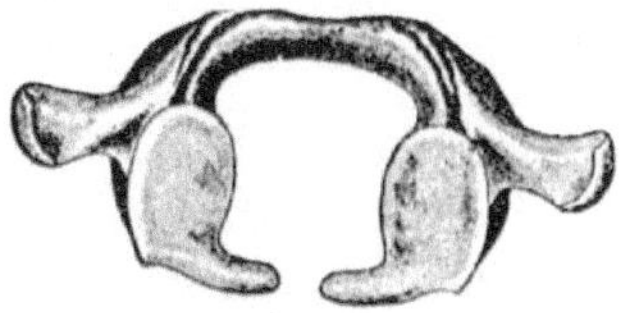

La deuxième vertèbre, connue sous le nom d'axis ou epistropheus , est une structure composée, le « processus odontoïde » antérieur, qui s'insère dans l'anneau de l'atlas, étant en réalité le centre détaché de cette vertèbre. [11] Il est curieux que ce processus ait pris indépendamment la forme d'une cuillère chez deux divisions d'ongulés ; qu'il soit devenu ainsi semble être démontré par le fait que dans les types antérieurs des deux, il a la forme simple en forme de cheville, qui est la forme prédominante. Les vertèbres cervicales sont parfois entièrement (Baleines noires) ou partiellement (nombreuses Baleines, Gerboises, certains Édentés) soudées en une masse combinée. Des indications en ont même été enregistrées chez le sujet humain.

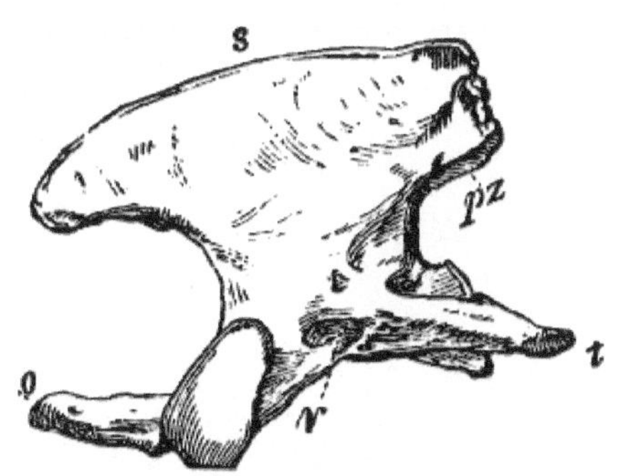

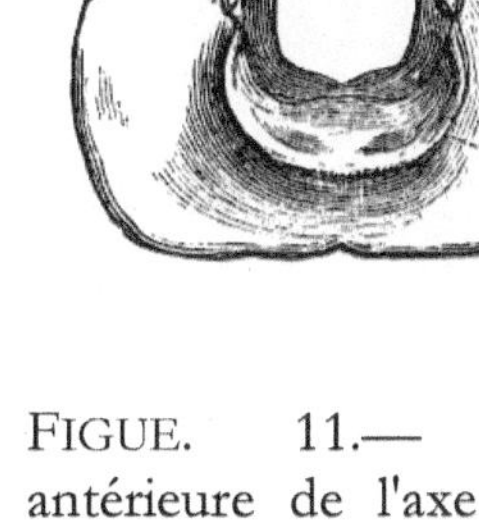

FIGURE. 10.— Vue latérale de l'axe du chien. × ⅔ . *o* , Processus odontoïde ; *pz* , zygapophyse postérieure ; *s* , apophyse épineuse ; *t* , processus transversal ; *v* , canal vertébrartériel . (De *l'ostéologie* de Flower .)

FIGURE. 11.— Surface antérieure de l'axe de Red Deer. × ⅔ . *o* , Processus odontoïde ; *pz* , zygapophyse postérieure ; *sn* , foramen du deuxième nerf spinal. (De *l'ostéologie* de Flower .)

Le nombre des vertèbres dorsales varie considérablement : neuf (*Hyperoodon*) semble être le nombre le plus petit existant normalement ; tandis qu'il peut y en avoir jusqu'à dix-neuf, comme dans *Centetes* , ou vingt-deux, comme dans

Hyrax . Ces vertèbres sont à définir par le fait qu'elles portent des côtes, et les un ou deux premiers lombaires sont souvent « transformés en » dorsales par l'apparition d'une petite côte surnuméraire. Les apophyses épineuses de ces vertèbres sont généralement longues et parfois très longues. Ce n'est que parmi les Glyptodons que l'une de ces vertèbres est fusionnée en une masse.

Les vertèbres lombaires, qui suivent la dorsale, sont en nombre très variable. Il n'y en a que deux chez la baleine *Neobalaena* , et jusqu'à dix-sept chez *les Tursiops* ; ce groupe, les Cétacés, contient les extrêmes. Neuf lombaires se trouvent chez les Lémuriens *Indris* et *Loris* . En règle générale, le nombre de lombaires dépend dans une certaine mesure de celui des dorsales . Il arrive souvent que le nombre de vertèbres thoraco-lombaires soit constant pour un groupe donné. Ainsi les Artiodactyles ont dix-neuf de ces vertèbres, et les Périssodactyles en règle générale vingt-trois. Un plus grand nombre de dorsales implique un plus petit nombre de lombaires , et bien sûr *vice versa* . L'existence d'une région sacrée formée d'un certain nombre de vertèbres fusionnées et soutenues par la ceinture pelvienne est caractéristique des mammifères, mais on ne la retrouve pas chez les Cétacés et les Sirénias, où les membres postérieurs fonctionnels font défaut. À proprement parler, le sacrum est limité aux deux ou trois vertèbres dont les apophyses transverses élargies rencontrent l'iliaque. Mais à celles-ci s'ajoutent ou peuvent s'ajouter un nombre variable de vertèbres retirées à la fois de la série lombaire et de la série caudale, qui s'unissent entre elles pour former le morceau massif d'os qui constitue le sacrum de l'adulte.

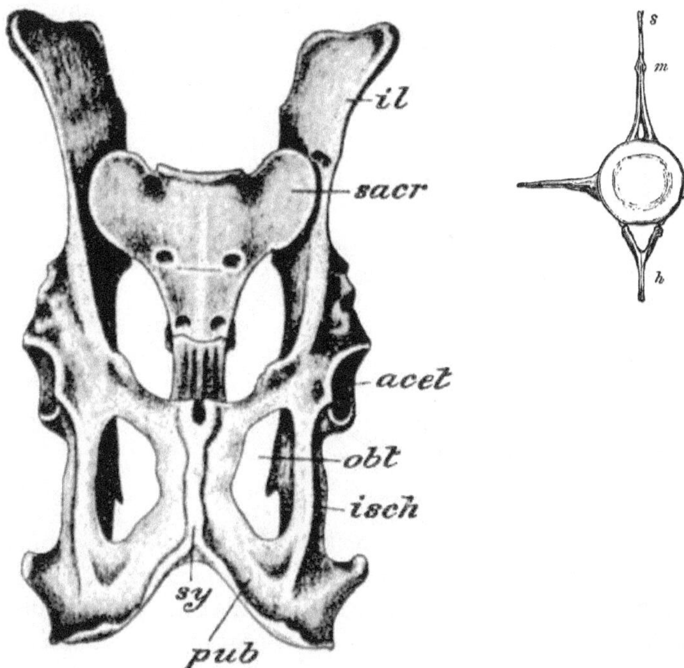

FIGURE. 12.— *Lepus cuniculus* . Os innommés et sacrum, face ventrale. *acet* , Acétabulum; *il* , ilium; *isch* , ischion; *obt* , foramen obturateur ; pub, pubis; *sacr*, sacrum; *sy* , symphyse. (De Parker et Haswell's *Zoology* .)

FIGURE. 13.— Surface antérieure de la quatrième vertèbre caudale du marsouin (*Phocoena communis*), × ½. *h* , Os Chevron ; *m* , métapophyse ; *s* , apophyse épineuse ; *t* , processus transversal . (De *l'ostéologie* de Flower .)

Les vertèbres caudales complètent la série. Ils commencent dans un état aussi développé que les lombaires , avec des apophyses transverses bien marquées, etc.; mais ils ne se terminent que par des centra, à partir desquels parfois de minuscules excroissances représentent de manière rudimentaire les arcs neuraux, etc. Très souvent, les vertèbres caudales sont munies d'appendices ventraux, de forme générale, les vos en chevron ou intercentra . [12] Ceux-ci sont particulièrement visibles chez les baleines et les édentés. Dans le premier groupe, l'apparition du premier intercentrum sert à marquer la séparation de la série caudale de la série lombaire. Le nombre de caudales varie de trois chez l'Homme, et celles-ci sont assez rudimentaires, à près de cinquante chez *Manis macrura* et *Microgale. longicaudata* .

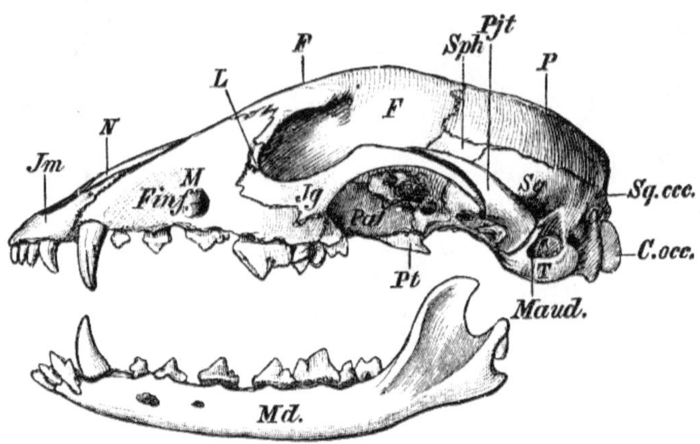

FIGUE. 14.— Vue latérale du crâne d'un chien. *C.occ* , condyle occipital ; *F* , frontale ; *F.inf* , foramen infra-orbitaire ; *Jg* , jugal; *Jm* , prémaxillaire ; *L* , lacrymal ; *M* , maxillaire ; *Maud* , méat auditif externe ; *Md* , mandibule ; *N* , nasal ; *P* , pariétal ; *Pal* , palatin ; *Pjt* , processus de squamosal ; *Pt* , ptérygoïde ; *Sph* , alisphénoïde ; *Carré* , squamosal ; *Sq.occ* , supraoccipital ; *T* , tympanique. (D'après Wiedersheim *Anatomie comparée* .)

Le crâne. — Le crâne des mammifères diffère de celui des vertébrés inférieurs par un certain nombre de caractéristiques importantes, qui seront énumérées dans le bref aperçu suivant de sa structure. D'abord, le crâne est un tout plus consolidé que chez les reptiles ; le nombre d'éléments entrant dans sa formation est moindre, et ils sont dans l'ensemble plus fermement soudés entre eux que chez les Vertébrés situés au-dessous des Mammifères de la série. Ainsi, dans la région crânienne, les post- et pré-frontaux, les post-orbitales et les supra-orbitales ont disparu, bien que de temps en temps nous soyons rappelés de leur apparition chez les ancêtres des Mammalia par une ossification distincte correspondant à certains des os. Nulle part cette consolidation n'est visible avec plus de netteté que dans la mâchoire inférieure. Cet os, ou plutôt chaque moitié de celui-ci, est chez les mammifères formé d'un seul os, le dentaire (auquel il arrive parfois, à ce qu'il semble, un mento- meckélien distinct) . une ossification peut être ajoutée). Les éléments angulaires, splénials et tous les autres éléments de la mâchoire reptilienne ont disparu, bien que les nombreux points à partir desquels le dentaire des mammifères s'ossifie soient une réminiscence d'un état de choses antérieur ; et ici encore, une continuation occasionnelle de la séparation est préservée, comme l'atteste le cas observé par le professeur Albrecht d'un os supra-angulaire séparé chez un Rorqual. Parmi les autres os reptiliens que l'on ne trouve pas dans le crâne des mammifères figurent les basiptérygoïdes , quadrato -jugal et supratemporels. Cependant, quelques-uns de ces os, même s'ils ne sont plus traçables dans le crâne adulte, sauf en cas de ce que nous appelons des anomalies, trouvent néanmoins leurs représentants dans le crâne fœtal . Le professeur Parker, par exemple, a décrit une supra-orbitale chez l'embryon de Hérisson ; un supratemporel semble également être parfois indépendant.

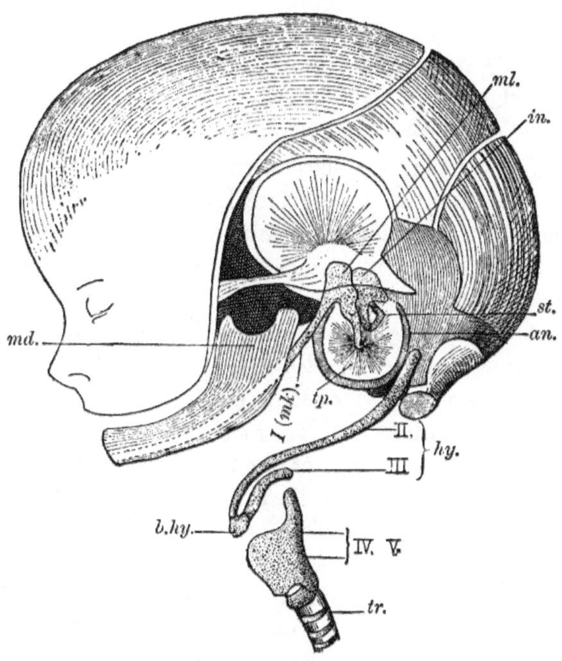

FIGUE. 15.— Tête d'embryon humain du quatrième mois. Disséqué pour montrer les osselets auditifs, l'anneau tympanique et le cartilage de Meckel, avec l'appareil hyoïde et thyroïdien. Toutes ces parties sont délimitées à une échelle plus grande que le reste du crâne. *un* anneau , tympanique ; *b.hy* , élément basihyal ; *hy* , ce qu'on appelle l'os hyoïde ; *dans* , incus; *md* , mandibule osseuse ; *ml*, marteau; *st* , étrier; *tp* , tympan ; *tr* , trachée ; I. (*mk*), premier arc squelettique (mandibulaire) (cartilage de Meckel) ; II. deuxième arc squelettique (hyoïde); III. troisième (premier arc branchial) ; IV. V. quatrième et cinquième arcs (cartilage thyroïdien). (D'après Wiedersheim *Structure de l'Homme* .)

Dans le mode d'articulation de la mâchoire inférieure avec le crâne, les mammifères diffèrent apparemment, peut-être réellement, des autres vertébrés. Chez les Amphibiens et les Reptilia, avec lesquels seules les comparaisons sont profitables, la mâchoire inférieure s'articule au moyen d'un os carré, qui peut être mobile ou fermement attaché au crâne. Chez les mammifères, l'articulation de la mâchoire inférieure se fait avec le squamosal. La nature de cette articulation est l'un des points les plus débattus en anatomie comparée. Étant donné que le professeur Kingsley [13] , dans sa contribution la plus récente sur le sujet, cite pas moins de cinquante-deux points de vue différents, dont beaucoup sont plus ou moins convergents, il sera évident que dans un ouvrage comme celui-ci, la question ne peut être traitée. de manière exhaustive. Cependant, comme le professeur Kingsley le dit à juste titre, "aucun os n'occupe une place plus importante dans la discussion sur l'origine des mammifères que le quadrate", et il ajoute avec la même justice que "d'après la réponse donnée quant à son sort dans cet Ce groupe dépend, dans une large mesure, du problème plus large de la phylogénie des mammifères", cela devient, ou a été depuis longtemps, une question qui ne peut être ignorée dans aucun travail traitant des mammifères. Un point de vue simple, dû au regretté Dr Baur et au professeur Dollo, semble à première vue être pertinent. Ce dernier auteur soutient, ou soutient, que chez tous les Vertébrés supérieurs, il est probable, au moins *a priori, que deux caractéristiques aussi caractéristiques des vertébrés que la mâchoire inférieure et la chaîne d'os mettant le monde extérieur* en communication avec l'organe interne de l'audition serait homologue tout au long de la série. Il croyait donc que toute la chaîne des ossicules auditus chez le mammifère est égale à la columelle du reptile, puisque leurs relations sont les mêmes avec le tympan d'une part et avec le foramen ovale d'autre part ; et que la mâchoire inférieure s'articule de la même manière dans les deux cas. Il s'ensuit donc que la partie glénoïde du squamosal doit être le carré qui s'est ankylosé avec lui selon le mode de concentration dans le crâne des mammifères dont nous avons déjà parlé. Le fait que parfois la partie glénoïde du squamosal soit un os distinct [14] semble confirmer cette façon d'envisager les choses. Mais la marque de la vérité n'est pas toujours la simplicité ; en fait, l'inverse semble être fréquemment le cas. Et dans l'ensemble, cette vision ne convient pas actuellement aux zoologistes. Car il faut garder à l'esprit que la mâchoire inférieure du mammifère n'est pas l'équivalent précis de celle des reptiles. Outre les os de la membrane, qui peuvent être collectivement les équivalents du dentaire du mammifère, il faut considérer l'os articulaire cartilagineux, qui forme la connexion entre le reste de la mâchoire et le carré chez les reptiles. Même chez les Anomodontia , dont les relations avec les Mammalia sont considérées ailleurs, il existe cet os. Mais chez ces reptiles, l'os articulaire s'articule non seulement avec le carré, mais aussi dans une large mesure avec le squamosal, le carré rétrécissant en taille et développant des processus qui lui donnent beaucoup l'apparence soit de l'enclume, soit du marteau du mammifère. oreille. En fait , il semble globalement conforme aux vues de la majorité, ainsi qu'à une interprétation juste des faits de l'embryologie, de considérer que la chaîne des os de l'oreille chez le mammifère n'est pas l'équivalent de la columelle de l'oreille. reptile, mais que l'étrier du mammifère est la columelle, et que l' articulaire est représenté par le marteau et le carré par l'enclume. Il est très intéressant de constater tout ce changement de fonction dans les os en question. Les os qui chez le reptile servent de moyen de fixation de la mâchoire inférieure au crâne sont utilisés chez le mammifère pour transmettre les ondes sonores du tympan de l'oreille à l'organe interne de l'audition.

Une autre caractéristique importante et diagnostique du crâne des mammifères est que la première vertèbre de la colonne vertébrale s'articule toujours avec deux condyles occipitaux séparés, portés par les os exoccipitaux et formés principalement, mais pas entièrement, par eux. Certaines Anomodontia constituent en l'occurrence l'approche la plus proche des mammifères. Les deux condyles d'Amphibia sont d'origine purement exoccipitale.

Chez les Mammalia, contrairement à ce qu'on trouve chez les Vertébrés inférieurs (mais là encore les Anomodontia forment au moins une exception partielle), l'arc jugal ne relie pas la face au carré, car, comme nous l'avons déjà dit, cet os n'existe pas, chez la forme Sauropside , chez les mammifères. Cet arc passe du squamosal au maxillaire et n'a qu'un seul os séparé en plus de ces deux, à savoir. le jugal ou malar.

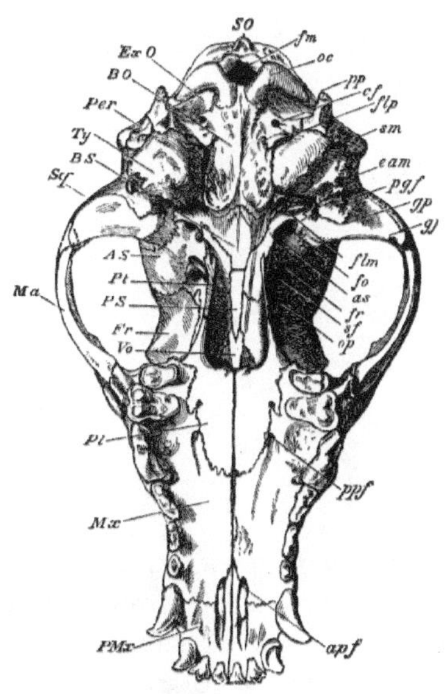

FIGUE. 16.— Sous la surface du crâne d'un chien. × ½. *apf*, Foramen palatin antérieur ; *comme* , ouverture postérieure du canal alisphénoïde ; *AS* , alisphénoïde ; *BO* , basioccipital ; *BS* , basephénoïde ; *cf*, foramen condylien ; *eam* , méat auditif externe ; *Ex.O* , exoccipital ; *flm* , foramen lacerum moyen ; *flp* , foramen lacerum posterius ; *fm* , foramen magnum ; *fo* , foramen ovale ;

fr , foramen rond ; *Fr* , frontal; *gf* , fosse glénoïde ; *gp* , processus post-glénoïde ; *Ma* , malaire; *Mx* , maxillaire ; *oc* , condyle occipital ; *op* , foramen optique ; *Par* , partie mastoïde du périotique ; *pgf* , fosse post-glénoïde ; *Pl* , palatin ; *PMx* , prémaxillaire ; *pp* , processus paroccipital ; *ppf* , foramen palatin postérieur ; *PS* , présphénoïde ; *Pt* , ptérygoïde ; *sf* , fissure sphénoïdale ou foramen lacerum anterius ; *sm* , foramen stylomastoïdien ; *SO* , supraoccipital ; *Sq* , processus zygomatique du squamosal ; *Ty* , bulle tympanique ; *Vo* , vomer. (De *l'ostéologie* de Flower .)

En relation avec l'élaboration de la chaîne des osselets auditifs, il est très courant que les mammifères possèdent un mince os gonflé, parfois partiellement ou entièrement formé à partir de l'os tympanique, et connu sous le nom de bulle tympanique. Que cette structure soit mince et gonflée ou de forme épaisse et déprimée, elle est caractéristique des mammifères et n'apparaît pas en dessous d'eux dans la série. Mais il n'est pas présent chez tous les mammifères. Il est absent, par exemple, chez les Monotrèmes. Lorsqu'il est présent, il est parfois formé à partir d'autres os, comme par exemple les alisphénoïdes . L'anneau tympanique a été considéré comme l'équivalent du carré. Il s'agit plus probablement du quadrato -jugal. [15]

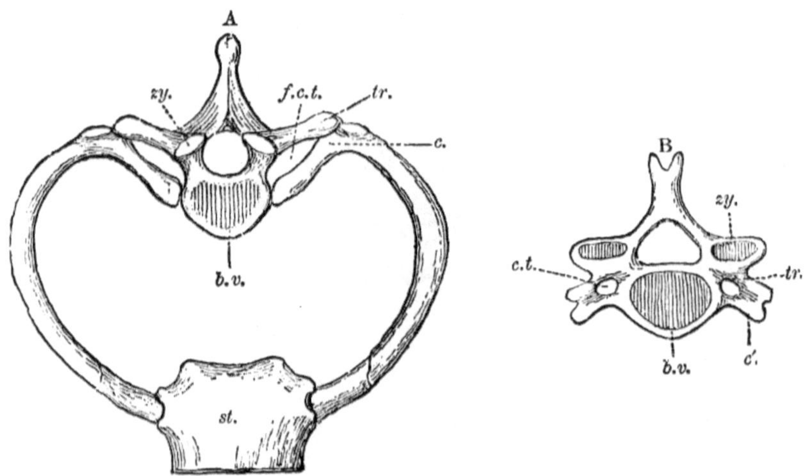

FIGUE. 17.— **A** , premier segment squelettique thoracique pour comparaison avec **B** , cinquième vertèbre cervicale (Homme), *bv* Corps de vertèbre ; *c* , première côte thoracique ; *c* ', côte cervicale (qui s'est unie à l'apophyse transverse, *tr*), les deux entourant le foramen costo -transversal (*fct*); *st* , sternum ; *zy* , processus articulaire de l'arcade (zygapophyse). (D'après Wiedersheim *Structure de l'Homme* .)

Côtes. — Tous les mammifères sont munis de côtes dont le nombre de paires diffère considérablement d'un groupe à l'autre, ou même d'une espèce à l'autre. Les côtes sont généralement attachées par deux têtes, dont l'une, le capitule, s'élève généralement entre deux centres de vertèbres successives. L'autre, le tubercule, naît de l'apophyse transverse. Ce n'est que chez les Monotrèmes qu'on trouve des côtes avec une seule tête, la tête capitulaire. Dans la partie postérieure de la série, les deux têtes fusionnent souvent graduellement, de sorte qu'il n'y en a qu'une seule, la tête capitulaire. Les baleines aussi, du moins les baleines à os de baleine, sont exceptionnelles en ce qu'elles ne possèdent qu'une seule tête jusqu'aux côtes, qui est la capitulaire. La première côte rejoint le sternum en dessous, et un nombre variable après cela a la même attache. Il existe toujours un certain nombre de côtes, parfois appelées côtes flottantes, qui n'ont pas d'attache sternale. Chez les baleines à os de baleine, seule la première côte est ainsi attachée. En règle générale, à laquelle les baleines mentionnées font encore exception, la côte est divisée en au moins deux régions : la partie vertébrale qui est toujours ossifiée, et la moitié sternale qui est habituellement cartilagineuse. Celle-ci est cependant souvent très courte au niveau de la première côte. Ils sont cependant ossifiés chez les tatous et chez certains autres animaux. Entre les parties vertébrale et sternale, un tractus intermédiaire est séparé et ossifié dans les Monotremata . Les côtes des mammifères existants appartiennent uniquement à la région dorsale de la colonne vertébrale, mais on trouve des traces de côtes lombaires ainsi que de côtes cervicales. Chez les Monotremata , en effet, ces derniers restent libres de manière persistante pendant une très longue période et, dans certains cas, ne s'ankylosent jamais avec leurs vertèbres. Mais il faut remarquer que dans ce groupe il n'y a aucune approximation de l'état de choses qui existe chez beaucoup de Vertébrés inférieurs, où il y a une transition graduelle entre les côtes du col de l'utérus et celles de la région dorsale de la colonne vertébrale ; car celle des septièmes côtes des Monotrèmes est plus petite que celles qui la précèdent.

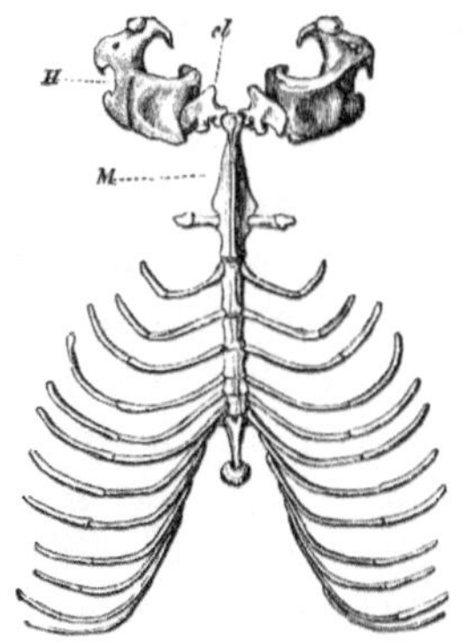

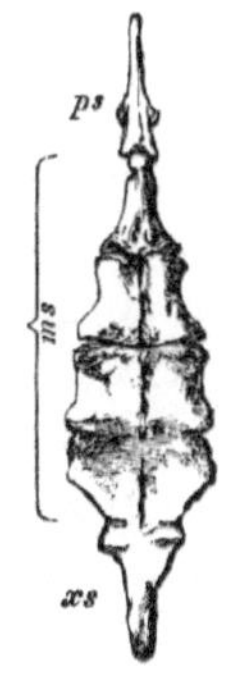

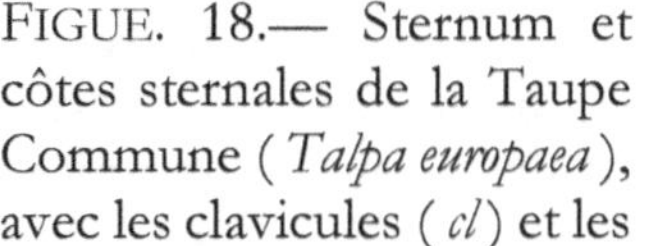

FIGUE. 18.— Sternum et côtes sternales de la Taupe Commune (*Talpa europaea*), avec les clavicules (*cl*) et les

FIGUE. 19.— Sternum du Cochon (*Sus scrofa*). × ¼. *Mme* , mésosternum ; *ps* , présternum ; *xs* ,

humérus (*H*) ; *M* ,   xiphisternum. (De *l'ostéologie*
manubrium sterni . Nat.   de Flower .)
taille. (De *l'ostéologie* de
Flower .)

Le sternum. — Tous les mammifères, autant qu'on le sache, possèdent un sternum. Il s'agit de l'os, ou d'une série d'os (sternèbres), qui se trouve sur la surface ventrale de la poitrine et auquel les côtes sont attachées en dessous. Il a été démontré que le développement du sternum résulte de la fusion des côtes situées en dessous en deux bandes latérales, une de chaque côté ; le rapprochement de ces bandes forme le sternum unique et non apparié de la plupart des mammifères. Il existe cependant souvent des traces très considérables de l'état apparié des os du sternal ; ainsi chez le cachalot le premier morceau du sternum est divisé en deux par une division longitudinale, et le second morceau est rainuré longitudinalement. Le développement du sternum à partir des extrémités fusionnées des côtes est montré dans un état plus complet chez certaines espèces de *Manis* que chez beaucoup d'autres mammifères. Ainsi, chez *M. tricuspis* , les dernières côtes de celles qui sont attachées au sternum sont complètement fusionnées en un seul morceau de chaque côté. [16] En règle générale, les dernières côtes qui entrent en relation avec le sternum ne le font que d'une manière imparfaite, étant simplement fermement attachées par leurs côtés aux dernières côtes qui sont définitivement articulées avec le sternum, mais non fusionnées. Contrairement à ce qu'on trouve chez les Vertébrés inférieurs, le sternum des Mammalia est constitué d'une série de morceaux, jusqu'à huit ou neuf ou même seize chez le *Choloepus* , dont le premier est appelé manubrium sterni , et le dernier cartilage ensiforme. xiphisternum, ou processus xiphoïde. Ce dernier reste souvent largement cartilagineux tout au long de la vie ; en fait , c'est généralement, mais pas universellement, le cas de cette partie du sternum. La modification la plus extraordinaire du processus xiphoïde est observée chez les espèces africaines du genre *Manis* , où il diverge en deux longs cartilages qui remontent vers le bassin puis, s'incurvant, s'étendent vers l'avant et se fusionnent dans la ligne médiane en avant. Ces processus servent à l'attachement de certains muscles de la langue. Elles étaient considérées par le professeur Parker comme les équivalents des « côtes abdominales » de reptiles, inexistantes ailleurs parmi les mammifères. Ce point de vue n'est cependant pas généralement partagé. Le manubrium sterni est souvent caréné sur la ligne médiane en dessous ; c'est le cas des Chauve-souris, qui s'approchent ainsi des oiseaux, et probablement pour la même raison, c'est-à-dire le besoin d'une origine élargie pour le muscle pectoral, concerné par les mouvements de vol. Dans beaucoup de formes, cette partie du sternum est beaucoup plus large que les pièces qui la suivent ; c'est le cas de la Viscache. Chez le Cochon, c'est précisément l'inverse qui se produit, le manubrium étant plus étroit que le reste des os du sternal. On remarquera cependant que dans ce cas et dans des cas similaires, il n'y a pas de clavicules. Des côtes sont fixées entre les morceaux successifs du sternum. Lorsque le sternum se réduit, comme c'est le cas chez les Cétacés et chez les Sirénias, c'est la partie intermédiaire de la série osseuse qui s'abrège ou disparaît. Le cachalot ne possède qu'un manubrium sterni et une pièce suivante appartenant au mésosternum . Il est juste de dire que l'apophyse xiphoïde et le reste du sternum ont disparu, puisque chez les baleines à dents, on constate un raccourcissement progressif du sternum. Chez les baleines à os de baleine, le sternum est encore plus réduit ; le manubrium est seul, et n'y sont attachées qu'une seule paire de côtes. À *Balaena* , cependant, une pièce rudimentaire , apparemment comparable à un processus xiphoïde, a été détectée.

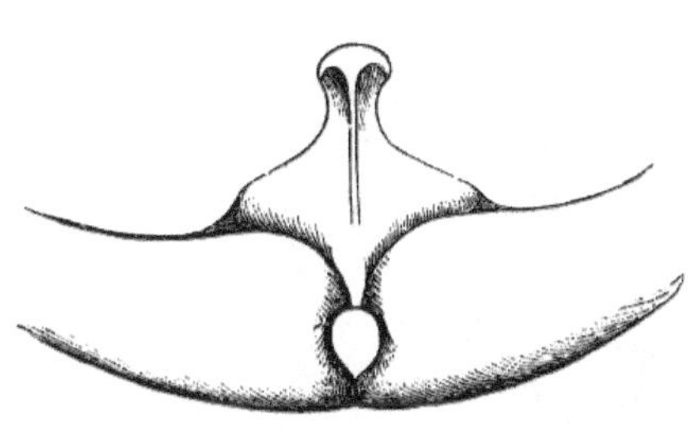

FIGUE. 20.— Sternum de baleine de Rudolphi (*Balaenoptera borealis*), montrant sa relation avec les extrémités inférieures de la première paire de côtes. × 1 / 10 . (De *l'ostéologie* de Flower .)

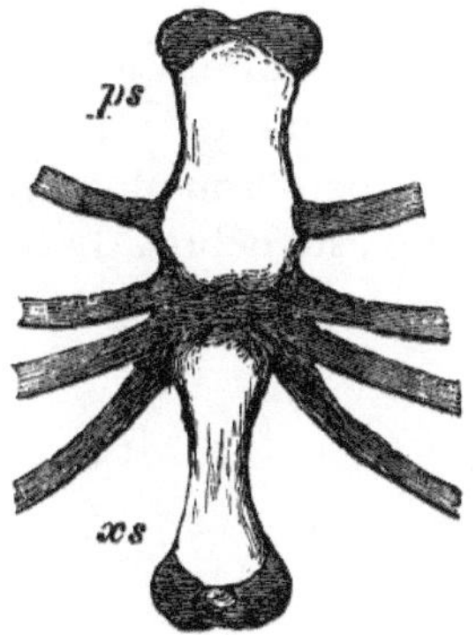

FIGUE. 21.— Sternum d'un jeune Dugong (*Halicore indicus*). × ¼. D'après un spécimen du Musée de Leyde, *ps* , Presternum ; *xs* , xiphisternum. (De *l'Ostéologie* de Flower).

D'après les cas qui ont été décrits, ainsi que le mode de développement du sternum et le nombre de côtes libres, c'est-à-dire de *côtes* qui ne lui sont pas attachées, il semblerait que le sternum ait subi une réduction considérable de sa taille. . Cette diminution pourrait éventuellement s'expliquer par le besoin d'activité respiratoire, nettement accru par une fixité moins marquée des parois de la cavité thoracique. Dans le cas des Baleines, on ne peut guère s'empêcher de parvenir à cette conclusion. La disposition des Monotremata ne va cependant pas dans la même direction ; car ces animaux ressemblent précisément aux mammifères supérieurs par la réduction du sternum et du nombre de côtes qui y parviennent.

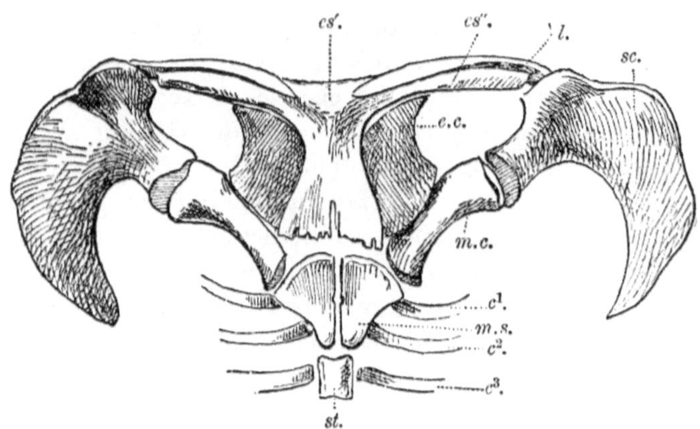

FIGUE. 22.— Ceinture scapulaire d'Ornithorhynchus. c^1 , c^2 , c^3 , Première, deuxième, troisième côtes ; *cl* , clavicule ; *ec* , épicoracoïde ; *es* ' et *es* ", interclavicule (épisternum); *mc* , métacoracoïde ; *Mme* , manubrium sterni ; *sc* , omoplate ; *st* , sternèbre . (D'après Wiedersheim *Structure de l'Homme* .)

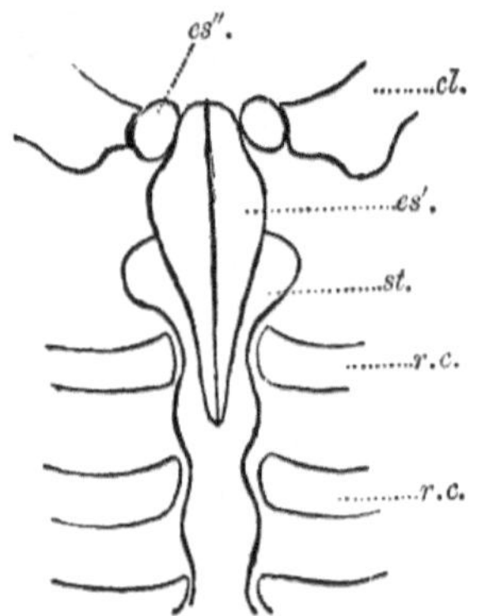

FIGUE. 23.— Épisternum d'un embryon Mole. (D'après A. Götte .) *cl* , Clavicule ; *es* ', partie centrale de l'épisternum ; *es* ", partie latérale de celui-ci ; *rc* , côtes costales ; *st* , sternum. (La figure a été construite à partir de deux sections horizontales consécutives.) (D'après l'ouvrage de Wiedersheim *Structure de l'Homme* .)

L' Épisternum. — Les mammifères se distinguent généralement des vertébrés inférieurs par l'absence d'épisternum, ou interclavicule, comme on l'appelle aussi. Chez les Monotremata , cependant, il existe un Tos de grande forme qui ne recouvre pas le sternum comme chez les reptiles, mais est antérieur à celui-ci. Les relations de cet os avec les clavicules semblent ne laisser aucun doute sur le fait qu'il est l'équivalent de l'interclavicule ou épisternum lacertilien. Les Monotremata ne sont cependant pas les seuls mammifères chez lesquels cette structure est visible. La taupe à l'état embryonnaire est dotée de morceaux d'os qui recouvrent le manubrium sterni et sont attachés aux clavicules et doivent sans aucun doute être considérés comme la même structure. Il est probable que chez de nombreux mammifères, le manubrium soit en partie constitué de rudiments correspondants. En tout cas, des vestiges d'un épisternum en forme de deux minuscules osselets ont été découverts chez l'Homme, couché devant le manubrium. Ils ont été appelés ossa suprasternalia . Chez l'Homme et chez la Taupe, la nature apparié de l'épisternum est clairement apparente. Il a été suggéré que cette structure appartenait dans son intégralité aux clavicules, tout comme le sternum appartient aux côtes ; *c'est-à-dire* qu'il s'est formé à partir des extrémités rapprochées et fusionnées des clavicules. Le Dr Mivart [17] a figuré il y a bien des années une paire d'osselets chez *les Mycètes* , situés dans un cas entre les extrémités des clavicules et le manubrium sterni , et dans un autre exemple en avant des extrémités ventrales des clavicules. Gegenbaur a découvert une paire d'os similaires chez le hamster. [18] Il est possible qu'ils appartiennent à la même catégorie. Il a également été suggéré que ces supposés rudiments épisternals seraient les vestiges d'une paire de côtes cervicales.

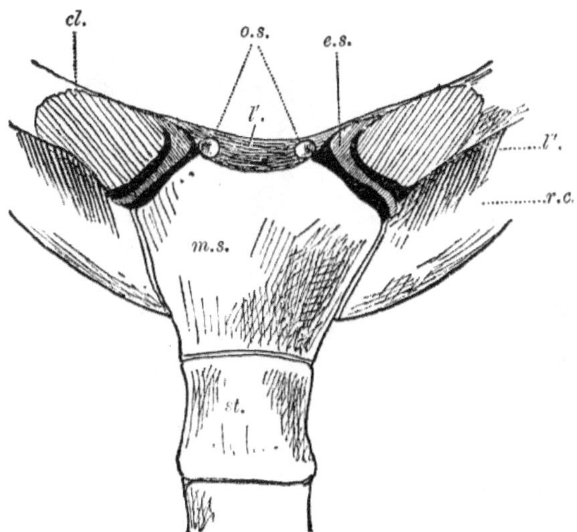

FIGURE. 24.— Vestiges épisternals chez l'Homme. *cl* , Clavicule, sciée ; *es* , « épisternum » (cartilage sternoclaviculaire) ; *l'*, ligament interclaviculaire ; *l"*, ligament costo-claviculaire ; *Mme* , manubrium sterni ; *os* , os suprasternalia ; *rc* , première côte ; *st* , sternum. (D'après Wiedersheim *Structure de l'Homme* .)

La ceinture pectorale . — Le squelette par lequel le membre antérieur est relié au tronc est connu sous le nom de ceinture pectorale. La partie principale de cette ceinture est formée par la grande omoplate, ou os de la lame, comme on l'appelle souvent. Les éléments coracoïdiens seront traités ultérieurement. L'omoplate n'est pas fermement reliée à la colonne vertébrale

; elle est attachée simplement par des muscles, ce qui présente une grande différence avec la ceinture pelvienne correspondante. La raison de cette différence n'est pas facile à comprendre. D'une part, on peut remarquer que chez tous les animaux qui courent, en tout cas, il existe un plus grand besoin de fixation particulièrement ferme des membres postérieurs ; mais, encore une fois, chez les créatures grimpantes, les deux membres seraient, pourrait-on supposer, améliorés par une fixation ferme. Il faut cependant se rappeler que, dans ce dernier cas, le même résultat est provoqué au moins en partie par une clavicule bien développée, qui fixe la ceinture au sternum et ainsi à la colonne vertébrale au moyen des côtes.

D'une manière générale également, les membres antérieurs nécessitent une plus grande liberté et une plus grande variété de mouvements que les membres postérieurs, qui soutiennent ou servent à pousser le corps en mouvement rapide. Une fixation plus forte est donc plus nécessaire en arrière qu'en avant. Quoi qu'il en soit, quelle que soit l'explication, cette différence importante existe.

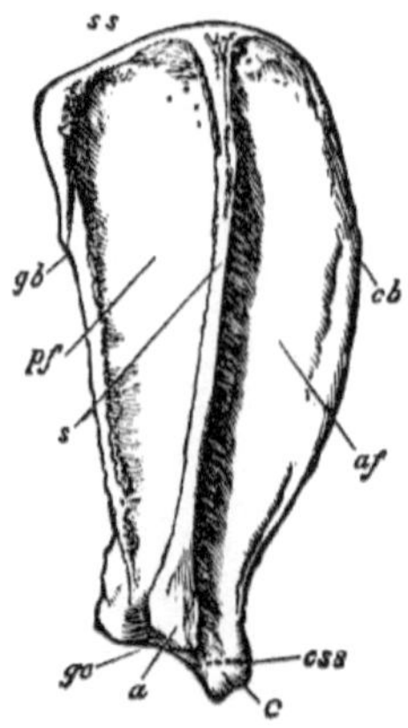

FIGUE. 25.— Omoplate droite de Chien (*Canis familiaris*). × ¼. *un* , Acromion ; *af* , fosse préscapulaire ; *c* , coracoïde ; *cb* , coracoïde ou bord antérieur ; *css* , indique la position de la suture coraco-scapulaire, oblitérée chez l'animal adulte par l'ankylose complète des deux os ; *gb* , bord glénoïde ou postérieur ; *gc* , cavité

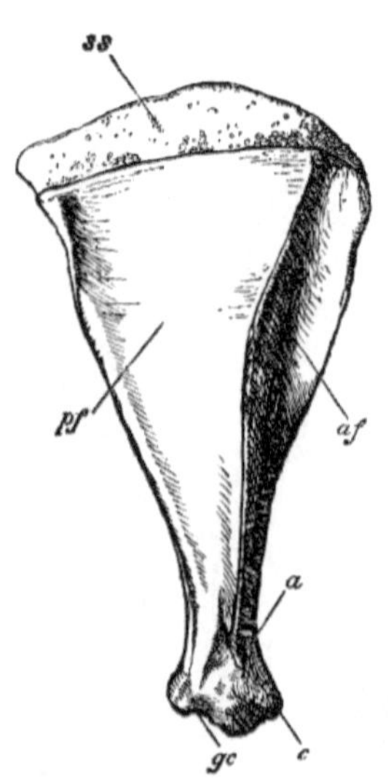

FIGUE. 26.— Omoplate droite du Cerf rouge (Cervus elaphus). × ¼. *un* , Acromion ; *af* , fosse antérieure ou préscapulaire ; *c* , coracoïde ; *gc* , cavité glénoïde ; *pf* , fosse postscapulaire ; *ss* , bordure suprascapulaire

glénoïde ; *pf* , fosse postscapulaire ; *s* , colonne vertébrale ; *ss* , bordure suprascapulaire. (De *l'ostéologie* de Flower .) partiellement ossifiée. (De *l'ostéologie* de Flower .)

L'omoplate des mammifères est généralement un os très aplati avec une crête sur la surface externe appelée colonne vertébrale ; cette crête se termine par un processus librement projeté, l'acromion, d'où naît souvent une branche connue sous le nom de métacromion . Cela donne un aspect bifurqué à l'extrémité de la crête. La colonne vertébrale est moins développée et l'omoplate est plus étroite chez des animaux comme le chien et le cerf qui courent simplement et dont les membres antérieurs ne sont donc pas dotés de la complexité de mouvement observée, par exemple, chez les singes.

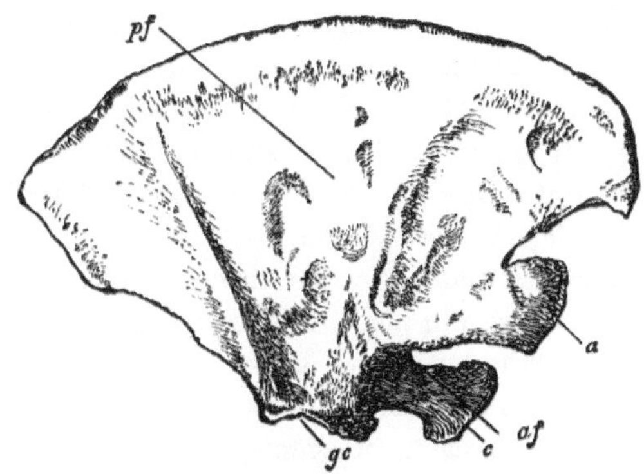

FIGUE. 27.— Omoplate droite du dauphin (*Tursiops tursio*). × ¼. *un* , Acromion ; *af*, fosse préscapulaire ; *c* , coracoïde ; *gc* , cavité glénoïde ; *pf*, fosse post-scapulaire . (De *l'ostéologie* de Flower .)

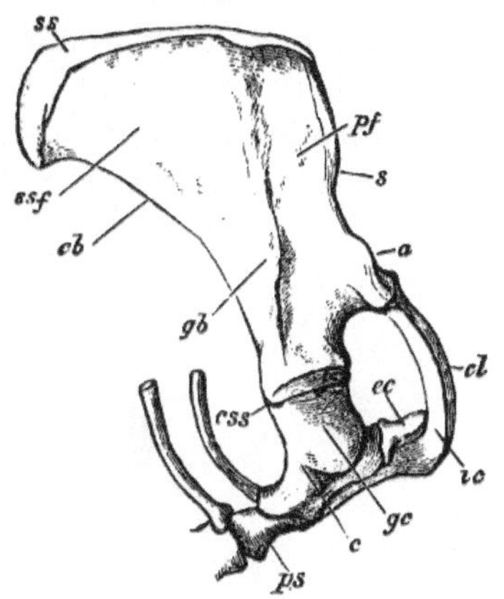

FIGUE. 28.— Vue latérale de la moitié droite de la ceinture scapulaire d'un jeune Echidna (*Echidna hystrix*). × ⅔ . *un* , Acromion ; *c* , coracoïde ; *cb* , bordure coracoïde ; *cl* , clavicule ; *css* , suture coraco -scapulaire ; *ec* , épicoracoïde ; gb , bord glénoïde ; *gc* , cavité glénoïde ; *ic* , interclaviculaire ; *pf* , fosse postscapulaire ; *ps* , présternum ; *s* , colonne vertébrale ; *ss* , épiphyse suprascapulaire ; *ssf* , fosse sous-scapulaire. (De *l'ostéologie* de Flower .)

Il a été souligné que la zone située en avant de la colonne vertébrale, la lame préscapulaire, est la plus développée chez les animaux qui effectuent des mouvements complexes avec les membres antérieurs. L'otarie et le grand fourmilier sont cités par le professeur GB Howes comme exemples de cette prépondérance de la partie antérieure de la scapula sur celle située derrière la colonne vertébrale. La forme générale de l'omoplate varie considérablement selon les différents ordres de mammifères ; mais il présente toujours les caractères mentionnés, qui ne se voient nulle part chez les Sauropsida sauf chez certains Anomodonts , auxquels il sera dûment fait référence (voir p. 90). Les divergences les plus visibles par rapport à la normale se trouvent chez les cétacés et les monotrèmes . Dans le premier cas, l'acromion est si rapproché du bord antérieur de l'os de la lame que la fosse préscapulaire est réduite à une très petite zone ; et chez *Platanista* , l'acromion coïncide en fait avec le bord antérieur, de sorte que cette fosse disparaît réellement. Chez les baleines aussi, l'omoplate est en général très large, surtout au-dessus ; il a souvent un contour en éventail. Chez les Monotremata, l'acromion coïncide également avec le bord antérieur de la scapula ; mais la similitude d'apparence qu'il présente ainsi (dans ce trait) avec l'omoplate des cétacés n'est apparemment pas due à une ressemblance réelle. Ce qui s'est passé dans les Monotremata , c'est que la fosse préscapulaire est tellement élargie qu'elle occupe toute la face interne de l'os de l'omoplate, tandis que la fosse sous-scapulaire qui, pour ainsi dire, devrait occuper cette situation, a été ainsi repoussée. arrondi vers l'avant, où il est séparé de la fosse postscapulaire par une légère crête seulement.

La clavicule est un os très variable chez les mammifères. Il est parfois même, comme chez les Ungulata , totalement absent ; sous d'autres formes, il présente divers degrés de rétrocession en importance ; ce n'est que chez les mammifères grimpants, fouisseurs, fouisseurs et volants qu'il est vraiment bien développé.

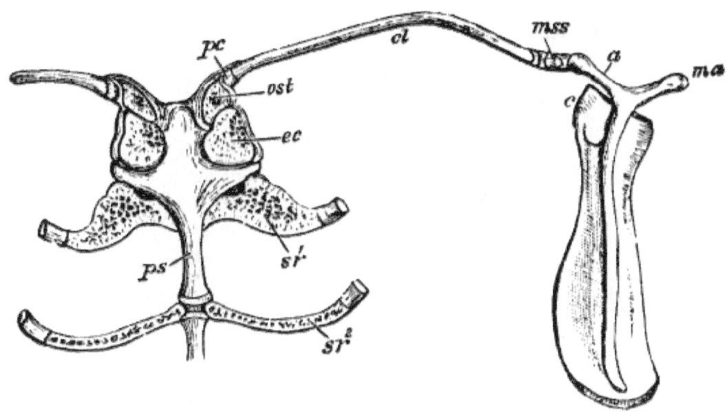

FIG. 29.—ceinture scapulaire, avec extrémité supérieure du sternum (surface intérieure) de la musaraigne (*Sorex*), d'après Parker, × 7. *a* , Acromion ; *c* , coracoïde ; *cl* , clavicule ; *ec* , « épicoracoïde » partiellement ossifié de Parker, ou rudiment de l'extrémité sternale de la coracoïde ; « ma », processus métacromial ; *mss* , " segment mésoscapulaire " ossifié ; *ost* , omosternum ; *pc* , rudiment de précoracoïde (Parker) ; *ps* , présternum ; *sr* [1] , première côte sternale ; *sr* [2] , deuxième côte sternale. (De *l'ostéologie* de Flower .)

Chez les Mammalia supérieurs, la coracoïde [19] est présente, mais n'atteint pas le sternum comme chez les Monotremata . Il est connu des anatomistes humains sous le nom d'apophyse coracoïde de l'omoplate. Cependant, le professeur Howes [20] et d'autres ont découvert que ce processus consiste en réalité en deux centres d'ossification séparés, formant deux os distincts qui, chez l'adulte, deviennent fermement ankylosés l'un à l'autre et à la scapula. Ces deux os distincts ont été rencontrés dans l'embryon de *Lepus, de Sciurus* et dans les petits de divers autres mammifères appartenant à des ordres très divers, tels que les Edentés et les Primates. La séparation persiste même occasionnellement chez l'adulte. La question est : quelle est la relation entre ces os et la coracoïde des Monotremata et les régions correspondantes des reptiles ? Le professeur Howes appelle la partie inférieure de l'os le métacoracoïde et la partie supérieure l' épicoracoïde ; le premier concerne seul la cavité glénoïde. Il doit donc, semble-t-il, correspondre au « coracoïde » du Monotremata , tandis que la partie supérieure de l'os est l' apophyse épicoracoïde de ce mammifère. Les Mammalia donc, tant supérieurs qu'inférieurs, diffèrent des reptiles en ce que la coracoïde est formée de deux os, les exceptions étant, parmi quelques autres formes éteintes, certaines des Anomodontia, groupe dont on se souvient est le plus proche . de tous les reptiles aux mammifères.

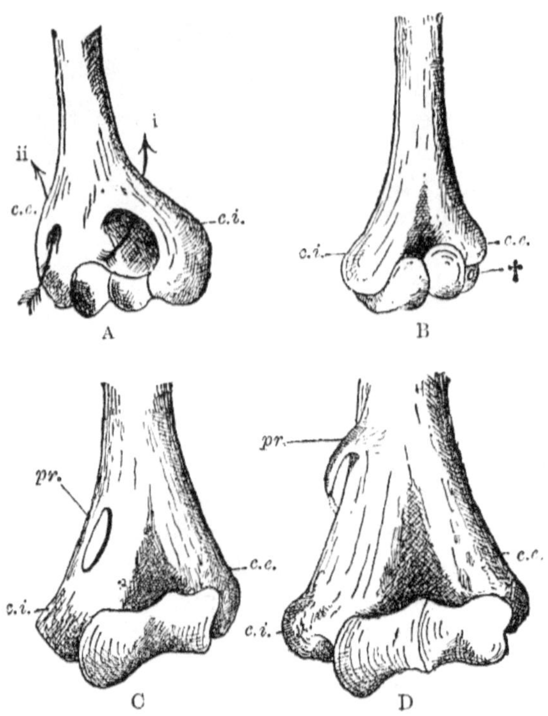

FIGURE. 30.— Extrémité distale de l'humérus pour montrer les foramens épicondyliens. **A** , à *Hatteria* ; **B** , chez un lézard (*Lacerta ocellata*) ; **C** , chez le Chat Domestique ; **D** , dans l'Homme. *ce* , Condyle externe ; *ci* , condyle interne. En **A,** les deux foramens sont développés (en *i* , l'entépicondylien ; en *ii* , l'ectépicondylien). Le seul canal (†) présent chez le Lézard (**B**) se trouve du côté cubital externe, dans l'extrémité distale cartilagineuse. Chez l'Homme (**D**), un processus entépicondylien (*pr*) se développe parfois et se poursuit sous la forme d'une bande fibreuse. (D'après Wiedersheim *Anatomie de l'Homme* .)

Le membre antérieur. — L'humérus est de longueur variable selon les mammifères. Une caractéristique qu'il partage parfois avec l'humérus des formes inférieures est la présence d'un foramen entépicondylien, défaut d'ossification situé au-dessus du condyle interne de l'os qui transmet un nerf. Le même foramen et un foramen ectépicondylien supplémentaire se trouvent chez l'ancien type reptilien *Hatteria* (*Sphenodon*) ; cela se produit également chez les reptiles Anomodont . Ce sont en général seulement les formes inférieures chez les mammifères qui présentent ce foramen ; il est donc présent chez la Taupe et absent chez le Cheval. Le fait qu'on le rencontre occasionnellement chez l'Homme est une preuve supplémentaire de la structure ancienne, à bien des égards, du type le plus élevé de Primate.

Le radius et le cubitus, qui constituent ensemble l'avant-bras, sont tous deux présents chez un grand nombre de mammifères, mais le cubitus tend à disparaître chez les ongulés purement marcheurs et digitigrades, étant cependant présent dans les formes plus anciennes de ces ongulés. Ongulés. Chez l'homme et chez de nombreux autres mammifères, le radius peut être déplacé de sa position normale et traversé par le cubitus ; ce mouvement de pronation a été définitivement fixé chez l'Éléphant, où les os sont croisés mais ne peuvent être altérés en position par les contractions d'aucun muscle. D'autres types s'accordent avec l'Éléphant dans cette fixation des deux os.

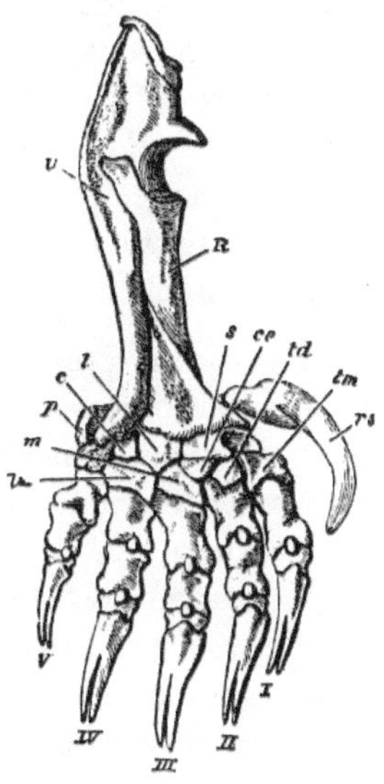

FIGURE. 31.— Os de l'avant-bras et du manus de la Taupe (*Talpa europaea*). × 2. *c* , cunéiforme ; *ce* , centrale; *l* , lunaire; *m* , magnum; *p* , pisiforme; *R* , rayon ; *rs* , sésamoïde radial (falciforme) ; *s* , scaphoïde ; *td* , trapèze ; *tm* , trapèze ; *U* , cubitus ; *u* , inciforme ; *IV* , les chiffres. (De *l'ostéologie* de Flower .)

Les os du poignet présentent de grandes variations selon les mammifères. Le plus grand nombre de personnes présentes se trouve dans un type tel que la Taupe. Nous avons ici une rangée proximale, composée du scaphoïde, du lunaire, du cunéiforme et du pisiforme, qui sont disposés dans leur ordre approprié, en commençant par celui du côté radial du membre, celui qui porte le premier doigt. Une deuxième rangée s'articule en proximal avec ces os et en distal avec les métacarpiens ; les os qui le composent sont, en les mentionnant dans le même ordre, trapèze, trapèze, centrale, magnum, unciforme.

La centrale n'appartient cependant pas vraiment à la rangée distale du carpe, et est en règle générale située au milieu du carpe, à l'écart de l'articulation avec les métacarpiens. C'est un os qui n'est pas couramment présent dans la main des mammifères, mais qui est présent sous diverses formes inférieures, comme le castor et le daman. Cela se produit également chez des types aussi élevés que la majorité des singes ; on le trouve dans le carpe fœtal humain . De nombreuses formes disparues possédaient une centrale distincte. Son importance dans la formation de l'état d'emboîtement du pied de l'ongulé est évoquée plus loin, à la p. 196 . Le seul mammifère qui semble avoir les cinq os appropriés dans la rangée distale du carpe correspondant aux cinq métacarpiens est *l'Hyperoodon* , où cet état de choses se produit au moins occasionnellement. Le dernier os de cette série, l'inciforme, semble représenter deux os fusionnés. Très souvent, le carpe est réduit par la fusion de certains os du carpe ; ainsi chez les Carnivores, il est habituel que le scaphoïde et le lunaire soient fusionnés. Il est intéressant de noter que ces os conservent leur distinction chez les Créodonts ancestraux. Chez de nombreux ongulés, le trapèze disparaît. La réduction des orteils implique en effet une réduction des éléments distincts du carpe.

Quant aux doigts de la main des mammifères, le plus grand nombre est de cinq, les divers os supplémentaires connus sous le nom de prépollex et postminimus étant, on le croit généralement maintenant, de simples ossifications supplémentaires ne représentant pas les rudiments de doigts préexistants. Ils peuvent cependant porter des griffes. [21] Le nombre des phalanges qui succèdent aux métacarpiens est presque constamment de trois chez les mammifères, excepté le pouce, qui n'en a que deux. Ceci est très caractéristique du groupe par opposition aux reptiles et aux oiseaux, et l'augmentation du nombre de ces os chez les baleines et à un très faible degré chez les Sirenia est une reduplication spéciale, qui sera mentionnée lorsque ces animaux seront traités de .

La ceinture pelvienne. — La ceinture pelvienne ou ceinture de hanche est l'ensemble des os qui sont attachés d'une part au sacrum et d'autre part articulés avec le membre postérieur. Quatre éléments distincts sont à reconnaître dans chaque " os innominatum ", nom donné aux os conjoints de chaque moitié du bassin entier. Ce sont : l' ilium, qui s'articule avec le sacrum ; l'ischion, qui est postérieur ; le pubis, qui est antérieur ; et enfin, un petit élément, le cotyloïde, qui se trouve à l'intérieur de la cavité acétabulaire où s'articule le fémur. Les épipubes du Monotrème et du Marsupial sont traités ailleurs (voir p. 116) car ils sont particuliers à ces groupes.

Le professeur Huxley a souligné depuis de nombreuses années que, tandis que les mammifères euthériens diffèrent des reptiles par le fait que l'axe de l'ilium forme un angle moindre avec celui du sacrum, Ornithorhynchus se rapproche le plus du reptile par le fait que cet axe *est* presque perpendiculairement à celui du sacrum. Il est particulièrement intéressant de constater que cette particularité d' *Ornithorhynchus* n'est acquise que plus tard dans la vie, et que le bassin du fœtus se conforme dans ces angles à celui des adultes d'autres groupes de mammifères. Dans tous les cas, la rotation arrière du bassin est une caractéristique des mammifères, et elle est la plus proche parmi les reptiles par l'Anomodontia , dont les affinités avec les mammifères seront traitées plus loin (p. 90). Une autre particularité du bassin des mammifères semble être l'os cotyloïde déjà évoqué. Chez le Lapin, cet os ferme complètement le pubis de toute part de la cavité acétabulaire ; plus tard, il s'ankylose avec cet os. Dans *Ornithorhynchus* le cotyloïde ou os Le cotyle est un élément plus grand de la ceinture que le pubis. Chez d'autres mammifères, il semble donc s'agir d'une structure rudimentaire. Mais il semble que ce soit un os particulier et donc distinctif des mammifères par rapport aux autres vertébrés. La cavité acétabulaire est perforée chez *l'échidné* comme chez les oiseaux ; mais chez certains Rongeurs la même région est très fine et seulement fermée par une membrane, comme chez *les Circolabes villosités* .

Le nombre et la disposition des os du **membre postérieur** correspondent exactement à ceux du membre antérieur. Le fémur, qui correspond à l'humérus, présente quelques diversités de forme. Le cou, qui fait suite à la tête presque globulaire, surface d'articulation avec la cavité acétabulaire du bassin, présente deux zones rugueuses ou tubérosités pour l'insertion des muscles. Une troisième zone, connue sous le nom de troisième trochanter, est présente ou absente selon le cas, et sa présence ou son absence a une importance systématique. En règle générale, les fémurs des types anciens de mammifères sont plus lisses et moins rugueux par la présence de ces trois trochanters que chez leurs représentants modernes. Le radius et le cubitus sont représentés à la patte postérieure par le tibia et le péroné. Ces os ne sont pas croisés, et ne permettent pas de rotation comme c'est le cas du radius et du cubitus. Chez les ongulés, on observe la même tendance au raccourcissement et au caractère rudimentaire du péroné que celle du cubitus, mais elle est plus marquée. L'histoire des ongulés fossiles a montré que les membres postérieurs, quant à leur degré de dégénérescence, sont généralement en avance sur les membres antérieurs. Cela est naturel si l'on considère que les membres postérieurs ont dû précéder les membres antérieurs dans leur adaptation approfondie au mode de progression curseur. Chez les mammifères, l'articulation de la cheville est toujours ce qu'on appelle cruro -tarsien, *c'est-à-dire* entre les extrémités des os des membres et la rangée proximale des tarses ; pas au milieu du tarse comme chez certains Sauropsida (reptiles et oiseaux). Les os de la cheville ressemblent beaucoup à ceux de la main ; mais il n'y a jamais plus de deux os dans la rangée proximale, qui sont l'astragale et le calcanéum. Le premier doit peut-être être considéré comme l'équivalent du cunéiforme et du lunaire réunis. Mais les points de vue quant aux homologies des os du tarse diffèrent considérablement. En dessous se trouve le naviculaire, considéré comme central. La rangée distale du tarse comporte quatre os, trois cunéiformes et un cuboïde. La réduction s'effectue par la soudure de deux cunéiformes comme chez le Cheval, par la fusion du naviculaire et du cuboïde comme chez le Cerf. Aucun mammifère n'a plus de cinq orteils, et leur nombre a tendance à diminuer chez les animaux curseurs (rongeurs, ongulés, kangourous).

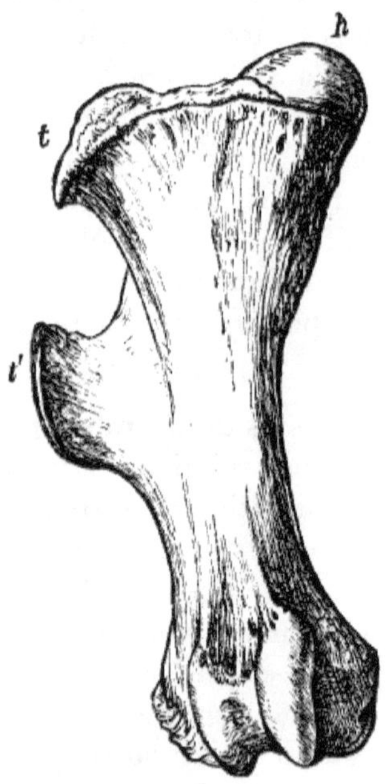

FIGUE. 32.— Face antérieure du fémur droit du Rhinocéros (*Rhinoceros indicus*). × ½. *h* , Tête ; *t* , grand trochanter ; *t* ', troisième trochanter. (De *l'ostéologie* de Flower .)

Dents. — Les dents des Mammalia [22] diffèrent de celles des autres animaux vertébrés sur un certain nombre de points importants. Celles-ci concernent cependant entièrement la forme des dents adultes, leur position dans la bouche et la succession des séries de dents. Sur le plan du développement et sur le plan histologique , il n'y a pas de divergences fondamentales par rapport aux dents des vertébrés inférieurs dans l'échelle.

Chez les mammifères, comme par exemple chez le Chien, les dents sont constituées de trois sortes de tissus : l'émail, la dentine et le ciment. L'émail provient de l'épiderme de la cavité buccale et les deux constituants restants du derme sous-jacent. Les dents naissent tout à fait indépendamment des mâchoires, avec lesquelles elles seront plus tard si intimement liées ; l'indépendance d'origine étant un des faits sur lesquels se fonde la théorie actuelle de la nature des dents. On a fait remarquer que les écailles des poissons élasmobranches sont constituées d'un capuchon d'émail sur une base de dentine, la première étant dérivée de l'épiderme et modelée sur une papille du derme dont les cellules sécrètent la dentine. Le fait que des structures similaires apparaissent à l'intérieur de la bouche (*c'est-à-dire* les dents) s'explique si l'on considère que la bouche elle-même est une invagination tardive de l'extérieur du corps, et que donc la rétention par ses tissus de la capacité de produire de telles structures n'est pas remarquable.

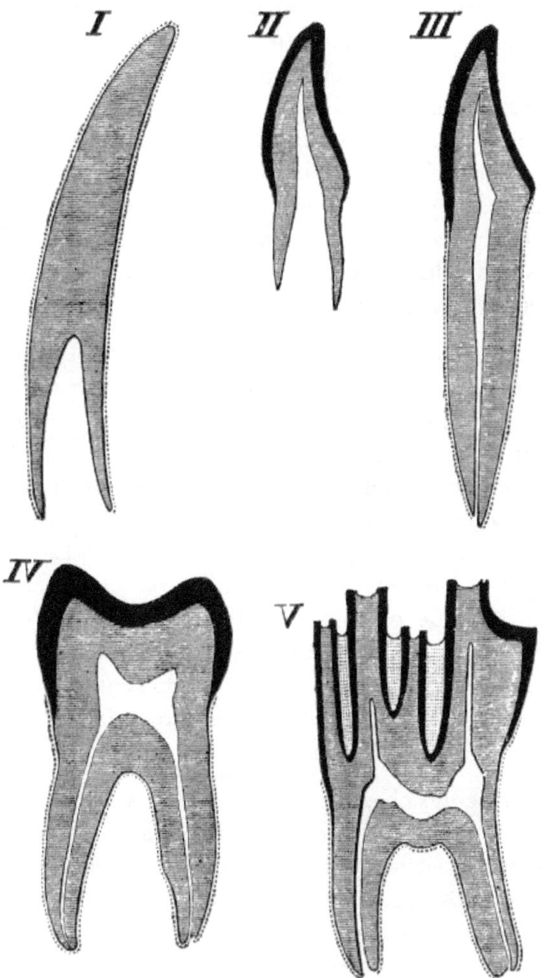

FIGUE. 33.— Coupes schématiques de diverses formes de dents. *I* , incisive ou défense d'éléphant, avec cavité pulpaire ouverte de manière persistante à la base ; *II* , Incisive humaine en cours de développement, avec racine imparfaitement formée et cavité pulpaire largement ouverte à la base ; *III* , incisive humaine complètement formée, avec cavité pulpaire s'ouvrant par une ouverture contractée à la base de la racine ; *IV* , Molaire humaine à large

couronne et deux racines ; V , molaire du Buffle, avec l'émail recouvrant la couronne profondément plié, et les dépressions remplies de ciment ; la surface est usée par l'usage, sinon le revêtement d'émail serait continu au sommet des arêtes. Dans toutes les figures, l'émail est noir, la pulpe blanche ; la dentine représentée par des lignes horizontales et le ciment par des points. (D'après Flower et Lydekker .)

Les relations entre les trois constituants de la dent dans sa forme la plus simple sont illustrées dans le diagramme ci-joint, où la structure intime de l'émail, de la dentine et du ciment (ou croûte de pierre comme on l'appelle parfois) n'est pas indiquée . Ce dernier ressemble le plus à l'os. La dentine est traversée par de fins canaux parallèles les uns aux autres et s'anastomoses ici et là. L'émail est formé de longues fibres prismatiques et est de structure excessivement dure, contenant moins de matière animale que les autres tissus dentaires. C'est à ce fait que sont souvent dues les motifs compliqués du grincement des dents des ongulés, qui sont produits par l'usure de la dentine et du ciment, et par la résistance de l'émail.

Le centre de la papille dentaire reste mou et forme la pulpe de la dent, qui se continue avec les tissus sous-jacents de la gencive par un canal fin ou une large cavité selon les cas. Dans les dents qui poussent de manière persistante tout au long de la vie de l'animal, comme par exemple les incisives des rongeurs, il existe une large intercommunication entre la cavité de la dent et les tissus de la gencive ; seul un canal étroit existe, par exemple, dans les dents de l'homme, et en fait dans la grande majorité des cas. Les trois constituants des dents typiques ne se retrouvent cependant pas chez tous les mammifères ; la couche qui manque parfois est l'émail. C'est le cas de la plupart des Édentés ; mais une découverte intéressante a été faite (par Tomes) selon laquelle chez le tatou il existe une croissance de l'épiderme semblable à celle qui forme l'émail chez d'autres mammifères, un « organe d'émail » rudimentaire.

Les dents sont présentes chez presque tous les mammifères ; et là où ils sont absents, il existe souvent des preuves démontrant que la perte est récente. Les Baleines à os de baleine, les Monotremata , *les Manis* et les Fourmiliers d'Amérique parmi les Edentata sont dépourvus de dents à l'état adulte. Cependant, dans plusieurs de ces cas, on a découvert des dents plus ou moins rudimentaires, qui soit ne coupaient jamais les gencives, soit se perdaient tôt dans la vie. C'est le cas d' *Ornithorhynchus* , où l'on trouve des dents jusqu'à maturité (voir p. 113). Kükenthal a trouvé des germes de dents chez les baleines et du rose chez les *Manis orientaux* . La perte des dents dans ces cas semble avoir un rapport avec la nature de la nourriture. Chez les mammifères mangeurs de fourmis, comme les fourmiliers et *les échidnés* , les fourmis sont léchées par leur langue longue et visqueuse et ne nécessitent aucune mastication. Pourtant, il faut rappeler *qu'Orycteropus* est aussi un fourmilier, comme le Marsupial *Myrmecobius*, dont les deux genres ont des dents.

La première des particularités essentielles des dents des mammifères par rapport à celles des autres vertébrés concerne la position des dents dans la bouche. Il n'existe aucun mammifère incontestable, disparu ou vivant, dont les dents sont attachées à des os autres que le dentaire, le maxillaire et le prémaxillaire. Il n'y a pas de dents vomériennes, palatines ou ptérygoïdes, comme on en rencontre chez les amphibiens et les reptiles.

Les autres particularités des dents des mammifères, quoique vraies dans la grande majorité des cas, ne sont aucune d'entre elles absolument universelles.

Mais il est nécessaire d'approfondir le sujet en raison de la grande importance qui a été accordée au fait de décider des questions de parenté ; de plus, en grande partie sans doute à cause de leur dureté et de leur caractère impérissable, notre connaissance de certaines formes éteintes de Mammalia est entièrement basée sur quelques dents éparses ; tandis que pour quelques autres, notamment des genres du Trias et du Jurassique, il n'y a pas beaucoup de preuves sauf celles fournies par les dents. En effet, la place importante que tient l'odontographie dans l'anatomie comparée est à bien des égards regrettable, quoique inévitable. "Dans presque aucun autre système d'organes d'animaux vertébrés", remarque le Dr Leche, "il n'y a autant de danger de confondre les résultats de la convergence du développement avec de véritables homologies, car pratiquement aucun autre ensemble d'organes n'est moins conservateur et plus complètement soumis. à la moindre impulsion venue du dehors." Les affinités indiquées par les dents sont parfois en contradiction directe avec celles que procurent d'autres organes ; ou, comme dans le cas des simples baleines à dents, aucune preuve d'aucune sorte n'est disponible. Le Dr Leche a fait remarquer que, à en juger simplement par ses dents, *Arctictis* serait rattaché aux ratons laveurs, bien qu'il s'agisse en réalité d'un Viverrid ; tandis que *Bassariscus*, que Sir W. Flower a montré être un raton laveur, est dans ses dents un Viverrid. M. Bateson a été obligé d'entraver le sujet avec une autre difficulté.

En traitant des variations des dents [23] M. Bateson a rassemblé un nombre immense de faits qui tendent à prouver que la variabilité de ces structures est beaucoup plus grande qu'on ne l'avait reconnu auparavant ; que cette variabilité est souvent symétrique ; et que chez certains animaux, comme chez « *Canis cancrivorus*, un renard sud-américain, la majorité présentait quelque anomalie ». Quand on apprend de M. Bateson que « de *Felis fontanieri*, léopard aberrant, on ne connaît que deux crânes, tous deux présentant des anomalies dentaires », il paraît dangereux d'élever une superstructure trop élevée sur une seule mâchoire fossile. Il faut également noter que, contrairement à la superstition dominante, ce ne sont pas les animaux domestiques qui présentent le plus de variations dentaires. Quant aux homologies spéciales entre dent et dent, dont nous traiterons dans une page ultérieure, M. Bateson a évoqué des difficultés presque insurmontables.

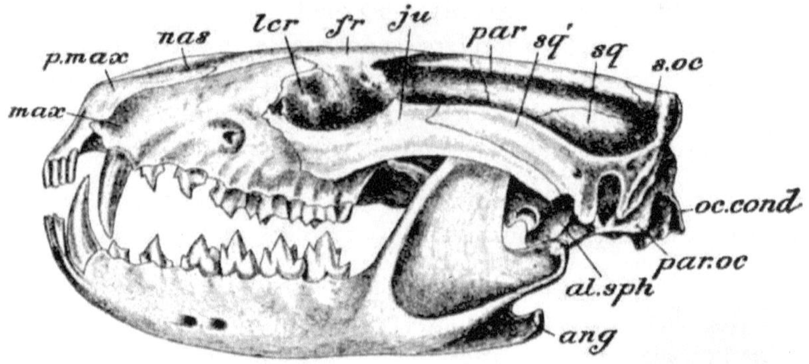

FIGURE. 34.— Crâne de Dasyurus (vue latérale). *al.sph* , Alisphénoïde ; *ang* , processus angulaire de la mandibule ; *fr* , frontal; *ju* , jugal; *lcr* , lacrymal; *max* , maxillaire ; *nas* , nasal; *oc.cond* , condyle occipital ; *par* , pariétal; *par.oc* , processus paroccipital ; *p.max* , prémaxillaire ; *s.oc* , supraoccipital ; *carré* , squamosal; *sq* ', processus zygomatique de squamosal. (De Parker et Haswell's *Zoology* .)

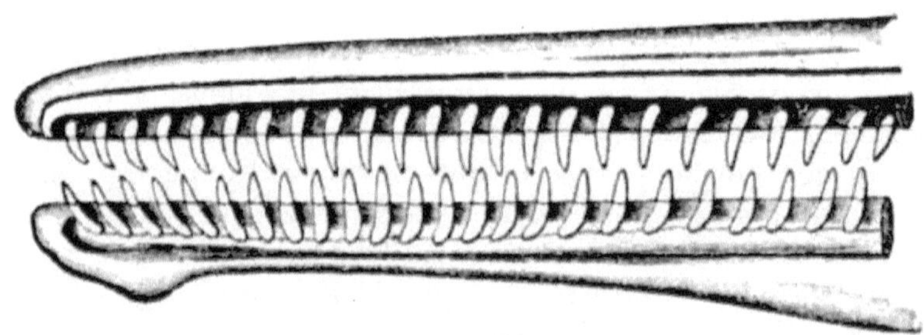

FIGURE. 35.— Dents supérieures et inférieures d'un côté de la bouche d'un dauphin (*Lagenorhynchus*), illustrant le type de dentition homodonte chez un mammifère. (D'après Flower et Lydekker .)

Les dents des Mammalia sont presque sans exception des « hétérodontes », *c'est-à-dire* qu'elles présentent des différences de structure dans différentes parties de la bouche. En règle générale, les dents peuvent être regroupées en incisives coupantes, canines coniques pointues et molaires, dont la surface est dans la majorité des cas adaptée au meulage. En cela, ils contrastent avec la majorité des vertébrés inférieurs, dont les dents sont «homodontes» (ou, mieux, *homéodontes*), *c'est-à-dire* toutes plus ou moins semblables et non adaptées par changement de forme pour accomplir des tâches différentes. Mais il y a des exceptions des deux côtés. Chez les baleines à dents, les dents sont homodontes, comme chez la grenouille et chez la plupart des reptiles ; d'autre part, certains des reptiles remarquables appartenant à l'ordre des Anomodontia du professeur Huxley ont des canines distinctes et présentent d'autres différenciations dans leurs dents.

Une deuxième caractéristique de la dentition des mammifères est le nombre limité de dents, qui dépasse rarement cinquante-quatre. Ici encore, les baleines à dents font exception, le nombre de leurs dents étant aussi grand que celui de nombreux reptiles. Chez les mammifères, le nombre de dents est fixe (sauf bien sûr anomalies), tandis que chez les reptiles, il n'y a souvent pas de normale précise. Deux régions peuvent être distinguées dans chaque dent : la couronne et la racine ; cette dernière, comme son nom l'indique, est incrustée dans la gencive, tandis que la couronne est le sommet librement saillant de la dent. Les proportions variables de ces deux régions de la dent permettent de diviser les dents en deux séries : le brachyodonte et l'hypselodonte ; chez ces derniers, la couronne se développe aux dépens de la racine, qui est petite ; la dent hypselodonte est une dent qui pousse à partir d'une pulpe persistante ou, en tout cas, qui est ouverte depuis longtemps. Les dents brachyodontes , au contraire, ont des canaux étroits qui pénètrent dans la dentine. La forme primitive de la dent semble sans doute être une dent conique à une seule racine, telle qu'on en conserve aujourd'hui chez les baleines à dents et dans les canines de presque tous les animaux. Le développement des dents, c'est-à-dire la forme simple en forme de cloche de l'organe de l'émail, semble contribuer dans une certaine mesure à le prouver ; mais c'est une tout autre question de savoir si nous pouvons raisonnablement considérer que les baleines ont conservé cette forme primitive de dent. Dans leur cas, la simplification, comme c'est si souvent le cas lorsque les organes sont simplifiés, semble être plutôt une dégénérescence qu'une rétention de caractères primitifs. Mais c'est une question qui doit être reportée pour le moment.

Les incisives sont généralement de structure simple et presque toujours à racine unique. Chez les rongeurs, chez les Tillodontia éteints et chez les marsupiaux Diprotodontes, ils sont devenus grands et, comme nous l'avons déjà dit, leur taille augmente continuellement à cause de la pulpe en croissance. Ces dents ont une couche d'émail uniquement sur la face antérieure, qui conserve sur elles un bord tranchant en forme de ciseau en raison du fait que l'émail plus dur s'use plus lentement que la dentine relativement molle. La « corne » du narval est une autre modification d'une incisive, tout comme les défenses des éléphants. Chez les Lémuriens, les incisives sont denticulées et servent à nettoyer la fourrure à la manière d'un peigne. C'est nettement le cas chez *Galeopithecus* . Les incisives sont parfois totalement absentes, comme chez les Paresseux, parfois partiellement absentes, comme chez de nombreux Artiodactyles , où les incisives inférieures mordent contre un coussinet calleux de la mâchoire supérieure, dans lequel aucune trace d'incisives n'a été trouvée.

Les canines sont présentes chez la majorité des mammifères, mais sont absentes sans une seule exception dans les mâchoires du Rodentia. La canine de la mâchoire supérieure est la dent qui vient immédiatement après la suture séparant le prémaxillaire de l'os maxillaire. Les canines sont en général de simples dents coniques, n'ayant qu'une seule racine ; en fait , elles ressemblent à ce que nous pouvons supposer être le premier type de dent développé chez les mammifères. En cela, elles ressemblent aussi, en règle générale, aux incisives précédentes. Mais on connaît des cas où les canines sont implantées par deux racines. Cela se voit chez *le Triconodon* , chez le porc *Hyotherium* , chez la Taupe et quelques autres Insectivores, et chez le *Galeopithecus* , où les incisives peuvent aussi être ainsi implantées dans la mâchoire. En outre, l'état simple de la couronne de la dent peut être modifié. C'est le cas d'une Chauve-souris frugivore appartenant au genre *Pteralopex* . Chez les mammifères plus primitifs, il est courant de ne trouver pas de grande différence entre les canines et les incisives ; tel est le cas des premiers types d'ongulés de l'Éocène, tels que *Xiphodon* . Cependant, chez les mammifères modernes, en particulier chez les carnivores, les canines ont tendance à devenir plus grandes et plus fortes que les incisives, et chez certains chats et chez les morses, ces dents sont représentées par d'énormes défenses offensives. Il n'est pas rare que les canines des animaux mâles soient plus grandes que celles de leurs partenaires. Il existe aussi des cas comme le Cerf porte-musc et le Kanchil où le mâle seul possède ces dents, mais seulement dans la mâchoire supérieure. Les dents qui suivent les canines sont connues sous le nom de broyeurs ou dents de joue, ou plus techniquement sous le nom de prémolaires et molaires. Ces deux derniers termes séparent les dents qui naissent à des époques différentes, et leur emploi sera expliqué plus loin. Entre- temps , il convient de souligner que les dents jugales sont les dents qui présentent la plus grande variation dans leur structure ; ceci est démontré par le nombre et la variété des cuspides dans lesquelles se termine la surface mordante. Les dents qui grincent varient de simples dents à une cuspide, exactement comme des canines, à des dents comportant un nombre énorme de tubercules séparés. Dans le premier cas, il est difficile de distinguer les incisives, les canines et les joues de la mâchoire inférieure, où aucune suture ne sépare l'os. De plus, il est assez courant que la première dent jugale de la mâchoire inférieure ait les caractères d'une canine, tandis que la vraie canine se rapproche dans sa forme des incisives antérieures. C'est le cas, par exemple, des Lémuriens, où la première prémolaire est caniniforme, et la canine partage la curieuse attitude couchée qui distingue les incisives inférieures de beaucoup de ces animaux.

Un nombre variable de dents jugales antérieures peuvent être un peu plus que de simples dents coniques ; mais le reste de l'ensemble est généralement plus compliqué. Aucune loi précise ne peut être établie quant à la complication de l'ensemble postérieur par rapport à l'ensemble antérieur. En gros, ce sont des êtres purement herbivores, chez lesquels on constate la moindre différence aux deux extrémités, et qui sont en même temps les plus richement ornés de tubercules et de crêtes. L'inverse est vrai : chez les animaux purement carnivores, y compris les formes insectivores et piscicoles, il y a la plus grande différence entre la série antérieure de dents grinçantes et celles qui suivent. A ces deux égards, des animaux comme le lémurien et le rhinocéros occupent les extrêmes. En outre, on peut dire que les créatures omnivores se situent, comme leur régime alimentaire le suggère, dans une position intermédiaire. D'une manière générale, lorsqu'il y a une différence marquée entre la première prémolaire et les molaires de fin de série, il y a un rapprochement progressif de la structure de type progressif. Les tubercules deviennent plus nombreux dans les dents successives ; mais le corollaire qui semble en déduire, *à savoir* que la dernière molaire est la plus élaborée de la série, n'est en aucun cas toujours vrai. En effet, la dernière dent de la joue est souvent dégénérée. En revanche, il est très nettement le plus grand de la série dans des espèces aussi diverses que l'éléphant, le porc *Phacochoerus* et le rongeur *Hydrochoerus* . En règle générale, les dents jugales de la mâchoire supérieure sont plus compliquées que les dents correspondantes de la mâchoire inférieure.

La structure des dents jugales est très diversifiée parmi les mammifères. D'une manière générale, deux types doivent être reconnus . Il y a des dents dont la surface de broyage est élevée en une série de deux tubercules, voire plusieurs, plus pointus ou plus émoussés selon le cas ; plus pointus et moins nombreux à la fois chez les types carnivores et surtout chez les insectivores, plus abondants chez les animaux omnivores. . À cette forme de dent, le terme « bunodont » est appliqué. Il ne fait aucun doute qu'il s'agit du type de dent le plus ancien ; mais la question de savoir si la condition la plus réduite ou la plus cuspidée est la condition primitive est une question réservée à l'examen à la fin du présent chapitre. L'autre type de dent abrasée est connu sous le nom de « lophodont ». Ceci est illustré par des types tels que les périssodactyles et les ongulés en général, ainsi que par les rongeurs. La dent est traversée par des crêtes qui ont généralement une direction transversale par rapport au grand axe de la mâchoire dans laquelle se trouve la dent. Les crêtes peuvent être considérées comme s'étant développées entre des tubercules qu'elles relient et dont la distinction en tant que tubercules est ainsi détruite. Les dents de Lophodont ne se trouvent que chez les animaux se nourrissant de légumes.

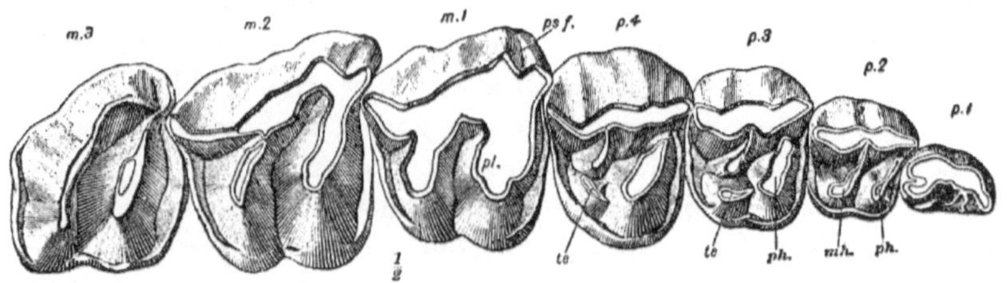

FIGUE. 36.— Molaires d' *Aceratherium platycephalum* . × ½. *m.1-m.3* ., Molaires ; *mh* , métalophe; *p.1-p.4* , prémolaires ; *ph* , protolophe ; *ps.f* , fosse parastyle ; *te* , tétartocone . (D'après Osborn.)

Les caractéristiques particulières des dents de divers groupes d'animaux seront examinées plus en détail dans le cadre des récits de plusieurs ordres de mammifères récents et fossiles.

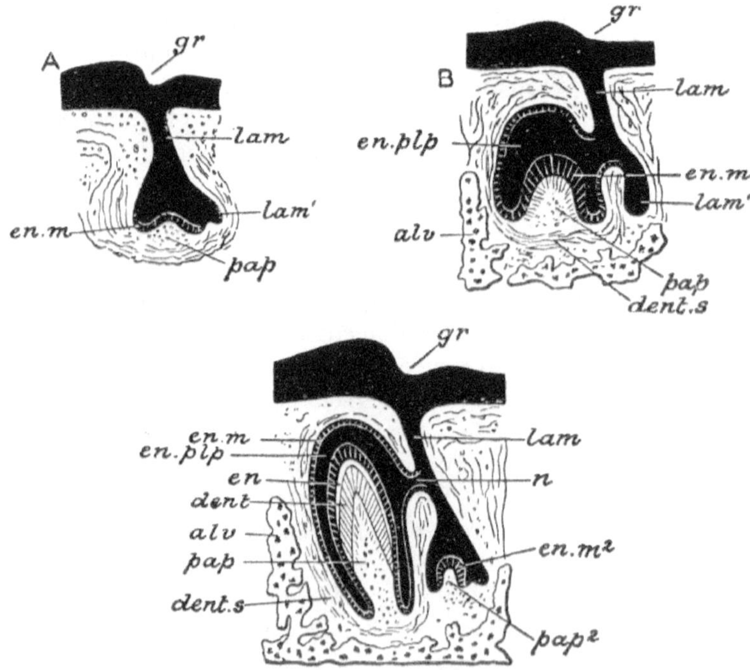

FIGUE. 37.— Deux étapes dans le développement des dents d'un mammifère (coupes schématiques). *alv* , Os de l'alvéole ; *dent* , dentine; *dent.s* , sac dentaire ; *fr* , émail; *en.m* , membrane d'émail; *en.m* ², membrane émaillée d'une dent permanente ; *fr.plp* , pâte d'émail; *gr* , sillon dentaire ; *lam* , lame dentaire ; *lam* ', partie de la lame dentaire qui pousse vers le bas, sous le germe dentaire ; *n* , cou reliant les germes de lait et la dent permanente ; *Pap* , papille

dentaire ; *Pap* [2], papille dentaire de la dent permanente. (D'après O. Hertwig .)

Une caractéristique très générale des dents des Mammalia est ce qu'on appelle habituellement la dentition diphyodonte. Dans la majorité des cas, il existe deux séries de dents développées, dont la première dure relativement peu de temps et est appelée, en raison de son époque habituelle d'apparition, la « dentition de lait » ; celle-ci est remplacée plus tard par la dentition permanente. Chez les vertébrés inférieurs, les dents sont remplacées lorsqu'elles sont usées. Il n'existe cependant pas, en cette matière, d'antithèse aussi grande qu'on le croyait autrefois entre les mammifères et les autres vertébrés. Mais pour expliquer cette partie très importante du sujet, il sera nécessaire de rendre compte du développement des dents. Le type choisi est le Hérisson, qui a été récemment et soigneusement décrit par le Dr Leche de Stockholm, type qui présente en outre l'avantage d'être un type "central" de mammifère. La première étape de la formation des dents est une invagination continue de l'épithélium recouvrant la mâchoire pour former une paroi de tissu plus profonde s'étendant dans l'épaisseur de la mâchoire ; celle-ci est parfaitement continue d'un bout à l'autre de la mâchoire inférieure. A partir de ce "germe d'émail commun" (*Schmelzleiste* des Allemands [24]), des "germes d'émail spéciaux" (*Schmelzorgane* , organes de l'émail) se développent ici et là sous forme d'épaississements en forme de bourgeons qui naissent sur la face externe du pli de l'épithélium. et quelque peu au-dessus de sa terminaison inférieure. Ceux-ci acquièrent finalement une forme en forme de cloche et sont comme moulés sur une concentration épaissie du derme en dessous ; ils se séparent alors de la croissance de l'épithélium d'où ils sont issus. Finalement, chacun des huit germes devient l'une des dents de lait de l'animal. L'extrémité inférieure de la feuille d'épithélium invaginé, germe commun de l'émail, est le siège de la formation de la deuxième denture, dont cependant, chez l'animal considéré, il n'y en a que deux dans chaque mâchoire. Mais correspondant à chacun des germes d'émail de la dentition de lait, à l'exception des deux premières molaires, il existe un léger épaississement de l'extrémité du germe d'émail commun, qui à un certain stade se confond avec l'épaississement qui deviendra un des dents permanentes. Nous avons ainsi la disposition des diphyodontes. Mais ceci n'épuise pas la série des dents rudimentaires, quoique pas plus parvenues à maturité que celles dont le développement a déjà été évoqué. Dans la mâchoire supérieure, une petite excroissance du germe d'émail commun apparaît au-dessus et sur la face externe du germe d'émail de la troisième incisive de lait ; cela ne se développe pas davantage, mais sa ressemblance avec le germe initial d'une dent semble indiquer qu'il s'agit du reste d'une série de dents antérieure à la série de lait. De plus, il existe des indications dans la quatrième prémolaire d'une quatrième série de dents d'apparence postérieure à la dentition permanente. Nous arrivons donc à la conclusion importante que, bien qu'ici comme ailleurs il n'y ait que deux séries de dents calcifiées jamais développées, il existe des restes faibles mais indubitables de deux autres séries, l'une antérieure et l'autre postérieure à la dentition diphyodonte. L'écart qui sépare donc la dentition des mammifères de celle des reptiles est donc moindre qu'il ne l'était jusqu'à présent. Le Dr Leche a également étudié attentivement le développement dentaire de *l'iguane* ; il a découvert que chez ce lézard, il y a quatre séries de dents qui arrivent à maturité, et une série rudimentaire antérieure à celles-ci qui ne produit jamais de dents complètement formées.

Chez quelques mammifères, il existe une sorte de dentition connue sous le nom de monophyodonte, dans laquelle une seule série de dents atteint sa maturité ; où en fait il n'y a pas de remplacement d'une série de lait par une dentition permanente. De la dentition monophyodonte, les baleines constituent un exemple. Les Marsupiaux sont à peu près un exemple du même phénomène ; car Sir W. Flower a montré, et M. Thomas a confirmé sa découverte, qu'une seule dent, selon M. Thomas, la quatrième prémolaire, est remplacée dans ce groupe. Mais même la dentition purement monophyodonte des baleines à dents constitue un contraste plus apparent que réel avec la dentition diphyodonte répandue ailleurs. Une étude des embryons de diverses baleines à dents par le Dr Kükenthal et par le Dr Leche a mis en lumière le fait très important que deux dentitions sont présentes, mais qu'une seule n'arrive qu'à maturité ; de ce fait découle évidemment la question intéressante : — À laquelle des deux dentitions des mammifères plus normaux appartient la dentition monophyodonte des baleines et des marsupiaux ? A cette question, une réponse claire est heureusement possible. Comme cela a été souligné dans le schéma précédent du développement dentaire et illustré dans les figures, les dents de lait se développent comme des excroissances latérales du germe commun de l'émail, tandis que les dents permanentes naissent de l'extrémité de la même bande de tissu. Ce fait permet d'affirmer apparemment hors de tout doute que chez les Baleines et chez les Marsupiaux c'est la dentition de lait qui est la seule à arriver à maturité. Ainsi, la conclusion théorique antérieure selon laquelle la dentition marsupiale « est une dentition secondaire avec seulement une dent de la denture primaire » s'avère fausse, sur des bases embryologiques. Mais il existe d'autres animaux monophyodontes que ceux déjà mentionnés. [25] *Orycteropus* , le Fourmilier du Cap, en est un exemple. M. Thomas a récemment découvert que dans cet édenté il y a une série de dents de lait minuscules, quoique calcifiées, qui ne coupent probablement jamais la gencive ; nous avons ici un type différent de monophyodontisme , dans lequel les dents appartiennent à la seconde série et non à la première. Entre cette dernière condition et l'état diphyodonte se trouvent des étapes intermédiaires. Ainsi chez les Otaries les dents de lait se développent mais disparaissent précocement, probablement avant la naissance de l'animal.

Dans la dentition diphyodonte typique, telle qu'elle se présente par exemple chez l'Homme et chez la grande majorité des mammifères, les dents de lait finissent par disparaître complètement et sont entièrement remplacées par la denture permanente, à l'exception bien entendu des molaires, qui bien qu'ils se développent tardivement, ils appartiennent à la série laitière.

Leur correspondance avec la série du lait est montrée d'une manière intéressante par la ressemblance étroite qu'a souvent la dernière prémolaire du lait avec la première molaire. Ces deux extrêmes de la dentition, *c'est-à-dire* purement monophyodonte et, à l'exception des molaires, purement diphyodonte, sont cependant reliés par un état de choses intermédiaire, qui est représenté par plus d'un étage. Chez *Borhyaena* (probablement un Sparassodont), les incisives et les canines et deux des quatre prémolaires appartiennent à la dentition permanente, tandis que les deux prémolaires restantes et bien sûr les trois molaires appartiennent à la série du lait. *Les Prothylacinus* , genre appartenant au même groupe, ont une dentition qui est un ou deux pas plus avancée dans la direction des Marsupiaux récents. On trouve, d'après Ameghino [26] dont les conclusions sont acceptées par M. Lydekker , que les incisives, les canines et les deux prémolaires appartiennent à la série laitière, tandis que la série permanente n'est représentée que par les deux prémolaires restantes. Nous pouvons tabuler cette série comme suit : -

(1) Purement monophyodont, avec des dents uniquement du premier ensemble : baleines à dents.

(2) Incomplètement monophyodonte, comme chez les Marsupiaux, où il y a une dentition de lait avec une seule dent remplacée. [27]

(3) Incomplètement diphyodonte, avec la dentition constituée en partie de lait, en partie de dents permanentes, comme chez *Borhyaena* .

(4) Diphyodont, où toutes les dents, à l'exception des molaires, sont du deuxième ensemble ; cela caractérise presque tous les mammifères.

À mesure que l'on passe des formes anciennes à leurs représentants les plus récents, il y a en règle générale un développement progressif de la forme des dents. Ceci est particulièrement marqué chez les Ungulata . Le type extrêmement complexe de dent trouvé sous une forme telle que celle du Cheval existant peut être retracé, à travers une série d'étapes, jusqu'à une dent dont la couronne est marquée par quelques tubercules ou cuspides séparés. Arrivé à ce point, les différences entre les dents des chevaux ancestraux et celles des rhinocéros et tapirs ancestraux sont difficiles à distinguer avec précision ; et la même difficulté est éprouvée en essayant de donner une définition d'autres grands ordres par les caractères des dents, comme cela s'appliquera à l'Éocène ou même aux représentants antérieurs de ces familles. La figure 36 (p. 51) illustrant une série de dents de mammifères illustrera les remarques ci-dessus. Le fait qu'il existe une telle convergence dans la structure dentaire montre qu'il est, du moins en théorie, possible de déterminer la forme ancestrale de la dent de mammifère. En pratique, cependant, les difficultés qui se posent à une telle théorie sont grandes ; le fait qu'il existe des points de vue aussi divergents et aussi fortement antithétiques en est une preuve suffisante. Deux opinions principales prévalent : l'une, qui a trouvé le plus de faveur en Amérique et qui est due principalement aux travaux et à la capacité de persuasion des professeurs Cope, Scott, Osborn et d'autres, est connue sous le nom de « trituberculisme ». [28] Le point de vue alternatif, comme le préconisent Forsyth Major, Woodward et Goodrich, tente de montrer que la dentition du mammifère original comprenait des dents grinçantes qui étaient multicuspidées ou « multituberculeuses ». Il y a beaucoup à dire en faveur des deux points de vue, et il y a aussi quelque chose à dire contre les deux.

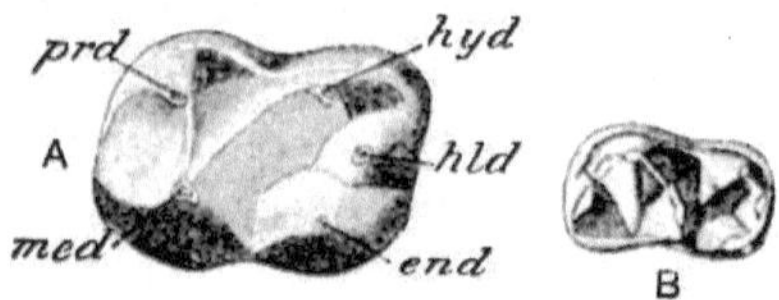

FIGUE. 38.— Dents molaires de A, *Phenacodus* et B, le Creodont *Palaeonictis* . *Extrémité* , endoconide ; *hld* , hypoconulide ; *hyd* , hypoconide ; *med* , métaconide ; *prd* , protoconide. (D'après Osborn et Wortman.)

Cette question est cependant enveloppée dans une question plus large. Sa solution dépend de l'ascendance des mammifères. Si les Mammalia doivent dériver de reptiles dotés de dents coniques simples, le premier stade du développement du trituberculy est alors prouvé. D'un autre côté, cependant, il est de plus en plus évident que les Theromorpha représentent, plus que tout autre groupe de non-mammifères que nous connaissons, la forme ancestrale probable des mammifères. Ces animaux offrent un certain soutien aux deux points de vue dominants. *Cynognathus* possédait des dents triconodontes qui, comme nous le soulignerons plus loin, constituent une étape théorique intermédiaire dans l'évolution des dents trituberculaires ; d'autre part, les dents du *Diademodon* et de quelques autres sont multituberculées et ont été très justement comparées aux dents multituberculées de mammifères primitifs tels que l'Ornithorhynchus. Le professeur Osborn a sans doute raison de mettre en italique une remarque d'un auteur anonyme de *Science* selon laquelle chez *Diademodon* les dents, bien que multituberculeuses , montrent la prédominance de trois cuspides disposées de façon trituberculaire. Mais ceci n'est peut-être qu'une preuve que le multituberculaire est antérieur au trituberculaire. Il se peut, en effet, que la dent de mammifère ait déjà été différenciée parmi les Sauriens ressemblant à des mammifères et qu'à partir d'une forme telle que *Cynognathus* l' Eutheria et d'autres formes dans lesquelles un arrangement trituberculaire peut être détecté aient évolué, et à partir d'une forme telle que *Tritylodon* le Branche monotrémateuse des mammifères. Cette manière d'envisager les choses harmonise une question très controversée, mais implique une origine diphylétique des mammifères, origine qui, pour d'autres raisons, n'est pas sans partisans.

Nous allons maintenant tenter de donner une idée générale des faits et des arguments qui soutiennent ou tendent à soutenir le « trituberculisme ». En fait, le nom est inexact ; car les tenants de cette opinion ne font pas dériver la molaire d'un mammifère d'un état trituberculé , mais en premier lieu d'un simple cône tel que celui d'un crocodile !

A cette cuspide principale et d'abord unique venait en renfort une cuspide supplémentaire de chaque côté, ou plutôt à chaque extrémité, compte tenu de leur position par rapport au grand axe de la mâchoire. Ce stade est le stade « triconodonte », et des dents existent chez les mammifères vivants et disparus qui présentent cette forme précoce de dent. Nous avons en effet le genre *Triconodon* , ainsi nommé pour cette raison même. Parmi les mammifères vivants , les Phoques et les Thylacines présentent tous des dents triconodontes . On peut remarquer qu'une baleine à dents est un exemple vivant de mammifère doté de dents monoconodontes . Les trois cuspides primaires, comme les appellent les partisans de la théorie du trituberculisme de Cope , sont appelées respectivement protocone, paracone et métacone, ou, si elles se trouvent dans les dents de la mâchoire inférieure, protoconide, paraconide et métaconide. Un peu plus tard, ou par coïncidence, un rebord entourait en partie la couronne de la dent ; le bord est connu sous le nom de cingulum, et à partir d'une élévation proéminente de ce bord, une quatrième cuspide, l'hypocône, s'est développée. Les trois cônes principaux se déplaçaient alors, ou plutôt deux d'entre eux se déplaçaient, de manière à former un triangle ; c'est le stade trituberculaire. Les dents de ce modèle sont courantes et se présentent sous des formes aussi anciennes que les Insectivores et les Lémuriens, en plus de nombreux groupes éteints. Un amendement a été suggéré, et c'est de nommer les dents avec le simple triangle primitif « trigonodonte », et de réserver le terme trituberculaire aux dents dans lesquelles l'hypocône est apparu. La plate-forme portant l'hypocône s'élargit en « talon » ; et ce rebord s'est transformé en deux cuspides supplémentaires, l' hypoconule ou hypoconulide, et l' ectocone ou ectoconide . Ainsi est obtenue la dent sextuberculée typique des Ongulés primitifs, et même de nombreux Euthériens primitifs. De là, les dents encore plus compliquées des ongulés modernes peuvent être dérivées par d'autres ajouts ou fusions, etc. [29] D'autre part, le développement de la molaire du primate s'arrête net au stade de quatre cuspides.

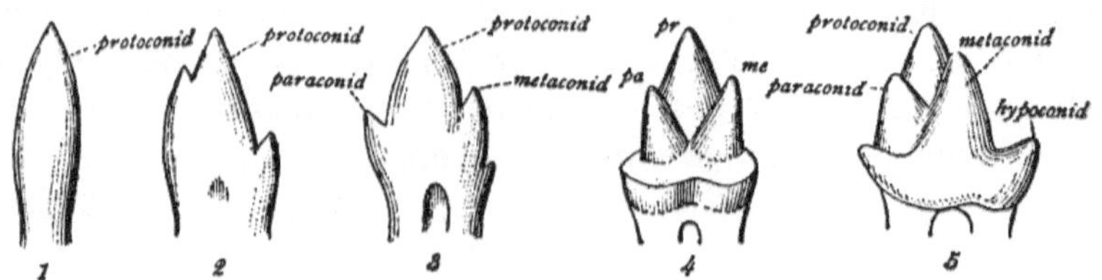

FIGURE. 39.— Quintessence de l'évolution d'une dent cuspidée. 1, reptiles ; 2, *Dromathérium* ; 3, *Microconodon* ; 4, *Spalacotherium* ; *moi* , métaconide ; *pa* , paraconide ; *pr* , protoconide ; 5, *Amphithérium* . (D'après Osborn.)

Qu'une telle série puisse être retracée est un fait incontestable. Chaque étape existe, ou a existé. Mais la question de savoir si les étapes peuvent être reliées ou non est une tout autre question. C'est par trois principales lignes d'argumentation que s'appuie le point de vue esquissé ici brièvement. En premier lieu, le repérage des pedigrees de nombreux groupes de mammifères a rencontré un succès très considérable ; et il est clair qu'en passant du Cheval et du Rhinocéros vivants, avec leurs molaires compliquées, à leurs précurseurs, nous constatons que tous deux peuvent être rapportés à une molaire d'Ongulé primitif n'ayant que six cuspides. En remontant encore plus loin jusqu'au type éocène le plus bas et ancestral tel qu'il apparaît, l'*Euprotogonia* , on retrouve encore dans la dent molaire le plan de structure sextuberculaire . On ne peut guère remonter plus loin dans l'évolution des Périssodactyles avec une quelconque probabilité de sécurité. D'un autre côté, de nombreux faits suggèrent une relation fondamentale entre les Ongulés primitifs et les premiers Créodontes. Ces dernières présentent fréquemment des molaires clairement trituberculaires. Des ongulés tels que *Euprotogonia* et *Protogonodon* , bien que sexués ou quinque-tuberculeux quant à leurs molaires, ont un trituberculisme nettement prédominant , lorsqu'on prend en compte la *taille* et l'importance de trois des cuspides. Mais cela manque de finalité en tant que preuve convaincante de la dent trituberculaire en tant que dent primitive d'ongulé.

Le professeur Osborn a ingénieusement utilisé certaines déviations par rapport au type normal de structure dentaire (pour le groupe) en faveur de ses opinions fortement encouragées. Si les étapes du développement ont été telles qu'il le suggère, une régression se serait naturellement produite dans l'ordre inverse ; ainsi la « molaire inférieure apparemment « triconodonte » de *Thylacinus* » peut être interprétée comme une régression par rapport à une dent trituberculaire. De la même manière peuvent s'expliquer les dents triconodontes des Phoques et du Cétacé *Zeuglodon* . Finalement, les baleines à dents modernes ont rétrogradé en « haplodontie ».

Des preuves embryonnaires ont également été utilisées, et avec un certain succès, pour contribuer à la preuve de la théorie trituberculaire des dents.

Taeker a montré que chez le cheval, le cochon et quelques autres ongulés, il y a d'abord une seule butte ou pointe, et que plus tard les cônes supplémentaires apparaissent séparément. Une pierre d'achoppement apparente soulevée par ces investigations est que ce n'est pas toujours le protocone ou son équivalent dans la mâchoire supérieure qui apparaît en premier, comme il devrait évidemment le faire phylogénétiquement. Ceci ne constitue cependant pas un argument final dans un sens ou dans l'autre. Nous savons, grâce à de nombreux exemples, que les processus havegénétiques ne correspondent parfois pas dans leur ordre aux changements phylogénétiques. Ainsi, dans le cœur des mammifères, le ventricule se divise avant l'oreillette ; et bien sûr , phylogénétiquement, l'inverse devrait se produire, puisqu'une oreillette divisée précède un ventricule divisé. Ce mode de développement a d'ailleurs été interprété autrement. On a cru que cela signifiait que les dents complexes des mammifères étaient bien dérivées de cônes simples mais par la fusion d'un certain nombre de ces cônes.

D'un autre côté , il faut tenir compte des affirmations de la théorie multituberculeuse sur l'origine des dents des mammifères. Les preuves paléontologiques ont déjà été, dans une certaine mesure, utilisées . La présence de telles dents parmi les précurseurs possibles des mammifères et chez certains des types les plus primitifs de mammifères a été signalée. Monsieur Ameghino s'attarde sur la condition sextuberculeuse de nombreux mammifères primitifs appartenant même aux Eutheria . Dans une communication récente [30] , il tente d'identifier six tubercules dans les molaires de types appartenant à des ordres variés. La même condition, comme nous l'avons noté, caractérise cette ancienne forme d'ongulés *Euprotogonia* . Même là où les dents semblent à première vue trituberculaires, une étude détaillée montre des traces de cuspides autrement disparues.

Il ne faut pas oublier, en basant nos arguments sur les premiers mammifères du Jurassique et du Crétacé, que notre connaissance de ceux-ci dépend principalement des mâchoires inférieures, dont les dents sont généralement de forme plus simple que celles des mâchoires supérieures. Par ailleurs, un autre fait, sur lequel on n'insiste pas toujours, ne doit pas être perdu de vue. Chez beaucoup de ces créatures, les mâchoires étaient de petite taille et contenaient pourtant une grande série de dents molaires. *L'Amphitherium* , par exemple, avait six molaires, et cinq est un nombre fréquemment rencontré. Comme les dents sont si nombreuses et les mâchoires si petites, il semble raisonnable de relier la simplicité de la structure des dents à la nécessité d'en regrouper un certain nombre. Le même argument peut expliquer en partie la surabondance de dents de nombreuses baleines à dents. Il est vrai que le Lamantin possède de très nombreux broyeurs mais pourtant complexes ; mais alors chez cet animal il y a une succession, et la mâchoire ne tient pas à un moment donné toute la série dont elle est munie en relais.

Par contre, là où les molaires sont peu nombreuses , elles sont souvent du type multituberculeux , ou du moins s'en rapprochent ; le *Polymastodon* multituberculé en est un bon exemple ; de même les molaires d' *Hydrochoerus* et de beaucoup d'autres rongeurs.

Il est bien connu que la quatrième molaire temporaire de la mâchoire supérieure, qui est remplacée par une prémolaire permanente chez l'animal adulte, est d'une structure plus complexe que celle qui lui succède. Cela pourrait en effet être étendu aux prémolaires plus précoces dans la série. Chez le Chien « les deuxième et première molaires de lait ressemblent beaucoup aux troisième et deuxième prémolaires » ; Or, les prémolaires de lait appartiennent évidemment à la même dentition que les molaires permanentes, et ce sont des dents plus anciennes que les dents de remplacement développées plus tard. Il est donc significatif que ces premières dents soient plus cuspidées que les dernières. Il plaide nettement en faveur de la simplification plutôt que de la complication des dents dans le temps, dans les groupes concernés.

Ces faits pourraient éventuellement être appliqués à l'explication des dents simples de certains mammifères du Jurassique et du Crétacé. On a dit que la tritubercule absolue est extrêmement rare parmi ces créatures anciennes ; plus généralement, on trouve au moins des traces de cuspides supplémentaires. Dans certains d'entre eux, nous pouvons avoir affaire à des cas de changement complet de dent ; la suppression, à l'exception d'une dent, que l'on trouve chez les marsupiaux, n'a probablement pas été développée chez au moins certains de ces premiers mammifères. La simplicité peut donc avoir été précédée par la complexité et n'être qu'une simple adaptation à un régime insectivore.

Canal alimentaire . — La *bouche* des Mammalia est remarquable par le fait qu'à quelques exceptions près, comme chez les Baleines, elle présente des lèvres épaisses et charnues. Leur fonction est de saisir la nourriture. Le toit de la bouche est formé par le « palais dur » en avant, qui recouvre les régions maxillaire et palatine. Cette région est souvent couverte de crêtes surélevées, de disposition symétrique, particulièrement marquées chez les ruminants. Ils sont très réduits chez les Rongeurs, où la partie antérieure du palais est mal définie en raison de la façon dont ses côtés se fondent dans la face latérale de la face. Il a été démontré que ces crêtes, chez le chat au moins, se développent comme des excroissances papilliformes distinctes, et il a été suggéré que ces papilles, qui s'unissent plus tard pour former les crêtes, sont les derniers vestiges de dents palatines telles qu'on en trouve dans les régions inférieures. vertébrés.

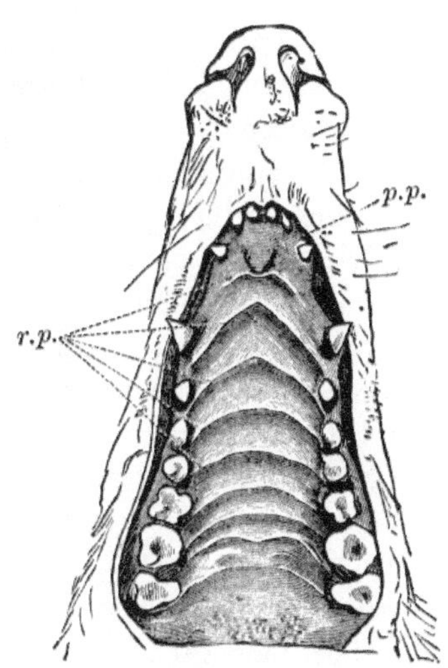

FIGUE. 40.— Plis palatins du Raton laveur (*Procyon lotor*). *pp* , Papille palatine ; *rp* , plis palatins. (D'après Wiedersheim *Structure de l'Homme* .)

La *langue* est un organe bien développé, jouant généralement un double rôle. Il agit comme un organe de préhension, en particulier chez des animaux tels que la girafe et le fourmilier, où il est long et saillant au-delà de la bouche sur une distance considérable. Il porte également des organes gustatifs, qui servent à distinguer la nature des aliments. Sous la langue, il peut y avoir une plaque dure , connue sous le nom de sublingua . Ceci est particulièrement important chez les Lémuriens, où il se projette comme une structure cornée sous la langue et possède une pointe indépendante et libre. Il est soutenu chez certains de ces animaux par une structure cartilagineuse. Gegenbaur soutient que cet organe est l'équivalent de la langue reptilienne, et que dans les vestiges squelettiques qu'il contient se trouvent les équivalents des cartilages squelettiques hyoïdes qui soutiennent la langue chez les lézards. Dans ce cas, la langue des mammifères est une structure ajoutée ultérieurement.

L' *œsophage* mène de la cavité buccale à l' *estomac* . Ce dernier organe a généralement une forme distinctive chez les mammifères. Ceci est bien démontré chez l'Homme. Les orifices de l' œsophage et de l'intestin sont quelque peu rapprochés ; et cela provoque un renflement du bord inférieur de l'organe, généralement appelé la plus grande courbure. Un estomac de cette forme typique se trouve dans de nombreux ordres de mammifères et sa forme ne ressemble à celle d'aucun des groupes de vertébrés inférieurs. Quelquefois la forme de l'organe est considérablement altérée : il peut être étiré, sacculé ou divisé, comme chez les ruminants et les baleines, en une série de chambres différenciées, dont chacune joue un rôle particulier dans les phénomènes de digestion.

L' *intestin* des mammifères est toujours long et très enroulé, bien que la longueur et le degré d'enroulement qui en résulte varient naturellement. Dans l'ensemble, on peut peut-être affirmer avec certitude qu'il est plus court chez les animaux carnivores que chez les animaux se nourrissant de légumes. Ainsi le Paca a un intestin de 39 pouces de longueur totale, tandis que le Chat, animal à peu près de même taille, a un intestin qui ne mesure que 36 pouces de long. Cependant, à en juger par les phoques, un régime alimentaire à base de poisson est associé à un long tractus intestinal. L'intestin est divisé chez la grande majorité des mammifères en un intestin grêle et un gros intestin. Les deux sont séparés par un étranglement valvulaire sauf chez certains Carnivores ; et dans la majorité des cas, la distinction est également soulignée par la présence à la jonction d'un diverticule à terminaison aveugle, le *caecum* . Ce dernier organe varie considérablement en longueur, étant très court chez la tribu des chats et extrêmement long chez les rongeurs. Sa taille dépend, dans une certaine mesure, de la propension à manger de la chair ou de l'herbe de l'animal chez lequel il se produit. L'un des caeca les plus longs est possédé par la Phalanger Vulpine, dont l'organe mesure un cinquième de la longueur de l'intestin grêle ; tandis que l'extrémité opposée est atteinte par *Felis macroscelis* , qui a un intestin grêle cent fois plus long que le caecum.

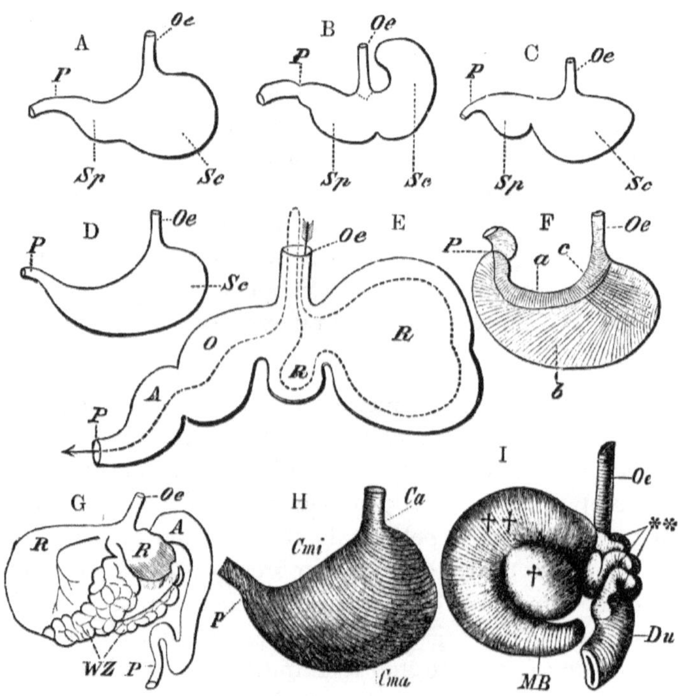

Un point intéressant concernant l' intestin des mammifères est la proportion variable de l'intestin grêle par rapport au gros intestin. En règle générale, le premier est beaucoup plus long que le second ; chez *Paradoxurus*, par exemple, l'intestin grêle peut être quinze fois plus long que le gros. L'excès de longueur d'une section par rapport à l'autre n'est généralement pas aussi marqué que celui-ci. Chez *Phalanger maculatus,* les deux sections de l'intestin ont autant que possible la même longueur, tandis que chez *Phaseolarctos*, le gros intestin est considérablement plus long que le petit, leurs longueurs étant respectivement de 160 pouces et 111 pouces. Il est courant chez les marsupiaux et aussi chez les rongeurs que ces proportions existent, *c'est-à-dire* que le gros intestin soit aussi long, voire plus long, que le petit. Mais il y a tellement d'exceptions qu'aucune affirmation générale ne peut être extraite des faits.

Quelques détails seront trouvés dans la partie systématique de ce livre. M. Chalmers Mitchell a avancé quelques raisons pour associer une grande longueur de gros intestin à une position systématique archaïque, chez les oiseaux en tout cas. Les faits brièvement évoqués ici ne sont pas en contradiction avec l'extension d'une telle vision aux mammifères.

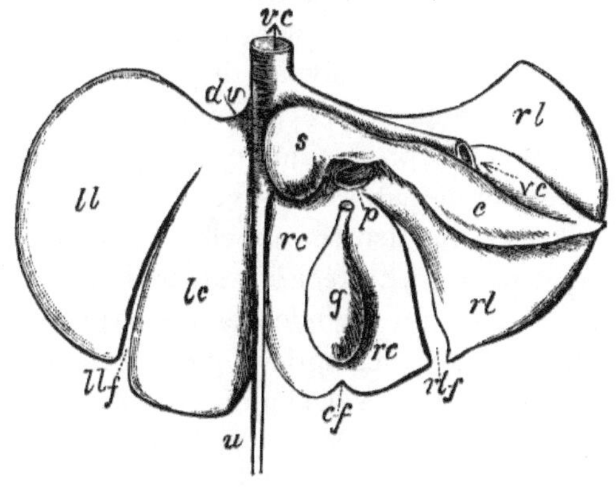

FIGURE. 42.— Plan schématique du foie d'un mammifère (face postérieure). *c* , lobe caudé ; *cf*, fissure kystique ; *dv*, canal veineux ; *g*, vésicule biliaire ; *lc* , lobe central gauche ; *ll*, lobe latéral gauche ; *llf*, fissure latérale gauche ; *p* , veine porte entrant dans la fissure transversale ; *rc* , lobe central droit ; *rl* , lobe latéral droit ; *rlf* , fissure latérale droite ; *s* , lobe spigélien ; *u* , veine ombilicale ; *vc* , veine post-cave . (D'après Flower et Lydekker .)

Au tube digestif se trouvent trois glandes ou ensembles de glandes. Les *glandes salivaires* s'ouvrent dans la cavité buccale , qui sont de taille énorme chez les fourmiliers et petites ou absentes chez les baleines. Par leur nombre et leur position, ces glandes sont caractéristiques des mammifères. Dans l'intestin s'ouvrent les conduits du pancréas et du foie, deux glandes que les mammifères partagent avec les vertébrés inférieurs. La forme du *foie* est cependant généralement caractéristique des mammifères. Il est divisé en règle générale en une moitié droite et une moitié gauche, la ligne de division étant marquée par l'insertion du ligament ombilical, vestige du mésentère ventral primitif. Chaque moitié est à nouveau communément subdivisée en lobes centraux et latéraux. En plus de celles-ci, deux autres divisions sont souvent observées : le lobe spigélien et le lobe caudé. Le foie est moins divisé chez les Cétacés et quelques autres, très subdivisé chez les Rongeurs et autres groupes. Le degré de subdivision et les proportions des différents lobes offrent souvent de précieux caractères systématiques. La vésicule biliaire peut être présente ou absente ; c'est toujours un diverticule du canal hépatique. Les deux ne sont jamais séparés, comme chez les oiseaux par exemple.

Organes de circulation. — Le cœur de tous les mammifères est un organe composé de quatre chambres. Dans le cœur adulte, il n'y a aucune communication entre les moitiés droite et gauche. Les oreillettes ont des parois relativement minces, les ventricules des parois épaisses, par rapport à la quantité de travail qu'ils doivent accomplir individuellement. En outre, le ventricule droit, qui n'a qu'à diriger le sang vers les poumons, a une paroi beaucoup plus fine que le ventricule gauche, qui s'occupe de l'ensemble de la circulation systémique. Les sorties des artères et les orifices auriculo-ventriculaires sont gardés par des valvules disposées de manière à permettre uniquement au sang de circuler dans la bonne direction. Mais ces valvules ont un intérêt aussi bien morphologique que physiologique. A l'origine de chaque artère, aorte et pulmonaire, se trouve une rangée de trois valvules de poche, ainsi qu'on les a généralement appelées à cause de leur forme. Ces trois valvules se rejoignent avec précision au milieu de la lumière du tube artériel lorsqu'on y verse du liquide par le haut, et obstruent ainsi complètement l'orifice. Les valves auriculo-ventriculaires diffèrent par leur structure dans les deux ventricules. Celui du ventricule gauche n'a que deux lambeaux et est donc souvent appelé valvule bicuspide ou mitrale. Ces deux lambeaux sont membraneux et, ensemble, ils entourent complètement la sortie de l'oreillette dans le ventricule. Les bords de la valvule sont reliés aux parois du cœur par de nombreux fils tendineux ramifiés, les cordes tendineuses, qui tirent souvent leur origine de muscles en forme de pilier provenant des parois du cœur, appelés musculi . papillaires . La valvule du ventricule droit est composée de trois volets et est donc souvent appelée valvule tricuspide ; il est de la même manière membraneux et possède des cordes tendineuses et musculaires papillares qui y sont liés. La disposition des muscles les papillares et leur nombre diffèrent selon les mammifères, mais aucune étude exhaustive n'a encore été faite sur la disposition des différents groupes ; l'ampleur des variations individuelles n'est même pas connue, bien qu'elle soit certainement considérable dans certains cas, par exemple dans le cœur du Lapin. Le cœur des Monotremata présente des différences assez importantes avec celui des autres mammifères ; la connaissance moderne du cœur monotrémateux est principalement due à Gegenbaur [31] et Lankester , [32] dans les mémoires desquels on trouvera des références à la littérature plus ancienne. Les principales caractéristiques intéressantes par lesquelles le cœur des Monotremata diffère de celui des mammifères supérieurs sont les suivantes. Lorsque les deux ventricules sont coupés transversalement, on voit la cavité du droit s'enrouler autour de celle du gauche d'une manière exactement comme celle du cœur de l'oiseau ; par contre, chez le mammifère supérieur, les deux cavités sont côte à côte. La principale différence entre les Monotrèmes et les autres Mammifères concerne la valve auriculo-ventriculaire droite. Les différences qu'elle présente avec la structure correspondante du reste des mammifères sont au nombre de deux : en premier lieu, la valve elle-même n'entoure pas complètement l'ostium ; il n'est développé que d'un côté ; la moitié septale (*c'est-à-dire* celle tournée vers le septum interventriculaire) est soit totalement absente, soit plus généralement représentée par un petit bout de membrane ; néanmoins j'ai trouvé [33] récemment dans un coeur *d'Ornithorhynchus* une moitié septale complète jusqu'à la valvule auriculo-ventriculaire droite. Le deuxième point d'intérêt en relation avec cette valve est que les musculi les papillares au lieu de se terminer par des cordes tendineuses attachées au bord libre de la valvule sont directement attachées à la valvule, et dans certains cas traversent son lambeau membraneux, pour se fixer à son origine à la limite de l'oreillette et du ventricule. Cet envahissement musculaire du clapet-valve est ainsi très intéressant, car il rappelle le cœur de l'oiseau et du crocodile. L'état imparfait de la valvule (dont, comme nous l'avons déjà dit, la moitié septale est en général presque absente) est un point de ressemblance avec le cœur de l'oiseau ; la valvule correspondante du cœur du crocodile étant complète.

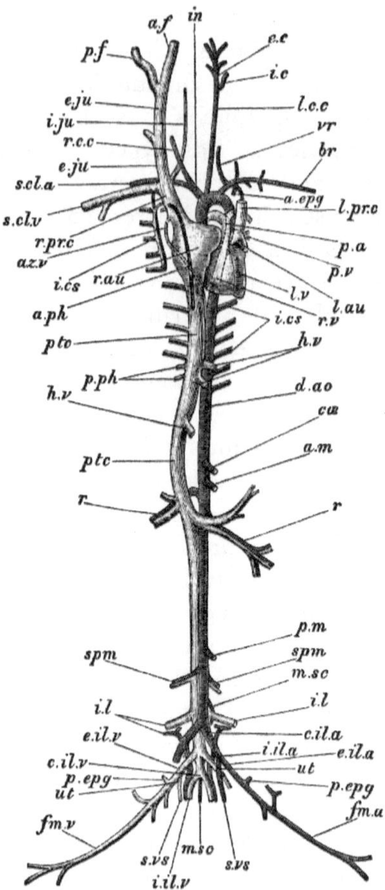

FIGUE. 43.— *Lepus cuniculus*. Vue ventrale du système vasculaire. Le cœur est quelque peu déplacé vers la gauche du sujet ; les artères du côté droit et les veines du côté gauche sont en grande partie enlevées. *a.epg*, artère mammaire interne ; *af*, veine faciale antérieure ; *am*, artère mésentérique antérieure ; *a.ph*, veine phrénique antérieure ; *az.v*, veine azygos ; *br*, artère brachiale ; *c.il.a*, artère iliaque commune ; *c.il.v*, veine iliaque commune ; *cœ*, artère coeliaque ; *d.ao*, aorte dorsale : *ec*, artère carotide externe ; *e.il.a*, artère iliaque externe ; *e.il.v*, veine iliaque externe ; *e.ju*, veine jugulaire externe ; *fm.a*, artère fémorale ; *fm.v*, veine fémorale ; *hv*, veines hépatiques ; *ic*, artère carotide interne ; *i.cs*, vaisseaux intercostaux ; *i.il.a*, artère iliaque interne ; *i.il.v*, veine iliaque interne ; *i.ju*, veine jugulaire interne ; *il*, artère et veine ilio-lombaires ; *en*, artère innominée ; *l.au*, oreillette gauche ; *lcc*; artère carotide commune gauche ; *l.pr.c*, veine précavale gauche ; *lv*, ventricule gauche ; *m.sc*, artère sacrée médiane ; *pa*, artère pulmonaire ; *p.epg*, artère et veine épigastriques ; *pf*, veine faciale postérieure ; *pm*, artère mésentérique postérieure ; *p.ph*,

veines phréniques postérieures ; *pt.c* , veine post- cave ; *pv* , veine pulmonaire ; *r* , artère et veine rénales ; *r.au* , oreillette droite ; *rcc* , artère carotide commune droite ; *r.prc* , veine précavale droite ; *rv* , ventricule droit ; *s.cl.a* , artère sous-clavière droite ; *s.cl.v* , veine sous-clavière ; *spm* , artère spermatique ; *s.vs* , artère vésicale ; *ut* , artère et veine utérines ; *vr* , artère vertébrale. (De *la zootomie* de Parker .)

Il existe également des caractéristiques dans le système des artères et des veines qui sont éminemment distinctives des mammifères. En premier lieu, l'aorte quittant le cœur et transportant le sang vers le corps ne forme qu'un demi-arc et se courbe vers la gauche, comme le montre la figure 43. Les moitiés droite et gauche sont présentes chez les reptiles et se rejoignent derrière le cœur. . Chez l'oiseau, seule la moitié droite est restée. Ce fait montre donc que le mammifère ne peut pas provenir d'un ancêtre ressemblant à un oiseau, mais que les deux doivent provenir indépendamment d'un ancêtre avec les deux moitiés de la crosse aortique présentes, dont une moitié a disparu dans un groupe, et l'autre moitié dans l'autre. Il est également intéressant de remarquer que les quatre cavités du cœur du mammifère, dont il partage la division quadruple avec les seuls oiseaux, ne correspondent pas exactement, compartiment par compartiment, à celles du cœur de l'oiseau, du moins en ce qui concerne la ventricules. Car le cœur reptilien n'est doté que d'un seul ventricule, et par conséquent la division de cette cavité doit avoir été accomplie indépendamment chez les mammifères et chez les oiseaux.

Il existe deux caractéristiques dans le système veineux qui distinguent tous les mammifères (à l'exception de *l'échidné* sur l'un de ces points) des vertébrés se trouvant plus bas dans la série. Le système porte hépatique est limité à une veine qui transporte vers le foie le sang provenant du tube digestif ; chez aucun mammifère, à l'exception de *l'Échidné,* il n'y a de représentant de la veine abdominale antérieure des vertébrés inférieurs. Chez cet animal, il existe une telle veine, qui naît apparemment d'un réseau capillaire sur la vessie et remonte, soutenue par une membrane, le long de la paroi ventrale de l'abdomen jusqu'au foie, vidant ainsi le sang dans cet organe exactement comme le fait l'organe antérieur. veine abdominale de la grenouille. Chez aucun mammifère, on ne trouve la moindre trace d'un système porte rénal. Les reins tirent leur sang uniquement des artères rénales.

caves supérieures ; c'est le cas, par exemple, de l'Éléphant et des Rongeurs et d'autres types situés relativement loin dans la série. Chez la plupart, sinon chez tous les mammifères, il existe des restes considérables de l'un des cardinaux postérieurs, sous la forme de la veine azygos, qui s'ouvre dans la veine cave supérieure ou veine précavale, c'est-à-dire le cardinal supérieur juste avant que ce dernier ne débouche dans la veine cave *supérieure* . cœur. Ce cardinal postérieur est généralement du côté droit ; mais cela peut être du côté gauche, par exemple chez *Trichosurus vulpécule* . À *Halmaturus bennettii* il y a deux veines azygos, une gauche et une droite, dont la gauche est plutôt la plus grande. [34]

urinaires . — Les reins des Mammalia ont une forme compacte, qui contraste avec les reins quelque peu diffus et aux contours vagues des Sauropsida . Chez les mammifères, l'organe a généralement cette forme particulière qu'on appelle « en forme de rein » ; une dépression appelée hile, qui reçoit les conduits des glandes, marquant le bord d'une glande par ailleurs de forme ovale. Chez quelques mammifères, le rein est divisé en lobules ; c'est le cas des baleines, des ours, des bœufs et de quelques autres formes. Un fait curieux concernant les reins des mammifères est leur asymétrie de position très générale. L'un d'eux se trouve généralement dans une position plus avancée que l'autre. Les uretères mènent des reins à la vessie, qui, par sa forme et ses relations, est tout à fait distinctive des Mammalia. La vessie est formée des restes de l'allantoïde et n'est donc pas l'homologue exact de la vessie de la grenouille, qui est l'équivalent du sac entier qui se développe à partir du cloaque chez le mammifère, et est l'allantoïde fœtale . Les uretères s'ouvrent dans la vessie chez les mammifères supérieurs, mais plus bas dans le passage urino -génital chez les mammifères les plus primitifs.

La cavité corporelle. — Les mammifères diffèrent de tous les autres vertébrés vivants par la disposition de la cavité corporelle dans laquelle se trouvent les viscères. Cette cavité est divisée en deux par une cloison en partie musculaire et en partie tendineuse, le diaphragme. Aucun autre vertébré n'a cette disposition précise du coelome. Le diaphragme est généralement situé transversalement à l'axe longitudinal du corps, mais il est beaucoup plus oblique chez les cétacés et les sirénias, dont les besoins exigent une chambre plus élargie pour les poumons. Car devant le diaphragme se trouvent les poumons et le cœur ; derrière lui, l'estomac, le foie, les intestins et les organes de reproduction et d'excrétion. Le diaphragme est utilisé pour la respiration ; lorsque ses muscles se contractent, la surface dirigée vers la cavité pleurale devient moins convexe, et la cavité des poumons s'agrandit ainsi, leur permettant de se dilater sous la pression de l'air entrant.

Les poumons. — Les poumons des Mammalia diffèrent de ceux des animaux situés plus bas dans la série par le fait, que nous venons de mentionner, qu'ils occupent une cavité pleurale complètement isolée de l'abdomen par le diaphragme. En règle générale , les poumons des mammifères se distinguent par leur lobation plus ou moins étendue. Cependant, chez les baleines et chez les Sirenia, ils ne sont pas très divisés, mais présentent l'apparence des poumons simples en forme de sac des reptiles. Chez certains mammifères, il existe un lobe pulmonaire non apparié médian et postérieur, qui se trouve dans la cavité post-péricardique derrière le péricarde. Ce n'est pas universellement présent. Les poumons ne sont très souvent pas symétriques dans leur lobation, le nombre de lobes séparés du côté droit et du côté gauche étant différent. Les poumons des mammifères s'accordent avec ceux des reptiles inférieurs en ce sens qu'ils sont librement suspendus dans leur cavité coelomique et qu'ils ne sont pas, comme chez les oiseaux, les crocodiles et les Varanidae parmi les lézards, attachés à la surface dorsale de cette cavité par une feuille de tissu. péritoine qui les recouvre.

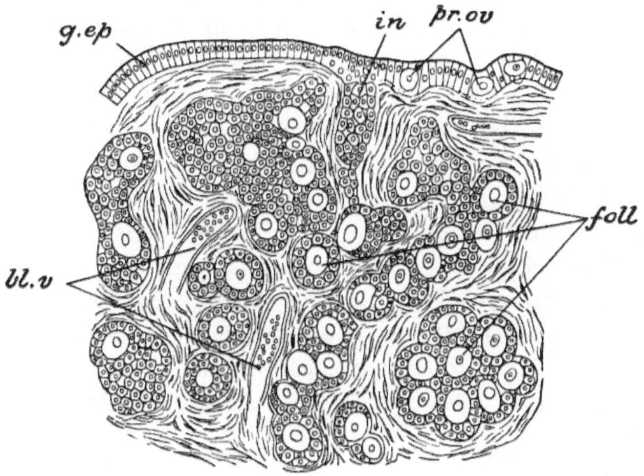

FIGUE. 44.— Partie d'une coupe sagittale d'un ovaire d'un enfant qui vient de naître. *bl.v* , vaisseaux sanguins ; *les follicules* , les chaînes et les groupes de cellules dérivés de l'épithélium germinal se développent en follicules ; *g.ep* , épithélium germinal ; *en* , cordon incarné de cellules de l'épithélium germinal ; *pr.ov* , ovules primitifs. (De Hertwig , d'après Waldeyer .)

Les Gonades (Ovaires et Testicules). — L'ovaire chez les Mammalia est toujours apparié ; il n'y a jamais d'avortement partiel ou complet d'une gonade comme chez les oiseaux, sauf bien sûr dans les cas pathologiques. Les ovaires sont petits et se trouvent dans la cavité abdominale, derrière les reins. Dans l'immense majorité des Mammalia, les ovules qui sont produits dans les ovaires sont de petite taille ; ceux du colossal Rorqual ne sont, à notre connaissance, pas sensiblement plus gros que les ovules d'une souris. La petitesse de la taille de ces éléments reproducteurs implique nécessairement une absence de jaune très nutritif ; et par conséquent l' embryon en développement, puisqu'il n'éclot pas à un stade précoce sous forme de larve libre, doit être nourri par la mère, aux tissus de laquelle il est attaché par l'intermédiaire du placenta, structure en partie composée de fibres fœtales . structures dérivées de l'embryon et en partie de parties des membranes muqueuses de l'utérus de la mère. Les ovules des mammifères euthériens, y compris les marsupiaux, sont très petits par rapport à ceux de tous les autres vertébrés, à l'exception seulement d' *Amphioxus* , où les jeunes éclosent tôt sous forme de larves nageant librement . Ils diffèrent également de manière très caractéristique par le mode de leur développement au sein de l'ovaire. Ces processus sont illustrés dans une certaine mesure sur la figure 44. La structure principale de l'ovaire est formée de ce qu'on appelle le « stroma », qui est une masse de tissu formée de cellules ressemblant plus ou moins à du tissu conjonctif. À l'intérieur se trouvent de nombreuses cavités, les follicules de Graaf. Les très jeunes follicules ne sont constitués que d'une seule couche de cellules folliculaires entourant l'ovule, qui se trouve au centre. Le nombre de cellules folliculaires augmente progressivement jusqu'à ce que l'ovule se trouve au milieu de plusieurs couches de cellules. A cette époque, un vide se forme entre quelques-unes de ces cellules et se développe en une grande cavité acellulaire ; l'ovule ne repose pas librement dans cet espace, mais est relié d'un côté aux cellules folliculaires, qui tapissent encore l'intérieur du follicule de Graaf par ce qu'on appelle le disque ou cumulus proligerus . L'œuf ou l'ovule possède en outre une couche de cellules qui l'entoure immédiatement. Tous ces faits peuvent être rassemblés par une inspection de la figure 45. Il a été démontré que, comme chez les vertébrés inférieurs, les cellules entourant immédiatement l'ovule sont directement reliées à lui par des processus délicats qui pénètrent dans la membrane même de l'œuf.

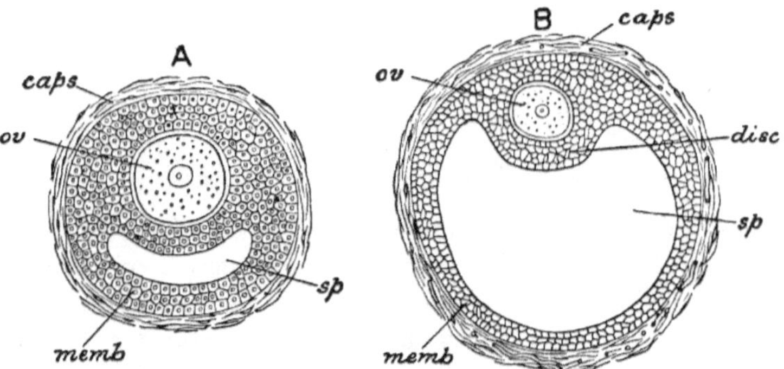

FIGUE. 45.— Deux étapes dans le développement du follicule de Graaf. **A** , Avec le liquide folliculaire commençant à apparaître ; **B** , après que l'espace ait largement augmenté. *casquettes* , capsules; *disque* , cumulus proligerus ; *membre* , membrane granuleuse ; *ov* , ovule; *sp* , espace contenant du fluide. (D'après Hertwig .)

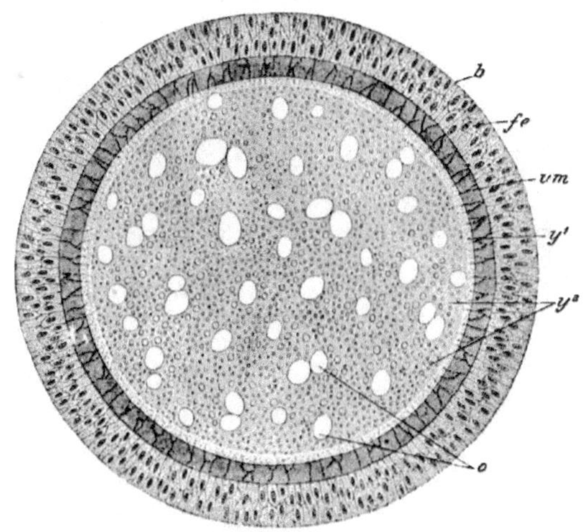

FIGUE. 46.— Oeuf ovarien d' *Échidné* . *b* , membrane basilaire ; *fe* , épithélium folliculaire ; *o* , globules d'huile ; *vm* , membrane vitelline ; *oui* ¹ , *oui* ² , jaune. (En partie d'après Caldwell.)

Les seuls ovules dont la structure s'écarte de celle décrite ci-dessus sont ceux des Monotremata . Le mérite de cette découverte revient à Owen et au professeur Poulton, qui soulignait en 1884, [35] que l'ovule d' *Ornithorhynchus* est très gros comparé à celui des autres mammifères (6 mm contre 0,2 mm), que il est rempli de jaune et remplit complètement le follicule, étant entouré de deux couches seulement de cellules folliculaires. Ce dernier fait a été prouvé par Caldwell. Par la suite, Gyldberg [36] et I [37] ont décrit l'ovule ovarien d' *Echidna* , montrant qu'il était identique à celui d' *Ornithorhynchus* . Plus tard encore, un article plus élaboré et magnifiquement illustré fut publié par Caldwell [38] sur les premiers stades de développement des Monotremata et des Marsupiaux, dans lequel l'ovule des premiers était décrit avec précision (voir Fig. 46). Dans les détails mentionnés ci-dessus, l'ovule des Monotremata est pratiquement identique à celui des ovules à gros jaune des Sauropsida .

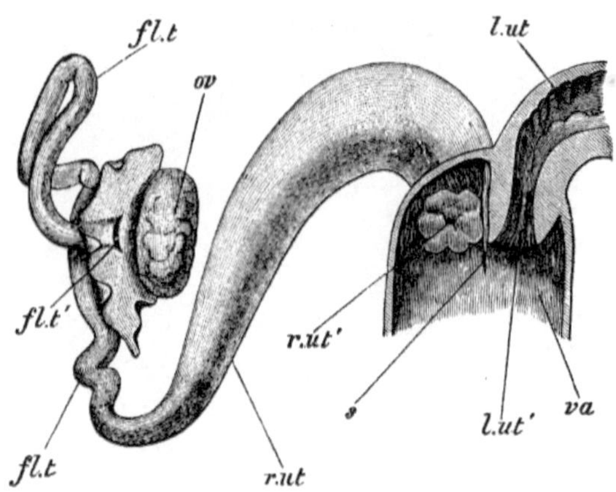

FIGUE. 47.— *Lepus cuniculus*. L'extrémité antérieure du vagin, avec l'utérus droit, la trompe de Fallope et l'ovaire. (Taille Nat.) Une partie de la paroi ventrale du vagin est retirée et l'extrémité proximale de l'utérus gauche est représentée en coupe longitudinale, *fl.t* , trompe de Fallope ; *fl.t* ', son ouverture péritonéale ; *l.ut* , utérus gauche ; *l.ut* ', gauche os uteri; *ov* , ovaire ; *r.ut* , utérus droit ; *r.ut* ', droit os uteri; *s* , cloison vaginale ; *va* , vagin. (De *la zootomie* de Parker .)

C'est la règle générale chez les animaux vertébrés que les ovaires sont complètement indépendants des conduits qui transportent leurs produits vers l'extérieur. Chez certains poissons, il existe cependant une continuité absolue entre les deux structures, que l'on croit due à une simple concrescence entre l'ovaire et l'oviducte originellement distincts. Ce dernier s'est développé autour du premier, un avantage évident pour éviter que les œufs ne s'égarent dans la cavité abdominale et ne se perdent. Chez les Mammalia, on retrouve la discontinuité en règle générale. Mais sous de nombreuses formes, des plis de la membrane muqueuse de la cavité abdominale se développent, qui assurent pratiquement le passage des ovules dans l'oviducte lorsqu'ils sont extrudés des ovaires. L'oviducte a, en outre, une bouche large et fimbriée, appelée dans l'anatomie humaine, — qui est pourvue d'une foule de noms fantaisistes — morsus diaboli . Cela entoure presque l'ovaire et empêche ainsi les ovules de s'égarer dans la mauvaise direction. De plus, l'ovaire lui-même est souvent disposé de telle manière qu'il peut être facilement retiré dans une poche du péritoine, dont la sortie évidente se fait par l'embouchure béante de l'oviducte. Cette disposition des parties génératives est encore modifiée chez quelques animaux, tels que le Rat [39] et le Kinkajou. [40] Chez ces animaux, la bouche de l'oviducte s'ouvre en fait à l'intérieur d'une chambre fermée qui contient l'ovaire. Dans ce cas, les ovules extrudés n'ont qu'une seule voie à suivre. Cette série d'étapes dans le perfectionnement du mode d'extrusion sûre des ovules est très intéressante et constitue une preuve en faveur de la position élevée des mammifères.

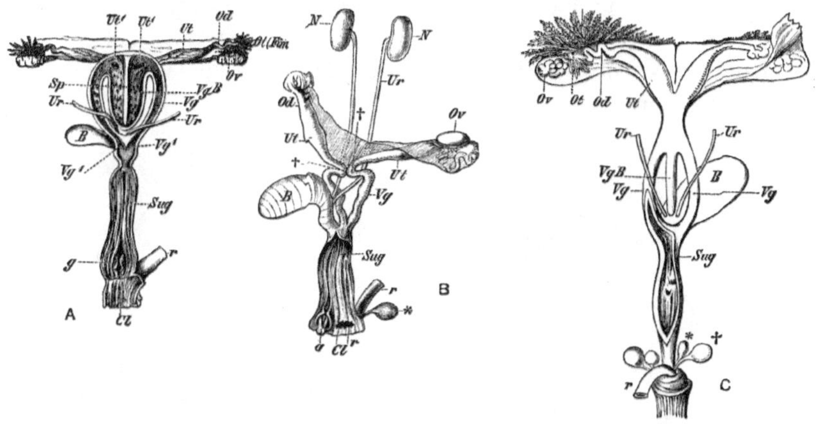

FIGUE. 48.— Appareil génital urino féminin de divers marsupiaux. **A** , *Didelphys dorsigera* (jeune) ; **B** , *Trichosurus* ; **C** , *Phascolomys wombat* . *B* , vessie urinaire ; *Cl* , « cloaque » ; *Fim* , fimbriae; *g* , clitoris ; *N* , rein ; *Od* , trompe de Fallope ; *Ot* , ouverture de la trompe de Fallope ; *Ov* , ovaire ; *r* , rectum ; *Sp* , septum divisant le vagin ; *Sug* , sinus urino -génital ; *Ur* , uretère ; *Ut* , utérus ; *Ut* ', ouverture de l'utérus dans le vagin médian (*VgB*) ; *Vg* , vagin latéral ; *Vg* ', son ouverture dans le sinus urogénital ; † (en **B**), point de rapprochement de l'utérus ; † (en **C**) et *, glandes rectales. (D'après Wiedersheim *Anatomie comparée* .)

L'appareil oviducal du mammifère est plus spécialisé que celui des vertébrés inférieurs. C'est très simple, comme on pourrait l'imaginer, chez les Monotrèmes pondeurs, où, en effet, il se situe au même niveau que celui des reptiles. Mais chez l' Euthérie , l'embouchure fimbriée de l'oviducte passe dans un tube étroit et sinueux, la trompe de Fallope ; celui-ci s'élargit en un utérus, et les deux utérus se combinent en un seul tube dans les formes supérieures. C'est pour cette raison qu'on les appelle Monodelphia . Chez les Marsupiaux, les utérus sont distincts, bien qu'ils se rejoignent souvent au-dessus, et de cette jonction dépend un « utérus » médian. Après l'utérus ou l'utérus suit dans tous les cas un seul vagin.

Les testicules des mammifères, comme ceux des autres vertébrés, occupent primitivement une position dans la cavité corporelle correspondant précisément à celle des ovaires. Et dans les milieux modestes et organisés Monotremata , et certaines autres formes, comme les baleines, conservent cette position primitive dans le corps. Il est cependant distinctif des mammifères, contrairement aux vertébrés inférieurs, que les testicules descendent plus tard dans un scrotum, qui est simplement une saillie de la peau du corps entourée de muscles et, bien sûr, contenant une section de la cavité corporelle. dans lequel se trouvent les testicules. Le pénis des Mammalia, représenté par le clitoris et les structures associées chez la femme, est d'une structure entièrement particulière à ce groupe.

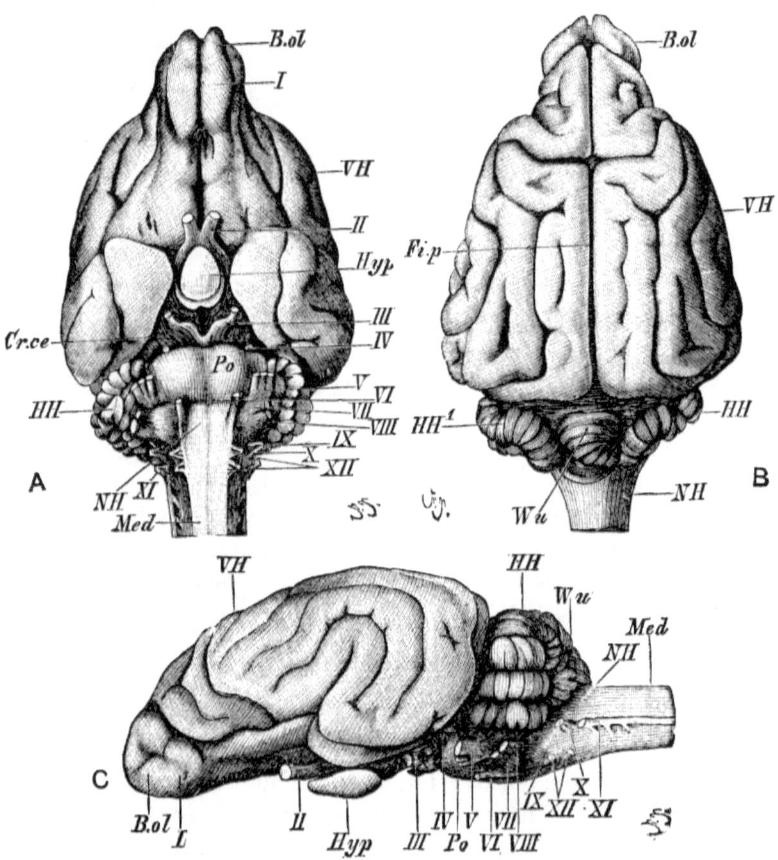

FIGUE. 49.— Cerveau de chien. **Un**, ventral ; **B**, dorsale ; **C**, face latérale. *B.ol*, lobe olfactif; *Cr.ce*, crura cerebri; *Fi.p*, grande fissure longitudinale ; *HH*, *HH*¹, lobes latéraux du cervelet ; *Hyp*, hypophyse; *Med*, moelle épinière ; *NH*, moelle allongée ; *Po*, pons Varolii; *VH*, hémisphères cérébraux ; *Wu*, lobe moyen (vermis) du cervelet ; *I-XII*, nerfs cérébraux. (D'après Wiedersheim *Anatomie comparée*.)

Le cerveau. — Dans la mesure où le professeur Wiedersheim a dit avec une parfaite vérité que "le cerveau des ongulés *Dinoceras*, aujourd'hui disparus, présente une ressemblance si frappante avec celui d'un lézard qu'on serait obligé de l'expliquer comme celui d'un lézard sans connaître le squelette", il est clair que définir le cerveau des mammifères est une tâche difficile. Cependant, les mammifères existants possèdent tous un cerveau qui peut être facilement distingué de celui des vertébrés situés plus bas dans l'échelle. Ils sont de taille relativement grande, due principalement aux dimensions des hémisphères cérébraux, qui ont dans cette classe de vertébrés une importance qu'ils n'ont pas ailleurs. À cette grande taille des hémisphères s'ajoute un système plus élaboré de commissures transversales unissant les deux ; et cela culmine dans les mammifères supérieurs, où le corps calleux atteint une grande taille et une grande importance physiologique. De plus, une caractéristique très marquée du cerveau des mammifères est le développement de fissures régulières à sa surface, fissures qui ne sont absentes que chez les *Ornithorhynchus* , divers petits rongeurs, chauves-souris et insectivores, parmi les mammifères vivants. On dit parfois, mais à tort, que plus les fissures du cerveau sont compliquées, plus le possesseur de ce cerveau est élevé en intelligence et en « position zoologique ». Des exemples peuvent sans aucun doute être cités pour étayer une telle opinion ; mais il ne s'agit que de cas choisis, qui n'indiquent pas une large applicabilité d'une telle généralisation . Il est donc vrai que le cerveau d'un homme est plus élaboré dans ses sillons et ses circonvolutions que celui d'un chat. Le fait est que, de ce point de vue, la complexité du cerveau augmente avec la taille de l'animal au sein du groupe.

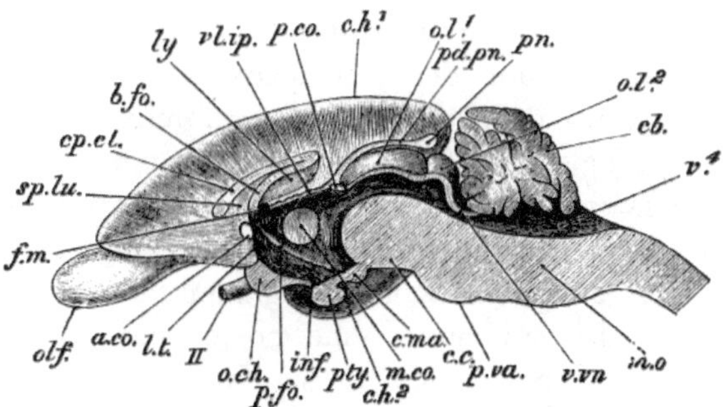

FIGUE. 50.— *Lepus cuniculus*. Coupe verticale longitudinale du cerveau. (Nat. taille.) *a.co* , commissure antérieure ; *b.fo* , corps du fornix ; *cb* , cervelet, montrant l'arbor vitae ; *cc* , crus cérébral; *ch* ¹, parencéphale ou hémisphère cérébral ; *ch* ², lobe temporal ; *c.ma* , corps mammaire ; *cp.cl* , corps calleux ; *fm* , foramen de Monro ; *inf* , infundibulum; *lt* , lame terminale ; *ly* , lyre; *m.co* , commissure moyenne ; *mo* , moelle oblongate ; *o.ch* , chiasma optique ; *ol* ¹, *ol* ² , corps quadrijumeaux ou lobes optiques ; *olf* , lobe olfactif ; *p.co* , commissure postérieure ; *pd.pn* , pédoncule de la « glande » pinéale, *pn* ; *p.fo* , pilier antérieur du fornix ; *pty* , corps hypophysaire ; *pv.a* , pons Varolii; *sp.lu* , septum lucidum ; *v* ⁴, quatrième ventricule ; *vl.ip* , velum interpositum ; *v.vn* , valve de Vicussens ; *II* , nerf optique. (De *la zootomie* de Parker .)

Le gorille et le chimpanzé ont le cerveau plus sillonné que le petit ouistiti ; l'ours a un cerveau plus compliqué que celui de la belette, etc. Les cerveaux les plus alambiqués de tous les mammifères sont ceux des éléphants, et il ne semble pas y avoir chez les ongulés une relation aussi marquée entre la taille et l'abondance des fissures qu'il y en a. entre autres mammifères. Un plan régulier des fissures peut être détecté avec certitude pour chaque groupe considéré isolément ; mais il n'est pas si facile d' homologer les détails de la disposition d'un groupe à l'autre. Ceci est jusqu'à présent conforme à l'idée selon laquelle les groupes de mammifères existants se sont éloignés les uns des autres *ab initio* .

Une autre caractéristique marquante du mammifère par rapport aux autres cerveaux est la taille relativement petite et pourtant la nature quadruple des lobes optiques. Ce qui était le cas des lobes optiques des premiers Ongulés est difficile à comprendre, en raison du fait que les moulages sont nécessairement imparfaits. Au total, les énormes progrès réalisés dans la complexité du cerveau depuis les premiers mammifères du Tertiaire jusqu'à nos jours constituent l'une des révélations les plus remarquables de la paléontologie . Cela contribue peut-être en partie à expliquer la diversité remarquable des modes de vie présentés par les mammifères, comparés, par exemple, à ceux des oiseaux, dont le cerveau ne s'est pas éloigné dans autant de directions de la forme primitive.

La répartition actuelle des mammifères. — Dans les pages suivantes seront donnés quelques-uns des principaux faits concernant l'étendue géographique des ordres, des familles et de nombreux genres de Mammalia. M. Sclater a observé à juste titre que l'habitat d'un animal fait autant partie de sa définition que sa structure ou sa forme extérieure. Aucune description systématique des Mammalia ne serait donc complète sans de tels faits géographiques. Mais la branche de la zoologie qui s'intéresse à la répartition passée et présente des animaux a une portée plus vaste que cela. La zoogéographie ne traite pas seulement des faits réels concernant l'aire de répartition des animaux, mais aussi des déductions quant aux changements passés dans les relations entre la terre et la mer que les faits semblent indiquer, et de spéculations sur le lieu d'origine des différents groupes. dont plus que des indices sont parfois donnés par leur distribution passée et présente. En plus de cela, la Terre peut être cartographiée en provinces et régions définissables par leurs habitants animaux. Dans le présent volume, qui ne traite que des mammifères, il sera évidemment impossible d'entrer dans son intégralité dans l'ensemble du sujet de la zoogéographie. Tout ce que nous tenterons, c'est un bref aperçu général de la science dans la mesure où elle peut être illustrée par les Mammalia. Pour une connaissance plus complète, le lecteur est renvoyé aux traités mentionnés ci-dessous. [41]

Il y a certains faits dans la répartition des animaux qui sont des lieux communs de connaissance, mais qui peuvent être exposés avec précision. Tout le monde sait qu'un animal a une aire de répartition donnée : les éléphants, par exemple, se trouvent en Inde et dans certaines régions adjacentes de l'Asie, ainsi qu'en Afrique ; les rhinocéros ont à peu près la même aire de répartition ; le Tigre est limité à l'Asie ; la Jaguar en Amérique, et ainsi de suite. L'ensemble de l'étendue du pays habitée par un animal est appelé son aire de répartition. Ces zones sont plus ou moins grandes. Le Lion s'étend sur toute l'Afrique, une petite partie de l'Inde et quelques pays voisins ; d'autre part, le *Solénodon Insectivore* est limité à Cuba et à Hayti , une espèce distincte pour chacune. Parmi d'autres groupes d'animaux, on trouve des exemples d'une aire de répartition encore plus restreinte. Il y a des colibris confinés aux pentes d'une seule montagne, et des poissons limités dans leur aire de répartition à un seul petit lac.

Une espèce peut être trouvée partout dans sa zone de répartition, ou elle peut être confinée à un certain nombre de zones limitées au sein de cette zone. Dans ce cas, il est habituel de parler de « gares ». Dans de tels cas, l'espèce en question est généralement adaptée à un type d'environnement particulier. Ainsi, la Loutre et les autres mammifères aquatiques ne se trouveront que là où il y a de l'eau ; et les étendues intermédiaires de pays sans eau ne contiendront aucune loutre. Les chèvres et les chamois ne vivent que sur les montagnes ; les plaines intermédiaires en sont dépourvues. Cette discontinuité de répartition au sein de la zone est très générale. Mais une discontinuité de zone est également observée – mais ce n'est pas si courant ; et en effet, quand cela se produit, il s'agit d'un genre et non d'une espèce. Ainsi le Tapir se retrouve aux Indes orientales d'une part et en Amérique du Sud et Centrale d'autre part, étant absent dans les régions intermédiaires.

Il est clair que les étendues de pays éminemment propices à l'habitation d'un mammifère particulier ne possèdent pas toujours cette espèce, ni même une forme apparentée. L'Afrique, par exemple, ne possède pas de fourmiliers arboricoles ; il n'y a pas de fourmiliers du tout (de l'ordre Edentata) en Australie, bien qu'il y ait beaucoup de fourmis dont ils peuvent se nourrir et que des conditions climatiques tropicales prédominent. Mais comme dans ces cas, la déduction peut être niée au motif qu'aucune expérience n'existe pour prouver ou réfuter l'affirmation, le problème peut être mieux souligné par des cas tels que l'introduction du lapin en Australie et de divers mammifères, tels que les chèvres. , dans les îles océaniques. La peste provoquée par le premier est une question de notoriété. Mais bien que le climat, les conditions et la population animale ne correspondent pas exactement ensemble, il existe certainement un certain lien entre la température et la répartition des animaux. M. Lydekker écrit à ce sujet ce qui suit : « Les animaux ressemblant à des lamas, connus respectivement sous le nom de vigognes et de guanacos, se rencontrent en compagnie sur les hautes terres de la Cordillère au Pérou et en Equateur, mais à mesure que l'on s'éloigne vers le sud, on trouve ces derniers dans les plaines du sud de l'Argentine et de la Patagonie, ainsi que sur l'île de la Terre de Feu au niveau de la mer. Voilà donc une preuve évidente du lien intime existant entre la température et la station : le guanaco étant un animal qui ne peut vivre que dans Dans les climats froids ou tempérés, il trouve des conditions propices à son existence sous les latitudes tropicales uniquement à une hauteur de quelques milliers de pieds, bien que plus au sud, il puisse prospérer au niveau de la mer. » Cependant, on ne peut pas pousser cela trop loin – le monde ne peut pas être cartographié en zones délimitées par des parallèles de température comme on l'a tenté autrefois – car il existe de nombreux cas comme celui du Tigre, qui est tout aussi à l'aise dans une jungle tropicale. comme dans les plaines glacées de l'Asie du Nord.

Étant donné qu'il n'existe dans de nombreux cas aucune barrière climatique à la propagation d'une race animale donnée sur une aire de répartition plus grande que celle qu'elle occupe réellement, il devient important de se demander pourquoi il existe tant de cas de restriction de l'aire de répartition.

On peut en tout cas distinguer trois causes qui sont responsables d'un grand nombre de ces cas. En premier lieu, une espèce animale donnée doit être originaire d'un certain endroit ; sa multiplication chez les individus doit toujours être lente, car les ennemis, et les événements fâcheux en général, conspireraient pour arrêter la multiplication naturelle par progression géométrique. Il pourrait donc s'écouler beaucoup de temps avant que l'espèce n'étende considérablement son aire de répartition. Une répartition restreinte peut donc, dans certains cas, signifier une race moderne. En deuxième lieu, il existe des barrières physiques bien définies qui freinent la migration des espèces. Les mammifères terrestres ne peuvent pas traverser de larges bras de mer ; qu'ils peuvent nager et qu'ils nagent sur des distances considérables a été prouvé dans plusieurs cas ; mais, comme nous l'avons souligné, il est peu probable qu'un mammifère purement terrestre nage volontairement dans une mer inconnue. Et puis, si c'était le cas et qu'il atteignait avec succès le côté opposé, rien ne se passerait à moins qu'il ne s'agisse d'une femelle enceinte ; ou, s'il n'était pas enceinte, jusqu'à ce qu'un mâle nage très peu de temps après exactement dans la même direction. Beaucoup de voyageurs ont parlé d'îles flottantes, formées d'arbres arrachés et de broussailles, qu'on a vues à l'embouchure de grandes rivières, avec des passagers d'animaux sur elles. Ceux-ci sont cependant tellement à la merci des courants et des tempêtes qu'on ne peut guère compter sur eux comme moyen de transport ; d'ailleurs, là encore, il faudrait deux individus, ou une femelle enceinte, pour s'établir sur un rivage étranger. L'existence d'îles océaniques est souvent invoquée comme une preuve de cette incapacité à traverser des étendues de mer ; même ceux qui sont relativement proches d'un vaste continent, comme, par exemple, Fernando Noronha dans l'Atlantique, sont dépourvus de mammifères (à l'exception, en effet, de l'omniprésente souris, qui aurait été transportée là-bas, souvent en compagnie des mêmes espèces). Rat largement répandu, dans les navires). Cet argument, cependant, n'est pas aussi concluant qu'il pourrait le paraître ; c'est sans doute le cas des îles lointaines. Mais il faut tenir compte de la taille des îles. Car il est des îles, comme les Galapagos, ou, pour prendre un exemple moins contesté, certaines îles de l'archipel malgache, continental sans doute, qui abritent un nombre extrêmement réduit de mammifères. Un territoire d'une certaine taille semble être une nécessité.

L'inverse est dans de nombreux cas facile à démontrer, c'est-à-dire la diversité des animaux lorsqu'il n'y a pas de barrières marines pour arrêter leur propagation. John Hunter, le célèbre anatomiste et chirurgien (peu souvent cité cependant comme faisant autorité en matière de répartition géographique), observe : « C'est une circonstance curieuse dans l'histoire naturelle des animaux que de trouver la plupart des animaux du Nord identiques sur le continent. de l'Amérique et de ce qu'on appelle l'Ancien Monde, tandis que ceux des parties les plus chaudes des deux continents ne le sont pas. Ainsi, nous trouvons l'ours, le renard, le loup, l'élan, le renne, le lagopède, etc., dans les parties septentrionales des deux continents. .. La raison pour laquelle les mêmes animaux se trouvent dans les parties septentrionales est la proximité des deux continents. Ils sont si proches qu'ils sont sous la puissance du hasard pour amener les animaux, surtout les plus grands, d'un continent à l'autre. l'autre soit sur la glace, soit même par l'eau. Mais les continents s'écartant les uns des autres vers le sud, de manière à être à une distance très-considérable les uns des autres, même au-delà du vol des oiseaux, est la raison pour laquelle les quadrupèdes ne sont pas les mêmes. "

En fait, il ne fait aucun doute que l'océan constitue la barrière la plus insurmontable à la dispersion des mammifères. Dans une moindre mesure, les chaînes de montagnes et les déserts constituent également des barrières. Le désert du Sahara en est un exemple frappant ; il sépare deux faunes extrêmement différentes.

Une troisième cause de portée plus ou moins limitée est la barrière due à la concurrence. Si le terrain est déjà occupé, il n'y a pas de place pour les nouveaux immigrants. Il existe évidemment une limite au nombre d'antilopes ou de cerfs pouvant brouter sur une étendue donnée de plaine herbeuse. Ces deux groupes d'ongulés illustrent bien le problème : les antilopes sont africaines et indiennes, surtout les premières, tandis que l'Afrique ne compte aucun cerf ; L'Amérique, en revanche, compte beaucoup de cerfs mais pas d'antilopes, à l'exception du Prong-horn. Plus les deux espèces ou groupes d'espèces seront semblables, plus la compétition sera féroce ; car une parenté proche impliquera au moins souvent des habitudes similaires, le besoin d'une nourriture similaire et d'autres ressemblances qui empêcheront tous deux d'occuper avec succès la même étendue de pays. On pense que la faune remarquable d'Australie en offre un exemple. Dans ce pays, les habitants les plus répandus sont les Marsupiaux. Les Monotrèmes s'y trouvent également, et nulle part ailleurs qu'en Nouvelle-Guinée et en Tasmanie. Les autres mammifères sont discrets ; ils incluent quelques rongeurs et chauves-souris, ainsi que le chien Dingo, douteux et indigène. Désormais, les marsupiaux sont adaptés à toutes les formes de vie. Nous avons les kangourous et les wallabies au pâturage, les wombats fouisseurs, les phalangers arboricoles et les Dasyures carnivores. En second lieu, c'est un fait indiscutable que les Marsupiaux sont une race plus ancienne que les Mammifères euthériens existants ; ils étaient les mammifères dominants à l'époque secondaire. A cette époque , ils étaient plus largement diffusés qu'aujourd'hui. Dans la plupart des régions du monde , ils sont désormais absents, depuis qu'ils ont été évincés avec succès par les groupes les plus organisés d' Eutheria . Mais à cette époque, alors que l' Eutheria supérieure était en pleine ascension, l'Australie et les îles du nord furent coupées de l'Asie et furent ainsi libérées des incursions de l'Eutheria , qui étaient en partie empêchées par la barrière physique de la mer d'effectuer une expansion. colonisation, et peut-être en partie empêchée en raison du terrain déjà occupé par les Marsupiaux. La ressemblance avec les habitudes a donné aux habitants les plus âgés la victoire dans la lutte pour l'existence.

Les déclarations générales qui ont été faites ici sont en accord avec l'opinion courante sur les facteurs de répartition géographique. Mais la gamme d'animaux passée semble moins en accord avec les idées reçues. À l' époque tertiaire, les groupes d'animaux avaient souvent une répartition bien plus large qu'aujourd'hui. Aujourd'hui, les rhinocéros sont limités à l'Asie et à l'Afrique, ainsi qu'à des parties très limitées de l'ancien continent. Autrefois, ces animaux étaient abondants en Europe et en Amérique du Nord. Les chevaux sauvages ont désormais une aire de répartition qui n'est pas très différente de celle des rhinocéros, sauf qu'ils s'étendent jusque dans les régions les plus septentrionales de l'Asie. Leurs restes sont abondants en Amérique du Nord et du Sud. L'hippopotame, désormais confiné à l'Afrique, régnait autrefois en Europe, à Madagascar et en Inde. Il y avait beaucoup de lémuriens américains et européens. Les éléphants avaient une aire de répartition presque mondiale ; et, en bref, une répartition restreinte semble être dans l'ensemble une caractéristique des animaux d'aujourd'hui.

Ces affirmations, bien que parfaitement vraies, ne doivent cependant pas conduire à des déductions erronées. Le lecteur, dans les livres qui contiennent des sections traitant de la répartition géographique, est plutôt impressionné par le fait que les animaux dans leur ensemble occupent aujourd'hui des zones plus restreintes que par le passé. Il existe cependant de nombreux exemples de groupes de créatures disparues qui, à notre connaissance, avaient une aire de répartition assez restreinte. Ainsi, les Toxodontes étaient purement sud-américains, tout comme les Glyptodontes et quelques autres formes. Et, d'un autre côté, les cervidés d'aujourd'hui sont répartis aussi largement, sinon plus, qu'à toute autre époque. Les lièvres et les lapins ont désormais une aire de répartition presque universelle ; les Chats presque. Nous rencontrons des bovidés, même en excluant les moutons et les chèvres, dans les quatre régions du globe, à l'exclusion uniquement de l'Amérique du Sud et, bien sûr, de l'Australie. Les camélidés sont encore communs à l'Ancien et au Nouveau Monde.

qu'à certaines périodes de l' époque tertiaire , il y avait plus de similitudes entre l'Europe et l'Amérique du Nord qu'aujourd'hui. Il aurait été tout à fait nécessaire d'unir les deux dans une zone holarctique, comme beaucoup le réclament aujourd'hui ; mais les raisons de cette union auraient alors été plus fortes. Le fait est, cependant, que les ressemblances plus étroites étaient dues au plus grand nombre de familles d'animaux qui existaient alors qu'aujourd'hui ; ceux-ci se sont décomposés des deux continents et ont permis aux dissemblances entre la faune mammifère des deux de devenir évidentes. Mais les ressemblances qui subsistent encore ont conduit beaucoup à associer étroitement les deux régions.

Dans la mesure où l' on peut retracer l'histoire d'un genre, d'une famille ou d'une division plus large, on peut conclure que, à partir d'une région d'origine donnée, le groupe en question a migré dans toutes les directions, lorsque cela était possible, à des degrés divers ; il s'est ensuite éteint dans les étendues intermédiaires, ou n'a été laissé que dans une certaine partie de son ancienne aire de répartition plus étendue.

Régions zoologiques . — Étant donné que chaque espèce animale a sa propre aire de répartition définie, il est clair que la surface de la terre peut être divisée en divisions caractérisées par leurs habitants animaux. Nous diviserons la terre en royaumes, qui sont les plus grandes divisions ; puis en régions ; et enfin en sous-régions. Il faut garder à l'esprit que les divers groupes du règne animal sont d'âges différents, géologiquement parlant, et ont donc eu plus ou moins de temps, selon les cas, pour s'établir dans leur répartition actuelle, et que les différents animaux diffèrent grandement par leur taux de multiplication, leur pouvoir de migration et leur sensibilité à l'efficacité de diverses barrières naturelles et autres à la distribution. Il n'est donc pas possible de diviser le monde en royaumes et régions qui exprimeraient les faits de répartition de l'ensemble du règne animal. De telles divisions, qui sont courantes dans les manuels de zoologie ne comportant qu'une petite section consacrée à la zoogéographie, ne sont au mieux que de simples approximations et moyennes ; Il ne sert à rien d'adopter une vision aussi globale de la question, car l'objectif essentiel de la subdivision de la surface de la terre est ainsi perdu de vue. La division zoogéographique de la terre qui sera adoptée ici est celle recommandée à l'origine par le Dr Blanford et maintenant acceptée par un certain nombre d'autorités. Il existe trois « royaumes », auxquels on pourrait peut-être en ajouter un quatrième, quoique pour des raisons négatives et dans le seul but de souligner les parties du monde auxquelles les mammifères n'ont pas eu accès. Les royaumes sont à nouveau divisibles en régions, au moins dans le cas de l'un d'entre eux, et les régions peuvent à nouveau être séparées en sous-régions ou provinces plus ou moins distinctes. Les trois principales divisions ou royaumes qui contiennent des mammifères sont le Notogaean , comprenant l'Australie et certaines îles au nord de celui-ci ; le Néogéen , ou le continent sud-américain et l'Amérique centrale ; l' Arctogéen , comprenant les continents d'Amérique du Nord, d'Europe, d'Asie et d'Afrique, ainsi que les îles adjacentes, telles que les Antilles, les Indes orientales (à l'exclusion de celles qui relèvent du royaume de Notogaea) et Madagascar ; et enfin, le royaume de l'Antarctogaea ou Atheriogaea , qui embrasse la Nouvelle-Zélande, le continent Antarctique et une série d'îles comme la Géorgie du Sud et Kerguelen, et peut-être même l' extrême sud de la Patagonie. Ce dernier quart du globe n'aura pas besoin d'autres références, car il ne compte aucun habitant de mammifères terrestres véritablement indigènes. Nous ne pouvons pas inclure les chauves-souris dans cette affirmation, car leur répartition est due à des pouvoirs différents d'extension de leur aire de répartition et à des barrières différentes de celles qui régissent l'aire de répartition d'autres groupes de mammifères.

(1) Notogaea. [42] Ce royaume est caractérisé par la possession exclusive des Monotrèmes : c'est-à-dire que l'une des deux divisions primaires des Mammalia est absolument limitée à cette zone. Il contient d'ailleurs la grande majorité des Marsupiaux. De plus, le royaume de Notogaea se distingue par l'absence totale de mammifères supérieurs, à l'exception de quelques petits rongeurs. (Les chauves-souris sont ignorées pour les raisons indiquées, et le Dingo est considéré comme une importation.) Il ne peut être contesté qu'il s'agit d'une zone très distinctement marquée de la surface de la terre.

(2) Néogée . Le continent sud-américain n'a pas de monotrèmes et seulement quelques marsupiaux, qui tous, à l'exception des *Caenolestes* , appartiennent à la division des Polyprotodontes de cet ordre, et à une famille particulière, les *Didelphyidae* . La découverte récente d'autres marsupiaux fossiles favorise cependant dans une certaine mesure l'opinion de Huxley selon laquelle Neogaea et Notogaea forment un seul royaume par opposition au reste du monde. En outre, Neogaea possède les Edentata , qu'on ne trouve nulle part ailleurs, c'est-à-dire la division des Edentata à laquelle le nom est maintenant restreint par certaines autorités. Il se caractérise également par l'absence

presque totale de l'ordre important des Insectivores ; et, comme marques mineures de distinction, par l'absence d'antilopes, de bœufs et de moutons, de la tribu des Ichneumon, de chevaux et de lémuriens. Il a la possession exclusive des Hapalidae et des Cebidae, ainsi que de plusieurs familles de Rongeurs.

(3) Arctogée. Ce vaste royaume peut clairement être subdivisé en quatre régions, qui seront examinées en détail plus tard. En attendant , les points de ressemblance entre ces subdivisions sont plus marqués que ne le sont les ressemblances ou les différences de l'une d'entre elles avec l'un ou l'autre des deux domaines qui viennent d'être définis. Les deux royaumes qui ont été discutés conservent leur distinction l'un de l'autre et d'Arctogaea pendant une période considérable jusqu'à la période tertiaire. Ce n'est que lorsque nous atteignons le très ancien Tertiaire que l'on rencontre des Edentés en Amérique du Nord ; et puis on ne peut pas considérer comme absolument établi que les Ganodonta sont réellement les précurseurs des tatous, des paresseux, etc. Nous ne trouvons pas non plus de marsupiaux en Europe jusqu'à une époque lointaine et à une époque correspondante en Amérique du Nord. En fait, la faune de l'Amérique du Sud à la fin du Tertiaire était encore plus distincte qu'elle ne l'est aujourd'hui ; car alors nous avions confiné dans cette région les Toxodontes , les Glyptodontes, *les Macrauchenia* et d'autres formes, tandis qu'en Australie il y avait encore des Marsupiaux. À la fin du Tertiaire, l'Europe et l'Inde n'étaient en aucun cas aussi distinctes de l'Afrique qu'elles le sont aujourd'hui. L'Amérique du Nord ne ressemble pas autant au Vieux Monde que les subdivisions du Vieux Monde se ressemblent ; mais, comme nous le soulignerons plus loin, il existe et il y a eu des accords très substantiels. Les éléphants, les rhinocéros, les girafes, les hippopotames, *les orycteropus* sont désormais des animaux distinctement africains ou indiens ; mais tous ces genres, ou du moins ces familles (dans le cas de la girafe), ont été présents en Europe à une époque assez récente. En effet, *Lycaon* , aujourd'hui confiné à l'Afrique, aurait une origine européenne en raison de sa présence dans les grottes de cette région. La Hyène et le Lion, certains membres de la tribu des Chevaux, les Singes et d'autres animaux, étaient également mais ne sont plus européens.

L'Inde encore, et la région orientale en général, possédaient autrefois l'Hippopotame, le Chimpanzé, les Giraffidés , les Antilopes, *les Cobus* , *les Hippotragus* , *les Strepsiceros* et *les Orias* , qui sont aujourd'hui des animaux purement africains. Il partage actuellement avec la région éthiopienne les Catarhines, dont les singes anthropoïdes, les lémuriens, les Tragulina (le genre *Dorcatherium* est également connu à partir de fossiles en Inde), les *Manis* , *les Hyènes* , le guépard, l'éléphant, le rhinocéros et le Ratel. Il n'existe en effet aucun ordre de mammifères qui soit aujourd'hui absent de l'une de ces trois régions bien que présent dans les autres, à l'exception des Lémuriens, et ils étaient présents autrefois en Europe. Le Tapir de l'Inde est connu comme fossile en Europe, et ce dernier continent avait ses Singes et même ses Anthropoïdes. En revanche, l'Amérique du Nord est plus distincte. Il n'y a pas de lémuriens, de singes, d'éléphants, de rhinocéros, de tapirs, d'édentés de l'Ancien Monde (Effodientia), de Viverridae, de chevaux ou d'antilopes, à l'exception *d'Antilocapra* , un type d'une division distincte de bovidés. Mais comme plusieurs de ces groupes ont été représentés ces derniers temps, aucune ligne de division principale ne peut être tracée avec profit.

Arctogaea dans son ensemble peut être caractérisé par des caractères à la fois négatifs et positifs. Comme caractéristiques négatives, on peut mentionner :
— l'absence totale d'Édentés (*Necrodasypus* de Filhol est plutôt douteux, voir p. 164 , n.), bien que quelques-uns se soient glissés dans la région néarctique depuis la Néogée au cours des époques passées ; et des Hapalidae , Cebidae et Marsupiaux, à l'exception d'un Opossum en Amérique du Nord. Ce royaume compte, en revanche, tous les Lémuriens, tous les Insectivores à l'exception du *Solénodon Antillais* , tous les Proboscidés, Rhinocéros, Chevaux, Cerfs, Antilopes, ce dernier groupe comprenant les Bœufs et diverses autres familles importantes. . C'est en fait le siège de tous les Eutheria à l'exception des Edentata et des Marsupiaux.

Les subdivisions de ce royaume ont été effectuées de diverses manières . Les subdivisions classiques sont bien entendu celles de M. Sclater , qui reconnaîtrait (1) le Néarctique, l'Amérique du Nord ; (2) le Paléarctique , comprenant l'Europe, l'Asie du Nord et le Japon ; (3) l'Oriental, comprenant l'Asie au sud de l'Himalaya et les îles de l'archipel malais jusqu'à la région australienne ; et (4) l'Éthiopie, *c'est-à-dire* l'Afrique tropicale et Madagascar. Certains modifieraient cela en unissant l'Amérique et le nord de l'Ancien Monde dans une région holarctique, séparant les parties méridionales du continent nord-américain en une région de Sonora. Pour certains, les prétentions de Madagascar de former une région distincte sont convaincantes. Distinguer les frontières des différentes régions est une tâche difficile ; ils s'emboîtent les uns dans les autres sur les frontières avec les courbes complexes d'une carte-puzzle. La difficulté a été résolue par la suggestion de zones de transition intermédiaires ; mais ce procédé double en réalité la difficulté, car il y a alors deux frontières à délimiter dans chaque cas au lieu d'une seule. Il faut s'attendre à ce que les habitants animaux se mélangent quelque peu aux lignes de jonction d'une région avec une autre.

La région de Sonora ne nous paraît pas avoir de grandes prétentions à la reconnaissance. Il montre un mélange de formes méridionales et septentrionales exactement comme on pouvait s'y attendre. Un tatou et *un Didelphys* l'ont, comme on le croit, envahi depuis le royaume néogéique ; il possède également les genres sud-américains, *Dicotyles* , *Nasua* , *Conepatus* , *Sigmodon* . En revanche, les genres Sonora *Antilocapra* , *Cynomys* , *Procyon* et

Insectivora *Blarina* et *Scapanus* , s'étendent plus au nord. Seuls six genres de rongeurs sont particuliers à cette région, ce qui semble une raison insuffisante pour élever la province de Sonora à la dignité de région. Considérée du point de vue du nombre de formes particulières, la sous-région tibétaine a davantage de prétentions à se distinguer en tant que région ; car confinés à cette zone, nous avons les genres *Nectogale* , *Aeluropus* , *Eupetaurus* , *Pantholops* , *Budorcas* ; tandis qu'en étendant légèrement ses limites, on pourrait y ajouter un certain nombre d'autres formes particulières. Madagascar a nettement plus de prétentions à la division régionale. Sont absolument confinés à lui onze des dix-sept genres existants de Lémuriens, la famille des Centetidae parmi les Insectivores , qui contient sept genres, et un autre genre particulier récemment découvert, *Geogale* ; il compte six genres particuliers de Viverridae ; il compte cinq genres particuliers de rongeurs. En plus de cela, elle est caractérisée négativement par l'absence des animaux typiques africains suivants, félidés, proboscidés, rhinocéros , équidés, singes, etc. Il semble impossible d'éviter d'accorder le rang de région à cette partie du monde.

En séparant la région Néarctique de la région Paléarctique , il faut insister davantage sur l'absence de formes asiatiques et européennes d'Amérique du Nord que sur l'existence dans la moitié nord du Nouveau Monde de nombreuses formes particulières. Le genre de chèvre *Haploceros* , les rongeurs *Erethizon* , *Zapus* et la famille des Haplodontidae sont particuliers au Néarctique . Le genre Mole *Condylura* est également limité à cette partie du Nouveau Monde. Il a néanmoins des formes plus particulières que le Sonora. Si l'on ajoute à cela l'absence de chevaux, d'antilopes sauf *Antilocapra* , de cochons, d'hyènes, etc., il y a de bonnes raisons de conserver cette division. Il faut cependant admettre qu'il se rapproche davantage du district eurasien que celui-ci ne le fait du district oriental.

La région orientale compte de nombreux animaux caractéristiques. Il compte parmi les singes anthropoïdes les orangs et les gibbons ; des singes de l'Ancien Monde , il a confiné à sa propre zone les genres *Semnopithecus* et *Nasalis* . Parmi les Lémuriens, il y a *les Loris* , *les Nycticebus* et *les Tarsius* , qui représentent une famille de cet ordre, voire un sous-ordre. Les Galeopithecidae sont entièrement malais. Il existe de nombreux genres de rongeurs, carnivores et insectivores ; les rhinocéros et les éléphants de cette région diffèrent de ceux d'Afrique. *Tragulus* conclut un échantillon d'une liste très riche de formes particulières.

La région éthiopienne a aussi ses Anthropoïdes, le Gorille et le Chimpanzé, mais ils appartiennent à des genres ou à un genre différents de ceux qui comprennent les formes orientales. Il existe cinq genres particuliers de Cercopithecidae . Les lémuriens restreints à cette région sont *Galago* , *Perodicticus* et *Arctocebus* . Les familles insectivores particulières des Macroscelidae et des Chrysochloridae ne se trouvent qu'ici, à côté de nombreux autres genres particuliers. L'Afrique est surtout la patrie des antilopes, et la girafe ne se trouve désormais plus en dehors de ses frontières. L'éléphant et les rhinocéros sont d'espèces différentes de celles de l'Inde. Il existe de nombreux rongeurs et ongulés particuliers.

CHAPITRE III

LES PRÉCURSEURS POSSIBLES DES MAMMALIÉS

La relation entre les mammifères et les vertébrés situés en dessous d'eux dans l'échelle, leur origine en fait, est une question très controversée, avec de nombreuses tentatives de solutions. Entrer dans le détail de cette vaste question impliquerait beaucoup d'argumentations inutiles fondées sur des « faits » trompeurs ou tout à fait inexacts. Il suffira peut-être de réfléchir ici à la vision actuelle la plus en vogue à l'heure actuelle, *c'est-à-dire* celle qui ferait référence aux Mammalia aux reptiles appartenant au groupe éteint du Permien et du Trias des Theromorpha (également appelés Anomodontia). Ces questions ont été explorées récemment dans une très large mesure, et principalement par le professeur Seeley. [43] Le fait même qu'un genre *Tritylodon* , connu seulement par la partie antérieure du crâne, ait été appelé Mammifère et Anomodont par divers auteurs, montre au moins la difficulté de différencier les deux groupes lorsque le matériel d'étude est imparfait. En fait, ces Theromorpha sont sans aucun doute des reptiles ; ils montrent, par exemple, une mâchoire inférieure formée de plusieurs pièces distinctes, dont l'articulaire s'articule avec un carré fixe sur le crâne. Ils possèdent les os reptiliens caractéristiques, les os « transversaux », les pré- et post-frontaux, et divers autres points de structure qui ne laissent aucun doute quant à leur nature véritablement reptilienne. Il existe cependant de nombreux indices d'une évolution en direction des mammifères dans toutes les parties du squelette, dont les plus importantes seront évoquées ici. Il convient peut-être de déblayer le terrain en mentionnant le fait que parmi les Theromorpha sont inclus quatre types distincts de reptiles, qui sont considérés comme formant quatre ordres, *à savoir* les Pareiasauri , les Theriodontia , les Anomodontia (Dicynodontia) et les Placodontia .

La première de ces divisions comprend ce qui semble être des formes basales. Ces reptiles présentent de nombreux points de ressemblance avec les labyrinthodontes amphibiens. [44] En revanche la troisième division, celle des Dicynodontia , est hautement spécialisée. Theromorpha , à partir duquel aucune évolution ultérieure ne semble avoir été possible. Ainsi la dentition était soit complètement perdue, soit réduite à des défenses comme chez *Dicynodon* . Nous n'avons donc pas besoin de nous préoccuper dans le présent volume de ces Anomodonts . C'est avec les Theriodonts que réside notre activité. Le nom même, soit dit en passant, est judicieusement choisi dans l'hypothèse qui va être expliquée ici ; mais ce n'est pas seulement dans les dents que ces reptiles présentent des ressemblances avec les Theria ou mammifères, mais dans presque tous les traits de leur organisation . Contrairement aux autres reptiles, les Theromorpha en général étaient élevés relativement haut au-dessus du sol sur des pattes assez longues et de relation mammifère dans la position des segments des membres. Le reptile typique rampe sur la terre avec les pattes étalées, comme son nom même l'indique. Un obstacle au fait que les Theriodonts soient sur la lignée directe d'ascendance mammifère a été avancé comme une difficulté préliminaire, et c'est leur grande taille. Les premiers mammifères incontestables étaient de petites créatures, comparables en taille à un rat ou à une souris ; alors qu'un ours ou un loup de bonne taille constitue un meilleur standard de taille pour certains des genres de thériodontes les plus connus . Il a cependant été suggéré, à juste titre, que vivre en compagnie de ces grands Theriodonts était un genre moins intrusif, dont les mammifères pourraient être issus. Il est si connu qu'un groupe donné d'animaux contient généralement des géants, des nains et des membres de taille intermédiaire, que cette suggestion peut presque être acceptée comme un fait. Cela ne devrait au moins nous présenter aucune difficulté dans nos comparaisons.

La caractéristique « mammifère » la plus marquante des Thériodontes est l'hétérodontie des dents, le motif des « molaires » et le nombre limité qui constituent la série. Le fait également qu'ils soient limités aux os dentaires inférieurs et aux maxillaires et prémaxillaires supérieurs est une condition *sine qua non* pour une comparaison avec les mammifères. Chez le Theromorpha plus basal , les dents ne sont pas aussi limitées en position. Enfin, pour compléter la remarquable ressemblance mammifère des dents de ces reptiles, il faut mentionner que chez *Tritylodon* et *Diademodon* , les racines des molaires, comme nous pouvons les appeler à juste titre, bien qu'elles ne soient pas réellement divisées à la manière des mammifères, étaient profondément marquées par un sillon, qui suggère un début de division ou une fusion de deux racines distinctes. Certains de ces faits de structure peuvent maintenant être examinés plus en détail. Quant aux incisives et aux canines, il suffit de dire que le nombre des premières et la forme des secondes sont en parfaite harmonie avec une origine des Mammalia de ce groupe. La série molaire peut être divisée en prémolaires et molaires, du moins en ce qui concerne leur forme ; car les dents antérieures sont souvent plus petites et moins compliquées que celles qui suivent, comme c'est souvent le cas des deux séries chez les mammifères. La série molaire est également constituée de dents étroitement apposées les unes aux autres et séparées des canines par un diastème, caractéristique des dents des mammifères. Le fait que chez le reptile *Cynognathus* et le mammifère *Myrmecobius* il y ait neuf de ces molaires dans chaque moitié de chaque mâchoire n'est peut-être pas un point sur lequel il convient de s'appesantir avec trop de poids ; mais le fait général que les molaires sont plus réduites dans certains genres de Theriodontia que dans celui qui a été mentionné, est clairement une question d'importance lorsqu'on considère l'ascendance des mammifères.

Le fait le plus intéressant concernant la série de molaires chez Theriodontia est que nous rencontrons les deux types de molaires que l'on retrouve chez les mammifères. *Cynognathus* et d'autres genres ont des molaires constituées d'une cuspide principale, d'une cuspide avant et d'une après la cuspide principale ; en fait, ces dents sont triconodontes comme chez certains premiers mammifères, état de choses qui, selon les « trituberculistes » (voir p. 56), aurait précédé la dent trituberculeuse. Il existe également des dents « multituberculeuses », particulièrement bien développées chez *Tritylodon* , où elles ressemblent exactement à celles de certains Multituberculata , et dont la structure a à l'origine conduit à classer *Tritylodon* parmi les mammifères de ce groupe. Si l'on s'interroge sur la nature mammifère de ce fossile, il reste plusieurs autres Theriodontia chez lesquels le multituberculisme est bien marqué. C'est ainsi dans *Trirhackodon* et dans *Diademodon* par exemple. Cela conforte d'ailleurs dans une certaine mesure l'idée selon laquelle les Mammalia ont évolué à partir de deux sources, une façon d'envisager l'origine du groupe qui coïncidera avec les vues de certains auteurs comme le regretté Dr. Mivart, et qui en même temps réconcilier les trituberculistes et les multituberculistes . Car nous devrions alors supposer que l' Eutheria et le Triconodontia sont issus d'une forme telle que *Cynognathus* ; et les Multituberculata et les Monotrèmes existants sous une forme comme *Diademodon* . Il n'est pas très utile de souligner que *Diademodon* est réellement du type trituberculé , car dans ses molaires, bien que multituberculées, on reconnaît les cônes principaux trituberculés ; car cet état de choses aurait tout aussi bien pu être provoqué par une réduction du type multituberculeux. Le crâne de ces Thériodontes présente des approximations bien marquées du type mammifère. Il y a en premier lieu un début de consolidation et de réduction des os individuels, caractéristique si distinctive du crâne des mammifères par opposition à celui des vertébrés inférieurs. Chez *Cynognathus* , le postorbital est fusionné avec le jugal et le supratemporal avec le squamosal, formant apparemment un seul os. Dans la mâchoire inférieure, le splénial est souvent réduit à la finesse du papier, indiquant ainsi un début de disparition. Chez de nombreux Theromorpha, le squamosal participe en grande partie à la formation de la facette articulaire de la mâchoire inférieure, évidemment une caractéristique importante des mammifères ; ceci est provoqué par la réduction du carré, lequel os acquiert d'ailleurs, dans certains détails, l'apparence du marteau des mammifères, avec lequel il est, selon beaucoup, homologue. Mais ce sujet a déjà été traité page 26 . Une ressemblance très prononcée avec le crâne des mammifères est la présence de deux condyles occipitaux. Que cela ait été provoqué par le développement ultérieur d'un condyle tripartite, tel qu'il se produit chez les tortues, et que cela par la suppression de la partie basi -occipitale, n'affecte pas la ressemblance avec le crâne des mammifères ; en fait , cela explique l'origine de deux condyles à partir du condyle unique reptilien typique et élimine la nécessité de croire, avec Huxley et d'autres, que les amphibiens se trouvent sur la ligne principale de l'évolution des mammifères en raison de leurs deux condyles. L'aspect général du crâne de *Cynognathus* a été comparé à celui « de *Thylacinus* ou *Dissacus* ». Personne ne peut examiner les croquis réels du crâne de ce Theriodont sans approuver cette opinion. Comme point curieux et détaillé de ressemblance avec certains Mammalia, on peut mentionner « un petit processus descendant de l'os malaire, qui peut être un diminutif représentatif de l'élément descendant de l'os malaire vu chez *Elotherium* , *Nototherium* , *Diprotodon* , *Macropus* , certains Edentata , tels comme *Glyptodon* , *Megatherium* , *Mylodon* , *Bradypus* , mais sans précédent à ma connaissance chez les reptiles fossiles. (Osborn.) Le zoologiste ne peut s'empêcher d'être impressionné par l'importance de petits détails de similitude, qui ne semblent en aucun cas dus aux conditions de vie environnantes, et donc se rapportent à une simple convergence, comme la forme poissonneuse des baleines. et les phoques.

Le reste du squelette du Theriodontia n'est en aucun cas aussi connu que le crâne et les dents. Mais d'après ce que l'on sait, d'autres caractères mammifères peuvent être signalés. La caractéristique la plus frappante des mammifères se trouve peut-être dans la scapula de *Cynognathus* . Il est chez cette créature un peu étroit et allongé ; mais il a une épine bien marquée, terminée par un acromion crochu. Or, il convient de noter, à l'appui de l' origine diphylétique des mammifères, que chez le monotrème, comme chez les baleines en effet, l'épine forme le bord antérieur de la scapula et coïncide avec elle, il n'y a donc pas de préscapula . pas du tout dans le Monotrème, et seulement une trace chez certaines Baleines. [45] On ne sait pas si le *Tritylodon* ou *le Diademodon* multituberculé avait une omoplate après le modèle Monotrème ; mais il est clair que la scapula du triconodont *Cynognathus* est tout à fait conforme au modèle de l'omoplate euthérienne. En outre, le professeur Seeley est d'avis que la coracoïde était relativement petite, et même plus petite que le même os chez les Edentés, et *a fortiori* que chez les Monotrèmes. Un autre fait de structure qui pointe aussi, peut-être, dans la direction d'une origine diphylétique pour les Mammalia, ce sont les côtes à deux têtes de *Cynognathus* . Comme on le sait, les côtes des Monotremata n'ont que la tête centrale, le capitule.

Comme marque générale d'affinité avec les mammifères, on peut noter la réduction de l' intercentra chez *Cynognathus* , *ainsi que l'existence d'un petit foramen obturateur, bien que parfaitement évident, séparant le pubis de l'ischion.* Il existe d'autres détails qui vont dans le même sens. Et nous ne nous tromperons probablement pas beaucoup dans l'état actuel de nos connaissances si nous attribuons l'origine des mammifères à un type qui serait inclus dans l'ordre des Theriodontia ou au moins dans la sous-classe des Theromorpha .

CHAPITRE IV

L'AUBE DE LA VIE DES MAMMIFÈRES

Les animaux que nous avons examinés dans le chapitre précédent, bien que présentant certaines ressemblances indubitables avec les mammifères, ne sont néanmoins incontestablement pas des mammifères mais des reptiles. Cependant, dans les strates du Trias, nous rencontrons d'abord les restes de mammifères incontestables. Les Mammalia sont apparus pour la première fois sur terre de manière hésitante : ils n'avaient pas abandonné bon nombre des caractères de leurs supposés ancêtres reptiliens ; ils évitaient l'observation et la destruction en raison de leur petite taille et, apparemment, dans la mesure où leurs dents en donnent un indice, en raison de leur régime omnivore. Le monde regorgeait à cette époque de grands reptiles carnivores, qui pouvaient en effet être les principaux ennemis auxquels devaient faire face les premiers mammifères. Ces premiers mammifères se sont attardés jusqu'à une période aussi tardive que l'Éocène ; mais la majorité des genres étaient du Trias, du Jurassique et du Crétacé. Certaines des formes primitives de mammifères ont été attribuées aux Marsupiaux, et leurs ressemblances avec les Monotremata ont également été soulignées. L'opinion actuelle, cependant, est qu'ils forment un ordre spécial, qui pourrait avoir englobé les ancêtres des marsupiaux et des monotrèmes ; car il est raisonnable d'expliquer ainsi la combinaison de caractères de ces deux ordres qu'ils présentent. Pour ce groupe, le nom Allotheria a été proposé par Marsh et Multituberculata par Cope ; ce dernier terme est le moins approprié, dans la mesure où les Monotremata (*Ornithorhynchus*) sont également « multituberculés ». Le groupe est connu de façon très imparfaite. Les vestiges sont peu nombreux et fragmentaires ; et pour la plupart, nous n'avons que quelques arguments sur lesquels spéculer. Cela est tout à fait naturel, car on pourrait facilement supposer que les dents les plus dures ont résisté à la carie qui affecterait plus facilement les os les plus mous. Là où il y a des os, c'est souvent la mâchoire inférieure seule qui a été conservée pour nous, os qui a également été conservé chez certains Marsupiaux contemporains.

Il a été constaté (à partir de l'observation de chiens morts flottant dans les canaux) que la mâchoire inférieure se détachait parfois de la carcasse . C'est la partie la plus facilement séparable qui contient un squelette. Il se peut donc que les restes de ces premiers mammifères, descendant une rivière jusqu'à la mer, aient perdu leurs mâchoires alors qu'ils étaient dans la rivière, ou tout au plus dans les eaux peu profondes de la mer, le reste de la carcasse flottant à l' extérieur . à une plus grande distance, et être finalement enseveli dans l'estomac de quelque poisson carnivore, ou dans la boue au fond d'un océan profond, qui n'a jamais revu la lumière depuis.

Les personnages de ce groupe sont en réalité plus ceux des Monotremata que des Marsupiaux. La ressemblance incontestable que présentent leurs molaires avec les dents temporaires de l'Ornithorynque a déjà été commentée. Comme les Monotrèmes, les Allotheria semblent avoir possédé une grande coracoïde indépendante ; la preuve en repose sur la découverte de l'extrémité inférieure d'une omoplate de *Camptomus* , un genre du Crétacé d'Amérique du Nord sur laquelle se trouve une facette distincte pour l'articulation de ce qui ne peut être rien d'autre qu'une coracoïde. En revanche, ils diffèrent des Monotrèmes par la présence de dents incisives, de forme semblable à celles des Rongeurs, et peu différentes de celles de certains Marsupiaux. Ce point de différence ne peut pas être considéré comme d'une importance primordiale ; personne ne relèguerait le Paresseux et le Tatou dans des ordres différents, à cause de leurs différences dentaires, qui sont à peu près à égalité avec celles dont nous venons de parler. Il semble en effet probable qu'il sera finalement nécessaire d'effacer la ligne de démarcation qui divise actuellement les Allotheria et les Monotremata .

Les Plagiaulacidae sont incontestablement des mammifères, et ils sont placés par la plupart des naturalistes dans ce groupe actuellement incertain de Multituberculata , qui sera retenu ici par déférence pour les autorités distinguées qui ont institué le groupe, bien qu'il n'y ait que peu de caractères par lesquels il peut être défini. Cette famille, bien qu'apparaissant au Trias , s'étend dans le temps jusqu'à l'Éocène. Le genre-type, celui qui a donné son nom à la famille, est *Plagiaulax* . Comme il ne s'agit pas du Trias, l'examen de ses personnages sera reporté à plus tard. *Microlestes* est un genre rhétique, connu dans les roches d'Allemagne et d'Angleterre ; mais elle repose entièrement sur les molaires. *M. antiquus* a une molaire à deux racines de forme allongée avec une rangée de tubercules de chaque côté d'un sillon médian, qui traverse le grand axe de la dent. Dans une certaine mesure, les dents de la forme ancienne ressemblent à celles d' *Ornithorhynchus* . On a parfois parlé de *Microlestes* comme d'un marsupial, mais M. Tomes [46] a trouvé qu'il ne présente pas un caractère très universel des dents marsupiales : il n'a pas ces continuations des tubes dentinaires qui traversent l'émail chez tous les marsupiaux et qui ont été examinés à la seule exception du Wombat.

La rareté des restes de mammifères dans ces premières roches de l'époque secondaire a été expliquée d'une autre manière que celle suggérée ci-dessus. Il se peut que le groupe Mammalia n'ait pas du tout évolué en Europe et que les restes errants trouvés sur ce continent représentent les restes fragmentaires de quelques immigrants dispersés qui ont annoncé l'invasion ultérieure de genres plus nombreux au cours de la période jurassique.

Les mammifères de la période jurassique. — Quelques-unes des Allotheria ou Multituberculata décrites dans la dernière section se trouvent dans les roches de cette première partie de l'époque secondaire. Leur position est douteuse, comme nous l'avons déjà dit ; certains d'entre eux, comme par exemple *Tritylodon* et *Dromatherium* , ne sont peut-être pas du tout des mammifères, tandis que les autres appartiennent probablement à un ordre de mammifères inexistant . A côté de ces créatures douteuses se trouvent les restes fragmentaires de petits animaux qui ne sont pas simplement des mammifères, mais selon toute probabilité, certainement des marsupiaux. Il est vrai que là encore, nous n'avons pas grand-chose à régler, au-delà des mâchoires inférieures et des dents ; de sorte qu'il peut y avoir moins de certitude dans leur référence aux Marsupiaux que ne semble l'opinion de la majorité des paléontologues .

Le professeur Osborn considère en effet que les mammifères du Mésozoïque se composent de trois groupes : (1) Les Multituberculata , comprenant les Bolodontidae , les Stereognathidae , les Plagiaulacidae , les Polymastodontidae , et éventuellement les Tritylodontidae (qui sont cependant considérés par lui et par d'autres comme plus probablement des reptiles). du groupe Théromorphe). (2) Les Triconodonta , qui étaient des Marsupiaux, quoique selon toute vraisemblance avec une succession complète de dents et une placentation allantoïdienne . Ce groupe comprendra les genres *Phascolotherium* et *Amphilestes* , ainsi que *Triconodon* et *Spalacotherium* . Enfin nous avons (3) les Trituberculata (ou Insectivora Primitiva) avec les genres *Amphitherium* , *Peramus* , *Amblotherium* , *Stylacodon* et *Dryolestes* .

Nous prendrons ces trois groupes dans l'ordre. Les Multituberculata ont déjà été dans une certaine mesure définies, si un tel mot peut être utilisé pour exprimer la somme des informations très rares dont nous disposons. De ce groupe, *Plagiaulax* est un genre présent dans les lits de Purbeck ; il n'est connu que par les mâchoires inférieures impliquant un animal de la taille d'un Rat ou plutôt plus petit. Les mâchoires ont devant une grande incisive qui ressemble à celle des Rongeurs, et aussi à celles des Marsupiaux Diprotodontes ; mais on soutient que ces dents ne sont pas issues de pulpes persistantes, et qu'il n'y a en aucun cas aucune couche antérieure d'émail épaissie. Les canines sont absentes ; le diastème est suivi de quatre prémolaires augmentant progressivement en taille et possédant des surfaces de meulage quelque peu compliquées. Ces surfaces sont formées de plusieurs crêtes obliques. Les dents successives sont appelées molaires en raison de leur différence de structure, et il n'y en a que deux de chaque côté. Les molaires sont d'un modèle commun chez les Multituberculata ; le centre est creusé et le bord surélevé est assailli de tubercules. Les autres genres jurassiques de Multituberculates sont *Bolodon* , *Allodon* et *Stereognathus* . Tous possèdent les mêmes molaires multituberculées.

Parmi les Triconodonta, le genre type est *Triconodon* . Ce genre est mieux connu que la plupart des mammifères du Jurassique, puisque la dentition supérieure et inférieure ont été décrites. Il semble avoir possédé la dentition euthérienne typique de quarante-quatre dents, à laquelle est ajoutée une quatrième molaire chez certaines espèces. La grande différence entre les molaires et les prémolaires plaide pour un changement complet de dent. Le genre est à la fois américain et européen.

Spalacotherium a plus de molaires, cinq ou six.

Phascolothérium Bucklandi , en revanche, est un type beaucoup plus ancien en termes de forme de dents. Il n'y en a cependant pas autant qu'à *Amphitherium* ; *Phascolotherium* n'a que deux prémolaires et cinq molaires, soit un total de quarante-huit dents. Les dents sont de forme triconodonte , les trois cuspides étant alignées et celle du milieu étant la plus grande.

L'Amphileste a des dents du même motif mais en possède un plus grand nombre, les prémolaires et les molaires étant respectivement au nombre de quatre et cinq. Tous ces animaux avaient la mâchoire inférieure infléchie. Qu'ils soient tous marsupiaux ou non, il est clair que *Phascolotherium* et *Amphilestes* devraient être réunis et éloignés de *l'Amphitherium* , à cause de la forme plus primitive de leurs dents.

Nous arrivons ensuite aux Trituberculata .

Parmi les plus célèbres de ces restes figurent quelques mâchoires découvertes dans les ardoises de Stonesfield, près d'Oxford, et examinées par Buckland, Cuvier et quelques-uns des naturalistes les plus éminents du début du siècle dernier. Ces mâchoires ont été récemment soumises à un réexamen minutieux par M. Goodrich, [47] qui a accru nos connaissances sur le sujet en exposant de la matrice rocheuse dans laquelle reposent les mâchoires de nouveaux détails de leur structure ; il est donc probable que maintenant tout ce qu'il y a à apprendre de ces spécimens a été enregistré.

Amphithérium prevostii était une créature de la taille d'un rat. Sa mâchoire a été apportée pour la première fois à Dean Buckland vers 1814 et décrite six ans plus tard. Buckland pensait que la mâchoire était celle d'un Opossum, une opinion à laquelle Cuvier était d'accord. La mâchoire, cependant, est marquée par une rainure qui s'étend sur toute sa longueur, et cette rainure était considérée par de Blainville comme une preuve de la composition de la mâchoire à partir de plus d'un élément, ce qui conduirait naturellement à la considérer comme la mâchoire de un reptile. [48] Cette espèce et une autre nommée d'après Sir Richard Owen ont une formule dentaire qui, comme celle des Marsupiaux, est grande comparée à celle des Mammifères Placentaires ; il comporte : I 4, C 1, Pm 5, M 6, *soit* 64 dents en tout. C'est un nombre plus grand que celui que l'on trouve chez n'importe quel marsupial existant. Mais comme chez les Marsupiaux, et chez certains Insectivores aussi, l'angle de la mâchoire est infléchi. Ces dents sont de type trituberculaire avec un « talon ». Ils ressemblent en fait beaucoup à ceux du *Myrmécobe vivant* ; mais non, il faut le remarquer, contrairement à ceux de certains Insectivores .

Les mammifères du Crétacé . — Il fut un temps où il y avait un écart totalement inexplicable entre le Jurassique et l'Éocène basal, une série de strates qui occupent une énorme étendue de temps dans l'histoire de la Terre étant apparues dépourvues de restes de mammifères. Cette lacune a cependant été comblée par la découverte de restes de mammifères dans la formation laramique nord-américaine , qui semble clairement appartenir au Crétacé. En outre, certains soutiennent que les couches de Purbeck doivent plutôt être placées avec le Crétacé, ce qui nécessiterait alors l'examen sous la présente rubrique de certains des types déjà traités ; et si, comme cela est suggéré dans la section suivante, les couches les plus basses dites Éocènes se rapportent réellement au Crétacé, les restes de mammifères ne manquent pas à cette période. Et c'est d'ailleurs dans ce cas la période du Crétacé qui a vu évoluer les ordres existants de mammifères placentaires. Par ailleurs les restes de mammifères du Crétacé concordent avec ceux du Jurassique. On retrouve des restes de Multituberculata dans des fragments de Plagiaulacidae et de Polymastodontidae . *Ptilodus* est un genre qui possède deux prémolaires ; et *Meniscoessus* est un autre multituberculé de la même formation laramique . Osborn pense que les autres fragments détachés de mammifères représentent à la fois des placentaires et des marsupiaux.

Les mammifères de la période tertiaire. — À moins que les couches les plus basses de la première période tertiaire, l'Éocène, comme le Torrejon de l'Amérique du Nord, ne soient en réalité rattachées au Crétacé, il n'y a aucune preuve que les groupes modernes de mammifères aient existé avant l'époque actuelle de l'histoire de la Terre. . Il est probable, cependant, que les Eutheria en tant que groupe étaient mésozoïques. Les mâchoires fossiles qui ont été examinées dans le dernier chapitre pourraient très probablement être des Euthériens primitifs, ou même divisibles, comme le croit le professeur Osborn, en marsupiaux et insectivores. Au Tertiaire cependant, outre la question de la nature des formations de Puerco et de Torrejon , et de certaines strates sud-américaines dont le contenu fossile a été étudié par le professeur Ameghino , on trouve les premières traces de mammifères définitivement rattachables aux ordres existants. , ou à comparer distinctement avec les commandes existantes. Cependant, étant donné que des représentants de types ayant des relations évidentes avec les types modernes apparaissent en profusion considérable dans les toutes premières strates de l'Éocène, il semble clair qu'il reste beaucoup à découvrir dans des couches antérieures à celles-ci. En nous limitant cependant aux faits et aux comparaisons qui peuvent être faites sur plus d'un petit nombre de mâchoires inférieures et de dents éparses, ce qui est pratiquement tout ce que nous possédons des mammifères antérieurs, nous devons arriver à la conclusion générale que deux des plus grands groupes existants Les mammifères euthériens, non marsupiaux, ont été différenciés dès le début de l'Éocène et ont été représentés par des formes dont il est possible de dériver au moins les Carnivores, Insectivores , Artiodactyles et Périssodactyles existants . Il s'agissait des Creodonta et des Ongulés Condylarthra . En plus de ceux-ci, nous pouvons énumérer comme types très anciens les Lemuroidea , représentées par des formes telles que *Indrodon* dans le Nouveau Monde, et (bien que plus tard) par *Necrolemur*, etc., dans l'Ancien Monde, et les Edentata , si nous permettons. comme leurs ancêtres les Ganodonta .

Les strates de l'Éocène inférieur contiennent également des représentants d'au moins un ordre, les Amblypodes , qui se sont multipliés par la suite, mais se sont éteints sans descendance, à moins que l'on puisse croire avec certains que les Éléphants dériveraient de ces « pachydermes » de l'Éocène. À la fin de l'Éocène, on rencontre la grande majorité des ordres existants, et même des subdivisions d'ordres ; et il existe en outre des ordres totalement éteints comme les Typotheria , les Ancylopoda et les Tillodontia . Couplée à cette spécialisation progressive dans les ordres de mammifères euthériens, il y a naturellement une forte augmentation du nombre de types génériques et familiaux. Ceci culmine peut-être au Miocène, époque à partir de laquelle il y a eu un déclin progressif de la variété des mammifères, de sorte qu'on peut dire à juste titre que nous vivons maintenant à une époque appauvrie en mammifères. Ce déclin progressif a persisté jusqu'à nos jours, comme en témoignent l'extinction de la Rhytina et du Quagga, et la raréfaction croissante du rhinocéros blanc et du bison d'Amérique.

Le premier stock euthérien était composé de petits mammifères avec de petites têtes et des queues fines et longues. Les membres étaient pentadactyles , gainés de griffes ou de sabots plus larges. Les membres antérieurs étaient peut-être en partie préhensiles. Les dents étaient au nombre de quarante-quatre, complètement différenciées en incisives, canines, molaires et prémolaires ; et il semble y avoir eu une diphyodontie complète . Les canines n'étaient pas très élargies et aucun diastème ne séparait les dents. Les molaires étaient bunodontes ou de forme plus coupante, avec environ cinq ou six tubercules. Ces animaux étaient en outre dotés d'un très petit cerveau. Ce stock précoce est représenté par des animaux Créodontes et Condylarthreux , dont les limites exactes sont à peine marquées dans les tout premiers types. Le professeur Osborn a soutenu qu'à partir de cette première souche euthérienne, il y avait deux vagues de progrès ou, comme il l'exprime, « deux grands centres de rayonnement fonctionnel ». [49]

La première a été largement inefficace, la seconde a donné naissance à tous les ordres euthériens d'aujourd'hui. Ces deux divisions sont appelées par lui « Mesoplacentalia » et « Cenoplacentalia ». La première division comprend les Amblypodes et leurs descendants les Coryphodontes et les Dinocerata , de nombreux Condylarthra , la majeure partie des Créodontes et des Tillodontes. Ces créatures ont persisté pendant un certain temps, mais ont disparu au Miocène. Ils se distinguaient principalement par la petitesse de leur cerveau ; la grande spécialisation de structure qu'ils présentent laisse cet organe intact et tend donc à la longue à les rendre incapables de faire face aux changements du monde inorganique et organique. La division réussie des Eutheria primitives comprend les groupes qui existent aujourd'hui et n'est pas directement liée à ces mésoplacentaires à petit cerveau ; il semble cependant qu'il provienne du moins spécialisé de leurs ancêtres. Le professeur Osborn pense en outre que les Lémuriens et les Insectivores sont des descendants persistants de la première vague de vie euthérienne. Il semble en fait que la nature avait créé les types existants d'ongulés, d'ongulés et autres sur un plan défectueux et, au lieu de les réparer pour répondre à des exigences plus modernes, elle avait développé un ensemble entièrement nouveau de types organisés de manière similaire à partir de certains des types les plus modernes . des formes plus anciennes et plastiques subsistent. Les Marsupiaux sont peut-être le seul groupe restant de la première vague, et ils ont pu se défendre pour la raison géologique que l'Australie a été très tôt coupée de la communication avec le reste du monde. Leur disparition semble être démontrée par leur diminution graduelle à mesure que l'on passe de l'Australie vers le continent asiatique, en passant par les îles de l'archipel malais. La concurrence les a décimés, comme elle pourrait le faire dans un avenir lointain en Australie.

On dit souvent, mais avec une certaine franchise, que les quadrupèdes anciens sont plus grands que leurs représentants modernes. Cette affirmation est en partie vraie dans les faits, mais largement fausse dans ses implications. Car cela suggère que – et cette suggestion est souvent exprimée dans des livres qui ne font pas autorité – d'immenses animaux ont laissé une progéniture naine ; qu'il y avait autrefois des géants et qu'il existe aujourd'hui une race chétive. En fait, l'étude de l'évolution progressive des premiers mammifères du Tertiaire jusqu'à leurs descendants des temps ultérieurs montre très clairement la vérité de cette intéressante généralisation : que les types primitifs étaient tous de petites créatures, et que dans les cas où nous pouvons Pour tracer un pedigree, il y a eu une augmentation progressive de la taille jusqu'à un point où une augmentation plus importante a conduit à l'extinction. Nous signalerons plus loin un certain nombre de faits illustrant cette affaire en détail. On a constaté, par exemple, que le pedigree des chevaux, des chameaux, des rhinocéros et de beaucoup d'autres groupes, commence par de petites formes et se termine par de grandes. On peut affirmer que des animaux tels que le Tapir sont aujourd'hui des formes plus petites, et que ceux qui leur étaient apparentés dans le passé étaient les gigantesques Titanotheres ; mais dans ce cas et dans des cas similaires, on constatera que les géants éteints n'étaient pas dans la lignée directe de leur pedigree, mais représentaient des branches latérales qui devenaient énormes pour leur propre compte puis disparaissaient.

CHAPITRE V

LES ORDRES EXISTANTS DE MAMMIFÈRES

PROTOTHERIA - MONOTRÈMES

En dehors des créatures dont les restes fragmentaires ont été examinés dans le chapitre précédent et qui appartiennent aux premières strates de mammifères , les restes de Mammalia se rapportent tous à des ordres existants. Dans les pages qui suivent, nous traiterons donc des représentants réels des familles vivantes aux côtés de leurs parents disparus. Les ordres existants de mammifères, ainsi que ceux de leurs alliés fossiles, peuvent être clairement divisés en deux grandes subdivisions, ou, comme nous les appellerons, sous-classes ; les Mammalia dans leur ensemble étant appelés une classe de Vertébrés comparable à la classe des Reptilia, etc. Il a été habituel, grâce à l'initiative du professeur Huxley, de diviser les Mammalia en trois divisions de première importance. Nous donnerons plus tard les raisons pour lesquelles nous n'acceptons pas ce mode de division, mais celui qui ne permet que deux divisions primaires. Ces deux divisions sont (1) Prototheria et (2) Eutheria . La question de savoir si les Multituberculata , Trituberculata et Triconodonta , examinés dans le dernier chapitre, doivent réellement être répartis entre ces deux sous-classes est une question sur laquelle il est possible de se faire une opinion, mais non de dogmatiser . Les Prototheria se situent à la base de la série des mammifères et présentent de nombreuses ressemblances avec les Sauropsida ; les Eutheria sont les animaux les plus complètement différenciés en tant que mammifères. Nous commencerons par

SOUS-CLASSE I. — PROTOTHERIA.

À ce groupe appartient l'ordre des Monotremata , et peut-être aussi ce qu'on appelle les Allotheria ou Multituberculata . Comme cependant ces derniers ne sont connus que par des restes très fragmentaires, qui ne suffisent pas à déterminer la position systématique des animaux dont ils sont des fragments, je n'ai pas cru utile de tenter une définition sérieuse de l'ordre Multituberculata . J'ai introduit un bref compte rendu des principaux faits connus concernant les créatures regroupées sous ce nom dans l'esquisse historique des progrès de la vie des mammifères au chapitre IV. Quant aux Monotrèmes , il ne fait aucun doute qu'ils ont droit à un classement dans un groupe équivalent à celui comprenant tous les autres mammifères dont nous avons suffisamment de connaissances pour construire un système de classification. Il y a eu, en effet, des naturalistes, comme Meckel, qui auraient voulu nier complètement le rang de mammifère de ces créatures.

Les Monotremata ou Ornithodelphia peuvent être définis ainsi :—

Mammifères dépourvus de trayons, mais dotés d'une poche temporaire dans laquelle les petits éclosent, ou dans laquelle ils sont transférés après l'éclosion, et dans laquelle débouchent les conduits des glandes mammaires. Une veine abdominale antérieure, ou du moins la membrane qui la soutient, persiste dans toute la cavité abdominale. Cœur avec une valvule auriculo-ventriculaire droite incomplète et largement charnue. Cerveau sans corps calleux. Ceinture scapulaire avec une grande coracoïde atteignant le sternum ; clavicules et un interclavicule présents. Il y a des os « marsupiaux » ou épipubiens attachés au bassin. Vertèbres dépourvues d'épiphyses pour la plupart. Côtes avec seulement capitule et sans tubercule. Glandes mammaires de type sudoripare et non sébacée de la glande épidermique. [50] Ovipare, avec un ovule méroblastique à gros jaune, enfermé dans un follicule de deux rangées de cellules .

Appeler ces animaux Mammalia est bien sûr un abus du sens de ce mot dans un sens, mais ce ne l'est pas dans un autre ; puisque la poche de ces Monotrèmes est, comme on l'a expliqué ailleurs (p. 16), l'équivalent réel d'une tétine, et non de la poche des Marsupiaux.

La caractéristique la plus marquante de ce groupe de mammifères pour l'estimation de leur position dans la série des vertébrés n'est pas tant le fait qu'ils soient ovipares que le fait que leurs œufs ont un gros jaune et se développent donc, jusqu'à leurs premiers stades, à la manière de l'œuf d'un reptile. La ponte , ou du moins l'ovoviviparité, découlerait de la structure de l'œuf, puisque l'abondance du jaune supprimerait la nécessité d'un placenta. Le professeur Poulton [51] pour *Ornithorhynchus* a fait savoir pour la première fois que les œufs avaient cette caractéristique saurienne , et ses résultats ont été confirmés plus tard pour *Echidna* . [52] La structure des œufs a cependant déjà été traitée à la p. 72 . Le fait que ces animaux pondent des œufs semble être connu depuis très longtemps, bien que redécouvert seulement en 1884 par M. Caldwell. [53] En relation avec la structure des ovules, les ovaires eux-mêmes et les oviductes sont construits sur le plan Sauropsiden . Chez le mâle, les testicules conservent la position abdominale primitive. Le fait que les produits urinaires et génitaux s'échappent par leurs conduits dans une chambre qui reçoit également l'extrémité du tube digestif n'est pas un trait distinctif de ce groupe, dans la mesure où on le voit chez les Marsupiaux, et aussi chez certains bas Eutheria . , comme le castor et d'autres rongeurs, ainsi que quelques insectivores. Quant aux traits extérieurs, les Monotremata présentent certains caractères archaïques. La disposition non spécialisée des glandes mammaires a déjà été décrite. Ces animaux sont plantigrades, si le terme peut également être utilisé pour décrire les *Ornithorhynchus aquatiques* . Les oreilles sont absolument dépourvues de conque. L'éperon remarquable sur les pattes postérieures, muni d'une glande, qui est plus marquée chez le mâle et qui disparaît même chez la femelle d' *Ornithorhynchus* , est une structure qui témoigne de la condition spécialisée de ces deux représentants modernes de ce qui devait être un grand ordre dans le passé.

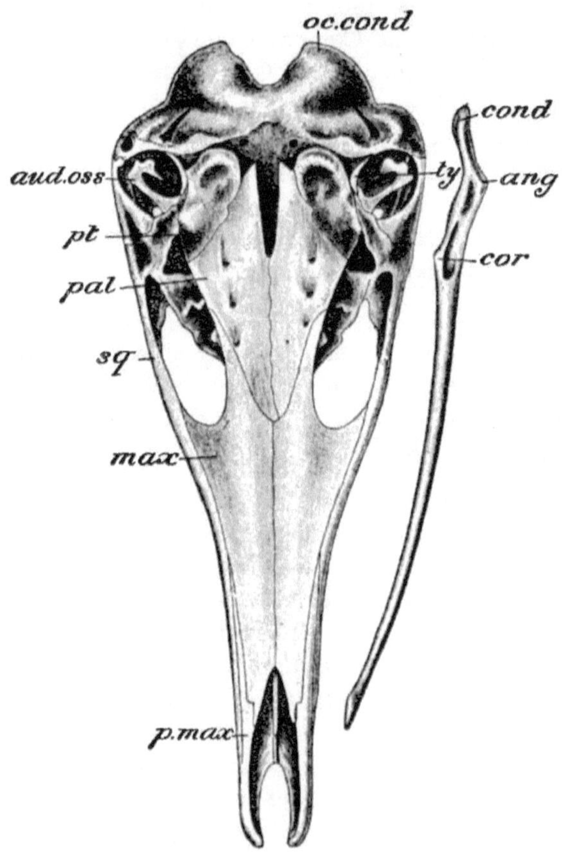

FIGURE. 51.— Vue ventrale du crâne d' *Echidna aculeata* , et moitié droite de la mandibule, *ang* , Angle de la mandibule ; *aud.oss* , osselets auditifs ; *cond* , condyle de la mandibule ; *cor* , processus coronoïde ; *max* , maxillaire ; *oc.cond* , condyle occipital ; *copain* , palatin; *p.max* , prémaxillaire ; *pt* , ptérygoïde ; *carré* , squamosal; *ty* , anneau tympanique. (D'après Parker et Haswell.)

Le squelette présente de nombreuses caractéristiques anciennes. Dans le crâne, il n'y a pas de démarcation entre l'orbite et la fosse temporale, une caractéristique largement répandue chez les mammifères archaïques. Le tympan reste comme un anneau mince, aucune bulle auditive n'étant formée ni à partir de cet os ni à partir de tout autre os. Le marteau et l'enclume sont grands et rappellent ainsi le carré et l'os articulaire des reptiles. Dans la mâchoire inférieure, l'absence d'un processus coronoïde marqué et l'absence d'une ossification ferme à la rencontre des deux branches peuvent être un état de choses primitif. Il faut cependant rappeler que les cétacés présentent les mêmes caractères, même s'il est possible qu'eux aussi soient issus d'un faible stock de mammifères. Dans la colonne vertébrale, nous trouvons les sept cervicales typiques des mammifères ; mais ces structures typiquement mammifères, les épiphyses, sont totalement absentes chez *Echidna* et ne sont visibles que dans la région de la queue chez *Ornithorhynchus* . En n'ayant que la tête capitulaire jusqu'aux côtes, ces mammifères sont évidemment très éloignés de tous les autres mammifères, et sont encore plus reptiliens que les reptiles théromorphes . Les grosses clavicules et l'interclavicule (Fig. 52, p. 109) sont caractéristiques du groupe, et ce dernier os est particulier aux Monotremata chez les mammifères. Il en va de même pour la grande coracoïde. Dans la scapula, il y a une épine qui coïncide avec le bord antérieur de cet os. La disposition des muscles dans cette région prouve de manière concluante que cette projection est l'homologue de la colonne vertébrale et de l'acromion des autres mammifères. Ici encore, nous avons un point de ressemblance avec les cétacés. [54] Dans le bassin, l'acétabulum est perforé (chez *Echidna*), comme chez Sauropsida .

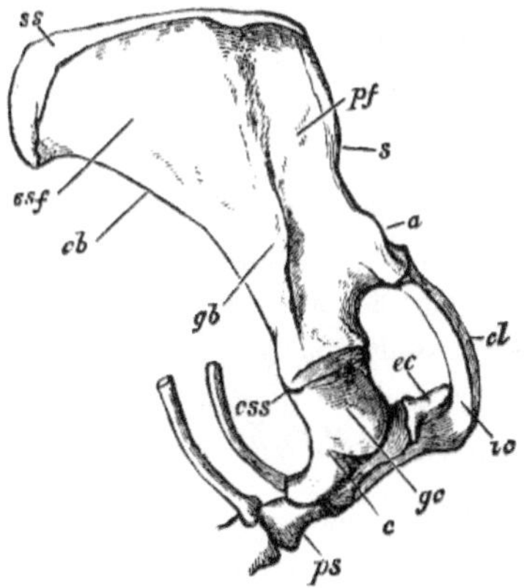

FIGURE. 52.— Vue latérale de la moitié droite de la ceinture scapulaire d'un jeune Echidna (*Echidna aculeata*). × 1. *une* , Acromion ; *c* , coracoïde ; *cb* , bordure coracoïde ; *cl* , clavicule ; *css* , suture coraco -scapulaire ; *ec* , épicoracoïde ; *gb*, bord glénoïde ; *gc*, cavité glénoïde ; *ic*, interclaviculaire ; *pf* , fosse postscapulaire ; *ps* , présternum ; *s* , colonne vertébrale ; *ss* , épiphyse suprascapulaire ; *ssf*, fosse sous-scapulaire. (De *l'ostéologie* de Flower .)

Considérant les nombreux traits très archaïques que présente la structure générale de ce groupe, il est surprenant de constater à quel point ils sont typiquement mammifères dans certaines autres particularités. Le diaphragme des mammifères, l'une des caractéristiques distinctives de la classe, est parfaitement normal chez les Monotremata . Le tube digestif ne présente pas de grandes divergences par rapport à la structure normale. L'estomac est presque globulaire, avec une région pylorique saillante chez *Ornithorhynchus* ; l'intestin est divisé en un « petit » et un « gros » intestin par un caecum mince. Le foie possède les subdivisions que cet organe présente habituellement chez les mammifères. Cependant, la présence du mésentère ventral et de la veine abdominale chez *Echidna* et *Ornithorhynchus* a déjà été mentionnée comme un caractère distinctif. La valvule particulière et apparemment en partie primitive du ventricule droit a été décrite ci-dessus (voir p. 66). Le cerveau est à bien des égards mammifère dans ses caractères, mais présente naturellement quelques différences importantes. Le Dr Elliot Smith, qui a étudié le plus récemment cette question [55] , est d'avis que la dimension des hémisphères cérébraux n'est pas du tout reptilienne ; en effet, il « dépasse largement celui de nombreux autres mammifères ». Chez *Echidna* également, mais pas chez *Ornithorhynchus* , les hémisphères sont bien alambiqués, bien que la disposition de ces circonvolutions ne puisse pas être alignée sur ce que l'on sait concernant les circonvolutions sur les hémisphères d'autres mammifères. Il a été affirmé que chez ces animaux, au moins chez *l'Échidné* , il n'y avait que deux lobes optiques, comme chez les vertébrés inférieurs, au lieu de quatre chez les mammifères. Feu Sir WH Flower a mis cette question au repos [56] et a montré *qu'Echidna* était à cet égard typiquement mammifère. L'absence du corps calleux est l'une des principales caractéristiques séparant les monotrèmes des autres mammifères.

Les Monotremata sont représentés aujourd'hui par deux types, *Ornithorhynchus* et *Echidna* , qui méritent sans doute d'être rangés dans des familles distinctes. Les restes fossiles du groupe (à l'exception du problématique Multituberculata) ne sont connus qu'à l'époque du Pléistocène en Australie et sont constitués des os d'une grande espèce d' *Echidna* et de quelques fragments d' *Ornithorhynchus* , indiquant un animal plus petit que l'Ornithorynque vivant.

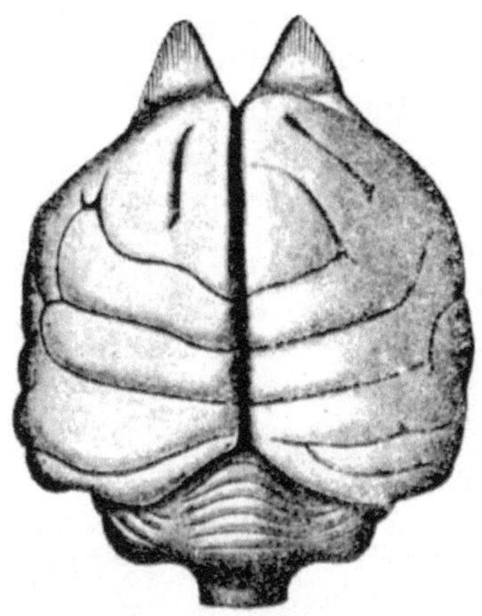

FIGUE. 53.— Cerveau d' *Echidna aculeata* , vue dorsale. (Taille Nat.) (De Parker et Haswell's *Zoology* .)

Famille. 1. Échidnidés . — Cette famille comprend deux genres, dont *Echidna* est le plus ancien et le plus connu. La peau est abondamment couverte d'épines, auxquelles se mêlent des poils. Le museau est effilé, la queue rudimentaire et les doigts et orteils au nombre de cinq. L'éperon et la glande du calcanéum sont plus petits que chez *Ornithorhynchus* . Les griffes sont très fortes, servant à déchirer les nids de fourmis, dont l'échidné se nourrit des habitants, en les léchant avec une longue langue extensible comme celle du *Myrmecophaga* . En relation avec cette habitude, les glandes salivaires sont énormément développées, et en effet l'animal a été confondu avec *Myrmecophaga* , [57] comme l'illustre le nom vernaculaire « Fourmilier australien ».

Dans le crâne, l'Échidné diffère de *l'Ornithorhynchus* par la plus grande extension vers l'arrière des palatins et la plus grande taille des ptérygoïdes. L'étendue et les relations de ces os les uns par rapport aux autres ne sont pas du tout différentes de celles de nombreuses baleines. Les prémaxillaires présentent des traces de la même divergence suivie d'une convergence de leurs extrémités que celle observée chez l'Ornithorynque. Il n'y a que seize paires de côtes et trois ou quatre vertèbres lombaires. *L'échidné* n'a aucune trace de dents, et il n'y a pas de coussinets cornés qui les remplacent ; la bouche est aussi édentée que chez les vrais fourmiliers américains. Le cerveau (Fig. 53) est marqué de sillons, contrairement à ce que l'on trouve chez *Ornithorhynchus* . Le genre a été divisé en trois espèces, mais il est douteux qu'on puisse en autoriser plus d'une, qui s'étend de l'Australie à la région papoue. Bien qu'il n'existe qu'une seule espèce de véritable *Echidna* , une espèce de Nouvelle-Guinée doit clairement être rattachée à un genre distinct *Proechidna* . [58] Cet animal se distingue par le fait qu'il n'y a généralement que trois orteils à chaque pied. Mais il existe de nombreux rudiments des autres phalanges, sur lesquels se développent parfois des griffes. Le bec est recourbé vers le bas et le dos est plutôt arqué ; l'animal tout entier présente la ressemblance la plus singulière avec un éléphant ! Les côtes sont augmentées d'une paire et il y a quatre vertèbres lombaires. La seule espèce s'appelle *P. bruijnii* . Le député. W. Rothschild [59] distingue une forme *P. nigroaculeata* , ce qui est admis par M. Lydekker .

FIGUE. 54.— Fourmilier australien. *Echidna aculeata.* × 1 / 6 .

L'Échidné se nourrit comme le fourmilier, en enfonçant sa langue dans une fourmilière, et en attendant qu'elle soit couverte de fourmis indignées et maraudeuses, qui sont ensuite avalées. Mais cet animal dévore aussi les vers et les insectes, qu'on extrait de leurs cachettes par la langue. Il est principalement nocturne et préfère l'isolement des broussailles les plus denses ou des endroits rocheux où il est à l'abri de toute intrusion. Le Dr Semon n'a pas trouvé que l'éperon de cet animal servait à se défendre ; mais il pense que l'arme peut peut-être être utilisée, pendant la saison de reproduction seulement, dans les combats des mâles contre les femelles, alors que peut-être, comme cela a été démontré chez Ornithorhynchus, la glande qui y est attachée produit une sécrétion *venimeuse* . .

L'œuf, semble-t-il, est transféré dans la poche par la bouche de la mère ; la coquille est brisée par le jeune qui sort, qui porte à cet effet un tubercule briseur d'œufs sur son museau ; la mère enlève la coquille. Lorsque le petit a atteint une certaine taille, la mère le sort de la poche, mais le reprend de temps en temps pour le téter. Lors de ses promenades nocturnes, le jeune est laissé dans un terrier creusé à cet effet. Le Dr Semon a pu, à partir de ses propres observations, étayer cet acte d'intelligence de la part de l'Échidné. Il est bien connu que la température des Monotrèmes est inférieure à celle des mammifères supérieurs ; En plus de ce fait, le Dr Semon a découvert que la plage de variation de température dans l'échidné atteignait 13 degrés ou plus.

Il est donc intermédiaire entre les reptiles « poïkilothermes » et les mammifères « homéoothermes ».

Famille. 2. Ornithorhynchidés . — Il n'est pas nécessaire de tenter de définir cette famille, puisqu'elle ne contient qu'un seul genre *Ornithorhynchus* , avec une seule espèce, *O. anatinus* . L'aspect général de l'animal est bien connu. Il est recouvert d'une fourrure dense de couleur brun noirâtre ; les membres sont courts et à cinq doigts, les orteils étant palmés. La queue est longue et large, aplatie de haut en bas. La sangle des orteils antérieurs dépasse considérablement le bout des griffes, comme chez les Phoques. Mais ce n'est pas le cas des pattes postérieures. Le « bec », qui est large et plat, et qui suggère en réalité celui d'un canard, n'est pas recouvert de corne, comme on le dit souvent, mais d'une peau fine, douce, sensible, nue, qui regorge d'organes sensoriels. une nature tactile. Quant aux caractères dérivés du squelette, *Ornithorhynchus* possède dix-sept paires de côtes et seulement deux vertèbres lombaires. Le crâne est élargi à l'avant et le bec est soutenu par deux prémaxillaires, d'abord divergents, puis convergents. Entre eux se trouve le fameux « os en forme de cloche », qui serait le représentant du prévomer reptilien . Les ptérygoïdes sont plus petits que chez *l'Échidné* , et le palais dur ne s'étend pas aussi loin que chez ce genre. Le cerveau de ce genre est lisse.

FIGUE. 55.— Ornithorynque à bec de canard. *Ornithorhynchus anatinus.* × 1/ 6 .

La découverte des véritables dents d' *Ornithorhynchus* ne date que de l'année 1888, lorsqu'elles furent trouvées par le professeur Poulton [60] dans un embryon. Plus tard, M. Thomas a découvert [61] que les dents persistent pendant une partie considérable de la vie de l'animal et ne tombent, comme les dents de lait, « qu'après avoir été usées par le frottement avec la nourriture et le sable ». Nous avons déjà (p. 98) attiré l'attention sur la similitude générale de ces dents avec celles de certains des premiers mammifères et de reptiles apparentés à des mammifères. Les dents sont toutes des molaires et elles sont au nombre de huit ou dix. Elles sont remplacées par les plaques cornées de l'animal adulte ; mais le mode de remplacement est curieux. Les plaques se développent à partir de l'épithélium de la bouche, mais rondes et sous les vraies dents ; l'épithélium de la bouche se développe progressivement sous les dents calcifiées, mode de croissance qui a peut-être quelque chose à voir avec la chute de ces dernières. Les creux et les rainures des plaques sont les restes des alvéoles originales des dents.

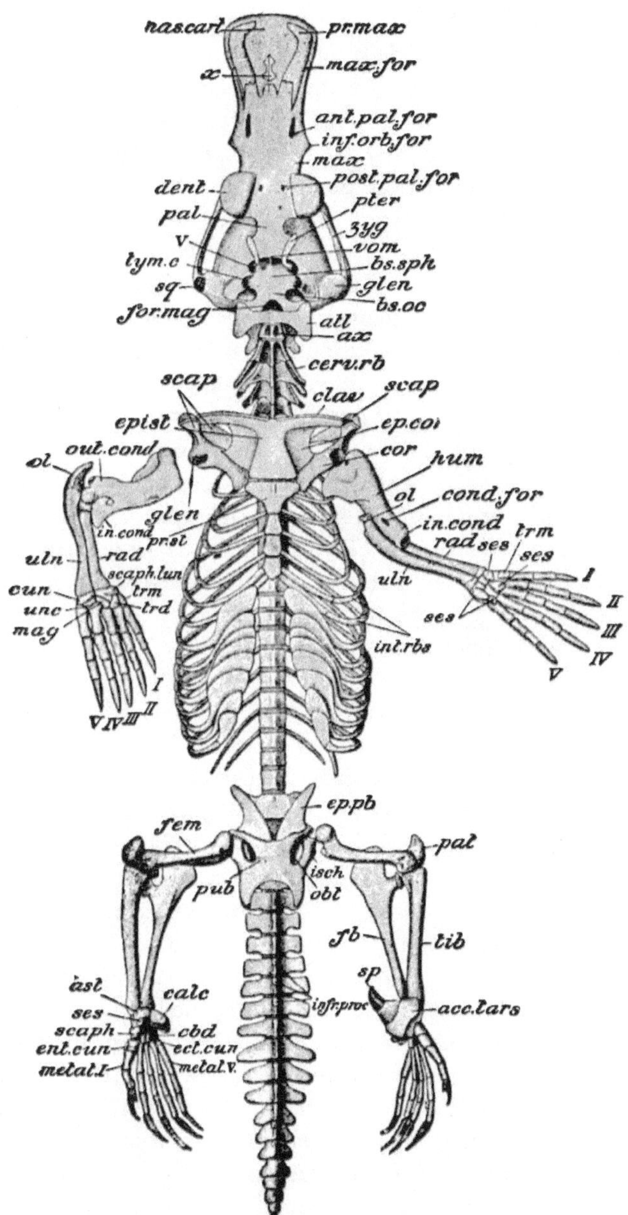

FIGURE. 56.— Squelette d' *Ornithorhynchus* mâle . Vue ventrale. Le membre antérieur droit a été séparé et retourné de manière à laisser apparaître la face dorsale du manus. La mâchoire inférieure est retirée. *acc.tars* , Os tarsien accessoire supportant l'éperon ; *ant.pal.for* , foramen palatin antérieur ; *ast* ,

astragale; *atl* , atlas ; *hache* , axe; *bs.oc* , basi -occipital; *bs.sph* , basi -sphénoïde ; *calc* , calcanéum; *CBD* , cuboïde ; *cerv.rb* , côte cervicale ; *clac* , clavicule ; *cond.for* , foramen au-dessus du condyle interne de l'humérus ; *cor* , coracoïde; *cun* , cunéiforme du carpe ; *bosse* , plaque dentaire cornée ; *ect.cun* , ecto - cuneiforme; *ent.cun* , ento-cuneiforme; *ep.co* , épicoracoïde ; *épist* , épisternum; *ep.pb* , épipubis ; *fb* , péroné ; *fem* , fémur; *for.mag* , foramen magnum ; *glen* , cavité glénoïde de l'articulation de l'épaule ; *glen* , cavité glénoïde pour mandibule ; *hum* , humérus; *in.cond* , condyle interne de l'humérus ; *inf.orb.for* , indique la position du foramen infra-orbitaire ; *infr.proc* , processus inférieurs des vertèbres caudales ; *int.rbs* , côtes intermédiaires ; *isch* , ischion; *mag* , magnum du carpe ; *max* , maxillaire ; *max.pour* , foramen maxillaire ; *métat.I* , premier métatarsien ; *métat.V* , cinquième métatarsien ; *nas.cart* , cartilage nasal ; *obt* , foramen obturateur ; *ol* , olécrane; *out.cond* , condyle externe de l'humérus ; *copain* , palatin; *tapoter* , rotule; *post.pal.for* , foramen palatin postérieur ; *pr.max* , prémaxillaire ; *pr.st* , présternum ; *pter* , ptérygoïde ; *pub* , pubis; *rad* , rayon ; *scapula* , omoplate; *scaph* , scaphoïde du tarse ; *scaph.lun* , scapho-lunaire ; *ses* , os sésamoïdes du poignet et de la cheville ; *sp* , éperon corné tarsien ; *carré* , squamosal; *tibia* , tibia ; *trd* , trapèze ; *trm* , trapèze; *tym.c* , cavité tympanique ; *cubitus* , cubitus; *unc* , non ciforme; *vom* , vomer; *x* , os en forme de cloche ; *zyg* , arc zygomatique ; *IV* , chiffres du manus ; *V* , foramen du cinquième nerf. (De *la zoologie* de Parker .)

L'Ornithorynque à bec de canard est, comme chacun le sait, un animal aquatique. On ne le trouve pas partout en Australie, mais est limité aux parties sud et est de ce continent et à la Tasmanie. L'animal se creuse un terrier au bord des cours d'eau lents qu'il fréquente. Le terrier a une ouverture sous l'eau et une au-dessus ; et il est d'une certaine longueur, de vingt à cinquante pieds. L'ornithorynque se nourrit de nourriture animale, principalement « de larves, de vers, d'escargots et, surtout, de moules ». Il les range une fois capturés dans ses grandes pochettes de joues. La nourriture est ensuite mâchée et avalée au-dessus de la surface tandis que l'animal dérive lentement. Le Dr Semon , dont l'ouvrage *In the Australian Bush* cite ce récit des habitudes de l'animal, pense que dans la nature de la nourriture de l'animal doit être trouvée l'explication de la perte des dents. Il est d'avis que pour casser les coquilles dures des mollusques *Corbicula nepeanensis* , dont se nourrit principalement *Ornithorhynchus* , *les plaques cornées sont préférables aux dents cassantes.* *Ornithorhynchus* n'est apparemment pas consommé par les indigènes en raison de son odeur ancienne et semblable à celle du poisson. De plus, il est difficile à attraper en raison de ses capacités de plongée, aidées par un sens aigu de la vue et de l'ouïe. Lorsque le bec de canard fut introduit pour la première fois dans ce pays, on croyait qu'il s'agissait d'une fraude délibérée, analogue aux sirènes produites en cousant soigneusement ensemble la partie antérieure d'un singe et la queue d'un saumon.

CHAPITRE VI

INTRODUCTION À LA SOUS-CLASSE EUTHERIA

SOUS-CLASSE II. — EUTHÉRIE

Définition. — Mammifères à trayons. Glandes mammaires de type sébacé. Cœur avec valve auriculo-ventriculaire droite entièrement membraneuse et complète. Cerveau généralement doté d'un corps calleux. Coracoïde très réduite et n'atteignant pas le sternum. Pas d'interclavicule. Vertèbres avec épiphyses. Côtes à deux têtes. Vivipare, avec un petit ovule.

Dans ce groupe sont inclus non seulement les Eutheria au sens de Huxley, mais aussi ses Metatheria. Bien que les Metatheria, ou Marsupiaux comme nous les appellerons, forment sans aucun doute un ordre de mammifères très distinct, peut-être même un peu plus distinct que la plupart des autres, leurs différences avec les autres tribus ne sont en aucun cas aussi grandes que celles qui séparent *Ornithorhynchus* et *Echidna* de tous les autres mammifères. Dans ses mémoires bien connus sur l'arrangement des Mammalia, [62] le professeur Huxley a énuméré onze caractères distinguant les Metatheria soit des Prototheria, soit des Eutheria . Parmi ceux-ci, seuls trois étaient des caractères dans lesquels ils se rapprochent des mammifères inférieurs. D'après sa démonstration, la prépondérance des caractéristiques marsupiales est donc euthérienne. Les trois caractères de type protothérien sont (1) la présence d' épipubes ; (2) le petit corps calleux ; (3) l'absence de placenta allantoïdien .

Ce dernier d'entre eux peut être écarté, suite à la découverte récente d'un placenta allantoïdien à *Perameles* . Le premier caractère est apparemment une distinction valable entre les Marsupiaux et leurs parents mammifères plus élevés dans la série ; mais ce n'est pas un caractère qui aurait dû être utilisé par Huxley, puisqu'il croyait à l'existence d'un élément correspondant chez le Chien. Quant à la petite taille du corps calleux (fig. 50, p. 77), cela ne semble être qu'une légère différence de degré. [63] Un certain nombre d'autres personnages d'importance secondaire ont été ajoutés par Huxley au poids de la preuve qui l'a conduit à former un groupe Metatheria pour les Marsupiaux. Cependant, on sait désormais que certains d'entre eux ne constituent pas une preuve allant dans ce sens. Par exemple , il a observé qu'aucun marsupial n'avait plus d'une seule dent successive. Il semble à l'heure actuelle assez clair que les Marsupiaux ont une dentition de lait comme les autres Euthériens, mais qu'une seule de ces dents, la quatrième prémolaire, arrive à maturité fonctionnelle. Le fait qu'elle fasse réellement partie d'une série complète de lait est prouvé par le fait que cette dent se différencie à l'époque d'une autre série autrefois considérée comme appartenant à la dentition dite prélactée .

[64] Il reste bien sûr toujours le fait que la dentition de lait n'est pas pour l'essentiel fonctionnelle, mais sa signification s'effondre avec ces nouvelles découvertes. À ce sujet, le professeur Osborn a fait remarquer : « La découverte de la double série complète semble avoir fait déborder le vase de la théorie de l'ascendance marsupiale des Placentaires. » Mais Huxley n'a pas beaucoup insisté sur cette question des dents, puisqu'il a observé que des suppressions similaires de la dentition de lait se retrouvaient chez de nombreux autres mammifères, certes euthériens.

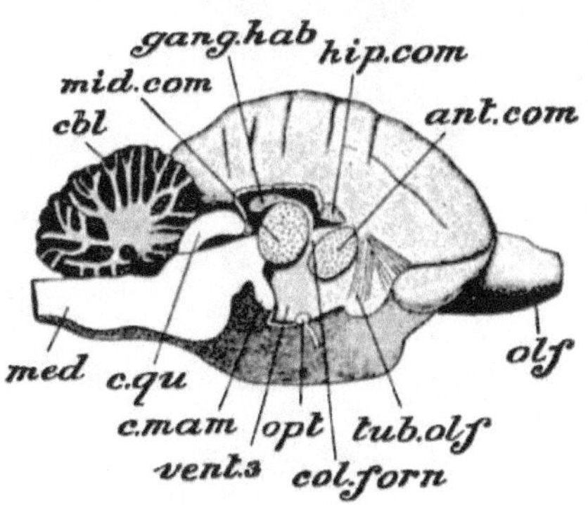

FIGURE. 57.— Cerveau d' *Echidna aculeata* ; coupe sagittale. *ant.com* , Commissure antérieure ; *cbl* , cervelet ; *c.mam* , corps mammaire ; *col.forn* , colonne du fornix ; *c.qu* , corps quadrijumeaux ; *gang.hab* , ganglion habenulare ; *hip.com* , commissure hippocampique ; *med* , moelle oblongue; *mid.com* , commissure moyenne ; *olf* , lobe olfactif ; *opt* , chiasma optique ; *tub.olf* , tuberculum olfactorium ; *évent. 3* , troisième ventricule. (De Parker et Haswell's *Zoology* .)

Huxley considérait les particularités des organes reproducteurs des marsupiaux comme des « caractères singulièrement spécialisés », sans aucun caractère intermédiaire. Ce point de vue s'applique également à la pochette qui, comme nous l'avons déjà dit, distingue les adultes de ce groupe. Mais l'impossibilité d'utiliser ce dernier caractère comme un caractère quelconque a été démontrée par la découverte de ses rudiments dans des embryons de mammifères sans aucun doute euthériens (voir p. 18) .

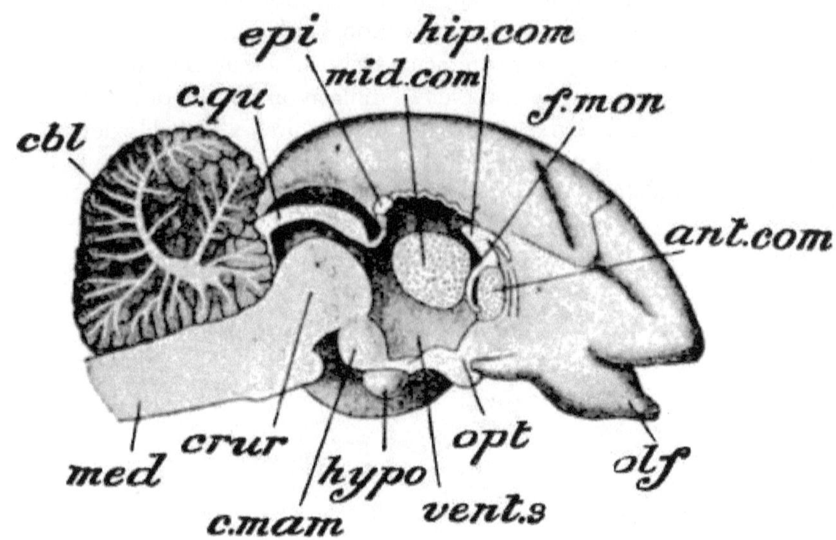

FIGUE. 58.— Coupe sagittale du cerveau du Rock Wallaby (*Petrogale penicillata*). *ant.com* , Commissure antérieure ; *cbl* , cervelet ; *c.mam* , corps mammaire ; *c.qu* , corps quadrijumeaux ; *crur* , crura cerebri; *epi* , épiphyse, avec la commissure postérieure immédiatement derrière elle ; *f.mon* , position du foramen de Monro ; *hip.com* , commissure hippocampique, constituée ici de deux feuillets continus en arrière au niveau du spléneium , quelque peu divergents en avant là où s'étend entre eux le septum lucidum ; *hypo* , hypophyse; *med* , moelle oblongue; *mid.com* , commissure moyenne ; *olf*, lobe olfactif ; *opt* , chiasma optique ; *évent. 3* , troisième ventricule. (De Parker et Haswell's *Zoology* .)

On insiste moins maintenant que ce n'était le cas autrefois sur l'existence de quatre molaires chez les marsupiaux comme les séparant des mammifères supérieurs. La dentition totale du groupe est dans l'ensemble composée de dents individuelles plus nombreuses que chez l' Eutheria typique ; mais nous avons des exceptions comme les baleines, le tatou *Priodontes* et le lamantin ; ou mieux, parce qu'affranchis du soupçon de multiplication secondaire, *Otocyon* et occasionnellement (selon M. Thomas) *Centetes* . Dans les deux dernières, il y a au moins parfois quatre molaires.

En revanche, quelques caractères archaïques d'une certaine importance surgissent çà et là chez les Marsupiaux, qui sont parfois considérés comme révélateurs d'une ascendance primitive. On a remarqué que chez les marsupiaux, c'est le quatrième orteil qui domine en taille, alors que chez les ongulés, c'est le troisième. Une tentative a été faite pour expliquer cela en partant du point de vue (assez raisonnable en soi) d'une ascendance arboricole pour le groupe. Un plus grand développement du quatrième orteil n'est cependant nullement un caractère nécessaire des créatures arboricoles ; les Primates eux-mêmes constituent une exception. Cette prévalence n'est pas non plus universelle parmi les Marsupiaux ; chez *Myrmecobius* (seul), le troisième orteil est le plus long ; et aucune grande différence ne peut être détectée entre le troisième et le quatrième orteil dans le cas des genres *Phascologale* , *Didelphys* et quelques autres. Le professeur Leche compare la prédominance du quatrième orteil avec la condition hyperphalangienne du quatrième orteil de l'embryon de crocodile et le considère comme une caractéristique archaïque, non surpassée par les caractéristiques anciennes des Monotremata . Encore une fois, il a été souligné que chez *Phascologale* et *Perameles* , l' épistropheus (vertèbre de l'axe) a une côte séparée comme chez *Ornithorhynchus* . En troisième lieu, la ressemblance des dents de *Myrmecobius* avec celles d' *Ornithorhynchus* est un argument dans le même sens, qui est en outre soutenu par le grand âge (Mésozoïque) du groupe métathérien, si nous avons raison de considérer ces créatures éteintes comme Marsupiaux.

Nous pouvons maintenant mentionner certains faits qui ne sont pas si généralement utilisés. La structure en partie primitive de la valve auriculo-ventriculaire droite chez les Monotremata n'a d'équivalent chez aucun Marsupial disséqué ; mais il y a des traces dans ce dernier du « mésentère ventral » caractéristique d' *Ornithorhynchus* et *d'Echidna* . [65] L'observation intéressante de M. Caldwell sur l'œuf segmenté du Marsupial, l'incomplétude du premier sillon de segmentation (qui nous rappelle l'ovule méroblastique du Monotrème), ne s'avérera peut-être pas être une caractéristique aussi exclusivement marsupiale qu'on l'a fait. pensée.

L'ensemble des preuves indique donc une relation plus étroite entre les marsupiaux et les mammifères euthériens ; et leur grande spécialisation combinée à certains signes de dégénérescence (disparition d'une partie de la dentition de lait) et leur âge, indiquent qu'ils sont, en tout cas, les descendants d'une forme primitive d'Euthérien. Mais ils ont dû se séparer de la souche euthérienne après qu'elle ait acquis une diphyodontie définie et le placenta allantoïdien , les deux principales caractéristiques des mammifères euthériens par opposition aux mammifères protothériens.

Néanmoins, il semble probable que la tribu des Marsupiaux dérive de certains des premiers Euthériens. Et c'est de cette manière que l'on peut expliquer la conservation des caractères protothériens.

Les Eutheria restants doivent évidemment tous être renvoyés à une seule grande division, à l'exception peut-être des Baleines, dont les affinités constituent l'une des principales difficultés pour l'étudiant de ce groupe. Un bref résumé de ce que l'on pense actuellement de la position systématique de cet ordre anormal est approprié ici. Albrecht est allé jusqu'à considérer les cétacés comme le groupe d'animaux le plus proche des hypothétiques Promammalia . [66] Mais en écartant ses arguments en supprimant ceux qui concernent une structure manifestement altérée par le mode de vie singulier de ces créatures, il y a vraiment beaucoup à dire en faveur de son point de vue.

Les principaux faits qui plaident en faveur d'une position primitive des cétacés parmi les mammifères sont peut-être : (1) la légère union des branches de la mâchoire inférieure ; 2° les traces parfois assez marquées de la double constitution du sternum ; (3) les poumons longs et simples ; (4) la rétention des testicules dans la cavité corporelle ; (5) la présence occasionnelle (chez *les Balaenoptera*) d'un os supra-angulaire séparé. Ces points, cependant, ne sont que peu nombreux et n'ont pas autant de poids que ceux qui devraient être présents pour établir une prétention à un traitement séparé pour les cétacés par opposition aux Eutheria . Si ce groupe de mammifères peut être attribué n'importe où, il nous semble que les plus proches parents ne sont pas, comme on l'avance parfois, les Ongulés ou les Carnivores, mais les Édentés . Il existe un certain nombre de caractéristiques assez frappantes qui montrent une ressemblance entre ces ordres apparemment divers de mammifères. Les principaux sont les suivants : (1) l'existence de traces d'un exosquelette dur, dont subsistent des vestiges chez le Marsouin ; (2) la double articulation de la côte des Balaenoptéridés avec le sternum, avec laquelle comparer les conditions existant chez le Grand Fourmilier ; (3) la concrescence de certaines vertèbres cervicales ; 4° la part que les ptérygoïdes peuvent prendre dans la formation du palais dur ; 5° le fait que chez le marsouin, en tout cas, comme chez beaucoup d'édentés, la veine cave, au lieu d'augmenter de volume à mesure qu'elle se rapproche du foie, diminue.

Un autre groupe parfaitement isolé est celui des Sirenia. L'alliance prônée par certains avec les Cétacés, et tout récemment renouvelée par le professeur Haeckel, est contredite par tant d'éléments importants qu'il semble nécessaire d'y renoncer. La découverte récente d'une mâchoire sirénienne fossile par le Dr Lydekker avec des dents très évocatrices de celles des Artiodactyles pourrait s'avérer un indice. Un troisième groupe qui est si isolé qu'il a été placé dans une division primaire, qu'on propose d'appeler Paratheria , est celui des Édentés. Il est probable que le groupe ainsi appelé devrait en réalité être divisé en Edentata et Effodientia , cette dernière contenant les formes de l' Ancien Monde . Qu'il soit finalement démontré ou non que les Ganodonta sont des Edentates ancestraux (*sensu strictiori*), les liens du groupe avec les autres ne sont pas évidents à l'heure actuelle. Il en va de même pour l'ordre étendu des rongeurs. Il est vrai que l'ordre éteint des Tillodontia présente, d'une part, certains caractères ressemblant à des rongeurs et, d'autre part, des ressemblances avec les ongulés. Le professeur Huxley insistait autrefois sur certaines ressemblances montrées par des animaux apparemment divers comme le lapin et l'éléphant. Pour le moment, cependant, les rongeurs doivent rester comme un groupe isolé avec des affinités très douteuses avec les autres. Les groupes restants de mammifères existants sont plus faciles à connecter. À première vue, les différences entre un chat et un cheval semblent être aussi grandes que celles qui séparent deux ordres euthériens supérieurs. Mais il semble devenir de plus en plus clair, à mesure que les recherches paléontologiques progressent, que la majeure partie des stocks d'Ongulés et de Carnivores, Insectivores et peut-être de Lémuroïdes convergent vers les Créodontes de l'Éocène inférieur . De la branche Lémuroïde peuvent dériver les Primates supérieurs. Les seuls "Ongulés" qui ne peuvent pas être intégrés avec une probabilité raisonnable sont le groupe des Proboscidés. Mais nous n'avons actuellement aucune connaissance des premières formes de cette division .

CHAPITRE VII

EUTHÉRIE-MARSUPIALIA

Ordonnance I. MARSUPIALIA [67]

Les Marsupiaux peuvent être ainsi définis : — Mammifères terrestres, arboricoles ou fouisseurs (rarement aquatiques), à téguments poilus ; palais généralement quelque peu imparfaitement ossifié ; os jugal atteignant jusqu'à la cavité glénoïde ; l'angle de la mâchoire inférieure est presque toujours fléchi. La clavicule est développée. Du pubis naissent des os épipubiens bien développés et ossifiés . Le quatrième orteil est généralement le plus prononcé. Les dents dépassent souvent le nombre euthérien typique de quarante-quatre ; molaires généralement quatre de chaque côté de chaque mâchoire. En règle générale , seule une dent de la série de lait est fonctionnelle, ce qui correspond (selon beaucoup) à la quatrième prémolaire. Tétines placées dans une pochette dans laquelle les petits sont placés. Jeune né dans un état imparfait et présentant certains caractères larvaires. Il y a un cloaque peu profond. Les testicules sont extra-abdominaux, mais pendent devant le pénis. Dans le cerveau, le cervelet est complètement exposé ; les hémisphères sont sillonnés, mais le corps calleux est rudimentaire. Un placenta allantoïdien est rarement présent.

Structurellement, les Marsupiaux sont quelque peu intermédiaires entre les Prototheria et les Eutheria plus typiques , avec une plus grande ressemblance avec ces dernières.

FIGUE. 59.— Rock Wallaby (*Pétrogale xanthopus*), avec les petits en pochette. × 1 / 7 . (D'après Vogt et Specht.)

Le nom Marsupial indique ce qui est peut-être le caractère le plus marquant de cet ordre. La pochette dans laquelle les petits sont transportés est presque universellement présente. Il est dans l'ensemble moins développé dans les formes Polyprotodontes , telles que les Thylacines, les Dasyures, etc., mais on le retrouve dans un si grand nombre d'entre elles que les deux divisions des Marsupiaux, les Diprotodontes et les Polyprotodontes , ne peuvent être élevées à des ordres distincts. pour ce motif et pour d'autres. La pochette marsupiale des Marsupiaux ne doit pas, comme on l' a déjà souligné, être confondue avec la pochette des Mammifères Monotrèmes. Des trayons distincts se trouvent dans le marsupium des Marsupiaux, tandis qu'il n'y en a pas dans la poche mammaire du Monotrème, la poche elle-même représentant bien un trayon indifférencié, dont les parois ne se sont pas refermées. La pochette s'ouvre vers l'avant chez les Kangourous, et vers l'arrière chez les Phalangers et les Polyprotodontes . Ses parois sont soutenues par une paire d'os divergeant l'un de l'autre selon une vforme différente ; ceux-ci sont cartilagineux et vestigiaux dans le Thylacine. Ce sont les équivalents précis d'os similaires chez les Monotremata . On a cru, mais apparemment à tort, que ces os étaient de simples ossifications dans les

tendons du muscle oblique externe de l'abdomen, ou du pyramidal de la
même région ; et des vestiges auraient existé chez le chien. De tels os sont
sans doute présents chez le Chien ; mais il semble clair, d'après leur
développement chez les marsupiaux, en tant que structures en continuité
avec la partie médiane non ossifiée de la symphyse pubienne, que les "os
marsupiaux" appartiennent à cette partie du squelette et qu'ils correspondent
à l'épipubis de certains amphibiens et reptiles . . La pochette, on peut le
remarquer, existe sous une forme rudimentaire chez les mâles de nombreux
marsupiaux.

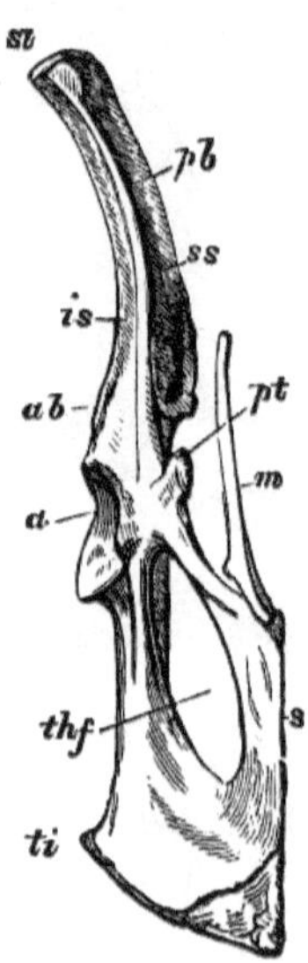

FIGUE. 60.— Surface ventrale de l'os innommé de Kangourou (*Macropus
major*). × ⅓ . *un* , Acétabulum ; *ab* , bord acétabulaire de l'ilion ; *est* , surface
iliaque ; *m* , os « marsupial » ; *pb* , bordure pubienne ; *pt* , tubercule pectiné ;
s , symphyse ; *si* , bordure supra-iliaque ; *ss* , surface sacrée ; *thf* , foramen
thyroïdien ; *ti* , tubérosité de l'ischion. (De *l'ostéologie* de Flower .)

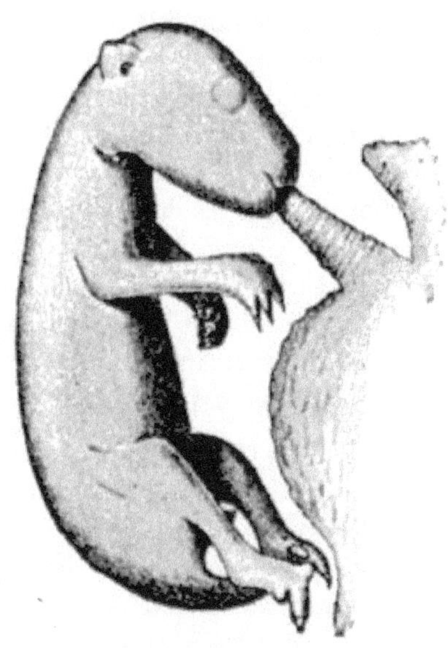

FIGUE. 61.— Fœtus mammaire de Kangourou attaché au trayon. (Taille Nat.) (De Parker et Haswell's *Zoology* .)

Le trait le plus marquant de l'histoire de la vie des marsupiaux est la condition imparfaite dans laquelle les petits naissent. L'œuf n'est plus pondu, comme chez les Monotrèmes ; mais, assez curieusement, l'ovule, qui a la petite taille de celui de l' Eutheria , se divise incomplètement lors de la première division (comme M. Caldwell l'a montré), et cette caractéristique du développement peut peut-être être considérée comme une réminiscence d'un ancien gros jaune . condition. Les petits à la naissance sont petits et nus ; le petit nouveau-né d'un grand kangourou est peut-être aussi gros que le petit doigt. Les petits sont transférés par les lèvres de la mère jusqu'à la pochette, où ils sont placés sur une tétine. Il est intéressant de noter qu'il ne s'agit pas simplement de fœtus imparfaits , mais de véritables larves. Ils possèdent en fait au moins un organe larvaire en forme de bouche suceuse spéciale. Cette bouche suceuse est une production extra-utérine, et est bien entendu une adaptation aux besoins particuliers des petits, tout comme d'autres organes larvaires, comme les mentonnières du têtard, ou les bandes ciliées régulières des larves de divers organismes invertébrés marins.

Il existe un certain nombre d'autres caractéristiques qui distinguent les marsupiaux des autres mammifères.

Le cloaque des Marsupiaux est quelque peu réduit, mais reste reconnaissable . Ses marges en *Tarsipes* sont même surélevées dans un mur qui fait saillie sur le corps.

La série dentaire des Marsupiaux était autrefois considérée comme constituée d'une seule dentition, à l'exception de la dernière prémolaire, qui a un précurseur. Les interprétations des dents des marsupiaux sont diverses. Peut-être que la plupart des autorités considèrent les dents comme appartenant à la dentition de lait, à l'exception bien sûr de la dent unique qui a un précurseur évident. Mais certains soutiennent que les dents appartiennent à la dentition permanente. En tout cas il est prouvé qu'une denture rudimentaire se développe avant celles qui persistent. Ceux qui croient à la persistance de la dentition de lait la décrivent comme prélactée . Un autre point important concernant les dents de cet ordre de mammifères est que leur nombre dépasse parfois le nombre euthérien typique de 44. Ceci, cependant, ne s'applique qu'aux Polyprotodontes .

On a longtemps cru que les marsupiaux se distinguaient de tous les autres mammifères par l'absence de placenta allantoïdien . Mais tout récemment, cette prétendue différence s'est avérée non universelle par la découverte, chez *Perameles* , d'un véritable placenta allantoïdien . Les Marsupiaux sont parfois appelés Didelphia . Cela est dû au fait que l'utérus et le vagin sont doubles. Très fréquemment, les deux utérus fusionnent au-dessus et, à partir du point de jonction, un passage descendant non apparié se forme (voir Fig. 48 à la p. 74).

Un caractère du cerveau des marsupiaux a fait l'objet d'une certaine controverse. Sir Richard Owen a déclaré il y a de nombreuses années qu'ils se distinguaient des mammifères supérieurs par l'absence de corps calleux. Plus tard encore, on a soutenu qu'un véritable corps calleux, bien que petit, était présent ; tandis que, finalement, le professeur Symington [68] semble avoir montré que la déclaration originale d'Owen était correcte, au moins en partie. Il est tout au plus faiblement développé (voir Fig. 58, p. 118).

Quant aux caractères squelettiques, le crâne marsupial présente dans l'ensemble une tendance à une séparation permanente des os habituellement solidement ankylosés. Ainsi les orbitosphénoïdes restent distincts du présphénoïde. Le palais est largement fenêtré, un retour pour ainsi dire, dit le professeur Parker, au palais schizognathe de l'oiseau. La mandibule est infléchie ; ce caractère familier des Marsupiaux remonte aux premiers représentants de l'ordre à l'époque mésozoïque (voir p. 96) ; mais il n'est pas absolument universel, étant absent du crâne très affaibli des *Tarsipes* . Par contre, l'inflexion est presque aussi grande chez certains Insectivores, chez *les Otocyon* , etc. La malaire se prolonge toujours en arrière pour faire partie de la cavité glénoïde. La ceinture scapulaire a perdu la grande coracoïde des Monotrèmes ; cet os a le caractère vestigial qu'il possède chez les autres Eutheria . La clavicule est présente sauf chez les Peramelidae . Un troisième trochanter sur le fémur semble ne jamais être présent.

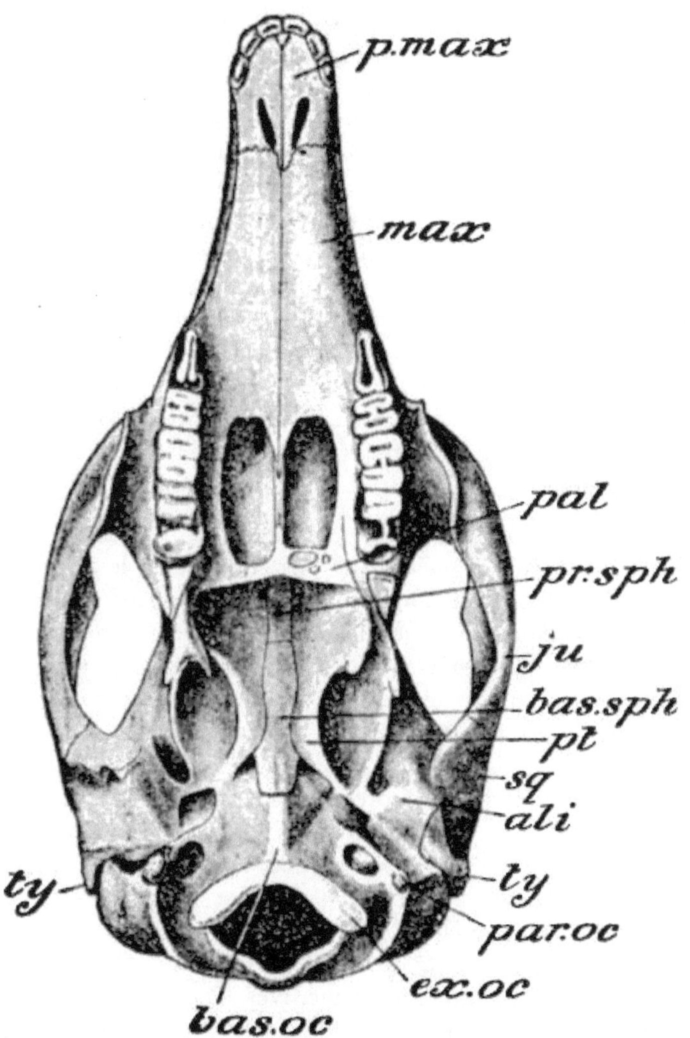

FIGUE. 62.— Crâne de Rock Wallaby (*Petrogale penicillata*). (Vue ventrale.) *ali*
, Alisphénoïde ; *bas.oc* , basi -occipital; *bas.sph* , basi -sphénoïde ; *ex.oc* , exoccipital; *ju* , jugal; *max* , maxillaire ; *copain* , palatin; *par.oc* , paroccipital ; *p.max*
, prémaxillaire ; *pr.sph* , présphénoïde ; *pt* , ptérygoïde ; *carré* , squamosal; *ty* ,
tympanique. (De Parker et Haswell's *Zoology* .)

Les Marsupiaux ne peuvent pas être considérés comme une étape
intermédiaire dans l'origine des Eutheria pour plusieurs raisons. En premier
lieu, la nature de leurs dents les montre comme des animaux dégénérés ; un
ensemble, que nous le considérions comme le lait ou la dentition permanente,
est devenu vestigial. La découverte récente d'un véritable placenta
allantoïdien chez *Perameles* élimine une raison de considérer les marsupiaux

comme des créatures primitives. Cela implique dans l'ensemble que les marsupiaux sont issus d'une souche dotée d'un placenta allantoïdien . L'alternative est de supposer le développement indépendant d'un placenta allantoïdien dans les deux groupes de mammifères ; à moins qu'en effet le genre *Perameles* doive être considéré comme la race la plus primitive de marsupiaux vivants, hypothèse qui ne semble pas probable à première vue. Tant qu'on a cru que la poche mammaire des Monotrèmes était l'équivalent du marsupium des Marsupiaux, la persistance de cette structure semblait être un lien d'union entre les groupes. Mais on sait désormais que le marsupium est un organe spécial réservé aux marsupiaux, argument qui plaide plutôt en faveur de leur origine dans le développement latéral de la tige des mammifères. Il est à remarquer aussi que le marsupium est le plus faible chez les Polyprotodontes , qui peuvent peut-être être considérés comme les plus primitifs des Marsupiaux, en raison de leurs dents plus nombreuses et d'autres points auxquels il faut se référer immédiatement.

Les Marsupiaux ne sont pas seulement intéressants du point de vue de leur structure ; leur répartition présente et passée présente le même intérêt. À l'époque mésozoïque, ils se produisaient en Europe et en Amérique du Nord ; mais pas, pour autant que les preuves négatives aient un sens, en Australie, qui est aujourd'hui leur siège. En Europe, les marsupiaux ont persisté jusqu'à la période tertiaire, avant de finalement disparaître. En Amérique, bien entendu, le groupe a persisté jusqu'à nos jours. Il est important de noter que les deux principales subdivisions des Marsupiaux, les Polyprotodontia et les Diprotodontia, existent aujourd'hui en Australie et en Amérique du Sud. Ces deux divisions, il faut l'expliquer, diffèrent principalement en ce que l'une a de nombreuses incisives, l'autre rarement plus de deux [69] incisives à la mâchoire inférieure. C'est peut-être l'opinion la plus largement répandue selon laquelle les Polyprotodontia constituent le groupe le plus archaïque ; cette opinion repose sur un ou deux faits en plus de l'absence de spécialisation dans les incisives. Chez les Polyprotodontia , le nombre total de dents est plus grand : caractère nettement primitif ; deuxièmement, la forme générale du corps de ces animaux, avec quatre membres inégaux et un régime carnivore ou omnivore, contraste avec les kangourous purement végétariens et très spécialisés en tout cas. Enfin, et peut-être n'a-t-on pas suffisamment insisté sur ce point, le cerveau des Polyprotodontes est moins alambiqué que celui des genres de l'autre division. Cette affirmation est bien entendu faite en tenant dûment compte du parallélisme de taille (voir p. 77). Il est bien connu que la complexité d'un cerveau est étroitement liée à la taille de son propriétaire au sein du groupe. Aujourd'hui, les marsupiaux les plus anciens ressemblent décidément davantage à des polyprotodontes . Aucune forme européenne des périodes antérieures ne peut être clairement rattachée aux Diprotodontes. Mais les deux divisions existent désormais en Amérique et en Australie.

Nous devons donc supposer l'une des trois hypothèses suivantes. Soit la différenciation en deux grandes divisions s'est produite au Jurassique ou au Crétacé, avant la migration de l'ordre vers le sud ; ou bien le type Diprotodont n'est qu'un type, et non un groupe naturel, *c'est-à* -dire qu'il a évolué séparément en Amérique et en Australie ; ou enfin, il existait autrefois une connexion terrestre dans l'hémisphère Antarctique, le long de laquelle les Diprotodontes d'Australie erraient jusqu'en Amérique du Sud. L'hypothèse du milieu a pour avantage que le syndactylisme se produit dans les deux divisions et que chez certains Diprotodontes, la poche s'ouvre vers l'arrière comme c'est le cas chez les Polyprotodontes . Les ressemblances sont si grandes qu'il ne reste en réalité que peu de différences, c'est-à-dire d'une grande importance. Il n'est donc pas difficile d'imaginer que la réduction des incisives ait eu lieu deux fois. Il n'existe aucun fait positif en faveur de la première hypothèse. Enfin, en faveur de ce dernier point, si fortement étayé par les faits de répartition issus de l'étude d'autres groupes d'animaux, [70] il y a au moins ce fait frappant, ou plutôt cette série de faits : que certains des peuples sud-américains Les Polyprotodontes fossiles ont une « relation strictement Dasyurine ». [71] S'il n'y a pas eu de migration directe, alors le type Dasyurine a évolué deux fois, une improbabilité que peu de gens tenteront d'expliquer. En tout cas, nous adopterons ici la division habituelle des Marsupiaux en Diprotodontia et Polyprotodontia .

SOUS-ORDRE 1. DIPROTODONTIE.

Ce groupe comprend les marsupiaux herbivores. Les incisives sont en règle générale au nombre de trois au-dessus, mais une seulement chez les Wombats. Ci-dessous se trouve une paire solide, avec parfois une ou deux incisives rudimentaires. Les canines supérieures, si elles sont présentes, ne sont pas grandes. Les molaires sont tuberculées ou striées. Tous les Marsupiaux (sauf les Wombats), dans une certaine mesure, et les Macropodes en particulier, se caractérisent par le prolongement des tubes de la dentine dans l'émail clair. La signification de ce fait est cependant atténuée par le fait que la même pénétration de l'émail par les tubes dentinaires se produit chez la Gerboise, le Hyrax et certaines musaraignes. Les pieds ont deux orteils syndactyles , [72] moins marqués chez les Wombats que chez les Kangourous et les Phalangers.

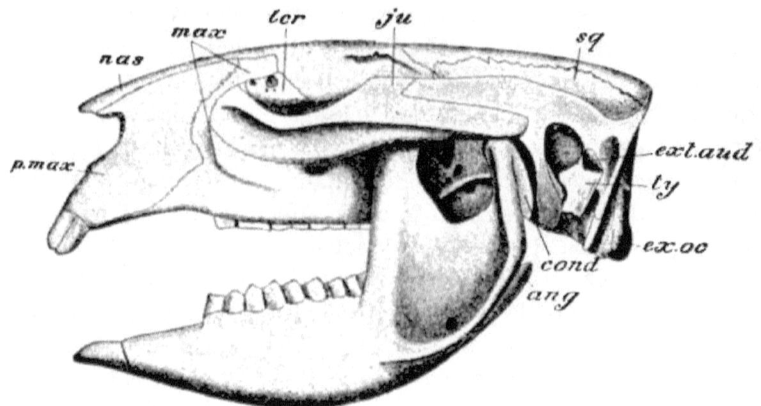

FIGUE. 63.— Crâne de Wombat (*Phascolomys wombat*). (Vue latérale.) *ang* , Processus angulaire ; *cond* , condyle de la mandibule ; *ext.aud* , ouverture du méat auditif osseux ; *ex.oc* , exoccipital; *ju* , jugal; *lcr* , lacrymal; *max* , maxillaire ; *nas* , nasal; *p.max* , prémaxillaire ; *carré* , squamosal; *ty* , tympanique. (De Parker et Haswell's *Zoology* .)

Cet ordre est aujourd'hui principalement australien, en utilisant le terme bien sûr dans le sens « régional » (voir p. 84) ; la seule exception à cette affirmation est la présence du genre *Caenolestes* en Amérique du Sud. Mais on sait désormais que les marsupiaux Diprotodontes existaient autrefois dans la même partie du monde.

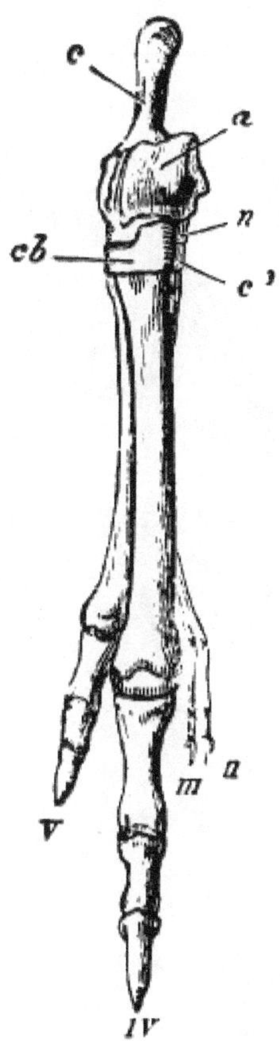

FIGUE. 64.— Os du pied droit de Kangourou (*Macropus bennetti*). *un* , Astragale ; *c* , calcanéum ; *cb* , cuboïde ; *e* ³ , ento-cunéiforme ; *n* , naviculaire ; *II-V* , du deuxième au cinquième orteil. (De *l'ostéologie* de Flower .)

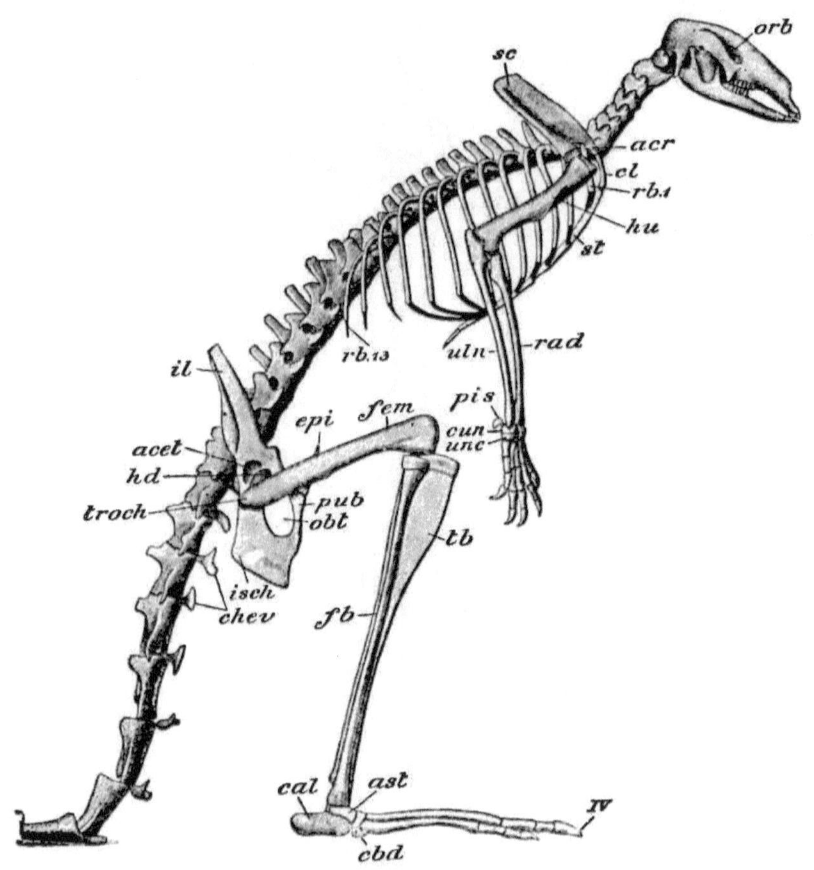

FIGUE. 65.— Squelette de Wallaby (*Macropus ualabatus*). L'omoplate est surélevée un peu plus haut que dans la nature. Le bout de la queue est omis. La tête du fémur a été séparée du cotyle. *acet* , Acétabulum; *acr* , processus acromion; *ast* , astragale; *cal* , calcanéum; *CBD* , cuboïde ; *chev* , chevrons; *cl* , clavicule ; *cun* , cunéiforme du carpe ; *épi* , épipubis ; *fb* , péroné ; *fem* , fémur; *hd* , tête du fémur ; *hu* , humérus; *il* , ilium; *isch* , ischion; *obt* , obturateur-foramen ; *orbe* , orbite; *pis* , pisiforme; *pub* , pubis; *rad* , rayon ; *rb* ¹ , première côte ; *rb* ¹³ , dernière côte ; *sc* , omoplate ; *st* , sternum ; *tuberculose* , tibia ; *troch* , grand trochanter du fémur ; *cubitus* , cubitus; *unc* , non ciforme; *IV* , quatrième orteil. (De Parker et Haswell's *Zoology* .)

Famille. 1. Macropodidés. — Cette famille comprend les kangourous, les wallabies, les kangourous-rats et les kangourous arboricoles. A l'exception des *Dendrolagus* , la famille est terrestre, et ses nombreuses espèces progressent par bonds effectués par les longs membres postérieurs, qui sont décidément, souvent beaucoup, plus longs que les membres antérieurs. Dans le membre postérieur, le quatrième orteil est très long et fort ; le cinquième modérément ; le deuxième et le troisième sont élancés et unis par la peau. La queue est toujours longue, mais ses caractères diffèrent d' un genre à l'autre. L'estomac est très sacculé. La formule dentaire est I 3/1 C (1 ou 0)/0 P 2/2 M 4/4. L'atlas est souvent ouvert en dessous, formant ainsi un anneau incomplet.

Bien que le nombre d'incisives chez les Diprotodontes adultes ne dépasse jamais trois de chaque côté de chaque mâchoire, des rudiments plus nombreux sont présents. M. M. Woodward [73] a récemment étudié le sujet avec des résultats intéressants. Il constate que beaucoup d'espèces présentent des traces prononcées de deux incisives supplémentaires, élevant le total à celui qui caractérise les Polyprotodontia ; mais dans deux cas, à savoir. *Macropus giganteus* et *Pétrogale penicillata* , un sixième est présent, le nombre total étant ainsi supérieur à celui trouvé chez tout autre marsupial. Ceci, comme l'auteur lui-même l'admet, prouve trop. On ne connaît aucun mammifère qui, à l'état adulte, possède autant d'incisives ; les Mammalia fossiles ne nous aident pas non plus à surmonter la difficulté ; même chez les reptiles, il n'est pas habituel qu'il y ait autant de dents sur les prémaxillaires.

Il est curieux que les deux longues incisives inférieures puissent être utilisées à la manière d'une paire de ciseaux, ou plutôt d'une paire de cisailles. Leurs bords intérieurs sont aiguisés et ils sont capables de se rapprocher et de s'éloigner les uns des autres ; c'est grâce à eux que l'herbe est tondue.

L'estomac de *Macropus* (et d'autres genres alliés) est particulier en raison de son caractère long et sacculé ; l' œsophage y pénètre très près de l'extrémité cardiaque, qui est bifide. MM. Schäfer et Williams [74] ont montré que l'épithélium pavimenteux et non glandulaire de l' œsophage s'étend sur la plus grande partie de l'estomac, seules l'extrémité pylorique et l'un des deux caecum cardiaques étant tapissés d'épithélium cylindrique.

Les Macropodidae sont clairement divisibles en trois sous-familles, qui se distinguent par des caractères anatomiques marqués.

Dans la sous-famille DES MACROPODINAE (y compris les genres *Macropus* , *Petrogale* , *Lagorchestes* , *Dorcopsis* , *Dendrolagus* , *Onychogale* et *Lagostrophus*), il n'y a pas d'hallux et la queue est poilue. L' œsophage pénètre dans l'estomac près de l'extrémité cardiaque. Le caecum, lorsqu'il est court, n'a pas de bandes longitudinales ; le foie a un lobe spigélien.

La deuxième sous-famille, POTOROINAE ou HYPSIPRYMNINAE (comprenant les genres *Potorous* , *Aepyprymnus* , *Bettongia* et *Caloprymnus*), se compose d'animaux plus petits que les Macropodinae , qui leur ressemblent cependant en n'ayant pas d'hallux, mais une queue velue. L' œsophage pénètre dans l'estomac près de l'extrémité pylorique de cet organe. Le caecum, bien que court, présente des bandes longitudinales latérales. Le foie n'a pas de lobe spigélien particulier. Les canines sont toujours présentes, rarement chez les Macropodinae , et sont généralement bien développées.

La troisième sous-famille, celle des HYPSIPRYMNODONTIDAE , est sans doute rattachée à la famille ; il ne comprend qu'un seul genre *Hypsiprymnodon* , qui ressemble plus à un Phalanger qu'à un Kangourou sur de nombreux points. Il a un hallux opposable et une queue non poilue, mais écailleuse. Il possède des canines dans la mâchoire supérieure.

FIGUE. 66.— Kangourou rouge. *Macropus rufus.* × 1 / 18 .

Sous-Fam. 1. Macropodines . — Le genre *Macropus* comprend non seulement les kangourous mais aussi les wallabies, qui sont vraiment impossibles à distinguer, bien qu'ils aient parfois été placés dans un genre distinct *Halmaturus* . Le genre ainsi élargi contient vingt-trois espèces. On peut le caractériser ainsi : les oreilles sont longues, le rhinarium est généralement nu, mais chez *M. giganteus* et autres, une bande de poils descend jusqu'à la lèvre supérieure ; une bande nue s'étend de la cheville jusqu'aux coussinets des doigts, interrompue chez *M. rufus* par une bande de poils juste devant les chiffres. Les mamans sont quatre. La queue n'est pas touffue, mais est huppée chez *M. irma* . On les trouve pour la plupart sur le continent australien, mais certaines espèces se trouvent dans les îles au nord qui appartiennent à la région australienne. Ainsi *M. brunii* , qui est intéressant en tant que premier kangourou vu par un Européen, est originaire des îles Aru. Un spécimen de cet animal, qui vivait alors dans le jardin du gouverneur hollandais de Batavia, fut décrit par Bruyn en 1711. *M. rufus* , le plus grand membre du groupe, est remarquable par la sécrétion rouge qui orne le cou. du mâle. Elle est causée par des particules qui ont l'apparence et la couleur du carmin. *M. giganteus* n'est pas, comme son nom spécifique pourrait l'impliquer, le « géant » de la race ; ses dimensions sont de 5 pieds, tandis que *M. rufus* atteint une longueur de 5 pieds 5 pouces, à l'exclusion (dans les deux cas) de la queue.

Le récit que Sir Joseph Banks donne [75] dans son journal du Kangourou est intéressant, car il fut l'un des premiers naturalistes à voir cette créature. En juillet 1770, on lui rapporta qu'un « animal gros comme un lévrier, de couleur souris et très rapide » avait été aperçu par son peuple. Un peu plus tard, il fut surpris de constater que l'animal « marchait uniquement sur deux pattes, faisant de vastes bonds comme le fait la gerboise ». Le sous-lieutenant a tué un de ces kangourous, à propos duquel Sir Joseph Banks a écrit que « le comparer à un animal européen serait impossible, car il n'a pas la moindre ressemblance avec aucun autre que j'ai vu. Ses membres antérieurs sont extrêmement courts et il ne lui est d'aucune utilité pour marcher ; ses biches, également, sont d'une longueur disproportionnée ; avec celles-ci, il saute de sept ou huit pieds à la fois, de la même manière que la gerboise, à laquelle il ressemble en effet beaucoup, sauf par la taille. cela pèse 38 livres, et la gerboise n'est pas plus grosse qu'un rat commun. La bête était tuée et mangée, et se révélait une excellente viande. Les observations de Sir Joseph Banks sur les sauts du kangourou sont intéressantes, car on affirme souvent que la queue est largement utilisée comme troisième pied ou comme support. M. Aflalo déclare de la manière la plus positive qu'après avoir examiné à plusieurs reprises les traces sur le sable mou immédiatement après le passage de l'animal, on n'a pas pu découvrir la moindre trace de l'empreinte de la queue. Les sauts d'un gros kangourou semblent être un peu plus grands que ceux enregistrés par Banks. On dit que 15 ou même 20 pieds sont parcourus d'un bond, et d'un bond à l'autre. Mais en marchant lentement, on peut facilement constater, lors d'une inspection des kangourous dans les jardins de la Société zoologique, que l'animal repose sur sa queue qui, avec ses pattes postérieures, forme un trépied.

Le Petrogale, avec six espèces, vient après *Macropus* et ne s'en différencie en effet que par la queue à poils épais et plus fine, qui n'est pas utilisée, comme c'est parfois le cas chez les kangourous, comme membre postérieur supplémentaire. Les Rock-Kangaroos vivent parmi les rochers qu'ils escaladent et d'où ils sautent ; et la queue agit plutôt comme un poteau d'équilibrage. Le récit le plus élaboré que je connaisse de l'anatomie de *Petrogale est celui de M. Parsons.* [76] La dentition donnée par M. Thomas est I 3/1 C 0/0 Pm 2/2 M 4/4 — celle de *Macropus* sans la canine occasionnelle de la mâchoire supérieure. Les caractères ostéologiques qui le séparent de *Macropus* sont tout à fait insignifiants. M. Parsons mentionne un os wormien , " os epilepticum ", à la jonction des sutures coronales et sagittales. On l'a constaté dans deux crânes sur cinq examinés, et ne semble pas se produire chez d'autres kangourous. Les foramens palatins de Petrogale sont si grands que la partie postérieure de *l'* os n'est qu'une étroite crête épaissie . L'intestin grêle de *P. xanthopus* mesure 102 pouces de long, le gros intestin 44 pouces. Le caecum a une longueur de 6 pouces et n'est pas sacculé, ce qui diffère en cela du caecum de *Macropus major* . Le les espèces les plus connues sont *P. xanthopus* et *P. penicillata* . Le genre est confiné à l'Australie elle-même et n'entre pas en Tasmanie.

Onychogale comprend les « wallabies à queue cloutée », qui ont une épine au bout de la queue, rappelant le lion et le léopard, dont les queues ont une armature similaire . Le moufle est poilu. Trois espèces sont autorisées par M. Thomas.

Les Lagorchestes ont, comme ce dernier genre, le rhinarium, *c'est-à-dire* la partie du nez entourant immédiatement les narines, poilue au lieu d'être lisse comme chez les Kangourous proprement dits. Il se distingue de *l'Onychogale* par l'absence de callosité terminale à la queue, qui est plutôt courte. Le nom Lièvre-Kangourou est donné aux membres de ce genre (trois espèces) en raison de leur extrême rapidité. Ce genre est limité à l'Australie elle-même. On dit que *L. conspicillatus* présente « une ressemblance remarquable avec le lièvre anglais », et *L. leporoides* a été ainsi appelé par Gould en raison de son apparence générale ainsi que de sa face.

Dorcopsis a des pattes postérieures plus courtes que *Macropus* et un moufle nu. Les oreilles sont petites. La structure de *D. luctuosa* a été étudiée par Garrod, [77] qui a souligné l'existence de quatre follicules pileux hypertrophiés sur le cou, près de la symphyse mandibulaire. Ceux-ci sont cependant représentés dans le genre suivant *Dendrolagus* et sont également présents dans *Petrogale* . Les membres ne sont pas aussi disproportionnés que chez *Macropus* , et la queue est nue à l'extrémité.

Dorcopsis et le genre suivant à décrire, *Dendrolagus* , diffèrent de *Macropus* et de ses alliés immédiats, *Petrogale* et *Lagorchestes* , sur un certain nombre de points anatomiques. En premier lieu, les prémolaires sont deux fois plus grandes que celles de *Macropus* et présentent un motif caractéristique non observable chez les kangourous. Il s'agit d'une crête médiane (la dent entière étant de forme plutôt prismatique), avec des crêtes latérales perpendiculaires à celle-ci. Les canines supérieures sont développées, mais minuscules.

L'estomac n'est pas tout à fait semblable à celui de *Macropus* , bien que construit sur un plan similaire. L'extrémité cardiaque aveugle est une impasse simple et non double ; en cela elle ressemble à celle de *Pétrogale* . La distribution de l'épithélium pavimenteux et blanc de l'œsophage ressemble beaucoup à celle du *Dendrolagus* . Dans les deux genres, l'orifice de l' œsophage dans l'estomac est gardé par deux forts plis longitudinaux qui s'étendent sur une certaine distance vers le pylore. Chez *Dendrolagus* , en tout cas, ce tractus est bordé de chaque côté par des taches glandulaires. De plus, chez *Dendrolagus* , l'épithélium pavimenteux ne s'étend pas dans le cul-de-sac cardiaque. Ce dernier est séparé du reste de l'estomac par deux plis légèrement divergents, faiblement représentés chez *Petrogale* et chez *Halmaturus* . Dans les deux derniers genres, les plis entourant l' orifice œsophagien ne sont que peu représentés ; mieux à *Halmaturus* qu'à *Petrogale* . Mais il n'existe pas les plaques de glandes déjà mentionnées. L'intestin grêle du *Dorcopsis* mesure 97 pouces de longueur, le gros mesurant 32 pouces, *c'est-à-dire* proportionnellement long, comme chez les marsupiaux en général. Le petit caecum (2½ pouces) n'est pas sacculé.

La rate est Macropodine , étant **T**en forme ou **Y**en forme. Les différences entre *Dorcopsis et le Dendrolagus,* évidemment étroitement apparenté, seront examinées plus en détail dans la description de ce dernier. *Dorcopsis* est confiné à la Nouvelle-Guinée et contient trois espèces, à savoir. *D. muelleri* , *D. luctuosa* et *D. macleani* . *D. muelleri* présente une ressemblance frappante avec *Macropus brunii* , avec lequel il a été confondu. Bien qu'intermédiaires entre *Macropus* et *Dendrolagus* , ces Kangourous ne sont pas arboricoles.

Le genre *Dendrolagus* est remarquable par son habitude de vivre dans les arbres, contrairement à celle des kangourous. Ce changement d'habitude s'accompagne d'un raccourcissement relatif des membres postérieurs, caractéristique qui commence à être observable chez *Dorcopsis* . "La constitution générale", écrit M. Thomas, "est de proportions ordinaires chez les mammifères, et n'est pas du tout macropodiforme ." Le moufle n'est pas nu pour la plupart, bien que la brièveté des poils donne cet effet. Comme chez *Dorcopsis* , mais pas comme chez *Macropus* , la bulle tympanique n'est pas gonflée. Il existe au total cinq espèces, la cinquième, *D. bennetti* , ayant été récemment décrite à partir de spécimens vivant dans les jardins de la Société Zoologique.

FIGUE. 67.— Tree-Kangourou. *Dendrolagus bennetti* . × 1 / 12 .

L'anatomie de ce genre a été décrite par Owen pour *D. inustus* , [78] et par moi-même pour *D. bennetti* . L'estomac, qui présente un cul-de-sac unique et non bifide, est sacculé par deux bandes principales et d'autres subsidiaires. Sa structure interne a déjà été décrite dans une certaine mesure. La rate de *D. bennetti* est remarquable par le fait qu'elle n'a pas Tde forme, alors que *D. inustus* s'accorde avec d'autres Macropodines dans la forme de cet organe. L'intestin grêle de *D. bennetti* mesure 95 pouces de long, le gros 38. Le caecum semble différer chez les deux espèces ; il est plus petit chez *D. bennetti* , où il ne mesure que 2 pouces de longueur. La caractéristique la plus remarquable du foie est la grande taille du lobe latéral gauche et la condition bilobée du lobe spigélien ; c'était du moins le cas de *D. Bennetti* . Une espèce récemment décrite [79] a été étudiée attentivement dans ses lieux d'origine par le Dr Lumholtz . [80] Il vit dans les parties les plus élevées des broussailles montagneuses du Queensland, où il se déplace rapidement sur le sol ainsi que parmi les arbres. Il est chassé avec les dingos par les « noirs » et est mangé par eux. [81]

Lagostrophus est un nom générique qui a été proposé par M. Thomas pour désigner un petit Wallaby de 18 pouces de longueur, qui se distingue par le fait que les longues griffes des membres postérieurs sont entièrement cachées par des poils longs et hérissés ; le moufle est nu ; il n'y a pas de chien. Les bulles sont gonflées. Il n'existe qu'une seule espèce du genre, *L. fasciatus* , originaire d'Australie occidentale.

Sous-Fam. 2. Potoroinae . — *Aepyprymnus* et les autres genres placés dans cette sous-famille sont connus sous le nom vernaculaire de Rat-Kangaroos, ou parfois Kangourou-Rats. Ce dernier terme a été qualifié d'"incorrect", bien qu'il soit tout aussi valable que le premier, les deux étant en fait inexacts car impliquant une ressemblance ou une relation avec un rat. Le genre actuel a un rhinarium partiellement poilu ; les bulles auditives ne sont pas gonflées. Il ne contient qu'une seule espèce, *Ae. rufescens* , originaire de l'Est de l'Australie, qui se distingue par ses très longues pattes postérieures.

Bettongia a de longues pattes postérieures comme chez *Aepyprymnus* , mais le rhinarium est entièrement nu au lieu d'être partiellement poilu, tandis que les oreilles sont beaucoup plus courtes. Le genre, qui contient quatre espèces, est remarquable car il est le seul mammifère vivant au sol avec une queue préhensile, qu'il utilise pour transporter l'herbe, etc. *B. lesueuri* creuse des terriers dans le sol, souvent jusqu'à une profondeur de 10 pieds. Le genre est présent en Tasmanie ainsi qu'en Australie.

Caloprymnus , à une espèce, est un genre institué par M. Thomas dans son Catalogue des Marsupiaux pour une forme (*C. campestris*) qui combine d'une manière remarquable les caractères d' *Aepyprymnus* , *Bettongia* et *Potorous* . Les caractères externes et la forme générale du crâne sont comme chez *Bettongia* , tandis que les molaires ont la structure de celles d' *Aepyprymnus* . La dernière prémolaire est comme chez *Potorous* .

Du genre *Potorous,* il existe trois espèces, qui sont de Tasmanie et d'Australie. Contrairement aux autres kangourous-rats, les pattes postérieures sont relativement courtes et l'animal est donc moins accro au saut que ses congénères. Le rhinarium est nu et les oreilles sont assez longues.

Sous-Fam. 3. Hypsiprymnodontidés . — Le Kangourou musqué, *Hypsiprymnodon* , est le dernier genre de la famille actuelle et le seul genre de cette sous-famille. Il est intermédiaire entre les Macropodidae et les Phalangeridae , le caractère annexant étant principalement les pattes postérieures, qui bien qu'elles aient le même long quatrième doigt que les Kangourous, l'ont plus faiblement développé, et possèdent aussi un hallux opposable, qui est l'un des les caractéristiques saillantes de la structure des Phalangeridae . La queue est nue et écailleuse ; le rhinarium est entièrement nu. Les oreilles sont grandes et non velues. L'espèce unique, *H. moschatus* , semble se nourrir d'insectes ainsi que de légumes.

"Ses habitudes sont principalement diurnes, et ses actions lorsqu'elles ne sont pas dérangées ne sont en aucun cas disgracieuses. Il progresse à peu près de la même manière que les rats kangourous (*Potorous*), dont il est étroitement allié, mais se procure sa nourriture en retournant les débris . dans les broussailles à la recherche d'insectes, de vers et de racines tubéreuses, mangeant fréquemment les baies de palmiers, qu'il tient dans ses pattes antérieures à la manière des Phalangers, s'asseyant sur ses hanches, ou creusant parfois comme les bandicoots. C'est la description que fait M. Ramsay de l'animal, qu'il fut le premier à découvrir. [82]

Famille. 2. Phalangeridés . — Le genre *Hypsiprymnodon* comble l'écart peu large qui sépare les Kangourous des Phalangers. Les Phalangers sont des marsupiaux à cinq doigts et orteils ; les deuxième et troisième orteils sont liés ensemble par un tégument commun comme chez les Macropodidae. L'hallux est opposable et sans clou . La queue est presque toujours longue et préhensile. La pochette est bien développée ; l'estomac n'est pas sacculé ; un caecum est présent (sauf chez *Tarsipes*). Ce sont là en réalité les principales distinctions entre les deux familles. De plus, on peut mentionner que les incisives inférieures n'ont pas un mouvement semblable à celui d'un ciseau comme chez les Kangourous.

Les Phalangers peuvent être divisées en quatre sous-familles.

Le premier d'entre eux, celui des PHALANGERINAE , contient les genres *Phalanger* (y compris *Cuscus*), *Acrobates* , *Distaechurus* , *Dromicia* , *Gymnobelideus* , *Petaurus* , *Petauroides* , *Dactylopsila* , *Pseudochirus* et *Trichosurus* .

généralités suivantes :— Queue bien développée, souvent très longue ; trois incisives au-dessus et au moins deux prémolaires au-dessus et au-dessous ; caecum long et simple ; estomac sans glande cardiaque; foie peu compliqué de sillons secondaires, avec un lobe caudé distinct ; les culs -de-sac médians vaginaux sont souvent fusionnés ; poumons avec un lobe azygos.

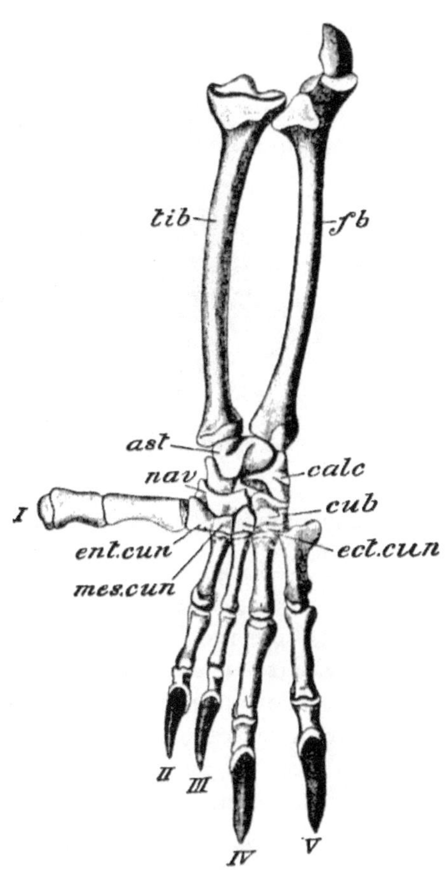

FIGUE. 68.— Os de la jambe et du pied de Phalanger. *ast* , Astragale; *calc* , calcanéum; *petit* , cuboïde; *ect.cun* , ecto -cuneiforme; *ent.cun* , ento-cuneiforme; *fb* , péroné ; *mes.cun* , méso-cuneiforme ; *nav* , naviculaire; *tibia* , tibia ; *IV* , du premier au cinquième orteil. (D'après Owen.)

La deuxième sous-famille, PHASCOLARCTINAE (avec le Koala uniquement), est ainsi caractérisée :— Queue rudimentaire ; pochettes pour joues présentes ; incisives supérieures trois, mais une seule prémolaire au-dessus et en dessous ; caecum extraordinairement long ; estomac avec une glande cardiaque; foie compliqué de sillons supplémentaires, sans lobe caudé libre ; pas de lobe azygos vers les poumons ; Culs -de-sac vaginaux gratuits.

La troisième sous-famille, PHASCOLOMYINAE , contraste avec les autres comme suit :— Queue rudimentaire ; joues présentes, mais rudimentaires ; une incisive de chaque côté au-dessus, mais pas de prémolaires supplémentaires ; toutes les dents sans racines ; caecum de forme pas particulière ; estomac avec une glande cardiaque; foie compliqué de sillons secondaires, sans lobe caudé libre ; poumon avec un lobe azygos ; Culs -de-sac vaginaux gratuits.

La dernière sous-famille, TARSIPEDINAE , est ainsi définie :— Queue longue ; langue extensible; une seule prémolaire ; molaires réduites; caecum absent.

FIGUE. 69.— Phalanger vulpin. *Trichosurus vulpécule* . × 1 / 6 .

Sous-Fam. 1. Phalangerines . — Le genre *Phalanger* embrasse cinq espèces, parfois appelées sous le nom générique de *Cuscus* . Ce sont des animaux de grande taille avec des oreilles courtes ; seul le bout de la queue est nu. Parmi ces animaux, une seule espèce se trouve en Australie même, le reste habitant les îles situées au nord. Le Couscous tacheté, *Ph. maculatus* , est, malgré son régime végétarien et peut-être à cause de ses taches, surnommé le « Chat Tigre ». M. Aflalo en fait remarquer que, bien que pourvu d'une queue préhensile, il n'est guère meilleur comme grimpeur que le Koala sans queue.

Trichosurus , y compris les « vrais Phalangers », comprend des espèces de grande taille, qui peuvent être distinguées du dernier genre par une glande thoracique semblable à celle qui existe chez *Myrmecobius* et quelques autres marsupiaux du groupe actuel. Il n'y a que deux espèces purement australiennes. L'« Opossum à queue en brosse », *T. vulpecula* (peut-être mieux connu sous le nom de *Phalangista vulpina*), comme son pseudo-homonyme américain (un véritable Opossum, genre *Didelphys*), « joue à l'opossum » à l'occasion. La formule dentaire est I 3/2 C 1/0 Pm 2/3 M 4/4. Les oreilles sont plus courtes.

Les Phalangers à queue annelée, *Pseudochirus* , sont plus largement distribués que les deux derniers genres ; ils s'étendent de la Tasmanie au sud à la Nouvelle-Guinée au nord. Ils n'ont cependant pas de queue annelée, bien que le bout de la queue soit généralement blanc. Comme chez les derniers genres, qui possèdent des queues préhensiles, l'extrémité de cet appendice est nue. Les mamans sont quatre. La formule dentaire est I 3/2 C 1/0 Pm 3/3 M 4/4. Il existe une dizaine d'espèces du genre.

La Phalanger rayée, *Dactylopsila trivirgata*, est un animal d'environ un pied de long, dont l'identité peut être constatée grâce à sa peau rayée, noire et blanche. C'est une créature arboricole qui vit apparemment à la fois de feuilles et de larves, comme tant de créatures arboricoles de groupes très différents : les écureuils, par exemple, et les singes du Nouveau Monde. La formule dentaire est I 3/3 C 1/6 Pm 3/2 M 4/4.

Gymnobelideus leadbeateri est une petite créature avec un corps de 6 pouces de longueur. Il est limité à la colonie de Victoria. L'aspect général est celui de *Pétaure* ; les oreilles sont nues.

Dromicia est un genre de Phalangers qui, bien que dépourvu de parachute, comme en possèdent certains genres que nous considérerons immédiatement, est capable de sauter avec une grande agilité de branche en branche. Les oreilles sont grandes et fines et presque nues ; la formule dentaire est I 3/2 C 1/0 Pm 3/3 M 4/4. Ce sont de minuscules créatures, les plus longues mesurant, avec la queue, mais 10 pouces. Loir-Phalanger est un nom qui leur est parfois donné. Il existe quatre espèces, allant de la Tasmanie à la Nouvelle-Guinée. Le nom Loir appliqué au genre semble être dû à la façon dont ils tiennent une noix dans leurs pattes lorsqu'ils se nourrissent. *D. nana* mesure 4 pouces de long, avec une queue presque de la même longueur. Il est épais à la base.

Distaechurus est le dernier genre de Phalangers non volants. Son nom fait référence à la disposition des poils de la queue, disposés de chaque côté en rangée comme la girouette d'une plume. La formule dentaire est I 3/2 C 1/0 Pm 3/2 M 3/3, très proche de celle des *Acrobates*. Les oreilles sont comme dans ce genre.

Petaurus est le premier genre des Phalangers volants, qui sont tous dotés d'une expansion cutanée en forme de parachute entre les membres antérieurs et postérieurs ; les oreilles sont grandes et nues ; et la formule dentaire est I 3/2 C 1/0 Pm 3/3 M 4/4. Il existe trois espèces du genre, qui s'étendent dans presque toute la région australienne. Le terme « volant » appliqué à ces genres et aux autres genres « volants » est bien sûr une exagération. Les animaux ne peuvent pas voler vers le haut ; ils ne peuvent descendre que par effleurement, les plis de peau interrompant leur chute. *P. breviceps* est peut-être l'espèce la plus connue. Le corps mesure 8 pouces, la queue mesure 9 pouces de long.

Petauroides semble se distinguer principalement de *Petaurus* par le fait que, comme chez son allié *Dactylopsila*, la queue est en partie nue à l'extrémité. Chez *Petaurus* et *Gymnobelideus*, la queue est touffue jusqu'au bout, y compris son extrémité extrême en dessous.

Un troisième genre de Phalangers volants est le minuscule *Acrobates* , qui a une queue distique comme celle du *Distaechurus* . Il ne mesure pas plus de 6 pouces de longueur, queue comprise. En ce qui concerne ces Phalangers volants, il est extrêmement instructif d'observer que la même méthode de « vol » a apparemment été développée trois fois ; car les trois genres sont chacun spécialement lié à un type distinct de Phalanger non volant. La même observation peut être faite à propos des écureuils volants, *des Anomalurus* et *des Sciuropterus* . La formule dentaire est I 3/2 C 1/0 Pm 3/3 M 3/3. Les oreilles sont finement recouvertes de poils. Il y a quatre tétines.

Sous-Fam. 2. Phascolarctine . — Le Koala, ou Ours indigène, *Phascolarctos cinereus* , est le seul représentant de sa sous-famille. Il est, comme le Wombat, aberrant par l'absence de queue évidente. L'absence de cet appendice est curieuse chez une créature arboricole dont les alliés proches en possèdent un long et préhensile. La structure du Koala a été étudiée par feu MWA Forbes. [83] Il y a quelques points inattendus de ressemblance avec le Wombat : ainsi ils s'accordent dans l'absence de queue, dans la structure de l'estomac et dans la grande subdivision des lobes du foie. Le cerveau, cependant, est lisse et le caecum est extrêmement gros et de structure compliquée, celui du Wombat étant court. Le fait que les deux animaux aient des poches sur les joues est peut-être dû à des habitudes similaires consistant à stocker temporairement des masses de nourriture. Cet animal n'a que onze paires de côtes. La queue n'a que sept ou huit vertèbres , et celles-ci n'ont pas d'os en chevron.

Une particularité du crâne se voit dans la grande taille de la bulle alisphénoïde, qui est comparable en taille et en apparence à celle du cochon. Comme pour les Kangourous, l'atlas est incomplet ci-dessous.

La formule dentaire du genre est I 3/1 C 1/0 Pm 1/1 M 4 /(4 ou 5). La molaire inférieure supplémentaire semble exceptionnelle et n'a été trouvée que sur un seul spécimen.

Dans le tube digestif, la structure la plus remarquable est le gros intestin, qui est très spacieux sur environ 28 pouces de son parcours. Cette section du côlon est tapissée de rugosités exactement comme celles que l'on trouve dans le caecum. Ces plis, qui sont au début au nombre d'une douzaine, fusionnent plus bas et, au moment où le côlon s'approche de l'orifice externe, se réduisent à cinq. Des plis similaires, comme nous l'avons déjà dit, se produisent dans le caecum, mais ne s'étendent pas jusqu'à son extrémité aveugle. Le caecum est proportionnellement et effectivement plus grand que chez tout autre marsupial. La vésicule biliaire est inhabituellement allongée.

FIGUE. 70.— Koala. *Phascolarctos cinereus.* × 1 / 9 .

Le Koala est principalement crépusculaire ou nocturne dans ses habitudes. Il se nourrit si exclusivement de feuilles de gommier (*Eucalyptus*) qu'il est impossible de le garder longtemps en captivité dans des pays où ce type particulier de nourriture n'est pas disponible.

La femelle, bien qu'elle semble ne porter qu'un seul petit, qui est porté sur le dos à la manière de certains Opossums, a deux tétons. Les habitudes lentes de l'animal semblent exiger une vie nocturne et retirée. Il est à peu près aussi léthargique que le paresseux, et on dit qu'il ressemble davantage à cet animal en s'accrochant fermement à une branche même après qu'on lui ait tiré dessus.

Sous-Fam. 3. Phascolomyines . — *Phascolomys* , le Wombat, est le seul genre de cette sous-famille. Cet animal a l'apparence d'une marmotte lourdement bâtie, comme laquelle il n'a qu'un simple moignon en guise de queue, et une paire de fortes incisives en forme de ciseau et semblables à celles d'un rongeur, qui diffèrent cependant de celles des rongeurs par leur forme complète. revêtement de ciment. Toutes les dents de l'animal sont sans racines et il n'y a pas de canines. Les incisives sont émaillées uniquement sur les faces antérieure et latérale. La formule dentaire est I 1/1 C 0/0 Pm 1/1 M 4/4. Les affinités avec d'autres marsupiaux Diprotodontes sont démontrées par le début de la syndactylie des deuxième et troisième orteils. Le rhinarium est nu ou poilu. Il y a une poche à joue rudimentaire, comme chez *Phascolarctos* . Le Wombat a, comme le Koala et aussi le Castor — ce qui annule en partie la valeur de la comparaison — une glande particulière dans l'estomac, une zone surélevée de glandes rassemblées. Chez aucun autre Marsupial, on ne trouve une telle structure, alors que dans les deux formes considérées, son identité est presque précise. degré improbable. » C'est l'opinion de M. Forbes. On pourrait renforcer cette idée en ajoutant l'observation que, comme il existe d'autres points de ressemblance entre le Wombat et le Koala, il semble plus improbable qu'une structure aussi presque identique ait été développée deux fois sous deux formes pas très éloignées. Comme chez les Kangourous, l'atlas est ouvert en bas. *Ph. ursinus* a 15 côtes ; les autres espèces sont normales (pour les Marsupiaux) 13. D'autres points de ressemblance seront mentionnés sous la description du Koala. Ces animaux se nourrissent principalement de racines ; ils vivent en compagnies dans des terriers. Il existe trois espèces : *Ph. ursinus* , *Ph. latifrons* et *Ph. mitchelli* . *Ph. ursinus* est présent en Tasmanie, les deux autres espèces étant sud-australiennes.

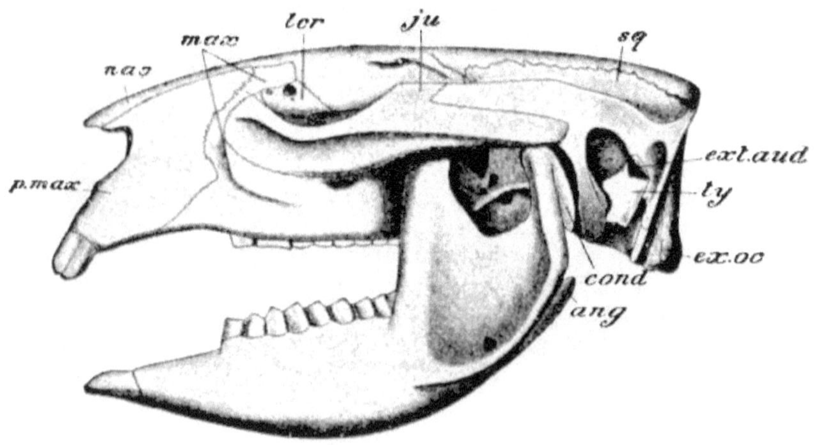

FIGUE. 72.— Crâne de Wombat. *Phascolomys wombat*. (Vue latérale.) *ang* , Processus angulaire ; *cond*, condyle de la mandibule ; *ex.oc*, exoccipital; *ext.aud* , ouverture du méat auditif osseux ; *ju* , jugal; *lcr* , lacrymal; *max* , maxillaire ; *nas*, nasal; *p.max*, prémaxillaire ; *carré*, squamosal; *ty* , tympanique. (De Parker et Haswell's *Zoology* .)

Sous-Fam. 4. Tarsipédinés . — Le genre *Tarsipes* devrait peut-être être retiré de la famille actuelle. Il n'y a qu'une seule espèce, qui est une petite créature de 7 pouces de longueur totale, dont la queue mesure 4 pouces. Les dents sont très diminuées, la formule étant I 2/1 C 1/0 Pm 1/0 M 3/3 = 22. Les incisives inférieures sont couchées. La mâchoire inférieure, d'ailleurs, n'a pas l'inflexion caractéristique des Marsupiaux. Le canal intestinal est dépourvu du caecum présent chez les Phalangeridae restants . Il est curieux que ce petit Phalanger aberrant provienne d'Australie occidentale, comme le *Myrmecobius encore plus aberrant* . Comme ce dernier aussi, *le Tarsipes* a une longue langue exsertile , avec laquelle cependant il extrait le miel des fleurs. Il attrape probablement aussi de minuscules insectes dans les corolles des fleurs. Il a été prouvé, en effet, qu'en captivité du moins l'animal est insectivore ; car on sait qu'il mange des papillons de nuit.

Famille. 3. Épanorthidés . — Les Epanorthidae disparus de Patagonie sont représentés aujourd'hui par un petit marsupial qui a été redécouvert au cours des deux ou trois dernières années. Ce petit animal, autrefois appelé *Hyracodon* (un nom préoccupant), s'appelle maintenant *Caenolestes* et est originaire de Colombie et d'Équateur. Il existe deux espèces, et parmi celles-ci, *C. obscurus* est appelé par les habitants « Raton runcho », ce qui signifie rat opossum. Il vit apparemment d'œufs d'oiseaux et de petits oiseaux, bien qu'il appartienne à la division Diprotodont des Marsupiaux. Cependant, *Caenolestes* , bien que diprotodonte, n'a pas le caractère syndactyle des doigts des pieds déjà signalé chez les Kangourous et leurs alliés. La pochette est petite et rudimentaire. La dentition est I 4/3 C 1/1 Pm 3/3 M 4/4 = 46, et M. Thomas dit que les dents ressemblent beaucoup à celles de la *Dromicia australienne* . [84]

Dans le crâne, une particularité qui ne porte pas sur ses affinités avec les autres marsupiaux, mais qui est néanmoins intéressante, est mentionnée par M. Thomas. Les nasaux ne sont pas suffisamment prolongés pour rejoindre le bord supérieur des maxillaires, ce qui laisse un vide, comme dans le crâne de nombreux ruminants (par exemple *l'* antilope de sable). La bouche est très imparfaite ; les foramens qui le rendent ainsi s'étendent jusqu'à la dernière prémolaire. La mâchoire inférieure a tout à fait l'apparence de celle d'un *Macropus* ou *d'un Phalanger*, avec des incisives longues et projetées vers l'avant.

disparus . — Le grand *Diprotodon* est un être doté d'un crâne long d'un mètre, qui devait avoir la taille d'un grand rhinocéros. Bien que étroitement apparentée à *Macropus* , il semble que cette grande bête ne sautait pas à la manière d'un kangourou, ses membres étant de taille plus égale que chez le kangourou. Récemment, d'autres restes de *Diprotodon* ont été découverts dans un lac connu sous le nom de lac Mulligan, où ils étaient apparemment embourbés. Le professeur Stirling a contribué à une description de ces vestiges, qui comble une lacune considérable de nos connaissances. Il a pu décrire la structure des membres antérieurs et postérieurs. Les deux membres sont pentadactyles , les doigts du membre antérieur étant à peu près égaux en longueur et en développement général. Dans le membre postérieur, l'hallux est petit et se compose uniquement du métatarsien. Cet os est fixé dans la position d'« abduction extrême » et évoque un membre arboricole. Les chiffres deux et trois pourraient avoir été syndactyles , et les auteurs du récit [85] de ces os pensent que le quatrième orteil pourrait avoir participé à cette syndactylie. Le métatarsien du cinquième doigt est énormément élargi à son bord et semble avoir fourni un solide appui à la créature ; cela se voit également dans le métacarpien du membre antérieur. C'est probablement pour cette raison que *Diprotodon* était quadrupède dans son mode de progression, l'accent étant mis sur le petit doigt et le petit orteil au lieu, comme chez nous, du premier orteil. L'arrière-pied du *Diprotodon* ne pourrait pas être plus différent de celui d'un kangourou qu'il ne l'est en réalité.

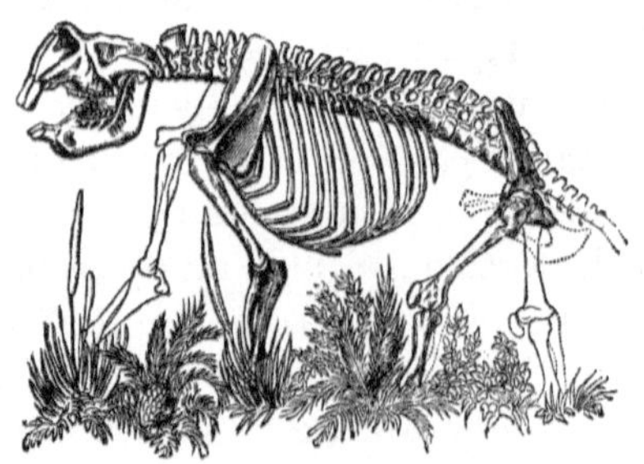

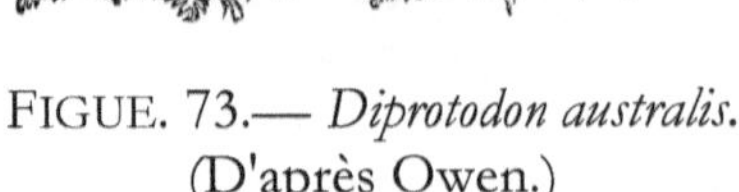

FIGUE. 73.— *Diprotodon australis.*
(D'après Owen.)

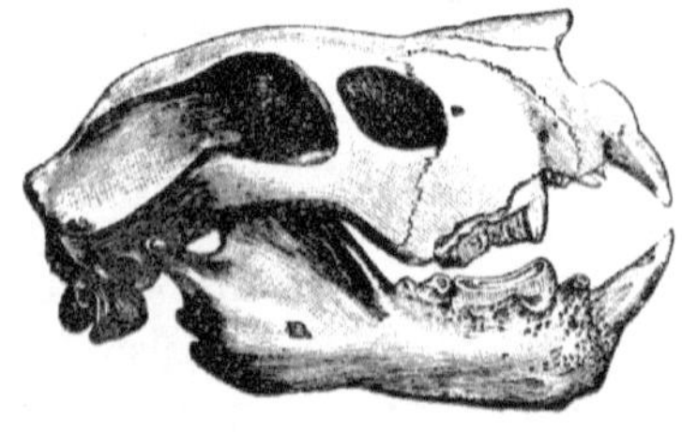

FIGUE. 74.— *Thylacoleo carnifex.*
Vue latérale du crâne. (Après la fleur.)

Un autre géant parmi ces marsupiaux était le genre *Thylacoleo* , dont le nom lui a été donné par Sir Richard Owen, pensant qu'il s'agissait d'un tigre marsupial. Sir W. Flower a cependant contesté cette opinion, et le genre est en fait, malgré sa grande taille, étroitement apparenté aux Phalangers et aux Cuscus. [86] La formule dentaire est I 3/1 C 1/0 Pm 3/1 M 1/2 ; la dernière prémolaire est une grande dent en forme de lame comme celle de *Potorous* .

Nototherium était une créature plus petite que *Diprotodon* , mais toujours de grande taille ; on pense qu'il s'agissait d'une créature fouisseuse et qu'elle relie les Wombats au *Diprotodon* . Plus certainement allié au Wombat existant était *Phascolonus* , un Wombat aussi gros qu'un Tapir.

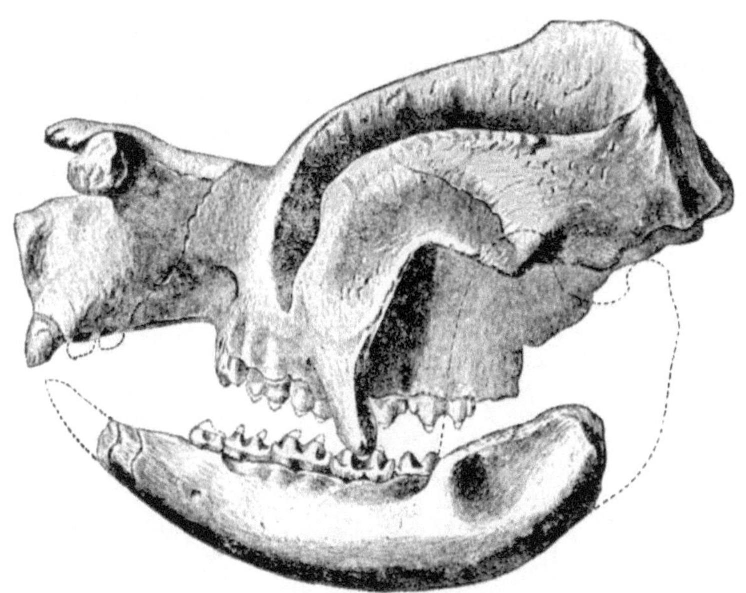

FIGUE. 75.— *Nototherium Mitchell*. Vue latérale du crâne. × 1 / 6 . (D'après Owen.)

Parmi les Diprotodontes américains disparus, les Epanorthidae , déjà mentionnés à propos des *Caenolestes vivants* , étaient les formes les plus importantes. Le genre *Epanorthus* est présent dans la formation de Santa Cruz en Patagonie, que l'on pense être du Miocène. Les incisives sont au nombre de trois dans la mâchoire supérieure ; et l'unique incisive de chaque branche de la mâchoire inférieure est un grand instrument coupant en forme de ciseau.

Abderites est également typiquement Diprotodont en raison des grandes incisives saillantes de la mâchoire inférieure. Il possède une grande dent coupante dans la mâchoire inférieure, qui semble être la dernière prémolaire, et est donc comparable à la grande dent coupante de la mâchoire inférieure et de la mâchoire supérieure de la Phalanger éteinte, *Thylacoleo* . Elle peut également être comparable à la grande prémolaire de Multituberculata comme *Ptilodus* et *Plagiaulax* . Il est de plus marqué de rainures verticales.

Une forme intéressante, malheureusement peu connue, est le genre *Triclis australien et pléistocène* , avec une espèce, *T. oscillans* . En ayant une minuscule canine dans la mâchoire inférieure , il s'accorde avec certains Phalangeridae , et étant par ailleurs étroitement allié à *Hypsiprymnodon* , il unit les Macropodidae avec les Phalangeridae .

SOUS-ORDRE 2. POLYPROTODONTIA.

Dans cette division principalement carnivore ou insectivore des Marsupiaux, les incisives sont au nombre de quatre ou cinq de chaque côté de la mâchoire supérieure, et une ou deux de moins dans la mâchoire inférieure. Figues. Les figures 76 et 77 illustrent les dentitions Polyprotodont et Diprotodont. Les canines sont celles des carnivores, tout comme les molaires, qui sont généralement fortement cuspidées. En règle générale, à l'exception des Peramelidae , il n'y a pas de syndactylisme des orteils dans l'arrière-pied. Ce sous-ordre est aujourd'hui australien et américain dans son aire de répartition.

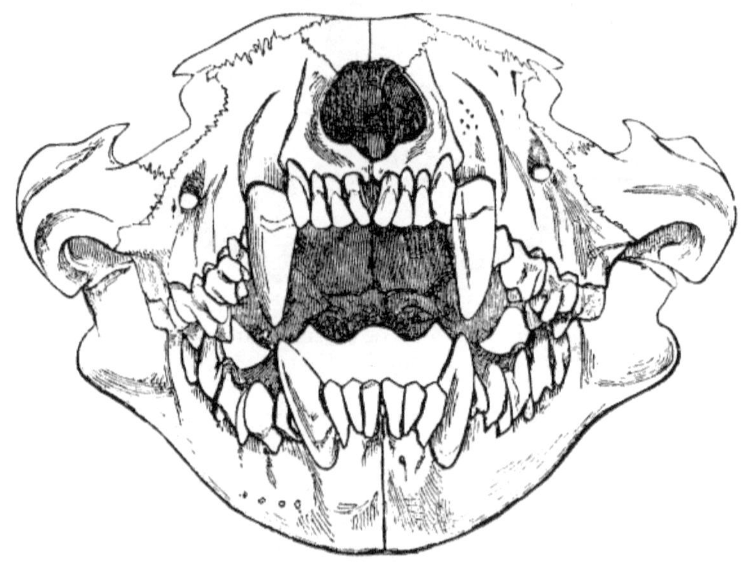

FIGUE. 76.— Vue de face du crâne du diable de Tasmanie (*Sarcophilus ursinus*), montrant le polyprotodonte et la dentition carnivore. (Après la fleur.)

Famille. 1. Dasyuridés. — Cette famille comprend des marsupiaux généralement pentadactyles , mais avec parfois l'hallux manquant. La queue est longue mais non préhensile. La pochette est présente ou absente. Les dents varient selon les différents genres, mais les incisives supérieures ne sont jamais inférieures à trois, et peuvent être jusqu'à cinq dans la mâchoire supérieure et six dans la mâchoire inférieure. Les canines sont tranchantes. Il n'y a pas de caecum.

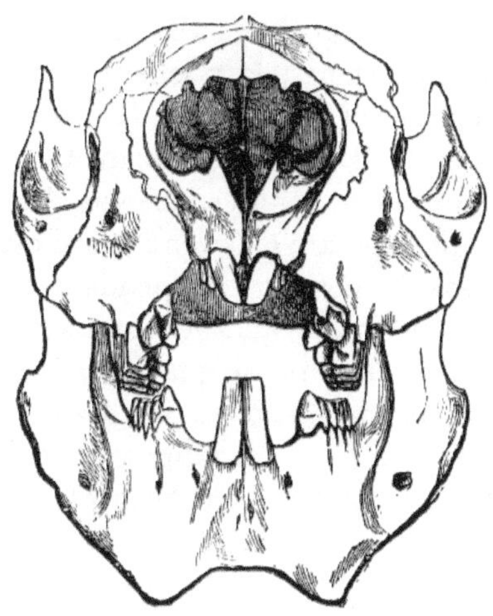

FIGUE. 77.— Vue de face du crâne de Koala (*Phascolarctos cinereus*), illustrant la dentition du Diprotodont et de l'herbivore. (De Fleur.)

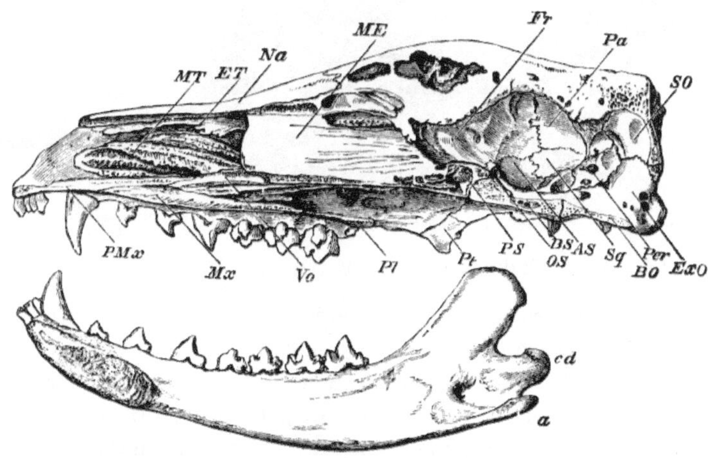

FIGUE. 78.— Coupe longitudinale du crâne du Thylacine (*Thylacinus cynocephalus*). × ½. *a* , processus angulaire de la mandibule ; *AS* , alisphénoïde ; *BO* , basioccipital ; *BS* , basephénoïde ; *cd* , condyle de la mandibule ; *ET* , ethmoturbinal; *Ex.O* , exoccipital ; *Fr* , frontal; *ME* , partie ossifiée du mésethmoïde ; *MT* , maxillo-turbinal ; *Mx* , maxillaire ; *Na* , nasal ; *OS* , orbitosphénoïde ; *Pa* , pariétal ; *Par* , périotique ; *Pl* , palatin ; *PMx* , prémaxillaire ; *PS* , présphénoïde ; *Pt* , ptérygoïde ; *SO* , supraoccipital ; *Carré* , squamosal ; *Vo* , vomer. (De *l'ostéologie* de Flower .)

Le genre *Thylacinus* ne contient qu'une seule espèce, désormais limitée à la Tasmanie, et généralement connue sous le nom de loup de Tasmanie. Il a la carrure d'un loup ordinaire et est à peu près de la même taille. La partie postérieure du corps est marquée d'une série de bandes transversales noires. L'hallux fait entièrement défaut ; la pochette s'ouvre à l'envers. Les os marsupiaux sont minuscules et non ossifiés. La formule dentaire est I 4/3 C 1/1 Pm 3/3 M 4/4 = 46. Il y a quatre mamelles. Cet animal, désormais confiné à la Tasmanie, devient de plus en plus rare en raison de sa propension à tuer des moutons et de la guerre d'extermination qui en a résulté, déclarée contre lui par les colons. Il se nourrira cependant d'autres animaux ; et on raconte que le premier spécimen jamais capturé avait dans son estomac les restes d'un échidné ! M. Thomas pense que la persistance de cet animal et de certains des autres marsupiaux carnivores plus grands en Tasmanie après leur extinction en Australie n'est pas sans rapport avec l'avènement du Dingo. Mais il est dit que le Thylacine est tout à fait capable de tenir même une meute de chiens à distance.

FIGUE. 79.— Diable de Tasmanie. *Sarcophilus ursinus.* × 1 / 10 .

Le genre *Sarcophilus* a été souvent confondu avec le suivant, mais il est tenu à part par M. Thomas, qui suit Cuvier en cela. Un autre nom générique est *Diabolus* , qui, comme le prénom, fait référence aux habitudes et au caractère de l'espèce unique que contient ce genre. Le genre ressemble plus à *Thylacinus* qu'à *Dasyurus* . L'hallux manque, et les dents, quoique moins nombreuses (42), ressemblent plus à celles du Thylacine qu'à celles du Dasyure. L'espèce s'appelle *S. ursinus* , le nom populaire étant Diable de Tasmanie. Il est noir avec un nombre variable de taches blanches sur le corps. Il a à peu près la taille d'un blaireau et est, comme le Thylacine, un animal nocturne. On dit que le diable de Tasmanie est l'un des animaux les plus féroces et qu'il exprime sa férocité par un « grognement hurlant ».

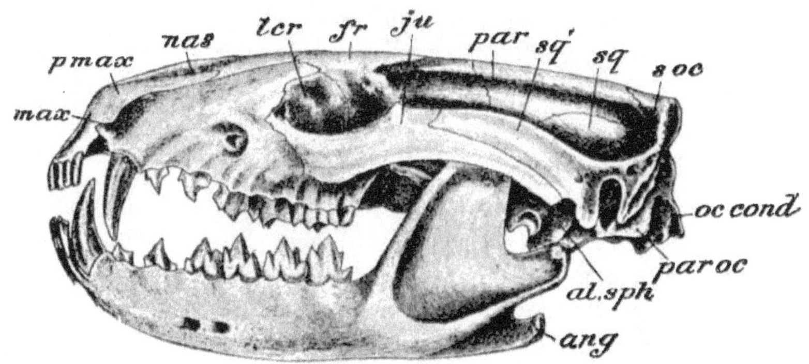

FIGURE. 80.— Crâne de *Dasyurus* . (Vue latérale.) *al.sph* , Alisphénoïde ; *ang* , processus angulaire de la mandibule ; *fr* , frontal; *ju* , jugal; *lcr* , lacrymal; *max* , maxillaire ; *nas* , nasal; *oc.cond* , condyle occipital; *par* , pariétal; *par.oc* , processus paroccipital ; *p.max* , prémaxillaire ; *s.oc* , supraoccipital ; *carré* , squamosal; *sq* ', processus zygomatique de squamosal. (De Parker et Haswell's *Zoology* .)

FIGURE. 81.— Dasyuré. *Dasyurus viverrinus* . × 1 / 5 . (D'après Vogt et Specht.)

Le genre suivant de cette famille, *Dasyurus* , comprend cinq espèces, réparties dans l'ensemble des sous-régions papoues et australiennes. La forme générale est Viverrine, et l'hallux est parfois présent quoique petit. La formule dentaire est celle du dernier genre, mais les dents « ont un caractère plus insectivore ». Il y a six ou huit mamans. Les membres de ce genre sont gris ou bruns et tachetés de blanc ; ils sont tous arboricoles et se nourrissent en grande partie d'oiseaux et de leurs œufs. M. Thomas a fait remarquer que chez deux espèces, *D. viverrinus* et *D. geoffroyi* , les stries sur les coussinets des pattes sont absentes, et que par conséquent celles-ci, au moins, ne sont probablement pas aussi purement arboricoles que les autres. Les animaux ne sont pas diurnes et se cachent pendant la journée dans les troncs creux des arbres. On les appelle « chats indigènes », mais ils ont les habitudes générales des martres.

D. maculatus est commun en Tasmanie, mais est rare en Australie, « se rapprochant ainsi de la condition actuellement présentée par le Thylacine et le Diable de Tasmanie, à savoir une extermination complète en Australie, où tous deux vivaient autrefois ». *D. hallucatus* montre une approche de *Phascologale* dans ses pattes postérieures à cinq doigts et sa silhouette élancée.

Phascologale est un genre qui, comme ce dernier, est généralement arboricole (mais pas *P. virginiae* du nord du Queensland), mais est de taille beaucoup plus petite, l'espèce ne dépassant pas les dimensions d'un rat. Ils n'ont pas de taches, mais il y a parfois une rayure dans le dos. Il existe treize espèces, qui ont la même aire de répartition que le dernier genre. L'hallux est présent bien que petit, mais la pochette est "pratiquement obsolète", bien qu'il y ait un petit pli de peau derrière les trayons. Le rhinarium est nu ; la queue est longue, « touffue, à crête ou presque nue ». Les mamelles sont au nombre de quatre à dix. La formule dentaire est celle de *Dasyurus* , et les dents ne sont pas de forme très différente ; parfois la dernière prémolaire manque. "Les membres de ce genre", remarque M. Thomas, "occupent évidemment la place dans la région australienne remplie dans l'Oriental par les Tupaiae , et dans le Néotropical par les plus petits Opossums."

Le genre *Sminthopsis* ne comprend pas plus de quatre espèces, encore plus petites que la dernière. La plus grande espèce, *S. virginiae* , ne mesure que 125 mm. en longueur. L' hallux est présent, et il y a une poche bien développée. Il y a quarante-six dents, comme chez les Dasyures. Les pieds sont étroits avec des semelles granuleuses ou velues, alors que chez *Phascologale* ils sont larges avec des semelles lisses. Les mamans sont huit ou dix. Le genre s'étend à travers l'Australie et la Tasmanie.

Le genre *Antechinomys* ne compte qu'une seule espèce, originaire du Queensland et de la Nouvelle-Galles du Sud. La construction ressemble à celle d'une Gerboise et l'animal est, comme on pourrait le déduire, terrestre. Les oreilles sont très longues et les membres allongés ; l'hallux est absent ; les dents sont exactement comme chez *Sminthopsis* .

Antechinomys a treize vertèbres dorsales et sept vertèbres lombaires ; trois sacrés et vingt-cinq caudaux , ce dernier nombre dépassant celui de ses alliés. L'estomac est presque globuleux, avec des orifices rapprochés ; l'intestin mesurait 6,8 pouces, soit un peu plus de deux fois la longueur de l'animal lui-même. *A. lanigera* est originaire du centre-est de l'Australie et semble avoir des habitudes entièrement terrestres et progresser par une série de bonds, du moins lorsqu'il va à pleine vitesse.

Le professeur Spencer, qui a trouvé des exemples de cette espèce rare, donne une description intéressante de ses habitudes. *Antechinomys* ressemble beaucoup au rat australien, *Hapalotis Mitchell* ; et comme les deux animaux mènent une vie semblable, la ressemblance n'est pas surprenante. Le professeur Spencer se demande pourquoi ces créatures ont des habitudes saltatoires. Le pays qu'ils habitent est aride, mais avec des parcelles d'herbe et d'arbustes. Pour un grand kangourou, l'avantage de pouvoir sauter par-dessus de tels obstacles peut être évident, mais pas pour le petit et mince *Antechinomys*. Les principaux ennemis de ce marsupial rare semblent être des oiseaux prédateurs ; et le professeur Spencer pense que le mode de progression saltatoire peut être plus déroutant pour de tels poursuivants que même une course rapide.

Le genre *Dasyuroides* a été récemment institué par le professeur Spencer pour un marsupial d'Australie centrale quelque peu intermédiaire entre *Sminthopsis* et *Phascologale*. Comme il n'existe qu'une seule espèce, le générique sera considéré avec les caractères spécifiques. *D. byrnei* est un animal d'environ la taille du rat commun. L'hallux est absent. La queue est assez épaisse, mais pas « incrasée ». Il y a six mamelles, et la poche est peu développée, avec deux plis latéraux bas. La dentition est I 4/3 C 1/1 Pm 3/2 M 4/4. Ce marsupial est nocturne et fouisseur. Sa nourriture est composée d'insectes. [87]

Myrmecobius est si différent des derniers genres décrits (DASYURINAE) qu'il en est généralement séparé en tant que sous-famille DES MYRMECOBIINAE . L'animal est d'une couleur roux vif , bagué postérieurement de blanc. Il n'y a pas d'hallux, bien que le métatarsien appartenant à ce chiffre soit présent. Il y a quatre mamans. [88] Sur la poitrine se trouve une zone nue d'une certaine étendue, sur laquelle s'ouvrent les conduits d'une glande complexe, que j'ai décrite et représentée par moi-même. [89] Il n'y a pas de poche, mais une étendue de peau montre des indications d'une structure en forme de poche. Les dents sont extraordinairement nombreuses, cinquante à cinquante-quatre ; la formule étant I 4/3(4) C 1/1 Pm 3/3 M 5/6. Leur ressemblance avec celles de certains marsupiaux du Jurassique est traitée p. 100 . [90] C'est bien sûr dans cette affaire que réside l'intérêt principal du genre, qui peut être « un survivant non modifié des temps mésozoïques, et donc d'une époque bien avant que les Didelphyidae , les Peramelidae et les Dasyuridae ne soient différenciés les uns des autres ». Une autre caractéristique ancienne (trouvée chez les mammifères du Jurassique) est un sillon mylo -hyoïdien sur la mâchoire inférieure, qui n'est cependant pas toujours présent et son existence a donc été niée. L'espèce unique, *M. fasciatus* , est en partie arboricole et en partie terrestre et se nourrit de fourmis. C'est une forme d'Australie occidentale et méridionale.

FIGUE. 82.— Fourmilier australien bagué. *Myrmecobius fasciatus.* × 1 / 5 .

Famille. 2. Didelphyidés . — Tous les membres de cette famille sont pentadactyles . Les dents sont au nombre de cinquante, disposées ainsi : I 5/4 C 1/1 Pm 3/3 M 4/4. Le caecum est petit ; la pochette est généralement absente ; la queue généralement longue et préhensile.

FIGUE. 83.— Opossum de Virginie. *Didelphys virginiana.* × 1 / 5 . (D'après Vogt et Specht.)

Le genre *Didelphys* contient la plupart des formes appartenant à cette famille, dont environ vingt-trois espèces. Les Opossums sont principalement des animaux arboricoles, insectivores dans leur alimentation ; mais les espèces les plus grandes mangent des reptiles, des oiseaux et leurs œufs. Plusieurs des petites espèces portent leurs petits, lorsqu'elles peuvent quitter les mamelles, sur le dos, la queue des petits étant enroulée autour de celle de la mère. Ce ne sont pas seulement les espèces à poche qui portent leurs petits de cette façon. On dit que l'Opossum d'Azara , un animal gros comme un chat, porte ses onze petits (eux-mêmes aussi gros que des rats) sur le dos, bien que leur emprise ne semble pas renforcée par l'entrelacement des queues. Même avec cette immense famille sur le dos, la mère peut grimper aux arbres avec un empressement considérable. Les mamelles sont au nombre de sept à vingt-cinq. Le genre a été récemment divisé en un certain nombre de genres, *Marmosa* , *Dromiciops* , *Peramys* , etc.

FIGUE. 84.— Opossum à queue épaisse. *Didelphys crassicaudata* . × 1 / 5 .

Chironectes n'est guère différent de *Didelphys* . Il a des pattes postérieures palmées et a un port aquatique. La seule espèce du genre est connue sous le nom de Yapock et est une forme d'Amérique centrale et d'Amérique du Sud. Il a à peu près la taille d'un gros rat et semble être un plongeur expert après le poisson dont il vit.

Famille. 3. Péramélidés . — Les Bandicoots, bien qu'appartenant clairement aux Marsupiaux Polyprotodontes , s'accordent cependant avec les Diprotodontes sur le fait que les deuxième et troisième orteils des pieds sont liés dans un tégument commun, ce qui n'est pas le cas des Diprotodontes *Caenolestes* . Les pattes postérieures sont plus longues que les pattes antérieures ; du premier membre, deux ou trois doigts seuls sont longs et fonctionnels ; les autres sont rudimentaires ou absents. Queue longue, poilue et non préhensile. Dentition I 5/3 C 1/1 Pm 3/3 M 4/4 = 48, ou parfois, en raison de l'absence d'une paire d'incisives supérieures, 46. Il y a un caecum.

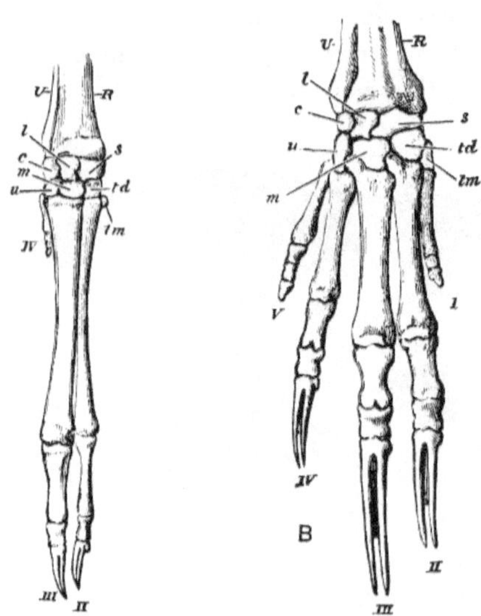

FIGURE. 85.— Os du manus. **A** , de *Choeropus castanotis* . × 2. **B** , de Bandicoot
(*Perameles*). × 1½. *c* , cunéiforme ; *l* , lunaire; *m* , magnum; *R* , rayon ; *s* ,
scaphoïde ; *td* , trapèze ; *tm* , trapèze ; *u* , inciforme ; *U* , cubitus ; *IV* , chiffres.
(De *l'ostéologie* de Flower .)

FIGUE. 86.— Lapin Bandicoot. *Peragale lagotis.* × 1 / 5 .

Le genre *Peragale* , le Rabbit-Bandicoots, se compose de deux espèces
entièrement australiennes. Les oreilles énormes (d'où "Rabbit" Bandicoot)
distinguent ce genre des *Perameles* . La pochette s'ouvre vers l'arrière et il y a
huit mamelles. *P. lagotis* , la seule espèce dont on sait quelque chose sur le

mode de vie , s'enfouit dans le sol, d'où il extrait les larves ; c'est aussi un herbivore, et on dit que sa ressemblance avec un Lapin en apparence est renforcée par sa similitude de saveur !

Perameles est un genre composé de douze espèces que l'on trouve en Tasmanie, en Australie et en Nouvelle-Guinée. Comme ce dernier genre, dont il ne diffère pas beaucoup sur d'autres points, *les Perameles* sont constitués d'espèces qui combinent des habitudes insectivores et végétariennes. On dit qu'une espèce devient en captivité une experte dans la capture de souris. La pochette s'ouvre à l'envers, et il y a six ou huit mamelles.

FIGURE. 87.—— Bandicoot à pieds de cochon. *Choeropus castanotis.* × ⅓ .

Le dernier genre de cette famille est *Choeropus* , ne contenant qu'une seule espèce, *Ch. Castanotis* . Elle est confinée au continent australien. Il se distingue des deux derniers par le fait qu'il n'y a que deux doigts fonctionnels, le deuxième et le troisième, dans le membre antérieur ; le quatrième est rudimentaire ; les deux autres sont absents. Il creuse et est omnivore comme ses alliés. Les deux métacarpiens développés sont très longs et étroitement apposés ; ils ont donc un aspect remarquablement porcin, et justifient son nom. La pochette s'ouvre vers l'arrière et il y a huit mamelles.

Famille. 4. Notoryctidés . —— Cette famille ne contient qu'un seul genre et espèce, les *Notoryctes* récemment découverts *typhlops* . [91]

On peut considérer comme des caractères de famille les membres pentadactyles , l'existence de trois paires d'incisives dans la mâchoire inférieure et de quatre dans la mâchoire supérieure ; et la nature trituberculeuse des molaires supérieures. *Notoryctes typhlops* , la « taupe marsupiale », comme on l'appelle, a été découverte à l'origine par le professeur Stirling dans le centre de l'Australie méridionale. C'est une créature fouisseuse, vêtue d'une fourrure soyeuse d'un rouge doré pâle, sans oreilles externes. Son apparence a été comparée à *Chrysochloris*, la taupe dorée du Cap, et l'éminent paléontologue, le professeur Cope, a même insisté sur une réelle affinité génétique. Des affinités édentées ont également été suggérées. Mais *Notoryctes* possède une petite pochette s'ouvrant vers l'arrière comme chez les autres Polyprotodonts, [92] et comme il possède également des os marsupiaux il doit sans doute être référé aux Marsupialia. L'animal présente de nombreuses adaptations curieuses à son mode de vie souterrain. Certaines vertèbres du cou et de la région lombaire sont solidement soudées entre elles, donnant bien sûr une force de poussée, et évoquant les tatous ; les griffes des troisième et quatrième orteils antérieurs sont considérablement élargies et doivent être des organes de fouille efficaces. La trace de l'animal est comme celle d'un chemin de fer dans un pays montagneux ; il creuse sur une courte distance, émerge, puis descend sous la surface et réapparaît. La couleur rouge de sa fourrure serait en harmonie avec le sol aride dans lequel elle vit. Le nom natif de la créature est « Urquamata ». Il se nourrit de fourmis et d'autres insectes.

FIGUE. 88.— Taupe marsupiale australienne. *Notoryctes typhlops*. × ¼.

Polyprotodontes disparus . — Parmi les Polyprotodontes éteints (en dehors des formes mésozoïques examinées à la page 100), des espèces éteintes de *Thylacinus* et de *Dasyurus* sont connues d'Australie. Le fait le plus intéressant en ce qui concerne les Polyprotodontes du Tertiaire est l'existence en Amérique du Sud de genres tels que *Prothylacinus* et *Amphiproviverra*, qui ne sont pas simplement des Polyprotodontes mais bel et bien des Dasyures, et ne peuvent être rattachés aux Didelphyidae .

Ces formes ont été incluses dans une commande, SPARASSODONTA . Mais il n'est pas du tout certain que ces formes soient correctement placées dans le voisinage des Marsupiaux carnivores ; il est possible qu'ils devraient être relégués parmi les Creodonta ou parmi leurs alliés. Leur structure est en fait quelque peu intermédiaire entre ces deux groupes. Les dents semblent être carnivores et de forme marsupiale ; mais comme nous l'avons déjà mentionné, en relation avec la structure générale des dents, plus d'une prémolaire est remplacée. Ces animaux en fait, en ce qui concerne leurs dents, se situent à mi-chemin entre les marsupiaux et les Eutheria typiques . L'angle de la mâchoire inférieure est fléchi, mais le palais n'est pas marqué par une ossification déficiente. En tout cas, ce n'est pas le cas de tous les membres du groupe. Il n'est pas certain que le petit *Microbiotherium* , qui constitue le type d'une famille, soit à juste titre mentionné ici. Cet animal présentait des vacuités palatines ainsi qu'un angle fléchi par rapport à la mâchoire inférieure.

CHAPITRE VIII

EDENTATA—GANODONTA

Ordonnance II. ÉDENTÉS

Créatures terrestres, en partie souterraines ou arboricoles, de taille assez petite à gigantesque (certains genres éteints), avec fréquemment une couverture d'écailles ou d' écailles osseuses . Membres griffus. Dents soit totalement absentes, soit, si elles sont présentes, de structure imparfaite, étant sans émail et ne formant pas une série complète ; les incisives et les canines étant en règle générale absentes. Tétines axillaires, pectorales ou inguinales. [93] Retia mirabilia très commune dans les extrémités.

À ce groupe, le nom de Bruta a été donné par Linné, mais il comprenait alors non seulement les familles que nous plaçons aujourd'hui dans l'ordre moderne des Edentata , mais aussi l'Éléphant et le genre *Trichechus* . M. Thomas a proposé de changer le nom en Paratheria , nom qui suggère ce que lui et d'autres pensent concernant la position systématique du groupe, *c'est-à-dire* qu'il ne doit pas du tout être placé dans le groupe euthérien des mammifères, mais représente un rameau séparé qui est apparu avec l' Eutheria à partir d'un faible stock de mammifères. Cette opinion peut difficilement être acceptée si les Ganodonta — dont il sera question plus loin — sont en réalité des Edentés ancestraux, car ils ne constituent en aucune manière un groupe de mammifères protothériens, pour autant que leurs restes nous permettent d'en juger.

Les Edenta contiennent les paresseux, les fourmis, les tatous, *les manis* et *les orycteropus* , parmi les formes vivantes. Les grands paresseux terrestres, *Megatherium* , etc., et les tatous, *Glyptodon* , etc., représentent les formes éteintes.

Le nom qui a été appliqué à ce groupe est inapproprié dans la mesure où de nombreux Edentés ont des dents. C'est cependant par un certain nombre de petits caractères dentaires que l'ordre peut être défini. Ainsi, si des dents sont présentes, elles sont de structure simple, sans émail à l'état adulte, bien qu'un organe d'émail rudimentaire ait été découvert chez un tatou. Les dents, d'ailleurs, ne se trouvent pas dans la partie antérieure de la bouche, et elles poussent sur des pulpes persistantes ; il n'y a pas non plus beaucoup de différenciation entre eux. Il n'est cependant pas possible de parler des Édentés comme tout à fait homodontes, puisque chez *l'Orycteropus* il y a de grandes dents sur les joues ; mais il n'y a en tout cas pas d'hétérodontie marquée chez cet édenté ni chez aucun autre édenté. On disait autrefois que les Édentés étaient des monophyodontes. Mais on a découvert par la suite que l'Armadillo *Tatusia* possédait une seconde dentition supprimée, et après cette découverte, M. Thomas a prouvé qu'Orycteropus *est* également diphyodonte. Depuis lors, d'autres tatous se sont révélés être des diphyodontes ; et donc l'ensemble du groupe , en ce qui concerne les membres qui ont des dents, peut selon toute probabilité être considéré comme typiquement mammifère à cet égard.

Ces caractères sont assez minces, mais il ne semble pas y en avoir d'autres par lesquels les membres de cet ordre puissent être liés entre eux de manière satisfaisante. Le fait est que nous avons là un ordre polymorphe qui contient selon toute vraisemblance des représentants d'au moins deux ordres distincts. Nous disposons actuellement d'un très petit nombre de descendants, peut-être très modifiés, d'un groupe vaste et diversifié de mammifères. Pour des raisons de commodité, ils seront tous traités sous le titre d' Edentata .

Bien que, pour les raisons probables déjà évoquées, il soit difficile de formuler une définition qui inclurait tous les Edentés existants, il est assez facile de définir deux groupes dans cet ordre hétérogène ; définir un groupe, devrions-nous plutôt dire, et ensuite considérer les restes comme formant un autre groupe pas si facilement définissable.

Le groupe parfaitement définissable est celui qui comprend les fourmiliers américains, les tatous et les paresseux. Chez toutes ces créatures, qui peuvent certainement être considérées comme représentant à elles seules de nombreux types de famille, il existe un certain nombre de traits anatomiques importants et hautement caractéristiques qu'elles partagent en commun. Ces trois types sont tellement différents dans leur apparence générale et (en corrélation avec cela) dans leur mode de vie que ces caractères communs acquièrent une importance accrue.

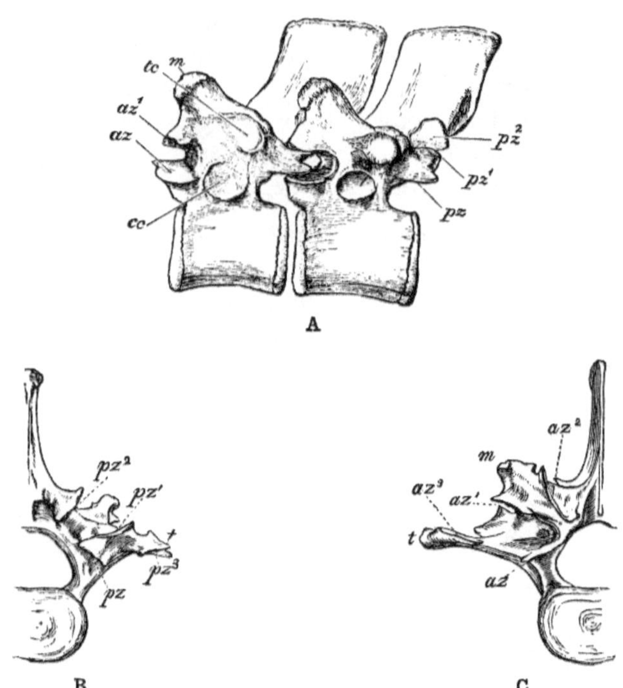

FIGUE. 89.— Grand Fourmilier (*Myrmecophaga jubata*). **A** , Vue latérale des douzième et treizième vertèbres thoraciques. **B** , Surface postérieure de la deuxième vertèbre lombaire. **C** , Surface antérieure de la troisième vertèbre lombaire, × ⅔ . *az* , zygapophyse antérieure ; *az* ¹ , *az* ² , *az* ³ , facettes articulaires antérieures supplémentaires ; *cc* , facette du capitule de la côte ; *m* , métapophyse ; *pz* , zygapophyse postérieure ; *pz* ¹ , *pz* ² , *pz* ³ , facettes articulaires postérieures supplémentaires ; *t* , processus transversal ; *tc* , facette d'articulation du tubercule de la côte. (De *l'ostéologie* de Flower .)

Le premier de ces caractères est la série de zygapophyses supplémentaires sur les vertèbres dorsales et lombaires postérieures ; ceux-ci sont très clairs chez les fourmiliers et les tatous ; moins clair, mais toujours évidemment représenté, chez les Paresseux. En second lieu, ils possèdent tous une clavicule, rudimentaire, il est vrai, chez la Grande Fourmi-ourse, mais toujours présente. Troisièmement, les testicules restent abdominaux tout au long de la vie, caractère qu'ils partagent avec des animaux aussi peu organisés que les monotrèmes et les baleines. Enfin, et ce n'est en aucun cas un point à négliger, non seulement tous les membres existants de ce groupe sont américains à portée, mais il n'existe aucune preuve prouvant qu'ils aient jamais existé ailleurs. Aucun représentant européen ou de l'Ancien Monde n'a encore été découvert qui puisse être référé avec certitude au type Fourmilier, Tatou ou Paresseux. [94]

Parmi ces formes américaines, dont nous parlerons en premier, les tatous sont plus éloignés des paresseux ou des fourmiliers que les deux derniers ne le sont l'un de l'autre. Le nom XENARTHRA a été suggéré pour les édentés américains présentant des articulations vertébrales « anormales » ; le NOMARTHRA correspondant inclut les formes de l'Ancien Monde.

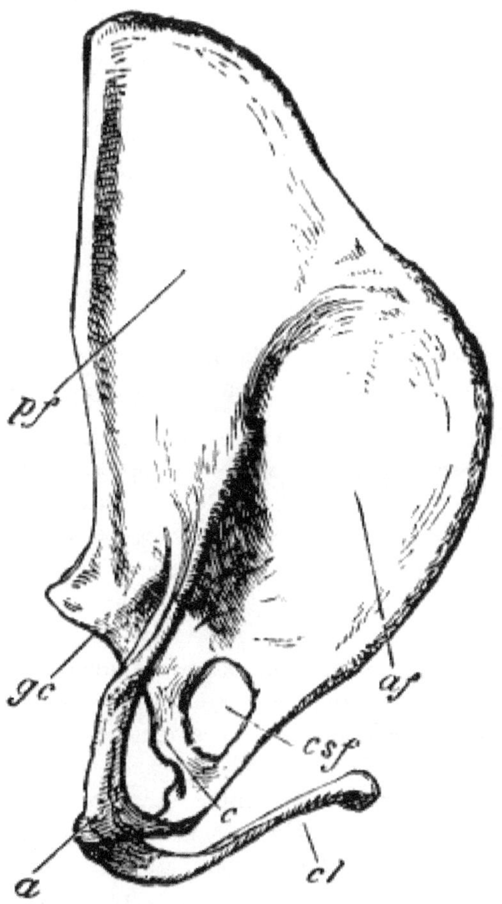

FIGUE. 90.— Omoplate et clavicule droites du paresseux à deux doigts (*Choloepus hoffmanni*). × 1 ⅔ . *un* , Acromion ; *af* , fosse préscapulaire ; *c* , coracoïde ; *cl* , clavicule ; *csf* , foramen coraco -scapulaire ; *gc* , cavité glénoïde ; *pf* , fosse post-scapulaire . (De *l'ostéologie* de Flower .)

Entre les paresseux et les fourmiliers , le *Megatherium* éteint et certains de ses alliés sont dans une certaine mesure intermédiaires. Mais on peut remarquer d'abord qu'il existe certaines ressemblances importantes entre les formes vivantes. Chez les deux, les retia mirabilia sont développées dans la queue (malgré sa réduction chez les Paresseux) et dans les membres. Mais, comme on le sait, les rétias se retrouvent également chez d'autres mammifères très éloignés de ceux-ci dans la série considérée. Les organes reproducteurs sont généralement très similaires et possèdent à la fois un placenta en forme de dôme et un placenta décidu. Ce dernier caractère qu'ils partagent avec les tatous et avec les Aard Vark ; *Les Manis* ont un placenta non décidu qui est, comme celui des Carnivores, de forme zonaire. Les Edentés, en tout cas les formes américaines, ont une double veine cave postérieure et aucune veine azygos. Cette condition se rencontre également chez les baleines.

Ostéologiquement, les paresseux et les fourmiliers sont unis par le fait que la coracoïde fusionne avec le bord coracoïde de l'omoplate, formant ainsi un foramen ; l'importance de ce caractère est cependant minimisée par sa présence dans trois genres de Cebidae.

Les faits ci-dessus incarnent les vues de Sir William Flower. [95]

Une étude ultérieure du cerveau et des muscles de ces animaux a conduit à des résultats qui ne sont pas entièrement en harmonie avec ces vues.

Le Dr Elliot Smith est d'avis, [96] après une étude exhaustive du cerveau édenté, que dans cette région du corps, le groupe actuel présente des points très marqués de ressemblance avec les Carnivores ; c'est-à-dire en ce qui concerne les Fourmiliers. D'un autre côté, *Orycteropus* est tout aussi nettement comparable à un type d'ongulé primitif, tel que celui illustré par *Moschus* . "Si le cerveau d' *Orycteropus* ", remarque-t-il, "était donné à un anatomiste connaissant toutes les autres variations du type cérébral des mammifères, il n'y aurait probablement qu'une seule caractéristique qui l'amènerait à hésiter à le décrire comme un ongulé extrêmement simple. cerveau. Cette caractéristique est le degré élevé de macrosmatisme . *Manis* , en revanche, ne se rapproche pas particulièrement d' *Orycteropus* . Le cerveau de *Manis* est conforme à un type d'architecture simple, qui s'accorde en bien des points avec celui de *l'Orycteropus* et des Édentés américains ; il n'y a pas de preuves suffisantes pour montrer quel type il favorise réellement . " Elliot Smith serait, en fait, d'accord avec Max Weber qu'il est préférable, si l'on veut faire une division, de diviser le groupe en trois ordres : — le Xenarthra (Paresseux, fourmiliers et tatous), Tubulidentata (*Orycteropus*) et Squamata (*Manis*), au lieu de Xenarthra et Nomarthra .

MM. Windle et Parsons [98] sont disposés à voir dans les similitudes musculaires des raisons d'unir *les Manis* aux Édentés américains, bien qu'ils avouent être incapables de situer *Orycteropus* ; chez cet animal, disent-ils, « nous sommes plus frappés par la disposition généralisée de ses muscles chez les mammifères que par des caractères spéciaux édentés. Il y a cependant deux muscles chez l' *Orycteropus* qui présentent des particularités qu'on ne trouve pas ailleurs que chez les Edentés » ; le triceps, qui a plus d'une tête scapulaire, et le tibial posticus , qui est double. Ils concluent *qu'Orycteropus* "présente de faibles prétentions à être pris dans l'ordre".

Nous adopterons ici les divisions suivantes.

SOUS-ORDRE 1. XENARTHRA.

Famille. 1. Myrmecophagidae . — La famille des Myrmecophagidae comprend trois genres, tous répartis en Amérique du Sud. Ces genres, *Myrmecophaga* , *Tamandua* et *Cycloturus* , s'accordent grandement dans leur forme extérieure. Ils sont tous dépourvus de dents et possèdent un long museau et une longue langue saillante. La fourrure est épaisse et ils ont de puissantes griffes avec lesquelles ils peuvent briser les fortes fourmilières dont ils se nourrissent. *Tamandua* et *Cycloturus* sont arboricoles, *Myrmecophaga* est terrestre. Les griffes des formes arboricoles sont utiles pour détruire l'écorce, et ainsi mettre en lumière les insectes qui rôdent dans de telles situations.

FIGUE. 91.- Grand Fourmilier. *Myrmecophaga jubata.* × 1 / 10 .

Le genre *Myrmecophaga* ne contient qu'une seule espèce, le Grand Fourmilier, *Myrmecophaga jubata* . C'est un grand et bel animal, avec de longs poils hirsutes, noir grisâtre et une large bande blanche sur l'épaule. La coloration est similaire chez les deux sexes. Y compris la queue longue et touffue, il atteint une longueur de plus de 7 pieds. C'est en raison de sa longue langue et de ses glandes salivaires très développées que ce genre et les genres alliés ont été initialement placés avec *Manis* . Ce sont les glandes sous-maxillaires qui sont si énormes ; ils s'étendent en arrière sur la poitrine et s'ouvrent par trois conduits distincts, dont deux se réunissent juste avant l'orifice externe. Tout au long de leur parcours, ces conduits sont pourvus d'un muscle sphincter qui presse la sécrétion vers l'orifice externe dans la cavité buccale. L'estomac ressemble un peu à un gésier. L'intestin n'a pas de caecum. [99]

Les grandes griffes du Fourmilier ne sont pas seulement utiles pour déchirer le sol pour obtenir sa nourriture ; armé d'eux, il ne craint pas, comme le fait remarquer M. Waterton, « la pression fatale du repli du serpent ou des dents du jaguar affamé ». Un fourmilier, lui aussi, est plus qu'un adversaire de taille pour un gros chien, et il lui ouvrira le ventre avec ses griffes pendant que le chien essaie en vain de faire une impression avec ses dents sur les poils hirsutes.

Tamandua est un animal plus petit que *Myrmecophaga* et, comme cela a été dit, est arboricole ; associée à cette habitude est une queue préhensile. Comme le dernier genre, *Tamandua* possède une clavicule rudimentaire, cet os étant bien développé chez le petit *Cycloturus* .

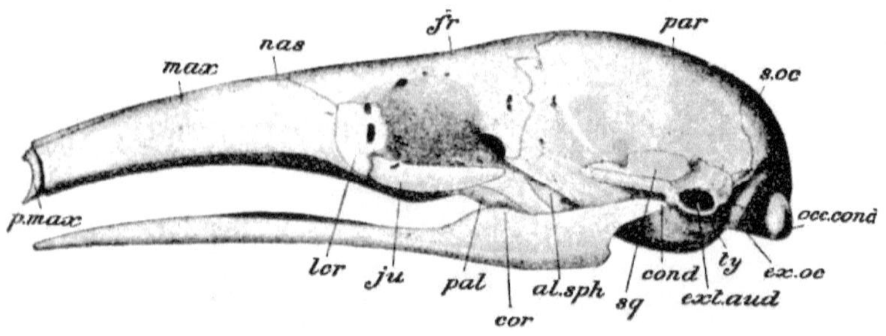

FIGUE. 92.— Crâne de Fourmilier (*Myrmecophaga*). Vue latérale, *al.sph* , Alisphénoïde ; *cond* , condyle de la mandibule ; *cor* , processus coronoïde de la mandibule ; *ex.oc* , exoccipital; *ext.aud* , méat auditif externe ; *fr* , frontal; *ju* , jugal; *lcr* , lacrymal; *max* , maxillaire ; *nas* , nasal; *occ.cond* , condyle occipital ; *copain* , palatin; *par* , pariétal; *p.max* , prémaxillaire ; *s.oc* , supraoccipital ; *carré* , squamosal; *ty* , tympanique. (De Parker et Haswell's *Zoology*).

Le crâne du Fourmilier [100] est très long et bas ; la partie antérieure est tubulaire et il ne semble y avoir aucune trace de dents. Le prémaxillaire est très petit ; l'arc zygomatique est imparfait et n'atteint pas le squamosal derrière. Une caractéristique curieuse de ce genre, qu'il partage avec certains dauphins et autres baleines, est que les os ptérygoïdes développent des plaques palatines qui se rejoignent sur la ligne médiane, et déplacent ainsi vers l'arrière l'ouverture des narines postérieures . Bien entendu, c'est aussi un caractère propre à divers vertébrés inférieurs. Un autre caractère semblable à celui d'une baleine dans le crâne est le caractère faible de la mandibule, qui ne dégage pas de processus coronoïde marqué. Mais dans aucun des deux groupes, il n'y a beaucoup de mastication. Le tympan, le périotique et le squamosal sont ankylosés ensemble. Une particularité des vertèbres cervicales est que (comme chez les Chameaux) le canal vertébrartériel de plusieurs vertèbres perce obliquement le pédicule. Il y a quinze ou seize vertèbres dorsales et trois ou deux vertèbres lombaires. Les zygapophyses supplémentaires sur les premières ont déjà été mentionnées. Le mode d'articulation des côtes est très singulier.

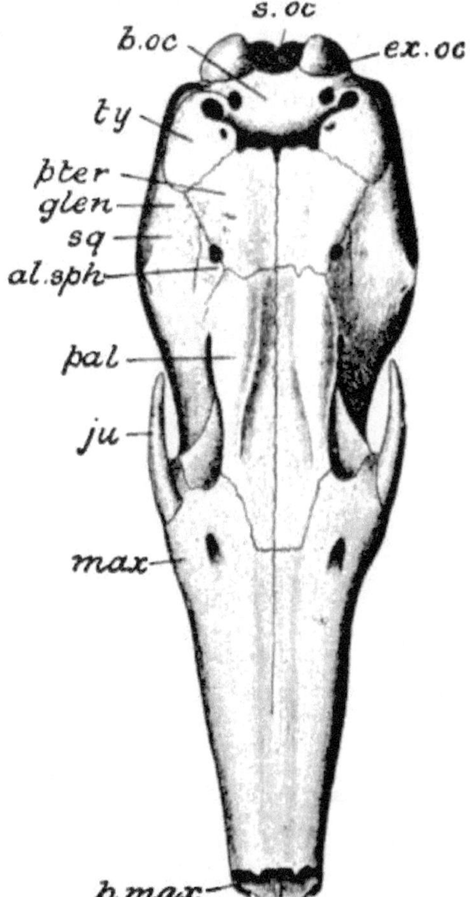

FIGUE. 93.— Crâne de Fourmilier (*Myrmecophaga*). Vue ventrale. Lettres comme sur la Fig. 92. De plus, *b.oc* , basioccipital ; *glen* , surface glénoïde de la mandibule ; *pter* , ptérygoïde. (De Parker et Haswell's *Zoology* .)

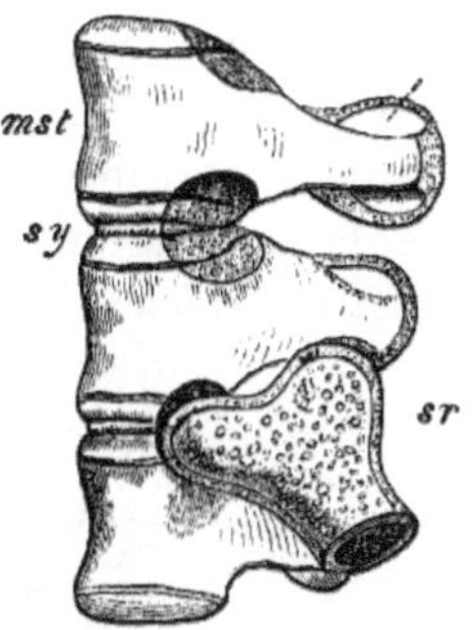

FIGUE. 94.— Vue latérale de trois segments mésosternals d'un jeune Fourmilier (*Tamandua*), montrant le mode d'articulation de la côte sternale (*sr*). *mst* , La surface supérieure ou interne du segment mésosternal ; *sy* , l'articulation synoviale entre les segments. (Tiré de Flower's *Osteology* , d'après Parker.)

Chaque segment du sternum (au nombre de huit) est séparé du suivant par une membrane synoviale : et il présente de chaque côté deux facettes d'articulation avec les côtes. La manière dont ces derniers os sont reliés au sternum ressemble curieusement à leur mode de connexion avec la colonne vertébrale à leur autre extrémité. A cela peut éventuellement être comparée la double articulation de la côte unique (qui s'articule avec le sternum) chez les Rorquals. Chez *Cycloturus,* ce mode d'articulation ne se produit pas.

Le manus de *Myrmecophaga* est à cinq doigts. Parmi ceux-ci, le troisième chiffre (comme chez les Périssodactyles) est le plus important ; elle fait au moins le double de la largeur du deuxième ou du troisième doigt ; le pollex est très mince. Chez le petit *Cycloturus,* cela est plus prononcé : le troisième doigt est relativement énorme ; le premier et le quatrième sont devenus assez rudimentaires ; tandis que le cinquième est à peine reconnaissable comme une infime ossification.

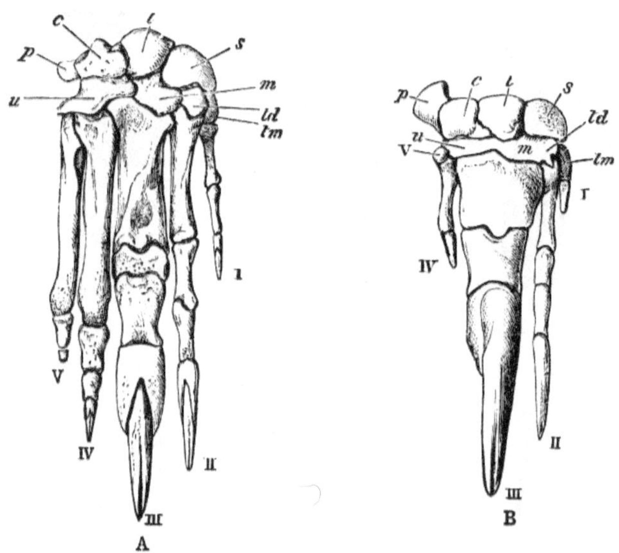

FIGUE. 95.- **A** , Manus du Grand Fourmilier (*Myrmecophaga jubata*). × ⅓ . **B** , Manus du Petit Fourmilier (*Cycloturus didactylus*). × 2. *c* , cunéiforme ; *l* , lunaire; *m* , magnum; *p* , pisiforme; *s* , scaphoïde ; *td* , trapèze ; *tm* , trapèze ; *u* , inciforme ; *IV* , chiffres. (De *l'ostéologie* de Flower .)

Les chevrons de la queue entourent un rete mirabile bien développé, un rete se trouvant précisément dans la même position dans le *Manis oriental* . *Tamandua* a également des rétia, que l'on retrouve également chez les singes-araignées.

Cycloturus est de loin le plus petit des fourmiliers. Il n'a que deux orteils sur les pattes antérieures. Il se distingue anatomiquement de ses plus grands parents par la clavicule complète et par le fait que les ptérygoïdes ne se rejoignent pas dans la ligne médiane du crâne. Les côtes sont également inhabituellement larges, comme chez la baleine *Neobalaena* , et forment une enveloppe osseuse pour le corps. Il possède deux petits caeca. On sait peu de choses sur les fourmiliers fossiles. La forme la plus intéressante est *Scotaeops* , intéressante car elle possède deux petites dents postérieures, totalement perdues chez ses alliés vivants. L'énorme oiseau disparu de Patagonie, *Phororhacos* , connu pour la première fois par sa mâchoire inférieure, était autrefois considéré comme un membre de ce groupe en raison de la forme et du caractère édenté de la mâchoire.

FIGUE. 96.— Unau, ou paresseux à deux doigts. *Choloepus didactylus.* × 1 / 5 .
(D'après Vogt et Specht.)

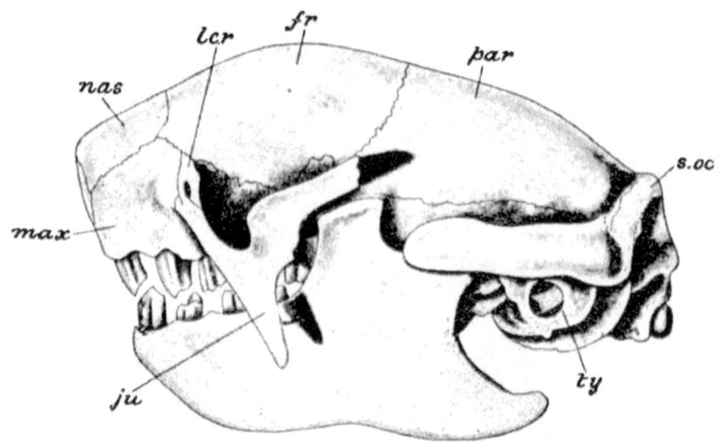

FIGUE. 97.— Crâne de paresseux à trois doigts. *Bradypus tridactyle* . Vue latérale. *fr* , Frontal; *ju* , jugal; *lcr* , lacrymal; *max* , maxillaire ; *nas* , nasal; *par* , pariétal; *s.oc* , supra-occipital ; *ty* , tympanique. (De Parker et Haswell's *Zoology* .)

Famille. 2. Bradypodidés. — Les Paresseux, genres *Bradypus* et *Choloepus* , viennent, comme nous l'avons déjà dit, très proches des Fourmiliers, malgré leur différence frappante d'apparence. Les paresseux sont des créatures purement arboricoles, dotées de fortes griffes recourbées qui servent de crochets pour les maintenir suspendus au bas d'une branche. Le paresseux à trois doigts, *Bradypus* (ou « Ai »), possède un nombre exceptionnel de neuf vertèbres cervicales ; le paresseux à deux doigts, *Choloepus hoffmanni* (ou « Unau »), possède le nombre tout aussi exceptionnel de six. Les cheveux sont longs et hirsutes et prennent une couleur verte fortuite en raison de la présence de minuscules algues. [101] Cela donne à l'animal l'apparence d'une branche couverte de lichen, ressemblance qui est augmentée chez une espèce par une marque ovale sur le dos, qui suggère avec force une extrémité cassée d'une telle branche. La ressemblance d'un paresseux avec son environnement est soulignée par le Dr Siemann , [102] qui a observé qu'une espèce présente au Nicaragua « a presque exactement la même couleur vert grisâtre que *Tillandsia usneoides* , le soi-disant « crin végétal » commun. dans le district... S'il pouvait être démontré qu'il fréquentait des arbres couverts de cette plante... il y aurait un curieux cas de mimétisme entre les cheveux du paresseux et le Tillandsia , et une bonne raison pour laquelle si peu de ces paresseux sont vu." L'estomac des paresseux est de structure complexe, avec plusieurs chambres ; l'un d'eux dégage un long caecum en forme de croissant. Le crâne des paresseux s'accorde sur un certain nombre de points avec celui des fourmiliers.

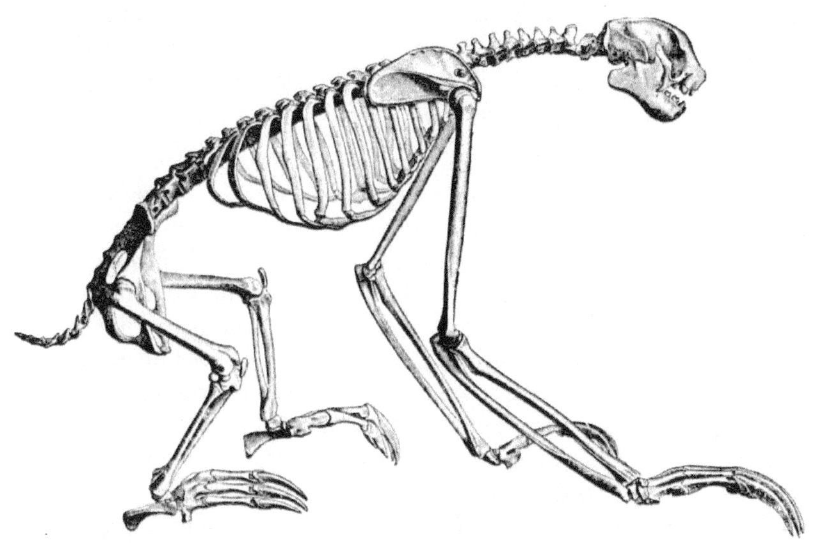

FIGUE. 98.—— Squelette de paresseux à trois doigts. *Bradypus tridactyle* .
(D'après de Blainville.)

Le zygoma est incomplet, bien que la partie reliée au frontal présente un fort processus descendant comme celui trouvé chez *Diprotodon* et certains autres mammifères. Il existe en outre un processus partant du squamosal, bien qu'il n'atteigne pas la partie antérieure et ne complète ainsi l'arcade. Les prémaxillaires sont très petits et se perdent généralement dans les crânes séchés. À ces points de ressemblance s'ajoutent certaines différences. La mâchoire inférieure, par exemple, présente un processus coronoïde bien marqué. Les ptérygoïdes ne se rejoignent pas sur la ligne médiane. Les dents sont au nombre de cinq ou quatre dans chaque moitié de chaque mâchoire. Il n'y a aucune trace d'un deuxième set.

Une particularité des paresseux est le nombre énorme de vertèbres dorsales. Il y en a vingt-trois chez *le Choloepus hoffmanni* , mais seulement quinze à dix-sept chez le paresseux à trois doigts, *Bradypus* . Comme chez les autres Edentés américains, l'acromion rejoint la coracoïde. Cette connexion se produit à la fois chez les espèces à deux doigts et chez les espèces à trois doigts. Les membres de ces créatures sont très longs, concomitants d'une vie arboricole. Le fémur n'a pas de troisième trochanter. Le genre *Bradypus* , qui, du fait qu'il n'a pas perdu le troisième orteil du manus, semble plus primitif que *Choloepus* , présente une autre caractéristique structurelle qui ne confirme pas cette conclusion. Le trapèze et l' os magnum du carpe sont unis, tandis que chez *Choloepus* ce sont des os parfaitement distincts.

L'intestin n'a pas de caecum.

Il existe plusieurs espèces de paresseux. Si éminemment parfaite que nous paraisse l' organisation du Paresseux par rapport à son environnement particulier, Buffon a choisi l'animal comme le type même de l'imperfection de la nature. « Encore un défaut, écrit-il, ils n'auraient pas pu exister ».

Famille. 3. Dasypodidés. — La famille des Dasypodidae ou Armadillos comprend un nombre considérable de genres. *Tatusia* , *Tolypeutes* , *Dasypus* , *Xenurus* , *Priodon* , [103] et *Chlamydophorus* . Ils présentent tous un revêtement plus ou moins rigide de plaques osseuses incrustées dans la peau, qui ne sont en rien comparables aux écailles du Manis. À l'exception des baleines, dans un ou deux genres dont il existe des traces d'armature dermique, les tatous sont uniques parmi les mammifères existants dans ce domaine particulier. Le terme « édenté » est particulièrement inapplicable aux tatous ; le genre *Priodon* peut avoir plus de quarante dents dans chaque mâchoire ; un total de quatre-vingt-dix ont été trouvés dans un spécimen examiné par le professeur Kükenthal . Dans la tendance des dents à se multiplier, nous avons un autre exemple d'un état de choses qui caractérise tant de baleines. Cependant, en général, le nombre de dents dans chaque demi-mâchoire est de sept à neuf, dont une est souvent implantée dans le prémaxillaire. Les tatous montrent leur alliance avec les autres édentés américains dans les points énumérés ci-dessus. Leurs dents les rapprochent spécialement des Paresseux, tandis que les organes salivaires et digestifs sont généralement sur le plan du Fourmilier, mais présentent un développement moins extrême. Il existe cependant des caeca, appariés comme chez les oiseaux, dans les genres *Dasypus* et *Chlamydophorus* . Les autres n'en ont pas. Mais il y a une dilatation au début du gros intestin, qui n'est pas très différente de la caeca peu développée de *Dasypus* .

Il existe certaines particularités dans le squelette qui distinguent cette famille.

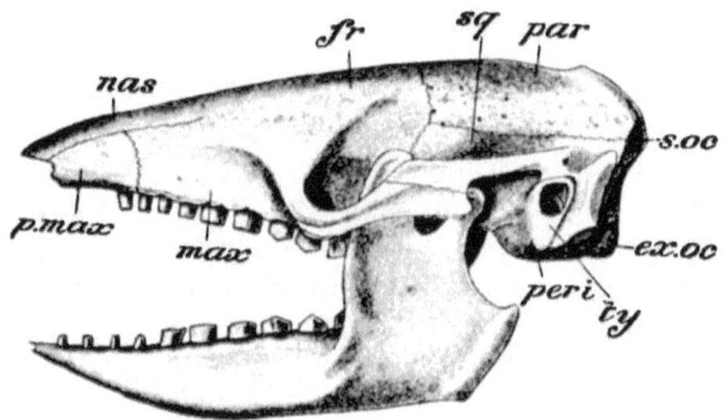

FIGURE. 99.— Crâne de tatou. *Dasypus sexcinctus.* × ⅔ . *ex.oc* , Exoccipital; *fr* , frontal; *max* , maxillaire ; *nas* , nasal; *par* , pariétal; *péri* , périotique; *p.max* ,

prémaxillaire ; *s.oc* , supraoccipital ; *carré* , squamosal; *ty* , tympanique. (De Parker et Haswell's *Zoology* .)

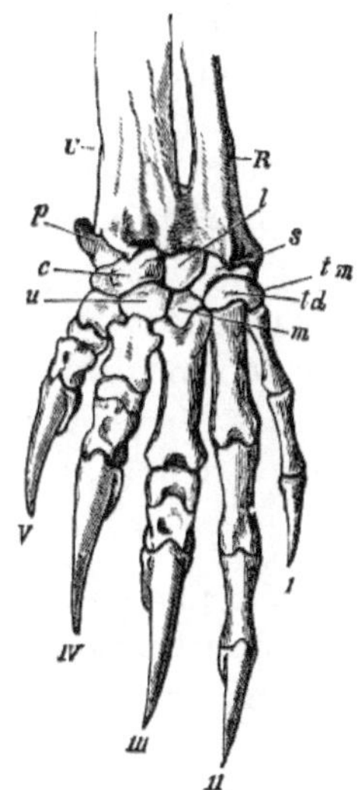

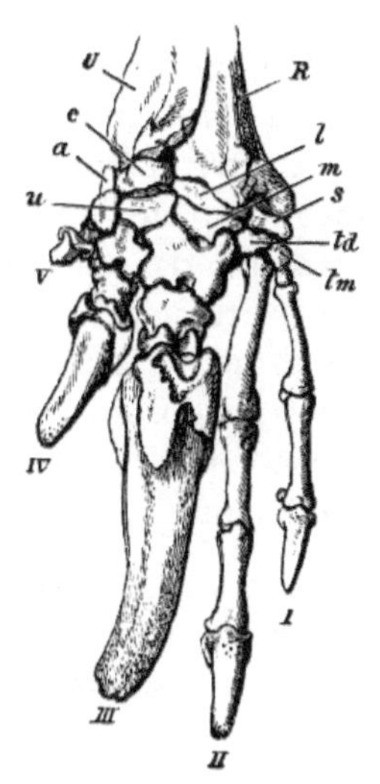

FIGUE. 100.— Os du manus droit du tatou poilu. *Dasypus villosités* . × ⅔ . *c* , cunéiforme ; *l* , lunaire; *m* , magnum; *p* , pisiforme; *R* , rayon ; *s* , scaphoïde ; *td* , trapèze ; *tm* , trapèze ; *u* , inciforme ; *U* , cubitus ; *IV* , chiffres. (De *l'ostéologie* de Flower .)

FIGUE. 101.— Os du manus du Grand tatou. *Priodon giganteus*. × ⅓ . *a* , Un osselet carpien accessoire devant le pisiforme, qui n'est pas visible sur la figure. Autres lettres comme sur la Fig. 100. (De Flower's *Osteology* .)

Le crâne des tatous présente un certain nombre de ressemblances avec les autres édentés américains. [104] Les prémaxillaires sont petits, mais sont plus grands chez *Dasypus* que chez *Tatusia* . Par contre les lacrymals sont plus gros chez ces derniers. L'arc zygomatique est complet, mais il n'y a pas de processus descendant comme chez le Paresseux. Chez *Tatusia* (mais pas chez *Dasypus*), les « ptérygoïdes courts et épais ajoutent quelque peu au palais dur ». Il s'agit clairement d'un début ou d'un vestige du caractère assez crocodilien du palais de *Myrmecophaga* . Dans les vertèbres cervicales, nous voyons le caractère de fusion entre les vertèbres individuelles, semblable à celui d'une baleine ; et aussi, comme chez les Baleines, le degré avec lequel cette fusion s'effectue varie ; deux à quatre peuvent ainsi être unis. Les facettes articulaires supplémentaires sur les vertèbres dorsales ont déjà été commentées comme un point de ressemblance important avec d'autres édentés américains. Les vertèbres dorsales sont généralement au nombre de onze, les lombaires étant trois. Mais dans *Priodon,* les nombres sont respectivement douze et deux. On peut observer des traces de l'attachement à deux têtes des côtes au sternum. La ceinture scapulaire des tatous a une forme quelque peu diverse selon les genres ; l'acromion est toujours gros, et est remarquable chez *le Priodon* par ce que l'humérus s'articule aussi avec lui, son extrémité étant recourbée et formant une alvéole à cet effet. Comme chez certains autres édentés, il y a une deuxième épine sur l'omoplate derrière la première. La clavicule est forte. Il existe une certaine variation dans la forme du manus. Il a cinq doigts chez *Dasypus* ; chez *Tolypeutes,* le premier chiffre a disparu ; par contre, chez *Priodon* , le cinquième est devenu rudimentaire et le troisième énormément agrandi. Ce dernier fait rappelle la disposition caractéristique des *Myrmecophaga* . Le bassin est fortement attaché par l'ischion à la colonne vertébrale. Le fémur possède un troisième trochanter.

Les différentes formes de tatous se distinguent largement par le nombre de fines bandes mobiles d' écailles situées entre les grands boucliers antérieur et postérieur. On a ainsi *Dasypus sexcinctus* , *Tolypeutes tricinctus* , etc.

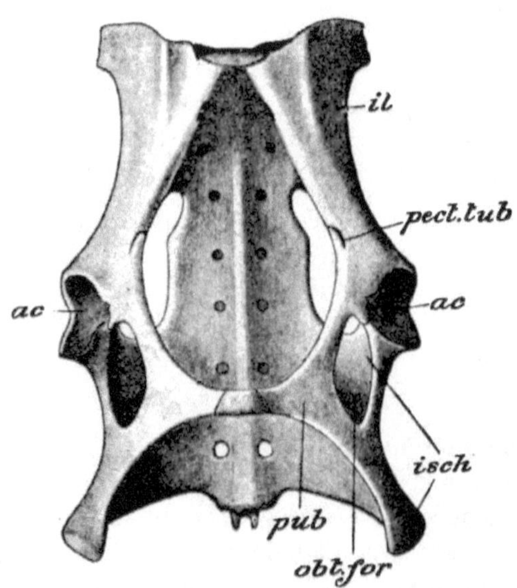

FIGURE. 102.— Bassin et sacrum du tatou. *Dasypus sexcinctus. ac* , Acétabulum ; *il* , ilium; *isch* , ischion; *obt.for* , obturateur-foramen ; *pect.tub* , tubercule pectiné ; *pub* , pubis. (De Parker et Haswell's *Zoology* .)

Le petit Pichi-chago (ou, plus correctement, Pichy-ciego), *Chlamydophorus* , qui ne mesure qu'environ 5 pouces de longueur, n'a aucune bande mobile. Il est recouvert d'une série uniforme de plaques, qui d'ailleurs ne sont pas discontinues au niveau du col. Il diffère également du type tatou dominant par l'absence d'oreilles externes bien visibles. Dans la partie antérieure du corps, l'armature n'est constituée que de plaques cornées qui, chez d'autres tatous, recouvrent les plaques osseuses dermiques. Dans la région postérieure, les plaques osseuses sont solides. Chez cet animal, nous avons donc l'armature dermique réduite au minimum ; mais il faut remarquer que, comme les Glyptodons éteints, l'armature est continue et nulle part annelée.

Le genre *Tolypeutes* , dont l'espèce la plus connue est *le T. tricinctus* , l'Apar (il existe deux autres espèces dans le genre), peut se rouler en boule comme le Mille-pattes (*Glomeris*), et, protégé par son armure , s'éloigne de ses ennemis comme l'Arthropode dans des circonstances similaires. Ce mode de protection, soit observé, est également adopté par le Pangolin et par le Hérisson. Le genre ne possède que trois bandes mobiles. La queue est courte et couverte de gros tubercules. Ce genre est très nettement digitigrade lorsqu'il court.

FIGURE. 103.— Tatou à trois bandes ou Apar. *Tolypeutes tricinctus* . × ¼.

FIGUE. 104.— Peludo tatou. *Dasypus sexcinctus.* × ¼. (D'après Vogt et Specht.)

Le Peludo, *Dasypus sexcinctus* , est, comme les autres tatous, une créature omnivore et semble particulièrement friand de charogne. Il s'enfouira jusqu'à une carcasse en décomposition comme les coléoptères terrestres. MWH Hudson a décrit la façon dont ce tatou tue un serpent en le maintenant enfoncé et en sciant littéralement le reptile en deux à l'aide des bords tranchants et dentelés de la carapace. *Dasypus* a une queue très courte, protégée par des anneaux distincts près de la base.

Tatousie novemcincta est une espèce à neuf bandes mobiles. Le genre a quatre trayons ; les oreilles sont rapprochées. Il n'y a pas de caeca ni de lobe azygos vers le poumon. Une espèce appartenant apparemment à ce genre, mais décrite sous les noms génériques de *Cryptophractus* et *Praopus* , est remarquable par l'épaisse couverture de poils, pas entièrement manquants mais généralement fins chez les autres tatous. Chez cette espèce particulière, le pelage est si épais qu'il cache les plaques sous-jacentes de la carapace. Les poils individuels sont raides et mesurent un pouce et demi de longueur. [105]

Le genre *Xenurus* contient plusieurs espèces, dont la plus connue porte à tort le nom de *X. unicinctus* . En effet, le trait caractéristique du genre est l'existence de douze ou treize plaques mobiles entre les deux extrémités du corps. *X. unicinctus* a douze vertèbres dorsales et trois vertèbres lombaires. Ce tatou, connu sous le nom vernaculaire de Cabassou , possède l'une des mains les plus modifiées que l'on retrouve dans la famille. Les deux premiers chiffres sont minces et allongés ; mais ils sont tout à fait normaux par le nombre de leurs phalanges. Dans les trois doigts restants, le métacarpien est court et large, tandis que la phalange proximale est soit complètement supprimée, soit fusionnée avec le métacarpien, la phalange moyenne est présente mais courte, tandis que la troisième phalange est effectivement très grande. Comme chez *Dasypus* , mais non comme chez *Tatusia* , qui diffère à bien d'autres égards de ces genres, les poumons ont un lobe azygos. Un petit point de différence, tendant à montrer une alliance entre les genres *Xenurus* et *Dasypus* et leur différence avec *Tatusia*, est la vésicule biliaire profondément enracinée ; ce sac n'est pas aussi profondément plongé dans le tissu hépatique chez *Tatusia*. *Xenurus* n'a pas de dilatations caecales. Le cerveau "est intermédiaire dans sa forme et ses marquages superficiels entre *Dasypus* et *Tolypeutes* ". L'intestin grêle est près de dix-huit fois plus long que le gros. Mais ces mesures intestinales ne sont pas d'une grande utilité dans ce groupe comme marques d'affinité, puisque chez trois espèces de *Dasypus Garrod donne les* longueurs suivantes très divergentes :— *D. villosus*, 11,5 pieds et 1,25 ; *D. minutus* 5.1, avec un gros intestin d'au moins 7 pieds ; *D. vellerosus* 4.3 et .66.

Priodon est le géant de sa race. Ce tatou peut atteindre une longueur de 3 pieds jusqu'à la base de la queue. La queue mesure environ 20 pouces de long. Le grand nombre de dents a déjà été remarqué. Il y a douze ou treize groupes. D'autres points de la structure de ce genre ont déjà été mentionnés et n'ont pas besoin d'être récapitulés. Ce tatou se nourrit de termites et de charognes.

La scléropleure n'est malheureusement connue qu'imparfaitement. L'espèce unique, nommée par Milne-Edwards [106] *S. bruneti* est apparemment un habitant très rare du Brésil. Il est connu par une seule peau, qui a été tannée par le chasseur qui l'a obtenue. Ainsi, les cheveux, le cas échéant, sont tombés. Les plaques cutanées sont déficientes le long du dos et même sur le dessus de la tête, et sont à peine représentées en arrière sur la queue. Les oreilles sont petites et éloignées les unes des autres. La queue est assez longue, environ un tiers de la longueur du corps. La longueur totale de la créature, queue comprise, est d'un peu plus d'un pied et demi. Le chasseur qui l'a obtenu le considérait comme un hybride entre un tatou et un fourmilier.

éteint . — Il existe de nombreuses formes éteintes de tatous, en dehors bien sûr des glyptodons. *Peltephilus* est mentionné plus tard (p. 186). *Dasypus* était représenté par une grande forme de 6 pieds de long, avec un crâne d'un pied de long. Le genre *Eutatus* était également vaste. La carapace était formée de trente-trois bandes distinctes, dont les douze dernières sont soudées ensemble, mais non fusionnées en un bouclier comme chez *Dasypus*, etc.

Un groupe éteint d'Édentés américains, appelé les GRAVIGRADA , [107] est quelque peu intermédiaire entre les paresseux et les fourmiliers. Un certain nombre de genres sont bien connus à partir de squelettes complets.

L'une des formes typiques de ce groupe est *le Mylodon*, qui, avec ses alliés immédiats, est souvent placé dans une famille distincte, **les Mylodontidae** .

Mylodon lui-même était une grande créature, aussi grosse qu'un rhinocéros. Il était recouvert extérieurement d' une armure dans la peau, qui ne formait pas une armature massive comme chez les Glyptodontes, mais se présentait sous la forme de plaques éparses, petites et non fusionnées. L'aspect général du crâne est résolument paresseux. Comme chez cet animal, l'os malaire est bifide en arrière, et entre les bifurcations est embrassé le processus du squamosal. Ce dernier est donc plus développé que chez le Paresseux, mais il n'y a pas d'union réelle entre lui et le malar. Le prémaxillaire est petit. La mâchoire inférieure présente à la fois des processus coronoïdes et ascendants et est massive. Il y a cinq dents de chaque côté en haut et quatre de chaque côté en bas, comme chez les paresseux. Il existe normalement sept vertèbres cervicales et seize dorsales . Les membres ne sont pas longs et minces, mais courts et forts, l'animal ayant été terrestre. Les pieds antérieurs étaient à cinq doigts, dont les trois orteils intérieurs avaient des griffes. Les pattes postérieures n'avaient que quatre doigts et les deux intérieures seulement étaient griffues.

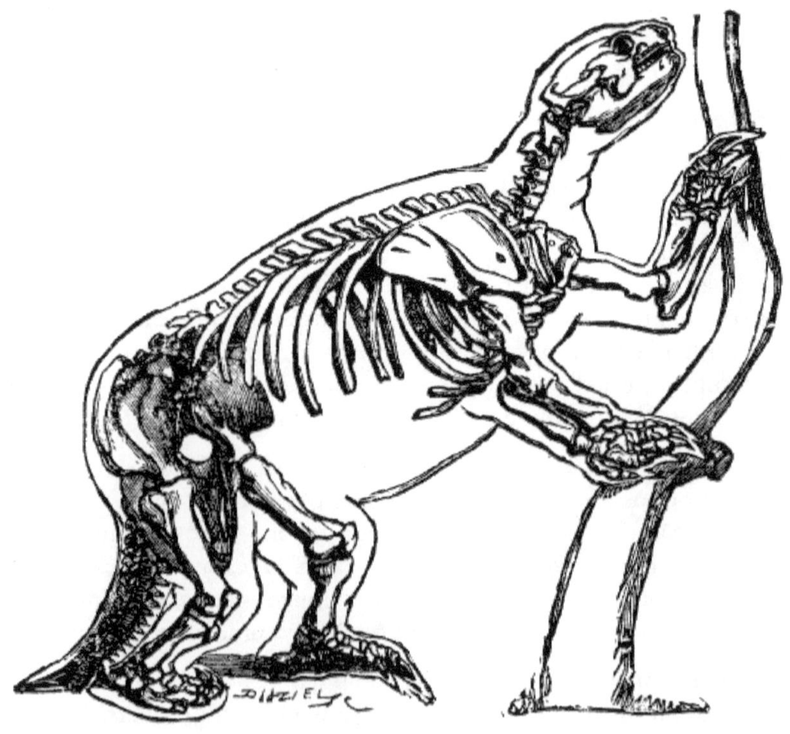

FIGUE. 105.— *Mylodon robuste*. (Restauration, d'après Owen.)

Scelidotherium est un genre un peu plus petit que le précédent. Il n'a que quatre orteils bien développés à l'avant-pied, le pouce étant rudimentaire ; parmi eux, les deux premiers portent des griffes. Les pattes postérieures sont également à quatre doigts. Comme *Mylodon* , *Scelidotherium* est un genre du Pléistocène.

Glossotherium a un crâne très semblable aux deux derniers genres ; mais il est remarquable par le fait que les narines, au lieu d'être non protégées par de l'os en avant, y sont fermées par une plaque d'os formée par les prémaxillaires bien développés, les narines apparaissant sur les côtés, et donnant au crâne une curieuse ressemblance avec celui de un Chélonien. D'après une série d'observations récentes et très importantes, il semble clair que ce genre a survécu jusqu'à une époque assez moderne. [108]

Le célèbre naturaliste de La Plata, Señor Moreno, engagé dans des études liées à la frontière politique entre le Chili et l'Argentine, a eu l'occasion de visiter la crique Consuelo sur l'anse Last Hope en Patagonie. Pendu à un arbre, il remarqua un morceau de peau séchée qui lui parut aussitôt ressembler plus aux restes d'un Mylodon qu'à n'importe quel animal vivant. Les habitants considéraient ce morceau de peau comme une grande curiosité, mais étaient d'avis qu'il s'agissait d'une peau de vache incrustée de cailloux ! Ce fragment d'une époque révolue a été décrit à l'origine par le professeur Ameghino , qui avait apparemment vu certains des os incrustés dedans, comme étant *Neomylodon. listai* , "un représentant vivant des anciens édentés gravigrades d'Argentine." Que ce morceau de peau soit d'une date assez récente semble être prouvé par un certain nombre de considérations. En premier lieu, il est couvert de longs poils d'une couleur brun jaunâtre clair ; il semble peu probable que les cheveux conservent leur caractère pendant les époques géologiques. Le cas correspondant le plus proche est celui des restes de Moas en Nouvelle-Zélande, dont les plumes, la peau séchée et les tendons sont connus. Or, le Moa était incontestablement contemporain de l'homme, comme le prouvent de nombreuses légendes survivantes, et en fait il ne peut pas avoir disparu depuis longtemps. Pourtant, les cheveux sont une structure résistante et, dans une grotte sèche, sans possibilité d'irruptions d'inondations, ils peuvent conserver leurs caractères pendant de longues périodes. Cependant, les preuves plus récentes sont plus solides que cela. La peau présente des taches de couleur rougeâtre , évoquant bien sûr des taches de sang. Un petit morceau de l'extérieur de la peau au niveau du bord coupé, qui présentait l'apparence d'un liquide fraîchement ou relativement fraîchement séché, a été soumis à un examen chimique et s'est révélé être du sérum ! Le Dr Lönnberg a examiné chimiquement un peu de la peau elle-même et y a trouvé, après ébullition, de la colle, "ce qui prouve que le collagène et les substances gélatineuses sont parfaitement conservées". Après cela, il semble impossible de supposer que la peau puisse être d'un âge très avancé ; car les bactéries auraient fini depuis longtemps leur travail sur le sérum et la gélatine . À l'aspect frais de la peau s'ajoute l'aspect très frais du crâne. En fait , il est impossible de croire que l'animal n'était plus en vie il y a quelques années, relativement parlant. Il est admis que cet animal était contemporain de l'homme. Il existe en fait des légendes sur une créature qui aurait pu être ce *Glossotherium* . "Des chroniqueurs anciens nous informent que les habitants indigènes ont enregistré l'existence d'un monstre étrange, énorme et laid, qui avait sa demeure dans la Cordillère au sud de la latitude 37. Les Tehuelches et les Gennakens m'ont parlé d'animaux similaires, dont l'existence leurs ancêtres en avaient transmis le souvenir ; et dans les environs de Rio Negro, le vieux cacique Sinchel , en 1875, me montra une grotte, repaire supposé d'un de ces monstres, appelé « Ellengassen » ; mais je dois ajouter qu'aucun des nombreux Indiens avec lesquels j'ai conversé en Patagonie ont jamais évoqué l'existence réelle d'animaux auxquels on peut attribuer la peau en question.

Une peinture grossière dans une caverne, en ocre rouge, semble au Dr Moreno (dont nous venons de citer les mots) quelque peu évocatrice d'un *Glyptodon* . Il y a quelques raisons de croire que ce quadrupède était élevé par l'homme comme créature domestique. Dans la grotte se trouvent deux murs de pierres brutes qui semblent s'être effondrés à cause de l'usure du toit ; ils semblent également avoir été empilés de manière lâche pour former deux murs, à l'intérieur desquels un crâne imparfait de l'animal a été trouvé. Ce crâne montre clairement que le soi-disant « *Neomylodon* » doit être référé au *Glossotherium* ou *au Grypotherium* , comme on l'appelle parfois. Ce crâne est perforé sur le toit d'une manière qui n'aurait pu être effectuée (de l'avis des experts) que par une arme dans la main d'un homme. Un trou dans la peau a même été comparé à une blessure par balle. Mais il est peut-être inutile d'en discuter. La peau du *Glossotherium* est, comme celle d'autres "paresseux terrestres" disparus (*par exemple Mylodon*), remplie d'osselets petits et irréguliers. Mais chez *Mylodon* , l'aspect sculpté des osselets dermiques semble indiquer qu'ils atteignaient la surface du corps et étaient recouverts par l'épiderme seul, ce qui n'est pas le cas de l'animal considéré ici. Les caractères microscopiques des osselets montrent également des différences entre les deux. *Glossotherium* étant "précisément intermédiaire entre *Mylodon* et le tatou existant (*Dasypus*)". Maintenant *Glossotherium* et *Mylodon* sont considérés comme des formes qui se situent entre les fourmiliers existants et les paresseux de la même partie du monde. Nous avons déjà signalé les faits de structure qui conduisent à cette conclusion. On pourrait donc raisonnablement supposer que les poils de *Glossotherium* seraient également intermédiaires, ou du moins semblables à ceux de l'un des deux genres *Myrmecophaga* et *Bradypus* . Mais l'investigation microscopique a infirmé cette supposition. Il a été démontré que les tatous sont en la matière les plus proches parents du *Glossotherium* . Ce résultat est important car il tend à confirmer l'interrelation étroite de tous les Edentés américains par opposition aux formes de l'Ancien Monde - un point qui a déjà été souligné . Il est suggéré, cependant, que l'absence de sous-poil, si bien développé chez le Paresseux, et la différence montrée dans les coupes transversales par rapport aux poils de *Myrmecophaga* , pourraient s'expliquer par une différence d'habitat. *Glossotherium* vivait dans des conditions similaires à celles dans lesquelles vivent aujourd'hui les tatous. Ainsi l'enveloppe extérieure du corps devint semblable dans les deux cas, les mêmes besoins survenant dans les deux genres.

Lestodon est un autre genre allié, qui semble posséder des canines. En tout cas, devant les quatre molaires, et séparée d'elles par un diastème, se trouve une dent assez petite, un peu canine, dans les deux mâchoires.

Megalonyx et ses alliés sont parfois placés dans une famille distincte, **les Megalonychidae** . *Megalonyx* lui-même avait un crâne très semblable à celui de *Bradypus* , étant plus court et moins allongé que celui des Mylodontidae . Il y a une forte défense en avant, qui est séparée par un espace considérable des trois molaires situées derrière elle. Les deux paires de membres semblent avoir possédé cinq orteils. C'est un genre nord-américain. Il diffère de la plupart des Édentés américains par la présence d'un arc jugal complet.

Megatherium est le type d'une troisième famille, **les Megatheriidae** , des Edentés Gravigrades . Cette créature est familière grâce aux nombreuses restaurations qui ont été construites et à sa masse énorme, un peu inférieure à celle d'un éléphant. Le crâne, qui est petit pour la taille de la créature, possède un arc jugal complet, du milieu duquel dépend un processus descendant comme dans d'autres formes alliées. Les dents poussent à une profondeur extraordinaire : il y en a cinq dans la mâchoire supérieure et quatre dans la mâchoire inférieure, de chaque côté bien sûr. Les membres antérieurs du *Megatherium* sont beaucoup plus minces que les membres postérieurs extrêmement volumineux, sur lesquels et sur la queue tout aussi massive l'animal semble s'être appuyé en arrachant les branches des arbres dont il se nourrissait des feuilles. Dans la scapula, l'acromion rejoint la coracoïde comme chez *Bradypus* ; la clavicule est grande. Le membre antérieur est à quatre doigts et le membre postérieur à trois doigts. Ce dernier n'a qu'un seul doigt griffé (le troisième, *c'est à dire* l'intérieur). Sur le manus, les trois doigts intérieurs possèdent de puissantes griffes. Cet animal aussi était du Pléistocène. Les Megatheriidae avaient cependant des formes aussi bien petites que gigantesques.

Le genre *Zamicrus* avait un crâne pas plus gros que celui d'un paresseux, tandis que *Nothrotherium* était également une créature relativement petite ; les dents de ce dernier genre sont réduites aux 4/3.

Le groupe éteint des **Glyptodontidae** comprend de grandes créatures recouvertes d'une couverture dense d' écailles osseuses disposées en mosaïque et formant ainsi une armature immobile d'une immense force. En correspondance avec cette carapace massive, les vertèbres dorsales ont fusionné et les vertèbres lombaires forment une série ankylosée les unes aux autres et aux sacrales suivantes . Ces créatures sont toutes sud-américaines.

FIGUE. 106.— *Glyptodon clavipes* . × 1 / 12 . (D'après Owen.)

Glyptodon , le genre qui donne son nom à la famille, est connu à partir de nombreux restes en Amérique du Sud, ainsi que dans des régions aussi éloignées du nord que le Texas et le Mexique. Il a atteint une longueur de 16 ou 17 pieds. Dans le crâne, il y a un processus descendant extrêmement long de l'arc zygomatique, comme chez les paresseux, l'arc lui-même étant complet. Le processus s'étend jusqu'à atteindre un point situé à peu près au niveau du milieu de la mâchoire inférieure. Les nasales sont courtes ou rudimentaires. Comme chez *Myrmecophaga* , les ptérygoïdes entrent dans la formation du palais osseux. La mâchoire inférieure a une extrémité en forme de bec, et, en arrière, elle s'élève en une énorme branche verticale aussi haute que la partie antérieure de la mâchoire est longue. Il y a huit dents dans chaque moitié de chaque mâchoire. Comme chez certains tatous, les vertèbres cervicales sont au moins en partie fusionnées. L'atlas est gratuit, mais les autres, ou en tout cas cinq d'entre eux, sont réunis. La dernière cervicale est parfois fusionnée avec les dorsales suivantes ; ces derniers sont au nombre de douze et sont fusionnés en ce qui concerne leurs processus centraux et neuraux. La région suivante de la colonne vertébrale comprend sept à neuf lombaires , qui sont fusionnés avec les huit sacrés ; dans cette région, les processus neuronaux sont élevés, et il se produit ainsi une crête forte et élevée le long du dos, qui forme un puissant support pour la carapace. Les membres antérieurs sont plus courts que les membres postérieurs, ces derniers étant attachés à un bassin inhabituellement massif. Les griffes des membres sont émoussées et ressemblent presque à des sabots.

La carapace lourde est constituée de plaques sculptées à cinq ou six côtés, qui n'ont pas de disposition particulière au milieu, mais vers les marges montrent des indications d'une disposition en rangées transversales. La queue, modérément longue, est également entourée de plaques cutanées osseuses qui sont épineuses sur le dessus, ou du moins munies chacune d'un processus dressé et arrondi. Il semble qu'à l'extérieur de ce système osseux d' écailles se trouvaient des écailles épidermiques cornées, correspondant exactement aux tesselles qu'elles recouvrent. Il existe apparemment de nombreuses espèces de *Glyptodon* .

Dans le genre allié *Panochthus,* la queue est un peu plus longue, et les anneaux osseux qui l'entourent, au lieu d'être tous mobiles comme chez *Glyptodon* , le sont d'abord, mais plus tard, *c'est-à-dire* vers l'extrémité de la queue, se soudent en un seul et même corps. pièce massive. Les deux pieds sont ici à quatre doigts, tandis que chez *Glyptodon* , les pattes postérieures sont à cinq doigts et les pattes avant à quatre doigts.

Daedicurus présente une spécialisation supplémentaire , en ce sens que les pieds ont respectivement trois et quatre chiffres. L'orbite montre également une spécialisation dans la séparation de la fosse temporale. Le processus descendant de l'arc zygomatique n'est pas aussi extraordinairement exagéré que chez *Glyptodon* . Il a le même tube terminal d' écailles osseuses sur la queue. Cette créature semble avoir atteint une longueur d'environ douze pieds.

Propalaeohoplophorus est, contrairement aux grands tatous que nous avons traités jusqu'à présent, un petit animal ne dépassant pas environ 2 pieds de longueur de carapace. Une petite alvéole de chaque côté des prémaxillaires semble suggérer la présence antérieure d'une incisive ; et il semble que l'animal possède à la fois de vraies molaires et de vraies prémolaires ; car les quatre premières des huit dents ont une structure beaucoup plus simple que celles qui suivent. Les vertèbres dorsales ne sont pas non plus fusionnées ; les membres postérieurs sont à cinq doigts. Toutes les plaques de la carapace sont disposées en rangées transversales définies ; on a également observé que certaines des écailles antérieures se chevauchent comme celles des tatous, auxquelles cet animal possède d'autres ressemblances dans l'exclusion des maxillaires du bord de la narine (un caractère Glyptodont), et la faiblesse relative de les écailles .

Un genre primitif semble également être *Peltephilus* , qui est peut-être plutôt un tatou qu'un *glyptodon* . Il se situe cependant quelque peu entre les deux, comme *Propalaeohoplophorus* , avec lequel il peut donc être traité. Une caractéristique très singulière de ce genre a été mentionnée à la p. 27 en relation avec le crâne des Mammalia en général. C'est le fait qu'une partie du squamosal entourant la facette articulaire de la mâchoire inférieure est séparée par une suture du reste de cet os, et suggère donc évidemment le carré chez les vertébrés inférieurs. Comme chez certains tatous et glyptodons, etc., les ptérygoïdes paraissent dans ce genre avoir pris part à la formation du palais dur. Les plaques de la carapace étaient mobiles, comme en témoigne le fait qu'elles se chevauchent parfois légèrement. Compte tenu de l'origine possible des Édentés de mammifères peu organisés , il est à noter que l'humérus a été spécialement comparé à celui des Monotrèmes. *Peltephilus* diffère des autres tatous par le fait qu'il a des dents à l'avant des mâchoires. Le nombre total de dents est de vingt-huit, *soit* sept dans chaque moitié de chaque mâchoire.

<h2 style="text-align:center">SOUS-ORDRE 2. NOMARTHRA.</h2>

Comme nous l'avons déjà expliqué, les Edentés de l'Ancien Monde diffèrent des formes du Nouveau Monde par la présence de vertèbres dorsales normales, c'est-à-dire sans zygapophyses supplémentaires. Cependant, cette caractéristique négative, bien que combinée au fait positif que les deux formes de l'Ancien Monde se nourrissent de fourmis, est à peine suffisante pour contrebalancer les nombreuses différences structurelles qui distinguent les Orycteropodidae des Manidae ; qui seront donc placés dans des groupes différents. À celui contenant l' Aard Vark , le nom TUBULIDENTATA peut être appliqué.

Ce groupe ne contient qu'une seule famille, les **Orycteropodidae** , dont il n'existe qu'un seul genre.

L' Aard Le Vark (cochon de terre), genre *Orycteropus* , se caractérise par sa corpulence lourde, le corps étant recouvert d'un poil plutôt rêche et peu abondant ; le museau est long et semblable à celui d'un cochon, avec des narines rondes à son extrémité ; les oreilles sont longues, dressées et pointues ; la queue est très épaisse au début, de sorte qu'elle a été décrite à juste titre comme « un effilement du corps jusqu'à un point ». Les membres antérieurs sont à quatre doigts, les postérieurs à cinq doigts.

FIGUE. 107.— Aard Vark , ou Cap Fourmilier. *Orycteropus capensis.* × 1 / 16 .

Dans le crâne se trouve un zygoma complet quoique mince ; les prémaxillaires, bien que petits, ne sont pas aussi rudimentaires que chez les

Édentés américains. Le tympan annulaire n'est pas ankylosé aux os environnants, un caractère que l'on retrouve chez d'autres mammifères bas. Contrairement à ce que l'on trouve à *Manis* , *l'Orycteropus* possède un énorme lacrymal. Il y a treize vertèbres dorsales et sept vertèbres lombaires. La clavicule est bien développée. *Orycteropus* est particulier parmi les Edentés en ce sens que les ischias ne s'unissent pas à la colonne vertébrale. Le fémur possède un troisième trochanter.

Comme mentionné à la p. 162 , l' Aard Vark est un diphyodonte comme les mammifères normaux. Les dents permanentes se composent de cinq molaires et prémolaires de chaque côté de chaque mâchoire ; les deux premières sont des prémolaires et sont de forme plus simple que les deux dents suivantes, qui sont en partie divisées en deux moitiés par un sillon médian. Ces dents ont également la particularité d'être entièrement constituées de vaso -dentine. Leur structure minutieuse a été comparée à celle des Ray *Myliobates* . Selon M. Oldfield Thomas [109], il y a sept dents de lait de chaque côté de la mâchoire supérieure (limitées aux maxillaires, et donc pas aux incisives). Une huitième dent a été découverte sur un côté de l'un des spécimens examinés par Thomas. Dans la mâchoire inférieure, il n'y a que quatre dents de lait de chaque côté. Il est intéressant de noter que la structure histologique de ces dents de lait concorde avec celle des dents permanentes. Il existe deux espèces de ce genre en Afrique : la méridionale, *O. capensis* , est plus poilue que la septentrionale, *O. aethiopicus* . *O. gaudryi* est une espèce du Pliocène de l'île de Samos et de Perse, décrite par le Dr Forsyth Major et le Dr Andrews. [110] Il ressemble beaucoup à l' *O. aethiopicus existant* .

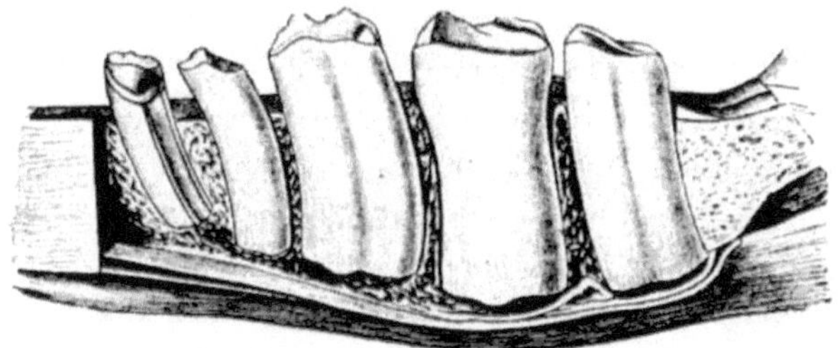

FIGUE. 108.— Section de la mâchoire inférieure avec les dents d' *Orycteropus* . × 2. (D'après Owen.)

Parmi les fourmiliers écailleux, groupe SQUAMATA ou **Manidae** , il n'existe en réalité qu'un seul genre, bien que *Phatagin* , *Pholidotus* , *Smutsia* et *Pangolin* aient été utilisés pour distinguer diverses formes. Le genre *Manis* a une aire de répartition africaine et orientale. Le Dr Jentink, qui a récemment révisé l'espèce, en autorise sept. [111] La forme externe de ces animaux est assez connue, les écailles remarquables distinguant les pangolins des autres animaux. Entre les écailles se trouvent des poils qui semblent absents chez les adultes de l'espèce africaine, bien que présents chez les jeunes, offrant ainsi une méthode pratique pour distinguer les formes éthiopiennes des formes orientales. Les écailles ont été comparées à des poils agglutinés. Weber soutient qu'elles ne sont pas "simplement mimétiques des écailles des lézards", [112] qui les compare directement avec ces structures, comme il le fait avec les écailles d'autres mammifères, comme celles sur la queue d' *Anomalurus* , etc. , cependant, n'est pas une opinion universelle. Il est vrai que ces écailles se rencontrent principalement dans les formes inférieures des mammifères, comme ceux en question, les marsupiaux, les rongeurs et les insectivores ; mais le fait que les poils se développent avant les écailles montre, ou semble montrer, que les premières sont des structures plus anciennes, et conduit à conclure que les écailles des mammifères sont des structures nouvelles. Les poils épars du Pangolin n'ont pas de glandes sébacées sauf sur le museau. Ceci, encore une fois, ressemble à des structures dégénérées et souligne le caractère non archaïque des écailles. Ces animaux n'ont aucune trace de dents hormis peut-être quelques légers épaississements épithéliaux qui ont été interprétés comme un dernier vestige ; la langue est adaptée à la capture des fourmis et ressemble donc beaucoup à celle des fourmiliers américains, peu apparentés. L'estomac est de forme simple ; il est caractérisé par une grosse glande, qui fait penser à celle du Koala (voir p. 144) ; l'intestin n'a pas de caecum. Les Retia mirabilia se produisent sur les artères des membres. Le placenta est non décidué et diffus ; elle est spécialement comparée par Weber à celle du Cheval. Compte tenu des nombreuses ressemblances adaptatives entre ce genre et les Fourmiliers d'Amérique, notamment au niveau de la cavité buccale, il est remarquable que chez *Manis* les ptérygoïdes ne soient pas joints comme ils le sont chez *Myrmecophaga* . Malgré les affirmations contraires, il semble qu'il existe parfois un lacrymal distinct.

Une caractéristique remarquable du squelette de *Manis* est le sternum singulier. Le cartilage xiphoïde est extraordinairement allongé en fines bandes, qui atteignent le bassin et reviennent. Cet état de choses ne se retrouve que chez les espèces africaines. Cette structure n'est pas comparable, comme on l'a dit, aux côtes abdominales comme celles du reptile *Hatteria* .

Ces animaux sont principalement des fourmiliers. Les Japonais ont une curieuse légende sur la méthode adoptée pour la capture des fourmis, qui est racontée par le Dr Jentink dans sa monographie sur le genre. Le Manis "érige ses écailles et fait semblant d'être mort; les fourmis rampent entre les écailles dressées, après quoi le fourmilier referme ses écailles et entre dans l'eau; il érige à nouveau les écailles, les fourmis flottent et sont ensuite avalées. par les fourmiliers"! La même histoire est racontée par M. Stanley Flower sous l'autorité des Malais.

Bien qu'il semble clair que les ressemblances que *Manis* montre aux Fourmiliers du Nouveau Monde sont principalement adaptatives et n'ont rien à voir avec une affinité réelle, étant simplement l'expression d'un mode de vie similaire, il est curieux de noter qu'ici et là nous on trouve certaines ressemblances qui ne semblent pas susceptibles de cette dernière explication. L'os jugal, absent chez *Manis* , est petit chez *Myrmecophaga* ; la clavicule est absente et encore petite ou rudimentaire chez les Fourmiliers ; il est grand chez les autres Édentés. Le troisième trochanter est absent, comme chez *Myrmecophaga* (et les Paresseux). Il y a de nombreuses écailles sur le corps ; chez *Myrmecophaga,* il y a des traces de ces structures sur la queue, comme aussi chez *Tamandua* . Dans les caractéristiques mentionnées, les Myrmecophagidae diffèrent de l'une ou des deux autres familles américaines (*c'est-à-dire* Dasypodidae, Bradypodidae) et sont d'accord avec *Manis* . Les faits ne sont pas peu remarquables.

FIGUE. 109.— Manis. *Manis gigantea.* × 1 / 12 .

Ordonnance III. GANODONTA. [113]

Ganodonta est allié aux Edentata et représente apparemment les formes ancestrales dont eux, en tout cas les Xenarthra, sont dérivés . De cet ordre, un certain nombre de genres sont maintenant connus, qui peuvent être rangés dans une série qui se rapproche de plus en plus des Edentata à mesure que l'on passe des formes les plus anciennes aux formes les plus récentes. Cette série intéressante et transitoire sera rendue manifeste par une description des caractères des différents genres pris dans leur ordre chronologique approprié. Les genres suivants sont inclus par Wortman dans sa famille **des Stylinodontidae** .

Le type le plus ancien de Ganodonta est le genre *Hemiganus* , avec une seule espèce, *H. otariidens* . Cet animal a vécu pendant le dépôt des strates les plus basses de l'Éocène, les lits Puerco d'Amérique du Nord. Il était à peu près aussi gros qu'un chien de bonne taille et possédait des mâchoires puissantes. Il y avait au moins deux paires d'incisives dans la mâchoire supérieure, ainsi que des canines puissantes et la formule complète des prémolaires et des molaires. Dans la mâchoire inférieure, les canines étaient également fortes, mais on ne sait pas avec certitude que les incisives comptent plus de deux paires. L'émail de la face postérieure de la canine est mince et, dans le cas des incisives, l'émail semble limité à la face antérieure. Les molaires inférieures sont quadrituberculaires. On pense, d'après la présence d'une suture sur la surface supérieure du prémaxillaire, que le museau de la créature était tubulaire. Les vertèbres cervicales, connues uniquement par leur centre, sont comme celles des tatous (et d'ailleurs celle des baleines) dans le grand diamètre transversal par opposition au diamètre antéro-postérieur. Les pieds sont particulièrement comparés à ceux des paresseux terrestres. La phalange unguéale unique est marquée par un grand processus sous-unguéal, percé d'un foramen considérable. Le tibia est encore à comparer à celui des tatous.

Dans les couches du Haut Puerco (Torrejón) se trouvent les restes de *Psittacotherium* . Ce genre, lors de sa première découverte, a été attribué aux Tillodontia par certains et aux Ongulés, ces derniers étant un refuge pour les mammifères indéterminés de l'Éocène, tout comme le « Multituberculata » l'est pour les mammifères secondaires placés de manière similaire. On sait maintenant qu'il appartient clairement à l'ordre des Ganodonta . Wortman pense qu'il n'existe qu'une seule espèce, *P. multifragum* . Il semble avoir eu un aspect général très semblable à celui de *l'Hémiganus* — c'est à dire à en juger par le crâne — et sa taille n'était pas très différente. La partie faciale du crâne est courte et le zygoma est profond. Le canal infra-orbital est double, une caractéristique qui apparaît chez le paresseux, et qui a été mentionnée dans la forme ultérieure du paresseux terrestre, *Megalonyx* (mais il faut se rappeler que la même caractéristique n'est pas inconnue chez les rongeurs). La dentition est réduite par rapport à celle d' *Hemiganus* , c'est-à-dire en ce qui concerne les molaires et les incisives. Il n'y a qu'une seule paire d'incisives dans chaque mâchoire ; les canines sont fortes ; les séries prémolaires et molaires semblent avoir été complètes à la mâchoire inférieure, mais réduites d'une prémolaire au moins à la mâchoire supérieure. Il est très important de remarquer que les incisives n'ont d'émail que sur leur face antérieure, et qu'il en est de même pour les canines, la fine couche présente derrière la dent chez Hemiganus ayant *disparu* sous cette forme ultérieure. Le motif dentaire des molaires ressemble à celui de *l'Hémiganus* . Le membre antérieur est résolument édenté ; mais c'est le pied qui présente les plus fortes ressemblances avec cet ordre. "Si un anatomiste", remarque le Dr Wortman, "n'avait d'autre partie du squelette que celle du pied pour guider son jugement, et il ne parvenait pas à détecter une similitude des plus frappantes entre celle-ci et celle des Edentata, en particulier le sol Paresseux, non seulement il s'exposerait à la critique de son manque des pouvoirs ordinaires d'observation et de comparaison, mais il serait soupçonné de placer les choses sur une base autre que celle établie par une telle méthode. » On ne sait pas exactement combien d'orteils possédaient les membres antérieurs du

Psittacotherium , mais la ressemblance avec *Mylodon* est en effet frappante, le troisième doigt étant le plus prononcé dans les deux formes. Certaines vertèbres de ce Ganodont ont été découvertes qui ne montrent pas les arrangements articulaires complexes des édentés américains ultérieurs. Le sacrum, en revanche, ressemble beaucoup à celui du Paresseux, et il y a une préfiguration de l'attachement des iliaes au sacrum par co-ossification que l'on rencontre chez les Edentés ultérieurs. Un type encore plus récent est le genre *Calamodon* , qui s'est avéré présent en Europe ainsi qu'en Amérique. *C. simplex* était une bête plus grande que l'un ou l'autre des genres dont nous avons déjà parlé, fournissant ainsi un autre exemple de l'augmentation de taille des membres ultérieurs par rapport aux membres antérieurs du même groupe, si prononcée chez les Ungulata . La mâchoire inférieure a la même structure massive qui caractérise cet os chez *Hemiganus* et *Psittacotherium* . Il n'y a qu'une seule incisive, mais les séries prémolaires et molaires sont complètes. La canine ressemble à celle d'un rongeur, étant implantée dans la plus grande partie de la mâchoire inférieure ; il est évidemment né d'une pulpe persistante. Il est émaillé sur la face antérieure uniquement. Les prémolaires et les molaires de ce genre commencent à perdre leur émail, qui se répartit sous forme de bandes verticales, laissant des espaces qui ne sont pas recouverts d'émail. De plus, ces dents sont nettement hypselodontes, plus nettement que chez *Psittacotherium* ; ils sont, lorsqu'ils ne sont pas portés, quadricuspidés , avec des cuspides accessoires ; lorsqu'elles sont plus usées, les dents sont à double crête, et cela transversalement au grand axe de la mâchoire ; enfin, les dents très usées ont des couronnes aplaties plus ou moins entourées d'un anneau d'émail.

Une forme encore plus tardive, provenant des strates de l'Éocène inférieur et moyen, est le genre *Stylinodon* . *S. cylindrifer* , qui est la plus archaïque des deux espèces décrites, n'est connue qu'à partir d'une seule molaire, de fragments de canine et de «quelques morceaux insignifiants du crâne». La molaire est intéressante du fait que l'émail est encore plus réduit ; il n'est représenté que par d'étroites bandes verticales, beaucoup plus étroites que celles des formes plus anciennes de Ganodontes . C'est aussi un hypselodont et possède une pulpe persistante. Il en va de même pour la canine qui avait une épaisse face antérieure d'émail. La dernière espèce, *S. mirus* , est mieux connue. Les dents semblent avoir été à peu près les mêmes que chez la dernière espèce décrite ; les prémolaires et les molaires étaient au nombre de sept dans la mâchoire inférieure, et la canine était enfoncée dans l'os sur une longue distance, comme chez *Calamodon* . Les vertèbres cervicales ont un centre court comme chez *Hemiganus* . Les clavicules étaient bien développées. L'humérus possédait un foramen entépicondylien et sa tête présente le motif piriforme si caractéristique des Edentés ultérieurs. Le pied ressemble clairement à celui du *Psittacotherium* .

En examinant la série, nous constatons donc une diminution graduelle des incisives, une perte graduelle de l'émail des dents en général et la production de dents hypsélodontes poussant à partir de pulpes persistantes ; qui sont toutes des caractéristiques des Edentates ultérieurs. La progression est si graduelle que les formes énumérées et décrites semblent avoir fait partie d'une série continue culminant avec les paresseux terrestres des temps ultérieurs. Les autres points de similitude seront tirés des faits rapportés dans les pages précédentes.

Il existe une autre famille appartenant aux Ganodonta dont la position par rapport aux Edenta n'est pas aussi claire. Il s'agit de la famille **des Conoryctidae** , dont deux genres sont connus. Le plus ancien d'entre eux, du Puerco inférieur, est *Onychodectes* . Chez *O. tissonensis*, le crâne est long et étroit, contrastant ainsi avec celui de la dernière famille. La partie faciale est également longue. La mâchoire inférieure est beaucoup plus fine . La formule molaire était complète, mais il subsiste un doute quant aux incisives. Les molaires sont trituberculaires.

L'autre genre connu est *Conoryctes* . Son crâne a une partie faciale plus courte et ressemble donc plus à celui des Stylinodontidae qu'à celui des *Onychodectes* . La formule dentaire est connue et complète, à l'exception de la perte d'une incisive au-dessus et en dessous et d'une prémolaire au-dessus. La relation de ces Ganodonts avec des formes ultérieures est incertaine ; mais leur structure squelettique n'est pas encore entièrement connue.

CHAPITRE IX

ONGULÉS—CONDYLARTHRA—AMBLYPODA—ANCYLOPODA—TYPOTHERIA—TOXODONTIA—PROBOSCIDEA—HYRACOIDEA

Ordonnance IV. ONGULÉS

Les membres existants de cet ordre peuvent être facilement regroupés en Hyracoidea , Proboscidea, Perissodactyla et Artiodactyla , dont chacune des divisions a tout à fait la valeur d'un ordre, et qui sont toutes nettement délimitées les unes des autres. Mais comme la découverte de tant de formes fossiles a dans une large mesure rendu ces démarcations moins nettes, il est préférable de considérer tous ces groupes comme de simples sous-ordres d'un « Ordre » des Ongulés plus vaste . Même lorsque cette conclusion est nécessairement tirée de l'examen des groupes d'ongulés les plus anciens, la définition d'un tel ordre reste une question difficile pour le systématicien. Car les plus anciennes de ces formes, plus particulièrement les Ancylopoda , les Amblypoda et les Condylarthra , dont les particularités seront longuement traitées par la suite, ne se différencient pas du tout des mammifères carnivores primitifs de cette époque, les Creodonta ; ces derniers se fondent d'ailleurs dans les Marsupiaux à travers ce qu'on appelle les Sparassodonta du Professeur Ameghino . Pour nous limiter aux Ongulés, nous pourrions peut-être les définir comme des animaux terrestres dotés de sabots plutôt que de griffes ou d'ongles, et principalement, sinon entièrement, d'habitude végétarienne. Les dents sont bunodont ou lophodont, la tendance à la production de ce dernier type étant toujours marquée. La marche, bien que plantigrade chez les types plus anciens, devient de plus en plus digitigrade, sauf chez des survivances de l'Antiquité comme *le Hyrax* . Il y a aussi, à mesure que nous passons des types anciens aux types modernes, un perfectionnement graduel des membres en tant qu'organes de course et non d'escalade ou de préhension ; le nombre des orteils se réduit et culmine deux fois (chez le cheval et chez le Litopterna) à un orteil sur chaque pied ; en même temps, le cubitus devient rudimentaire et fusionne avec le radius, et le péroné du membre postérieur subit une réduction semblable. La clavicule est absente même dans certains des types les plus anciens ; sa présence dans *Typotherium* [114] est hautement remarquable. La queue également, un organe long chez certaines des premières formes, devient courte chez leurs dérivés modernes.

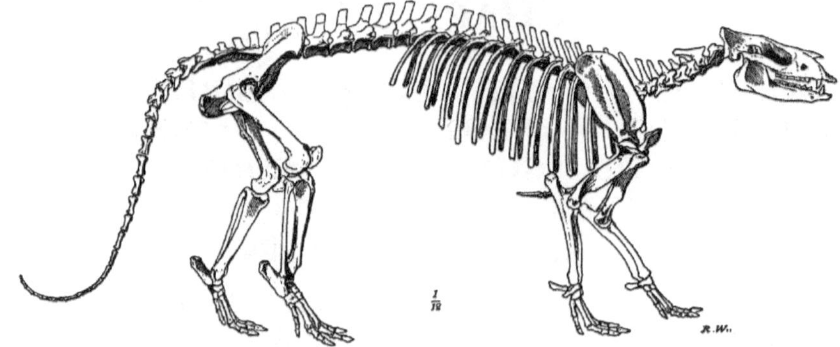

FIGUE. 110.— Un ongulé précoce. *Phénacodus primaevus* . × 1 / 12 . (D'après Osborn.)

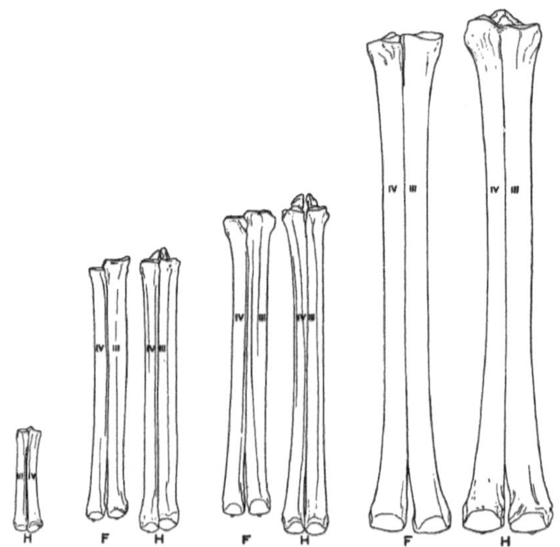

FIGUE. 111.— Série de métacarpiens et métatarsiens de camélidés, pour montrer une augmentation séculaire et progressive de la taille. De gauche à droite, les espèces sont *Protylopus petersoni* , *Poebrotherium lèvres* , *Gomphotherium sternbergi* , *Procamelus occidentalis* . **F** , Avant-pied ; **H** , arrière-pied ; III, IV, troisième et quatrième métapodes. (D'après Wortman.)

Parallèlement au perfectionnement croissant du pied en tant qu'organe utilisé uniquement pour le soutien du corps, certains changements intéressants se sont produits dans la disposition les uns par rapport aux autres des différents os du poignet et de la cheville. Cope et d'autres ont soutenu que la disposition véritablement primitive de ces os était celle que nous présentaient certains types anciens, tels que le *Meniscotherium ou l'éléphant ou Hyrax* existant . Chez ces animaux, il y a (voir fig. 112) une disposition en série de ces os, les os distaux seulement, ou presque seulement, s'articulant avec les os correspondants de la série supérieure. Dans les types modernes (cf. fig. 113), il y a par contre un emboîtement, de sorte que les os de la série distale s'articulent avec deux de ceux de la série proximale. Il en résulte, semble-t-il, un pied beaucoup plus ferme, moins susceptible de « céder » sous la pression, et donc plus adapté à un animal qui court. C'est le même principe que celui adopté pour la pose des briques. Le stress et la tension réels liés à l'impact ont été tenus pour responsables de ces changements. Une explication tout aussi ingénieuse et peut-être plus vraie des faits incontestables a été récemment avancée par MWD Matthew. [115] Il a souligné que chez certains ongulés anciens, le carpe n'est pas en série mais imbriqué, même dans les formes qui appartiennent aux premiers groupes de l'Éocène, comme le genre *Protolambda* parmi les Amblypodes . Or, à l'avant-pied du *Meniscotherium* et du *Hyrax vivant* , il y a une centrale séparée qui manque chez la plupart des Ongulés. L'absorption, c'est-à-dire l'abandon pratique de cet os, restituerait à un carpe imbriqué la disposition en série ; tandis que d'autre part, par la fusion de cet os avec le scaphoïde, la disposition d'emboîtement serait maintenue.

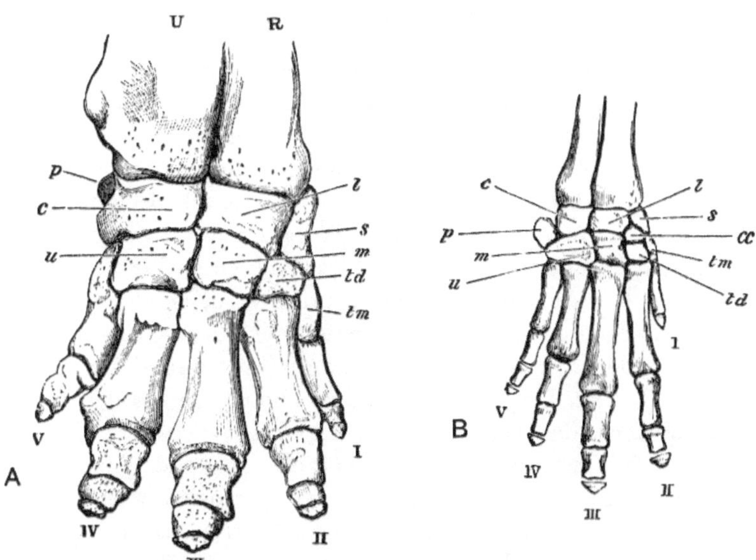

FIGURE. 112.— Os du manus **A** , de l'éléphant indien, *Elephas indicus* . × ⅛. **B** , du Cap Hyrax, *Hyrax capensis* . × 1. *c*, cunéiforme ; *cc*, centrale; *l*, lunaire; *m* , magnum; *p* , pisiforme; *R* , rayon ; *td* , trapèze ; *tm* , trapèze ; *s* , scaphoïde ; *u* , inciforme ; *U* , cubitus. (De *l'ostéologie* de Flower .)

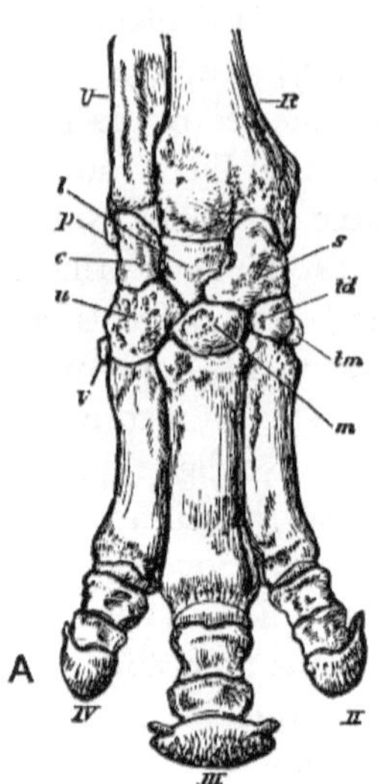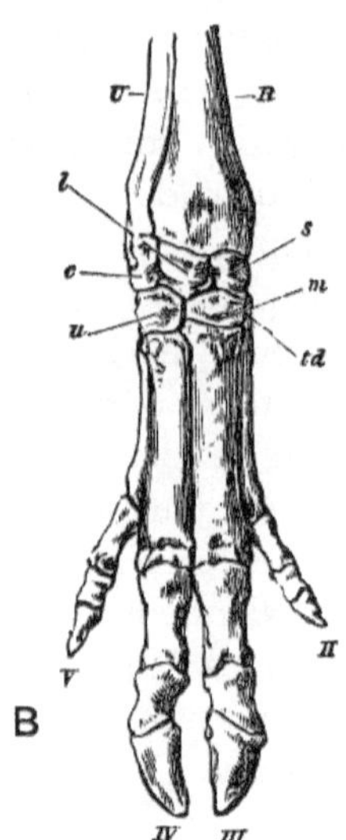

FIGURE. 113.— Os du manus **A** , de rhinocéros, *Rhinoceros sumatrensis* . × 1/ 5 . **B** , de porc, *Sus scrofa* . × ⅓ . Lettres comme sur la Fig. 112. (De Flower's *Osteology* .)

Le perfectionnement progressif des membres antérieurs et postérieurs en tant qu'organes de fonctionnement a été attribué à l'avènement des graminées et à la formation de grandes plaines couvertes de cette herbe. La même raison serait également en harmonie avec le changement tout aussi progressif de la forme des dents molaires, d'une forme tuberculeuse calculée pour un régime mixte ou même carnivore, aux surfaces d'écrasement plus plates présentées par les dents lophodontes des ongulés ultérieurs. De fortes canines cesseraient de la même manière d'être utiles et deviendraient même un encombrement pour ces créatures brouteuses ; et leur disparition est l'un des traits saillants de l'histoire des Ungulata , c'est-à-dire des représentants modernes de l'ordre. L'hypertrophie extraordinaire de ces dents dans une lignée telle que celle des Amblypodes , qui n'a laissé aucune descendance, fut peut-être une des raisons de la décadence de ces grands pachydermes du milieu du Tertiaire ; leur armature excessive devenait un fardeau, car elle n'était pas accompagnée d'améliorations dans d'autres directions nécessaires. Certaines caractéristiques des Ongulés du Tertiaire ont cependant été traitées dans notre esquisse générale de la vie des mammifères à cette époque et il n'est pas nécessaire d'y faire référence ici. Parmi les ongulés existants, il n'y a aucune indication claire de la descendance des éléphants ou des Hyracoidea . Leur structure proclame que ces deux divisions sont d'origine ancienne et ne sont pas des rameaux modernes de la tige de l'ongulé. Quant aux Périssodactyles et aux Artiodactyles , nous ne pouvons pas les rapprocher plus près qu'au tout début du Tertiaire. L'ordre Condylarthra semble être le point de départ de ces deux sous-divisions. *L'Euprotogonia* est considérée comme un ancêtre du Perissodactyle. branche, et *Protogonodon* ou *Protosélène* des Artiodactyles . Si cela est vrai, les ressemblances que *Titanotherium* montre avec les Artiodactyles doivent être soit purement superficielles et secondaires, soit un recadrage de caractères anciens qui étaient en sommeil depuis de nombreuses générations.

Cornes. — Les Ongulés sont le seul ordre de mammifères qui possède des cornes ; comme ils constituent dans l'ensemble un groupe plus sans défense que les Carnivores, il se peut que les cornes soient un contrepoids aux dents et aux griffes de ces derniers ; le besoin de défense et d'armature dans les combats avec les siens pour les faveurs des biches a conduit à un autre type de mécanisme protecteur et agressif. Les cornes en tant qu'armes sont cependant particulièrement efficaces dans ce groupe partout où elles existent. Un ruminant est le plus souvent un animal grand et lourd, sans l'agilité et la souplesse du carnivore. C'est précisément pour cette espèce d'animaux, où le poids est une considération importante, que les cornes sont les armes les plus adaptées. Cela est également démontré par le fait que, bien que le terme général corne soit utilisé pour décrire les armes des mammifères ongulés, il existe plus d'un type de structure inclus sous ce terme général ; il est en effet probable que les termes extrêmes de la série des cornes ont été acquis indépendamment par leurs possesseurs. Il y a peu de points communs entre les cornes d'une girafe et celles d'un rhinocéros. Chez le rhinocéros, nous avons une ou deux cornes, dans ce dernier cas placées l'une derrière l'autre, qui sont des excroissances purement épidermiques ; on peut en effet les considérer comme des masses de cheveux emmêlées, portées, il est vrai, sur une bosse osseuse, qui cependant n'est pas une structure séparée. La Girafe nous fournit le terme le plus simple dans cette série de cornes en partie épidermiques et en partie osseuses. Les cornes appariées de cet animal ont souvent été contrastées avec celles du Cerf, par exemple ; mais il n'y a pas de différence fondamentale entre eux. Chez la Girafe, une paire d'excroissances osseuses, initialement séparées du crâne qui les porte, mais finalement ankylosées à celui-ci, sont recouvertes d'une couche de peau entièrement intacte. Une distinction d'une importance pratique indubitable est généralement établie entre les ruminants à cornes creuses, *c'est-à-dire les* bœufs, les chèvres et les antilopes, et la tribu des cerfs. Il n'y a néanmoins pas de distinction fondamentale. Chez les antilopes, il y a un noyau d'os, le " os cornu " comme on l'a appelé, qui est recouvert d'une couche cornée, la corne proprement dite, diversement modifiée en forme et en taille selon le genre ou l'espèce. Chez le cerf, il y a le même os cornu , qui peut cependant être ramifié, mais qui est de la même manière recouvert d'une couche de tégument modifié ; c'est ce qu'on appelle le « velours » ; il ne dure qu'un certain temps, puis est arraché par les efforts de l'animal lui-même, laissant derrière lui le noyau osseux, communément appelé corne. Il sera clair qu'il n'y a là qu'une différence relativement sans importance ; les mêmes caractères essentiels sont présents dans les deux groupes d'animaux, mais la modification de l'épiderme a progressé selon des voies différentes. Les deux peuvent être renvoyés aux conditions primitives observées dans les cornes appariées de la girafe. Même la différence, telle qu'elle est, est comblée par l'antilope *Antilocapra* , où l' os cornu est bifide et la corne tombe périodiquement, tout comme le velours du cerf ; mais chez le cerf, la partie osseuse de la corne est également perdue, état de choses qui n'a pas d'équivalent chez les ruminants à cornes creuses. On peut concevoir que le grand *Sivatherium* soit une forme annexe entre les deux types de cornes composées, *c'est-à-dire* celles de l'Antilope et celles du Cerf. Cette créature avait deux paires de cornes dont, naturellement, il ne reste que les noyaux osseux ; la paire d'obstacles était ramifiée. Mais bien qu'elles ressemblent jusqu'ici aux cornes du Cerf plutôt qu'à celles de l'Antilope, le Dr Murie a pensé qu'elles étaient recouvertes d'une gaine cornée et non d'une peau douce comme chez le Cerf. En tout cas, ces cornes n'ont apparemment jamais été perdues, ce qui constitue un point de ressemblance avec l'antilope et de différence avec le cerf. Indépendamment donc de la nature de l'enveloppe des noyaux osseux, il y a de bonnes raisons de les considérer comme intermédiaires entre ceux du Cerf et ceux des Antilopes.

Les cornes des Ruminants sont fréquemment un caractère sexuel secondaire ; c'est particulièrement le cas du Cerf. Le renne constitue cependant une exception, les cerfs et les biches possédant des cornes. Leur association avec la fonction reproductrice est démontrée par leur chute après la période de rut, la destruction du velours à cette période, et aussi par l'effet sur les cornes que produit toute lésion des glandes reproductrices. Quelques faits utiles sur cette dernière tête ont été rassemblés par le Dr GH Fowler, [116] qui a remarqué dans une série de cerfs, des cornes montrant divers degrés de dégénérescence dans les bois produits par divers degrés et périodes de hongre. Il ressort clairement des faits rassemblés ici qu'un effet direct est produit. Si nous devons considérer les cornes comme des appendices sexuels secondaires qui ont ensuite été transmis à la femelle par hérédité, nous devrions nous attendre à rencontrer des exemples d'animaux à cornes maintenant des deux sexes, dont les premiers représentants avaient les cornes limitées à un seul sexe. Ceci est démontré de manière très intéressante par la girafe éteinte du Miocène, *Samotherium* , dont le mâle seul avait une paire de cornes courtes, tandis que le crâne de la femelle était entièrement dépourvu de cornes ; la *Giraffa* moderne , comme on le sait, a des cornes chez les deux sexes.

Il est intéressant de noter que les Périssodactyles et Artiodactyles existants se distinguent par leurs cornes paires ou non. Mais s'il n'existe pas d'Artiodactyles à cornes non appariées (sauf pour les sports occasionnels), les Périssodactyles ont plus d'une fois essayé, pour ainsi dire, des cornes appariées, ce qui leur a finalement été fatal. Le Rhinoceros *Diceratherium* a apparemment hérité et amélioré les petites cornes appariées de *l'Aceratherium* , mais il n'a laissé aucun descendant. Les Titanotheria à cornes appariées offrent un autre exemple de la même incompatibilité apparente entre la structure périssodactyle et la persistance des cornes appariées.

Sous-ordre 1. CONDYLARTHRA.

Ce groupe est caractérisé par l'assemblage de caractères suivant. Ongulés éteints, souvent plantigrades, avec des membres à cinq doigts. Les os du carpe et du tarse ne sont pas toujours imbriqués, mais parfois superposés dans des positions correspondantes. L'humérus possède un foramen entépicondylien. Formule dentaire assez complète ; les molaires brachyodonte et bunodont. Les prémolaires sont plus simples que les molaires. Les canines sont petites. Comme pour les autres types précoces, les zygapophyses sont plates et ne s'emboîtent pas. L'astragale ressemble à celui du Creodonta . Ce groupe avait une aire de répartition américaine et européenne, les restes de ses genres assez nombreux étant de l'époque éocène. Le genre le plus connu est *Phenacodus* , dont nous donnerons quelques détails avant de discuter des restes, dans de nombreux cas, plus fragmentaires, d'autres formes alliées.

Le genre *Phenacodus* a été décrit pour la première fois en 1872, à partir de quelques dents éparses. Depuis , plusieurs squelettes presque complets ont été obtenus, et nous sommes en pleine possession des détails de son ostéologie. Ce n'était pas une grande créature (voir Fig. 110, p. 196), mesurant environ 6 pieds de long, avec une petite tête. Les pieds étaient plus ou moins plantigrades et à cinq doigts. Les dernières phalanges des orteils montrent qu'elles portaient des sabots et non des griffes ; pourtant, les pieds antérieurs semblent un peu pouvoir être utilisés comme organes de préhension. Le troisième doigt des pattes postérieures et antérieures dépasse les autres, et donc un pied semblable à un périssodactyle caractérise cette créature de l'Éocène. La queue est extrêmement longue et doit avoir atteint le sol au fur et à mesure que l'animal marchait. Il ne s'agit bien entendu en aucun cas d'un personnage d'ongulé. Pourtant, dans la totalité de son organisation , l'animal était résolument un ongulé, bien que le professeur Cope ait parlé de *Phenacodus* comme non seulement d'un ongulé ancestral, mais comme de la forme parentale des insectivores, des carnivores, des lémuriens, des singes et de l'homme lui-même ! L'omoplate ressemble en effet par sa largeur et son contour ovale à celle d'un carnivore. Les clavicules comme chez les autres ongulés sont absentes. Le fémur est périssodactyle plutôt qu'artiodactyle en présence d'un troisième trochanter. La créature avait quinze paires de côtes et cinq ou six vertèbres lombaires. Les deux os de la jambe situés sous le fémur sont parfaitement distincts et séparés. Un moulage

- 195 -

du cerveau montre que les hémisphères cérébraux étaient lisses et petits, le cervelet bien sûr complètement découvert et presque aussi grand que le cerveau. Les lobes olfactifs étaient également grands. Le squelette complet de *Phenacodus* a été récemment extrait de manière plus complète de la matrice enveloppante par le professeur Osborn [117] et monté dans ce qui est considéré comme la position naturelle de la bête. Il semble que, bien qu'il ait cinq doigts, il ne s'appliquait qu'aux trois orteils du milieu, et de plus, celui du milieu était le plus prédominant, de sorte que *Phenacodus* était distinctement « périssodactyle », du moins par son habitude. De plus, « son long postérieur, sa longue queue puissante… rappellent l'ascendance des Créodontes ». Le genre avait une aire de répartition européenne et américaine.

Méniscotherium (= *Hyracops* [118]) comprend plusieurs formes d'environ la taille d'un renard ; ils sont à la fois européens et américains. Les dents sont de forme plus distinctement ongulée que celles de *Phenacodus* , avec une Wparoi externe en forme de . Le crâne est décrit comme possédant des « caractères indifférents et primitifs », permettant une comparaison avec ceux des Opossums, des Insectivores et des Creodonta . Il ne possède, comme chez *Phenacodus* , aucun anneau orbital. L'humérus ressemble à celui d'un carnivore plutôt qu'à celui d'un ongulé. Le carpe et le tarse sont en série. Le péroné s'articule à la fois avec le calcanéum et l'astragale, ce qui n'est pas le cas chez *Phenacodus* . Il est suggéré que ces animaux sont des formes ancestrales des Chalicotheres. Dans le cerveau, les hémisphères ne recouvrent pas le cervelet.

Plus primitif apparemment que *Phenacodus* était le genre moins connu *Euprotogonia* , ou *Protogonia* [119] comme on l'a appelé. L'espèce la plus connue est *E. puercensis* , ainsi appelée en raison de sa présence dans les lits Puerco de l'Éocène américain. C'était une créature mince, aux membres longs, plus petite que *Phenacodus* , avec une queue longue et lourde comme chez cet animal. Comme *Phenacodus* , il était semiplantigrade et présente davantage de ressemblances avec le Creodonta . Le crâne n'est connu que par une partie de la mâchoire inférieure dotée de dents, et par les dents de la mâchoire supérieure. Les vertèbres ne sont pas entièrement conservées, mais il en reste assez pour montrer que l'animal avait une queue de 16 ou 17 pouces, ce qui est une longueur considérable en comparaison de sa hauteur, environ un pied à la croupe. Dans le membre antérieur, le point le plus remarquable est que le cubitus présente un bord postérieur convexe comme chez les Créodontes, le même bord chez *Phenacodus* étant concave. L'humérus est élancé, avec des tubérosités moins marquées. Le cinquième chiffre semble avoir été moins réduit. Les phalanges semblent avoir porté des gaines cornées quelque peu intermédiaires entre les sabots et les griffes. Le bassin est décrit comme étant, comme celui du *Phenacodus* , assez semblable à celui du Creodonta . Le membre postérieur droit est connu dans tous ses détails. Il semble que les os ne soient pas en série mais imbriqués ; ceci, cependant, sur les vues concernant les relations de ces deux formes de tarse mentionnées à la p. 198 , ne milite pas contre le fait de considérer *Euprotogonia* comme l'ancêtre du genre *Phenacodus* . Le troisième orteil est le prééminent, l'animal étant donc périssodactyle . Les doigts latéraux sont plus grands que chez *Phenacodus* , et les métatarsiens et les phalanges sont légèrement courbés, ce qui est encore une fois un caractère de Créodont par rapport aux os correspondants parfaitement droits de *Phenacodus* . Il semble évident que cet animal doit être considéré comme un type plus ancien que *Phenacodus* , même s'il n'est pas son véritable ancêtre.

Un autre groupe de Condylarthra contient le genre *Pertipychus* et quelques autres. *Periptychus* a une dentition complète de quarante-quatre dents, les molaires étant bien entendu des bunodontes, avec les trois tubercules principaux les plus développés. Les os du tarse s'emboîtent et ne sont pas en série, comme c'est le cas chez de nombreux autres membres du Condylarthra . L'astragale a un cou plus court que celui du *Meniscotherium* par exemple. Il a en cela une ressemblance avec le même os de l' Amblypoda , avec les membres primitifs desquels, tels que *Pantolambda* , cet animal présente beaucoup de ressemblance. "Astragali et de nombreux os squelettiques de *Periptychus rhabdodon* et *Pantolambda Les bathmodon* sont presque impossibles à distinguer", observe M. Matthew. Les pattes antérieures de ce genre sont inconnues, mais il semblerait qu'il était plantigrade d'après l'évidence des pattes postérieures. Il existe plusieurs espèces du genre.

Il est possible, mais pas du tout certain, que les Mioclaenidae , avec les genres *Mioclaenus* et *Protoselene* , soient à rattacher à ce même ordre d'ongulés primitifs. Il suffit de les mentionner ici, car ils montrent très clairement la forme primitive de la dentition de ces premiers mammifères de l'Éocène. Les dents sont assez complètes et intactes de diastème. Les canines sont peu prononcées. Les molaires ne sont pas strictement trituberculeuses, mais présentent une tritubercule prédominante. La nature des pieds n'est pas connue. Étant donné que le genre *Protoselene* , comme son nom l'indique, montre une indication d'un début de sélénodontie , il a été suggéré que ce groupe est la souche d'où dérivent les Artiodactyles .

Quoi qu'il en soit, que les comparaisons particulières qui ont été faites quant aux relations entre les diverses formes de Condylarthra soient valables ou non, il semble évident que ce groupe représente la souche d'Ongulés la plus ancienne, mais peu différenciée des Créodontes contemporains.

SOUS-ORDRE 2. AMBLYPODA.

Ce groupe de mammifères disparus présente les principales caractéristiques suivantes : -

Ce sont de grands ongulés semi-plantigrades , de corpulence lourde et à la démarche apparemment éléphantine. La dentition est pour la plupart complète comme dans d'autres groupes anciens, et les canines sont, dans les formes ultérieures , de grosses défenses. Les dents du fond sont brachyodontes et striées (lophodont). Le radius et le cubitus du membre antérieur, ainsi que le tibia et le péroné du membre postérieur, sont bien développés. Les os du carpe alternent en position. Les orteils sont au nombre de cinq aux deux pieds et sont très courts. Il y a en tout cas un début de « périssodactylisme » dans les avant-pieds. Le cerveau est petit et les hémisphères sont lisses.

Les Amblypodes , ou Amblydactyles , sont ainsi appelés en raison de leurs pieds et orteils courts et trapus. Selon le professeur Cope, ils appartenaient à la lignée directe des périssodactyles et des artiodactyles , un point de vue qui n'est dans l'ensemble pas accepté à l'heure actuelle.

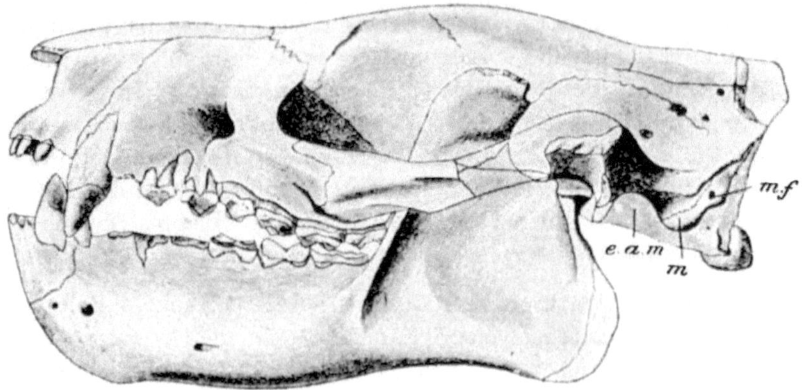

FIGURE. 114.— Crâne de *Protolambda bainmodon* . × ¾. *eam* , méat auditif externe ; *m* , mastoïde ; *mf* , foramen mastoïdien. (D'après Osborn.)

Comme c'est le cas pour d'autres groupes, les Amblypodes ont commencé à exister en tant que sous-ordre avec des formes relativement petites telles que *les Pantolambda* , le type le plus ancien connu, qui constitue à bien des égards une transition entre les formes ultérieures et d'autres groupes de mammifères tels que les Créodonte . [120] La course a culminé et s'est terminée avec les géants *Dinoceras* et *Coryphodon* , et s'est répandue dans le Vieux Monde. Malgré leur cerveau lisse et minuscule, ces mammifères étaient capables de se défendre et de se multiplier en de nombreuses espèces et genres ; en cela, ils furent peut-être aidés par leurs formidables défenses et par les cornes que beaucoup d'entre eux possédaient. Les dents semblent impliquer un régime omnivore, ce qui constituait très probablement un avantage supplémentaire dans la lutte pour l'existence. Il ne semble pas nécessaire de diviser les Dinoceratidae en un sous-ordre équivalent aux Coryphodontidae comme l'a fait le professeur Marsh ; les nombreux points communs que possèdent les membres des deux familles interdisent plus largement leur séparation qu'en tant que familles.

Les premiers types d' Amblypoda appartiennent au genre *Pantolambda* , dont l'espèce *P. bathmodon* mesurait environ quatre pieds de longueur. Tel que restauré, il semble avoir eu des membres antérieurs et postérieurs proportionnellement courts, et une longue queue. Il s'agissait apparemment d'un plantigrade, qui ressemblait beaucoup à un type carnivore. Le crâne n'a pas de cavités aériennes, comme celles développées dans les types ultérieurs de l'Éocène inférieur, par exemple *Coryphodon* ; *Pantolambda* vient de l'Éocène basal. Les os frontaux ne montrent aucune trace des cornes qui se sont développées dans les formes ultérieures ; les nasales sont relativement longues ; l'arc zygomatique est mince. Les dents molaires ont la forme primitive de trituberculy, et les prémolaires, comme c'est si souvent le cas chez les animaux primitifs, diffèrent par leur forme des molaires, étant moins nettement sélénodontes. Quant à la colonne vertébrale, les vertèbres dorsales semblent avoir eu des épines courtes, ce qui témoigne, comme c'est le cas également dans le cas du *Coryphodon plus grand et plus lourd* , d'une faiblesse dans le développement des ligaments et des muscles soutenant et mouvant la tête. L'omoplate semble avoir la même forme particulière en forme de feuille que celle du *Coryphodon ultérieur* . [121] Ce type primitif montre un foramen entépicondylien dans l'humérus. Il est intéressant d'observer que le bord postérieur du cubitus est convexe, comme chez les Créodontes, et chez les premiers Condylarthrous *Euprotogonia* . Chez les Amblypodes développés ultérieurement , comme chez les Condylarthra ultérieurs , cet os acquiert une bordure extérieure concave. Dans le carpe, l' os central est distinct. Dans le fémur, le troisième trochanter est bien formé ; il disparaît progressivement chez les Amblypodes ultérieurs . Le péroné s'articule avec le calcanéum. Cette espèce, selon Osborn, "représente l'hypothétique Protungulate , étant plus primitive que *Euprotogonia* ou *Phenacodus* ". [122]

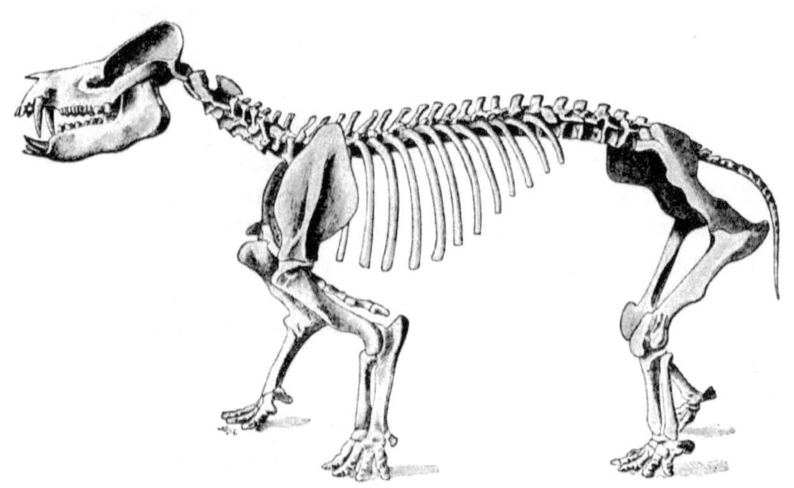

FIGUE. 115.— Squelette de *Coryphodon radians* . × 1 / 10 . (D'après Osborn.)

Le genre *Coryphodon* est connu par un grand nombre d'espèces, dont la première a été découverte dans ce pays, et n'était représentée que par une mâchoire avec quelques dents. Celui-ci a été nommé par Sir R. Owen *C. eocaenus* et a été dragué du fond de la mer au large de la côte de l'Essex. Un deuxième spécimen consistait en une seule canine et a été remonté d'une profondeur de 160 pieds lors de la construction d'un puits à Camberwell . Des restes plus abondants ont depuis été découverts en Amérique du Nord.

Ce genre avait une grosse tête, et dans certains spécimens, on peut remarquer des traces des « noyaux de corne », si marqués chez les *Dinoceras apparentés*. Le crâne est large derrière et rétréci devant ; les os de la toiture montrent les espaces cellulaires si caractéristiques de l'éléphant. L'os jugal, cependant, n'est pas, comme chez l'éléphant, placé au milieu de l'arc zygomatique un peu massif. Comme chez certains autres ongulés primitifs (par ex. *Phenacodus*) il y a vingt vertèbres dorso -lombaires, dont quinze portent des côtes.

L'omoplate semble avoir possédé une forme particulière en forme de feuille, renflée au milieu et se terminant presque par une pointe au-dessus. Il a une épine bien marquée et l'acromion est très projeté. Les pattes antérieures ainsi que les pattes postérieures sont dans un état de transition entre le plantigradisme et le digitigradisme . On croyait autrefois que l'animal était digitigrade quant aux pattes antérieures et plantigrade quant aux pattes postérieures. Bien que, comme cela a été souligné, il est un fait que les pattes postérieures se trouvent souvent sur un plan d'évolution différent de celui des pattes antérieures, il semble que cette différence ne caractérise aucun ongulé, à l'exception du genre actuellement sous considération.

Les orteils sont très écartés. La ceinture pelvienne est d'une grande force et largeur. Le fémur, comme chez les Périssodactyles , possède un troisième trochanter bien développé ; mais tandis qu'ici le membre postérieur est périssodactyle , il est artiodactyle en ce sens que le tibia et le péroné s'articulent avec l'astragale et le calcanéum. Les dents striées ont donné le nom au genre.

Une caractéristique curieuse dans la structure du genre sont les épines minces des vertèbres dorsales, qui contrastent avec les énormes de certains autres ongulés, plus curieuses dans ce genre, qui est de forte constitution, que dans le plus léger *Pantolambda* . Le dos de l'animal est court et les membres sont très écartés, de sorte que la démarche était sans doute traînante. La grosse tête, les membres et les ceintures de membres courts et lourds ajoutaient probablement à sa marche ou son trot encombrant. Les canines sont de grandes défenses et s'étalent des deux côtés de la bouche. [123]

Le regretté professeur Cope, en 1874, décrivit l'apparence probable du *Coryphodon* dans les mots suivants : « L'apparence générale des Coryphodons , telle que déterminée par le squelette, ressemblait probablement plus à celle de l'ours qu'à celle de n'importe quel animal vivant, à l'exception importante que dans Leurs pieds ressemblaient beaucoup à l'éléphant. Aux proportions générales des ours, il faut ajouter la queue de longueur moyenne. Il est bien sûr incertain s'ils étaient couverts de poils ou non. Parmi leurs plus proches alliés vivants, les éléphants, certains étaient poilus. et d'autres nus... Les mouvements des Coryphodons ressemblaient sans aucun doute à ceux de l'éléphant dans sa démarche traînante et errante, et pouvaient être encore plus gênants à cause de la rigidité de la cheville.

Les membres les plus récents de ce sous-ordre proviennent des couches de l'Éocène moyen et se rapportent principalement au genre *Dinoceras* , avec lequel *Tinoceras* et *Uintatherium* sont au moins très proches, sinon identiques. Ces créatures étaient de grande taille, plus grandes que les types antérieurs considérés. Ils présentent une certaine ressemblance superficielle avec les Titanotheriidae , en raison des noyaux de corne massifs sur le crâne. Ces noyaux de cornes sont grands sur les maxillaires et les pariétaux et sont appariés ; sur les nasaux se trouvent des cornes plus petites. Les os du crâne comportent des cavités aériennes. Les incisives de la mâchoire supérieure sont absentes ; les canines sont d'énormes défenses, et les mâchoires inférieures sont rabattues vers le bas près de la symphyse où ces défenses les bordent. Contrairement à ce que l'on retrouve chez les types plus anciens, où la position du condyle de la mâchoire inférieure est normale, cette proéminence est tournée vers l'arrière chez les Dinocerata . La même brièveté des épines des vertèbres dorsales prévaut dans ce groupe comme dans les autres Amblypodes , bien qu'elle soit peut-être à peine aussi marquée. L'omoplate n'a pas la forme acuminée particulière qui existe chez *Coryphodon*

, mais est triangulaire et large au-dessus. Les membres sont éléphantins, en ce sens que l'angle entre l'humérus et le fémur respectivement, et les os qui suivent, n'est pas marqué. Les membres postérieurs sont particulièrement droits. La queue est courte comparée à celle des Amblypodes primitifs . Les Dinocerata sont purement digitigrades. Le foramen entépicondylien a, comme chez les Coryphodontes , disparu. L' os central du carpe a fusionné et n'existe plus en tant qu'os séparé. Le péroné ne s'articule plus avec le calcanéum, mais cet os et le cubitus sont bien développés. Le genre *Astrapotherium* est placé parmi les Amblypodes par certaines autorités. [124]

SOUS-ORDRE 3. ANCYLOPODA.

L'histoire de la découverte des membres de cet ordre est très instructive car elle illustre les dangers d'accorder trop d'importance classificatoire aux fragments d'animaux détachés. Il y a déjà 1825, des phalanges terminales d'une nouvelle créature furent découvertes au Miocène d' Eppelsheim et envoyées à Cuvier. Cuvier les nomma « Pangolin gigantesque », les considérant, en raison de leur forme générale et de leurs terminaisons fendues, comme appartenant aux Edentata . Dans le même lit, environ sept ans plus tard, on trouva certaines dents clairement d'un caractère d'ongulé, auxquelles fut appliqué le nom générique de *Chalicotherium* . On découvrit par la suite que les dents et les griffes appartenaient au même animal et, plus tard, d'autres restes découverts révélèrent une créature ayant la composition anormale d'un ongulé avec des dents résolument ongulées, mais avec des pieds dans une large mesure semblables à ceux de l'animal. d'un animal onguiculé. La même confusion de caractères se produit également, on s'en souvient, dans l' Artiodactyle distinctement *Agriocherus* (voir p. 331). En effet, les pieds de ce dernier, lors de leur première découverte, étaient, comme il apparaît maintenant, attribués à tort à l'ordre actuel des Ongulés sous le nom d' *Artionyx* . Il est probable que le genre *Moropus* d'Amérique du Nord soit membre de ce groupe et qu'il soit probablement congénère d'un type quelque peu différent d' Ancylopod connu sous le nom de *Macrotherium* . Il est également clair qu'*Anisodon* , *Schizotherium* et *Ancylotherium* , s'ils ne sont pas congénères de l'un ou l'autre des deux genres reconnus , en sont du moins très proches.

Chalicotherium a un crâne qui rappelle celui de certains des premiers ongulés ; il n'a cependant aucune incisive et aucune canine dans la mâchoire supérieure ; cette caractéristique a conduit à croire que l'animal est apparenté aux Edentata , et qu'il constitue en fait un lien entre eux et les Ungulata . Les molaires, comme celles des Perissodactyla , sont du type buno -sélénodonte. Il est également en accord avec ce groupe (auquel il a été rapproché par plusieurs auteurs) dans le. tridactyle manus et pes, et dans les caractères du tarse. Mais bien que tridactyle, l'axe du membre passe par le quatrième doigt. *Chalicotherium* n'est pas mésaxonique, comme le sont les Perissodactyles . De plus, il ne possède pas de troisième trochanter et les griffes onguiculées ont déjà été évoquées. Quant à ces dernières, qui sont courtes, ce n'est pas la phalange terminale mais la première qui est rétractée ; ainsi *Chalicotherium* diffère nettement des types carnivores et édentés ; car chez les premiers, c'est la dernière phalange qui est rétractée, tandis que chez les Édentés, la même phalange est fléchie vers le bas. Les membres du *Chalicotherium* sont à peu près de la même taille, et l'animal semble avoir été gros et quadrupède. [125]

Macrotherium , comme le dernier genre, semble avoir été commun au Nouveau et à l'Ancien Monde. Il se distingue par un certain nombre de caractères. On suppose qu'il était « semi-arboricole et fouisseur » ; les membres antérieurs sont beaucoup plus longs que les postérieurs, les proportions relatives du radius et du tibia étant de 70 à 29. Le cubitus était distinct du radius, alors que chez Chalicotherium les *deux* sont fusionnés, ou presque. Les jeunes spécimens semblent posséder un ensemble complet d'incisives ; on ne sait pas si c'est le cas ou non avec *Chalicotherium* . [126]

Homalodontotherium est parfois placé dans le groupe.

SOUS-ORDRE 4. TYPOTHERIE.

Il est un peu difficile d'être sûr que les Typotheria soient à juste titre référées aux Ungulata , car elles contredisent deux règles importantes des Ongulés. Ils ont des clavicules qui manquent ailleurs, et le pouce semble opposable. [127] Un ongulé est essentiellement un animal qui court et n'a pas besoin d'un doigt saisissant. Pourtant, la plupart des Typotheria sont placés dans la série des Ongulés, bien que leurs ressemblances incontestables avec d'autres groupes, en particulier avec les Rodentia, soient admises et même soulignées . Cope les place définitivement chez les Toxodonts .

Les Typotheria sont un groupe éteint de petites bêtes, confinées, comme les Toxodontia , à l'Amérique du Sud, une région qui, pendant la période tertiaire et jusqu'au Pléistocène, regorgeait d'espèces étranges et variées d'animaux ongulés.

Les formes antérieures de Typotheria peuvent être illustrées par certains récits du genre *Protypotherium* . Cet animal avait à peu près la taille d'un *daman* , auquel il ressemble en effet par plusieurs points de structure. Les dents ont le nombre primitif de quarante-quatre, et elles sont rapprochées, ne laissant aucun diastème ; les molaires sont sans racines et poussent de manière persistante ; ils sont simples et ressemblent à des rongeurs en termes de surface. La forme de la mâchoire inférieure est semblable à celle du *Hyrax* , avec un contour arrondi vers l'arrière ; il n'y a pas d'angle saillant comme chez les Rongeurs, et cette remarque s'applique aux Typotheria en général.

L'aspect de la mâchoire inférieure du Rongeur est typiquement différent de celui du *Hyrax* et des formes considérées.

Certains autres caractères de ces premières formes de Typotheria peuvent être découverts à partir d'une inspection d'autres genres. Chez *Icochilus,* la main et le pied avaient cinq doigts et, comme chez les anciens ongulés en général, les os du poignet et de la cheville sont disposés en série et non en alternance. De plus, un os central est présent dans le carpe. Le pouce et le gros orteil étaient opposables. Le crâne a une apparence remarquablement semblable à celle d'un rongeur, mais le palais n'est pas aussi rétréci que chez ces animaux.

Dans les formes plus récentes de typotherie, la dentition s'est réduite. Les canines sont perdues, et comme les incisives sont également réduites à une de chaque côté de la mâchoire supérieure et à deux de chaque côté de la mâchoire inférieure, la ressemblance avec un crâne de rongeur est accrue. Il existe également des preuves d'une modification par rapport aux formes plus primitives dans la perte d'une prémolaire ou même de plusieurs, dans l'alternance des os du carpe, dans la disparition de la partie centrale et dans la perte d'un orteil sur l'arrière-pied. Dans ces formes plus récentes , le péroné s'articule avec l'astragale au lieu du calcanéum. La typotherie de ces formes plus récentes peut être illustrée par le genre typique *Typotherium* . Il a la formule dentaire réduite I 1/2 C 0/0 Pm 2/1 M 3/3 ; les molaires sont simples et ressemblent beaucoup à celles de *Toxodon* . Les incisives supérieures sont puissantes et courbées, mais sont entourées d'une couche d'émail, qui ne se limite pas à la face antérieure, comme c'est pratiquement le cas chez les rongeurs. Le sacrum est composé d'un grand nombre de vertèbres, environ sept, un état de fait qui rappelle l' Edentata . L'omoplate n'est pas de forme ongulée. Il possède une colonne vertébrale forte, avec un acromion et un métacromion bien développés . Les phalanges terminales sont élargies et ressemblent à des sabots.

Dans le genre *Pachyrucos* il y a trois prémolaires, sinon la formule est la même que chez *Typotherium* . L'animal semble avoir eu des ongles plutôt que des sabots. Le pouce était opposable. Le péroné est fusionné en dessous avec le tibia, alors que dans ce dernier genre ces deux os sont bien distincts l'un de l'autre.

SOUS-ORDRE 5. TOXODONTIE

Le groupe Toxodontia , [128] comme tant d'autres, est extrêmement difficile à définir. Ses limites ne sont pas non plus plus faciles à délimiter que celles de nombreux autres groupes d'ongulés. Il serait peut-être préférable de rendre compte de *Toxodon* et de quelques types qui semblent se trouver à proximité de lui dans le système, puis d'indiquer dans quelle mesure leur structure ressemble ou s'écarte des autres ongulés. *Toxodon* lui-même est connu à partir de squelettes complets. Il vivait en Argentine à l'époque « pampéenne », qui semble être du Pléistocène. Un grand nombre d'espèces ont cependant été décrites, dont certaines semblent remonter plus loin dans le temps et avoir existé au Miocène plus au sud en Patagonie.

La taille de cette créature était à peu près celle d'un grand rhinocéros ; il a un corps volumineux et une grosse tête, qui était portée bas, à cause de la courbure vers le bas des vertèbres antérieures ; sous cet aspect, les figures des squelettes rappellent *le Glyptodon* et les Edentates similaires. La bête a été découverte par Darwin et décrite à l'origine par Owen. "Pendant son séjour (de M. Darwin) à Banda Oriental", écrit le révérend H. Hutchinson, "ayant entendu parler de quelques "ossements de géants" dans une ferme du Sarandis, un petit ruisseau se jetant dans le Rio Negro, il s'y rendit à cheval . , et acheté pour la somme de dix-huit pence le crâne qui a été décrit par Sir R. Owen. Les gens de la ferme ont dit à M. Darwin que les restes avaient été exposés par une inondation ayant emporté une partie d'un talus de terre. Quand trouvée, la tête était tout à fait parfaite, mais les garçons ont cassé les dents avec des pierres, puis ont dressé la tête comme une cible sur laquelle lancer. Toute la région pampéenne est une vallée d'ossements secs, et les restes de *Toxodon* y sont abondants. Le crâne de *Toxodon* n'est pas sans rappeler celui d'un cheval dans son aspect général ; mais l'orbite n'est pas séparée de la fosse temporale. Les prémaxillaires sont garnis au-dessus d'une légère protubérance dirigée vers l'extrémité libre des nasales, qui peut être liée à la présence d'une trompe courte. L'arc zygomatique est fort et large : les mandibules sont munies d'une longue symphyse. La formule dentaire est I 2/3 C (0-1)/1 Pm 4 /(3-4) M 3/3. Les dents sont prismatiques et hypselodontes, poussant à partir de pulpes persistantes. Les molaires sont de forme légèrement arquée, d'où le nom de *Toxodon* , « dents d'arc ». Les fortes incisives en forme de ciseau suggèrent les rongeurs et *les damans* . En outre, les dents des joues ne sont en rien différentes de celles des rongeurs dans leur forme. Ils ne ressemblent en tout cas pas du tout à ceux des Ongulés existants. La petite taille de la canine et de la première prémolaire produit un diastème dans la série dentaire. Le sacrum est constitué de cinq vertèbres et l'ischion ne s'articule pas avec lui.

L'omoplate a une forte épine, mais seulement un acromion rudimentaire ; la coracoïde n'est pas non plus bien développée. Le radius traverse le cubitus, comme chez l'Éléphant ; l'ensemble du membre antérieur est plus court que le membre postérieur, ce qui doit avoir exagéré l'expression de chien pendu de la créature de son vivant. Les éléments du carpe s'emboîtent de manière moderne. Ceux du tarse, cependant, sont primitifs en ce sens qu'ils se situent les uns au-dessous des autres sans alternance. Le carpe a une centrale. Le péroné s'articule avec le calcanéum. Le fémur n'a pas de troisième trochanter. Il y a trois orteils pour tous les membres. Il est clair que cet assemblage de caractères ne permettra pas de placer *Toxodon* dans un ordre d'ongulés vivants. Si les orteils moyens paraissent par leur légère prééminence se rapprocher de la forme périssodactyle , le contour particulier de la surface des molaires, sans parler de l'absence d'un troisième trochanter sur le fémur, ne permettra pas cette classification.

Le genre *Nesodon est* allié à *Toxodon* . Il doit son nom à un « lobe insulaire » situé sur la face interne des molaires supérieures. Cette créature, plus petite que *Toxodon* , en diffère également par le fait que la dentition est complète et par le dessin des molaires, qui est un peu plus complexe. Il y a encore une légère projection sur les os prémaxillaires, mais la narine est dirigée plus vers l'avant que chez *Toxodon* . Le zygoma est également massif. La deuxième paire d'incisives de la mâchoire supérieure et la troisième paire externe de la mâchoire inférieure forment de grosses défenses chez l'adulte. Celles-ci et les molaires sont cependant finalement enracinées et ne poussent pas, comme chez *Toxodon* , à partir de pulpes persistantes. Le genre appartient à l'ancien Tertiaire de Patagonie. Cinq ou six espèces ont été décrites. Certains sont aussi gros qu'un rhinocéros, d'autres aussi petits qu'un mouton.

Il n'y a aucun doute sur l'alliance étroite des deux genres que nous venons d'évoquer. Il est plus douteux que *Homalodontotherium* et ses alliés doivent être placés, comme ils le sont souvent, dans le voisinage des Toxodontes . *Homalodontotherium* doit son nom à sa rangée de dents régulière et sans diastème. C'était une créature de taille aussi grande que *Toxodon* et provenait également des strates tertiaires de Patagonie. Les dents sont au nombre de quarante-quatre typiques et les molaires comme celles d'un rhinocéros ; ce sont cependant des brachyodontes et non des hypselodontes comme chez *Toxodon* . Ce genre présente cependant une différence importante par rapport aux Rhinocerotidae et aux autres Toxodontia dans le fait qu'il était à cinq doigts et que les os du carpe et du tarse sont placés les uns par rapport aux autres de manière sérielle linéaire.

L'Astrapotherium est sans aucun doute un proche parent de *l'Homalodontotherium* . Cette créature était de taille égale et avait également une portée patagonienne. Les dents sont en nombre réduit, mais l'animal était pourvu, comme le sanglier, de grandes défenses, qui étaient cependant formées par les incisives. Cet animal est très imparfaitement connu ; c'est la forme des molaires et la grande taille des incisives qui ont conduit à son association avec la Toxodontie . Quant à la ressemblance des dents de ce genre et d' *Homalodontotherium* avec celles du *Rhinocéros* , il est difficile de la considérer comme une preuve d'une proche affinité. Cette ressemblance doit probablement être considérée comme un cas de parallélisme dans le développement. On peut peut-être donner exactement la même explication à la ressemblance que les dents de *Toxodon* et *de Nesodon* présentent avec celles des rongeurs, ou même avec celles des édentés. Quant à leurs affinités, Zittel observe :

"L'intégralité de leurs caractères ostéologiques plaide pour le Toxodon une position distincte dans le voisinage des Perissodactyla , Proboscidea, Typotheria et Hyracoidea . Les relations avec les Rodentia reposent principalement sur le développement convergent des dents, et non sur une véritable relation."

SOUS-ORDRE 6. PROBOSCIDEA.

Grands animaux se nourrissant de légumes, généralement légèrement couverts de poils, et dont les narines et la lèvre supérieure sont dessinées en une longue trompe. Chiffres cinq sur les deux membres. Fémur et humérus non fléchis sur le bas de la jambe et l'avant-bras en position de repos. Crâne avec de nombreuses cavités d'air dans la toiture et d'autres os. Les incisives se développent en longues défenses, qui existent uniquement dans la mâchoire supérieure, uniquement dans la mâchoire inférieure ou dans les deux mâchoires. Il n'y a pas de canines. Les molaires sont lophodontes. La clavicule est absente. Le fémur n'a pas de troisième trochanter. Les os du carpe sont disposés en série et ne s'emboîtent pas. L'estomac est simple. Le cerveau possède de nombreux hémisphères cérébraux alambiqués, mais le cervelet en est complètement découvert. L'intestin est pourvu d'un large caecum. Les testicules sont abdominaux. Les trayons sont en position pectorale. Le placenta est non décidu et zonaire. Il y a deux veines caves supérieures .

La position des membres chez la tribu des Éléphants est unique parmi les animaux vivants : c'est-à-dire leur rectitude et l'absence ou un très léger développement d'angulation au niveau des articulations des os des membres. Cette même caractéristique a été observée chez les Dinocerata éteints et chez les Titanotheria . Il ne faut cependant pas supposer, d'après la ressemblance avec ces formes anciennes, qu'il existe une grande affinité entre elles et les Proboscidea, ou que ces dernières ont conservé un ancien trait d' organisation . Les Ongulés les plus anciens, pour la plupart, et les Créodontes auxquels ils sont sans aucun doute apparentés, ont les membres très courbés. Il faut donc considérer que la disposition qui existe chez les Éléphants est purement secondaire. Le professeur Osborn a avancé l'opinion raisonnable [129] selon laquelle les membres verticaux de toutes ces créatures colossales sont dus à « une adaptation conçue pour transmettre le poids croissant » de ces animaux. L'énorme masse du corps est mieux supportée par des piliers verticaux que par un membre angulé. Cependant, d'autres points, tels que l'exposition du cervelet, les deux veines caves , les cinq doigts et l'absence d'un troisième trochanter, plaident en faveur d'une position basse des Proboscidés dans le groupe euthérien.

Le groupe peut être facilement divisé en deux familles, les Elephantidae et les Dinotheriidae . Nous commencerons par le premier.

Les éléphants proprement dits, **Elephantidae** , diffèrent des Dinotheriidae et se caractérisent par un certain nombre de caractéristiques anatomiques. Ils possèdent de longues défenses (incisives) soit dans les deux mâchoires, soit, ne serait-ce que dans une mâchoire, dans la partie supérieure. Les molaires sont très grandes, si grandes que seules quelques-unes d'entre elles sont utilisées simultanément. Il n'y a que trois genres définissables d'Eléphantidés, parmi lesquels seul *Elephas* survit. Ce genre comprend également de nombreuses formes éteintes, tant américaines qu'européennes, asiatiques et africaines. Les genres entièrement éteints sont *Stegodon* et *Mastodon* . Il s'agit clairement d'un groupe en voie d'extermination. Depuis le Miocène moyen, ces grands « pachydermes » existent ; et du Miocène jusqu'au Pléistocène, leur aire de répartition était presque mondiale et leurs espèces étaient nombreuses.

Le genre *Elephas* comprend généralement de grandes formes, mais parfois (l'éléphant pygmée de Malte) des formes assez petites. Les caractéristiques externes du genre diffèrent légèrement selon les espèces et seront donc décrites en relation avec les espèces que nous remarquerons ici. La formule vertébrale est C 7, D 19-20, L 3-5, Sa 4-5, Ca 24-30 ou même plus.

Les corps des vertèbres sont remarquables par leur brièveté et par leurs surfaces articulaires très aplaties.

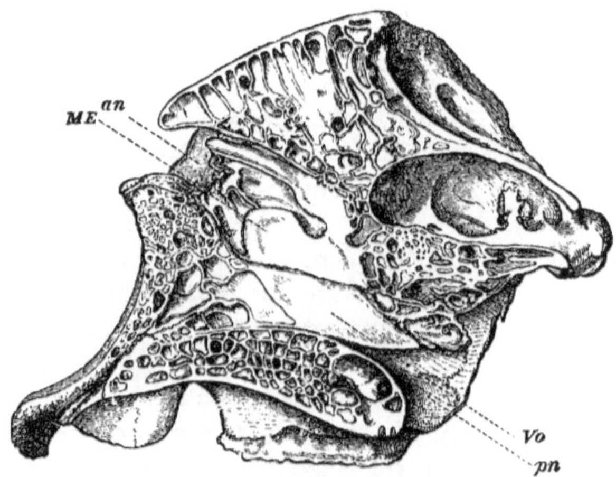

FIGURE. 116.— Une section du crâne d'un éléphant d'Afrique adulte, prise à gauche de la ligne médiane, et comprenant le vomer (*Vo*) et le mésethmoïde (*ME*) ; *an* , antérieure et *pn* , ouverture narial postérieure. × 1 / 12 . (De *l'ostéologie* de Flower .)

Le crâne est grand et massif. Son caractère large et lourd est, comme il a été dit dans la définition du sous-ordre, dû à l'immense développement de cavités aériennes chez le diploe ; le diamètre de la paroi du crâne est en réalité supérieur à celui de la cavité crânienne. Ces caries ne sont pas évidentes chez le jeune animal. Ils sont plus visibles dans les os de la toiture du crâne, mais sont vus ailleurs et épaississent la base du crâne , les maxillaires, etc. Cet état de choses, joint à la présence d'énormes défenses, a pour ainsi dire repoussé les orifices nasaux jusqu'au sommet du crâne, à la manière d'une baleine. Comme chez les cétacés, les os nasaux sont de taille limitée et les prémaxillaires envoient des processus pour rejoindre les fronts et les nasaux. Il existe un arc zygomatique droit et quelque peu mince, mais l'orbite n'est pas séparée de la fosse temporale. L'os malaire est petit et, comme chez les rongeurs, forme la partie médiane du zygoma. Ce n'est pas le cas de la plupart des Ongulata . La symphyse des mandibules forme un rebord en forme de bec. La scapula a une région préscapulaire étroite, mais une région post-scapulaire très large . La colonne vertébrale a un processus puissant qui se projette vers l'arrière près de son milieu ; c'est un point de ressemblance avec certains rongeurs. Aucun éléphant n'a de clavicule. La caractéristique la plus remarquable du membre antérieur est la séparation et le croisement du radius et du cubitus. Les bras de ces animaux sont fixés en permanence en position de pronation. Le pied est court et les os du carpe sont disposés en série. Il existe cependant des traces d'un début d'imbrication de ces os sous de nombreuses formes. Les pattes postérieures sont un peu plus petites que les pattes antérieures, et le tibia et le péroné sont tous deux développés.

Quant aux dents, ce genre se distingue des formes alliées par la présence de défenses uniquement dans la mâchoire supérieure. Ces défenses n'ont pas de bandes d'émail comme celles des *Mastodontes* . Ce sont des incisives. Il reste cependant une trace de l' émaillage ancien sous la forme d'une tache à la pointe, qui s'use rapidement. Les molaires d' *Elephas* sont si grandes que les mâchoires ne peuvent pas en accueillir plus de deux et une partie d'un tiers à la fois. Celles-ci sont progressivement remplacées par d'autres au nombre de trois, le remplacement des dents évoquant celui du Lamantin. Chaque molaire est profondément striée, les interstices entre les crêtes étant remplis de ciment. Au fur et à mesure que la dent s'use, la surface reste plane. Chaque crête est constituée d'un noyau de dentine entouré d'une couche d'émail. Le nombre de ces crêtes varie considérablement d'une espèce à l'autre. L'éléphant indien est l'un de ceux qui possèdent le plus grand nombre de plaques dans une seule dent, jusqu'à vingt-sept. [130] Parmi les six molaires qui finissent par apparaître, les trois premières sont considérées comme correspondant à des prémolaires. Mais les dents successorales sont rares dans le genre ; c'est-à-dire en ce qui concerne les molaires, car les défenses ont leurs précurseurs laitiers. Quant aux molaires, ce n'est apparemment *qu'E.*

planifrons qui présente certainement une dentition de lait. Chez *les mastodontes* et les types plus âgés , une dentition de lait est plus courante.

Les viscères de l'éléphant ont été examinés par de nombreux zoologistes. Le dernier article, traitant principalement de l'espèce africaine, mais contenant également des informations sur son congénère indien, est cité ci-dessous. [131] L'Éléphant est remarquable en ce qu'il possède, outre les trois paires habituelles de glandes salivaires présentes chez les mammifères, une quatrième, située dans la région molaire, et débouchant sur la joue par de nombreux pores. Cette glande est particulièrement bien développée chez les rongeurs. Il y a une glande qui peut être mentionnée à ce propos , bien qu'elle s'ouvre extérieurement entre l'œil et l'oreille, connue sous le nom de glande temporale ; son utilisation ne semble pas claire. La cavité thoracique de l'éléphant, comme on peut le déduire du grand nombre de côtes, est très grande par rapport à l'abdomen.

L'estomac est de forme simple et l'épithélium de l' œsophage ne s'y prolonge pas comme c'est le cas chez le cheval et le rhinocéros. Une glande ou un ensemble de glandes plus petites se trouve dans l'estomac et rappelle la "glande cardiaque" du Wombat et du Castor, ainsi que celle de la Girafe. Le gros intestin est long, soit un peu plus de la moitié de la longueur de l'intestin grêle. Le caecum est bien développé chez ces animaux. Le foie a une forme très simple, n'étant que légèrement lobulé. Il n'est en réalité que bilobé, mais il est important de noter que cette division ne correspond pas aux deux moitiés du foie. Comme le montre l'attache du ligament suspenseur, une moitié est constituée du seul lobe latéral gauche, l'autre moitié englobant les lobes primaires restants. La simplicité du foie ressemble à un caractère archaïque. Aucun éléphant n'a de vésicule biliaire. Les poumons sont eux aussi de forme simple grâce à leur légère lobulation. Chaque moitié est en effet sans subdivisions et est de forme triangulaire. En cela, les éléphants ressemblent aux baleines, comme dans le simple foie. Dans les deux cas, la ressemblance est probablement due à la permanence des caractéristiques primitives de l'organisation . Le cerveau de l'Éléphant [a] des hémisphères extrêmement bien alambiqués ; mais ils laissent le cervelet entièrement découvert. Cela suggère un cerveau qui est une grande spécialisation de type bas. Le cerveau a été particulièrement comparé à celui des Carnivores, groupe avec lequel les Éléphants s'accordent dans les caractères du placenta. Il est cependant toujours extrêmement difficile de comparer les cerveaux de mammifères appartenant à des ordres différents.

Il n'existe que deux espèces vivantes d'éléphants, dont nous allons maintenant donner quelques détails. Seules quelques-unes des formes fossiles, assez nombreuses, peuvent être évoquées ici.

L'éléphant d'Afrique, *E. africanus* , a parfois été attribué à un genre ou sous-genre distinct, *Loxodon* , en raison des zones en forme de losange sur les dents usées. Il vit, comme son nom l'indique, en Afrique. Cette espèce présente un certain nombre de caractéristiques externes qui permettent de la distinguer de l'éléphant d'Orient. La tête est plus inclinée vers l'arrière et n'a pas les deux bosses arrondies qui donnent une physionomie si sage à l'espèce indienne. Les oreilles sont beaucoup plus grandes. La pointe du tronc présente une légère projection triangulaire sur la partie inférieure et supérieure de la circonférence de l'ouverture. Il y a quatre clous sur les pattes antérieures et trois sur les pattes postérieures. Comme dans la forme indienne, les orteils sont tous liés ensemble et ne se présentent en aucune partie comme des doigts libres. Une épaisse couche de graisse, etc., donne à l'animal vivant une apparence plantigrade, alors qu'il est, en fait, digitigrade. Au niveau des caractéristiques internes, la différence la plus importante avec *E. indicus* réside dans les dents molaires, qui sont striées par beaucoup moins de crêtes. Le nombre extérieur d'une seule dent chez l'espèce actuelle est 10 ou 11. Chez *Elephas indicus* , en revanche, il y en a jusqu'à 27.

L'éléphant d'Afrique, pense Sir Samuel Baker, atteint une hauteur d'environ 12 pieds, et on se souvient que le fameux "Jumbo" mesurait 11 pieds de haut au garrot. Les défenses se trouvent chez les deux sexes, comme chez la bête indienne, mais sont relativement plus grandes chez la femelle de l'espèce actuellement considérée. C'est aussi une créature un peu plus active et plus sauvage ; [133] cependant, il peut être apprivoisé, comme le montrent plusieurs spécimens qui ont été et sont en possession de la Société Zoologique et d'autres propriétaires. Il semblerait qu'il ait été utilisé dans le passé. Certaines monnaies carthaginoises sont estampillées d'une figure de l'éléphant d'Afrique ; mais en Afrique, aucune tentative n'est actuellement faite pour utiliser cette créature, sauf pour la nourriture et l'ivoire.

FIGUE. 117.— Éléphant d'Afrique. *Elephas africain.* × 1 / 56 . (D'après Sir Samuel Baker.)

La signification d'un éléphant comme emblème. sur une pièce de monnaie semble être l'éternité, et il ne fait aucun doute que l' éléphant est un animal à longue durée de vie. On dit qu'il n'atteint guère sa maturité avant quarante ans et que 150 ans n'est pas hors de portée en termes de longévité. Des délais encore plus longs lui ont été assignés.

Les défenses de l'éléphant ne sont en aucun cas nécessairement des ornements sexuels, utilisés uniquement à des fins de combat. L'éléphant d'Afrique est un « creuseur très industrieux » et arrache d'innombrables racines pour se nourrir. Il semble être un fait que lors de ces opérations, la défense droite est principalement utilisée et, par conséquent, cette défense est plus courte et plus fine que l'autre. Deux défenses moyennes pèseraient respectivement 75 et 65 livres, cette dernière étant bien entendu le poids de la défense droite la plus usée. Ces poids, il faut le remarquer, n'indiquent en aucun cas les limites que peuvent atteindre des défenses finement développées. La défense la plus lourde connue de Sir Samuel Baker [134] pesait 188 livres. Celui-ci a été vendu lors d'une vente d'ivoire à Londres en 1874. L'allure de l'éléphant d'Afrique, dit la même autorité, est tout au plus de quinze milles à l'heure au début, et bien sûr dans une course furieuse. Cette allure ne peut pas être maintenue sur plus de deux ou trois cents mètres, après quoi dix milles à l'heure sont une meilleure approximation de l'allure qui peut être maintenue sur de longues distances.

L'éléphant indien, *Elephas indicus* (ou *Euelephas indicus* , si l' on accepte le genre *Loxodon*), *est mieux connu et est connu depuis plus longtemps que l'éléphant d'Afrique.* On le rencontre en Inde et à Ceylan, ainsi que dans certaines îles malaises, dont les éléphants sont considérés dans les dernières régions du monde comme une forme distincte, procédure apparemment inutile.

FIGUE. 118.— Éléphant indien. *Elephas indicus.* × 1 / 54 . (D'après Sir Samuel Baker.)

Cette espèce n'est pas aussi haute au niveau de l'épaule que l'Africain ; son dos est plus arrondi au milieu. Le tronc n'a qu'une seule extrémité pointue ; il y a cinq ongles sur les pattes antérieures et quatre sur les pattes postérieures. Comme cette espèce vient d'Inde et d'Orient, elle est plus ancienne et mieux connue que la forme africaine. Ainsi, bon nombre des histoires et légendes qui se sont rassemblées autour des éléphants s'appliquent réellement à cette forme. Comme on le sait, l'éléphant indien est très utilisé comme bête de somme et à d'autres fins où sa force énorme le rend inestimable. Mais son grand inconvénient en tant que serviteur de l'homme est sa grande indépendance . D'un côté nous avons des éléphants furieux, vicieux et généralement peu fiables, et de l'autre des créatures parfaitement dociles, qui obéissent au moindre signe de leur conducteur. Aussi énorme que soit l'éléphant, c'est souvent une bête timide. Sir Samuel Baker raconte comment celui qu'il chevauchait s'est enfui à la vue d'un lièvre. Se faire emmener par un éléphant est loin d'être agréable, bien que ce soit un événement plutôt excitant. Il constitue d'emblée la jungle la plus proche, étant, bien plus que l'espèce africaine, un habitant de la forêt. Et en se précipitant à travers les sous-bois denses, les occupants du dos de l'éléphant risquent d'être balayés ou coupés en morceaux par d'innombrables épines.

Les éléphants, sans doute de l'espèce indienne, étaient utilisés par les Perses au combat, et sur quinze capturés à la bataille d'Arbela, quelques notes furent rédigées par Aristote. En affirmant que l'animal atteint l'âge de 200 ans, le naturaliste et philosophe n'était sans doute pas très loin. Le mode de capture des éléphants décrit par Aristote est celui que l'on pratique aujourd'hui. À l'époque comme aujourd'hui, les éléphants apprivoisés étaient utilisés comme leurres. Pline, [135] qui avait tendance à confondre réalité et fiction dans un enchevêtrement quelque peu indissociable, avait quelque chose à dire sur les éléphants, tant indiens qu'africains. Les serpents, pensait-il, étaient leurs principaux ennemis, qui les tuaient en s'enroulant autour d'eux et en enfonçant leur tête dans le tronc, arrêtant ainsi leur respiration. En Europe, les éléphants ont été vus pour la première fois en 280 avant JC . Pyrrhus les a utilisés lors de son invasion et, en copiant son exemple, les Romains eux-mêmes ont appris à utiliser les éléphants. Le premier éléphant vu en Angleterre est arrivé en 1257, présenté par le roi de France à Henri III. Il fut conservé dans la Tour (qui devint longtemps après une ménagerie) et mourut à douze ans. L'éléphant a été largement utilisé dans les symboles. Nous avons parlé de l'éléphant d'Afrique sur les monnaies carthaginoises comme d'un emblème d'éternité. L'éléphant d'Orient reposant sur le dos d'une tortue et soutenant le monde, c'est la même idée ; et il est instructif de noter que les restes ont été trouvés dans les collines de Siwalik d'une tortue qui aurait été en fait assez grande pour supporter la créature, même "Jumbo", qui pesait 6½ tonnes. Un autre symbole est celui d'un éléphant sur le dos duquel se trouve un enfant avec des flèches ; cela se produit sur une médaille de l' empereur Philippe. Cela peut difficilement signifier l'éternité d'un fort sentiment humain !

L'intelligence de l'éléphant a été à la fois exagérée et minimisée . La tentative la plus élaborée pour doter la bête de perceptions mentales inhabituelles est peut-être celle d' Aelian , qui raconta qu'un éléphant surveillant attentivement son gardien, écrivait après lui avec sa trompe des lettres sur un tableau. Que l'animal possède effectivement beaucoup de cerveau, semble être démontré par la manière dont un animal bien dressé obéit au moindre signe du cornac en Inde. Selon Sir Samuel Baker, on se souvient des localités qui produisent en abondance certaines sortes de fruits, ainsi que de l'époque à laquelle les fruits seront à leur meilleur. Les récits de vengeance, qui sont assez nombreux, attestent, pour autant que leurs données soient considérées comme exactes, le pouvoir de mémoire que possède l'Éléphant.

Malgré leur longévité, les éléphants, contrairement à Rome, n'ont pas été construits pour l'éternité. Nous ne pouvons trouver que deux espèces vivantes ; mais autrefois les éléphants étaient très nombreux. Ils ont commencé, autant que nous le sachions, au Miocène.

Les formes existantes sont connues à l'état fossile, ou du moins sub-fossile, à partir de dépôts diluviaux ; et il est intéressant de noter que l'éléphant d'Afrique avait autrefois une aire de répartition plus large qu'aujourd'hui. Ses os (décrits comme *E. priscus*) ont été rencontrés en Espagne et en Sicile.

L'un des éléphants complètement éteints les plus connus est le mammouth, *E. primigenius*. Ce grand éléphant, à bien des égards, se rapprochait davantage de l'éléphant indien existant. Les dents ont des plaques tout aussi nombreuses. Les défenses étaient énormes, atteignant une longueur maximale de 15 pieds ; ils étaient très courbés vers le haut ainsi que vers l'extérieur. Une grosse défense pèse jusqu'à 250 livres. Le Mammouth avait une portée extrêmement large. Non seulement on le trouvait dans diverses régions d'Europe, mais il était particulièrement abondant en Sibérie, comme en témoigne le fait qu'au cours des deux cents dernières années, au moins 100 paires de défenses ont été vendues chaque année dans cette région. Il est également présent en Amérique avec des formes au moins non loin de là, comme *E. columbianus*. Des mammouths ont été retrouvés plus d'une fois sous forme de carcasses entières dans le sol gelé de Sibérie. Le premier a été découvert en 1799 et sauvé quelques années plus tard pour le musée de Saint-Pétersbourg. Cet exemple montrait que le mammouth, contrairement aux éléphants existants, était recouvert d'une laine épaisse mêlée de poils longs et plus hérissés d'environ 10 pouces de longueur. La laine plus douce formait une sorte de crinière sous le cou, qui pendait jusqu'aux genoux. Une autre carcasse a été découverte plus tard par le lieutenant. Benkendorf, qui ne le sauva pas, mais fut presque emporté avec lui dans la mer par une inondation. Ces créatures sont mortes dans la position dans laquelle elles ont été trouvées, en s'enlisant alors qu'elles étaient à la recherche de végétation ou d'eau.

Il n'est pas facile de comprendre comment l'homme primitif, avec ses armes inférieures, a tué le mammouth ; mais le fait qu'ils étaient contemporains est clairement démontré par les restes associés et par le dessin notoire du mammouth sur un morceau de son propre ivoire, dans lequel on peut clairement voir des défenses courbées et un front semblable à celui d'un éléphant indien. Bien que ce ne soit que récemment, en 1799, qu'un exemplaire de cette grande créature ait été étudié sur place et transporté à Saint-Pétersbourg, l'existence des mammouths et de l'ivoire relève d'une connaissance beaucoup plus ancienne. M. Trouessart raconte [136] que l'ivoire fossile était connu des Grecs. Théophraste parlait d'ivoire incrusté dans le sol, et les défenses avaient été récupérées par les Chinois. Il est curieux que les Chinois aient décrit et représenté le mammouth comme une sorte de rat gigantesque. La ressemblance entre la molaire éléphantine et celle des rongeurs a été commentée ; mais l'existence de ses défenses au-dessous du niveau du sol a amené les historiens naturels chinois à considérer que les modes de vie du mammouth étaient ceux de la taupe. Quant aux carcasses elles-mêmes, les Chinois disaient que la chair était froide, mais très saine à manger. Cette expression ne peut guère s'expliquer, sauf en considérant que les carcasses fraîches étaient connues de ce peuple bien avant qu'elles nous soient connues, dans le monde occidental. La valeur de l'ivoire de mammouth était connue depuis l'Antiquité ; le célèbre Haroun-al- Raschid offrit au roi Charlemagne non seulement un couple d'éléphants vivants, mais une « corne de Licorne », qui semble sans doute avoir été un nom pour les défenses du mammouth. Car dans un récit des trésors sacrés de Saint-Denis, publié en 1646, l'auteur affirme que c'est le fait.

Les causes de la disparition du Mammouth ne sont pas faciles à comprendre. Certains pensaient qu'il s'agissait d'un animal nu comme les éléphants existants, et que l'abaissement de la température en Sibérie s'avérait fatal ; il est bien entendu désormais certain qu'il était vêtu d'un poil dense et laineux. Outre les cadavres enfouis du grand pachyderme, de nombreux troncs de pins ont été découverts, ainsi que les restes associés d'autres animaux aujourd'hui disparus dans ce quartier . Il est donc clair que la Sibérie était autrefois couverte de puissantes forêts, à travers lesquelles parcouraient les mammouths. Le dépérissement de ces forêts, dont les branches se nourrissaient l'éléphant, comme l'attestent les restes de feuilles de pin trouvés dans les interstices de ses dents, fut le signal de la disparition de leur plus colossal habitant.

Le grand nombre de restes de cette espèce et d'autres espèces d' *éléphants disparues* dans ce pays a donné lieu à la supposition qu'il s'agissait d'éléphants amenés par César pour aider à l'assujettissement de ces îles. Le révérend J. Coleridge (père du poète) a souligné que bien que César dans ses *Commentaires* n'ait fait aucune mention d'une telle importation d'éléphants, un passage des *Stratagèmes* de Polyaenus mentionne expressément que Cassivelaunus a été confronté par les Romains avec un éléphant vêtu d'éléphants. dans une cotte de mailles, grâce à laquelle la traversée de la Tamise a été effectuée . À l'époque où l'attention fut attirée sur ce sujet (1757), il n'était pas courant de faire allusion à la possibilité de fossiles. Ce fait, opportunément historique, a donc servi à expliquer une difficulté. Il est remarquable que l'éléphant, assez commun bien sûr dans les monuments asiatiques, se retrouve réellement dans l'architecture anglaise. M. Watkins, de l'intéressant ouvrage (*Histoire Naturelle des Anciens*) dont sont tirés bon nombre des faits détaillés ici, nous dit que l'église d'Ottery St. Mary a une tête d'éléphant sculptée sur l'un de ses piliers. Le même ornement apparaît dans l'église de Gosberton , dans le Lincolnshire. Il est difficile de répondre à la question de savoir si cela a quelque chose à voir avec une réminiscence d'éléphants autrefois existants. Dans cette figure d'éléphant, la trompe a une représentation en spirale, et certains pensent que la trompe d'un éléphant est destinée à la « soi-disant ornementation picte » courante en Écosse ; cette spirale seule est constamment visible. S'il s'agit d'une réduction d'un éléphant à ses termes les plus simples, il est très intéressant en tant que survivance presque incontestable du souvenir des éléphants. Car à une telle époque, nous ne pouvons pas utiliser les souvenirs des croisés ou d'autres personnes qui ont pu visiter l'Orient pour expliquer les faits. On pourrait peut-être expliquer ainsi les têtes sculptées des éléphants.

Le nom Mammoth, pense M. Watkins, pourrait dériver du mot arabe Behemoth. Il cite un écrivain, qui a décrit la bête pour la première fois en 1694, comme utilisant les deux mots indifféremment. D'ailleurs, les Arabes étaient alors comme ils le sont aujourd'hui de grands commerçants d'ivoire ; et au IXe siècle et au cours des deux siècles suivants, ils explorèrent les confins de la Sibérie, comme ils le font aujourd'hui les forêts d'Afrique, à la recherche d'ivoire. Le « Béhémoth » de Job « mange de l'herbe comme un bœuf... Il bouge sa queue comme un cèdre » (l'hippopotame a un appendice beaucoup plus trapu). "Voici, il boit une rivière et ne se hâte pas" est sûrement beaucoup plus évocateur des breuvages copieux d'un éléphant que des libations peut-être tout aussi copieuses mais moins visibles d'un hippopotame.

Le plus ancien des véritables éléphants (genre *Elephas*) est *E. meridionalis* . Il s'agit du type africain, c'est- à- *dire que* les plaques des molaires ne sont pas abondantes et ne sont pas aussi nombreuses que chez l' *E. africanus existant* . Il semble avoir été l'un des plus grands éléphants, mesurant 4 mètres de haut. Ses restes sont abondants en Europe et sont également connus d'Angleterre. Comme cette espèce, *E. antiquus* est également du type africain. C'était contemporain de l'homme. Certaines races naines ou « poneys » trouvées dans les grottes de Malte, et appelées *Elephas melitensis* ou *E. falconeri* , appartiendraient à cette espèce. M. Leith Adams, qui a décrit ces [137] restes, les a placés dans deux espèces naines appelées par les noms utilisés ci-dessus, et a trouvé associée à elles une forme plus grande, qu'il a rapportée à *E. antiquus* . L'existence de ces animaux à Malte semble prouver au moins ses dimensions antérieures plus grandes et la présence d'eau douce plus abondante. Les remarquables capacités de nage de l'Éléphant n'impliquent pas nécessairement ni une absence antérieure de connexion terrestre , ni au contraire son existence. On ne peut pas non plus suggérer comme troisième possibilité que la taille naine suggère une île aux dimensions limitées, si l'on pense aux énormes tortues des Galapagos et de quelques autres îles. Il est important de noter que les éléphants de type africain (*Loxodon*) n'étaient pas autrefois absents de l'Inde. *E. planifrons* en faisait partie.

Le genre *Stegodon* est ainsi appelé du fait que les molaires, vues en coupe longitudinale, présentent une série de plis en forme de toit, dont les interstices ne sont pas ou sont imparfaitement comblés par le ciment qui chez Elephas réduit la *surface* . des dents sur un plan horizontal. Ce genre est exclusivement asiatique et s'étend du Miocène au Pléistocène. Le nombre de crêtes sur les molaires est petit, pas plus de deux. Les incisives (défenses) n'ont pas d'émail ; le squelette ressemble généralement à celui d' *Elephas* , entre lequel et *Mastodon* le genre actuel est intermédiaire. Parmi les quatre ou cinq espèces se trouve *S. ganesa* (du nom de la divinité à tête d'éléphant indien), avec des défenses de 10 pieds de long, que l'on peut voir au British Museum of Natural History.

Le dernier genre de la famille des Elephantidae est *Mastodon* , ainsi appelé en raison de la structure des molaires. Ceux-ci ne sont pourvus que de peu de crêtes transversales, pas plus de cinq, de sorte que leur structure est intermédiaire entre celles de *Dinotherium* et celles de *Stegodon* . Entre les crêtes se trouvent parfois des protubérances isolées en forme de bosse (d'où le nom de *Mastodon*), produites par une subdivision des crêtes. Il y a peu ou pas de ciment entre les crêtes. Ce genre diffère de presque tous les autres Éléphants par la possession de molaires de lait, qui persistent occasionnellement tout au long de la vie, la dentition permanente étant dans ces cas un mélange de dents de lait et de dents permanentes, comme cela a été dit (à tort) à propos du Hérisson. [138]

Les défenses (incisives) sont parfois présentes dans les deux mâchoires, et comme elles sont recouvertes, du moins dans leur jeunesse, d'une couche d'émail, la ressemblance avec les incisives en forme de ciseau des rongeurs est évidente. En relation avec l'implantation des incisives dans la mâchoire inférieure, de nombreuses espèces présentent un prolongement des os de cette partie du squelette. Au niveau des os, en général, il n'y a pas beaucoup de différence avec *Elephas* , mais le front est un peu moins prononcé. Le genre existait depuis le Miocène et s'est éteint au Pléistocène. Son aire de répartition était presque mondiale, étant connue sur les quatre continents. Naturellement, à cette très large répartition était associée un grand nombre d'espèces. Zittel n'en dénombre pas moins de trente-deux.

Ce genre est le seul des Elephantidae à avoir étendu son aire de répartition jusqu'en Amérique du Sud, où se trouvent les restes de deux espèces. Les ossements de ces grands éléphants attirent l'attention depuis quelques siècles. Ils étaient souvent considérés comme des os de géants (comme ils l'étaient en réalité !), et dans un cas, ils étaient attribués à un monarque décédé, Teutobochus . Les Indiens d'Amérique considéraient qu'il existait des hommes tout aussi gigantesques capables de combattre ces grands proboscidiens. Il existe des légendes selon lesquelles les mastodontes seraient des animaux vivants, ce qui est tout à fait probable compte tenu de leur âge géologique. Il existe un curieux parallélisme entre les légendes de deux localités aussi éloignées que l'Amérique du Nord et la Grèce. Buffon raconte comment, parmi les Indiens du Canada, on croyait que le Grand Être détruisait à la fois les mastodontes et les hommes en proportions égales, par la foudre. On pourrait peut-être comparer à cela l'histoire de la destruction de Typhée par Zeus, qui utilisait également la foudre. L'un des géants n'a pas été tué, mais a été contraint de se lever et de soutenir les cieux. Atlas occupe ainsi la position de l'Éléphant supportant le globe de la mythologie indienne.

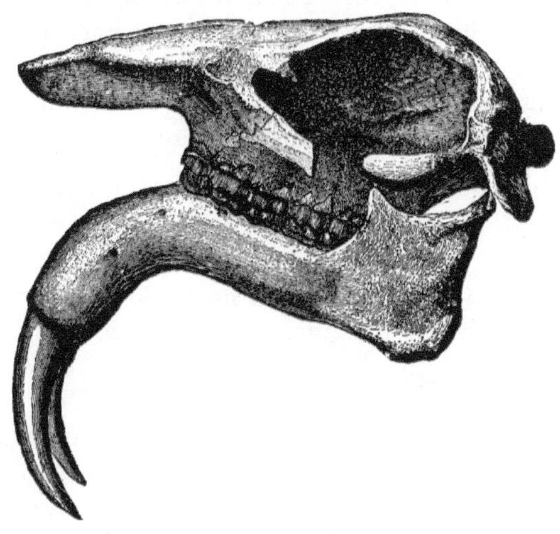

FIGUE. 119.— *Dinotherium giganteum* . Vue latérale du crâne, 1 / 15 ème grandeur nature. Miocène, Allemagne. (Après Kaup .)

Le genre *Dinotherium* , seul représentant de la famille **des Dinotheriidae** , diffère par un certain nombre de particularités importantes des véritables éléphants. Chez les Éléphants, s'il n'y a qu'une seule paire d'incisives, celles-ci se trouvent dans la mâchoire supérieure ; chez *Dinotherium,* il n'y en a apparemment qu'une seule paire, mais celles-ci sont implantées dans la mâchoire inférieure, dont la symphyse est très prolongée et fortement courbée vers le bas, de sorte que les défenses émergent à angle droit par rapport au grand axe de la tête, et sont même courbé en arrière. Les dents molaires sont au nombre de cinq de chaque côté de chaque mâchoire et sont bi- ou tri-lophodontes, un peu comme celles du Tapir. Il n'y a pas de ciment dans les vallées entre les crêtes de ces dents, et il y a une succession régulière, les prémolaires étant au nombre de deux et les molaires trois. [139] Toutes les dents sont utilisées en même temps, leur petite taille permettant de les loger ensemble dans la mâchoire. Le crâne de *Dinotherium* est plus bas que celui d' *Elephas* ou *de Mastodon* . Les os du squelette sont généralement comme ceux d' *Elephas* .

Bien qu'une suggestion d'os marsupiaux attachés au bassin ait été discréditée, il ne fait aucun doute que *Dinotherium* occupe la position la plus primitive parmi les Proboscidea ; mais en même temps , il ne peut pas être considéré comme l'ancêtre des éléphants, tant il est spécialisé de diverses manières. Les incisives interdisent d'abord cette façon de regarder la créature. C'est un genre ancien trouvé dans des lits du Miocène en Europe et en Asie. On ne le connaît pas en Amérique. La créature était plus grande que n'importe quel éléphant. Une longueur de dix-huit pieds lui a été assignée. Le poids énorme de la mâchoire inférieure et des défenses semble indiquer qu'il avait un comportement au moins partiellement aquatique et qu'il aurait pu utiliser ces défenses pour arracher des racines aquatiques ou pour s'amarrer à la berge . Au début, certains naturalistes le considéraient comme un allié du lamantin, et le crâne n'est pas sans évoquer celui du Sirenia.

Le pyrotherium a été référé aux Proboscidea ; mais notre connaissance de cette forme se limite à quelques dents provenant de roches patagoniennes d'un âge incertain. [140] Ce sont de simples molaires bilophodontes, très semblables à celles du *Dinotherium* . On a trouvé au voisinage de ces dents une défense qui peut appartenir au même animal ; mais c'est incertain.

SOUS-ORDRE 7. HYRACOIDEA.

Ce groupe de petits mammifères ne contient qu'un seul genre bien marqué, généralement nommé *Hyrax* , bien que *Procavia* semble être le terme exact. Populairement, ces créatures sont connues sous le nom de Coneys. Ils ont une ressemblance singulière avec les rongeurs, les oreilles courtes et la queue très réduite, outre l'attitude accroupie adoptée, contribuant à cette ressemblance jusqu'à la peau. Ils s'accordent avec les autres ongulés par la structure des dents molaires, qui ressemblent beaucoup à celles du *rhinocéros* ; en l'absence de clavicule ; en l'absence d'acromion ; dans la réduction des doigts des membres à quatre chiffres dans le manus et trois dans le pied. En revanche , ils diffèrent de la plupart des ongulés par les incisives qui poussent à partir de pulpes persistantes, point sur lequel ils ressemblent aux Rodentia. Le moufle est également fendu comme chez ces animaux. Les Hyracoidea sont particuliers dans le fait qu'en plus du caecum à la jonction de l'intestin grêle et du gros intestin, il y a une paire de caeca (ressemblant à un oiseau en étant appariés) quelque part dans le gros intestin. Les vertèbres dorsales sont exceptionnellement nombreuses, 22. La dentition adulte selon Woodward, [141] qui a récemment examiné la question, est I 1/2 C (1/0) Pm 4/4 M 3/3, tandis que la dentition de lait est I 3/2 C 1/1 Pm 4/4.

FIGUE. 120.— Cap Hyrax. *Hyrax capensis.* × ⅛.

L'inclusion de la canine de la dentition permanente entre parenthèses signifie que c'est la canine de lait qui persiste occasionnellement. Il faut encore remarquer à propos des dents qu'elles sont à la fois hypselodontes et brachyodontes , les extrêmes étant reliés par des formes intermédiaires. Une autre particularité du genre est la glande dorsale, qui est recouverte de poils d'une couleur différente de celle qui recouvre généralement le corps. Ceci est présent chez toutes les espèces.

Le genre *Hyrax* (l'autorité la plus récente en la matière, M. Oldfield Thomas, [142] n'autorise qu'un seul genre) est limité dans son aire de répartition à l'Afrique éthiopienne et à l'Arabie, y compris la Palestine. Il n'atteint pas Madagascar. M. Thomas autorise quatorze espèces avec deux ou trois sous-espèces.

Certains Coneys vivent dans des terrains rocheux, tandis que d'autres, autrefois placés dans le genre *Dendrohyrax* , fréquentent les arbres, dans des trous dans lesquels ils dorment. Le Coney des Écritures est familier, il est « extrêmement sage », bien qu'il soit un « peuple faible ». Mais l'observation ultérieure selon laquelle il « rumine mais ne divise pas le sabot » est évidemment entièrement fausse. Quant à la sagesse, on dit que cette bête est trop méfiante pour se laisser prendre aux pièges ; tandis que la suggestion de ruminer doit, selon le chanoine Tristram, être interprétée à la lumière d'une habitude de travailler et de bouger ses mâchoires qu'a l'animal. Le voyageur Bruce en a gardé un en captivité pour voir s'il ruminait vraiment, et a découvert que c'était le cas !

CHAPITRE X

UNGULATAS (*suite*)—PERISSODACTYLA (ONGULÉS À DOIGTS IMPAIRS)—LITOPTERNA

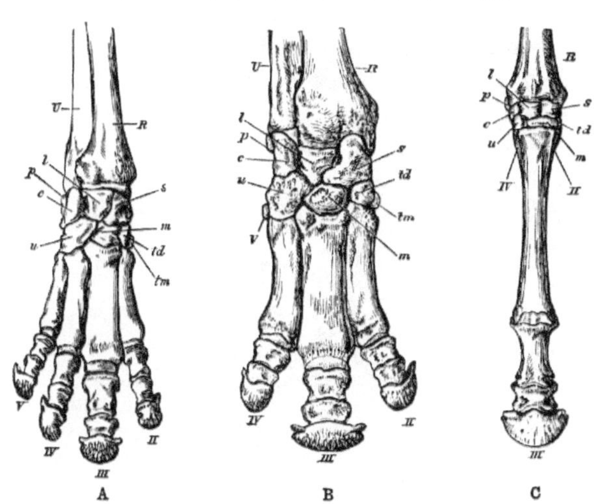

FIGUE. 121.— Os du manus **A** , du Tapir (*Tapirus indicus*). × 1 / 5 . **B** , du rhinocéros (*Rhinoceros sumatrensis*). × 1 / 5 . **C** , du Cheval (*Equus caballus*). × ⅛. *c* , cunéiforme ; *l* , lunaire; *m* , magnum; *p* , pisiforme; *R* , rayon ; *s* , scaphoïde ; *td* , trapèze ; *tm* , trapèze ; *u* , inciforme ; *U* , cubitus ; *II-V* , du deuxième au cinquième chiffres ; *V* en **B** , et *II* et *IV* en **C** , représentés par des métacarpiens rudimentaires. (De *l'ostéologie* de Flower .)

Ces ongulés tirent leur nom, qui est celui donné par feu Sir Richard Owen, du fait que le doigt médian de la main et du pied est prééminent. Comme le montre la figure 121, l'axe du membre passe par le troisième doigt, qui est plus grand que tous les autres, et est symétrique en lui-même. En cela, le groupe actuel contraste avec les Artiodactyles , dont l'axe n'est pas « mésaxonique », mais où il y a deux chiffres, de chaque côté de l'axe, qui sont symétriques l'un par rapport à l'autre. Cette disposition des membres est très caractéristique, mais ne semble pas tout à fait universelle. Chez les Titanotheres, qui forment un groupe des Périssodactyles , les membres antérieurs ne sont pas tout à fait mésaxoniques. D'un autre côté, tous les ongulés présentant l' état périssodactyle ne peuvent pas non plus être inclus en toute sécurité dans le présent groupe. Les anciens Condylarthra et les Litopterna présentent exactement le même état de choses. Mais d'autres caractéristiques de leur organisation conduisent à leur séparation des

Périssodactyles , dont les Condylarthra sont cependant probablement les ancêtres. Les Litopterna , en revanche, qui possèdent même des membres à un doigt comme *Equus* , représenteraient un cas de parallélisme dans le développement. Le nombre d'orteils fonctionnels varie de quatre à un. Dans l'articulation de la cheville, l'astragale ne s'articule pas, ou seulement dans une mesure relativement légère, avec le cuboïde ainsi qu'avec l'os naviculaire. De plus, le péroné, lorsqu'il est présent, ne s'articule généralement pas avec le calcanéum. Dans le groupe opposé des Artiodactyles , c'est précisément l'inverse de ces conditions qui se produit. Il est généralement indiqué dans la définition de ce groupe qu'ils ne possèdent pas de cornes du type de celles rencontrées dans les Cervicornia et Cavicornia . Mais les fortes bosses osseuses sur le crâne de nombreux Titanotheres, qui rappellent si curieusement celles des *Dinoceras* et *Protoceras* , peu apparentés , pourraient bien avoir soutenu des cornes du modèle du Buffle et de l'Antilope.

FIGUE. 122.— Os du manus de Chameau (*Camelus bactrianus*). × ⅛. *c* , cunéiforme ; *l* , lunaire; *m* , magnum; R , rayon ; *s* , scaphoïde ; *td* , trapèze ; *toi* , inciforme. (De *l'ostéologie* de Flower .)

Les dents des Périssodactyles sont lophodontes, plus rarement bunodontes. La forme de molaire sélénodonte Artiodactyle n'est pas rencontrée. De plus, la formule dentaire est au moins proche de la formule complète, les formes les plus modernes étant, comme d'habitude, les plus déficientes en nombre de dents.

Les vertèbres dorso -lombaires sont en règle générale au nombre de vingt-trois ; mais les Titanotheres éteints sont encore une exception ; car, au moins chez *Titanotherium* , il n'y a que vingt de ces vertèbres, caractère artiodactyle . Le fémur possède un troisième trochanter. Il existe si peu de Périssodactyles récents qu'une énumération des caractères distinctifs des viscères pourrait très probablement être inutile aux fins de classification. Mais les genres vivants doivent en tout cas être séparés des Artiodactyles vivants par la simplicité invariable de l'estomac couplé à un caecum très grand et sacculé. Le foie est simple et peu divisé en lobes, et la vésicule biliaire est toujours absente. Le cerveau est bien alambiqué. Les trayons se trouvent dans la région inguinale. Le placenta de ce groupe est du type diffus.

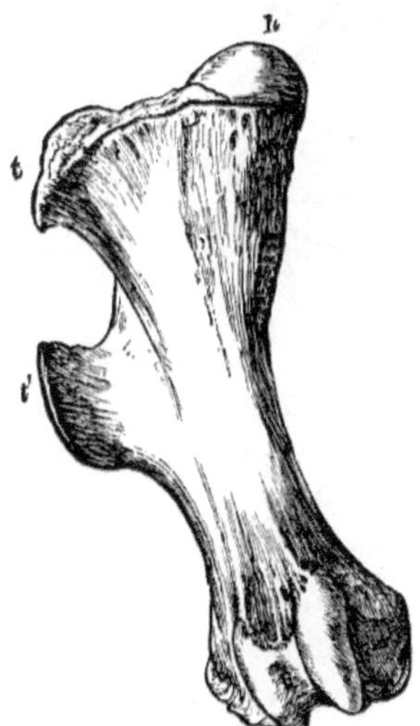

FIGUE. 123.— Face antérieure du fémur droit du rhinocéros (*Rhinoceros indicus*). × ½. *h* , Tête ; *t* , grand trochanter ; *t* ', troisième trochanter. (De *l'ostéologie* de Flower .)

Les périssodactyles vivants appartiennent à trois types seulement, voire à trois genres seulement (selon l'estimation de la plupart), qui sont les chevaux, les tapirs et les rhinocéros. Mais compte tenu des formes éteintes, ils peuvent être divisés principalement (selon le professeur Osborn) en quatre groupes suivants : (1) Titanotherioidea , ne comprenant qu'une seule famille, Titanotheriidae ; (2) Hippoidea , comprenant les familles Equidae et Palaeotheriidae ; (3) Tapiroidea , avec deux familles, Tapiridae et Lophiodontidae ; et (4) Rhinocerotoidea avec les familles Hyracodontidae , Amynodontidae et Rhinocerotidae . Il est concevable, selon le même auteur, que les Chalicothères (traités ici comme un sous-ordre distinct, les Ancylopoda) soient ajoutés à la série des Périssodactyles .

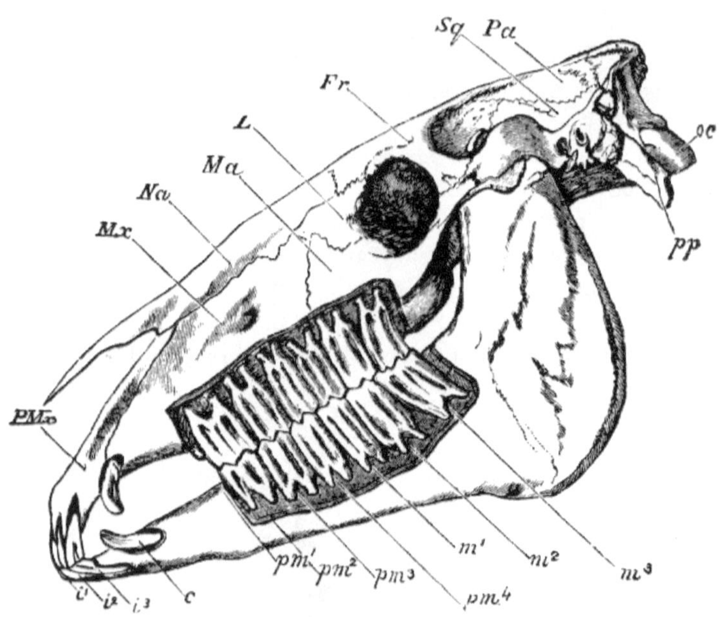

FIGUE. 124.— Vue latérale du crâne de cheval avec l'os enlevé de manière à exposer l'ensemble des dents. *c* , canin ; *Fr* , frontal; *je* [1] , *je* [2] , *je* [3] , incisives ; *L* , lacrymal ; *m* [1] , *m* [2] , *m* [3] , molaires ; *Ma* , malar ou jugal ; *Mx* , maxillaire ; *Na* , nasal ; *oc* , condyle occipital ; *Pa* , pariétal ; *pm* [1] , situation de la première prémolaire vestigiale, perdue dans la mâchoire inférieure, mais présente dans la mâchoire supérieure ; *pm* [2] , *pm* [3] , *pm* [4] , prémolaires restantes ; *PMx* , prémaxillaire ; *pp* , processus paroccipital ; *Carré* , squamosal. (D'après Flower et Lydekker .)

Famille. 1. Équidés. — Cette famille, qui comprend les chevaux, les zèbres et les ânes vivants, ainsi qu'un certain nombre de genres éteints convenant à ces types par leur structure, peut être définie par la possession d'un seul orteil fonctionnel, les deux latéraux n'étant que de simples attelles. ou mais un peu plus. Les molaires sont des hypselodontes et les prémolaires, à l'exception de la première, ressemblent aux molaires dans leur motif. L'orbite est entièrement entourée d'os. Les incisives sont en forme de ciseau, avec une fosse sur la surface libre. Les canines sont rudimentaires si elles sont présentes. Le radius et le cubitus sont fusionnés, tout comme le tibia et le péroné. Bien que par souci d'uniformité une famille, les Equidae, soit ici séparée de ses alliés, il est tout à fait impossible, en raison de l'état complet de nos connaissances sur ce groupe, de tracer une ligne vraiment nette entre cette famille et les Palaeotheriidae . Nous traiterons maintenant du pedigree conjecturé du Cheval, qui implique naturellement cette famille, et qui présente une série ininterrompue depuis les Périssodactyles à quatre doigts jusqu'à l'actuel Cheval à un doigt, les divers os et dents se modifiant au cours de la descendance. "avec la régularité d'une horloge." Nous sommes obligés de tracer une limite aux deuxième et troisième orteils fonctionnels ; directement ceux-ci ne sont plus utilisés l'animal est un Cheval au sens strict ! Ceci est irrationnel et regrettable, mais nécessaire à des fins pratiques, si nous voulons poursuivre le projet de définition des différentes familles de Mammalia.

Le genre *Equus* [143] contient non seulement le cheval, mais aussi les ânes et les zèbres. Le genre se distingue en ce qui concerne les caractères externes par les traits suivants :— Le corps est épais et couvert de poils ; il y a une queue et une crinière plus ou moins touffues ; les couleurs ont tendance à être disposées en bandes noires ou noirâtres sur un fond brun jaunâtre ; cela se voit bien sûr mieux chez les Zèbres, mais les Ânes sauvages en ont aussi quelques traces, ne serait-ce que dans l'unique barre transversale de l'Âne sauvage d'Afrique, et c'est même parfois « réversif » chez le Cheval domestique. Il n'y a pas de cornes sur le front ou ailleurs ; les membres antérieurs, ou les deux paires, ont un coussinet calleux à l'intérieur, qui peut être considéré comme une glande avortée, peut-être utilisée à l'origine pour sécréter une substance odorante destinée à permettre aux membres égarés du troupeau de retrouver leurs compagnons. La phalange terminale de chacun des chiffres (fonctionnellement) uniques est enfermée dans un grand sabot corné.

Les principales caractéristiques internes de structure qui séparent ce genre de périssodactyles du rhinocéros ou du tapir, ou des deux, sont : l'existence de fortes incisives, trois de chaque côté de chaque mâchoire ; il existe des canines, mais elles sont petites et ne persistent pas toujours chez la jument adulte. Ils sont communément appelés « défenses » ou « tushes ». La première des quatre prémolaires (la « dent de loup ») est petite et assez rudimentaire ; il est souvent absent. Comme il y a trois molaires, le genre actuel possède le numéro « typique » de la dentition euthérienne, *soit* quarante-quatre. Dans le crâne, l'orbite est, comme ce n'est pas le cas chez les tapirs et les rhinocéros, complètement entourée d'os. Il n'y a qu'un seul doigt et un seul orteil fonctionnels sur chaque main (Fig. 121 C) et sur chaque pied ; les deuxième et troisième chiffres sont représentés par de simples attelles, dont l'une peut, par anomalie, être agrandie et atteindre presque aussi loin que le chiffre bien développé. On retrouve même occasionnellement des traces du chiffre numéro deux.

Le Cheval, *E. caballus* , se distingue de ses congénères par les petites callosités sur les membres postérieurs qu'il possède en plus des plus grosses sur les membres antérieurs. La couverture poilue de la queue est plus abondante, tout comme la crinière. La tête aussi est proportionnellement plus petite et le contour général plus gracieux. Bien que les marques zébrées ne soient pas habituelles sur *E. caballus*, il existe de nombreux exemples de ce que nous pourrions peut-être appeler dans ce cas-ci un « retour » à un état rayé. La célèbre « jument de Lord Morton » [144], dont le portrait est exposé au Royal College of Surgeons, en est un cas intéressant. On pensait en fait qu'il s'agissait d'un exemple de ce phénomène plutôt douteux qu'est la « télégonie ». Son histoire est brièvement la suivante. L'animal était la progéniture d'une jument qui avait auparavant donné naissance à un mâle Quagga, un poulain hybride. Par la suite, un deuxième poulain a été produit par la même jument et par un père arabe. Ce poulain, celui en question, était rayé et était donc considéré comme un exemple de prépuissance masculine. Mais on connaît des exemples de chevaux incontestés qui montrent les mêmes rayures, comme un poney norvégien qui n'avait même pas *vu* de zèbre !

Un dernier reste de la paume nue de la main et de la plante du pied est laissé sous la forme d'une petite zone nue, plus petite chez le Cheval que chez l'Âne, connue techniquement sous le nom d'« ergot », le terme étant celui des Français. vétérinaires. Comme déjà mentionné, le cheval diffère des ânes et des zèbres par le fait que les membres postérieurs présentent des callosités sur la face interne. On les appelle « châtaignes » et leur nature a été très controversée. On a suggéré qu'ils seraient le dernier rudiment d'un orteil disparu ; mais selon toute probabilité, ce sont, comme nous l'avons déjà suggéré, des traces de structures glandulaires, communes sur les membres de nombreux animaux (voir ci-dessus, p. 12).

C'est un fait singulier qu'il n'existe apparemment aucun cheval sauvage de cette espèce. Le cas est curieusement analogue à celui du chameau, qui lui aussi n'est connu que comme sauvage ou domestiqué. Il est impossible de comprendre pourquoi le cheval aurait dû disparaître en tant qu'animal sauvage, étant donné que lorsqu'il court à l'état sauvage, il peut prospérer abondamment. Sir W. Flower pense [145] que « ce qui se rapproche le plus des chevaux véritablement sauvages qui existent à l'heure actuelle sont les soi-disant Tarpans, qui se trouvent dans les steppes au nord de la mer d'Azov, entre le fleuve Dniepr et la Caspienne. comme étant de petite taille, de couleur brun , avec une crinière courte et un nez arrondi et obtus. Mais il ajoute qu'il n'existe aucune preuve permettant de prouver qu'ils sont réellement sauvages. Cependant, en faveur de l'hypothèse qu'il s'agit peut-être de chevaux européens sauvages et indigènes, on peut mentionner le fait que leur constitution générale et leur apparence suggèrent fortement les chevaux sauvages dessinés par l'homme primitif sur l'ivoire.

Un cheval vraiment sauvage, et peut-être l'ancêtre du cheval domestique européen, est *E. przewalskii* des déserts sablonneux d'Asie centrale. On pense que cet animal est une mule située entre l'âne sauvage et le cheval sauvage ; mais si une forme distincte et une probabilité semblent pousser à ce point de vue, il est intéressant de briser les distinctions entre les chevaux et les ânes. L'espèce possède les quatre callosités du Cheval, mais a une crinière plus pauvre et une queue stupide.

Il ne fait aucun doute que le cheval est un animal domestique depuis de très nombreux siècles. Les hiéroglyphes semblent montrer que les Égyptiens n'avaient pas à l'origine domestiqué le cheval ; il semble avoir été introduit pour la première fois parmi eux par les Hyksos ou Rois Bergers. [146] Quelle que soit la date, il est certain que bien avant les Égyptiens, les Assyriens et les Phéniciens possédaient des chevaux. En Europe occidentale, la date de l'introduction du Cheval semble se situer à l'époque du bronze. Lord Avebury [147] a souligné que sur dix-huit cas de tombes dans lesquelles les restes de Horse ont été trouvés, douze contenaient des instruments métalliques, *soit* 66 pour cent. Cela ne prouve bien sûr pas que le Cheval ait été domestiqué à cette époque, mais cela jette le doute sur l'existence antérieure du Cheval en abondance. Le Cheval est cependant présent sur le continent associé aux restes de l'homme au Quaternaire. [148]

MM. Cuyer et Alix dénombrent entre cinquante et soixante races de chevaux domestiquées, sans compter les prétendues variétés sauvages dont nous avons déjà parlé. Ceux-ci peuvent être subdivisés davantage ; par exemple, sous la race « poney », nous pouvons distinguer les variétés irlandaises, écossaises et Shetland, qui cependant, selon Sanson , sont toutes originaires d'Irlande. Ils sont utilisés, remarquent les auteurs cités ci-dessus, « par les jeunes filles des seigneurs pour leurs promenades ». L'Arabe, le Barb, le Suffolk Punch, etc., sont parmi les nombreuses races de chevaux domestiques, dans lesquelles entrer convenablement exigerait un autre volume, et celui de grande taille.

Les ânes et les zèbres diffèrent du cheval par les caractères mentionnés sous la description d' *Equus caballus* . En plus de cela, on peut signaler un aspect sur lequel l'attention a été attirée par M. Tegetmeier . [149] Selon lui, la période de gestation chez le Cheval n'est que de onze mois ; dans les autres, plus de douze.

FIGUE. 125.— Âne sauvage asiatique. *Onagre d'Equus.* × 1 / 20 .

Les opinions quant au nombre d'espèces d'ânes diffèrent. Selon l'estimation la plus libérale, il existe trois espèces asiatiques et deux espèces africaines. Le plus connu des ânes sauvages d'Asie est l'Onagre, *E. onager* . Il est d'une couleur jaunâtre uniforme, "désertique" , avec une bande sombre au milieu du dos, et se trouve en Perse, au Pendjab et dans le pays de Cutch. La créature est d'une grande rapidité ; on l'a déclaré indomptable , mais M. Tegetmeier fait la déclaration absolument opposée selon laquelle l'âne "devient parfois si apprivoisé qu'il en devient gênant" ! L'âne sauvage de Syrie, *E. hemippus* , n'en diffère guère, voire pas du tout.

FIGUE. 126.— Âne sauvage nubien. *Equus africain.* × 1 / 20 .

Le Kiang, *E. hemionus*, semble avoir davantage de prétentions à la distinction. En premier lieu, sa distribution est plus limitée et différente ; il est confiné aux hauts plateaux du Thibet à une altitude de 15 000 pieds et plus. En corrélation avec cet habitat , il possède un pelage plus épais et plus « poilu », qui est de plus d'une teinte plus foncée que celui de l'Onagre. Ce pelage est perdu en été et remplacé par un autre de teinte moins foncée. Il est intéressant de noter que les ânes sauvages africains se rapprochent du type zèbre en ayant au moins des traces de rayures . Il existe apparemment deux espèces. Le plus connu, l'Âne nubien, *E. africanus*, est probablement le parent de l'âne domestique. Il a une bande longitudinale dorsale et une autre sur l'épaule – dans la légende les marques du Sauveur . La question du nom de cet âne semble difficile à trancher. On l'appelle également *E. asinus* et *E. taeniopus* . On a observé que cet animal a une grande aversion pour l'eau et un plaisir à se rouler dans la poussière, deux caractéristiques qui suggèrent une existence dans le désert. Mais d'un autre côté , le Kiang s'enfonce hardiment dans les cours d'eau, et pourtant il semble être le descendant d'une forme purement désertique. L'âne est un animal qui vit plus longtemps que le cheval. M. Tegetmeier attire l'attention sur un âne vivant en 1893 et monté cinquante-cinq ans auparavant. Le Cheval, en revanche, ne vit pas beaucoup plus de vingt-cinq ans.

Une deuxième espèce d'âne sauvage d'Afrique, *E. somalicus* , [150] se distingue par sa couleur plus grise, par l'absence de bande sur l'épaule, par le très faible développement de la bande dorsale et par la présence de nombreuses bandes croisées sur le dessus. jambes. Il a également des oreilles plus petites et une crinière plus longue et plus fluide. M. Lort Phillips, naturaliste et voyageur expérimenté , a vu un troupeau de ces ânes sauvages au Somaliland, qu'il considérait comme appartenant à une espèce tout à fait nouvelle. Un exemple vivant dans les jardins de la Société Zoologique a conduit M. Sclater à une conclusion identique, qui était étayée, comme il l'a souligné, par le fait que cet âne a une aire de répartition différente de celle de l'âne sauvage d'Afrique ou de Nubie.

Parmi les zèbres, trois espèces sont généralement autorisées ; il s'agit *d'E. zebra* , du Zèbre « de montagne » ou « Commun », *d'E. burchelli* , *d'E. grevyi* , ainsi que *d'E. quagga* . Le professeur Ewart pense que le zèbre commun, le zèbre de Burchell et le quagga ne sont pas très distincts les uns des autres. Personne, cependant, n'a de doute sur la distinction d' *E. grevyi* . Ce dernier diffère des autres par sa plus grande taille, par la grosse tête et les oreilles, et par la pilosité marquée des oreilles. Il semblerait qu'il s'agisse d'un type primitif de zèbre, si l'on admet le retour occasionnel d'hybrides à une forme parentale ; car le professeur Ewart a trouvé un zèbre croisé présentant plusieurs caractéristiques dans le marquage du visage de celui-ci, le plus beau de la tribu des zèbres. Seuls quatre spécimens d' *E. grevyi* ont été exposés vivants en Europe : deux à Paris et deux dans les jardins de la Zoological Society à Londres. Ces derniers furent présentés à la reine Victoria par le roi Menelek d'Abyssinie. L'espèce a été nommée par le professeur A. Milne-Edwards en l'honneur d'un défunt président de la République française, à partir d'un exemple également envoyé par le roi Ménélek .

Le zèbre commun a des rayures plus étroites et plus foncées que celles de Burchell, mais pas aussi proches que chez *E. grevyi* . Il présente également une disposition très caractéristique de rayures au garrot en forme de gril. Ce dernier fait défaut chez les deux autres espèces. Chez *E. grevyi* , en effet, cette partie du dos est blanche. *E. zebra* a également un fanon devant. *E. burchelli* a des rayures moins nombreuses et plus larges , et entre elles se trouvent dans de nombreux cas des rayures ombrées d'un brun pâle.

FIGUE. 127.— Le zèbre de Burchell. *Equus burchelli* . × 1 / 20 .

Tous ces animaux, ainsi que les Quagga, sont absolument confinés à l'Afrique. MR Crawshay , [151] en décrivant ce qu'il considérait comme une nouvelle variété, a remarqué la curiosité d' *E. burchelli* . "Ils restent au soleil dans les plaines toute la journée, sans se retirer du tout. Ils constituent alors une nuisance intolérable pour quiconque poursuit un autre gibier; en effet, cela peut être dit d'eux à tout moment. Si une fois ils Si vous vous remarquez, ils vous attirent et vous harcèlent par leur curiosité, mais seulement quand on ne s'intéresse pas à eux, car lorsqu'ils croient être l'objet de l'attention de l'intrus, aucun animal n'est plus vigilant et plus rusé pour se protéger. seule leur curiosité se manifestait dans le silence , cela n'aurait pas tellement d'importance, mais elle s'exprime dans des reniflements et des bousculades tonitruantes, qui mettent toutes les bêtes à portée de voix sur le *qui vive* .

Il semble douteux que le zèbre de Burchell [152] puisse être subdivisé en espèces ou sous-espèces. Le Dr Matschie considère *qu'Equus boehmi* peut être considéré comme une forme valide, et qu'en plus de ces deux sous-espèces , *E. burchelli Granti* et *E. burchelli selousi* , ont été proposés pour la plupart des courses locales. Mais il est actuellement loin d'être certain que leur répartition favorise cette subdivision.

Le Quagga était plus rayé que ce qui est parfois représenté dans les illustrations. D'après le Dr Noack, dont je cite ici l'article [153] sur l'animal, les rayures transversales remontaient jusqu'aux fesses ; ils étaient cependant complètement absents des jambes. L'animal est, comme chacun le sait, probablement complètement éteint. En 1836, elle était encore abondante ; en 1864, le dernier spécimen jamais exposé fut reçu par la Société

Zoologique. MWL Sclater pense qu'il a peut-être survécu dans la colonie de la rivière Orange jusqu'en 1878, mais admet qu'il est difficile d'en avoir la certitude, car les Boers l'ont souvent confondu avec le zèbre de Burchell. Sa rareté est soulignée par le fait qu'il n'est pas mentionné dans les travaux récents du plus habile des chasseurs, M. F. Selous. Gaudry place le Quagga le plus proche de tous les équidés vivants de l' *Hipparion gracile* de Pikermi .

Équidés fossiles . — Les équidés existants appartiennent tous au genre *Equus* , bien que certains diviseraient (tout à fait inutilement) les zèbres en un genre *Hippotigris* . Le genre *Equus* lui-même remonte au Pliocène, époque à laquelle vivait en Inde *E. sivalensis* , la même espèce selon certains avec l' *E. stenonis* d'Europe. Aucune de ces espèces, de l'Ancien Monde ou du Nouveau Monde, ne peut être facilement séparée d' *E. caballus* . Mais de nombreux noms leur ont été donnés. Il est bien entendu parfaitement concevable qu'ils aient pu différer entre eux autant que les zèbres et les ânes existants, dont la séparation serait difficilement possible si nous connaissions seulement leurs os. Il existe cependant des genres éteints, sans doute si étroitement liés à *Equus* qu'ils peuvent être placés dans la même famille, bien que clairement séparables en tant que genres. *Hipparion* est l'un de ces genres ; ses restes sont connus d'Europe, d'Asie et d'Afrique du Nord, dans des lits du Miocène et du Pliocène. Un grand nombre d'espèces différentes ont été décrites. C'était une bête de la taille d'un zèbre. Les caractères principaux sont que chaque pied a trois orteils, dont cependant les deux latéraux sont plus petits que l'orteil central. Il y a une fosse ronde marquée sur l'os maxillaire, une caractéristique partagée par l' *Onohippidium sud-américain* . [154] Le motif des dents molaires est également un peu différent de celui d' *Equus* . *Le Protohippus* du Pliocène nord-américain est également à trois doigts, mais les deux orteils développés en plus sont plus petits que chez *Hipparion* . D'autres formes sont traitées ci-dessous en relation avec l'ascendance des périssodactyles . C'est un fait curieux à propos d' *Hipparion* , qui n'est pas maintenant considéré comme appartenant à la lignée directe des équidés, que les bords des plaques d'émail des molaires peuvent présenter un pliage compliqué très semblable à celui présenté par cette forme clairement terminale de la vie périssodactyle . le gigantesque *Elasmotherium* . Ceci est révélateur d'une forte spécialisation , qui s'est soldée par une extinction.

Ascendance des chevaux. — Les **Lophiodontidae** et les **Palaeotheriidae** sont deux des familles éteintes les plus intéressantes de Perissodactyles ; car parmi eux, nous trouvons ce qui semble être les formes ancestrales des Tapirs et des Chevaux existants. Les rhinocéros semblent également dériver des Palaeotheriidae . Le flou même des caractères de ces créatures, considéré d'un point de vue classificatoire, a conduit à une grande diversité dans leur placement. Ceci, bien que gratifiant pour l'évolutionniste, est fastidieux pour l'écrivain qui souhaite donner un compte rendu méthodique de leurs différents personnages. Il serait peut-être préférable de ne pas tenter de situer ces espèces avec précision ou de concilier des opinions contradictoires, mais de donner quelques traits saillants de l'ostéologie qui conduisent à croire à leur relation avec les groupes existants de Périssodactyles . Un livre sur l'histoire des mammifères serait incomplet sans un exposé de cette série bien connue de formes qui semblent relier ces périssodactyles primitifs au cheval moderne. *Equus* , en fait, n'est pas seulement le « cheval de spectacle » de la doctrine de l'évolution, mais aussi le « cheval de chasse ».

À l'Éocène, l'Europe et l'Amérique rencontrent un certain nombre de formes à partir desquelles nous pouvons partir. *Hyracotherium* , considéré d'une part comme le type d'une sous-famille des équidés eux-mêmes, et d'autre part comme un membre de la famille des Lophiodontidae , était un animal de petite taille, long d'environ trois pieds ; il possède la dentition euthérienne complète avec un léger diastème. Les orbites ne sont pas séparées de la fosse temporale ; les membres antérieurs étaient à quatre doigts, les postérieurs à trois doigts, avec des métapodes moyennement longs, en particulier sur les pattes postérieures. L'omoplate présente un processus coracoïde bien marqué. Le radius et le cubitus sont séparés ; le tibia et le péroné le sont aussi. *Eohippus* , appartenant à la même sous-famille, est légèrement plus primitif ; car les pattes postérieures ont un rudiment du chiffre I. *Orohippus* est un peu plus proche des chevaux en ce sens que les dents molaires ont acquis un peu plus d'avance vers le type équin. Au lieu que les tubercules des dents restent pour la plupart séparés, ils ont fusionné en un ensemble de crêtes, dont le motif est cependant moins complexe que chez les chevaux modernes. À d'autres égards *Orohippus* ressemble beaucoup à *Hyracotherium* . *Pachynolophus* ne semble être qu'un synonyme.

L'étape suivante est représentée par *Mesohippus* , une forme du Miocène inférieur, généralement désignée par le voisinage du *Palaeotherium* . Il a presque perdu un des orteils de l'avant-pied, il ne lui reste qu'un rudiment ; les métapodes, du moins les pieds antérieurs, semblent légèrement augmentés en longueur. L'orbite n'est pas entourée d'os, mais il existe un fort processus partant du frontal, qui rejoint presque l'arc zygomatique.

Anchitherium , du Miocène supérieur, n'est pas très éloigné dans sa structure de cette dernière forme ; il est un peu plus proche du Cheval existant sur plusieurs points. Le cubitus est encore réduit et fusionné avec le radius inférieur : le rudiment du chiffre V est encore plus rudimentaire ; les deux chiffres latéraux sont plus petits proportionnellement au chiffre central qu'ils ne le sont chez *Mesohippus* ; le péroné est fusionné en dessous avec le tibia. De cette forme à *Equus* , il y a une petite série d'étapes, caractérisées par la réduction encore plus poussée de tous les doigts sauf III, par la réduction encore plus poussée du cubitus et du péroné déjà rudimentaires, et par la profondeur croissante des dents molaires, qui sont bien sûr, chez *Equus* , hypsélodont.

Une autre conclusion intéressante peut sembler découler lorsque l'on considère l'aire de répartition géographique des chevaux ancestraux. *Hyracotherium* et *Pachynolophus* s'est produit à la fois dans l'Ancien et dans le Nouveau Monde. D'eux peuvent être nés les chevaux des deux hémisphères. Après cela, il y a une division. *Mesohippus* est américain, et nous arrivons à *Equus* sur ce continent via *Desmatippus* et *Protohippus* . En revanche, il n'existe aucun vestige connu de *Mesohippus* en Europe ; et à moins que des recherches ultérieures ne prouvent l'existence de *Mesohippus* , nous devons nous fier aux formes qui sont placées avec *Anchitherium* et *Hipparion* .

Il semble qu'en Amérique, le prochain genre dans la lignée directe de la descendance équine de *Mesohippus* soit *Miohippus* . Il est de taille plus petite qu'Anchitherium , à considérer immédiatement. Le processus odontoïde de l'axe commence tout juste à prendre la forme caractéristique en forme de bec de celui du cheval existant et de nombreux ongulés modernes. Le chiffre médian des membres antérieurs et postérieurs est devenu considérablement élargi par rapport au chiffre correspondant des formes antérieures.

On estime cependant *qu'Anchitherium* n'est pas en ligne directe de descendance ni en Amérique ni en Europe, où il est présent. Ses dents ressemblent à certains égards moins à celles d'un cheval que chez certains des genres les plus anciens, pour lesquels on s'attendrait à l'inverse selon la théorie de la filiation. Ses sabots sont très allongés et aplatis, marque de spécialisation et non approprié à une créature occupant une position intermédiaire dans la série équine. Les espèces américaines (*A. equinum*) et européennes (*A. aureliense*) sont de très grande taille, plus grandes que leurs successeurs, et de telles « alternances en vrac sont peu probables ».

Le genre *Desmatippus* du professeur Scott [155] comble le vide entre *Miohippus* et *Protohippus* . Les molaires et prémolaires sont brachyodontes , mais il existe un mince dépôt de ciment dans les vallées dentaires, conduisant à un remplissage plus complet de ces vallées avec du ciment, que l'on retrouve chez *Protohippus* . Ce genre de chevaux, dont il n'existe actuellement qu'une seule espèce, *D. crenidens* , était à trois doigts, et « les doigts latéraux, pour autant qu'on puisse en juger par des restes fragmentaires, étaient encore assez développés, et bien que beaucoup plus réduits ». que chez *Miohippus* , semblent l'être un peu moins que chez *Protohippus* .

Pour récapituler, voici la série probable d'équidés en Amérique : *Mesohippus* , *Miohippus* , *Desmatippus* , *Protohippus* .

Le développement des membres du Cheval montre une série d'étapes des plus intéressantes, qui correspondent en partie aux formes ancestrales dont la paléontologie semble prouver qu'elles sont la lignée de la descendance de nos équidés actuels. Cette question a été récemment élucidée par le professeur Ewart, qui détaille les faits et comparaisons suivants :

Chez le plus jeune embryon (environ 20 mm de longueur), l'humérus est quelque peu courbé et considérablement plus long que le radius et le carpe réunis. Le premier os nommé est plus court chez l'adulte, et les proportions de cet os chez les jeunes ainsi que sa courbure suggèrent l'ancien ongulé *Phenacodus* (voir p. 202). Au stade suivant (un embryon de 25 mm), l'humérus a légèrement diminué en longueur proportionnellement et est devenu plus semblable à celui d' *Hipparion* . Dans ces deux embryons, il convient de noter que le cubitus est complet et séparé du radius. Dans le second des deux, il a acquis plus distinctement la forme qu'il aura chez l'adulte. Le deuxième métacarpien, l'un des os de l'attelle de l'adulte, est terminé par un petit nodule de cartilage, qui est clairement le représentant d'une ou plusieurs phalanges appartenant à ce chiffre.

Famille. 2. Tapiridés . — Les Tapirs se distinguent du Cheval et de la tribu des Rhinocéros par quelques caractères qui sont les suivants :

La dentition est généralement composée de quarante-quatre dents. Les prémolaires des formes les plus anciennes sont différentes des molaires, mais semblables à celles des formes plus récentes. Les molaires de la mâchoire supérieure présentent deux crêtes parallèles et réunies par une crête externe. Les pattes antérieures ont quatre orteils, les pattes postérieures trois.

La famille est tout aussi ancienne que celle des équidés, mais la spécialisation des orteils n'a jamais progressé aussi loin. Les représentants modernes de l'ordre sont, en ce qui concerne les pieds, dans la condition des tout premiers représentants de la souche équine. Les dents des Tapirs n'atteignent jamais non plus le motif complexe de celui présenté au moins par les chevaux modernes, ou même par les Paléotheres . En dehors de cela, il n'est pas facile de distinguer avec précision ces différentes familles, y compris les Lophiodontidae , qui, comme déjà mentionné, sont placées plus près des Tapiridae que des Palaeotheriidae . En effet, la différenciation de ces deux familles, les Tapiridae et les Lophiodontidae , semble poser les plus grandes difficultés. La difficulté est bien soulignée par le fait que les naturalistes sont en désaccord très profond sur les relations entre les différents genres d'animaux disparus ressemblant à des tapirs. Pour M. Lydekker, le genre *Lophiodon* comprend également les genres américains *Isectolophus* et *Systemodon* , qui sont placés par Zittel dans la sous-famille des Tapirinae par opposition aux Lophiodontinae , qui contiennent *Lophiodon* et *Helaletes* . Les Tapirs existants peuvent être différenciés des Chevaux existants avec une grande facilité, comme le montrera le récit suivant des genres existants.

FIGUE. 128.— Tapir américain. *Tapirus terrestres* . × 1 / 10 .

Le genre *Tapirus* ne se rencontre désormais qu'en Amérique du Sud et en Amérique centrale, ainsi que dans la péninsule malaise et dans les îles de Java et de Sumatra. Cet animal est à bien des égards la plus ancienne des formes existantes rattachées à l' ordre des Périssodactyles . Il a quatre doigts sur les pattes avant, mais seulement trois sur les pattes postérieures. Le nombre de dents est de 42, soit presque le nombre euthérien typique. Les Tapirs sont toujours des animaux de taille moyenne, entièrement recouverts de poils et généralement de couleur noir brunâtre . Le tapir malais est cependant largement rayé de blanc : une seule bande ; les petits du Tapir sont tachetés et rayés de blanc. Le nez et la lèvre supérieure réunis sont formés en une trompe courte, précisément comparable à celle de l'éléphant. Comme chez le rhinocéros - et en cela les deux contrastent avec l'autre genre Perissodactyle existant *Equus* - la fosse temporale n'est pas séparée de l'orbite par un os. Parmi les Tapirs existants, il y a en tout cas *T. terrestris* , [156] *T. roulini* (le "Tapir Pinchaque " de Cuvier), *T. dowi* et *T. bairdi* en Amérique (les deux derniers étant parfois séparés en un genre distinct, *Elasmognathus* , en raison du prolongement du mésethmoïde ossifié), et *T. indicus* à l'Est. Le tapir, probablement *T. terrestris* , est décrit par Buffon comme « un animal terne et sombre ». Son habitude est certainement principalement nocturne. Le nom *terrestris* a été donné par Linné, qui l'a placé dans le même genre qu'Hippopotamus *amphibius* ; d'où l'épithète appliquée au Tapir. Mais en réalité il adore les quartiers marécageux , et est en quelque sorte amphibie. Cela ne s'applique bien sûr pas aux Andes. *T. roulini* , qui habite la cordillère de l'Équateur et de la Colombie. La répartition des tapirs existants est, comme c'est si souvent le cas, restreinte par rapport à celle de leurs congénères et alliés disparus. En Europe, les restes du genre *Tapirus* sont abondants dans les strates du Pliocène, et ses restes y sont connus dès le

Miocène. Le genre est donc l'une des formes les plus anciennes de mammifères vivant actuellement sur terre.

FIGUE. 129.— Tapir malais. *Tapirus indicus*, jeune. × 1 / 10 . (De *la nature* .)

Le tapir malais se distingue de l'américain (*T. terrestris* - les autres espèces n'ont pas été disséquées) par le plus grand développement des valvules conniventes dans l'intestin, l'absence de bande modératrice dans le cœur et le caecum moins allongé. , qui n'est sacculé que par trois bandes, il y en a quatre chez *T. terrestris* . [157] L'animal fréquente les endroits les plus retirés des bois des collines, et c'est par cette habitude qu'il semble échapper en grande partie au tigre, son plus redoutable ennemi dans ces régions du monde. Sa vivacité des sens lui permet également de s'éclipser avec rapidité. Il peut avancer à un rythme élevé lorsqu'il est dérangé et peut facilement se frayer un chemin à travers les obstacles. Le jeune animal, comme celui de l'espèce américaine, est brun foncé avec des taches jaunâtres. Selon MHN Ridley, le jeune animal se couche pendant la partie chaude de la journée sous des buissons, situation dans laquelle "son pelage ressemble si exactement à une parcelle de sol tachetée de soleil qu'il est tout à fait invisible". Il est intéressant de noter qu'ici, comme chez certains autres animaux, ce sont les jeunes qui sont particulièrement protégés par de tels mécanismes. De plus, certaines des taches sont rondes et d'autres plus allongées, de sorte que la ressemblance avec les taches de lumière solaire qui viennent dans une direction directe et oblique est considérablement accrue. Même les couleurs de l'adulte ne sont pas aussi visibles qu'on pourrait le supposer lorsqu'il se trouve dans son lieu d'origine. La division de la couleur de fond en bandes de deux couleurs différentes l'empêche de frapper l'œil aussi clairement que si elle était d' une seule couleur partout. "Quand il est couché pendant la journée, il ressemble exactement à un rocher gris, et comme il vit souvent près des ruisseaux rocheux des jungles des collines, il est en réalité presque aussi invisible qu'il l'était lorsqu'il était tacheté." [158]

Famille. 3. Rhinocérotidés . — Cette famille se distingue des précédentes par un certain nombre de caractères qui, bien que non universels, sont généraux. En premier lieu, il existe généralement des cornes, ou une corne, constituées de ce qui semble être une agglomération de structures ressemblant à des poils fixées sur une zone osseuse rugueuse à la surface des nasaux. Les incisives sont diminuées ou défectueuses, et les canines supérieures font souvent défaut. Les molaires et les prémolaires se ressemblent. Les pieds antérieurs sont à quatre ou trois doigts, mais sont fonctionnellement tridactyles ; les pattes postérieures sont à trois doigts. Le squelette de cette famille est massif et les membres relativement courts. Le crâne, comme chez les Tapirs, a une orbite confluente et une fosse temporale. La lèvre supérieure est généralement plus ou moins préhensile ; le corps est en règle générale — à laquelle le rhinocéros poilu du Pléistocène fait bien sûr exception — plutôt peu couvert de poils. Dans cette caractéristique, les Rhinocerotidae contrastent à la fois avec les Tapiridae et les Equidae. La famille ne contient en réalité qu'un seul genre existant, bien que trois aient été institués, à savoir. *Rhinocéros* , *Ceratorhinus* et *Atelodus* . Comme il existe si peu d'espèces existantes, la subdivision des animaux qui s'accordent sur un si grand nombre de caractéristiques aussi hautement caractéristiques semble être une procédure inutile. Les rhinocéros existants ne sont qu'un fragment du nombre total de formes connues des époques passées. La famille est très nettement en déclin.

Le genre *Rhinoceros* se caractérise par sa corpulence massive et sa peau épaisse, presque lisse, c'est-à-dire lisse en ce qui concerne le léger développement des poils, qui est souvent pliée en plis. Il y a une ou deux cornes sur la partie antérieure de la tête, qui sont, comme nous l'avons déjà souligné, des structures *sui generis* et non exactement comparables aux cornes des autres ongulés vivants. Il y a trois orteils presque égaux sur les membres antérieurs et postérieurs. Les canines des espèces existantes ont disparu ; les incisives sont présentes ou non ; les molaires et prémolaires sont au nombre de trois et quatre dans chaque moitié de chaque mâchoire.

L'anatomie viscérale du rhinocéros a été très étudiée en ce qui concerne les formes asiatiques. Une caractéristique curieuse, qui sert à distinguer certaines espèces asiatiques des autres, est visible dans l'intestin grêle. Dans *Rh. indicus* [159] cet intestin est pourvu de nombreuses excroissances longues et étroites cylindriques « comme des étiquettes de laine » ; dans le *Rh allié. sondaicus* ces balises sont présentes, mais sont plus plates et plus larges ; tandis que dans le Rh à deux cornes . *sumatrensis* , il n'y a aucune étiquette, mais seulement des plis lisses en forme de valve. Une autre marque par laquelle ces espèces peuvent être distinguées dépend de la variation de la présence ou de l'absence de certaines glandes incrustées dans le tégument du pied, appelées « glandes du sabot ». Ceux-ci se produisent dans *Rh. indice* et *Rh. sondaicus* , mais sont absents dans *Rh. sumatrensis* .

Sir W. Flower [160] a étudié depuis quelques années les traits du crâne qui servent à différencier les formes existantes.

Dans *Rh. sumatrensis* les deux longs processus descendants de l'os squamosal, appelés respectivement post-glénoïde et post-tympanique, ne s'unissent pas sous le méat auditif. En cela, l'espèce en question s'accorde avec les formes africaines, mais non avec les espèces asiatiques à une corne, où les deux processus fusionnent complètement. Encore une fois, un autre caractère, quoique peut-être moins important, est l'inclinaison vers l'arrière au lieu d'être vers l'avant de la crête occipitale chez toutes les espèces à deux cornes, qu'elles soient africaines ou asiatiques.

Les rhinocéros asiatiques ont, contrairement aux animaux africains, des incisives fonctionnelles tout au long de leur vie. Il a été proposé, pour ces raisons et d'autres, de séparer génériquement les formes africaines et asiatiques.

FIGURE. 130.— rhinocéros indien. *Indicateur de rhinocéros.* × 1 / 40 .

Les rhinocéros asiatiques comprennent trois espèces bien différenciées, chez lesquelles la peau est très pliée. *Rh. indicus* est la forme la plus grande. Il n'a qu'une seule corne et présente d'énormes plis de peau au niveau du cou et sur les membres. Ce blindage épais ressemble tellement à une armure artificielle qu'Albrecht Dürer peut être excusé d'avoir donné à la bête l'apparence d'une plaque de courrier dans un croquis qu'il a fait d'un spécimen envoyé au roi du Portugal en 1513. Cette bête particulière , l'un des premiers, sinon le premier, envoyé en Europe, se révéla si intraitable que le roi l'envoya en cadeau au pape. Mais « dans un accès de fureur, il a coulé le navire sur son passage » ! La corne de cette espèce et d'autres espèces était considérée jusqu'à presque nos jours pour avoir des valeurs médicinales et d'autres plus curieuses. En 1763 encore, on affirmait gravement qu'une coupe faite de sa corne tomberait en morceaux si du poison y était versé. « Lorsqu'on y verse du vin », écrivait le Dr Brookes l'année en question, « il lève, fermente et semble bouillir ; mais lorsqu'il est mélangé avec du poison, il se fend en deux, expérience qui a été vue par des milliers de personnes. " John Evelyn a également écrit à propos d'un puits en Italie qui était entretenu par une corne de rhinocéros. Cette espèce semble vivre longtemps, même en captivité ; un spécimen que l'on peut maintenant voir dans les jardins de la Société Zoologique s'y trouve depuis 1864.

Rhinoceros sondaicus , le rhinocéros des Sunderbunds , a une aire de répartition beaucoup plus large que la dernière espèce ou le rhinocéros indien. Ceci est inconnu en dehors de l'Inde elle-même et y est limité à une petite région ; la forme sondaïque se trouve au Bengale et dans les îles Malaisiennes. C'est une espèce plus petite et l' armure a un aspect tesselé . La femelle est généralement, sinon toujours, sans cornes.

FIGUE. 131.— Rhinocéros de Sumatra. *Rhinocéros sumatrensis* . × 1 / 15 . (De la nature .)

L'espèce de Sumatra, *Rhinoceros sumatrensis* , se distingue des deux dernières par ses deux cornes. Il est également recouvert d'une couche de poils beaucoup plus épaisse, tantôt plus noirs, tantôt plus rouges. En raison de ses deux cornes, il a été proposé de le séparer des autres espèces orientales en un genre distinct, *Ceratorhinus* . L'animal a à peu près la même aire de répartition que la dernière espèce, mais s'étend jusqu'à Bornéo. Une variété de cette espèce à oreilles velues, originaire d' Assam, a été séparée sous une forme distincte, sous le nom de *Rh. lasiotis* , par M. Sclater . L'animal sur lequel cette espèce a été fondée vivait jusqu'à tout récemment dans les jardins de la Société Zoologique.

FIGUE. 132.— Rhinocéros à oreilles velues. *Rhinocéros lasiotis* . × 1 / 30 .

Il n'existe que deux espèces de rhinocéros connues avec certitude en Afrique. Il s'agit du rhinocéros blanc (*Rh. simus*) et du rhinocéros noir (*Rh. bicornis*). L'origine des noms n'est pas facile à comprendre, puisque l'animal « blanc » est, au contraire, de couleur plus foncée que le rhinocéros noir. Il est toutefois indiqué qu'au cours des années passées, les spécimens de *Rh. simus* trouvés dans le sud-ouest de la colonie du Cap étaient « de couleur plus pâle et plus blanche que ceux du nord-est ». Il n'existe actuellement aucune raison de distinguer les espèces par leurs caractères de couleur . Mais ils se distinguent clairement par d'autres critères. *Rhinoceros simus* a une lèvre supérieure carrée et, par rapport à celle-ci, cultive l'herbe sur le sol. *Rh. bicornis* a une lèvre supérieure préhensile dépassant de la lèvre inférieure et, d'une manière correspondante, se nourrit principalement des branches des arbustes. Il a été souligné par M. Coryndon [161] que le veau de *Rh. simus* « court toujours devant la vache, tandis que le veau de *Rh. bicornis* suit invariablement sa mère ». Les deux animaux ont bien sûr deux cornes, et sur la base des proportions variables des cornes, un grand nombre d' « espèces » ont été créées dans le passé. Il est indiqué que la plus longue corne connue du « rhinocéros blanc » mesure 56½ pouces ; tandis que celui de *R. bicornis* est plus court, 40 pouces étant apparemment le maximum. Mais l'animal est plus petit.

FIGUE. 133.— Tête de *Rhinoceros bicornis* .

La troisième espèce africaine possible de *rhinocéros* [162] a été provisoirement nommée d'après M. Holmwood et est basée sur deux cornes de 41 et 42 pouces de long, qui peuvent être des cornes anormales de *Rh. bicorne* ; mais ils sont plus minces et ont un pédicelle plus petit.

Rhinocérotidés disparus . — Les rhinocéros existants sont donc confinés à l'Afrique, à certaines parties du continent asiatique et à quelques-unes des grandes îles situées au sud de ce continent. Mais autrefois, le genre et les genres apparentés avaient une gamme plus large. Dès le Miocène, nous rencontrons des restes de rhinocéros étroitement apparentés aux formes existantes. Les formes les plus anciennes ont, comme cela est naturel, des caractères plus anciens. Ainsi dans *Rh. schleiermacheri* du Miocène, des canines semblent avoir été présentes. L' *Aceratherium* du Miocène , primitif en l'absence de cornes comme son nom l'indique, [163] avait aussi des canines et, chez une espèce, six incisives à la mâchoire inférieure. Cet *Aceratherium* avait en outre quatre doigts aux pieds antérieurs. Au Miocène et plus tard, le rhinocéros existait en Europe et en Amérique. Il existait même une forme purement septentrionale, le *Rh. tichorhinus* , qui possédait un revêtement laineux et avait la même aire de répartition que le Mammouth. Ce rhinocéros avait deux cornes.

Elasmotherium post-Pliocène et européen était une créature rhinocérotine colossale. Cette grande bête avait deux cornes et un corps de 15 pieds de long. Ses membres ne sont pas connus, et comme les dents sont différentes de celles des rhinocéros en général, il se peut qu'il n'ait pas du tout appartenu à ce groupe, bien qu'Osborn soit enclin à le faire dériver de l'Aceratherium, admettant en même temps que la preuve *est* " résolument mince. Les dents en fait ressemblent à celles d'un cheval en étant hypselodontes et de forme prismatique. Quant aux deux cornes, elles ne ressemblaient apparemment pas exactement à celles des rhinocéros typiques ; il y avait une énorme corne en arrière, appuyée sur une énorme bosse osseuse, et devant celle-ci, une tache rugueuse suggère une corne plus petite ou du moins beaucoup plus mince .

Il est important de noter que les rhinocéros fossiles appartenant au genre restreint *Rhinocéros* étaient invariablement à deux cornes en Europe ; ce n'est qu'en Inde, où elles existent encore, que l'on rencontre des formes à une corne à l'état fossile.

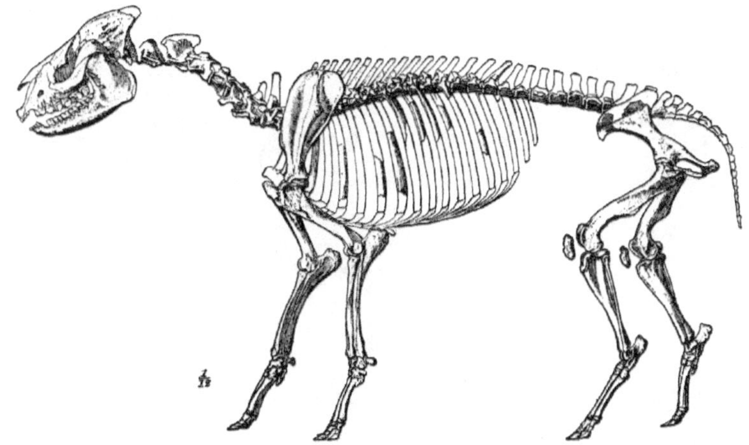

FIGUE. 134.— Squelette d' *Hyracodon nebrascensis* . × 1 / 12 (D'après Scott.)

Les rhinocéros d'Amérique étaient pour la plupart sans cornes. *Diceratherium* est une exception ; mais dans de nombreux cas, il avait deux cornes parallèles, non successives, et celles-ci étaient, à en juger par les légères proéminences, mais de faible développement et peut-être difficilement comparables aux armes redoutables des formes de l'Ancien Monde. *Aceratherium tridactylum* , avec des indications de cornes appariées, peut être ancestral de *Diceratherium* . Les formes américaines ont des nasales faibles et minces en correspondance avec l'absence de cornes ; la crête sagittale est conservée, contrairement à la grande surface aplatie du crâne des rhinocéros à cornes. *Les Aceratherium* des deux divisions du globe représentent probablement le groupe ancestral des formes à cornes et sans cornes. Ceci étant, il est très intéressant de noter une nette convergence des genres américains assez distincts vers les genres européens à cornes. Un genre parfois uni à *Aceratherium* , mais qui en diffère encore sur certains points, est *Aphelops* (*Teleoceras*). [164] Cet animal est plus proche du « standard moderne » des rhinocéros que ne l'est son ancêtre possible *Aceratherium* . Le squelette en général est plus robuste, dépassant même celui des formes modernes, et se rapprochant de celui de l' *hippopotame* . Il existe une réduction des incisives supérieures, limitées à deux paires, et des molaires inférieures. sont réduits à cinq. Les incisives inférieures ne sont que deux. La crête sagittale est moins marquée ; le cinquième chiffre est réduit à un minuscule nodule représentant le métacarpe. Il avait une petite corne nasale. Il existe de nombreux autres détails de ressemblance avec les rhinocéros modernes chez cette créature, qui n'a avec eux qu'une communauté de descendance provenant d'anciennes formes sans cornes, telles que *Aceratherium* et *Caenopus* . Dans le genre *Peraceras,* les incisives supérieures ont aussi complètement disparu que chez les rhinocéros africains vivants.

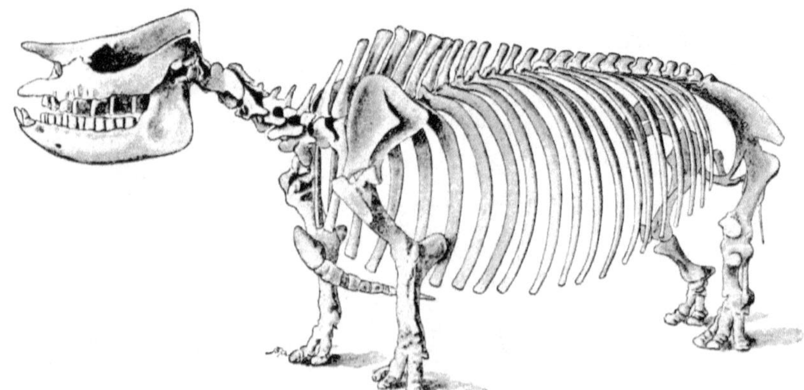

FIGURE. 135.— Squelette d' *Aphelops (Teleoceras) fossiger* . × 1 / 15 . (D'après Osborn.)

Les types de rhinocérotines les plus anciens [165] sont les Hyracodontes et les Amynodontes . Ils datent tous deux de l'Éocène et ont disparu au cours de l'Oligocène suivant. *Hyracodon* [166] (Fig. 134) était « un type agile, à la poitrine légère et au cou plutôt long », ressemblant à un cheval en termes de constitution. Il n'y avait pas de cornes, mais les sabots ressemblaient plus à ceux des chevaux qu'à ceux des rhinocéros existants. Ces animaux étaient apparemment des habitants simples et sans défense , ce qui s'explique par leurs sabots compacts et leur similitude extérieure avec un cheval. Le genre est Oligocène. La formule dentaire est I 3/3 C 1/1 Pm 4/3 M 3/3.

Le professeur Scott suppose que le nombre de vertèbres dorso -lombaires était de vingt-trois ou vingt-quatre. Le radius et le cubitus sont des os complets et séparés, mais ce dernier est quelque peu réduit. Il y a quatre os métacarpiens, dont le cinquième est cependant très réduit. L'animal n'a que trois doigts. Le tibia et le péroné sont distincts et ne présentent aucune tendance à la fusion ; mais le péroné est très réduit. Il n'y a que trois métatarsiens et trois orteils. Si cette lignée, qui doit être considérée comme une branche latérale de la tige du rhinocéros, n'avait pas disparu, elle aurait probablement donné, pense le professeur Scott, des monodactyles, des types très semblables à ceux des chevaux. Il est postérieur au genre suivant à décrire, *Hyrachyus*, dont il est peut-être un descendant. Un type intermédiaire, *Triplopus*, semble lier ensemble *Hyracodon* et *Hyrachyus*.

À *Hyrachyus agrarius*, le crâne est long et étroit, la région faciale étant nettement plus longue que chez les rhinocéros existants. La partie mastoïde de l'os périotique est largement exposée sur la face externe du crâne, ce qui n'est, comme on l'a dit, pas le cas du genre *Rhinoceros existant*. La dentition est la dentition euthérienne complète de quarante-quatre dents. Les dents molaires supérieures ressemblent étonnamment à celles du genre *Rhinoceros*. Les pieds antérieurs sont pentadactyles , mais fonctionnellement tétradactyles ; le tridactyle des pattes postérieures . Le cubitus est moins réduit que chez *Hyracodon*, et les vertèbres dorso -lombaires sont au nombre de vingt-cinq.

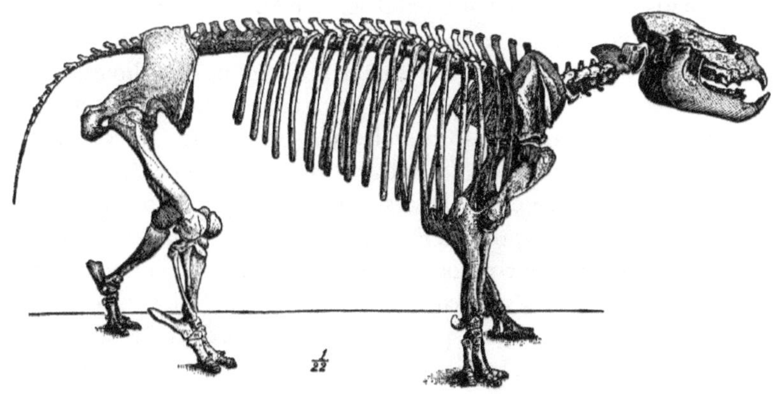

FIGUE. 136.— Squelette de *Metamynodon planifrons* . × 1 / 22 . (D'après Osborn et Wortman.)

Les Amynodontes étaient des types courts et lourds, probablement des habitudes hantées par les marais, et peut-être avec une trompe comme celle du Tapir. L'orbite est plus haute que chez les Hyracodontes purement terrestres , et il est suggéré que lorsqu'ils nageaient, ils étaient élevés au-dessus de la surface, comme chez les hippopotames. "Cette caractéristique", observe le professeur Osborn, "avec les longues défenses recourbées, sans doute utilisées pour le déracinement, suggère la ressemblance entre les habitudes de ces animaux et celles des hippopotames." Il n'y avait pas de cornes chez les

Amynodontes . La face est plus courte que chez les Hyracodontes , et la mastoïde est couverte comme chez les Rhinocéros récents. Les canines sont très fortement développées en défenses, mais les incisives montrent des signes de disparition. Nous connaissons les genres *Amynodon* , *Metamynodon* et *Cadurcotherium* . Tous, sauf le dernier, qui est européen, sont de portée américaine.

Famille. 4. Titanotheriidae . — Ces ongulés oligocènes, atteignant souvent de grandes dimensions, sont presque particuliers, autant qu'on le sait actuellement, au continent nord-américain, et y sont au moins les plus abondants. [167] De nombreux noms génériques, tels que *Titanotherium* , *Brontotherium* , *Brontops* , *Titanops* et *Menodus* , leur ont été donnés ; mais une étude récente de tout le matériel accessible à la description ou déjà décrit a conduit le professeur Osborn à l'opinion qu'il n'y avait qu'un seul genre auquel le nom de *Titanotherium* devait être appliqué. De ce genre, il existe une trentaine d'espèces bien caractérisées , dont l'évolution graduelle peut être suivie depuis les couches les plus basses des lits de la rivière White où se trouvent leurs restes. Un squelette entier de *T. Robustum* permet de comprendre l'ostéologie de ces formes et de les comparer avec d'autres Périssodactyles . Cet animal mesurait plus de 13 pieds de long et mesurait environ 7 pieds 7 pouces de hauteur. Il semble avoir présenté au cours de sa vie l'aspect d'un rhinocéros avec peut-être une touche d'éléphant. Le crâne n'est pas sans rappeler celui d'un rhinocéros en termes de dimensions et de forme générales ; mais il y a une paire de noyaux de corne apparents en avant, qui sont plus petits dans les formes les plus anciennes et acquièrent une grande taille, une direction vers l'avant avec une divergence des deux dans les formes plus récentes. Un coup d'œil sur les figures de crânes (Fig. 137) des Titanotheres anciens et postérieurs montrera les changements dans ce domaine que les crânes ont subis dans le laps de temps occupé par le dépôt de ces lits Oligocènes. Les nasales sont courtes chez les espèces les plus récentes, plus longues chez les espèces les plus précoces , telles que *T. heloceras* et *T. coloradense* . L'arc zygomatique fait beaucoup saillie et ressemble à une "étagère" dans les formes ultérieures, le crâne acquérant ainsi une largeur immense, qui, avec les noyaux de cornes longs et divergents, doit avoir donné à l'animal vivant une apparence des plus bizarres. Il est intéressant de noter que cet animal, bien que périssodactyle , s'accorde avec les artiodactyles dans les dix-neuf vertèbres dorso -lombaires, dont dix-sept portent des côtes.

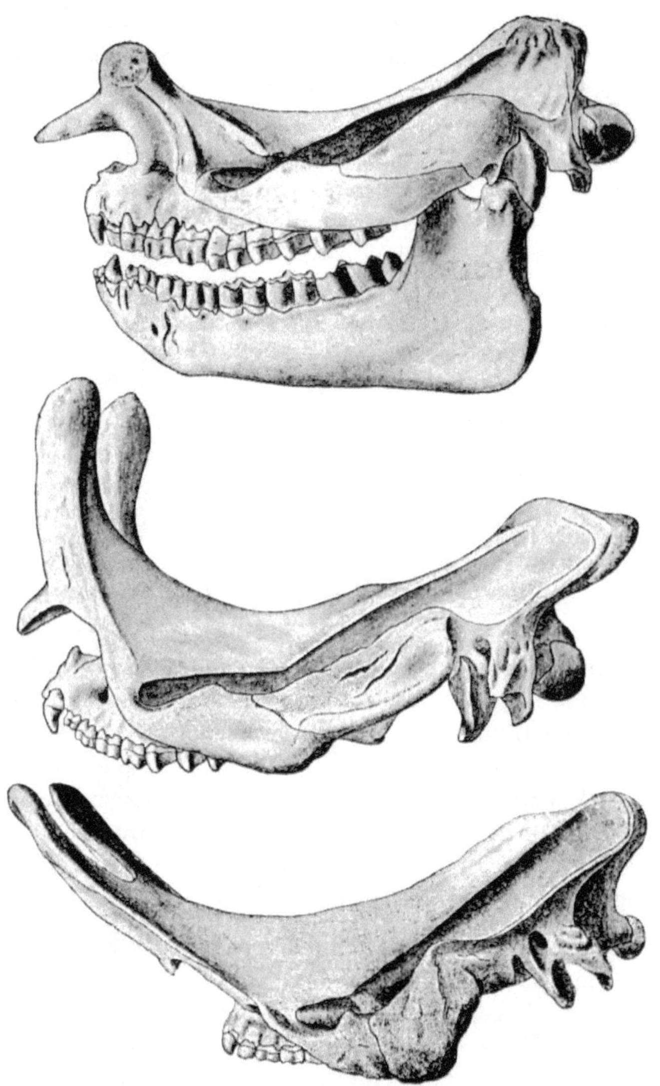

FIGUE. 137.— Trois figures montrant l'évolution crânienne du *Titanotherium*
. Figure supérieure, *T. trigonoceras* ; figure du milieu, *T. elatum* ; figure
inférieure, *T. platyceras* . (D'après Osborn.)

Le genre s'accorde en outre avec les Artiodactyles dans la structure du carpe.
Les orteils du membre antérieur sont au nombre de quatre, ceux du membre
postérieur trois ; mais alors que le membre postérieur est sans aucun doute
un périssodactyle dans la disposition de ses parties constitutives, le membre
antérieur présente une allusion à un mode de structure artiodactyle . Ce
membre est paraxonique , l'axe du membre passant entre les deux doigts

médians. Il se peut que ce genre représente plus que tout autre Périssodactyle ou Artiodactyle la tige primitive dont les deux ont divergé, bien que, bien sûr, il ne soit pas assez vieux pour être très proche de l'ancêtre réel. La dentition molaire est la dentition typique ; les incisives semblent varier quant à leur présence ou leur absence et, si elles sont présentes, dans leur nombre. En comparant les formes les plus anciennes avec les formes les plus récentes, il est à noter qu'il y a eu une augmentation de taille exactement comme cela s'est produit au cours de l'évolution des chameaux et de certains autres groupes d'ongulés. Comme déjà mentionné, la taille des noyaux des cornes augmente également jusqu'à culminer dans les espèces extraordinaires, *T. platyceras* et *T. ramosum*, dans lesquelles celles-ci sont deux fois moins longues que le crâne, de forme aplatie et reliées à leurs bases par un "toile" d'os. Arrivé à ce niveau de spécialisation, le genre *Titanotherium* a apparemment épuisé ses capacités de modification et a cessé d'exister. Les nombreux noms génériques peuvent s'expliquer d'une part par des différences sexuelles et d'autre part par une connaissance incomplète des liens de connexion. [168]

Le Paléosyops ressemble un peu à un Tapir, le crâne ressemblant particulièrement à celui du Tapir. Comme chez *Titanotherium*, les molaires, au lieu d'avoir une paroi externe formée de cuspides fusionnées, ont une W paroi externe en forme d'un côté et deux ou une cuspides du côté opposé. C'est en outre une forme éocène et, en correspondance avec son âge plus avancé, elle est plus primitive sur certains points de structure, par exemple en l'absence de cornes et dans la formule dentaire complète. Les membres antérieurs sont à quatre doigts, les postérieurs à trois doigts. Il était de taille intermédiaire entre un tapir et un rhinocéros. Il a été démontré aussi, par des moulages de l'intérieur du crâne, que les hémisphères cérébraux sont beaucoup moins alambiqués que ceux de *Titanotherium*.

Lié au *Paléosyops*, il existe un autre Titanothere primitif, le genre *Telmatotherium*. C'est également l'Éocène, du bassin d'Uinta, la strate la plus élevée de l'Éocène. Le crâne de ces créatures était plutôt allongé, et n'était pas sans rappeler celui d'un Titanothere dans son aspect général. La dentition était complète et les canines peu grandes. Les cornes, qui acquièrent un développement si prodigieux chez les Titanotheres ultérieurs, sont tout juste reconnaissables chez au moins de nombreuses espèces de ce genre *Telmatotherium*, le nom n'étant donc en aucun cas approprié. Mieux était celle proposée par le Dr Wortman, de *Manteoceras* ou « prophète cornu ». Les cornes sont de petites élévations sur les fronts, juste à la jonction de ceux-ci avec les os nasaux et, en fait, reposent en partie sur ces derniers os. Chez *T. cornutum, les cornes sont principalement portées sur les très longues nasales, dont la taille contraste avec les mêmes os chez le Titanotherium*, plus développé. Il semble tout à fait possible que *Titanotherium* soit issu du genre *Telmatotherium*. [169]

SOUS-ORDRE 9. LITOPTERNA.

La question de savoir si les **Macraucheniidae** doivent être considérés comme un groupe distinct d' Ungulata est un sujet de controverse. Cope les plaça dans un ordre spécial d' ongulés qu'il appela Litopterna . Zittel, en revanche, les considère comme définitivement des périssodactyles . Un curieux point de ressemblance avec les chevaux existants est montré : c'est la présence d'une fosse dans les dents incisives. Cette question semble si importante qu'elle nécessite de placer ces formes dans le voisinage des Périssodactyles , voire des Équidés ; c'est un caractère si particulier, et apparemment si peu lié à une quelconque similitude évidente dans le mode de vie, qu'il semble marquer une affinité particulière. Ce n'est pas le cas du fait que chez *Macrauchenia* en tout cas, l'orbite était entièrement entourée d'os comme chez le Cheval. Nous trouvons cette condition si fréquemment acquise dans de nombreux groupes, — développement d'une condition antérieure où la cavité destinée au logement de l'œil est en continuité avec la fosse temporale, qu'elle ne peut être considérée que comme une marque de spécialisation . Il est en effet vrai que les Macraucheniidae sont spécialisés sur de nombreux points , tout en conservant de nombreux traits primitifs de structure.

Les principales caractéristiques primitives sont : les positions non alternées des os du poignet et de la cheville ; ceux-ci, bien sûr, s'emboîtent chez les périssodactyles d'aujourd'hui et dans de nombreuses familles disparues. Ensuite l'absence de diastème dans la série dentaire, couplée à la présence en *Macrauchenia* d'une dentition complète. Le petit cerveau peut être classé dans la même catégorie. *Macrauchenia* devait être un animal étrange. Il marchait sur trois orteils à chaque membre ; le crâne ressemblait en général à celui d'un cheval, mais les narines sont retirées jusqu'à un point aussi éloigné que chez les baleines ou à peu près, les os nasaux étant réduits en conséquence. On pense que c'est ce que soutient une trompe. L'humérus est notamment comparé par Burmeister [170] à celui du Cheval. Le radius et le cubitus, bien que tous deux bien développés, sont fusionnés. Le cou est long et, comme chez le chameau, les artères vertébrales passent à l'intérieur des arcs neuraux. Puisque les pattes antérieures semblent avoir été un peu plus longues que les pattes postérieures, bien que très légèrement, et que le cou était long, l'animal a peut-être présenté une certaine ressemblance avec la girafe. Il est intéressant de noter que dans les proportions de l'humérus au cubitus, cet animal ressemble plus à un lama qu'à un cheval. En revanche, les proportions du fémur au tibia ressemblent davantage à celles d'un cheval. Les restes de la créature sont limités à l'Amérique du Sud et à des dépôts assez superficiels. Il s'agit évidemment d'un type spécialisé et a suivi une évolution parallèle à celle du cheval. Cependant, beaucoup plus proche du Cheval, mais apparemment par convergence seulement, se trouve le genre *Thoatherium* , généralement placé dans une famille distincte, les **Protorotheriidae** . Chez cette créature aux nombreux caractères archaïques, les orteils sont réduits à

un dans chaque pied. Chez une forme alliée, *Protorotherium* , nous avons les
deux orteils latéraux diminuant tout comme chez *Anchitherium* .

CHAPITRE XI

ONGULÉS (*suite*)—ARTIODACTYLES (ONGULÉS À DOIGTS ÉGAUX)—SIRENIA

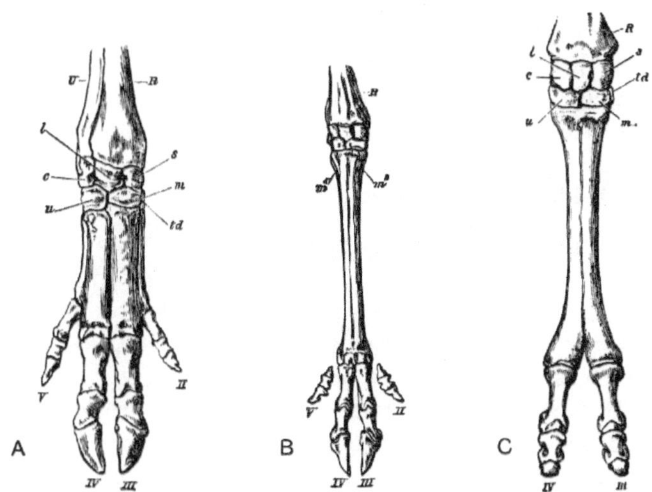

FIGUE. 138.— Os du Manus— **A** , de Cochon (*Sus scrofa*). × ⅓ . **B** , du Cerf Rouge (*Cervus elaphus*). × ½. **C** , du Chameau (*Camelus bactrianus*). × ⅛. *c* , cunéiforme ; *l* , lunaire; *m* , magnum; *m* ², *m* ⁵ , deuxième et cinquième métacarpiens ; *R* , rayon ; *s* , scaphoïde ; *td* , trapèze ; *u* , inciforme ; *U* , cubitus ; *II-V* , deuxième au cinquième doigt. (De *l'ostéologie* de Flower .)

Les artiodactyles ou ongulés « à doigts égaux » se distinguent des périssodactyles et des autres groupes d'ongulés par un certain nombre de caractères tranchants. Le plus marquant d'entre eux, et celui qui a donné son nom au groupe, concerne la disposition des chiffres. Au lieu qu'il n'y ait qu'un seul chiffre prédominant, le troisième, dans la main et le pied, par lequel passe l'axe du pied, il y en a deux, les nombres trois et quatre, entre lesquels passe le même axe, et qui sont parfaitement symétriques les uns des autres. autre. Ce type de pied a été appelé « paraxonique », par opposition au pied périssodactyle « mésaxonique » (voir Fig. 121 B, p. 235). On a tenté de prouver que l'unique doigt dominant du pied du cheval est une paire de chiffres fusionnés, et l'état de choses qui caractérise le chameau, où les deux métacarpiens ou métatarsiens sont presque complètement unis, a été avancé dans preuve; de même, certaines anomalies, comme celles appelées « porcs à sabots solides ». [171] Ces derniers sont simplement des Porcs chez lesquels les deux métacarpiens centraux et les sabots terminaux sont complètement fusionnés. Dans certains de ces cas, il n'y a pas la moindre trace de l'union des métacarpiens et des phalanges séparés. Même les os sésamoïdes, attachés derrière les orteils, sont au nombre de deux au lieu de quatre. Et de plus, le tendon qui irrigue les os est unique, bien qu'il porte les traces de sa double origine. De tels porcs présentent souvent des anomalies de génération en génération, et ils se sont avérés pratiques pour ceux dont les scrupules ne leur permettaient pas de manger la chair d'une bête « divisant le sabot » et ne ruminant pas. Plus singulier encore, car montrant une approche pathologique d'un autre côté de l' état périssodactyle chez un artiodactyle , est un veau dont le pied se terminait par trois doigts de taille égale , dont celui du milieu se trouvait dans l'axe longitudinal du membre. Du côté opposé, on connaît des cas de cheval avec un sabot fendu et des phalanges, présentant ainsi la ressemblance la plus frappante avec un chameau.

Il existe en outre chez certains groupes d' Artiodactyles (*par exemple* les Tragulidae) une tendance des deux métacarpiens moyens à s'unir, indépendamment de ces "sports" comme ceux illustrés par les cas qui viennent d'être exposés. Et, comme nous l'avons déjà mentionné, l'union des deux métacarpiens moyens culmine chez le Chameau, le Buffle, etc. Il n'y a cependant absolument aucune trace d'une telle fusion dans la série des animaux périssodactyles que nous connaissons ; et c'est par fusion plutôt que par démembrement que, comme le semblerait cette théorie, le pied d'ongulé moderne a été obtenu. Bien sûr les faits sur la descendance des Ongulés sont absolument destructeurs de telles comparaisons.

Comme c'est le cas des Périssodactyles , les Artiodactyles présentent une série historique, la condition primitive à cinq doigts étant presque préservée chez *l'Oréodon* , jusqu'à la modification la plus moderne illustrée par le Bœuf, le Mouton, etc., dans laquelle les animaux ne sont même pas présents. vestiges des quatrième et cinquième orteils. Il a cependant été affirmé que le fœtus de mouton portait des traces de ces rudiments. Ce qu'on appelle l'os du canon (les troisième et quatrième métapodes fusionnés) s'accompagne dans sa fusion d'une augmentation de longueur. En même temps, les métacarpiens moyens fonctionnels écartent les rudiments et, formant à cet effet une large surface, s'articulent avec le magnum et les os unciformes à l'exclusion des rudiments. C'est ce qu'on appelle une « réduction adaptative ». Dans la « réduction inadaptée », on retrouve la même réduction des métacarpiens, mais les rudiments s'articulent encore comme dans le pied artiodactyle primitif, *c'est-à-dire* Mc II avec trapèze, trapèze et magnum ; Mc III avec magnum et inciforme ; Mc IV et V avec inciforme. Cela semblerait donner une plus grande solidité et par conséquent une plus grande force au pied.

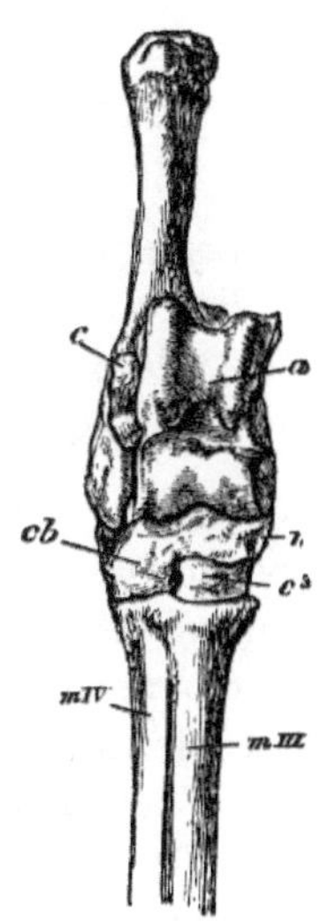

FIGUE. 139.— Surface dorsale du tarse droit du Red Deer (*Cervus elaphus*). × ⅓ . *un* , Astragale ; *c* , calcanéum ; c^3 , cunéiforme ; *cb* , cuboïde ; *mIII* , *mIV* , métatarsiens ; *n* , naviculaire. (De *l'ostéologie* de Flower .)

Les os du carpe des artiodactyles alternent dans leur articulation ; l'état de choses primitif [172] n'est pas conservé même dans les types les plus anciens. Le fémur n'a pas de troisième trochanter, si répandu chez les Périssodactyles . Dans l'arrière-pied, le calcanéum présente une facette articulaire pour le péroné, ce qui n'est pas caractéristique des périssodactyles . Dans les formes plus modernes, *par exemple* les cervidés, le naviculaire et le cuboïde fusionnent en un seul os ; et il existe encore d'autres fusions qui seront mentionnées plus tard comme des traits caractéristiques de différents groupes. Il est intéressant de remarquer que la réduction commence plus tôt et est plus nette à l'arrière-pied qu'à l'avant. On peut voir que cela peut être purement adaptatif, la poussée des pattes postérieures en course nécessitant un soutien plus ferme. À *Hyomoschus* , c'est le cas. Les membres postérieurs sont pourvus d'un canon, tandis que les métacarpiens des pieds antérieurs sont encore libres.

Le nombre de vertèbres dorso -lombaires est moindre chez l' Artiodactyle que chez les Ongulés Périssodactyle . Alors que les premiers n'en ont que dix-neuf, les seconds en ont, en règle générale, vingt-trois. [173] Le nombre de côtes varie de douze (*Camelus* , *Hydropotes*) à treize (*Cervus* , *Gazella*) à quatorze chez *les Dicotyles* , *Giraffa* , etc.

La curieuse forme de dents connue sous le nom de « sélénodonte » est caractéristique des Artiodactyles , bien qu'on ne la trouve bien développée que dans les formes modernes, et de celles-ci uniquement chez les Pecora. Les formes les plus primitives avaient des dents « bunodontes » avec typiquement quatre tubercules (si l'on excepte le *Pantolestes trituberculeux et peu connu*) ; et le type intermédiaire « buno -selenodont » caractérise des groupes tels que les Anthracotheriidae .

Alors que l'estomac des Périssodactyles est toujours un simple sac, il est compliqué, ou présente des signes de complication, chez les Artiodactyles . Celle de l'Hippopotame est divisée en deux chambres ; il y en a trois chez *les Tragulus* , et quatre chez les Ruminants typiques tels que *Cervus* , *Ovis* , etc.

S'il ne s'agissait que des genres encore vivants des Artiodactyles , il serait facile de les classer en deux groupes d'après les caractères des dents ; car les Cochons et les Hippopotames sont pourvus de molaires tuberculeuses ; ce sont des bunodontes. Les cerfs, chameaux, bœufs, girafes, etc. ont des molaires sélénodontes. D'ailleurs ces derniers sont des « Ruminants », et ont un estomac plus compliqué. Les Chevrotains existants interdisent une division plus tranchée, car ils sont, comme on le soulignera en temps opportun, d'une structure quelque peu intermédiaire ; les pieds ressemblent davantage à ceux d'un cochon et l'estomac n'est pas si typique des ruminants. En tout cas, une telle division est empêchée par certaines familles disparues qui sont peut-être leurs ancêtres. Ils ont des dents qui ne sont pas tout à fait bunodontes ni tout à fait sélénodontes. Ces dents ont été appelées buno - selenodont ou buno -lophodont.

La répartition des Artiodactyles vivants nous présente quelques faits intéressants. La grande prépondérance des espèces se trouve dans l'Ancien Monde : 34 en Amérique contre plus de 250 espèces en Europe, en Asie et en Afrique. La région néotropicale ne compte ni bœufs, ni moutons, ni antilopes. Ces derniers sont confinés à l'Afrique, à l'Asie et à certaines parties de la région paléarctique ; ils sont beaucoup plus répandus en Afrique, où ils remplacent le cerf totalement absent. La tribu des cochons est presque entièrement répartie de manière orientale et éthiopienne, une seule forme, le sanglier européen, s'étendant dans la région paléarctique ; et les deux espèces de pécari se trouvent en Amérique du Nord et en Amérique du Sud. D'une manière générale, la région éthiopienne est le siège des Artiodactyles . Mais la grande île de Madagascar ne possède qu'une seule forme d' Artiodactyle , un cochon du genre *Potamochoerus* . [174]

GROUPE I. — SUINA.

Famille. 1. Hippopotamidés . — La famille des Hippopotamidés ne contient parmi les genres existants que *Hippopotamus*, car l'Hippopotame nain du Libéria n'est plus considéré aujourd'hui, comme il l'était autrefois, comme le type d'un autre genre, *Choeropsis* . Les raisons de son ancienne séparation étaient la perte de la paire externe d'incisives et les différentes proportions des différentes parties du crâne. Ce petit animal libérien a cependant été montré par Sir W. Flower [175] comme possédant occasionnellement les incisives manquantes ; et quant aux proportions du crâne, il est extrêmement fréquent que les petits animaux diffèrent ainsi de leurs plus grands parents. Par conséquent, compte tenu des caractéristiques de l'hippopotame et du petit nombre d'espèces, il semble inutile de le diviser davantage. Nous ne reconnaîtrons donc qu'un seul genre.

L'hippopotame est actuellement présent en Afrique et confiné à ce continent. Mais tout récemment, il habitait Madagascar ; et plus loin encore dans le temps, l'espèce africaine existante, *H. amphibius*, s'étendait jusqu'en Europe ; il y avait aussi des formes indiennes, contemporaines de l'homme de l'âge de pierre. L'hippopotame commun est une grande bête à la peau épaisse et avec peu de poils. Il a quatre orteils à chaque pied, un estomac complexe, mais pas de caecum. Les incisives fortes continuent de croître tout au long de la vie, tout comme les grandes canines. Le nombre d'incisives est de deux de chaque côté de chaque mâchoire. Certaines des espèces éteintes en avaient six dans chaque mâchoire, et elles étaient distinguées comme un genre *Hexaprotodon*, contrastant avec *Tetraprotodon*, jusqu'à ce que des conditions intermédiaires soient observées. *Choeropsis*, comme nous l'avons déjà observé, était une réduction encore plus poussée du type tétraprotodonte . Les molaires (la formule est Pm 4/4 M 3/3) lorsqu'elles sont portées présentent un double motif trèfle. La cavité orbitaire est entourée d'os. Comme chez de nombreux autres mammifères aquatiques, les reins sont lobulés.

FIGURE. 140.— Hippopotame. *Hippopotame amphibie.* × 1 / 40 .

Un fait très singulier chez l'hippopotame est la production d'une « sueur sanglante », une sécrétion de couleur carmin , contenant de petits cristaux et corpuscules, à partir de la peau. Ce fluide coloré n'a bien entendu rien à voir avec le sang. [176]

L'animal atteint une longueur d'au moins 14 pieds. Les membres et la queue sont courts. Comme les autres animaux aquatiques, les narines se trouvent à la surface de la tête et peuvent être fermées lorsque l'animal est sous l'eau. Lorsqu'il atteint la surface de l'eau après une immersion prolongée, il jaillit comme une baleine. Sir Samuel Baker dit que dix minutes est la durée la plus longue pendant laquelle l'hippopotame peut rester sous l'eau. C'est souvent un animal dangereux à rencontrer, car il fait chavirer les bateaux et mord même de gros morceaux de leur fond ; avec ses énormes dents, il peut attaquer et détruire les êtres humains. L'hippopotame non seulement nage, mais peut marcher au fond d'une rivière avec une grande rapidité. Il prend parfois la mer à l'embouchure des rivières qu'il fréquente ; et on suppose que c'est ainsi que Madagascar était peuplée d'hippopotames, dont les restes se trouvent maintenant dans les marécages de cette île.

FIGUE. 141.— Sanglier. *Sus scrofa.* × 1 / 12 .

Famille. 2. Suidés. — La famille des Cochons, Suidae, diffère de la précédente par sa plus petite taille, par ses narines terminales et son museau mobile, qui n'est pas rainuré, sauf légèrement comme chez *Babirusa* . Ils sont généralement poilus, mais le Babyroussa est une exception, tandis que *le Phacochoerus* n'a que peu de poils. Bien qu'il y ait quatre doigts, comme chez l'hippopotame, seuls deux atteignent le sol en marchant. De plus, l'estomac est simple et (sauf chez *les dicotyles*) il y a un caecum. Les reins sont lisses et le foie est plus lobé que chez *l'hippopotame* . La cavité orbitaire confluent avec la fosse temporale. Le genre typique, *Sus* , est réparti en Europe, en Asie et dans les îles de l'archipel malais, jusqu'à Bornéo et Célèbes. La dentition [177] est complète. Une seule espèce, appelée *S. sennaariensis* , est originaire d'Afrique éthiopienne, mais on ne sait pas avec certitude dans quelle mesure cet animal peut être une espèce échappée introduite par l'homme. Un très grand nombre d' « espèces » de *Sus* ont été décrites, mais le Dr Forsyth Major est disposé à les réduire à quatre, voire à moins d'espèces. Il autorise les espèces largement répandues *S. scrofa* , *S. vittatus* et les espèces orientales malaises *S. verrucosus* et *S. barbatus* .

FIGUE. 142.— Porc pygmée (de *la nature*). *Sus Salvanie* . × 1 / 6 .

Le porc pygmée des Bhotans ne semble pas avoir droit à un rang spécifique, et certainement pas à un rang générique (de l'avis de certains), bien qu'il ait été appelé *Porcula* . *salvanie* . [178] Le sanglier d'Europe est *Sus scrofa* . Il était autrefois assez abondant dans ce pays ; non seulement ses restes sont exhumés des marais, des grottes et des tourbières, mais il existe de nombreuses preuves de sa persistance jusqu'à une période historique relativement tardive. Des textes ont été déposés concernant la chasse de ces animaux ; il y a des endroits, comme Boarstall , dont les noms dérivent clairement du nom de l'animal, vraisemblablement autrefois originaire de la localité ; et divers documents montrent tous la présence du sanglier dans ce pays jusqu'à une époque aussi tardive qu'à la fin du XVIe siècle.

FIGURE. 143.— Verrue. *Phacochoerus aethiopicus* . × 1 / 6 .

Le phacochère africain, genre *Phacochoerus* , est généralement considéré comme le type d'un genre distinct de porcs. Cet animal, « superlativement laid » avec ses défenses énormes et ses grandes protubérances sur la face, se distingue surtout du genre *Sus* par ces caractères et par la complexité de la dernière molaire, qui, avec les défenses, est parfois en vieux animaux les seules dents qui restent. La formule complète est Pm 2/2 M 3/3. Il existe deux espèces de ce genre, *P. aethiopicus* et *P. africanus* . Lorsqu'il est enragé, on dit que le phacochère lève la queue directement vers le haut et présente une apparence à la fois ridicule et féroce.

FIGURE. 144.— Chef de Wart Hog.

Le Célébésien Babyroussa , genre *Babirusa* , est un porc presque glabre avec des défenses énormément retournées dans les deux mâchoires du mâle. Chez le Sanglier, il y a une allusion à cela, qui se poursuit encore plus loin chez

Phacochoerus ; mais chez *Babirusa* , les défenses supérieures se tournent vers le haut avant de quitter la substance de la mâchoire, c'est pourquoi elles semblent naître sur sa face dorsale ; les défenses inférieures sont presque aussi longues. On a constaté que très petits de ce cochon ne sont pas rayés comme ceux des autres cochons. Au moyen de ses défenses supérieures incurvées, d'anciens auteurs ont dit que cet animal se suspendait aux branches des arbres, tout comme le fait le Chevrotain mâle grâce à ses défenses projetées vers le bas ! Il n'existe qu'une seule espèce, *B. alfurus* .

Du *Sus proprement dit, les Potamochoerus* africains et malgaches , y compris le Red River Hog, sont à peine séparables génériquement. Leur principale revendication de distinction générique réside dans l'existence d'une excroissance cornée provenant d'une apophyse osseuse au-dessus de la canine chez le mâle. Ceux-ci ont été comparés aux « noyaux de corne » osseux des Dinocerata éteints . Mais le Javan *Sus verrucosus* montre au moins le début d'une modification similaire. Le nom populaire de l'animal est dérivé de la fine couleur roux de son pelage, que l'on ne retrouve cependant pas chez toutes les espèces. Dr Forsyth Major [179] reconnaît cinq espèces, dont une seule est originaire de Madagascar.

FIGUE. 145.— Pécari. *Dicotyles tajaçu* . × 1/6 .

Famille. 3. Dicotylidés . — Les Pécaris sont généralement placés dans une famille différente de celle des autres Cochons. Cette famille, les Dicotylidae , ne contient qu'un seul genre, *les Dicotyles* , avec au plus deux espèces. Le nom de l'animal est lié à la glande dorsale ; l'animal semblait donc posséder deux nombrils. Les Pécaris, exclusivement confinés au Nouveau Monde, diffèrent des Cochons de l'Ancien Monde par un ou plusieurs caractères importants. Ils n'ont que trois doigts sur les pattes postérieures et l'estomac est compliqué. Bien que les pécaris n'aient que de petites défenses, ils chassent en meute et sont des animaux très dangereux à rencontrer. Ils doivent également leur sécurité face à de nombreux ennemis à leurs habitudes sociales. Étant des animaux nocturnes, ils sont sujets aux attaques du Jaguar, qui maîtrisera et dévorera rapidement un pécari qui s'est éloigné de son troupeau.

fossile . — Les genres existants de la tribu des Cochons sont également connus à l'état fossile. *Sus* lui-même remonte au Miocène supérieur. *Sus erymanthius* , le sanglier érymanthien , est connu dans des gisements de cet âge en Grèce, en Angleterre et en Allemagne. On ne sait pas que ce genre a eu une distribution plus large dans le passé qu'aujourd'hui. *Les dicotyles* sont présents au Pléistocène de l'Amérique du Nord et de l'Amérique du Sud, les régions qu'ils habitent aujourd'hui. Le genre *Listriodon* , également Miocène, est remarquable par la présence de dents lophodontes au lieu de bunodontes, notamment en ce qui concerne les molaires, qui ressemblent à celles du Tapir. Il était de portée européenne et indienne. Un certain nombre de genres, plus éloignés des porcs existants que ceux qui viennent d'être traités, sont regroupés dans une sous-famille spéciale, les Achaenodontinae . Le genre type, *Achaenodon* , avait un crâne un peu court pour un cochon ; et son aspect général et les caractères des canines suggèrent fortement celui d'un carnivore. Les molaires bunodontes sont cependant suines , tout comme la forme de la mâchoire inférieure à angle arrondi. Il s'agit d'un animal de l'Éocène trouvé dans le Wyoming.

Elotherium [180] est présent principalement au Miocène en Amérique du Nord et en Europe ; mais *E. uitense* est de l'Éocène. Les orbites sont complètement entourées d'os dans les formes les plus modernes ; ce n'est pas le cas dans le dernier genre décrit, avec lequel *E. uintense* est d'accord. Le crâne est également plus long et ressemble davantage à un cochon. L'arc zygomatique est puissant, avec parfois un grand processus descendant, comme on le trouve chez *le Diprotodon* , plus faiblement chez les Kangourous, ainsi que chez les Paresseux et certains Édentés éteints. La mâchoire inférieure possède une paire de processus dépendants près de la symphyse, ce qui suggère des processus occupant une position correspondante chez *Dinoceras* . Le crâne et le corps sont lourds, mais les membres à deux doigts sont minces. Il y a une plus petite paire d'orteils derrière ceux-ci. La dentition est complète et les canines ne sont pas démesurément développées. Le cerveau est très petit. Peut-être *qu'E. uintense* devrait être séparé en un genre distinct, *Protelotherium* . [181]

Hyotherium (qui est considéré comme identique à *Palaeochoerus*) a une crête sagittale pointue ; l'orbite est presque mais pas tout à fait fermée. Les canines ne sont pas fortement développées. Les canines supérieures ont des crocs doubles comme chez *le Triconodon* parmi les mammifères disparus, et comme chez le Hérisson et d'autres formes parmi les mammifères vivants. Les prémolaires ont le bord tranchant et dentelé de celles de certains autres porcs,

caractéristique qui leur donne une curieuse ressemblance avec les dents «
grinçantes » des phoques. Les molaires sont tuberculées et semblables à celles
des porcs vivants. Son aire de répartition est européenne, indienne et
miocène.

Le genre *Choeropotamus* possède une formule dentaire complète, à l'exception
de la perte d'une prémolaire dans la mâchoire inférieure. Bien qu'elle ait perdu
cette dent, elle appartient à une strate plus ancienne que certaines de ces
formes qui ont conservé cette prémolaire ; on l'a trouvé dans l'Éocène
supérieur de l'île de Wight et des environs de Paris.

Le *Chaenohyus américain et miocène* a perdu les dents correspondantes de la
mâchoire supérieure.

Homacodon [182] est un genre composé de plusieurs espèces, qui possède un
bunodont et une dentition complète. Les molaires sont sextuberculaires dans
la mâchoire supérieure. *H. vagans* avait à peu près la taille d'un lapin et semble
avoir un cou courbé. Les membres avaient cinq doigts, comme c'est
généralement le cas chez les ongulés de l'Éocène. Il est connu depuis
l'Éocène moyen du Wyoming.

GROUPE II. — *RUMINANTIES.*

Les Selenodontia ou Ruminantia forment la deuxième division des
Artiodactyles existants . Les caractères des dents, qui leur donnent leur nom,
ont déjà été évoqués. Elles diffèrent également par le fait qu'il n'y a jamais
plus d'une seule paire d'incisives dans la mâchoire supérieure, et très
généralement il n'y en a pas. En règle générale, les troisième et quatrième
métacarpiens et métatarsiens s'unissent pour former un os de canon. Il n'y a
qu'une seule exception à cela, le *Hyomoschus africain* . De plus, les deuxième et
cinquième chiffres sont presque toujours rudimentaires et peuvent
pratiquement disparaître. Là encore, les Tragulidae font exception. Les
Ruminantia sont ainsi appelés en raison du fait qu'ils « ruminent », c'est-à-
dire qu'une fois que la nourriture a été rapidement avalée, elle est refoulée
vers l'œsophage et mastiquée plus soigneusement. À cela est associé un
estomac complexe, divisé en plusieurs compartiments. Cet estomac
comporte au moins trois compartiments, comme chez les Tragulidae ; mais
il en a généralement quatre. Ses caractères sont illustrés sur la figure 146. La
majorité des Selenodontia possèdent des cornes, qui sont en partie formées
de protubérances solides des os frontaux. Chez la girafe, ils sont quelque peu
différents.

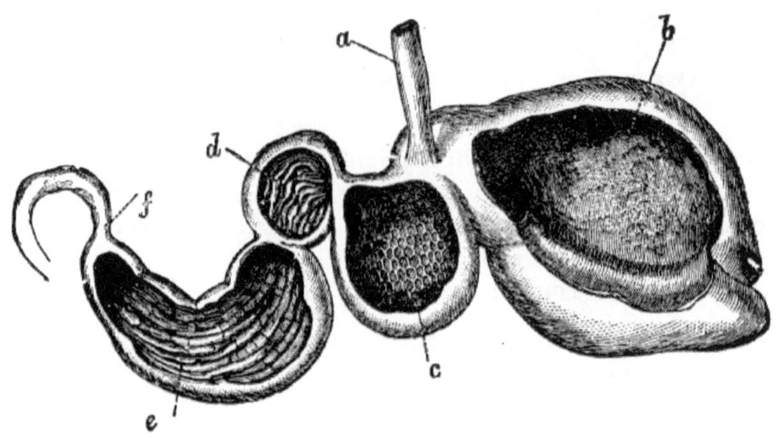

FIGUE. 146.— Estomac de ruminant ouvert pour montrer la structure interne. *un* , œsophage ; *b* , rumen ; *c* , réticulum ; *d* , psaltérium ; *e* , caillette ; *f* , duodénum. (D'après Flower et Lydekker .)

Ce groupe peut être divisé en-A. TRAGULINA , Chevrotains; B. TYLOPODA , chameaux, lamas ; et C. PECORA , cerfs, antilopes, bœufs, girafes, chèvres, moutons.

A. **TRAGULINE.**

Comme les Tragulina sont sans aucun doute les plus anciennes des Selenodontia , il sera logique de commencer par une description d'elles.

Famille. 4. Tragulidés . — Cette famille comprend un certain nombre de petits animaux ressemblant à des cerfs, qui sont en réalité, à bien des égards, plus apparentés aux cochons qu'au vrai cerf. Ils sont connus sous le nom de Chevrotains ; et le terme « Deerlet », introduit par le professeur Garrod, est certainement approprié, car ils ont l'aspect de très petits cerfs sans cornes. S'il n'y avait pas leurs pieds artiodactyles , on pourrait d'un seul coup d'œil confondre ces créatures avec un type marsupial. La famille est de portée orientale et ouest-africaine. Les deux genres (dont les particularités individuelles seront examinées plus loin) diffèrent des autres Artiodactyles par un certain nombre de caractères assez importants.

FIGUE. 147.— Chevrotain indien. *Tragulus meminna* . × ¼.

Ils sont absolument sans cornes chez les deux sexes. Les canines sont présentes dans les deux mâchoires et sont particulièrement bien développées dans la mâchoire supérieure. La formule dentaire est I 0/3 C 1/1 Pm 3/3 M 3/3. Dans le crâne, la bulle tympanique est généralement, comme chez les artiodactyles non ruminants , remplie de tissu osseux lâche. Les pieds ont (généralement) les quatre orteils du Suina et sont donc dans un état plus primitif que chez les cerfs et les antilopes. Mais comme les métacarpiens moyens sont fusionnés chez le *Tragulus* (bien que séparés chez *Hyomoschus*), ils sont un peu plus loin que chez les Cochons, dans la direction des Ruminants typiques.

L'estomac est relativement simple, offrant ainsi des caractères intermédiaires entre les Porcs et les Ruminants ; il n'y a que trois compartiments séparés. Un caractère très intéressant est conféré au placenta. C'est dans la famille actuelle du genre diffus, ne présentant pas les cotylédons séparés et touffus du placenta des ruminants. Nous pouvons raisonnablement supposer que c'est une preuve supplémentaire des caractères moins spécialisés de ce groupe [183] par rapport aux Ruminantia , une opinion qui n'est cependant pas universellement acceptée. Alors que les molaires ont le caractère sélénodonte des autres Pecora, les prémolaires sont plus adaptées à la coupe, avec des arêtes vives.

Le genre *Tragulus* comprend plusieurs espèces (par ex. *T. stanleyanus* , *T. napu* , etc.), qui ont été judicieusement comparés en apparence extérieure à certains rongeurs comme l'Agoutis. Les pattes sont délicates et élancées, à peine « plus épaisses qu'un crayon de cèdre ordinaire ». Ces créatures ont acquis parmi les Malais une réputation considérable d'astuce, incarnée dans le dicton « Aussi rusé qu'un *kanchil* ». Le mâle possède des défenses, ce qui a grandement contribué à la confusion de cette créature avec le cerf porte-musc totalement différent, *Moschus moschiferus* . On dit même qu'il se suspend grâce à leur aide aux branches des arbres, et évite ainsi le danger.

Hyomoschus (ou *Dorcatherium* comme il convient de l'appeler) est africain de l'Ouest. Sa riche couleur brune , avec des taches et des rayures, ressemble beaucoup à celle des Chevrotains, mais ses membres sont plus courts. La seule espèce est *le D. Aquaticum* , qu'on appelle parfois, à cause de sa fréquentation des berges des cours d'eau, le Chevrotain d'Eau. Des vestiges de ce genre se trouvent dans les strates du Miocène et du Pliocène d'Europe.

Les métacarpiens séparés, l'estomac relativement simple, l'absence de cornes, le placenta diffus et le pelage tacheté sont des caractéristiques qui soutiennent la position primitive de ces animaux parmi les artiodactyles existants .

Outre les deux genres existants dont nous venons de parler, il existe un certain nombre de genres éteints appartenant sans aucun doute au même groupe.

Gelocus (Eocène et Oligocène dans l'aire de répartition) est un genre européen connu de France. Il diffère des membres vivants du groupe par le fait que les deuxième et cinquième orteils des pattes postérieures et antérieures sont représentés, comme chez certains cerfs, par des rudiments à l'extrémité supérieure et inférieure seulement ; ils sont déficients au milieu. Les grands métacarpiens moyens, bien que étroitement appliqués, ne sont pas fusionnés. Les métatarsiens, en revanche, sont fusionnés ou non, selon les espèces. Une forme ultérieure est le genre *Leptomeryx* du Miocène d'Amérique du Nord. Ce genre s'écarte de la structure typique des Tragulines sur plus d'un point. La bulle tympanique est creuse au lieu d'être remplie d'os annulé ; le cunéiforme n'est pas fusionné avec le cuboïde et le naviculaire, bien que ces derniers soient l'un avec l'autre ; les doigts latéraux des pattes postérieures sont rudimentaires. Le magnum et le trapèze sont cependant fusionnés. Aux avant-pieds, les métacarpiens moyens sont séparés et les métacarpiens latéraux moins parfaits ont des orteils. Les métatarsiens sont fusionnés.

Protoceratidae ne se rapportent pas définitivement aux Tragulidae , mais s'en rapprochent . De cette famille, il n'existe qu'un seul genre bien connu, *Protoceras* , [184] du Miocène de l'Amérique du Nord.

Le crâne rappelle singulièrement celui des *Dinoceras* , avec lequel ce genre assez artiodactyle n'a bien sûr rien à voir. Cela illustre simplement le phénomène du « parallélisme ». De forme générale, il est particulièrement long et bas. Il existe trois paires de protubérances osseuses : l'une, la plus grande, est située sur les maxillaires s'élevant juste derrière l'implantation des canines ; les pariétaux ont une deuxième paire ; et une troisième paire de bossages, beaucoup plus petite, se trouve sur les frontaux, près de leur jonction avec les nasales. Cette description fait référence au mâle ; la femelle ne présente que des traces des bosses pariétales. Ceux-ci étaient peut-être tous recouverts de corne ou de peau rugueuse. La dentition de ce genre est précisément celle des Tragulidae , *soit* I 0/3 C 1/1 Pm 4/4 M 3/3. L'orbite est complètement entourée d'os ; la bulle auditive n'est pas enflée ; les prémaxillaires sont petits.

La cavité nasale est très grande et ouverte, l'extrémité des os nasaux étant située en avant vers le milieu du crâne ; cela semblerait indiquer au moins un nez flexible et long comme celui de l'antilope saïga, sinon une trompe.

Le cerveau était de bonne taille et assez alambiqué.

Les membres sont constitués sur le plan Traguline ; dans les membres antérieurs, les métacarpiens moyens sont tout à fait libres les uns des autres et les doigts latéraux les plus petits sont complets. Les métatarsiens sont libres, mais avec une tendance à la fusion ; les orteils latéraux ne sont représentés qu'à l'extrémité supérieure. Les os du carpe sont séparés.

Cet animal, qui avait à peu près la taille d'un mouton, quoique de proportions plus délicates, était allié non-seulement aux Tragulidae , mais aux Giraffidae ; il est impossible de le rapporter définitivement à l'une ou l'autre famille.

B. **TYLOPODA.**

Famille. 5. Camélidés. — Ce petit groupe de Sélénodontes ne comprend que les Chameaux et les Lamas. Les membres sont longs et ne portent aucune trace des deuxième et cinquième orteils. Les métacarpiens et métatarsiens fusionnés divergent quelque peu à leurs extrémités distales. Dans la mâchoire supérieure se trouve une seule paire d'incisives. L'estomac diffère de celui des ruminants typiques. Le rumen a des parois lisses et non papillaires, à partir desquelles se développent les « cellules d'eau », diverticules à bouche étroite munis d'un muscle sphincter de fermeture. Le psaltérium est réduit à un simple vestige, et ainsi l'estomac n'a, comme dans la Tragulina , que trois chambres. Ce caractère, jusqu'ici ancien, dans la structure de la tribu des Chameaux est associé à un autre, également observé chez les Ongulés plus primitifs, à savoir. le caractère diffus du placenta. Une particularité très singulière de ce groupe est le fait que les globules sanguins, au lieu de présenter les contours ronds ordinaires des mammifères, sont elliptiques.

FIGUE. 148.— Chameau de Bactriane. *Camelus bactrianus* . × 1 / 30 .

Le genre *Camelus* , confiné à l'Ancien Monde, est composé de deux espèces
bien distinctes, le Chameau de Bactriane, *C. bactrianus* , à deux bosses, et le
Dromadaire, *C. dromedarius* , qui n'en a qu'une. La première espèce est
asiatique. C'est un fait singulier qu'aucune des deux espèces ne soit connue
dans un état véritablement sauvage. Les chameaux dits « sauvages » semblent
invariablement sauvages. Les deux espèces se croiseront ; et il y a dans les
jardins de la Société Zoologique un tel hybride, qui a l'apparence générale et
les cheveux bruns hirsutes [185] de l'animal de Bactriane, mais la seule bosse
du dromadaire. Il se peut que les chameaux de Bactriane de Lob-nor soient
vraiment sauvages ; mais le désert contient tant de vestiges de villes détruites
par les tempêtes de sable, que ces chameaux réputés sauvages peuvent être
les descendants d'animaux appartenant aux habitants de ces villes. Un
troupeau de chameaux égarés s'est établi à l'état sauvage en Espagne. Sinon,
le genre n'est pas présent en Europe. Les Chameaux sont également
représentés dans le Nouveau Monde. Le genre *Lama* (*Auchenia* de nombreux
auteurs) appartient à cette famille. Ces Chameaux se distinguent de leurs alliés
de l'Ancien Monde par leur plus petite taille, par l'absence de bosse
caractéristique et par la chute d'une prémolaire, la formule dentaire étant par
ailleurs similaire. Une variété de noms, Lama, Alpaca, Huanaco , Vicuña, ont
été appliqués à ces animaux ; mais il semble que les noms dépassent le
nombre des espèces. M. Thomas, qui s'est récemment renseigné sur la
question, n'en permettra que deux, le Huanaco , *Lama huanacos* , parmi

lesquels il y a deux races domestiques, le Lama et l'Alpaga, et la Vicuña, *Lama vicugna* . Ils sont tous deux sud-américains. Non seulement il existe un troupeau de chameaux en fuite en Espagne, mais les Espagnols ont tenté d'introduire et d'acclimater l'utile Lama. Le premier Lama jamais vu en Europe fut amené en 1558 dans la ville de Middelburg en Hollande ; il fut acheté et présenté à l'empereur d'Allemagne. Gesner en donne une curieuse figure, représentant l'animal comme une bête relativement colossale se soumettant à la direction d'un homme nain. L'habitude de « cracher » du Lama est bien connue. Augustin de Zarate et Buffon parlent du Lama comme n'ayant d'autre protection que cette habitude, qui est plus qu'une simple éjection de salive : le contenu de l'estomac est projeté avec force sur l'objet de son ennui. Il peut aussi donner des coups de pied et mordre. Dans les intestins (comme dans ceux de certains autres mammifères) se trouvent des pierres de bézoard, ou bézards comme on les orthographe différemment. Ceux-ci étaient autrefois appréciés en médecine et, même jusqu'en 1847, selon Gay, l'historien du Chili, ils étaient à la mode ; ces concrétions, comparables à l'ambre gris des Baleines, étaient censées être un antidote au poison.

FIGURE. 149.— Lama. *Lama huanacos* . × 1 / 12 .

Chameaux disparus. — Le type de caméloïde le plus ancien est le genre *Protylopus* [186] dont nous connaissons un crâne imparfait et la plus grande partie d'un radius et d'un cubitus appartenant à un individu, et la plupart des parties des membres postérieurs chez d'autres spécimens. La seule espèce, *P. petersoni* , avait à peu près la taille d' un "lapin" et est présente dans l'aire de répartition de l'Éocène supérieur (formation d'Uinta) et de l'Amérique. Les dents de ce mammifère sont typiques de quarante-quatre et les canines ne sont pas prononcées, étant de forme incisiforme . Dans le crâne, les nasales surplombent, comme dans le genre *Poebrotherium* . L'orbite n'est pas fermée par l'os. On retrouve dans cet ancien Chameau une trace de l'encoche supra-orbitale si caractéristique de la tribu des Chameaux. "Les vertèbres ressemblent beaucoup à celles des Lamas modernes dans leurs proportions générales." Les lombaires ont la formule habituellement caméloïde de 7. Ce genre n'a que deux orteils fonctionnels sur les pattes postérieures, le deuxième et le cinquième étant réduits à des vestiges. Il est intéressant de noter que le radius et le cubitus semblent rester distincts, sauf chez les animaux très âgés, chez lesquels ils viennent à être co-ossifiés au milieu seulement, préfigurant ainsi leur union complète dans le genre suivant, *Poebrotherium* . De plus, le genre actuel, ainsi que *Poebrotherium* , était nettement unguligrade ; il n'a pas acquis le mode de progression phalangigrade caractéristique des types modernes de Chameaux.

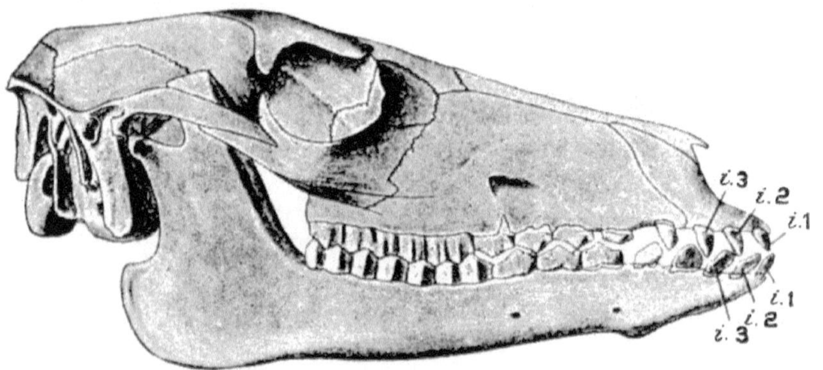

FIGUE. 150.— Crâne de *Poebrotherium Wilsoni* . je [1] , je [2] , je [3] , Incisives 1-3. × ½. (D'après Wortman.)

Le *Poebrotherium américain et oligocène* a été étudié récemment et de manière exhaustive par le professeur Scott. [187] Il était considérablement plus petit qu'un Lama. Son cou était long par rapport aux autres Artiodactyles , mais toujours plus court que celui du Lama. C'était une créature légère et gracieuse, avec apparemment une certaine ressemblance extérieure avec un Lama. Il est important de noter qu'à cette époque et pendant longtemps après, il n'existait dans l'Ancien Monde aucun type pouvant se rapporter aux camélidés. Bien que chameau dans de nombreux aspects de son organisation , *le Poebrotherium* était « généralisé » à bien des égards. Ainsi, les métacarpiens et les métatarsiens n'étaient pas fusionnés pour former un os de canon, et les deux doigts latéraux étaient représentés par des rudiments d'attelles des métacarpiens et des métatarsiens. La dentition était complète. Le crâne, bien que distinctement Tylopodan , présente également des caractères plus généralisés . Ainsi, l'orbite n'est pas entièrement, quoique presque, complétée par l'os. Dans le Camel, c'est assez fermé. Les os nasaux sont beaucoup plus longs et atteignent presque l'extrémité du museau. Le processus odontoïde de l'axe vertébral n'est pas en forme de bec comme dans les formes existantes, mais cylindrique, bien que légèrement aplati sur la surface supérieure. L'omoplate est décrite comme ressemblant davantage à celle du Lama qu'à celle du Chameau, bien que des variations se produisent qui se rapprochent de celles du Chameau. Le cerveau, à en juger naturellement par les moulages, présente ces sillons « qui sont communs à toute la série des ongulés et ressemblent beaucoup à ceux d'un mouton fœtal ».

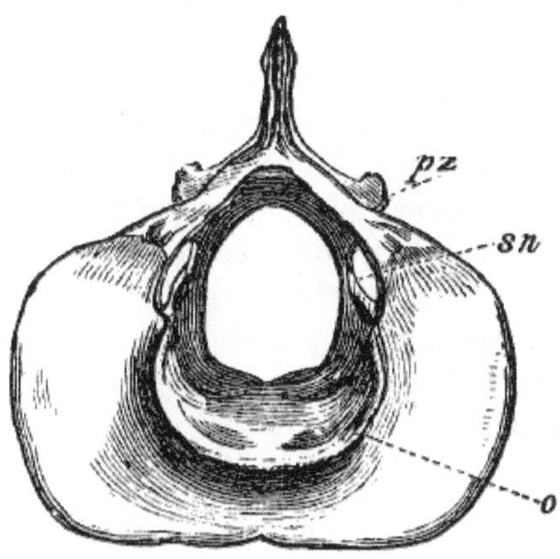

FIGURE. 151.— Surface antérieure de l'axe de Red Deer, × ⅔ . *o* , Processus odontoïde ; *pz* , zygapophyse postérieure ; *sn* , foramen du deuxième nerf spinal. (De *l'ostéologie* de Flower .)

Plus tard dans la séquence historique que *Poebrotherium* , et structurellement intermédiaire entre celui-ci et *Protolabis* , se trouve le genre Miocène *Gomphotherium* . Il montre une avancée dans la structure par rapport au *Poebrotherium* , en ce sens que l'orbite est complètement entourée d'os, bien que la paroi postérieure soit mince ; les canines inférieures, au lieu d'être incisiformes , sont courbées vers l'arrière comme chez les chameaux plus récents, et séparées par un large diastème des dents précédentes et suivantes.

Plus tard que *Poebrotherium* est *Protolabis* , un *Tylopode* dans lequel le nombre total de dents est encore conservé ; son crâne ne présente pas de changements particuliers par rapport au type Poebrotherine ; les nasales, cependant, sont quelque peu raccourcies.

Plus tard encore dans le temps se trouve *Procamelus* . Sous cette forme, nous avons apparemment une souche ancestrale, d'où dérivent à la fois les chameaux et les lamas. Les incisives supérieures sont comme dans les formes existantes, mais la première et la seconde persistent un peu plus longtemps. Le crâne présente deux types de structure bien marqués ; chez *P. occidentalis* il y a plus de points de ressemblance avec le Lama, chez *P. angustidens* avec le Chameau. Dans les deux cas, les orbites sont complètement entourées d'os. Les nasales sont très raccourcies. Le processus odontoïde de l'axe est encore plus concave que chez *Poebrotherium* , mais pas en forme de bec comme dans les formes existantes. Ce fait montre que le caractère en forme de bec du processus odontoïde des chameaux n'est pas un point d'affinité avec d'autres artiodactyles - en fait, l'apparition de la même forme de processus odontoïde chez les périssodactyles en est une preuve suffisante. Nous devons conclure que la forme est adaptative dans tous les cas. Si nous n'étions pas obligés de nous appuyer sur des preuves paléontologiques pour arriver à cette conclusion, la structure en question n'est qu'une de celles qui seraient considérées comme une preuve d'affinité génétique ; car il s'agit d'une ressemblance sur un point de structure, petit mais distinctif, n'ayant aucun rapport évident avec l'utilité. Les métacarpiens et les métatarsiens ont fusionné pour former les os du canon, bien qu'un rudiment d'un métacarpien semble subsister. Les genres mentionnés semblent être dans la lignée directe des représentants modernes de la famille. Mais il existe d'autres formes qui sont des ramifications de la tige principale. Tels sont *Homocamelus* , *Eschatia* et *Holomeniscus* . Les deux derniers sont pliocènes et américains ; les dents sont très réduites.

C. **PECORA.**

Les Pecora constituent un groupe qui possède tellement de caractères communs qu'il n'est pas une tâche facile de les subdiviser davantage.

En tout, il n'y a que deux doigts fonctionnels sur les pieds, et leurs métacarpiens et métatarsiens sont fusionnés. Il n'y a pas d'incisives supérieures et les canines de la mâchoire supérieure ne sont pas universelles et généralement petites. Les cornes sont confinées à ce groupe des Selenodontia . [188] Les dents prémolaires sont d'une forme plus simple que les molaires. L'estomac comporte quatre cavités, dont deux peuvent être considérées comme appartenant à sa moitié cardiaque et deux au pylorique. Les premiers sont , en premier lieu, une grande panse ou rumen, suivi d'un plus petit réticulum, ainsi appelé en raison de la disposition en réseau des plis de sa membrane qui la tapisse. Relié à ce dernier, et constituant la première partie de la moitié pylorique de l'estomac, se trouve le psaltérium ou « plis multiples », ainsi appelé à cause des plis longitudinaux, comme les feuilles d'un livre, dans lesquels sa membrane muqueuse est soulevée. Enfin, il y a la caillette, d'où sort l'intestin grêle. Garrod a observé que la chambre de l'estomac qui varie le plus chez les Pecora est le psaltérium. Cette chambre est particulièrement grande chez *Bos* , et particulièrement petite chez les antilopes *Nannotragus* et *Cephalophus* . Mais sa variation concerne plus spécialement les plis de sa muqueuse. Ces plis sont de longueurs variables et ont une disposition définie. Il peut y avoir jusqu'à cinq séries de lames de profondeurs régulières. Le psautier le plus simple est celui de *Céphalophe* , où il n'y a que deux ensembles de lames de tailles différentes, un ensemble plus profond et un ensemble beaucoup moins profond ; cette forme est appelée par Garrod « duplicata ». Le plus courant est l'arrangement « quadruplique », avec quatre ensembles de lames de profondeurs différentes. Chez toutes les Pecora, le foie est peu divisé par des fissures.

Famille. 6. Cervidés. — La tribu des Cerfs est très étendue et, à l'exception de l'Afrique et de l'Australie, sa répartition est mondiale. [189]

Les cerfs se distinguent absolument de tous les autres ruminants par l'existence de bois, qui sont invariablement présents chez le sexe mâle, sauf dans les genres aberrants *Moschus* et *Hydropotes* ; chez le renne seul, les bois sont présents chez les deux sexes. Les caractères généraux de ces appendices ont été traités dans une page précédente (p. 200), où ils sont comparés ou plutôt contrastés avec les cornes des Bovidés. Ces bois, si caractéristiques des Cervidés, sont développés de manière très diverse selon les membres de la famille. Ainsi, chez *Elaphodus,* les bois sont très petits et entièrement non ramifiés. Chez les Muntjacs, *Cervulus* , les bois sont à peine plus gros, mais ils ont une petite branche antérieure naissant près du pédicelle, la « dent sourcilière ». À *Cariacus antisiensis* une seule branche, la dent sourcilière, est présente, mais elle est presque aussi longue que la tige principale du bois, la « poutre ». Chez *Capreolus capraea,* la poutre porte deux dents ; chez *Cervus sika* trois ; chez *C. duvauceli,* deux des trois dents présentes portent des branches secondaires. Il existe d'autres complications (dont certaines sont illustrées dans les figures 152 à 157) du bois simple qui culminent dans les bois complexes avec leurs "paumes" élargies de l'élan et du daim.

Cervus matheroni du Miocène jusqu'au grand wapiti irlandais de l'époque post-tertiaire.

Au-delà des bois, il ne semble y avoir aucun caractère d'applicabilité universelle qui distingue les cervidés des antilopes qui leur sont presque apparentées. Il existe cependant un certain nombre de caractéristiques structurelles qui sont *presque* universellement caractéristiques. À l'exception *de Moschus* (que le professeur Garrod ne permettrait pas d'être un "cerf"), aucun Cervine n'a de vésicule biliaire [190] au foie. Tous les bovidés (y compris les antilopes) en sont dotés, à l'exception des *Cephalophus* .

Un caractère petit mais constant du Cerf est l'existence de deux orifices vers le canal lacrymal. Le genre *Tragelaphus* est le seul parmi les Antilopes à présenter ce caractère.

Autant qu'on le sache, le placenta du cerf n'a que peu de cotylédons, celui des bovidés en a beaucoup. Mais peu de types sont connus.

Les naviculaires, cuboïdes et ectocuneiformes sont souvent réunis. Ce n'est jamais le cas chez les bovidés.

Les première et deuxième phalanges des doigts latéraux (imparfaitement développés) sont toujours présentes sauf chez les Muntjacs ; on ne les trouve jamais chez les bovidés. Les Cerfs présentent toujours une coloration brun clair à brun plus foncé. *Élaphodus michianus* est presque noir. Il y a généralement du blanc sur les parties inférieures et sous la courte queue. Certains cerfs, comme le daim, sont repérés ; et les jeunes des autres qui sont uniformément colorés lorsqu'ils sont adultes . Dans certains cas , un pelage d'hiver, plus foncé que le pelage d'été, se développe.

Au total, une soixantaine d'espèces de cerfs sont connues, dont la prépondérance sont des formes de l'Ancien Monde. Les Cerfs de l'Ancien Monde sont répartis entre les genres [191] *Cervus* (toute l'Europe et l'Asie) ; *Cervulus* , les Muntjacs (Inde, Birmanie , Chine, etc.) ; *Hydropotes* (Chine orientale); *Capreolus* (Europe et Asie centrale) ; *Elaphodus* (Chine orientale); il existe un *Cervus américain* , le Wapiti. Les genres américains sont *Cariacus* et *Pudua* . L'élan (*Alces*) et le renne (*Rangifer*) sont circumpolaires. La principale modification structurelle survenue au sein de la famille des Cervidés concerne les cinquième et deuxième orteils rudimentaires. À *Capreolus* , *Hydropotes* , *Moschus* , *Alces* , *Rangifer* et *Pudua* , il existe des restes considérables des parties inférieures des métacarpiens II. et V. ; dans les autres genres, des traces plus petites des extrémités supérieures des mêmes os.

Les deux genres les plus anormaux sont *Moschus* et *Hydropotes* , plus particulièrement le premier, que ni Sir V. Brooke ni le professeur Garrod n'autorisent à faire partie de la famille. *Moschus* est généralement placé dans une sous-famille spéciale, les Moschinae , le cerf restant étant référé à une autre sous-famille, les Cervinae .

Sous-Fam. 1. Cervinés . — Le genre *Cervus* comprend un peu plus de vingt espèces existantes qui, à l'exception du Wapiti (*C. canadensis*), sont exclusivement réparties dans l'Ancien Monde. Les principales caractéristiques de variation du genre, conformément auxquelles il a été divisé en sous-genres, sont (1) les bois palmés (Daim, *Dama*) ou non palmés ; (2) adultes tachetés de blanc à tous âges et à toutes saisons (*Axis*), ou en été uniquement (*Pseudaxis*), ou pas du tout ; (3) jeunes tachetés ou non; (4) existence ou absence de canines rudimentaires dans la mâchoire supérieure.

Parmi les membres de ce genre, *Cervus (Elaphurus) davidianus* est intéressant car ayant été observé pour la première fois par le missionnaire Père David dans un parc appartenant à l'empereur de Chine près de Pékin. Ses cornes sont remarquables par le fait qu'elles se divisent tôt en deux branches d'égale longueur, dont la partie antérieure se ramifie à nouveau en deux. Des spécimens de ce cerf ont finalement été obtenus pour les jardins de la Société Zoologique.

Les espèces de *Cervus* sont assez réparties entre les régions paléarctiques et indiennes. Les espèces paléarctiques , comme le cerf de Lühdorff (fig. 152), sont principalement asiatiques. *Cervus elaphus* et *Cervus dama* sont à eux seuls européens et britanniques. Le premier est bien sûr le Red Deer, le second le Daim. Le Cerf élaphe est brun rougeâtre en été et brun grisâtre en hiver, avec la tache blanche sur le croupion si commune dans la tribu des Cerfs. Le cerf élaphe est véritablement sauvage en Écosse, dans certaines parties du Devonshire et du Westmoreland, ainsi que dans la New Forest. Au début du siècle dernier, selon Gilbert White, il y avait 500 têtes de cerfs dans la forêt de Wolmer , qui étaient inspectées par la reine Anne. Les bois peuvent avoir jusqu'à quarante-huit pointes ; et un cerf avec plus de trois dents antérieures est appelé « Royal Hart ». Le Daim a des bois palmés et est généralement repéré. Il semble qu'il s'agisse d'une espèce introduite, des rapports courants désignant les Romains comme les introducteurs. Il serait plus correct de dire « réintroduit », car des restes fossiles de ce cerf ont été rencontrés.

FIGUE. 152.—— Le Cerf de Lühdorff . *Cervus luehdorffi* . × 1 / 15 . (De *la nature* .)

Elaphodus [192] contient probablement deux espèces, *E. cephalophus* de Milne-Edwards et *E. michianus* de Swinhoe , toutes deux originaires de Chine. Les bois sont petits et non ramifiés ; les canines du mâle sont massives ; il diffère du *Cervulus* , auquel il est étroitement apparenté, principalement par l'absence de glandes frontales. La deuxième espèce a un pelage gris fer foncé, et le regretté M. Consul Swinhoe l'a décrit comme ayant un aspect très semblable à celui d'une chèvre.

Capréole. —— Le Chevreuil a des bois assez complexes. C'est un petit cerf et il a repéré des petits. Le chevreuil commun, *C. capraea* , est originaire de ce pays. C'est le plus petit de nos Cerfs, et ses bois n'ont que trois dents chez les cerfs de la troisième année. C'est un fait singulier chez ce cerf que, bien que la saison d'accouplement se situe en juillet et août, les petits ne naissent qu'au mois de mai ou juin suivant, période qui ne représente pas celle de la gestation. Le germe reste dormant un certain temps avant de se développer.

FIGUE. 153.— Cerf mulet. *Cariaque macrotis* . × 1 / 15 . (De *la nature* .)

Les Muntjacs, *Cervulus*, forment un type générique distinct confiné à la région indienne et au Paléarctique du sud-est . Ce sont de petits cerfs avec des jeunes tachetés et des bois courts à une branche placés sur des pédicelles aussi longs qu'eux. Les canines sont fortement développées chez les mâles. Il existe environ une demi-douzaine d'espèces.

Cariacus a une aire de répartition exclusivement américaine et contient une vingtaine d'espèces. Il y a ou non des canines supérieures. Les jeunes sont repérés. Les bois sont parfois très simples ; chez *C. rufus* et quelques alliés (placés dans un sous-genre spécial *Coassus*), ce sont de simples épis sans branches. Dans ce genre, ainsi que dans le *Pudua* le plus proche et aussi du Nouveau Monde , le vomer se prolonge vers l'arrière et divise les narines postérieures en deux. La majeure partie des espèces sont sud-américaines.

FIGUE. 154.— Cerf chilien. *Cariacus chilensis*. × 1 / 12 . (De *la nature* .)

Le Pudua , que nous venons de mentionner, vient des Andes chiliennes. C'est un petit cerf sans canines et avec de minuscules bois. D'autres noms génériques ont été proposés pour diverses espèces de cerfs américains.

Hydropotes inermis est un petit cerf parfaitement sans cornes, vivant sur les îles du Yang- tsé -kiang. Le mâle a des défenses ; les jeunes sont repérés. Bien que, comme les autres cerfs, *l'Hydropotes* n'ait pas de vésicule biliaire, M. Garrod [193] et M. Forbes [194] en ont trouvé les rudiments sous la forme d'un cordon ligamenteux blanc. M. Forbes a particulièrement insisté sur la ressemblance du cerveau avec celui de *Capreolus* . La femelle a quatre mamelles et produit trois à six petits à la fois.

FIGUE. 155.— Cerf d'eau. *Hydropotes inerme* . × 1 / 10 . (De *la nature* .)

Alces machlis , l'élan ou l'orignal, est une espèce circumpolaire aux bois palmés et de grande taille. Les jeunes sont intacts. Cet animal est le plus grand de la tribu des Cerfs. L'aspect de cette créature n'est en aucun cas celui d'un cerf, la lèvre supérieure longue, épaisse et plutôt préhensile ne suggérant en rien la famille à laquelle elle appartient ; les jambes aussi sont disgracieuses en raison de leur longueur inhabituelle. L' orignal a une curieuse méthode pour se protéger des loups. Au lieu de se déplacer lors de fortes tempêtes de neige et d'être ainsi sur le terrain lourd une proie facile pour ces ennemis agiles, l'animal forme ce qu'on appelle une « cour d'orignaux ». Une zone de terrain est bien piétinée et l'animal se contente de brouter les tiges adjacentes. Le sol bien piétiné donne un accès facile et, grâce à ses cornes puissantes, le grand cerf est capable de tenir ses ennemis à distance.

FIGUE. 156.— Orignal. *Alcès machlis* . × 1 / 20 .

Rangifer tarandus , le renne, est unique parmi les cerfs en raison du fait que les deux sexes portent des bois. Ces bois sont palmés . La dent sourcilière et la dent suivante ou bez sont également palmées et sont dirigées vers l'avant et un peu vers le bas. Les jeunes sont intacts. Le pelage change en hiver. Comme l'Orignal, le Renne est circumpolaire. Comme on le sait, au cours du Pléistocène, le Renne a étendu son aire de répartition jusqu'au sud de la France. Même à l'époque historique, on dit qu'il était chassé à Caithness .

Le renne, comme tant d'autres animaux particulièrement arctiques, a des migrations régulières. Au Spitzberg, par exemple, l'animal migre en été vers l'intérieur de l'île et en automne, il retourne au bord de la mer pour brouter les algues. Ces troupeaux migrateurs seraient dirigés par une grande femelle.

FIGUE. 157.— Renne. *Rangifer tarandus.* × 1 / 15 .

Sous-Fam. 2. Moschinae . — *Moschus moschiferus* [195] est originaire des hautes terres asiatiques. Il mesure environ 3 pieds de haut, est parfaitement sans cornes et possède de très grandes canines chez le mâle. Il est à noter que chez *les Hydropotes* , où les canines sont également très grandes, les cornes sont absentes. Ce sont peut-être des exemples de corrélation. Le sac musqué (d'où son nom) est présent uniquement sur l'abdomen du mâle. Il n'y a pas de crumen ou de glande suborbitale, qui sont si généralement (mais en aucun cas universellement) présentes chez les cervidés. Mais le mâle possède, en plus des glandes musquées, des glandes près de la queue et à l'extérieur de la cuisse. Contrairement aux autres cerfs, l'os lacrymal de *Moschus* ne porte qu'un seul orifice. Les pieds, en ce qui concerne la conservation des métacarpiens rudimentaires externes, sont du type le plus ancien représenté dans *Alces* , *Hydropotes* , etc. Une vésicule biliaire est présente. Les jeunes, comme chez tant de cervidés, sont tachetés ; mais l'adulte est de couleur brun grisâtre .

FIGUE. 158.— Cerf porte-musc. *Moschus moschiferus* . × 1 / 6 . (De *la nature* .)

Il ne fait aucun doute que *Moschus* est plus proche des cervidés que de tout autre ruminant. Il est considéré par Sir W. Flower comme « un cerf sous-développé — un animal qui, sur la plupart des points (absence de cornes, cerveau lisse, rétention de la vésicule biliaire, etc.) a cessé de progresser avec le reste du groupe, tandis qu'en quelques-uns (glande musquée, pieds mobiles), il a suivi sa propre ligne de progression particulière.

Le musc lui-même, qui donne son nom à la créature, se trouve dans une glande située sur le ventre, de la taille d'un œuf de poule. La glande entière est découpée et vendue dans cet état. De telles quantités de cerfs porte-musc ont été et sont tuées à cet effet que la rareté de l'animal augmente. Au XVIIe siècle, elle était si courante que le voyageur Tavernier acheta en un seul voyage 7673 « gousses » de musc, soit, selon Buffon, 1663. Les défenses, qui rappellent celles d' *Hydropotes* , dont *Moschus* n'est pas très allié, et de *Tragulus* . , avec lesquels il a bien sûr encore moins de liens , seraient utilisés pour déterrer les racines. Ses pattes, par rapport à ses habitudes montagnardes, sont très mobiles.

Espèces disparues de cerf. — Il a déjà été mentionné que les espèces de cerfs les plus primitives n'avaient pas de cornes du tout, ressemblant en cela aux *Moschus* et *aux Hydropotes modernes* , et qu'avec le temps est allée de pair une complexité croissante des bois ; les faits de la paléontologie s'harmonisant de la manière la plus frappante avec les faits du développement individuel d'année en année. Les formes les plus anciennes semblent s'apparenter davantage aux Muntjacs vivants, et leurs restes se trouvent dans les lits du Miocène les plus bas d'Europe et d'Amérique. À l'heure actuelle, le groupe est confiné aux régions les plus chaudes de l'Asie et à certaines îles appartenant à ce continent.

L'un des types les plus anciens est *l'Amphitragulus* . Ce genre, qui comprend plusieurs espèces, habitait l'Europe, et différait des Muntjacs vivants en ce qu'il était totalement dépourvu de cornes chez les deux sexes ; le crâne ne présentait ni fosse lacrymale ni ossification latérale déficiente.

Le Dremotherium est presque allié , d'âge et de répartition similaires.

Le Miocène moyen a fourni les restes du genre *Dicroceras* . Il s'agit du premier cerf chez lequel des cornes ont été trouvées. Les cornes sont, comme le nom du genre l'indique, bifides et possèdent, comme celles du Muntjac vivant, un très long pédicelle. C'est aussi un genre européen comme le précédent. C'est de cette époque que l'on rencontre de vrais cerfs, qui commencent au Miocène supérieur et ont des cornes ramifiées. Ils appartiennent d'ailleurs , au moins pour la plupart, aux genres existants. L'une des formes les plus remarquables est *Cervus sedgwicki* (parfois placé dans un genre distinct, *Polycladus*) du lit forestier du Norfolk et du Pliocène supérieur du Val d'Arno . Cette créature était remarquable par ses bois aux multiples branches. Celles-ci se terminent par pas moins de douze points. Aucun cerf n'existe ni n'a existé dont les cornes soient aussi complètement ramifiées. Ils sont comme ceux d'un Red Deer exagérés.

FIGUE. 159.— Girafe. *Giraffa camelopardalis*. × 1 / 40 .

Famille. 7. Girafes . — Le type d'une famille distincte, les Giraffidae , est sans aucun doute le genre *Giraffa* . Il se caractérise par un long cou, qui néanmoins ne comprend que les sept vertèbres normales, et par des « cornes » qui diffèrent de celles de tous les autres ruminants ; ce sont de petites proéminences osseuses des os frontaux, qui se confondent avec le crâne et qui sont recouvertes d'une peau non modifiée. Ils ne sont pas versés. Entre eux se trouve une proéminence médiane. Cette armature crânienne est présente aussi bien chez la femelle que chez le mâle, et est bien développée même chez les nouveau-nés. Les orbites sont complètement entourées d'os et il n'y a pas de fosse lacrymale, si courante chez les cerfs et les antilopes. Il n'y a pas de canines au-dessus ; mais ceux-ci sont présents dans la mâchoire inférieure. Les doigts rudimentaires des autres ruminants ont disparu dans ce genre. Il y a quatorze paires de côtes comme chez beaucoup d'autres artiodactyles . Le foie de la girafe [196] est, comme chez beaucoup de ruminants, mais pas tous, dépourvu de vésicule biliaire ; il n'a pas non plus de lobe caudé ou spigélien. Le caecum est en réalité assez grand (2½ pieds de longueur), mais il est relativement très petit, puisque l'intestin grêle et le gros intestin mesurent respectivement 196 et 75 pieds de longueur. La girafe possède une glande « iléo- caecale » bien marquée , que l'on retrouve chez de nombreux ruminants ; son apparition dans *Giraffa* est spécialement comparée par Garrod avec son apparition dans *Alces* .

Considérée en elle-même, *la Giraffa* forme un type de Ruminant très isolé. Mais après avoir traité de certains faits concernant des formes éteintes clairement alliées aux *Giraffas* , l'isolement de la famille se révèlera moins marqué.

La girafe (« celle qui marche vite », signifie le mot en arabe) est, comme chacun le sait, limitée dans son aire de répartition au continent africain. Il n'est cependant pas si courant qu'il existe deux espèces bien distinctes de girafes, l'une originaire du nord du Somaliland et l'autre sud-africaine. La distinction entre ces deux espèces, *G. camelopardalis* et *G. australis* , a été récemment étudiée en détail par M. de Winton. [197] Le principal point de différence entre eux consiste dans la grande taille de la corne médiane chez l'espèce Cape, qui est représentée par la moindre excroissance chez les autres espèces. La girafe d'Afrique de l'Ouest est considérée comme différente des espèces du nord et du sud, se rapprochant davantage des premières. Il semble en premier lieu qu'il s'agisse d'un animal plus gros, et de légères différences dans le crâne ont été signalées. Cette série de particularités peut être exprimée, pour ceux qui ne s'opposent pas à la nomenclature trinomiale, en appelant cette nouvelle forme occidentale *Giraffa camelopardalis peralta* . L'existence des trois cornes recouvertes d'une peau intacte est la principale caractéristique de cet ongulé. Mais la Girafe se distingue aussi des autres Artiodactyles par son cou extrêmement long, qui lui permet de brouter des arbres inaccessibles au troupeau commun des Ruminants. On suppose souvent que le cou a un rapport avec cette méthode d'alimentation. Mais une explication plus ingénieuse de sa longueur démesurée est qu'elle sert de tour de guet. Les hautes herbes des régions habitées par l'animal fourmillent de lions et de léopards, qui doivent être des ennemis. Le long cou permet de conserver une large vue sur l'extérieur, et il est à noter que l'autruche, vivant dans des conditions similaires, est également réputée pour la longueur de son cou. Ce sont les taches sur la Girafe qui lui ont donné son nom de Caméléopard ; ces taches présentent au sud une série de zones de couleur chocolat , nettement délimitées par des espaces blancs. On prétend que ces taches servent à cacher leur propriétaire. Sir Samuel Baker [198] en a écrit dans les mots suivants : « Le mimosa à écorce rouge, qui est sa nourriture préférée , pousse rarement plus haut que 14 ou 15 pieds. De nombreux bois sont presque entièrement composés de ces arbres, sur les têtes plates. dont la girafe peut se nourrir en regardant vers le bas. Je me suis souvent trompé en remarquant à distance une certaine tige d'arbre mort qui apparaissait comme une relique pourrie de la forêt, jusqu'à ce qu'en m'approchant de plus près, j'ai été frappé par l'inclinaison particulière de l'arbre . tronc ; tout à coup il s'est mis en mouvement et a disparu.

La girafe, remarque Pline, « est aussi silencieuse qu'un mouton ». Le public romain, à qui fut exposée la première girafe jamais introduite en Europe, attendait de son nom « qu'il y trouve une combinaison de la taille du chameau et de la férocité d'une panthère ». En fait, les girafes en captivité n'ont pas toujours un caractère semblable à celui des moutons. Ils donneront des coups de pied avec méchanceté et vigueur et lanceront même une attaque contre leur gardien. En même temps , ce sont des créatures singulièrement nerveuses, et on sait qu'ils sont morts d'un choc. En se déplaçant, la girafe utilise simultanément les membres antérieurs et postérieurs de chaque côté ; cela donne à sa démarche un mouvement de balancement particulier, dont la singularité est rehaussée par les mouvements courbés du long cou, qui décrit même de temps en temps un huit dans l'air. *Giraffa camelopardalis* et les espèces (?) déjà mentionnées sont les seules girafes existantes (du genre *Giraffa*), et on ne les trouve pas en dehors de l'Afrique. Sir Harry Johnston a récemment donné un bref compte rendu d'une espèce d'Ouganda plus grande et aux couleurs plus brillantes , qui se révélera probablement appartenir à un genre distinct. Il possède cinq cornes, la paire supplémentaire étant placée au-dessus des oreilles.

Sir Harry Johnston a tout récemment fait connaître un autre genre de Giraffidae vivant dans la forêt de Semliki , district du Congo belge. La peau et les deux crânes, ainsi que les os des pieds, sont connus à partir de spécimens envoyés par Sir Harry Johnston au Muséum d'Histoire Naturelle, et brièvement décrits à la Société Zoologique par le professeur Ray Lankester . [199] Il est proposé que cette créature, dont le nom indigène est « Okapi », s'appelle *Ocapia johnstoni* . Les premiers spécimens réels qui atteignirent ce pays étaient deux bandoulières fabriquées à partir de la peau des flancs, qui étaient rayées de noir et de blanc, et qui n'étaient pas anormalement considérées comme des parties de la peau d'une nouvelle espèce de zèbre. L'animal a à peu près la taille d'une antilope de sable, et le dos et les côtés sont d'une riche couleur brune ; seuls les membres antérieurs et postérieurs sont rayés, les rayures étant longitudinales, *c'est-à-dire* parallèles au grand axe du corps. La tête ressemble à celle d'une girafe, mais il n'y a pas de cornes externes ; des mèches de poils bouclés semblent représenter les vestiges des cornes d'autres girafes. La queue est plutôt courte et le cou plutôt épais et court. Le crâne est clairement celui d'une girafe. L'axe basicrânien est droit et la fontanelle de la région lacrymale est très grande. Sur les os frontaux, près de leur bord pariétal, se trouve un grand boss de chaque côté, qui représente probablement le noyau de la corne ou " os cornu ." Sur la mandibule, la grande longueur du diastème entre les incisives et les prémolaires est une caractéristique des giraffines. L'Okapi vit en couples dans les recoins les plus profonds de la forêt.

Nous connaissons quelques formes éteintes, appartenant à *Giraffa* , dont l'aire de répartition est extra-africaine. *G. sivalensis* est originaire du Pliocène des collines de Siwalik en Inde, *G. attica* de Grèce. Ces restes, cependant, n'incluent pas le sommet du crâne, de sorte qu'il est douteux que leurs cornes soient comme chez *G. camelopardalis* .

Un genre étroitement apparenté est le *Samotherium éteint* . Celui-ci a prospéré à l'époque du Miocène et ses vestiges ont été retrouvés sur l'île grecque de Samos. Le cou et les membres sont plus courts que chez la girafe, et les cornes, plus longues que chez *la girafe* , sont placées juste au-dessus de l'orbite sur les os frontaux seuls, au lieu de sur la ligne de démarcation des fronts et des pariétaux comme chez la *girafe* . À plusieurs égards, la girafe actuelle est donc un animal plus modifié ou spécialisé que son prédécesseur du Miocène. Chez ce dernier, le mâle seul portait des cornes, et chez aucun des deux sexes l'excroissance osseuse médiane non appariée n'apparaît. Les restes de ce genre (probablement même la même espèce, *S. boissieri*) sont également présents en Perse.

Helladotherium (il n'y a qu'une seule espèce, *H. duvernoyi*) a ses quatre membres à peu près de même longueur ; le crâne du seul exemplaire connu est sans cornes ; le cou est plus court que chez *Giraffa* . Il est connu des gisements miocènes de Pikermi en Grèce.

Palaeotragus est un genre qui n'est pas référencé aux Giraffidae par tous les systématistes. Son nom même, que lui a donné l'éminent paléontologue français M. Gaudry , indique son opinion quant à ses affinités avec les Antélopines . La principale et même (selon Forsyth Major [200]) la seule raison pour placer ce ruminant parmi les antilopes est la grande taille de ses cornes. Ils évoquent sans doute les noyaux de corne des Antilopes. Mais ils sont plus espacés que chez ces animaux. On pense que le *Camelopardalis parva sans cornes* est la femelle de cette espèce, originaire de Pikermi .

Le genre *Sivatherium* , éteint, des gisements Siwalik en Inde, est un peu plus différent de *Giraffa* . Là encore, ses affinités ont fait l'objet de discussions. Certains le situent dans le quartier d' *Antilocapra* , mais la plupart des paléontologues le considèrent désormais comme une girafe. La principale particularité de cette grande bête était l'existence de deux paires de noyaux de cornes ; les plus grandes se trouvent sur les os pariétaux et sont de forme palmée , avec quelques dents courtes, qui rappellent fortement celles de l'élan (*Alces*). La paire antérieure la plus courte se trouve sur les os frontaux. Le cou est court, les membres de longueur égale et il n'y a pas d'orteils supplémentaires sur les membres. *Sivatherium* était presque aussi grand qu'un éléphant, et dans les restaurations, il est représenté comme ayant un nez charnu et dilaté comme l'antilope saïga ; cette vue est basée sur la position et la taille des os nasaux. Des crânes sans cornes ont été identifiés comme étant ceux de la femelle de *Sivatherium* .

Vishnutherium , *Hydraspotherium* et *Bramatherium* sont des genres alliés.

Famille. 8. Antilocapridés . — Cette famille ne contient qu'un seul genre et espèce, le « Pronghorn » nord-américain, *Antilocapra americana* . Cet animal mérite une famille à lui seul, à cause de la structure singulière de ses cornes, qui sont d'un caractère intermédiaire entre celles du Cerf et celles des Antilopes. Ce sont incontestablement des ruminants « à cornes creuses », dans la mesure où il existe un noyau de corne osseuse sur lequel repose la corne proprement dite. Celui-ci est cependant plus mou que chez les bovidés et est semi-corné . Il ressemble en effet plutôt au velours de la corne de cerf. De plus, la corne est ramifiée, et il y a même parfois trois dents. En outre, il est maintenant connu avec certitude que l'Ariane perd ses cornes non seulement occasionnellement, mais à une périodicité annuelle bien définie. Jusqu'à présent, il ressemble au cerf. Mais il ne faut pas oublier que chez le Cerf, la chute des cornes est un double processus. Il y a d'abord le décapage du velours, et ensuite la chute d'une partie de l'âme de la corne jusqu'à la bavure. Ce qui se passe chez le Prongbuck est la perte de la vraie corne uniquement (= la perte du velours), *pas* du noyau de la corne. Il semble cependant qu'occasionnellement (une fois dans leur vie ?) certaines Antilopes incontestables jettent leurs cornes. [201] Un autre caractère extérieur de cet animal est l'absence totale de « faux sabots », derniers vestiges des deuxième et cinquième doigts. Le Pronghorn est une créature grégaire qui se déplace en bandes de six à plusieurs centaines.

Famille. 9. Bovidés. — Cette famille, plus étendue que celle des Cervidés, comprend non-seulement les bœufs, les moutons et les chèvres, mais aussi les antilopes, sauf *Antilocapra* , qui doit être rangé dans une famille à part. Les deux seuls points qui distinguent tous les bovidés de tous les cervidés [202] sont la nature des cornes déjà décrites et l' état polycotylédonaire du placenta. De plus, les cornes sont généralement présentes chez les deux sexes, bien qu'il y ait des exceptions, comme chez les moutons et les chèvres, et divers genres d'antilopes (*Tragelaphus* , *Tetraceros* , etc.). Il n'y a jamais les deux premières phalanges appartenant aux doigts rudimentaires II., V., comme il y en a chez tous les Cerfs à l'exception du *Cervulus* . Il n'y a en général qu'un seul orifice pour le canal lacrymal. Il n'y a jamais de canines supérieures persistantes chez les deux sexes.

Il est extrêmement difficile de séparer les antilopes des moutons, des bœufs et des chèvres. Leur inclusion avec ces créatures dans une seule famille, les Bovidés, montre qu'il n'existe aucune différence importante. Le terme Antilope a plutôt une signification populaire que zoologique. En règle générale , il y a des cornes chez les deux sexes ; mais cette règle n'est pas sans exceptions, dont l'une est le genre *Strepsiceros* , le Koodoo. De nombreux autres bovidés n'ont des cornes que chez les mâles, par exemple *Saïga* , *Tragelaphus* . Les antilopes diffèrent en outre des vrais bœufs par leur constitution plus gracieuse et par le fait que les cornes, si elles se courbent, se courbent généralement vers l'arrière vers le cou. Chez les bœufs, en revanche, la constitution est plus robuste et les cornes sont généralement courbées vers l'extérieur. Les mêmes remarques s'appliquent au mouton. Cependant, une antilope telle que l'éland (*Orias*) a un comportement très semblable à celui d'un bœuf. Une autre caractéristique qui peut être remarquée, bien que n'ayant pas de valeur différentielle absolue, est que, tandis que les antilopes ont en général une peau lisse et lisse, les bœufs ont tendance à être rugueux et hirsutes. Le Zébu, cependant, en cela, dans sa bosse et dans son aspect général, est loin de ressembler à un Eland. Mais le zébu est une race domestique et nous ne savons pas à quoi ressemblait la race sauvage. C'est peut-être avec les Chèvres que les Antilopes ont les affinités les plus étroites, et il est difficile de situer une forme telle que *Nemorrhaedus* , et même quelques autres. Chez les antilopes, en règle générale, les incisives inférieures moyennes sont plus grandes que les latérales ; chez les moutons et les chèvres, ils sont de même taille. Les os pariétaux également chez les antilopes sont moyennement grands et sont très raccourcis chez les autres Cavicornia , en particulier chez les bœufs. Comme les antilopes sont, à notre connaissance, les plus anciennes de tous les bovins, on s'attendrait à les trouver combinant les caractères des autres. Mais ils le font avec une telle efficacité qu'un démêlage est réellement impossible. Ils datent du Miocène. Les antilopes sont désormais limitées à l'Europe, à l'Asie et à l'Afrique ; ils ont toujours eu la même aire de répartition, bien que plus abondants autrefois en Europe. Ils prédominent désormais en Afrique tropicale et abondent en genres et en espèces. MM. Sclater et Thomas [203] autorisent au total trente-cinq genres, dont vingt-quatre sont exclusivement éthiopiens.

Dans le résumé suivant du groupe, MM. Sclater et Thomas sont suivis. Ils commencent par une section ou sous-famille dont le type est le Bubale.

Bubalis , ou *Alcelaphus* comme on l'appelle parfois, est un genre africain, s'étendant cependant jusqu'en Arabie. Ces antilopes se caractérisent par un long crâne et des cornes doublement courbées. Il existe huit espèces du genre, dont *B. caama* est la plus connue ; c'est l'animal connu sous le nom de Bubale. Le Bontebok et le Blessbok appartiennent à un genre étroitement apparenté, *Damaliscus* , qui se distingue principalement par le fait que la base osseuse des noyaux des cornes n'est pas étendue vers le haut, et donc les os pariétaux sont visibles lorsque le crâne est vu de face, ce qui est ce n'est pas le cas à *Bubalis* .

FIGURE. 160.— Gnu bringé. *Connochètes taurin* . × 1 / 20 .

Les Gnous, *Connochaetes* , sont familiers en raison de leur aspect curieux. La face velue, la croupe et la queue comme celles d'un poney sont très caractéristiques. Les cornes sont d'apparence bovine, dressées vers l'extérieur puis recourbées vers le haut. [204] Il existe trois espèces de Gnu, toutes originaires d'Afrique du Sud. Il s'agit de *C. gnu* , *C. taurinus* et *C. albogulatus* .

De la section Céphalophine , il existe deux genres : -

Cephalophus est un genre africain. Ces animaux sont connus sous le nom de Duikerboks ; ils sont petits et ont des cornes courtes et non courbées chez le sexe mâle uniquement. Leur aspect général n'est pas sans rappeler celui de certains Cerfs à cornes simples, comme le *Cervulus* . MM. Sclater et Thomas autorisent trente-huit espèces. Les plus petites espèces ne dépassent pas les dimensions d'un lièvre. Aucun n'est vraiment grand.

Tetraceros est un genre indien caractérisé , comme son nom l'indique, par le fait qu'il possède quatre cornes. C'est la paire postérieure qui correspond à la paire unique de *Cephalophus* . La paire antérieure, beaucoup plus petite et parfois absente, constitue une nouvelle paire. La femelle de cette antilope est sans cornes. Les moutons ont parfois quatre cornes, et il en existe effectivement une race au Cachemire. Un chamois à quatre cornes a été décrit par feu M. Alston.

Le Klipspringer, *Oreotragus saltator*, est le premier type d'une troisième section ; comme son nom l'indique, c'est une antilope aux habitudes semblables à celles d'une chèvre, que l'on trouve particulièrement parmi les rochers. Les cornes sont courtes et droites. Cette espèce, la seule du genre, est présente en Afrique, comme en témoigne son nom hollandais . Un spécimen dans les jardins de la Société Zoologique (comme m'a été signalé M. Mercer) avait l'habitude de déposer la sécrétion de la glande lacrymale sur une masse de béton dans son enceinte, la sécrétion ainsi exsudée formant un tas pointu de substance dure . matière. Il se peut que le but soit de guider ses semblables vers sa localisation.

Ourebia est un genre moins connu, de plus grande taille, mais avec des cornes du même caractère, quoique plus longues.

Le Grysbok et le Steinbok, genre *Raphiceros* , ont des cornes similaires. Ce genre ainsi que les deux derniers genres n'ont des cornes que chez le mâle.

L'une des plus petites antilopes appartient à un genre allié ; il s'agit de *Neotragus pygmaeus* . On l'appelle l'antilope royale, un nom apparemment dérivé de la déclaration de Bosman selon laquelle les nègres l'appelaient « le roi des cerfs ». Ses cornes sont très petites. La hauteur de l'animal n'est que de 10 pouces. Les cornes sont présentes chez le mâle seul. Les trois derniers genres sont africains.

La série des Cervicaprine , également africaine, comprend les Waterbucks et les Reedbucks, ainsi appelés en raison de leur propension à aimer l'eau. Comme dans la dernière série, dont ils sont séparés par Sclater et Thomas, mais à laquelle ils sont réunis par Flower, il n'y a de cornes que chez le mâle. Ces cornes, bien que non tordues, sont longues. Le genre typique est *Cobus* , dont il existe onze espèces. Le Waterbuck, *C. ellipsiprymnus* , et le Sing-sing, *C. unctuosus* , sont peut-être les espèces les plus connues ; le premier est gris noirâtre, le second de couleur plus brune . Chez *C. maria* et une ou deux autres espèces, les cornes sont plus courbées vers l'arrière et vers l'avant que chez certaines autres espèces, où leur forme est sublyrée .

Les Reedbucks, *Cervicapra* , sont étroitement alliés aux *Cobus* ; ils sont cependant de plus petite taille. Ici, comme dans ce genre, les femelles sont sans cornes et les cornes des mâles sont de taille moyenne. Cinq espèces sont référencées au genre. Ils sont tous de couleur fauve brunâtre . Un genre *Pelea* , avec une seule espèce, *P. capreolus* , a été séparé en raison du fait que les cornes sont presque droites et qu'il n'y a pas de zone de peau nue sous les oreilles. Cet animal doit son nom à sa ressemblance avec le Roebuck.

La section Antilopine comprend un certain nombre de genres.

Le genre *Antilope* est d'origine indienne. Il ne comprend qu'une seule espèce, *A. cervicapra* . Cette Antilope est de taille moyenne, avec un pelage brun devenant plus noir avec les années ; il est donc connu sous le nom de Black-buck. La femelle, sans cornes, est brun plus clair. Les cornes sont longues, tordues en spirale et étroitement annelées.

Aepyceros , avec deux espèces, est africain. La Palla (*Ae. melampus*) est une grande antilope, avec de longues cornes lyrates chez le mâle, qui sont demi-anneaux.

L'antilope saïga, genre *Saiga* , est l'un des types d'antilopes les plus remarquables par son apparence extérieure. Son nez est très gros et gonflé, les deux narines étant assez largement séparées, une dépression se trouvant en effet entre elles dorsalement. Les cornes sont lyrées chez le mâle, absentes chez la femelle. L'expression « ovine » de cet animal bovin est plus prononcée chez la femelle. Au nez maladroit correspondent des narines très courtes, le début de l'ouverture narial étant donc très en arrière. À cet égard, cela évoque presque *Macrauchenia* . La toison ressemble également à un mouton. Le genre est apparu dans ce pays au Pléistocène. C'est maintenant un habitant de l'Europe de l'Est et de l'Asie occidentale. La seule espèce est *S. tartarica* .

Le Chiru, *Pantholops* , est allié au Saiga. Les cornes du mâle sont longues et presque droites ; ils sont bagués devant. Le museau est renflé chez le mâle ; les narines sont grandes et munies de vastes sacs à l'intérieur. La couleur de cet animal, qui est exclusivement tibétain , est un fauve pâle. Le poil, en accord avec son habitat, est très laineux. Aucun spécimen vivant n'a jamais été introduit en Europe. Cette créature a accumulé de nombreuses légendes. Les Mongols croient que son sang possède des vertus, et grâce aux anneaux sur les cornes , on prédit la bonne aventure. Naturellement, l'animal est difficile à traquer et à tirer sur ces terrains.

FIGUE. 161.— Gazelle de Loder. *Gazella loderi* . × 1 / 10 .

Les Gazelles, genre *Gazella* , sont assez nombreuses en espèces, à la fois paléarctiques et éthiopiennes. Ils sont au total vingt-cinq. Le genre dans son ensemble se caractérise par la taille petite ou moyenne, la coloration sableuse avec le ventre blanc, la présence de rayures sombres et claires sur la face et sur les flancs. Ces stries ne sont cependant pas toujours présentes et leur présence ou leur absence permet de différencier certaines espèces. Les cornes sont généralement présentes chez les deux sexes. Les cornes sont assez longues, annelées et en forme de lyrate.

Le Springbok est séparé du reste des Gazelles, genre auquel il est clairement le plus proche, en tant que genre *Antidorcas* . Ce genre diffère de *Gazella* en n'ayant que deux prémolaires inférieures comme chez *Saiga* . Sinon elle ressemble aux Gazelles ; il n'y a qu'une seule espèce, *A. euchore* , qui est africaine.

Ammodorcas est étroitement alliée aux Gazelles, mais en diffère par un cou allongé et également une longue queue. *A. clarkei* , la seule espèce, est limitée au Somaliland.

Lithocranius , semblable à ce dernier, a un cou encore plus long, ce qui le rend presque semblable à celui d'une girafe ; sa queue est cependant courte. Le nom scientifique est dérivé du « caractère pierreux et solide du crâne ». En course, cette Gazelle porte la tête vers l'avant en ligne droite avec le corps. C'est africain.

Dorcotragus avec une espèce, *D. megalotis* , est une gazelle pygmée limitée au Somaliland. Sa ressemblance, en raison de sa taille et de certaines autres caractéristiques superficielles, avec le Klipspringer, a conduit à sa confusion initiale avec ce genre (*Oreotragus*).

FIGUE. 162.— Antilope de sable. *Hippotragus niger* . × 1 / 20 . Les cornes du spécimen représenté n'ont pas encore atteint leur pleine dimension.

Une sous-famille des Hippotraginae , ou section Hippotragine , comprend un certain nombre d'antilopes qui s'accordent en possession de quatre mamelles, et de molaires plus semblables à celles des vrais bœufs, de cornes d'une certaine longueur, présentes chez les deux sexes, et d'une longueur assez longue. queue. Ils sont tous africains.

Le genre type *Hippotragus* a ses cornes placées au-dessus des orbites ; ils ne sont pas tordus, mais courbés vers l'arrière. Il existe trois espèces dans le genre. Parmi celles-ci, la plus connue est *H. niger* , la belle antilope des sables. Sa couleur générale est un brun riche, foncé et brillant avec des rayures blanches sur la face et un ventre blanc. Les autres espèces sont l'antilope rouanne, *H. equinus* , et le Blaaubok , *H. leucophaeus* , dont le dernier spécimen a probablement été tué en 1799. [205]

FIGURE. 163.— Antilope Béatrix. *Oryx Béatrice* . × 1 / 16 . (De *la nature* .)

Le genre *Oryx* (principalement africain, mais aussi arabe et syrien) comprend également un certain nombre d'espèces assez familières puisque plusieurs d'entre elles sont toujours visibles dans les jardins de la Société zoologique. Le genre diffère de *Hippotragus* en ce que les cornes, présentes chez les deux sexes, sont placées derrière les orbites et inclinées vers l'arrière dans l'alignement du visage. Ils sont annulés. Le Leucoryx (*O. leucoryx*) est de couleur pâle , mais elle n'est pas aussi marquée que chez *O. beatrix* , qui est en grande partie blanche avec cependant des pattes brunes. Le Gemsbok est une belle créature de couleur fauve grisâtre , beaucoup plus foncée sur les pattes et avec une bande latérale sombre semblable à celle d'une gazelle. Il a reçu son nom vernaculaire en raison de sa ressemblance supposée avec le Chamois (« Gemse »), tout comme le Rehbok était ainsi appelé à cause de sa ressemblance supposée avec le Chevreuil, et l'Eland avec l'Elan. Le Beisa (*O. beisa*) est d'une couleur fauve similaire au précédent, et également avec des rayures plus foncées.

L'Addax (*Addax*) d'Afrique du Nord, d'Arabie et de Syrie ne compte qu'une seule espèce (*A. nasomaculatus*). Les cornes sont tordues en spirale.

FIGUE. 164.— l'antilope de Speke. *Tragelaphus spekii* (♀). × 1 / 16 .

La section Tragelaphine comprend les antilopes Kudus, Elands, Nilgais et harnachées. Ils sont tous à longues cornes (lorsque les cornes sont présentes chez les deux sexes), les cornes étant tordues ; le nez est nu avec un léger sillon médian, et tous sont de gamme éthiopienne ou orientale.

Le genre *Tragelaphus* comprend les antilopes harnachées, ainsi appelées en raison de la direction des rayures suggérant un harnais. Les femelles sont sans cornes et les couleurs des deux sexes sont différentes. Les sabots sont longs et les orteils assez inhabituellement séparables, ce qui est en accord avec le pays marécageux touché par de nombreuses espèces. *T. gratus* et *T. spekei* sont des formes plus grandes ; le Boschbok , *T. sylvaticus* , est plus petit.

Les Kudus, genre *Strepsiceros* , ont des cornes plus nettement tordues, absentes chez la femelle. Le corps est rayé verticalement de blanc. La plus grande espèce est *S. kudu* ; une forme plus petite, *S. imberbis* , est originaire du Somaliland.

FIGUE. 165.— Éland. *Orias canna.* × 1 / 25 .

Le dernier genre de cette section ou sous-famille est l'Éland d'Afrique, genre *Oreas* [206] (qui devrait s'écrire *Orias*). Les Élands ressemblent peut-être davantage à un bœuf que les autres membres de ce groupe et, chez les deux sexes, ils ont des cornes dans lesquelles la torsion en spirale est plus serrée . *Orias canna* est le nom de l'Eland commun. *O. Livingstonii* a été appliqué à une variété d'Afrique de l'Est, qui présente des rayures latérales fines et pâles comme les autres membres du groupe auquel elle appartient.

Le genre *Boselaphus* ne comprend que *B. tragocamelus* , le Nilgai, dont l'aire de répartition est purement indienne. La femelle est sans cornes et les cornes du mâle sont lisses et peu longues.

Les membres de la section Bovins ou Bœufs se distinguent des autres Ruminants à cornes creuses par leur constitution plus robuste et par le fait que les cornes ressortent sur les côtés du crâne et sont simplement courbées et non tordues ; et lisses, non annulées comme celles des autres ruminants. Le moufle est nu, large et humide. Les bœufs sont largement répandus ; mais sont totalement absents de la région australienne, d'Amérique du Sud et de Madagascar.

Il est peut-être préférable de considérer les vrais bœufs comme ne formant qu'un seul genre, *Bos* . Ils ont cependant été divisés en plusieurs genres. Même l' *Anoa depressicornis* supposément aberrant de Célèbes ne diffère guère suffisamment pour justifier sa séparation. Ce point de vue est également soutenu par l'extraordinaire facilité avec laquelle différents « genres » se croisent et produisent une progéniture fertile. Ce qui suit est le pedigree d'un animal vivant récemment dans les jardins de la Société Zoologique. La progéniture femelle d'un zébu mâle et d'une femelle Gayal a été accouplée avec un bison mâle. Le veau femelle a de nouveau été accouplé avec un bison et a produit un veau, également femelle, qui contenait donc les trois espèces *Bos indicus* , *Bibos frontalis* et *Bison americanus* . Compte tenu de ce fait, il est clairement imprudent d'insister trop sur les distinctions génériques dans l'un ou l'autre de ces types. [207]

De ce genre, le Gaur oriental (*Bos gaurus*), le Gayal (*B. frontalis*) et le Banteng (*B. sondaicus*) forment une section bien marquée, caractérisée par leur coloration sombre et par leurs cornes quelque peu aplaties.

Le Gaur, *Bos gaurus* , a un front plus concave que ses alliés ; les cornes sont moins courbées que celles du Banteng , et moins que celles du Gayal (*Bos frontalis*). Il habite la péninsule indienne ; et s'étend à travers la Birmanie jusqu'à l'extrémité de la péninsule malaise. Le nom malais de cet animal est Sakiutan , qui signifie simplement bétail sauvage. Il fréquente principalement les collines boisées et est un excellent alpiniste.

Bos frontalis , *le* Gayal indien , possède un disque caudal blanc comme la dernière espèce, mais le front est plat et les cornes peu courbées. Il est principalement connu comme animal apprivoisé, et sa présence à l'état sauvage a été mise en doute. Il a en outre été suggéré qu'il s'agit simplement d'une race apprivoisée de Gaur légèrement modifiée par la domestication. On dit cependant qu'il ne se croise pas à l'état naturel avec les Gaur. [208]

FIGUE. 166.— Gayal . *Bos frontalis.* × 1 / 20 .

Le Banteng , *B. sondaicus* , est distribué à travers Chittagong, Tenasserim et la péninsule malaise jusqu'à Java et Bornéo. Il existe apparemment deux races de cet animal. L'espèce diffère des autres par le fait que les cornes sont plus petites et plus courbées ; il y a un disque caudal blanc ; le front est plus étroit et le crâne plus long que chez les autres.

Le Bison d'Amérique et l'Aurochs d'Europe forment une autre section ; ils sont en effet extrêmement semblables, les différences spécifiques étant à peine reconnaissables . Les bisons d'Amérique, autrefois présents en si grand nombre que les prairies étaient noires d'innombrables troupeaux, sont aujourd'hui réduits à environ un millier de têtes.

L'un des plus grands bovidés existants est l'Aurochs, Wisent, ou bison d'Europe, *Bos bonasus* (ou *Bison europaeus*). Il ressemble énormément à son parent américain. Autrefois, l'animal était beaucoup plus répandu qu'aujourd'hui, étendant son aire de répartition de l'Europe à l'Amérique du Nord. Il est aujourd'hui limité à certaines régions de l'Oural, dans le Caucase, et un troupeau d'entre eux est élevé par les soins de l'empereur de Russie dans la forêt de Bielovege en Lithuanie. Le terme « Aurochs » ne doit pas vraiment s'appliquer à cette espèce mais au bovin sauvage, *Bos taurus* . Il est cependant si généralement utilisé pour le Wisent (qui est le nom allemand) qu'il n'est pas nécessaire de le modifier. Le nom slave est Zubr ou Suber . C'est une grande bête, mesurant environ 6 pieds de hauteur à l'épaule. Elle s'étendait encore plus loin en Europe au cours de la période historique. Au temps de Charlemagne, il était répandu dans toute l'Allemagne et était une bête de chasse. En 1848, l'empereur de Russie présenta une paire de ces bœufs à la Société Zoologique de Londres. Lors de leur présentation une intéressante communication fut faite à la Société par M. Dolmatoff , sur la méthode de saisie de ces deux exemples. La créature n'est pas facile à capturer et est alarmante à affronter. « Les yeux, dit un vieil écrivain, sont rouges et enflammés ; les regards sont furieux et imposants. » Il a bien sûr la crinière et la bosse hirsute de l'animal américain. En 1856, on disait que le troupeau en Lituanie était de 1900 individus. M. EN Buxton, [209] qui a récemment visité la forêt, cite M. Neverli , selon lequel, à l'heure actuelle, le nombre ne dépasse pas 700 animaux.

FIGUE. 167.—— Bisons. *Bison d'Amérique.* × 1 / 25 .

Allié à cet animal, et apparemment encore plus proche du bison d'Amérique, se trouve le *B. priscus* d'Europe, aujourd'hui disparu. Les bisons du Pléistocène d'Amérique du Nord, *B. antiquus* et *B. latifrons* , ne sont pas éloignés des formes vivantes. Enfin, le Miocène *B. sivalensis* de l'Inde, et le Pliocène *B. ferox* et *B. alleni* d'Amérique du Nord, ramènent ce groupe à une époque aussi reculée que tout autre genre de Bœufs.

FIGUE. 168.—— Yack. *Bos grunniens* . × 1 / 15 .

FIGUE. 169.— Bœuf sauvage britannique. *Bos taureau.* Du parc Vaynol ,
Bangor. × 1 / 20 .

Le Yak, *Bos grunniens* , est un type particulier à poil long, confiné au plateau
tibétain . B. (*Anoa*) *depressicornis* de Célèbes se caractérise par ses cornes
droites ; son allié est B. *mindorensis* (Îles Philippines), supposé cependant être
un hybride entre lui et quelques autres espèces. L'Afrique compte au moins
deux buffles. Nous pouvons enfin mentionner le bœuf sauvage d'Europe, *B.*
primigenius , l'ancêtre supposé de notre bétail domestique, qui survivrait
encore dans les troupeaux de Chillingham, Chartley et ailleurs. Cet animal est
parfois appelé l'Aurochs. Les Romains l'appelaient Urus, et il semble avoir
atteint autrefois des proportions plus gigantesques qu'aujourd'hui. C'est la
petite taille de la race actuelle qui constitue la principale objection à leur
origine dans les grands bœufs existant près de Londres en 1174 et trouvés
sous-fossiles dans les marais du Cambridgeshire .

FIGUE. 170.— Moutons sauvages du Pendjab. *Ovis vignei* . × 1 / 10 .

Parmi les vrais moutons, genre *Ovis* , il existe un nombre considérable d'espèces. Les Moutons se distinguent des Chèvres par leur constitution un peu plus robuste et par l'absence de barbe chez le mâle. Les cornes sont développées chez les deux sexes et sont généralement tordues et souvent de grande taille.

Les moutons sont presque entièrement paléarctiques et néarctiques. Ils arrivent tout juste dans la région orientale. L'une des plus belles espèces est le grand mouton du Pamir, *O. poli* , dont la longueur atteint 6 pieds 7 pouces et la hauteur 3 pieds 10 pouces. Les cornes de ce beau mouton peuvent mesurer plus de cinq pieds de tour. Le mouflon des montagnes Rocheuses (*O. montana*) est un mouton qui s'étend le long des Rocheuses jusqu'au sud jusqu'au Nouveau-Mexique, ainsi qu'à l'extrême nord ; ils ne se limitent pas à la chaîne de montagnes mentionnée, mais se rencontrent également sur les montagnes de la Colombie-Britannique jusqu'à celles de Californie. Les cornes ne sont pas aussi grandes que celles de la dernière espèce, mais les mesures donnent une longueur (le long de la courbe) de 32 à 40 pouces.

FIGUE. 171.— Moutons Burrhel de l'Himalaya . *Ovis burrhel* . × 1 / 12 . (De *la nature* .)

Tout comme les chèvres sont souvent limitées aux îles et aux petites étendues de pays, les moutons le sont aussi. Ainsi Chypre possède une espèce, *O. ophion* , qui lui est propre. Celui-ci, connu sous le nom de Mouflon de Chypre, est limité à une chaîne de montagnes, le Troodos, sur cette île. En 1878, on croyait que l'animal avait été presque exterminé, seul un troupeau de vingt-cinq membres ayant survécu. Ils ont cependant augmenté depuis. *O. hodgsoni* et *O. nahura sont* confinés au plateau tibétain . La Corse possède le Mouflon, *O. musimon* ; et le mouflon de Barbarie ou Arui, *O. tragelaphus* , ne se trouve qu'en Afrique du Nord. *Ovis burrhel* et *O. blanfordi* sont des formes indiennes.

FIGUE. 173.— Mouflon de Barbarie. *Ovis tragelaphus* . × 1 / 10 .

FIGUE. 174.— Thar. *Capra jemlaica* . × 1 / 10 . (De *la nature* .)

Ovis nahura est le principal responsable de l'impossibilité de séparer strictement les moutons et les chèvres. Il ne possède pas de glandes suborbitales ni de fosses lacrymales, qui sont généralement présentes chez le mouton et absentes chez la chèvre. Par contre des glandes interdigitales sont présentes, ce qui est le cas du Mouton. Ses habitudes sont également un mélange de celles du mouton et de la chèvre. Il vit en grande partie sur des terrains vallonnés comme le mouton et se couche fréquemment pendant la journée sur son aire d'alimentation. En revanche c'est , comme les Chèvres, un splendide grimpeur.

Les chèvres, genre *Capra* , diffèrent des moutons par leur constitution plus légère et par le fait que les cornes ne sont pas courbées en spirale, mais arquées sur le dos. Il y a aussi la barbe caractéristique, et le mâle est odorant. Les vraies chèvres vivent presque exclusivement dans l'aire de répartition paléarctique . Ils montrent la répartition limitée du Mouton, répartition qui découle de ses habitudes montagnardes.

FIGUE. 175.— Bouquetin sinaïtique. *Capra sinaitica* . × 1 / 10 .

Ainsi nous avons le bouquetin espagnol (*C. pyrenaica*), limité aux Pyrénées et autres chaînes de montagnes de la péninsule ; *C. ibex* , le Steinbok des Alpes et du Tyrol ; le Markhoor , *C. falconeri* , de certaines chaînes de montagnes d'Afghanistan ; les bouquetins du Caucase, du Sinaï et de Crète, ainsi que le Thar.

Capra aegagrus , la chèvre sauvage persane, s'étend du Caucase au Sind. C'est cet animal qui produit la véritable « pierre de bézoard ». La substance en question est une sécrétion qui se trouverait apparemment dans l'estomac. Il est encore, selon M. Blanford , considéré comme un antidote au poison en Perse. Buffon appelait cette chèvre le « Pasan », ce qui est évidemment une déformation du mot bézoard. Lorsque la substance était réputée comme médicament de type « alexipharmique », l'offre répondait naturellement à la demande. Ainsi les pierres de bézoard des Lamas d'Amérique du Sud gagnèrent en réputation, et il y eut « le bézoard oriental, le bézoard vache, le bézoard porcin et le bézoard singe » ! Comme les concrétions d'une sorte ou d'une autre ne sont pas des objets rares dans le tube digestif des mammifères, il était assez facile d'obtenir une bonne quantité d'une substance qui était sûre de bien se vendre. On raconte qu'une pierre pesant quatre onces était autrefois vendue dans ce pays (ou du moins en Europe) pour 200 £.

"Il ne fait aucun doute", observe M. Blanford , "que *C. aegagrus* est l'une des espèces, et probablement la principale, dont dérivent les chèvres apprivoisées."

FIGURE. 176.— Antilope chèvre japonaise. *Nemorrhaedus crispus.* × 1 / 12 .
(De *la nature* .)

Le chamois (*Rupricapra*) et le Goral (*Nemorrhaedus*) sont mieux décrits comme des antilopes ressemblant à des chèvres ; mais, comme nous l'avons déjà dit, il est difficile de diviser les Bovidés de manière satisfaisante. La chèvre des montagnes Rocheuses, *Haploceros montanus* , est une grande créature ressemblant à une chèvre, qui a la particularité d'avoir les os de canon les plus courts de tous les ruminants. Son nom désigne sa gamme.

FIGUE. 177.— Goral. *Nemorrhaedus goral.* × 1 / 12 . (De *la nature* .)

Le bœuf musqué, *Ovibos moschatus* , est considéré comme situé à la frontière entre le mouton et le bœuf, comme l'exprime d'ailleurs son nom scientifique. C'est une créature purement arctique, désormais confinée à la région néarctique ; mais il existait autrefois dans les régions arctiques de l'Europe.

L'anatomie des "parties molles" de ce genre a été récemment étudiée par le Dr Lönnberg . [210] L'animal n'a pas de glandes plantaires comme celles qui existent chez *Ovis* . Ses reins, cependant, ne sont pas lobés et il possède des glandes orbitales. Les cotylédons du placenta sont inhabituellement grands et la vache possède les « quatre trayons primaires ». En fait, il ne peut être définitivement référé ni à la section caprine ni à la section bovine des Cavicornia , et bien qu'il soit peut-être le plus allié aux *Budorcas* , il peut être considéré, du moins pour le moment, comme habilité à former une sous-famille distincte de sa propre. Le museau présente une légère bande nue au-dessus des narines, comme chez le Mouton, mais il n'y a pas de fissure de la lèvre supérieure.

Familles disparues d' Artiodactyles .

L'origine des Artiodactyles est placée par Cope dans la famille **des Pantolestidae** , [211] alliée au genre *Protogonodon* des Condylarthra . Cependant, comme cette famille n'est représentée que par quelques dents postérieures et un fragment du pied postérieur, il semble prématuré de la considérer comme le point de départ nécessaire des groupes des Bunodontes et des Ruminants.

Famille. Anthracotheriidae . — Cette famille ancienne et bien connue se compose d'êtres pour la plupart ressemblant à ceux d'un cochon, avec des dents approchant la forme des sélénodontes et une dentition complète. Les carpiens, tarses, métacarpiens et métatarsiens sont tous libres. Les orteils sont au nombre de quatre (ou cinq) pour chaque pied, le plus extérieur commençant à être réduit. Ce sont bien sûr tous des caractères généralisés et primitifs, qui n'indiquent rien de particulier, sauf, bien sûr, une souche d'Artiodactyle , à cause des dents et des deux orteils prédominants.

Le genre type de la famille, *Anthracotherium* , n'est pas, comme son nom semble l'indiquer, une relique de la période carbonifère ; ses restes ont été trouvés dans du lignite, ce qui peut également montrer qu'il avait un comportement au moins semi-aquatique. Sa forme, cependant, devait ressembler à celle d'un cochon, donc au moins on pourrait le présumer à cause de son crâne allongé et de ses pattes plus courtes. Il y avait des espèces aussi grandes que le rhinocéros et des formes plus petites. Le genre a commencé à l'Oligocène et s'est poursuivi jusqu'au Pliocène. Il est connu d'Europe, d'Asie et d'Amérique.

Le crâne est long avec une crête sagittale proéminente. La partie faciale est également très longue et les orbites ne sont pas fermées par un anneau osseux. Les prémolaires sont des dents simples ; les molaires sont nettement bunodontes avec une tendance dans un ou deux à l'état sélénodonte. Les canines sont puissantes, tout comme les incisives. L'omoplate a été spécialement comparée à celle du Chameau. Il ne possède pas d'acromion, ce qui est généralement mais pas toujours absent chez les Ongulés. Un allié du présent animal, par exemple l'hippopotame, a l'acromion développé. Le radius et le cubitus, le tibia et le péroné sont tous pleinement développés.

Ancodus (ou *Hyopotamus* , comme on l'a appelé) est également d'origine oligocène, et ses restes ont été trouvés dans les mêmes pays que ceux d' *Anthracotherium* . Les deux genres sont en effet étroitement alliés. *Ancodus* semble être une créature plus légère. Le crâne semble plus faible, mais présente sensiblement les mêmes caractéristiques d' organisation . Chez *A. velaunus* , une espèce trouvée dans les roches françaises, un métacarpien du doigt I. était présent dans le manus, tandis qu'A . *brachyrhynchus* avait un manus entièrement à cinq doigts.

Le genre Miocène *Merycopotamus* (des couches inférieures de la formation Siwalik en Inde) est plus distinctement sélénodonte que les formes déjà évoquées. Pour cette raison, il a été placé dans une sous-famille distincte. Mais comme, à d'autres égards, elle ne s'écarte pas du type de structure anthracothérien , cette procédure ne semble guère nécessaire. Il existe deux espèces connues, dont l'une, *M. nanus* , est, comme son nom l'indique, une forme naine.

Famille. Caenotheriidae . — Alors que la dernière famille était composée d'animaux un peu plus proches des Cochons, la famille actuelle est plus pécorine dans ses caractères. Les molaires sont des sélénodontes ; mais comme chez les Tragulidae , les prémolaires ont plutôt la nature de dents coupantes. La dentition, comme celle de tant de ces premiers ongulés, est complète et les canines ne sont pas proéminentes. Les pieds sont à quatre doigts, les orteils latéraux n'atteignant pas le sol.

Le genre principal est le *Caenotherium de l'Éocène et du Miocène* . De ce genre, il y avait un nombre considérable d'espèces toutes européennes et de petite taille, ne dépassant pas environ un pied de longueur. Leur petite taille fait penser aux Chevrotains. Dans le crâne, la cavité orbitaire est presque ou entièrement entourée d'os et la bulle tympanique est grande et gonflée. Une caractéristique commune des Artiodactyles , un échec des nasaux et des maxillaires à se rencontrer sur le côté du visage, est visible chez cet ancien précurseur du Pecora.

Le Plesiomeryx , également européen, et issu du même horizon géologique, est une forme très voisine.

Famille. Xiphodontidés . — Cette famille se compose de petits Artiodactyles élancés qui, comme les Caenotheriidae , sont apparentés aux Pecora. Leur aire de répartition est confinée à l'Europe.

Le genre type *Xiphodon* a des molaires sélénodontes et des prémolaires allongées, minces et coupantes. La dentition était complète et les canines peu développées. Comme *Caenotherium* , *Xiphodon* était une créature sans cornes, mais avec seulement deux orteils, les deux doigts latéraux étant représentés par les plus simples rudiments des métacarpiens. Les autres métacarpiens étaient inhabituellement longs.

L'Amphimeryx (appelé aussi *Xiphodontotherium*) est beaucoup plus imparfaitement connu, mais appartient à cette famille ou à celle des Caenotheriidae . *Dichodon* est un autre membre de la même famille.

Famille. Oréodontidés . — Cette famille, composée de nombreux genres, est limitée au continent nord-américain. Son aire de répartition dans le temps s'étend de l'Éocène au Pliocène inférieur. La famille dans son ensemble se distingue par un certain nombre de caractères primitifs. La dentition est complète ; les pieds ont quatre ou même cinq doigts ; l'orbite est parfois ouverte derrière. Les canines de la mâchoire inférieure ne sont pas plus prononcées que les incisives. Les caractéristiques du groupe seront développées davantage en considérant certains des principaux genres inclus dans cette famille.

L'Oreodon est une forme du Miocènc à peu près aussi grande qu'un pécari. Le crâne a une face courte avec une cavité orbitaire complètement fermée. Devant l'orbite se trouve une fosse profonde, et non un simple déficit d'ossification, comme c'est le cas chez de nombreux artiodactyles . Celui-ci est placé sur l'os lacrymal et est en fait une fosse lacrymale, comme on en trouve sous d'autres formes. L'apophyse odontoïde de l'axe vertébral a une forme quelque peu en forme de goût de fromage, comme chez les Artiodactyles récents . Il existe quatorze vertèbres dorsales et un très grand nombre de vertèbres caudales . Le radius et le cubitus sont complètement séparés, tout comme les carpiens. Il y a cinq chiffres pour les membres antérieurs. Le péroné est complet et indépendant. L'arrière-pied est à quatre doigts. Plusieurs espèces du genre sont connues.

Merycochoerus est un genre allié du Miocène. Il est de forme plus massive que le précédent, mais ne présente par ailleurs pas de différences d'importance.

Mesoreodon est un autre genre de cette famille qui présente quelques curieuses caractéristiques d' organisation . Dans le crâne et les dents, il n'y a rien de bien remarquable, mais l'hyoïde est remarquable. Cet appendice du crâne n'est pas toujours conservé, et lorsqu'il l'est, on peut nier qu'il ait appartenu à un crâne particulier. Dans le cas présent, il ne semble y avoir aucun doute quant à l'identité des os, qui ressemblent beaucoup plus aux os correspondants des Périssodactyles qu'à ceux des autres Artiodactyles . Associé aux os, un cartilage thyroïdien ossifié du larynx a été retrouvé. Le crâne étant celui d'un mâle, ce personnage pourrait être sexuel. C'est tout à fait comparable à l'ossification du même cartilage chez le singe américain *Callithrix* . "La fonction de l'os", observe le professeur Scott, [212] "était probablement similaire à celle remplie par le basihyal extrêmement gonflé des singes hurleurs, et devait avoir conféré à ces animaux des pouvoirs de voix des plus inhabituels." Un autre fait anatomique important concernant *Mesoreodon* est l'existence apparente d'une clavicule. Il est naturellement concevable que les restes de quelque autre animal se soient mêlés à ceux des individus sur lesquels est fondé le genre actuel ; mais à défaut, voici une clavicule chez un Ongulé. L'épine de l'omoplate possède un métacromion . Ce plus grand développement de l'épine de la scapula chez les Artiodactyles que chez les Périssodactyles est, suggère-t-on, à corréler avec la perte plus précoce de la clavicule chez ce dernier groupe d'Ongulés.

Cyclopidius (synonyme de *Brachymeryx*) est une sorte de carlin d' *Oreodon* . Le crâne est court et large, et le bout du museau est un peu retroussé. Les incisives supérieures sont petites et tombent tôt. De chaque côté des nasaux se trouve une grande vacuité ovale qui est peut-être à comparer à la déficience latérale que l'on retrouve chez les autres artiodactyles . Une espèce de cette forme d'apparence singulière est appelée à juste titre *C. simus* .

D'autres genres alliés sont *Merychyus* et *Leptauchenia* . Le premier s'étend jusqu'au Pliocène inférieur et constitue donc l'une des formes les plus récentes d' Oreodontidae .

Agriochoerus [213] (Fig. 178) est placé dans une sous-famille distincte des types qui viennent d'être considérés. C'est une aire de répartition du Miocène. Il diffère d' *Oreodon* et de ses plus proches parents par le fait que l'orbite est ouverte derrière et non fermée. Le fait le plus remarquable à propos de cette créature est que les phalanges terminales des doigts (cinq à l'avant et quatre à l'arrière) étant pointues, semblent suggérer qu'elles sont entourées de griffes plutôt que de sabots. Le pollex, bien que petit, semble avoir été opposable. Comme chez les autres Oréodontes, les molaires sont des sélénodontes. Les prémaxillaires sont édentés, du moins chez les adultes, car deux dents sont présentes chez les jeunes. Il existe plusieurs espèces. *Agriochoerus* , comme *Oreodon* et les Ongulés primitifs en général, avait une longue queue. Le genre présente ainsi un mélange de caractères anciens et spécialisés .

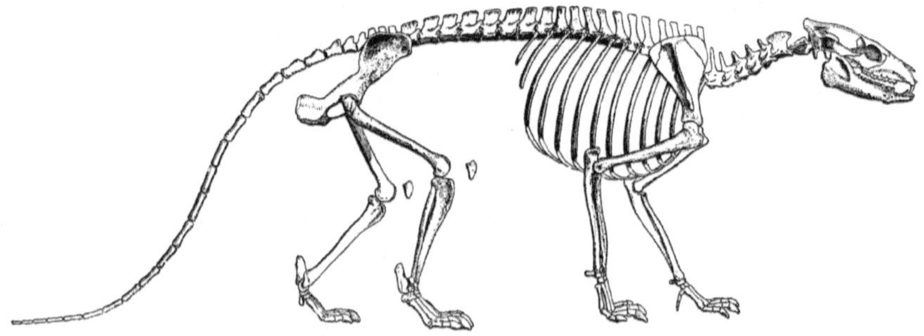

FIGUE. 178.— Squelette d' *Agriochoerus latifrons* . × ⅛. (D'après Wortman.)

La forme la plus ancienne d'Oreodont est *le Protoreodon* . Nous sommes à l'Éocène et ont disparu au cours de cette période. Il avait une dentition complète, une orbite ouverte et aucune fosse lacrymale. Les pattes antérieures étaient à cinq doigts, les pattes postérieures à quatre doigts.

Famille. Anoplothériidés . — Cette famille est entièrement d'époque éocène et est inconnue en dehors de l'Europe. La dentition du groupe est complète ; les molaires sont des séléno -bunodontes, comme celles des Anthracotheriidae . Les os du carpe, du tarse, du métacarpe et du métatarse sont tous libres ; les orteils sont au nombre de quatre à deux sur chaque pied. L'orbite est largement ouverte derrière. La queue est longue, comme chez *Xiphodon* , etc.

Ces caractères généraux ne servent qu'à différencier la famille ; mais ils illustrent son caractère archaïque, dans lequel il ressemble aux Xiphodontidae

, et plus encore aux Anthracotheriidae . Une étude de quelques-uns des genres attribués à la famille fera ressortir d'autres traits dans l' organisation de ces très anciens Artiodactyles .

L'*Anoplotherium* est ainsi appelé en raison du fait qu'il est, comme tous les anciens Artiodactyles , sans cornes ni griffes. Des défenses, c'était peut-être le cas, mais en fait, ce n'est pas le cas. Il y a, comme chez les Artiodactyles en général, dix-neuf vertèbres dorso -lombaires ; la longue queue comporte de nombreux chevrons. L'omoplate présente un acromion bien marqué et un processus coracoïde distinct ; il est large proximal. Les os de l'avant-bras et de l'avant-jambe sont, comme c'est l'habitude chez les artiodactyles primitifs , séparés.

Dans le crâne, les principales caractéristiques, outre celles mentionnées dans la définition de la famille, sont la grande taille des processus paroccipitaux ; il n'y a pas de fosse lacrymale ni de déficience sur le côté du visage. L'animal a trois doigts, tant dans les membres antérieurs que postérieurs. Le deuxième orteil est presque aussi grand que les troisième et quatrième artiodactyles . Il reste de minuscules rudiments des deux doigts restants. L'arrière-pied est également à trois doigts et il y a une trace de l'hallux. Les doigts sont si largement séparés et divergents les uns des autres qu'il a été suggéré que l'animal avait des pattes palmées et habitait des marais dans lesquels il nageait à l'aide de sa longue queue. La créature avait la taille d'un tapir.

Un certain nombre d'autres genres ressemblent beaucoup à *Anoplotherium* .

Diplobune (= *Hyracodontotherium*) ressemblait beaucoup au précédent, mais était un animal de forme plus délicate. Les doigts et les orteils (trois de chaque) se terminent par des phalanges si pointues que des griffes semblent presque suggérées. Il existe plusieurs espèces de ce genre. *Dacrytherium* se distingue par la présence d'une fosse lacrymale.

Le dichobune a des extrémités à quatre doigts, dont les latérales sont plus fines et plus courtes que les deux médianes. Comme chez les autres Anoplotheriidae , les prémolaires antérieures sont dotées d'un bord tranchant.

Commande V. SIRENIA.

Mammalia aquatique, avec quelques poils épars ; membres postérieurs absents ; membres antérieurs en forme de pagaie ; queue aplatie et de forme soit en forme de baleine, soit rhomboïdale à circulaire. Narines sur la face supérieure du museau non spécialement allongé. Les clavicules sont absentes. L'omoplate a la forme normale des mammifères, avec une épine bien développée et à peu près médiane. Les os du bras et de la main s'articulent ensemble, comme chez les animaux terrestres ; les phalanges présentent tout au plus des traces d'augmentation en nombre au-dessus de la normale. Bassin représenté par un vestige, plus développé chez certains fossiles que chez les formes récentes. Complexe gastrique, composé de plusieurs chambres. Poumons simples et non lobulés. Diaphragme oblique et très musclé. Cerveau de forme particulière et légèrement alambiqué. Testicules abdominaux. Tétines deux et pectorales en position. Placenta non caduque et zonaire. [214]

Ce groupe limité est constitué de formes purement aquatiques, qui sont à la fois marines et d'eau douce dans leurs penchants. Ils ont été placés à proximité immédiate des Baleines ; mais la plupart des zoologistes croient maintenant que les ressemblances qu'ils présentent avec les cétacés sont de type adaptatif et liées à leur mode de vie similaire. Le groupe est facilement définissable. Extérieurement, ils sont marqués par leur coloration sombre, un peu semblable à celle d'une baleine bien que de constitution plus maladroite, et par l'absence totale d'oreilles externes et de membres postérieurs ; ces derniers sont cependant, comme on le fera remarquer tout à l'heure, marqués par certains os rudimentaires. Il y a une queue aplatie qui, chez le Dugong et *la Rhytina*, ressemble exactement à celle d'une baleine. Il est intéressant de noter que le premier genre, dont la queue est, à en juger au moins par l'étendard des baleines, plus complètement modifiée pour la vie aquatique, devrait également présenter d'autres caractéristiques qui indiquent leur vie plus longue en tant que créatures marines. En effet, les nageoires ressemblent davantage à celles d'une baleine, dans la mesure où l'avant-bras est complètement enfermé dans le corps, ou presque, et les narines ont une position nettement supérieure à celle du lamantin. Les membres antérieurs de ce groupe, comme on peut le déduire de ce qui vient d'être dit, ressemblent à des nageoires ; mais, contrairement à ce que l'on trouve chez les Baleines, les phalanges ne présentent en général aucune trace de multiplication, trait si caractéristique de la main des Cétacés, et les os individuels sont reliés par des articulations bien formées. Sous la peau épaisse, peu garnie de poils épais chez le Dugong, se trouve une couche de graisse. Le Dr Murie a attiré l'attention sur le fait que cette couche chez le Lamantin [215] diffère de la graisse de la Baleine en ce sens qu'il n'y a nulle part d'huile libre. [216]

Le squelette du Sirenia est solide et massif, contrastant ainsi avec les os à texture lâche des cétacés. Les vertèbres cervicales sont, en règle générale, libres, mais la deuxième et la troisième sont fusionnées chez *Manatus et l' Halitherium* éteint . Il est à noter que chez *Rhytina*, les vertèbres cervicales ont le centre extrêmement fin qui caractérise les vertèbres cervicales des baleines. Les côtes sont pour la plupart fermement articulées par deux têtes. Le sternum est généralement réduit, comme chez les baleines ; et peu de côtes y sont attachées. De plus, les vertèbres sont bien reliées entre elles par les zygapophyses et ne sont pas attachées de manière lâche comme chez les baleines.

L'omoplate est longue et étroite, et n'est pas sans rappeler celle des Seals. Elle est totalement différente de l'omoplate particulièrement modifiée de la tribu des Baleines. Mais comme dans ce dernier cas, il n'y a pas de clavicules.

Les membres postérieurs ne sont représentés que par le bassin ; et c'est une structure rudimentaire, variable cependant selon le degré de sa dégénérescence. Celui de l' *Halitherium disparu* rappelle le bassin du Rorqual. Il existe un seul os triradié avec une cavité acétabulaire pour le rudiment du fémur au centre ; cela suggère qu'ici les trois éléments normaux du bassin ont fusionné en un seul os. Chez le Dugong il y a deux petits os de chaque côté.

Les lamantins (*Manatus*) [217] se trouvent dans les eaux douces et le long des côtes atlantiques d'Amérique du Sud et d'Afrique. Il paraît qu'il existe quatre espèces, dont une seule est africaine, les autres américaines. Le rapport affirme la présence antérieure de ce genre sur les côtes de Sainte-Hélène.

Le Lamantin est pourvu de seulement six vertèbres cervicales, ce qui le distingue des autres genres existants de son groupe. Une caractéristique remarquable qu'il présente est le grand nombre de dents molaires. Celles-ci continuent apparemment à croître indéfiniment au cours de sa vie, ce qui suggère qu'elles sont usées par la nature de la nourriture - des algues mélangées à beaucoup de sable. On a dénombré jusqu'à vingt molaires dans une moitié de la mâchoire, et il n'y a aucune raison d'interdire l'hypothèse qu'elles pourraient devenir encore plus nombreuses. Ce grand nombre de grincements de dents évoque évidemment les baleines, dont certains pensent que les Sirénias sont alliés. C'est au moins une coïncidence remarquable que ces deux groupes aquatiques de mammifères aient tous deux adopté la même formule dentaire indéfinie. Il est exact de dire que c'est supposé, puisque les formes éteintes de lamantins, telles que *Halitherium* et *Prorastoma* , n'ont pas une succession continue de molaires. Le cerveau du Lamantin est, contrairement à la disposition habituelle chez les mammifères aquatiques, lisse et marqué seulement par une ou deux fissures.

Le Lamantin [218] est de couleur noire , sa peau épaisse étant ridée. L'animal est aidé à se nourrir par un curieux mécanisme de la lèvre supérieure ; celui-ci est divisé en deux, et les deux moitiés, qui sont munies de poils solides, peuvent jouer l'une sur l'autre comme les pointes d'une pince. Les nageoires sont munies de clous, sauf chez *M. inunguis* , mais dans les formes clouées, ce ne sont pas tous les doigts qui sont ainsi armés.

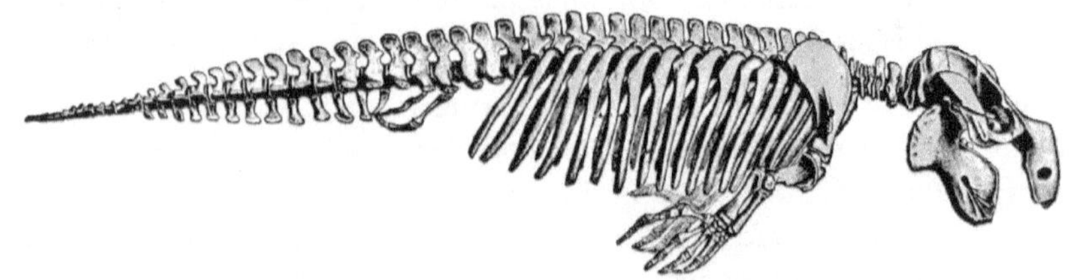

FIGUE. 179.- Squelette de Dugong. *Halicore australis.* (D'après de Blainville.)

Halicore , [219] le Dugong, est une forme entièrement orientale et australienne ; il semble n'y avoir qu'une seule espèce, bien que plus d'un nom ait été donné à des espèces supposées distinctes. Comme déjà mentionné, il diffère du lamantin par la possession d'une queue en forme de baleine ; les narines également se trouvent davantage sur la surface supérieure de la tête, et il n'y a pas de clous sur la nageoire. La fente labiale particulière du Lamantin n'est pas aussi bien développée chez le Dugong, mais il y en a des traces ; et chez le fœtus, la ressemblance avec le lamantin à cet égard est très frappante. Il semblerait donc qu'Halicore *ait* une longueur d'avance sur *Manatus* ; que le mécanisme remarquable de la lèvre de ce dernier a été possédé, mais a été perdu, par le Dugong. Le crâne du Dugong se distingue par ses os prémaxillaires robustes, qui portent une défense chez le mâle. Chez la femelle, la dent est là, mais logée dans l'os. Cette incisive a un précurseur de lait. Les dents postérieures du Dugong (il n'y a pas de canines) sont peu nombreuses (quatre ou cinq, voire six), montrant ainsi une réduction progressive par rapport au *Manatus* ; et cela culmine avec la *Rhytina édentée* . Il est également intéressant de remarquer que dans la mâchoire inférieure massive, il y a des traces d'une incisive. Si celui-ci devenait une défense, la mâchoire présenterait une curieuse ressemblance avec celle du *Dinotherium* .

Le Dugong, *H. dugong* , a la réputation d'être l'original des légendes des sirènes, puisque le jeune est tenu par la poitrine située au niveau pectoral avec une nageoire. "Mais il ne faut pas oublier", observe avec raison le Dr Blanford , " que les histoires d'êtres moitié homme ou femme, moitié poisson, sont aussi courantes dans les mers tempérées que dans les mers tropicales, et que certaines d'entre elles sont plus anciennes que n'importe quelle connaissance européenne de l'histoire. le Dugong."

disparus . — Le genre le plus ancien auquel on peut faire référence avec certitude à cet ordre est l'Oligocène *Prorastoma* . Ce genre, bien qu'il ne présente aucun caractère particulier du crâne qui aiderait à déterminer les affinités très controversées du Sirenia, présente un état remarquable des dents qui pourrait fournir un indice. L'espèce *P. veronense* , récemment décrite par M. Lydekker , [220] est fondée sur un fragment de crâne qui contient deux dents représentant apparemment les troisième et quatrième molaires de lait supérieures. L' intérêt de ces dents réside dans le fait qu'elles présentent clairement l' état de buno -sélénodonte caractéristique de certains Artiodactyles primitifs , par exemple *Mérycopotame* .

Halitherium est un genre plus récent, connu par son squelette presque complet. Le crâne est comme celui des autres Sirenia, avec la région prémaxillaire tournée vers le bas. Mais les os nasaux, perdus, ou du moins rudimentaires, dans les formes récentes, sont bien développés ; la ressemblance des formes anciennes avec les formes vivantes, à cet égard, est exactement parallèle à celle des Zeuglodonts, lorsqu'on les compare aux baleines récentes. Le centre vertébral présente des épiphyses distinctes, qui ont disparu chez les Siréniens vivants. Les vertèbres cervicales sont au nombre de sept, dont la deuxième et la troisième sont parfois fusionnées. Il y a dix-neuf paires de côtes et trois vertèbres lombaires. Le sternum est constitué de trois pièces distinctes. Il y a un fémur rudimentaire.

La vache marine de Steller, récemment éteinte, appartenant au genre *Rhytina* , était une énorme bête, observée en chair et en os jusqu'à la fin du siècle dernier. Il fréquentait les rives du détroit de Béring. Ses restes se trouvent dans la tourbe des rives de ces mers. Il atteint une longueur de 20 à 30 pieds. Les personnages extérieurs ressemblaient beaucoup à ceux des autres Siréniens récents. Les narines étaient au-dessus de la partie antérieure du museau, celui-ci étant tronqué et obtus. La queue était du modèle des cétacés, et donc semblable à celle d' *Halicore* . La tête de ce Sirénien était petite et les dents avaient entièrement disparu, à l'exception de l'existence apparente de structures transitoires de deux petites incisives dans la mâchoire supérieure. L'absence de dents était compensée par la présence d'un palais corné pour la trituration des algues qui constituaient la nourriture de la vache marine de Steller. Les membres antérieurs semblent n'avoir pas eu d'ongles, mais étaient couverts à leur extrémité de poils courts et hérissés, servant sans doute à maintenir l'animal amarré en sécurité aux lits glissants de Fucus sur lesquels il broutait.

Il y a dix-neuf paires de côtes. Les vertèbres de la région cervicale sont au nombre de sept habituelles, et les centres sont minces et en forme de plaques comme chez les cétacés, l'animal ayant donc un cou court comme ces créatures marines.

CHAPITRE XII

CÉTACÉS – BALEINES ET DAUPHINS

Ordonnance VI. CÉTACÉS. [221]

Mammifères aquatiques ressemblant à des poissons ; queue élargie en douves horizontales; une « nageoire » dorsale grasse présente chez la plupart des espèces ; membres antérieurs transformés en palettes en forme de nageoires ; membres postérieurs représentés uniquement par des rudiments squelettiques. Couverture poilue réduite à quelques poils isolés au voisinage du museau. Narines représentées par l'évent simple ou double, presque toujours situé loin en arrière sur le crâne. Os de texture lâche et très imprégnés d'huile. Le crâne a une partie faciale très développée ; les os supra-occipitaux rejoignant le frontal en se développant de manière envahissante ou en se développant entre les pariétaux ; les os entourant l'organe de l'audition vaguement attachés au crâne, le tympan en forme particulière de cauri. Processus coronoïde de la mandibule absent ou très faiblement développé. Dents, lorsqu'elles sont présentes, peu nombreuses ou nombreuses, toujours de forme conique simple, avec tout au plus des traces de cuspides supplémentaires (*Inia*) ; en cas d'absence, leur place est prise par les os de baleine. Vertèbres cervicales de petit diamètre antéro-postérieur, souvent plus ou moins complètement soudées entre elles en une seule masse. Articulations faibles entre la vertèbre dorsale et les autres vertèbres. Omoplate particulièrement aplatie ; acromion fortement développé en général, mais issu d'une épine peu marquée ; processus coracoïde généralement fortement développé. Phalanges des doigts toujours plus nombreuses que chez les autres mammifères. Clavicules absentes. Complexe gastrique, composé d'au moins quatre chambres, souvent plus. Poumons simples et non lobulés. Diaphragme placé obliquement et très musclé. Cerveau très développé transversalement et bien alambiqué. Testicules abdominaux. Tétines deux, en position inguinale. Placenta diffus et non décidué.

Les baleines et les dauphins, qui constituent cet ordre, forment un assemblage qui se caractérise facilement en raison du fait que leurs affinités avec d'autres groupes de mammifères sont si douteuses qu'elles fournissent plutôt matière à spéculation qu'à déclaration faisant autorité. Certains prétendent qu'ils ressemblent en certains points aux Ungulata ; tandis que d'autres encore voient en eux le terme culminant d'une série qui commence par une forme telle que la Loutre, et dont les Phoques et les Lions de Mer sont des stades intermédiaires. Une troisième opinion est que les baleines sont issues d'une souche de mammifères de faible niveau, trop primitive pour être attribuée à un ordre de mammifères existant. La paléontologie , comme on le verra plus loin, ne jette aucune lumière sur leur origine. Cette question a déjà été évoquée (voir p. 120) en considérant la position des cétacés.

Les baleines comprennent le plus gigantesque de tous les ordres d'animaux vertébrés. Aucune créature vivante ou disparue n'est aussi grande que le Rorqual de Sibbald , qui atteint une longueur d'environ 85 pieds, voire peut-être même plus. D'un autre côté , nous avons ce qui est par comparaison des formes minuscules. Hormis le *Delphinus minutus* , peut-être problématique, qui ne mesure que 2 pieds de long, nous avons au minimum 3 ou 4 pieds. La taille des cétacés a été largement exagérée. Le premier devoir d'une baleine, observait feu Sir William Flower, est d'être grande ; et les historiens naturels, dans le passé récent comme dans le passé lointain, n'ont pas hésité à chiffrer très rondement les dimensions des plus grands membres de l'ordre. Nous pouvons peut-être passer sous silence le « poisson appelé balaena ou tourbillon, si long et si large qu'il occupe plus de deux arpents de terrain en longueur et en largeur » de Pline, et un certain nombre d'exagérations analogues, qui se sont progressivement réduites aux dimensions juste » a déclaré le grand Rorqual. M. Pouchet a fait l'ingénieuse suggestion que les déclarations des anciens étaient peut-être plus près de la vérité que les observations d'aujourd'hui ne voudraient nous le faire croire ; il a souligné avec raison qu'autrefois les baleines n'étaient pas poursuivies avec autant d'acharnement qu'au siècle dernier ; la conclusion étant qu'ils ont peut-être vécu jusqu'à un âge plus avancé et atteint une masse plus colossale. Les exagérations plus modernes dans les dimensions des plus grandes baleines sont probablement dues au fait que les mesures ont été prises, non pas en ligne droite du museau à la queue, mais le long des côtés bombés du cétacé, rendus encore plus convexes que dans la nature par décomposition, et par pression due au tonnage immense de la créature.

Les cétacés sont les mammifères les plus parfaitement aquatiques ; ils ne quittent jamais les eaux qu'ils habitent. Il est vrai que les légendes les ont représentés paissant sur le rivage. Élien parlait de dauphins se prélassant sur le sable sous les rayons du soleil ; et le « poisson diable » de Californie, *Rhachianectes* (voir p. 357) a donné lieu à des histoires improbables — mais ce ne sont apparemment que des légendes. En effet , une baleine échouée ne peut pas vivre longtemps, car elle est incapable de respirer, sa poitrine relativement faible étant écrasée par son propre poids. Conformément à leur habitude purement aquatique, nous constatons une modification de la forme extérieure du corps (et, comme nous le verrons plus tard, de nombreux organes internes), qui rend les cétacés extérieurement différents de tous les autres mammifères. La forme ressemble à celle d'un poisson, les membres antérieurs sont des pagaies, la queue est élargie en deux douves horizontales qui servent à propulser la créature dans l'eau.

FIGUE. 180.— Tueur. *Gladiateur orque.* × 1 / 40 (Après Vrai.)

La peau est lisse et brillante, si lisse et si brillante qu'elle a souvent été comparée au cuir de coach. Mais néanmoins, ils ne sont pas entièrement dépourvus de ce caractère le plus essentiel de la classe des Mammalia, une couche de poils. La couverture velue est cependant réduite aux plus petites proportions ; il est représenté par quelques poils seulement, si peu nombreux qu'on peut les compter facilement, au voisinage du museau. Ces poils ne sont pas présents chez toutes les baleines ; ils sont absents, par exemple, chez la baleine blanche ou le béluga. Lorsqu'ils sont présents, ils ne sont pourvus ni de glandes sébacées, ni de fibres musculaires , qui sont des concomitants si universels des follicules pileux chez les mammifères en général. Cela semble être une preuve concluante que les cheveux, aussi rares soient-ils, subissent encore une dégénérescence. Le besoin d'un pelage de fourrure est supprimé par la présence d'une épaisse couche de graisse immédiatement sous la peau. C'est ce qu'on appelle la graisse et c'est la principale incitation à la poursuite des baleines. Il ne faut cependant pas supposer sans autre argument que les cheveux sont absents parce que leur place est prise, comme mécanisme de rétention de la chaleur, par la graisse ; car la tribu des Phoques possède à la fois de la fourrure et de la graisse. Une autre explication envisageable est tout à fait en contradiction avec une telle vision de l'économie. On peut remarquer que chez les ongulés, il existe une tendance à perdre les poils, particulièrement chez les formes plus ou moins aquatiques. Ainsi l'hippopotame est presque nu (comme l'est d'ailleurs le morse) ; le rhinocéros, lui aussi, qui fréquente souvent les terrains marécageux, est presque aussi dénudé que l'est l'hippopotame. Il n'est cependant pas établi que les baleines aient quelque chose à voir avec les Ungulata ; sinon, un argument supplémentaire pourrait être utilisé, à savoir la perte séculaire des cheveux chez certains membres de ce groupe. Le rhinocéros poilu, *Rh. tichorhinus* , était, comme son nom l'indique, une bête velue ; le Mammouth l'était également. Les descendants, ou du moins les représentants modernes de ces deux créatures, ne sont que légèrement vêtus de poils.

Une dernière raison expliquant le caractère nu de la peau des cétacés existants est étroitement liée à une caractéristique de l' organisation de trois ou quatre espèces vivantes qu'il faut d'abord décrire.

Il y a quelques années , feu le Dr JE Gray du British Museum décrivait depuis la mer, au large de Margate, ce qu'il considérait comme une nouvelle espèce de marsouin, caractérisée par la présence sur la nageoire dorsale d'une rangée de tubercules pierreux. En fait, il a été démontré par la suite que le marsouin commun avait les mêmes structures, de sorte qu'il n'était pas nécessaire d'avoir recours à une espèce de Margate, *Phocaena . tuberculifère* . De plus, chez le *Neomeris indien* , proche allié du marsouin, une couverture d'écailles calcifiées plus abondante existe sur tout le dos de l'animal. On a découvert que ces plaques sont plus grandes chez le fœtus , ce qui indique naturellement qu'elles sont un héritage du passé, actuellement en train de subir des modifications rétrogressives. Cette façon de voir les faits est confirmée par la découverte, il y a de nombreuses années, par le naturaliste et physiologiste Johannes Müller, de plaques osseuses en relation avec les restes d'un cétacé Zeuglodont. Il semble donc que les ancêtres éocènes des cétacés modernes avaient une peau parsemée de plaques osseuses, comme celle des tatous. Ceci étant, la disparition des poils n'a rien de surprenant. L'espace serait occupé par les plaques calcifiées, et lorsque ces dernières disparaîtraient, comme c'est le cas chez la grande majorité des baleines existantes, il ne resterait plus que la peau nue.

Les baleines ne possèdent pas de membres postérieurs visibles de l'extérieur ; des rudiments de ces appendices sont présents, qui seront traités dans la description des principales caractéristiques du squelette. Mais on a découvert que chez le marsouin, des vestiges externes de membres postérieurs apparaissent chez le fœtus , ce qui, notons-le, abolit l'ancienne opinion selon laquelle les douves de la baleine sont le dernier terme de la série des des membres postérieurs en voie de disparition, dont les phoques, avec leurs membres postérieurs et leur queue liés ensemble, offrent une étape intermédiaire.

La queue a la forme d'un poisson, mais les douves sont horizontales au lieu de verticales comme chez les poissons et *l'Ichthyosaure* . Cette disposition est sans doute liée à la nécessité d'un retour rapide à la surface des eaux après une immersion prolongée à la recherche de nourriture. Un coup vers le bas, comme celui donné par les puissantes et grandes douves de la queue, amènerait naturellement ce résultat rapidement. La queue est d'ailleurs en toutes circonstances l'organe nageur. On a dit que son mouvement était légèrement rotatif, comme celui d'une vis, et il est vrai que les deux pattes ont souvent une forme alternée comme les brides d'une vis ; l'un étant convexe vers le haut, l'autre convexe vers le bas.

Les membres antérieurs ont la forme de pagaies, mais ils ne servent apparemment pas tant d'organes de locomotion que d'équilibreurs. Lorsqu'une baleine est tuée, elle tombe sur le côté, le rôle des nageoires étant de maintenir la bonne position. On pense cependant que du fait que l'embryon présente souvent une nageoire pectorale relativement plus grande que celle de l'adulte — la différence étant due à une réduction chez l'adulte du nombre de phalanges —, on pense que la nageoire était autrefois un organe de progression. .

La nageoire pectorale des baleines existe sous deux formes. Chez les baleines à dents, il est plus court et plus rond ; chez les baleines à os de baleine, elles sont plus longues et plus étroites. Des différences structurelles accompagnent ces dissemblances extérieures. Dans le premier groupe, l'humérus et le début du radius et du cubitus se trouvent à l'intérieur du corps et ne font pas partie de la nageoire. Chez les baleines à os de baleine, en revanche, la nageoire contient tous les os du membre antérieur. Un autre contraste remarquable entre la main des deux groupes de baleines est que si les baleines à dents ont cinq doigts, justifiant ainsi l'opinion dominante selon laquelle elles sont les plus primitives des deux groupes, les baleines à os de baleine n'ont que quatre doigts. En fait, la baleine noire, *Balaena* , semble avoir cinq doigts ; et, en effet, le fait qu'il en ait est souvent utilisé pour le distinguer de la baleine à bosse, qui n'en a sans doute que quatre. Mais un examen attentif de l'état de choses qui prévaut chez le fœtus des *Balaenoptera* dissipe cette idée. Entre ce qui est apparemment le deuxième et le troisième doigt, apparaît un doigt rudimentaire, composé de quatre phalanges. Ceci n'est pas produit, comme c'est le cas pour un doigt supplémentaire trouvé chez la baleine blanche ou le béluga, par une fente d'un doigt. En conséquence, la condition à quatre doigts des baleines à os de baleine est produite par la chute d'un doigt au milieu de la série, fait très remarquable. Lorsque les doigts disparaissent, comme par exemple chez le Cheval, etc., c'est aux deux extrémités de la série que les chiffres disparaissent. Si l'on accepte ce point de vue du professeur Kükenthal [222] , il s'ensuit que le pouce présumé de la baleine noire est ce qu'on a appelé le prépollex .

La main des baleines, comme celle de certaines autres créatures aquatiques, *par exemple* le reptile *Ichthyosaurus* , possède un plus grand nombre de phalanges que celles des animaux terrestres. Le résultat est bien sûr d'augmenter la longueur de la palme et son utilité comme pagaie. Ce ne sont généralement pas tous les doigts qui ont développé ce grand nombre de phalanges accessoires. Des clous rudimentaires ont été trouvés sur la main des cétacés ; mais en aucun cas ils ne sont fonctionnellement développés. Chez les Lamantins on a la disparition des ongles encore imparfaitement réalisée. Chez *M. latirostris,* il y a des clous ; ceux-ci ont disparu, hormis d'éventuelles traces visibles au microscope, chez *M. inunguis* .

Un trait très caractéristique de certaines baleines sont les sillons visibles sur la gorge. C'est particulièrement le cas des Rorquals, dans lesquels doit être incluse la baleine à bosse, *les mégaptères* . Les baleines de ces deux genres (*Balaenoptera* et *Megaptera*) ont un grand nombre de sillons dans la gorge : on en a dénombré jusqu'à soixante. Certaines autres baleines en ont un plus petit nombre ; ainsi *Les Rhachianectes* n'en ont que deux de chaque côté, et les Physeteridae n'en ont pas beaucoup plus. Ces sillons sont absents chez les très jeunes embryons. Le professeur Kükenthal pense qu'ils permettent une large ouverture de la bouche.

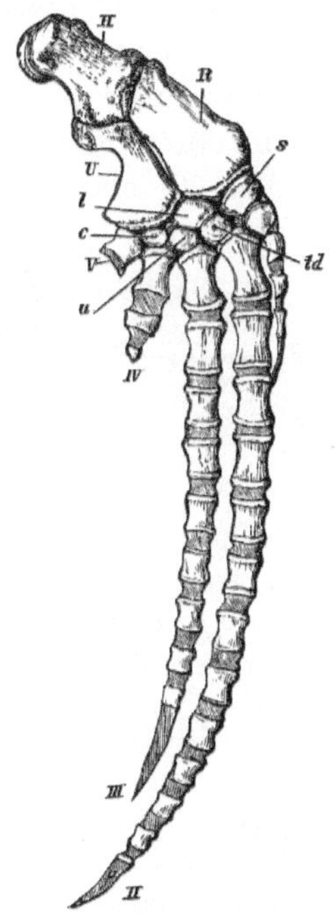

FIGUE. 181.— Surface dorsale des os du membre antérieur droit du dauphin à tête ronde (*Globicephalus melas*). × 1 / 10 . Les parties ombrées des chiffres sont cartilagineuses. *c* , cunéiforme ; *H* , humérus ; *l* , lunaire; *R* , rayon ; *s* , scaphoïde ; *td* , trapèze ou magnum ; *U* , cubitus ; *u* , inciforme ; *II-V* , chiffres. (De *l'ostéologie* de Flower .)

L'évent des baleines est, bien entendu, l'ouverture des narines, qui ne sont pas aussi reculées chez le fœtus que chez l'adulte. Par le caractère de leurs narines, les baleines à dents peuvent être distinguées des baleines à fanons ; dans le second l'orifice est double, dans le premier simple. Chez les embryons de dauphins, cependant, les deux ouvertures sont tout à fait indépendantes.

Les phénomènes de jaillissement ont souvent été mal interprétés. [223] Lorsque la Baleine respire, l'air expiré s'échappe par les narines. La vapeur d'eau contenue dans l'haleine se condense en gouttes d'eau dans les régions froides de l'Arctique où le phénomène a été principalement observé. D'où l'idée que l'eau aspirée à la bouche est expulsée par l'évent. Lorsque la baleine s'approche de la surface pour respirer, il se peut qu'une partie de l'eau de la mer soit poussée vers le haut par l'expulsion forcée de l'air des poumons. Mais pour l'essentiel, l'eau qui jaillit est simplement de l'haleine condensée.

Comme certains autres mammifères aquatiques, mais pas tous, les baleines n'ont apparemment pas d'oreille externe. En effet l'ouverture de l'oreille est excessivement petite. Dans un énorme Rorqual, il « admettra une plume » ; et bien que « une plume » soit plutôt vague, nous pouvons raisonnablement autoriser n'importe quelle taille de plume sans prouver que l'orifice du conduit auditif est tout sauf extrêmement petit. Comme preuve, ajoutée à tant d'autres, que les baleines sont la progéniture de créatures terrestres, nous avons les traces occasionnelles d'oreilles externes. [224]

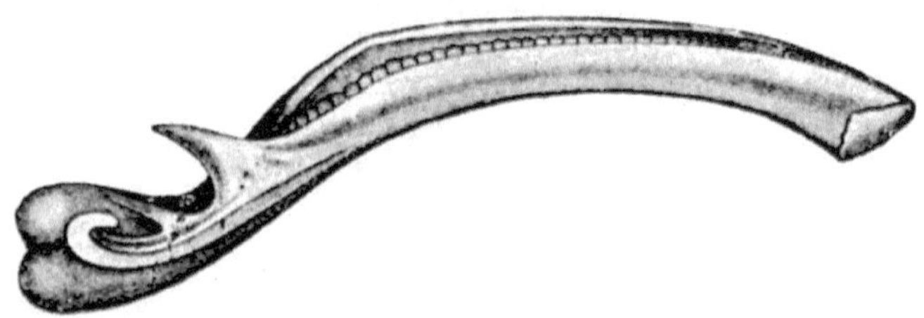

FIGUE. 182.— Mâchoire inférieure gauche du fœtus de *Balaenoptera rostrata* . Aspect intérieur, grandeur nature, montrant les dents. (Après Julin .)

Les baleines à os de baleine ne possèdent jamais de dents permanentes aussi bien que les fanons ; mais chez le fœtus il y a plus que des traces de vraies dents, qui cependant n'arrivent jamais à maturité. Le fanon de baleine lui-même est décrit plus loin (p. 354). Le fait que les baleines à os de baleine possèdent des dents à l' état fœtal a été découvert dès 1807. Cela a depuis été confirmé par de nombreux observateurs. Non seulement une dentition est développée chez le fœtus *Balaenoptera,* mais deux, dont un arrive à une plus grande maturité ; l'autre, en fait, restant à un stade très précoce de développement. La dentition la plus complète appartient à la série du lait, comme c'est le cas des baleines à dents. Une conclusion très intéressante concernant l'origine des dents coniques simples des baleines semble découler du développement de ces structures chez les Balaenoptera. Il y a moins de dents chez le jeune fœtus que chez l'embryon plus avancé. Or, chez l'embryon plus jeune, certaines dents sont munies de plus d'une cuspide ; ils sont bi- voire tri-conodontes. Comme l'a observé Sir R. Owen, les dents, certaines d'entre elles, sont littéralement des dents doubles. Ceci est une suggestion des dents plus compliquées des Zeuglodonts, et montre jusqu'à présent que les simples dents coniques des baleines existantes (cf. cependant les Platanistidae) ne sont en aucun cas aussi primitives que leur structure réelle amènerait sans aucun doute à le penser. croire. De plus, le plus grand nombre de dents chez l'embryon plus âgé a coïncidé avec la disparition de ces dents doubles, qui semblent se scinder en dents coniques simples.

Les baleines à dents ne sont pas munies de fanons, mais seulement de dents. Ces dents sont plus ou moins nombreuses, leur disposition étant précieuse pour la classification du groupe ; une question qui sera traitée plus tard.

Chez le Narval, dont la dentition chez l'adulte est réduite à la ou aux défenses bien connues (correctement développées uniquement chez le mâle), il existe une dentition fœtale complète . Un fait très curieux a été élucidé par le professeur Kükenthal à propos de la dentition du marsouin commun. Il paraît que chez ce Cétacé les deux dents correspondant l'une à l'autre des deux dentitions peuvent se fondre en une seule dent, qui a par conséquent une double couronne. Il se peut que ce soit le cas des Platanistides *Inia* , et que ses dents de diconodontes ne sont donc pas une réminiscence des dents relativement compliquées des anciens Zeuglodonts.

Les organes internes des baleines qui présentent les plus grandes particularités par rapport aux autres mammifères sont l'estomac, les poumons et le diaphragme. Les baleines possèdent toujours un estomac compliqué divisé en plusieurs chambres, mais en un nombre variable : il y en a aussi peu que quatre chez certaines, jusqu'à quatorze chez les Ziphioïdes .

En raison de sa complication, l'estomac [225] a été comparé à celui des ruminants — on a même prétendu que les baleines « ruminent » — mais la comparaison ne tient pas. En revanche, il n'y a pas non plus de ressemblance très étroite avec l'estomac tout aussi compliqué des Siréniens.

Le Rorqual a un estomac avec aussi peu de compartiments que n'importe quel autre. La seule baleine qui semble en avoir moins est *Balaena mysticetus* , où il n'y en a que trois. Chez le Rorqual, l' œsophage s'ouvre sur un sac plus ou moins globulaire ; de l'extrémité supérieure de celle-ci, *c'est-à-dire* près de l'entrée de l' œsophage , s'élève la deuxième chambre, longue et étroite ; puis suit un troisième sac extrêmement court, puis un quatrième plus grand, après quoi vient le début dilaté de l'intestin grêle. Cette dernière pourrait être considérée comme une chambre de l'estomac si les canaux du foie et du pancréas n'y débouchent. Cela représente un type d'estomac de cétacé, qui semble être présent chez toutes les baleines à l'exception des Ziphioïdes . Dans ce dernier cas, l' œsophage s'ouvre comme d'habitude dans le premier compartiment ; mais la seconde division de l'estomac n'apparaît pas près de l'entrée de l' œsophage , mais à l'extrémité opposée. Il semblerait donc que la première division de l'estomac, que l'on retrouve chez la plupart des baleines, manquait chez les ziphioïdes . Cette façon de voir les choses est confirmée par le fait que chez *Hyperoodon* , on retrouve un reste du premier estomac manquant sous la forme d'un petit diverticule de l' œsophage juste avant son entrée dans l'estomac.

La différence essentielle entre l'estomac de la baleine et celui du ruminant est la suivante : chez ce dernier, l'estomac est principalement divisé en deux parties, dont la première est non digestive et est recouverte d'épithélium œsophagien . La seconde, la caillette, est la région digestive. La première partie est à nouveau divisée en trois compartiments. Chez les Baleines, au contraire, c'est la partie digestive qui est à nouveau subdivisée, tandis que si la première partie est divisée, elle ne l'est pas de façon marquée comme chez les Ruminants.

Les poumons sont remarquables par leur caractère non lobulé ; en cela, ils sont d'accord avec les poumons de la Sirenia. La cavité thoracique dans laquelle ils se trouvent est en forme de tonneau et non, comme c'est l'habitude chez les mammifères terrestres, en forme de bateau, *c'est- à- dire* plus étroite sternalement que dessus. L'altération de la forme de la cavité thoracique est associée à la vie aquatique ; ainsi, en tout cas, le fait qu'il soit également marqué chez les phoques et même chez la loutre semble le montrer. Les Baleines se caractérisent également par la grande obliquité du diaphragme, extrêmement musclé. Dans ce caractère encore, nous trouvons un accord avec la Sirenia, ainsi qu'avec d'autres mammifères aquatiques ; il ne s'agit donc pas tant d'un caractère des Baleines que d'une preuve d'une adaptation à la vie aquatique. L'avantage réside, semble-t-il, dans la capacité accrue de la cavité thoracique et dans les plus grandes possibilités d'expansion des poumons qui, il faut le rappeler, servent d'organes hydrostatiques aussi bien que respiratoires.

Certaines artères internes des baleines se divisent en retia mirabilia. Leurs reins sont lobulés ; il n'est pas si clair si cela a quelque chose à voir avec la vie aquatique. Il caractérise aussi plus ou moins les Sirénias et les Loutres ; mais, d'un autre côté, les ours terrestres présentent la même structure que certains ongulés. Il ne faut pas non plus oublier que les reins du foetus humain sont lobulés.

Le foie est un organe compact ne présentant pas une lobulation courante, mais non universelle, chez les mammifères.

Les os des baleines ont une structure quelque peu lâche et sont très imprégnés d'huile. À bien des égards, le squelette des baleines est très distinctif de l'ordre.

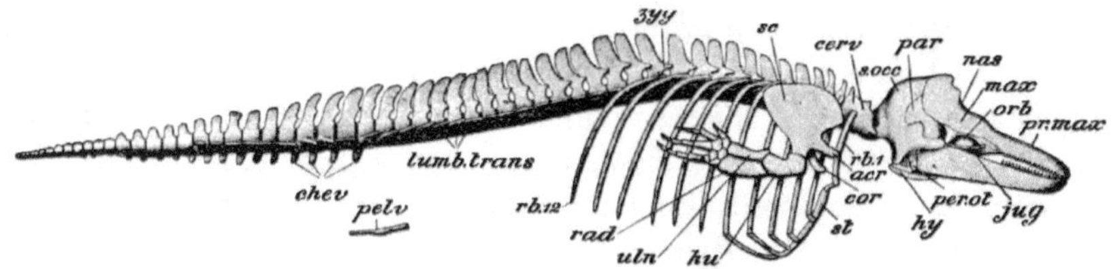

FIG. 183.—squelette de marsouin (*Phocoena communis*), *acr* , processus Acromion de l'omoplate ; *col de l'utérus* , vertèbres cervicales unies ; *chev* , chevrons; *cor* , processus coracoïde ; *hu* , humérus; *hy* , hyoïde; *cruche* , jugal; *lumb.trans* , processus transversaux lombaires ; *max* , maxillaire ; *nas* , nasal; *orbe* , orbite; *par* , pariétal; *bassin* , vestige du bassin ; *per.ot* , périotique; *pr.max* , prémaxillaire ; *rad* , rayon ; *rb* 1 , première côte ; *rb* 12 , douzième côte ; *sc* , omoplate ; *s.occ* , supra-occipital ; *st* , sternum ; *cubitus* , cubitus; *zyg* , prezygapophyse . (De Parker et Haswell's *Zoology* .)

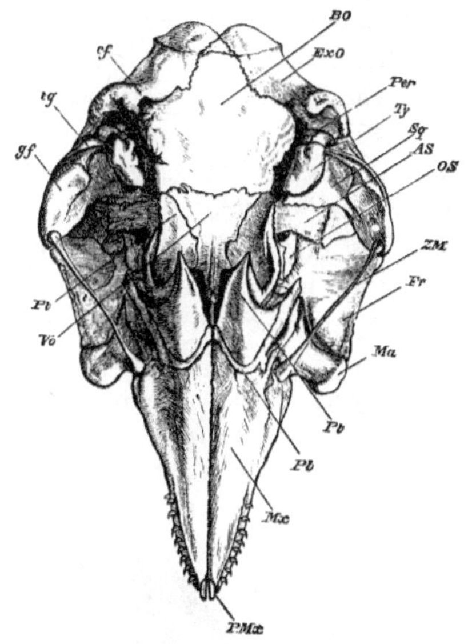

FIGUE. 184.— Sous la surface du crâne d'une jeune baleine Caa'ing (*Globicephalus melas*). × 1 / 5 . *AS* , Alisphénoïde ; *BO* , basioccipital ; *cf* , foramen condylien ; *ExO* , exoccipital ; *Fr* , processus supra-orbital du frontal ; *gf* , fosse glénoïde du squamosal ; *Ma* , corps du malar ; *Mx* , maxillaire ; *OS* , orbitosphénoïde ; *Per* , processus postérieur (mastoïdien) de la périotique ; *Pl* , palatin ; *PMx* , prémaxillaire ; *Pt* , ptérygoïde ; *Carré* , squamosal ; *tg* , sillon profond sur le squamosal pour le méat auditif externe, menant à la cavité tympanique ; *Ty* , tympanique ; *Vo* , vomer; *ZM* , processus zygomatique de malaire. (De *l'ostéologie* de Flower .)

Le boîtier cérébral est petit proportionnellement et arrondi. Le « visage » est donc long, et dans certains cas, notamment parmi les formes fossiles des Platanistidae , le rostre est extraordinairement allongé. L'asymétrie du crâne de la Baleine est l'une de ses caractéristiques les plus remarquables ; ceci, cependant, est entièrement limité aux baleines à dents, et parmi elles, il est plus prononcé sous certaines formes que sous d'autres. Ainsi, les Platanistidae et de nombreux Ziphioïdes ne sont pas aussi asymétriques que les Dauphins et, en particulier, *Physeter* . Cette asymétrie touche particulièrement les prémaxillaires, les maxillaires et les nasaux. La base du crâne est symétrique. Le crâne de la baleine a de très longs prémaxillaires qui, sauf chez les Zeuglodonts disparus, ne portent aucune dent. Les os nasaux, qu'ils soient symétriques ou inversés, sont très petits chez les baleines existantes, dont la disposition, avec les os maxillaires longs et larges, enlève les narines antérieures, l'évent, très en arrière. Le toit du crâne n'est pas du tout formé extérieurement par les pariétaux. Ces os forment une partie du côté du crâne, mais sont remplacés ou recouverts par le supra-occipital extrêmement développé chez l'adulte. Ici encore, les Zeuglodonts sont plus typiquement mammifères, car chez eux les pariétaux ont un développement et une situation normaux , s'élevant même jusqu'à une crête médiane comme chez tant de quadrupèdes. Les os liés à l'organe de l'audition, le tympan et les os pétreux, sont de structure très solide et dense. De plus, ils ne sont que faiblement attachés aux os environnants et sont donc facilement et fréquemment perdus. Presque les seuls mammifères qui ressemblent aux baleines dans le fait que les ptérygoïdes se rencontrent parfois dans la ligne médiane en dessous sont les Edentata (Fourmilier et Tatou, voir p. 167). Mais dans les deux groupes, cette particularité n'est pas universelle.

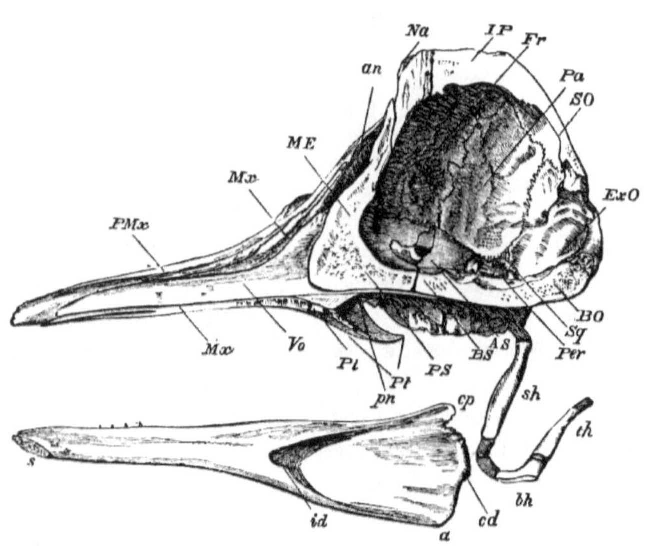

FIGUE. 185.— Coupe d'un crâne d'une jeune baleine de Caa'ing (*Globicephalus melas*). × 1 / 5 . *un* , Angle ; *un* , narines antérieures ; *AS* , alisphénoïde ; *bh* , basihyal ; *BO* , basioccipital ; *BS* , basepnénoïde ; *cd* , condyle ; *cp* , processus coronoïde ; *ExO* , exoccipital ; *Fr* , frontal; *id* , canal dentaire inférieur ; *IP* , interpariétal; *ME* , partie ossifiée du mésethmoïde ; *Mx* , maxillaire ; *Na* , nasal ; *Pa* , pariétal ; *Par* , périotique ; *Pl* , palatin ; *PMx* , prémaxillaire ; *pn* , narines postérieures ; *PS* , présphénoïde ; *Pt* , ptérygoïde ; *s* , symphyse de la mandibule ; *sh* , stylohyal ; *SO* , supra-occipital ; *Carré* , squamosal ; *th* , thyrohyal ; *Vo* , vomer. (De *l'ostéologie* de Flower .)

La colonne vertébrale est remarquable par le fait qu'un plus ou moins grand nombre de vertèbres cervicales peuvent être fusionnées en une masse courte et compacte. Ceci est observé à son maximum dans les genres *Balaena* et *Neobalaena* . L'apophyse odontoïde de la deuxième vertèbre, bien que peu marquée, est néanmoins bien présente et développée à partir d'un centre osseux qui lui est propre, comme chez les autres mammifères. Les vertèbres dorsale et lombaire se distinguent bien entendu par la présence de côtes attachées aux premières ; mais comme il n'existe qu'un bassin rudimentaire, non attaché à la colonne vertébrale, aucune région sacrée ne peut être détectée. Les vertèbres caudales sont reconnaissables aux os ven forme de chevron situés en dessous.

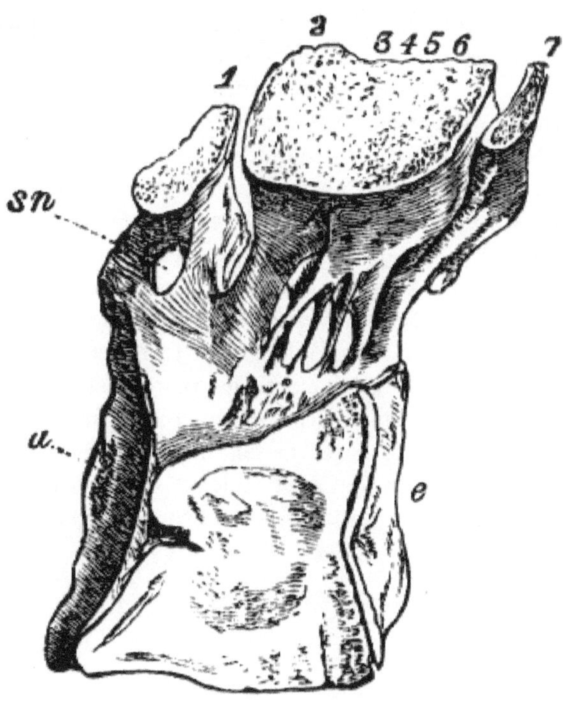

FIGUE. 186.—— Section passant par la ligne médiane des vertèbres cervicales unies de la baleine noire du Groenland (*Balaena mysticetus*). × 1 / 9 . *a* , Surface articulaire du condyle occipital ; *e* , épiphyse à l'extrémité postérieure du corps de la septième vertèbre cervicale ; *sn* , foramen dans l'arc de l'atlas pour le premier nerf spinal ; 1, arc d'atlas ; 2, 3, 4, 5, 6, arcs siamois de l'axe et quatre vertèbres suivantes ; 7, arc de la septième vertèbre. (De *l'ostéologie* de Flower .)

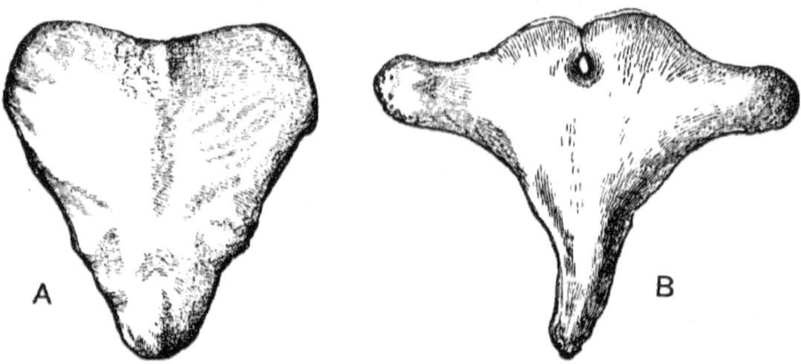

FIGUE. 187.—— **A** , Sternum de baleine noire du Groenland (*Balaena mysticetus*). × 1 / 15 . **B** , Sternum de Rorqual commun ou de rorqual commun (*Balaenoptera musculus*). × 1 / 10 . (De *l'ostéologie* de Flower .)

Le sternum de la tribu des Baleines est beaucoup plus modifié chez les Baleines à os que chez les Odontocètes. Chez ces derniers, il est constitué de plusieurs morceaux, comme chez d'autres mammifères, qui cependant souvent fusionnent. Chez les Mystacoceti , cet os est une pièce unique, à laquelle est attachée une seule paire de côtes, et sa forme est caractéristique du genre. Il est plus ou moins en forme de cœur chez *Balaena* , et quelque peu en forme de croix ou Tde croix chez le genre *Balaenoptera* . Chez les Odontocètes, les côtes ont, pour certaines, l'attache normale par capitule et tubercule. Chez les Mystacocètes , l'attache, là où elle existe, est très lâche, et le tubercule seul est attaché à sa vertèbre. Cela permet un jeu plus libre des côtes pendant la respiration. L'omoplate a une forme très caractéristique chez ces animaux. L'acromion, là où il existe, est placé près du bord antérieur de l'omoplate et chevauche le processus coracoïde généralement long. Les clavicules sont totalement absentes. Le bassin est très rudimentaire, constitué simplement d'un seul os, auquel sont attachés les rudiments (dans certains cas) d'un fémur et, à *Balaena* (fig. 188), d'un tibia également.

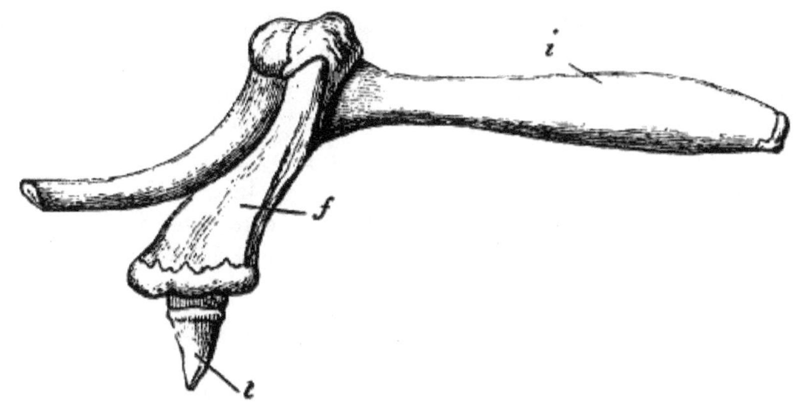

FIGUE. 188.— Vue latérale des os de l'extrémité postérieure de la baleine noire du Groenland (*Balaena mysticetus*). × ⅛. *je* , Ischion ; *f*, fémur ; *t* , osselet accessoire représentant le tibia. (D'après Eschricht et Reinhardt) (de Flower's *Osteology* .)

Les baleines doivent être divisées en trois grands groupes :— (1) les baleines à os de baleine ou Mystacoceti ; (2) les baleines à dents ou Odontocètes ; et (3) les Archéocètes ou Zeuglodonts entièrement éteints .

SOUS-ORDRE 1. MYSTACOCETI.

Cette division est ainsi caractérisée :— Les dents ne sont jamais fonctionnellement développées ; ils sont présents chez les jeunes, mais remplacés chez l'adulte par les fanons ou os de baleine ; l'ouverture respiratoire externe est double ; le crâne est parfaitement symétrique ; les rameaux de la mandibule sont arqués vers l'extérieur et ne forment pas une véritable symphyse ; le sternum est toujours composé d'un seul morceau d'os ; les côtes s'articulent uniquement avec les apophyses transverses des vertèbres.

Les Mystacoceti sont presque invariablement d'énormes créatures, les seules exceptions étant la baleine noire pygmée, *Neobalaena* et un petit Rorqual. Mais même celles-ci sont plus grandes que la majorité des baleines à dents.

Le trait le plus caractéristique par lequel les baleines à os de baleine doivent être distinguées des autres baleines est celui qui leur donne leur nom, la présence d'os de baleine. L'os de baleine est un produit corné de l'épithélium tapissant la bouche et est comparable à une exagération des crêtes transversales que l'on trouve dans la bouche de tous les mammifères sur le palais. Chez les mammifères non cétacés, ces crêtes varient en profondeur et sont généralement disposées transversalement, mais avec une inclinaison oblique. C'est précisément ainsi que les plaques de fanons sont disposées dans la gueule d'une baleine. Chaque morceau d'« os » est de forme triangulaire, l'extrémité la plus large étant celle d'attache tandis qu'elle se rétrécit progressivement ; le côté intérieur des lames est effiloché en un certain nombre de fils qui forment l'appareil de filtrage. Les plaques varient en longueur jusqu'à une longueur extrême de 13 pieds, ce qui se produit parfois chez la baleine noire. La couleur est noire ou plus pâle, voire blanche. Le nombre de ces plaques en bouche est très grand. Jusqu'à 370 pales ont été dénombrées. Leur longueur diminue vers les deux extrémités de la série. Bien que les os de baleine soient utilisés depuis longtemps, la provenance des os de baleine était autrefois une de ces choses généralement inconnues.

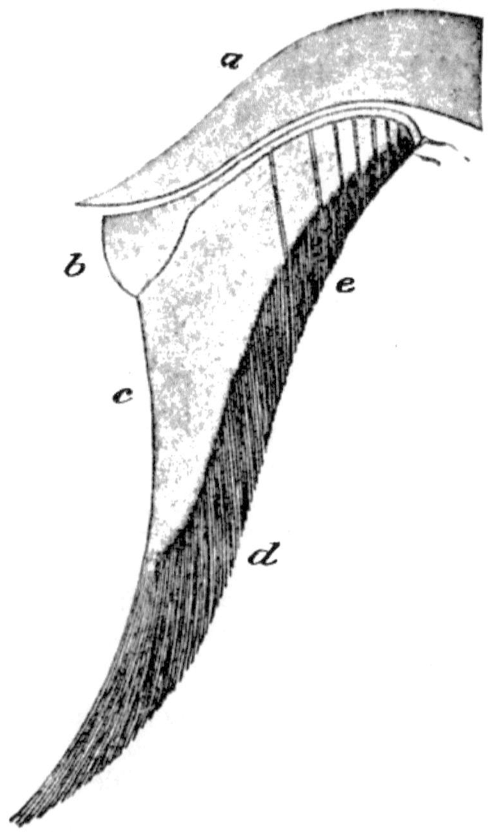

FIGUE. 189.— Section de la mâchoire supérieure, avec fanons, des *Balaenoptera* . *un* , Os de la mâchoire ; *b* , gomme ; *c* , bord droit de la fanon ; *d* , *e* , surface effilochée des fanons. (D'après Owen.)

Une idée très répandue était que les os de baleine formaient les paupières ou peut-être les cils de la créature. Scaliger, commentant Aristote, soutenait que la baleine avait « des lamelles sur les sourcils qui, lorsque la tête était plongée sous la surface, étaient soulevées par l'eau ; mais lorsque l'animal levait la tête au-dessus des vagues, les lamelles tombaient et recouvraient l'eau » . yeux." On parle aussi souvent des os de baleine comme de « la nageoire d'une baleine », « les nageoires qui sortent de leur bouche ». La valeur des os de baleine est toujours grande, malgré les divers substituts qui sont maintenant utilisés à leur place. En 1897, par exemple, la valeur de cet article était de 2 000 £ la tonne. Comme une seule baleine peut produire plusieurs tonnes de cette matière, il n'est pas surprenant de constater que les résultats d'un voyage baleinier peuvent être très rentables.

Famille. 1. Balaenopteridae. — Ce genre *Balaenoptera* comprend les Rorquals, qui sont des baleines à os de baleine de grande taille, différant des baleines noires par trois caractères externes importants : la tête est relativement petite ; il y a une nageoire dorsale ; la gorge est marquée par de nombreux sillons longitudinaux. Les os du crâne ne sont pas aussi arqués que chez les baleines noires et, par conséquent, les plaques de fanons sont plus courtes. La main n'a que quatre doigts. Les vertèbres cervicales sont pour la plupart libres. L'un des premiers enregistrements d'une baleine échouée dans la Tamise concernait probablement une espèce de ce genre en 1658, et est ainsi décrit par John Evelyn : « Une grande baleine a été prise entre mes terres, butant sur la Tamise et Greenewich . qui a attiré un public infini pour le voir, par eau, à cheval, en carrosse et à pied, de Londres et de toutes les régions... Il a été tué avec un fer à harpe, frappé à la tête, d'où jaillissait du sang et de l'eau par deux tunnels , et après un horrible voyage, il a couru tout à fait sur le rivage et est mort. Sa longueur était de 58 pieds, hauteur 16 ; peau noire comme du cuir de carrosse, de très petits yeux, de grands yeux. queue , seulement deux petites nageoires , un museau pointu et une bouche si large que plusieurs hommes auraient pu s'y tenir debout ; pas de dents, mais de la bave sucée uniquement à travers une grille de cet os que nous appelons os de baleine, la gorge pourtant si étroite qu'elle n'aurait pas admis le moindre poisson... tout cela est prodigieux, mais en rien de plus merveilleux que cela. un animal d'une telle corpulence ne devrait être nourri que par la bave provenant de ces grilles.

Le professeur Collett a récemment donné [226] un compte rendu détaillé des caractères et des habitudes de cette grande baleine (*Balaenoptera musculus*). Bien qu'il s'agisse d'une grande bête (de 44 à 67 pieds de longueur), il est dépassé par les autres Rorquals ; il est de couleur bleu gris foncé dessus, blanc en grande partie dessous. La nageoire dorsale est grande et haute ; les palmes sont relativement minces et petites. Toute la gorge, depuis la symphyse des mâchoires jusqu'au milieu du ventre, est, comme chez les autres espèces, marquée par des sillons au nombre de quarante à cinquante-huit. La couverture poilue est réduite (chez une femelle adulte) à treize poils de chaque côté de la mâchoire inférieure ; chez un fœtus, il y avait aussi sept cheveux de chaque côté de la mâchoire supérieure, ainsi qu'un peu plus sur la mâchoire inférieure, soit au total quarante-huit. Cette baleine semble se nourrir principalement de petits crustacés, notamment du copépode *Calanus finmarchicus* . Le nombre de fanons est d'environ 330 de chaque côté de la mâchoire. Cette baleine nage parfois seule, mais généralement en bancs pouvant aller jusqu'à cinquante.

de Rudolphi (*B. borealis*) semble être une bête parfaitement inoffensive ; on dit qu'il est capable de rester sous l'eau jusqu'à douze heures.

Une espèce plus petite que la précédente est *B. rostrata* , mesurant 33 pieds de longueur à l'extérieur. Ici, la couverture poilue est réduite [227] à « deux petits poils sur le tégument recouvrant le sommet du maxillaire inférieur ». La couleur est noir grisâtre dessus, le dessous blanc. D'autre part, *B. sibbaldii* , la baleine bleue, est le géant de sa race, atteignant une longueur de 85 pieds. Sa couleur est d'un gris bleuâtre foncé, avec de petites taches blanchâtres sur la poitrine. La nageoire dorsale est petite et basse avec des marges droites.

B. musculus , le Finner , est de taille intermédiaire – pas plus de 70 pieds. Il semble douteux que le « fond soufré », *B. australis* , de l'Antarctique et *B. patachonica* en diffèrent spécifiquement. [228]

Le genre *Megaptera* est très proche *des Balaenoptera* , mais s'en distingue principalement par les caractères externes et internes suivants. La nageoire dorsale n'est pas très saillante, et sa place est remplacée par une bosse assez basse, d'où, en effet, le nom commun de cette baleine, « bosse ». La nageoire pectorale est inhabituellement longue et la créature l'utilise pour se battre, se battre contre l'eau environnante et, de manière plus ludique, contre ses partenaires. La silhouette générale de ce Cétacé est plus maladroite que celle des *Balaenoptera* . La différence interne la plus importante réside dans la forme de l'omoplate, qui présente tout au plus un léger acromion et un processus coracoïde. Celles-ci sont un peu plus prononcées, selon MM. van Beneden et Gervais, [229] dans la forme méridionale du genre, connue sous le nom de *M. lalandii* . La tête, il faut aussi le remarquer, est parsemée de gros tubercules de la taille d'une orange, qui semblent être des rudiments hypertrophiés des poils, qui devraient être présents dans cette région du corps. Comme c'est le cas pour d'autres baleines, de nombreuses espèces ont été créées à partir d'individus de *mégaptères* . Le capitaine Scammon, qui observa de nombreux « gams » ou troupeaux de ces baleines, remarqua [230] qu'il avait d'extrêmes difficultés à trouver deux individus exactement semblables ! L'espèce la plus connue est en tout cas le *M. longimana du nord* , présent sur nos propres côtes. Le genre est, comme tant d'autres cétacés, présent dans le monde entier ; et il est possible que la différence dans l'omoplate déjà évoquée justifie la séparation d'un *M. lalandii méridional* (avec lequel dans ce cas, peut-être, *M. capensis* et *M. novae zelandiae* seront synonymes). Tout récemment, M. Gervais a insisté sur un *Megaptera indica* du Golfe Persique. *Les mégaptères* atteignent une longueur de 50 à 60 pieds. Soixante-quinze pieds ont été indiqués, mais les mesures des baleines doivent généralement être prises avec prudence.

Rhachianectes , avec une seule espèce, *R. glaucus* , [231] la « baleine grise de Californie », est le dernier genre de la famille des Balaenopteridae. Cette baleine n'est connue qu'imparfaitement anatomiquement ; mais on en a découvert suffisamment de choses pour montrer sa grande divergence avec *les Balaenoptera* ou *les Megaptera* . La nageoire dorsale est totalement absente et les plis de la gorge, si caractéristiques des Balaenopteridae typiques, sont réduits à deux. Il présente cependant la silhouette générale d'un Rorqual, avec une tête relativement petite. En termes de caractères ostéologiques, il tend à unir les deux familles Balaenopteridae et Balaenidae (si ce sont des subdivisions vraiment nécessaires). Le crâne ressemble dans l'ensemble à un Rorqual ; mais sa partie antérieure est étroite comme chez la baleine du Groenland, et les prémaxillaires sont pincés dans la ligne médiane de manière à être visibles de côté ; c'est encore une fois un personnage balenide. Les vertèbres cervicales sont libres comme chez les Rorquals, et le sternum est tout à fait comme chez ce groupe. L'omoplate a davantage la forme de celle de *Balaena* .

Rhachianectes glaucus est confiné au Pacifique et a été largement chassé depuis le rivage. Ce n'est cependant pas une baleine de grande valeur, puisque les fanons sont courts comme chez les Rorquals, et que la bête, de plus, semble être féroce, attribut assez rare des baleines. On a en effet parlé de lui comme d'un animal « rusé, courageux et vicieux ». *Rhachianectes* est essentiellement une baleine côtière et adore s'allonger dans les vagues dans des eaux peu profondes en attendant que la marée la fasse flotter. Cette baleine varie beaucoup en couleur , du noir au gris marbré et au noir, et atteint une longueur d'environ 40 pieds.

Famille. 2. Balaénidés . — Les Baleines noires du genre *Balaena* se distinguent des *Néobalaena* et des Rorquals par les caractères suivants :—

La taille est grande, de 50 à 60 pieds. Il n'y a pas de nageoire dorsale. La tête représente plus ou près du quart de la longueur totale de l'animal. Les fanons sont très longs. La gorge n'est pas rainurée. Le processus orbital du frontal n'est pas plus large que le processus descendant du maxillaire. Les vertèbres cervicales sont toutes fusionnées. L'omoplate est plutôt haute. Le membre postérieur possède le rudiment d'un tibia. L'intestin n'a pas de caecum.

Un grand nombre de genres différents ont été fondés sur des os détachés, des morceaux d'os de baleine et des squelettes plus ou moins complets de baleines noires provenant de différentes parties du monde. Dans les catalogues du Dr Gray, nous trouvons les éléments suivants autorisés, à savoir. *Balaena* , *Eubalaena* , *Hunterius* , *Caperea* , *Macleayius* . Le nombre d' «

espèces » réparties entre les genres est d'environ treize ou plus, dont nous ne dérangerons pas le lecteur avec les noms. En fait, il n'y a pas plus de deux espèces qui peuvent être identifiées et distinguées avec certitude, toutes deux si proches qu'elles ne peuvent être placées que dans le même genre, *Balaena* . Dans aucun groupe de baleines — dans aucun groupe d'animaux probablement — l'imagination n'a été aussi déchaînée dans la formation des genres et des espèces que chez ces baleines noires. Cette multiplication ou plutôt division des genres est née d'une vieille idée selon laquelle les baleines venant de différentes mers doivent être de différentes espèces, notion aujourd'hui complètement éclatée.

Le terme « baleine noire » signifie simplement que les baleines de ce genre sont le type de baleine idéal à poursuivre par le baleinier. Leurs os de baleine sont plus longs et plus précieux, tandis que l'huile est non seulement plus abondante mais de qualité supérieure. Les deux espèces nécessitent un compte séparé.

La baleine du Groenland, *Balaena mysticetus* , est l'un des rares cas de baleine dont l'aire de répartition dans l'espace est extrêmement limitée. Il est absolument confiné à l'océan Arctique et les occurrences signalées sur nos côtes sont dues à une confusion avec *B. australis* , qui sera décrite ci-dessous. Au « Devil's Dyke », près de Brighton, il y a, ou il y avait, le crâne d'un Rorqual des plus flagrants, soigneusement étiqueté « Baleine du Groenland ». Cette baleine atteint une longueur de 50, 60, rarement 70 pieds. Il est de couleur noire , à l'exception d'une tache blanche sous la mâchoire. La tête mesure environ un tiers de la longueur du corps. Il y a quelques poils épars à l'extrémité des mâchoires. La durée pendant laquelle cette baleine peut supporter une immersion a été diversement estimée. La limite maximale d'endurance est fixée par Scammon à une heure et vingt minutes. La poursuite de cette baleine comporte des dangers, non pas du tout parce que l'animal est lui-même féroce et prêt à attaquer, mais simplement à cause de la vitesse avec laquelle et de la grande profondeur à laquelle il plongera, ainsi que de la profondeur à laquelle il plongera. immense force musculaire qui s'exerce dans ses luttes pour se dégager des harpons. C'est en effet une bête extrêmement timide. On a remarqué qu'« un oiseau qui se pose sur le dos le déclenche parfois dans une grande agitation et une grande terreur ». A cette timidité de caractère s'ajoute une intense affection pour ses petits, « qui ferait honneur , observa Scoresby, à l'intelligence supérieure des êtres humains ». Pourtant, ce commerçant et observateur poursuit en faisant remarquer que « la valeur du prix… ne peut pas être sacrifiée aux sentiments de compassion » ! Le fait que cette baleine et son congénère, *B. australis* , se nourrissent parmi des essaims de minuscules créatures pélagiques, qu'ils engloutissent dans leurs immenses gueules, a conduit les anciens à croire et à affirmer qu'ils se nourrissaient uniquement d'eau. Lorsque la baleine se nourrit, elle se déplace avec une certaine vitesse, ingérant d'énormes gorgées d'eau de mer avec les organismes qu'elle contient, qui sont ensuite évacués par les os de baleine et laissés bloqués sur la langue.

Contrairement à son congénère, la baleine franche australe, *B. australis* , [232] est présente dans le monde entier, évitant uniquement les régions arctiques. Là où se trouve la baleine du Groenland, *B. australis* n'existe pas. Les principales différences qu'il présente par rapport à *B. mysticetus* résident tout d'abord dans la tête relativement plus courte et les os de baleine plus courts et plus grossiers. En second lieu, il a plus de côtes, quinze paires au lieu de treize ; mais il y a apparemment une petite confusion en matière de côtes. Une côte supplémentaire à la fin de la série a tendance à se perdre, et dans le squelette d'une bête aussi énorme et ingérable, il n'y a rien de plus imprudent que d'insister, en tant que personnages spécifiques, sur ce qui peut être dû simplement à une préparation défectueuse. Cette baleine a souvent, ainsi que la baleine du Groenland, une protubérance cornée et rugueuse sur le museau connue sous le nom de « bonnet ». La cause de cela n'est pas claire. On en parle comme d'une « corne frontale rudimentaire ». Mais cette suggestion d'affinité avec les Ongulés peut difficilement être acceptée. Cela ressemble plutôt à une sorte de maïs.

Cette baleine était autrefois plus abondante sur les côtes de l'Europe qu'elle ne l'est aujourd'hui ; il était autrefois très chassé par les Basques. La Baleine qui fréquentait le Golfe de Gascogne était habituellement appelée Baleine de Biscaye ou *B. biscayensis* ; mais il n'y a probablement pas de différence spécifique. Parmi les petites villes qui bordent la Baie, il est très fréquent de trouver la Baleine incorporée aux armoiries. "Au-dessus du portail de la première maison ancienne dans la rue escarpée de Guetaria ", écrit Sir Clements Markham, [233] "il y a un bouclier d'armes composé de baleines au milieu des vagues de la mer. À Motrico , les armes de la ville consistent en une baleine dans la mer harponnée et avec un bateau avec des hommes tenant la ligne." De nombreux autres exemples témoignent de la prédominance de l'industrie baleinière sur ces côtes voisines de l'Espagne et de la France. Il semble que, bien que la pêche ait commencé bien plus tôt, même au IXe siècle, le premier document réel qui la concerne date de l'année 1150. Il s'agit de privilèges accordés par Sanche le Sage à la ville de Saint-Sébastien. Le commerce était encore très florissant au XVIe siècle. Le naturaliste Rondeletius décrivait Bayonne comme le centre du commerce et nous dit que la chair, surtout celle de la langue, était exposée à la vente comme aliment sur les marchés.

M. Fischer, [234] qui, avec Sir Clements Markham, a donné un exposé important sur l'industrie baleinière sur les côtes basques, cite un exposé des méthodes suivies au XVIe siècle. C'est à Biarritz — ou, comme l' écrivait Ambroise Paré, dont Fischer cite, Biaris — que les principales pêcheries étaient entreprises. Les habitants installèrent sur une colline une tour d'où ils pouvaient voir « les Balaines qui passent, et les apercevant venir en partie au grand bruit qu'ils font, et en partie à l'eau qu'ils jettent par un conduit qu'ils possèdent au milieu de le front." Plusieurs bateaux se lancent alors à leur poursuite, dont certains sont réservés à des hommes dont la seule tâche est de sortir de l'eau leurs camarades qui s'étaient déséquilibrés dans leur excitation. Les harpons portaient une marque grâce à laquelle leurs propriétaires respectifs pouvaient les reconnaître , et la carcasse de l'animal était partagée en fonction du nombre et des propriétaires des harpons trouvés coincés dans le cadavre de la baleine. A cette époque, la pêche était à son apogée. Mais elle continua à être une occupation le long de ces côtes jusqu'au début du XVIIIe siècle, après quoi elle déclina progressivement. La pêche aux baleines commença à s'étendre au-delà des côtes, et pendant longtemps les Basques fournirent des harponneurs experts aux baleiniers se dirigeant vers les mers arctiques. Un curieux exemple de la continuation de la pêche jusqu'en 1712 au moins est donné par Sir C. Markham. Dans les registres paroissiaux de Lequeito de cette année-là, il est noté qu'un couple s'était marié et possédait à eux deux tout l'équipement nécessaire pour une croisière baleinière.

Le genre *Neobalaena* est intéressant à plus d'un point de vue. Sa taille par rapport à ses gigantesques parents est petite, environ 16 ou 17 pieds. Le genre présente le même genre de proportion avec *Balaena* que *Kogia* avec *Physeter* parmi les Physeteridae. C'est une de ces baleines dont l'habitat est très restreint ; jusqu'à présent, il n'est connu que dans la région de l'Antarctique, à proximité de la Nouvelle-Zélande et de l'Australie du Sud. Structurellement, il se situe en quelques points intermédiaire entre les baleines noires et les rorquals. La tête n'est proportionnellement (et, bien sûr, en réalité) pas aussi grosse que chez *Balaena* . Il y a une nageoire dorsale falciforme ; mais les contours de la tête ne ressemblent pas à ceux d'un Rorqual, malgré ses proportions similaires. Le fanon de baleine est long. La gorge n'est pas rainurée. *Neobalaena* possède quarante-trois vertèbres, dont les cervicales sont toutes fusionnées. Il y a jusqu'à dix-sept ou dix-huit vertèbres dorsales, le plus grand nombre chez tous les cétacés à notre connaissance. Avec celles-ci s'articulent non pas dix-huit mais seulement dix-sept côtes. La première vertèbre dorsale semble dépourvue de côte. Les côtes sont très larges et plates. Le corps prend ainsi une apparence de Sirénien. Les vertèbres lombaires sont moins nombreuses que chez tout autre cétacé, soit seulement deux. L'omoplate ressemble plus à celle des Rorquals qu'à celle des Baleines noires ; c'est-à-dire qu'il est long et pas très haut. Le crâne ressemble le plus à celui de *Balaena* , mais le processus d'arc frontal au-dessus de l'œil est relativement plus large que chez *Balaena* , et se rapproche ainsi *des Balaenoptera* . On ne sait rien des viscères de cette baleine. L'os de baleine est blanc et l'animal a été décrit pour la première fois par le Dr Gray à partir de morceaux d'« os ». Il n'est pas toujours aussi heureux qu'un diagnostic de différence spécifique ou générique ait été posé à partir d'une structure qui semble offrir si peu d'aide à la discrimination.

Il n'existe qu'une seule espèce du genre nommée *Neobalaena marginata* . [235]

SOUS-ORDRE 2. ODONTOCETI.

Les *Odontocètes* ont des dents mais pas de baleines ; l'évent est unique ; le crâne n'est pas symétrique ; certaines côtes sont à deux têtes.

Famille. 1. Physétéridés. — Cette famille des Odontocètes peut être définie ainsi : — Toutes ou la plupart des vertèbres cervicales sont fusionnées. Les cartilages costaux ne sont pas ossifiés. Dans le crâne, les ptérygoïdes sont épais et se rejoignent sur la ligne médiane ; la symphyse de la mandibule est longue. Les dents, plus ou moins nombreuses, se retrouvent dans les deux mâchoires, mais celles de la mandibule sont seules fonctionnelles (? exc. *Kogia*). Le membre pectoral est plus petit. La gorge est rainurée de deux ou quatre sillons.

Cette famille de baleines est à nouveau susceptible d'être divisée en deux sous-familles : les Physeterinae ou cachalots et les Ziphiinae ou baleines à bec. Le professeur PJ van Beneden était fermement opposé à toute subdivision de ce qui est ici considéré comme une famille parfaitement naturelle, englobant les Physeters et les Baleines à bec. Il y a cependant quelques raisons à cette subdivision. Les Ziphiinae ont une série réduite de dents, ne dépassant jamais deux sur chaque mandibule, ce qui contraste avec les mandibules entièrement dentées du *Physeter* et *du Kogia* . L'estomac des Ziphioïdes est extraordinairement compliqué, même pour un Cétacé. La petite tête de ce dernier groupe, qui rappelle d'une manière curieuse celle des reptiles Mosasauroïdes et de certains Dinosaures, contraste avec la tête énorme du Cachalot et le crâne très assez développé du « Cachalot pygmée ». Cependant, les deux fournissent du spermaceti et se rapprochent dans divers détails ostéologiques. Dans l'ensemble, nous inclinons à séparer les Cachalots des Ziphioïdes , et commencerons donc par les premiers comme étant, à certains égards, les membres les plus primitifs de la famille des Physeteridae.

Sous-Fam. 1. Physétérines . — Cette sous-famille peut être définie ainsi :— Dents de la mâchoire inférieure nombreuses. Pas d'os lacrymal distinct. Estomac avec seulement quatre compartiments (? comme pour *Kogia*).

De cette sous-famille le genre le plus connu est *Physeter* , comprenant le Cachalot ou Cachalot. Nous parlerons plus tard d'autres espèces réputées. Le genre se caractérise en premier lieu par sa grande taille : jusqu'à 82 pieds de longueur ont été attribués à *Physeter macrocephalus* ; mais Sir William Flower pensait que 55 ou peut-être 60 pieds pourraient être une meilleure approximation de la plus grande longueur du Cachalot. La tête est énorme, un tiers de la longueur du corps, et se termine par un museau massif et émoussé . Toutefois, ce chiffre n'est pas aussi brusquement tronqué que cela est souvent représenté dans les chiffres. D'après MM. Pouchet et Chaves, [236] elle s'incline en avant de deux mètres au-delà de l'extrémité de la mâchoire inférieure ; la bouche est donc ventrale et en position presque semblable à celle d'un requin, comme c'est également le cas du cachalot pygmée, dont nous parlerons plus tard. À propos de cette position particulière de la bouche, il a été affirmé : M. FT Bullen estime [237] que le cachalot se retourne sur le dos pour mordre. L'évent est unique et a la forme de la rosace d'un violon ; il repose sur un côté et n'est pas en position médiane. La gorge est rainurée comme chez les Ziphioïdes par deux sillons. La nageoire dorsale est représentée par toute une série de bosses basses, dont l'élévation diminue d'avant en arrière. Les nageoires pectorales ne sont relativement pas grandes. La grande tête carrée n'est pas entièrement occupée par le crâne ; la cavité située au-dessus, qui est bien entendu traversée par le tube terminé par l'évent, est remplie de spermaceti, qui est de la graisse fluide pendant la vie de l'animal. Les spermaceti sont également présents chez d'autres baleines ; et celui de *l'Hyperoodon* , d'où il a été extrait à des fins commerciales, ne présente, dit-on, aucune différence importante avec le spermaceti du cachalot. Le spermaceti en tant que médicament semble avoir été mentionné pour la première fois dans les pharmacopées de la célèbre école de médecine de Salerne vers l'an 1100. Mais il a été confondu avec une substance totalement distincte, à savoir. ambre gris. La confusion a également été faite par le célèbre alchimiste Albertus Magnus et par l'archevêque observateur d'Upsala, Olaus Magnus, dans son ouvrage *De gentibus . septentrionalibus* . Il était en fait supposé par ces auteurs qu'il s'agissait du sperme libéré de la Baleine, d'où évidemment son nom. Plus tard, la substance en question fut considérée comme le cerveau du Cachalot, en fait jusqu'au milieu du XVIIIe siècle. Ce sont Hunter et Camper qui découvrirent véritablement la véritable nature de la substance, de l'huile bien sûr, présente dans les cavités du crâne. [238] L'énorme crâne de *Physeter* "est peut-être le crâne le plus modifié par rapport au type ordinaire" de toute la classe des mammifères.

Le sommet du crâne s'élève en une immense crête transversale, et de là s'inclinent deux crêtes latérales formées à partir des os maxillaires ; dans ce grand bassin se trouve le spermaceti déjà mentionné. Le crâne, comme chez les baleines à dents en général, est extrêmement asymétrique. Les os prémaxillaires droits et les os nasaux gauches sont beaucoup plus gros que leurs semblables ; en effet, le nez droit est à peine présent comme un os séparé. Le pariétal s'il est présent est fusionné avec le supra-occipital. Le jugal est grand et n'est pas divisé en deux morceaux comme c'est le cas chez les Ziphioïdes . Les ptérygoïdes se réunissent en dessous sur une distance considérable, comme chez de nombreux dauphins et chez les Edentata parmi d'autres mammifères. La symphyse de la mâchoire inférieure est très longue, mais les os ne semblent pas ankylosés. La longueur de la symphyse rappelle celle du dauphin du Gange, *Platanista* .

cervicales restantes étant fusionnées. Il n'y a que onze vertèbres dorsales, huit lombaires et vingt-quatre caudales . Le sternum de cette baleine est un os à peu près triangulaire composé de trois morceaux. Quatre côtes sternales cartilagineuses sont attachées à cet os. L'omoplate est remarquable par le fait qu'elle est concave à l'extérieur et convexe à l'intérieur ; sinon, sa forme est assez typique des cétacés. La brièveté du membre pectoral est montrée par la formule phalangienne qui est la suivante : — I 1, II 5, III 5, IV 4, V 3.

L'une des raisons de la poursuite du cachalot est le désir d'obtenir ce produit extrêmement précieux, l'ambre gris. Cette substance est connue depuis longtemps ; mais sa véritable nature a été controversée pendant des siècles. Dans *le dictionnaire* du Dr Johnson (aussi récemment que l'édition de 1818 !), l'ambre gris est fourni avec des définitions alternatives ; ce sont soit des excréments d'oiseaux emportés par les rochers, soit des rayons d'abeilles tombés dans la mer !

Un vieil écrivain affirmait à propos de l'ambre gris qu'il n'était « ni l'écume ni les excréments de la baleine, mais qu'il sortait de la racine d'un arbre, lequel arbre, quelle que soit sa position sur la terre, pousse toujours ses racines vers la mer, s'enfonçant dans la mer » . chaleur, pour en délivrer ainsi la gomme la plus grasse qui en sort, laquelle arbre autrement, en raison de sa graisse abondante, pourrait être brûlée et détruite . Ces « explications » sont dues au fait que l'ambre gris flotte parfois dans la mer. L'ambre gris est bien entendu un produit du canal intestinal du cachalot ; il semble être de la nature du cholestérol , et son lieu d'origine a été prouvé de manière concluante en trouvant des becs de seiche enfoncés dedans. Lorsqu'il est extrait pour la première fois du tube digestif, il a une sensation et une consistance grasses ; plus tard, il durcit et acquiert sa douce odeur terreuse caractéristique . L'ambre gris est principalement utilisé comme véhicule pour les parfums et constitue une substance coûteuse. Une pièce pesant 130 livres. était évalué à 500 £. Bien qu'aujourd'hui entièrement utilisé en relation avec la parfumerie, il était considéré par les anciens comme étant d'une grande valeur comme spécifique de certaines maladies.

Le cachalot est avant tout un animal tropical. Les exemples qui ont été rejetés sur nos côtes sont des individus égarés. Il se déplace souvent en troupeaux qui semblent composés de femelles. Sa nourriture est principalement constituée de seiches, et on dit qu'il a une prédilection pour ces seiches colossales dont l'existence a été mise en doute jusqu'à récemment. M. Bullen a esquissé un conflit entre ces deux géants des profondeurs. D'autre part , on dit que sa grande gorge, plus que suffisante pour avaler un homme (on attribue à la baleine celle qui a avalé Jonas), n'admet généralement pas de poissons plus gros que les bonites et les germons.

La férocité du Cachalot a été niée et affirmée. Il a certainement une grande force, car il peut se jeter complètement hors de l'eau. Le capitaine Scammon pense que les navires mystérieusement perdus en mer, sans cause évidente, sont parfois les victimes des courses furieuses d'un cachalot taureau. Marco Polo partageait à peu près le même point de vue, mais suggérait que la baleine n'avait pas délibérément attaqué le navire, mais qu'elle avait été trompée par l'écume qui la suivait en pensant "qu'il y avait quelque chose à manger à flot, elle se précipitait vers l'avant, de sorte qu'elle se précipiterait souvent vers l'avant". bâton dans une partie du navire. [239]

Sir W. Flower et bien d'autres sont d'avis qu'il n'y a qu'une seule espèce de Cachalot. Mais de nombreux noms ont été donnés à d'autres formes supposées. Le genre lui-même a même été divisé, et à un ensemble de vertèbres du sud, le Dr Gray a donné le nom parfaitement superflu de *Meganeuron . kreffti* . Le "Cachalot à nageoires hautes" repose principalement sur les suggestions de Sir Robert Sibbald . Il est censé avoir une nageoire dorsale haute et des dents dans la mâchoire supérieure et inférieure. Aussi commun que l'affirme son descripteur, il n'y a pas un os, pas même un fragment d'os, censé appartenir à *Physeter tursio* dans aucun musée du monde ! Il semble donc prématuré d'inclure cette mystérieuse créature dans une liste de cétacés, bien que cela ait été fait par un naturaliste non moins que feu M. Thomas Bell. C'est autour de cette créature que se rassemblent la plupart des récits de férocité. On croit que c'est le monstre dont Persée délivra Andromède, et qui allait dévorer Angélique sur le rivage de Bretagne. Le fait est que le cachalot, comme tant d'autres baleines, a une aire de répartition mondiale ; et les naturalistes qui ne croyaient pas à une distribution aussi large se virent obligés, pour satisfaire leurs propres vues, de créer de nouvelles espèces pour celles des localités éloignées. D'où la douzaine de synonymes qui font référence à ce qu'on appellera *Physeter macrocephalus* .

Le genre *Kogia* (parfois écrit *Cogia*), appelé « cachalot pygmée », est une forme méridionale de dimensions beaucoup plus petites que son gigantesque allié qui vient d'être décrit. *Kogia* ne dépasse pas environ 15 pieds de longueur. Il diffère également du *Physeter* par la nageoire dorsale bien marquée et falciforme, par sa forme généralement delphinoïde , par le museau court et par la forme plus normale (pour une baleine) de l'évent, qui est en croissant.

Il existe également un certain nombre de caractères ostéologiques par lesquels les deux physétérines diffèrent l'une de l'autre. A *Kogia,* toutes les vertèbres cervicales sont ankylosées ensemble ; le crâne est court, mais également asymétrique ; il y a jusqu'à douze ou quatorze côtes ; l'omoplate n'a pas la face concave qu'elle a chez *Physeter* . Les dents fonctionnelles de la mâchoire inférieure semblent renforcées par deux de chaque côté de la mâchoire supérieure. De plus, l'articulation des côtes avec les vertèbres ne montre pas l'état de choses très anormal qui caractérise *Physeter*, où les deux têtes d'une côte peuvent être sur une même vertèbre.

Bien qu'il n'y ait aucun doute quant à la distinction générique de *Kogia*, il y a encore la même difficulté que celle rencontrée dans l'ensemble de l'ordre pour déterminer le nombre d'espèces que le genre doit diviser.

Nous pouvons rejeter, comme inutiles, les noms génériques supplémentaires (*Euphysètes*, *Callignathus*), mais il semble y avoir des raisons d'autoriser deux espèces, si l'on veut se fier aux récits de leur ostéologie. L'un d'eux est *K. breviceps*, avec treize paires de côtes, pas de dents dans la mâchoire supérieure, quatorze ou quinze de chaque côté de la mâchoire inférieure, formule vertébrale C 7, D 13, L 9, Ca 25 et formule phalangienne I. 2, II 8, III 8, IV 8, V 7.

L'autre sera alors *K. simus*, avec quatorze paires de côtes, deux dents dans la mâchoire supérieure, neuf dans chaque branche de la mâchoire inférieure, de formule vertébrale C 7, D 14, L 5, Ca 24, et de formule phalangienne I 2. , II 5, III 4, IV 4, V 2.

Une espèce californienne a été appelée *K. floweri*, dont les dents semblent particulièrement longues et recourbées. Et le *K. pottsi de Nouvelle-Zélande* a été considéré comme étant également une forme distincte. Il ne semble y avoir rien d'intéressant particulier à rapporter sur le mode de vie de ces cétacés, qui ne sont qu'imparfaitement connus.

Sous-Fam. 2. Ziphiniés . — Il n'y a pas plus de deux dents dans la mâchoire inférieure de chaque côté. Un os lacrymal distinct. Estomac comportant de très nombreux compartiments.

Ces baleines sont toutes de taille modérée, ne dépassant pas environ 30 pieds de longueur. Ils ont une nageoire dorsale falciforme plutôt près de l'extrémité du corps ; le museau est prolongé, d'où le nom qu'on leur donne souvent de « baleines à bec ». La gorge est rainurée ; l'évent est unique et médian, en forme de croissant, avec la concavité pointant vers l'avant. Un caractère qui différencie peut-être les Ziphioïdes des autres baleines est le fait que le corps se termine par une saillie arrondie entre les douves de la queue. Cela a en tout cas été noté chez *Mesoplodon* , *Ziphius* et *Hyperoodon* . Les baleines ziphioïdes ne sont en aucun cas communes ; en effet de *Berardius* , mais quatre ou cinq spécimens ont jamais été rencontrés. La plupart d'entre eux se trouvent dans le sud de l'aire de répartition et les vastes étendues de côtes désolées qui se trouvent dans ces régions du monde expliquent peut-être la rareté de leurs restes. Ces baleines ont fait leur devoir plus d'une fois pour le « Serpent de mer ». Tout récemment, un prétendu serpent de mer s'est avéré être un couple de *Mesoplodon* couchés tête-bêche ! La tête de ces baleines est petite par rapport au corps. Le crâne est caractérisé par les fortes crêtes maxillaires, énormément développées chez l' *Hyperoodon mâle* . Le sommet du crâne est également surélevé, formant une proéminence prononcée derrière l'ouverture des narines (évent); sous de nombreuses formes, le rostre est constitué d'os très dense et est donc relativement abondant dans les strates rocheuses. Les ptérygoïdes se rejoignent sur la ligne médiane comme chez le Cachalot. En plus des quelques dents fonctionnelles de la mâchoire inférieure, il existe des dents plus nombreuses mais plus petites dans la mâchoire supérieure. Ceux-ci ne sont pas toujours reconnaissables , car ils ne sont pas attachés à l'os, mais simplement incrustés dans la gencive, de sorte qu'ils se détachent lors de la préparation du crâne.

Le genre *Berardius* [240] diffère du *Mesoplodon* par son crâne un peu plus symétrique, dont le sommet est formé par les nasales. Le mésethmoïde n'est que partiellement ossifié. Les dents sont au nombre de deux de chaque côté de la mandibule, avec leurs sommets dirigés vers l'avant. La formule vertébrale est C 7, D 10, L 12, Ca 19.

B. arnouxi , originaire des mers de Nouvelle-Zélande, est la seule espèce de ce genre bien connue. Il mesure 30 ou 32 pieds de long et est d'une couleur noire veloutée , avec un ventre grisâtre. Au lieu de beugler comme une vache, cette baleine a été décrite comme « beuglant comme un taureau » ! Un fait singulier et quelque peu inexplicable a été constaté à propos de cette espèce. On disait que les dents étaient saillantes, et Sir James Hector a déclaré que les dents étaient enfoncées « dans un sac cartilagineux résistant qui adhère lâchement à l'alvéole de la mâchoire et est déplacé par une série de faisceaux musculaires qui l'élèvent ou l'abaissent ». Sir William Flower a observé à juste titre que ces déclarations « s'accordent si peu avec tout ce que l'on sait jusqu'ici en anatomie des mammifères que de nouvelles observations sur le sujet sont extrêmement souhaitables ». Comme les autres Ziphioïdes , *Berardius* se nourrit principalement, sinon entièrement, de seiches, une proie éminemment adaptée à leur bouche presque édentée. On ne sait pas si *Berardius* a des rainures ziphioïdes sur la gorge. On ne sait rien de la structure des viscères internes de cette baleine. Il ne semble pas être vraiment limité à la région de la Nouvelle-Zélande, comme on le dit souvent, car Malm a récemment décrit un crâne (*Berardius vegae*) du détroit de Béring. [241]

Mesoplodon [242] est un genre mondial comprenant un certain nombre d'espèces ; sur l'estimation la plus basse, sept espèces peuvent être distinguées, et Sir W. Flower en ajouterait deux autres. Ce sont des baleines de taille moyenne, mesurant de 15 à 17 pieds de longueur. Dans le crâne, le mésethmoïde est ossifié ; les nasaux sont enfoncés entre les extrémités supérieures des prémaxillaires. Il n'y a qu'une seule paire de dents dans la mandibule attachée presque au milieu de sa longueur (d'où le nom générique).

La formule vertébrale est C 7, D 9 ou 10, L 10 ou 11, Ca 19 ou 20. Le sternum est constitué de quatre ou cinq pièces. Le degré de fusion des vertèbres cervicales varie ; mais certains sont toujours fusionnés.

La seule espèce jamais échouée sur les côtes de ce pays est *M. bidens* , dont un exemple a été décrit il y a de nombreuses années sous le nom de « Baleine édentée du Havre » ; c'était un vieil animal qui avait probablement perdu ses dents. Néanmoins, il reçut le nom générique et spécifique distinct d' *Aodon* . *Dalei* . L'animal a vécu deux jours hors de l'eau et a émis un son semblable au « meuglement d'une vache ». Un exemple de la rareté des baleines de ce genre est fourni par *M. europaeus* , dont on ne connaît qu'un seul crâne ; celui-ci a été extrait d'un cadavre trouvé flottant vers 1840. Il n'est jamais apparu depuis. *M. layardi* est remarquable par la très grande taille de ses dents en forme de sangle ; ceux-ci se courbent sur la mâchoire supérieure de manière à empêcher l'animal d'ouvrir complètement ses mâchoires. Le cas est curieusement parallèle à celui du Tigre à dents de sabre. Cette espèce a une aire de répartition antarctique . De l'extrémité opposée du globe vient *M. stejnegeri* , encore connu par un seul crâne. Il est singulier en raison de la grande taille de son cerveau et est originaire du détroit de Béring. *M. hectori* a ses deux dents situées tout à fait à l'extrémité de la mandibule, et se rapproche, sous ce rapport, du genre *Berardius* . Un naturaliste l'a en effet confondu avec ce genre.

Ziphius est un genre dont l'aire de répartition est également mondiale. Là encore, le nombre d'espèces n'est actuellement qu'une question d'opinion. L'impression qui prévaut cependant est qu'il n'existe qu'une seule espèce, qui portera donc le nom de *Z. cavirostris* . Le genre (et d'ailleurs l'espèce aussi) peut ainsi être caractérisé par rapport à ses alliés. Le mésethmoïde est ossifié comme chez *Mesoplodon* , mais les nasales réunies forment le sommet du crâne. Il y a deux dents près de la symphyse de la mandibule, en plus des petites dents habituelles « sans fonction » dans la mâchoire supérieure. La formule vertébrale est C 7, D 9 ou 10, L 11, Ca 21.

La gorge d'un *Ziphius* de Nouvelle-Zélande a été décrite par MM. Scott et Parker [243] comme ayant trois rainures de chaque côté. Si cette forme est la même que celle de von Haast *Z. novae zelandiae* est un sujet de doute ; mais l'individu auquel son nom a été appliqué mesurait 26 pieds de long et n'avait qu'une seule rainure de chaque côté. Même dans les caractères extérieurs de nombreuses baleines, de nombreux points nécessitent d'être éclaircis. Notre connaissance de *Ziphius* date de l'année 1804, lorsqu'un crâne « complètement pétrifié en apparence » fut ramassé sur la côte méditerranéenne de la France et décrit par le grand Cuvier. Il a fallu quarante ans avant qu'un autre spécimen soit découvert. Dans le spécimen néo-zélandais de von Haast déjà mentionné, le corps était marqué de nombreuses lacérations. Ces blessures pourraient être dues à des combats entre les baleines elles-mêmes ; les dents situées en avant seraient capables d'infliger de telles blessures. Mais il a également été affirmé que les ventouses armées de gigantesques seiches seraient responsables de ces égratignures.

Hyperoodon est le genre de baleines ziphioïdes le plus facilement reconnaissable . Ses caractères sont les suivants :— Le crâne présente des crêtes maxillaires extrêmement développées chez le mâle adulte ; le mésethmoïde n'est pas complètement ossifié. Il n'y a qu'une seule dent pour chaque branche de la mâchoire inférieure, en plus, bien sûr, des petites dents habituelles de la mâchoire supérieure. La formule vertébrale est C 7, D 9, L 9, Ca 18. Les cervicales sont fusionnées en une seule masse, étant plus ou moins libres dans les autres Ziphioïdes . Le sternum est constitué de trois morceaux seulement, dont le dernier est bifide en arrière.

Le nom *d'Hyperoodon* a été donné à cette baleine par le colonel Lacepède à cause des papilles rugueuses du palais, qui ont été prises par cet observateur pour des dents. Il est curieux que le nom soit vraiment approprié malgré cette erreur, même s'il en serait bien sûr de même pour tous les Ziphioïdes . À plus d'un titre, ce genre se rapproche le plus de tous les Ziphiinae de *Physeter*. Ses énormes crêtes maxillaires sont parallèles à celles de cette baleine ; mais chez *l'Hyperoodon* leur grande épaisseur contraste avec la minceur de celles du Cachalot. La correspondance dans la fixation d'une côte à sa vertèbre par les deux têtes est remarquable. Il est remarquable que dans ce cas particulier, *Hyperoodon* ressemble plus à *Physeter* qu'à l'allié supposé le plus proche de ce dernier, *Kogia* .

De ce genre, deux espèces sont connues. Le plus connu est le *H. rostratum commun du nord* (avec de nombreux pseudonymes) ; la deuxième espèce de l'hémisphère sud, *H. planifrons* , n'est connue qu'à partir d'un seul crâne porté par l'eau et les galets. Son identification dépend cependant de l'exactitude connue de feu Sir William Flower.

L'espèce septentrionale (*Hyperoodon rostratum*) a souvent été signalée sur nos propres côtes ; le premier enregistrement de l'échouage de cette baleine remonte à l'année 1717. Cette année-là, un exemplaire a été trouvé à Maldon , dans l'Essex. Comme le béluga, *Hyperoodon rostratum* devient plus clair avec les années. Les jeunes sont noirs ; les vieux animaux sont brun pâle avec un peu de blanc autour d'eux. La face inférieure, cependant, est toujours blanc grisâtre. La longueur de cette baleine atteint au moins 30 pieds. Mais John Hunter possédait un spécimen qui, selon lui, mesurait 40 pieds de long. Cependant, le spécimen n'était constitué que d'un crâne, de sorte qu'une erreur aurait pu s'y glisser. Il a déjà été mentionné que les vieux mâles ont d'énormes crêtes maxillaires. D'après M. Bouvier, qui a récemment fait un examen exhaustif de l'anatomie de cette baleine, [244] les femelles présentent parfois les mêmes crêtes, qui sont donc vraisemblablement de la nature d'éperons qu'on voit quelquefois chez les vieilles femelles parmi les Gallinacés. Le nombre de rainures sur la gorge est controversé chez cette baleine comme chez *Ziphius* . Une paire est l'allocation habituelle ; mais Kükenthal en trouva quatre dans certains embryons qu'il étudia. L'attention a déjà été attirée sur la voix des baleines ziphioïdes . *Hyperoodon* ne « beugle » ni « beugle », mais « sanglote » ! *Hyperoodon rostratum* est une baleine grégaire, se déplaçant en troupeaux, ou « gams », comme on devrait les appeler techniquement, de quatre à dix, voire quinze. Cette baleine peut sauter hors de l'eau et, lorsqu'elle est dans les airs, tourner la tête d'un côté à l'autre, une capacité qui n'a été mentionnée chez aucune autre baleine. Il peut également rester sous l'eau pendant une période inhabituellement longue. Le capitaine Gray, [245] qui a fait une étude précise de cette espèce, déclare qu'une période aussi longue que deux heures est la limite de l'endurance ; cet événement s'est produit dans le cas d'une baleine harponnée.

Famille. 2. Delphinidés. — Cette famille, qui comprend le plus grand nombre de cétacés, peut ainsi être caractérisée : — Baleines de taille petite à moyenne. Les dents sont généralement nombreuses et présentes aussi bien dans la mâchoire supérieure que dans la mâchoire inférieure. Maxilles sans grandes crêtes ; les ptérygoïdes, se rejoignant souvent sur la ligne médiane, renferment un espace aérien ouvert derrière. Les côtes antérieures (cinq à huit) sont à deux têtes, les postérieures à tête tuberculeuse uniquement. Les côtes sternales sont ossifiées.

Les dauphins et les marsouins, comme nous l'avons déjà dit, englobent le plus grand nombre d'espèces de baleines existantes. Sir W. Flower et d'autres qui l'ont suivi autorisent dix-neuf genres. Mais le nombre exact d'espèces connues reste très incertain. Cet observateur très attentif, M. True, estime qu'il y en a cinquante qui demandent à être reconnues · Au moins une centaine ont reçu des noms. Il s'agit d'une question qui est peut-être à peine mûre pour une décision. Toute la tribu des Dauphins est, pour les Baleines, des animaux de petite taille. L'épaulard, *Orca* , est le seul genre (ou espèce ?) qui atteint généralement une taille plus que modérée. L'assez mystérieux *Delphinus coronatus* , long de 36 pieds, de M. de Fréminville , semblerait être un Ziphioïde ; il a été décrit comme ayant un bec très pointu et comme ayant la nageoire dorsale située près de la queue ; de tels personnages suggèrent un *Mésoplodon* .

Le genre *Delphinapterus* , le béluga ou baleine blanche, ne comprend qu'une seule espèce, bien que, comme d'habitude, plus d'un nom ait été donné à des espèces supposées différentes. Il est caractérisé en tant que genre par l'assemblage suivant de caractéristiques structurelles :— Il n'a que huit à dix dents occupant uniquement la partie antérieure des mâchoires. Toutes les vertèbres cervicales sont libres et non jointes . La formule vertébrale est C 7, D 11 (ou 12), L 9, Ca 23. Les ptérygoïdes sont largement espacés, bien qu'ils convergent comme s'ils étaient sur le point de se rencontrer à leurs extrémités postérieures. Il n'y a pas de nageoire dorsale. La couleur est blanche.

Le béluga est une espèce purement nordique. La forme réputée, *D. kingii* , proviendrait des mers australiennes ; mais il semble y avoir eu une erreur dans cette déclaration. Il est intéressant de noter que la couleur blanche , si caractéristique du genre et de l'espèce, ne se retrouve pas chez les jeunes, qui sont noirâtres. Ils pâlissent progressivement à mesure qu'ils avancent vers la maturité. *Delphinapterus leucas* atteint une longueur de 10 pieds et, comme les autres marsouins, remonte les rivières à la recherche de nourriture. On dit qu'il est particulièrement accro au saumon. Parmi le contenu de l'estomac ont été trouvées des quantités de sable. Mais cette habitude d'avaler du sable ou des cailloux a été constatée chez d'autres Baleines. Qu'il soit accidentel ou non (incorporé avec des aliments vivant au sol), il semble peu probable qu'il soit utilisé à des fins de ballast ! Le béluga a une voix ; mais le nom de « Sea Canary » ne lui convient guère. Un spécimen de cette espèce, récemment décrit sur les côtes de l'Ecosse (on le rejette souvent sur nos côtes), qui s'était emmêlé dans les piquets d'un nouveau filet, était considéré par les indigènes, à cause de sa couleur blanche , comme un fantôme. Extérieurement, outre sa couleur , le Béluga est remarquable par son cou distinct, qui est bien sûr corrélé à la liberté des vertèbres cervicales, et que l'on retrouve également chez les Platanistidae .

Le Narval (*Monodon*) est étroitement apparenté dans sa structure à ce dernier genre. Il présente les caractères anatomiques suivants : — Les dents sont réduites à une seule « corne » dans la mâchoire supérieure, rudimentaire chez la femelle. Les vertèbres cervicales sont libres. La formule vertébrale est C 7, D 11, L 6, Ca 26. Les ptérygoïdes sont comme chez *Delphinapterus* et, comme dans ce genre, il n'y a pas de poils sur la face ou la nageoire dorsale.

Ce genre est bien entendu caractérisé de la manière la plus évidente par la défense tordue du mâle, parfois double. Cette défense a donné à la seule espèce du genre, *M. monoceros* , son nom générique et son nom spécifique. L'animal a une couleur tachetée ; mais, comme dans le cas du Béluga, les vieux animaux ont tendance à blanchir. L'utilisation de sa corne à *Monodon* a été débattue. Il s'agit d'abord clairement d'un caractère sexuel secondaire. On a observé que les mâles croisaient leurs cornes comme des rapières lors d'un match d'escrime. Il se peut qu'ils soient utilisés dans des combats plus sérieux. Une suggestion ingénieuse est que la défense longue et solide permet à son propriétaire de briser la glace épaisse et de créer un trou pour respirer. Une troisième suggestion est due à Scoresby, qui a été amené à le faire après avoir retiré de l'estomac d'un narval une grande raie. Il soutenait qu'avec sa défense, la Baleine empalait le poisson puis l'avalait. Le narval n'est pas grand, il mesure environ 15 pieds de long. Mais Lacepède , qui avait l'habitude de compiler sans discernement, parle de narvals de 60 pieds de long. *Monodon* est purement arctique, et seulement trois ou quatre spécimens ont jamais été rejetés sur nos côtes.

Parmi les vrais marsouins du genre *Phocaena* , il existe apparemment plusieurs espèces. Le genre lui-même a les caractères suivants :— Les dents sont au nombre de seize à vingt-six sur chaque moitié de chaque mâchoire ; leurs couronnes sont comprimées et lobées. Les ptérygoïdes ne se rencontrent pas. La nageoire dorsale présente une rangée de tubercules le long de son bord.

Le marsouin de nos côtes, *P. communis* , est une espèce de petite taille mesurant 6 à 8 pieds de longueur. Il y a deux à quatre poils présents chez les jeunes ; sa couleur est noire, généralement plus claire sur le ventre. Les six premières vertèbres cervicales sont fusionnées. Le nombre de côtes varie de douze à quatorze paires. C'est une baleine grégaire qui remonte les rivières ; on l'a vu par exemple dans la Seine à Paris. Le nom Marsouin s'écrit souvent Porkpisce , ce qui montre bien sûr son origine. Très commodément, il était considéré comme un poisson et pouvait donc être consommé pendant le Carême. Le célèbre docteur Caius, gourmet, médecin et refondateur d'un collège, inventa une sauce particulière pour assaisonner ce plat royal. Il y a quelque temps, le Dr Gray a décrit un marsouin de Margate comme une espèce distincte (voir p. 342) à cause des tubercules, qui sont maintenant connus pour être un caractère générique.

Le P. spinipennis du Dr Burmeister semble cependant être vraiment distinct. Il a été capturé près de l'embouchure du Rio de la Plata. Il est plus tuberculé sur la nageoire et sur le dos, et possède moins de dents (seize contre vingt-six).

M. True *P. dallii* du Pacifique (où le marsouin commun est également présent) se caractérise principalement par sa très longue colonne vertébrale, composée de quatre-vingt-dix-huit vertèbres ; il n'y en a que soixante-huit dans les autres espèces. Le genre oriental *Neomeris* est placé avec *Phocaena* par le Dr Blanford . Il ne s'en distingue pratiquement que par l'absence de nageoire dorsale. Il ne mesure qu'environ 4 pieds de long et habite les mers de l'Inde, du Cap de Bonne-Espérance et du Japon. La seule espèce s'appelle *N. phocaenoides* .

Le genre *Globicephalus* doit être défini ainsi :— Dents sept à douze de chaque côté, confinées à l'extrémité antérieure des mâchoires. Crâne élevé en proéminence derrière l'évent ; ptérygoïdes grands et en contact. Nageoire pectorale longue et falciforme ; nageoire dorsale présente. Pas de bec. Formule vertébrale C 7, D 11, L 11 à 14, Ca 27 à 29. Six paires de côtes sont à deux têtes.

L' espèce la plus connue du genre est la baleine Ca'ing , *G. melas* . [247] Cet animal atteint une longueur de 20 pieds et est donc l'un des plus grands des

Delphinidae. Il est grégaire et était, et est encore aujourd'hui, très chassé dans les îles Féroé. Ses habitudes de mouton (incarnées dans un nom scientifique *déducteur*) lui permettent d'être facilement conduit à terre en troupeaux, qui sont ensuite harponnés. Le fœtus de cette Baleine a quelques poils ; le nombre de phalanges dans les deux doigts du milieu est très grand, jusqu'à onze à quatorze. *G. scammoni* , *G. brachypterus* et *G. indicus* sont d'autres espèces réputées du genre autorisées par True et Blanford .

Grampus est un genre allié au dernier. Il n'a pas de dents dans la mâchoire supérieure, mais trois à sept dans la mâchoire inférieure, près de la symphyse de la mandibule. Les ptérygoïdes sont en contact. Il n'a pas de bec et la nageoire pectorale est longue. Il y a douze paires de côtes, dont six à deux têtes. Apparemment, il n'existe qu'une seule espèce, *G. griseus* , connue sous le nom de « dauphin de Risso ». C'est une forme méditerranéenne et atlantique, et elle n'est pas courante.

Le genre *Orca* a pour caractères :— Dents dix à treize, longues et fortes. Les ptérygoïdes ne se rencontrent pas vraiment. Vertèbres C 7, D 11 à 12, L 10, Ca 23. Les deux ou trois premières fusionnées. La nageoire dorsale est longue et pointue.

De ce genre, il peut y avoir plus d'une espèce ; mais le plus connu est l'épaulard, *O. gladiator* (Fig. 180, p. 341), souvent appelé le « Grampus ». [248] Il est marqué de bandes contrastées blanches ou jaunes sur un corps noir . L'animal atteint une longueur considérable, jusqu'à 30 pieds. *L'orque* est une baleine puissante et rapace ; et Eschricht a déclaré que de l'estomac d'un seul, treize marsouins et quatorze sceaux furent extraits. Ils se combineront également pour attaquer des baleines plus grosses, et Scammon a raconté comment il a été témoin d'un tel assaut contre une baleine grise de Californie. " Bélua truculente dentibus », observa Olaus Magnus de ce cétacé. La haute nageoire dorsale a été très exagérée dans les dessins anciens ; elle a même été représentée comme forte et aiguisée à son extrémité, de manière à être capable de déchirer le ventre d'une baleine. Le fait qu'elle se trouve parfois un peu à l'écart est à l'origine d'une autre anecdote : on a vu un exemplaire de cette baleine se retirer avec deux phoques cachés sous les nageoires, un autre saisi par la nageoire dorsale et un quatrième dans le ventre. bouche ! « Lorsqu'une orque poursuit une baleine, écrit le Dr Frangius , celle-ci pousse un mugissement terrible comme un taureau lorsqu'elle est mordue par un chien. » Il est probable, selon F. Cuvier, que cette baleine soit le « Bélier ». marinus" des anciens, certaines bandes blanches sur la tête donnant une impression de cornes recourbées. Ce peut être aussi "l'horrible Sea- satyre " d'Edmund Spencer.

Allié à *Orca* , mais s'en distinguant par quelques particularités assez infimes, est *Pseudorca* . Il peut être défini ainsi :— Dents huit à dix, un peu comme celles d' *Orca*. Nageoire dorsale plutôt petite, falciforme. Formule vertébrale C 7, D 10, L 9, Ca 24. Six ou toutes les cervicales réunies. Le fait curieux à propos de cette baleine, qui n'embrasse qu'une seule espèce, *P. crassidens*, est qu'elle a été connue pour la première fois à l'état fossile à partir de restes découverts dans les marais du Lincolnshire. Un jour important pour les cétologues était celui où un troupeau entier pénétrait dans la Baltique et fournissait du matériel pour une meilleure étude de cette baleine. Il n'est pas, pas plus que son proche allié *Orca*, confiné aux mers du nord ; car plusieurs exemples, d'abord relégués à une espèce distincte (*P. meridionalis*), ont été obtenus dans les mers autour de la Tasmanie.

Orcella (qui s'est écrit *Orcaella*) possède quatorze à dix-neuf petites dents pointues dans chaque moitié de chaque mâchoire. Les ptérygoïdes sont largement séparés. La nageoire dorsale est petite et falciforme. La formule vertébrale est C 7, D 14, L 14, Ca 26. Sept côtes sont à deux têtes et cinq d'entre elles atteignent le sternum.

Ce genre ne contient qu'une seule espèce, *O. brevirostris*, qui est à la fois marine et d'eau douce ; on le rencontre dans les mers indiennes et dans l'Irrawaddy jusqu'à 900 milles de la mer. Certains considèrent les individus d'eau douce comme une forme distincte, *O. fluminalis*.

Sagmatias est un genre connu uniquement à partir d'un crâne, remarquable par l'élévation des prémaxillaires en crête ; les ptérygoïdes sont courts et il y a trente-deux dents dans chaque moitié de chaque mâchoire.

Feresia est connue à partir de deux crânes munis de dix à douze dents dans chaque moitié de chaque mâchoire. Il est intermédiaire entre *Globicephalus*, *Grampus* et *Lagenorhynchus*, selon Sir W. Flower.

Le genre *Delphinus* contient le dauphin, *D. delphis*. [249] Le genre peut être caractérisé comme suit :— Dents petites et nombreuses, quarante-sept à soixante-cinq. Formule vertébrale C 7, D 14 ou 15, L 21 ou 22, Ca 30 à 32. L'atlas et l'axe sont fusionnés, le reste libre. Le bord palatin des maxillaires est profondément rainuré. Les nageoires sont falciformes ; le bec est long et distinct.

Le Dauphin commun de Méditerranée présente tant de variations de couleur , de légères différences dans les proportions des os du crâne et dans le nombre des dents, qu'il a été divisé en au moins dix-sept « espèces ». Mais M. Fischer, qui a étudié plusieurs de ces formes, ne les admet pas, et la plupart des étudiants de ce groupe de mammifères le suivent en la matière. Le dauphin est et a été le cétacé le plus familier ; en conséquence, il a accumulé beaucoup d'anecdotes à caractère mythique. L'extrême intelligence et la bonne volonté envers l'homme attribuées à cette créature par les anciens sont peut-être dues à l'anomalie d'une créature apparemment un poisson présentant de nombreux caractères d'animaux supérieurs. Son intelligence peu semblable à celle d'un poisson a dérouté les premiers observateurs, qui l'ont immédiatement doté d'attributs particulièrement avancés. D'où les histoires d'Arion et d'autres. Le saut du dauphin hors de l'eau est illustré dans de nombreuses pièces de monnaie et armoiries méditerranéennes ; le dauphin héraldique est représenté le dos cambré comme en sautant. Le dauphin atteint une longueur d'environ 7 pieds et semble avoir une portée mondiale. Peut-être distinct est *D. longirostris*, caractérisé, comme son nom l'indique, par son bec très long ; il a aussi plus de dents et est originaire de Malabar. *D. roseiventris* pourrait également être une troisième espèce de *Delphinus*. Il vient du détroit de Torres et a le dessous de couleur rose.

Le genre *Prodelphinus* a, comme *Delphinus*, un bec distinct ; mais il n'a pas les maxillaires rainurés. Aucun autre caractère important ne semble le séparer de *Delphinus*.

Le genre comprend environ huit espèces largement réparties, dont aucune n'est un grand dauphin.

Lagenorhynchus a l'assemblage de caractères suivant :— Tête à bec court et peu distinct. Nageoires dorsale et pectorale falciformes. Dents petites, vingt-deux à quarante-cinq dans chaque demi-mâchoire. Vertèbres au nombre de soixante-treize à quatre-vingt-douze. Os ptérygoïdes soit en contact, soit séparés. Il y a quinze ou seize paires de côtes, dont six à deux têtes. De ce genre, M. True admet huit espèces, qui ont été augmentées d'un neuvième depuis la publication de sa « Révision ». [250]

Deux espèces de *Lagenorhynchus* sont connues sur nos côtes ; le reste se trouve principalement dans le sud. Les espèces britanniques sont tout d'abord *L. albirostris*, un dauphin d'environ 9 pieds de long. Il possède un grand nombre de vertèbres, au nombre de quatre-vingt-douze. *L. albirostris* est une espèce rare, la première mention de sa présence sur ces côtes datant de 1834. Depuis cette date, quelque dix-huit individus ont été abattus ou échoués sur les côtes des îles britanniques. La deuxième espèce britannique, *L. acutus*, diffère par sa couleur de la première. Comme dans ce dernier cas, les parties supérieures sont noires et les parties inférieures blanches ; mais chez *L. acutus* il y a aussi une bande sur les flancs, de couleur brunâtre. Il a moins de vertèbres, pas plus de quatre-vingt-deux.

Le prochain genre de dauphins, *Sotalia*, est caractérisé par des dents assez grandes, vingt-six à trente-cinq. La formule vertébrale est C 7, D 11 ou 12, L 10 à 14, Ca 22. Les ptérygoïdes ne sont pas en contact sur la ligne médiane. Il a un bec distinct.

De ce genre, il existe environ six espèces (le nombre exact, comme dans tant d'autres genres, ne peut être affirmé avec certitude), dont la plupart ont un habitat fluviatile ou estuarien. Ils se caractérisent également dans l'ensemble par leur coloration pâle, voire blanche. *S. sinensis* de l'Amoy est blanc avec des nageoires rosâtres. *Sotalia guianensis* est américaine comme son nom l'indique. Il est représenté par van Beneden comme étant de couleur brun pâle . Il est très abondant dans la baie de Rio de Janeiro et a la réputation d'être l'ami de l'homme comme certains autres dauphins. Les indigènes prétendent qu'il ramènera à terre les corps des noyés. L'espèce la plus singulière du genre est celle récemment décrite par le professeur Kükenthal sous le nom de *S. teüszii* . [251] Cet animal est purement d'eau douce, se trouvant dans la rivière Camaroon , où il est extrêmement rare. Les narines (évent) se prolongent en un processus semblable à un museau, un fait intéressant en relation avec l'affirmation selon laquelle chez *les Balaenoptera* , l'évent est gonflé pendant le jet. Ce qui est temporaire dans le Rorqual semble être permanent dans la *Sotalia* . Plus remarquable peut-être encore est l'affirmation selon laquelle il s'agit d'un dauphin se nourrissant de légumes. Il ne s'agit pas d'une simple affirmation, sauf qu'elle peut ne pas s'appliquer universellement ; car dans l'estomac d'un spécimen, on ne trouva que des débris végétaux. Mais dans l'estomac des autres baleines (par exemple On a également trouvé des matières végétales *(Rachianectes*) qui peuvent avoir été ingérées accidentellement avec la nourriture.

Steno s'approche de *Sotalia* , et le Dr Blanford y a transféré (sous le nom unique de *Steno perniger*) les deux espèces, *Sotalia. Gadamu* et *Sotalia lentigineuse* . Il se distingue cependant de *Sotalia par les* caractères suivants : dents grandes et peu nombreuses, vingt à vingt-sept de chaque côté de chaque mâchoire, avec des surfaces sillonnées jusqu'aux couronnes. Vertèbres C 7, D 12 ou 13, L 15, Ca 30 à 32. Ptérygoïdes en contact. Il n'y a apparemment que deux espèces (sans compter celle du Dr Blanford).

Les Tursiops ne sont pas un genre très facilement définissable. Voici ses principales caractéristiques :— Dents grandes, au nombre de vingt-deux à vingt-six dans chaque moitié de chaque mâchoire. Formule vertébrale C 7, D 12 ou 13, L 16 ou 17, Ca 27. Ptérygoïdes en contact. Bec distinct. Cinq espèces environ sont autorisées ; mais il semble difficile de différencier les autres de *Tursiops tursio* . Cette forme, la plus connue, a une aire de répartition assez ou presque mondiale et se rencontre, quoique de manière peu abondante, sur nos propres côtes. M. True a observé que les paupières de cette baleine, largement chassée sur les côtes américaines, sont aussi mobiles que celles d'un mammifère terrestre. Le nom « tursio » est dérivé de Pline. Belon tirerait également de ce mot le français vernaculaire « marsouin ». Ce dernier terme est parfois considéré comme une corruption de « Meerschwein », mais il semblerait plus probablement dérivé de « marinum » . suem ," du latin direct. *T. tursio* a le dos noir à couleur plomb ; les parties inférieures sont blanches. Chez l'espèce réputée, *T. abusalam* , de la mer Rouge, le dos est vert d'eau foncé. *T. tursio* atteint une longueur de 12 pieds, mais est généralement plus petit.

Le genre *Tursio* doit être soigneusement distingué des *Tursiops*. Il n'a pas de nageoire dorsale, les dents sont petites et nombreuses (quarante-quatre) et les ptérygoïdes sont séparés. Il existe deux espèces, *T. borealis* et *T. peronii*, la première étant septentrionale et la seconde plus largement répandue.

Le genre *Cephalorhynchus* a pour caractères principaux les suivants : — Dents vingt-cinq à trente et un, petites et pointues. Ptérygoïdes largement séparés. Nageoire dorsale non falciforme, mais de forme triangulaire ou ovale. Bec mal délimité à partir de la tête. Les espèces de ce genre sont toutes situées au sud de l'aire de répartition; quatre sont peut-être à autoriser.

Famille. 3. Platanistidés . — Cette famille d'Odontocètes se distingue des Dauphins par l'assemblage suivant de caractères structurels : — Vertèbres cervicales toutes libres et chacune d'une certaine longueur (pour un Cétacé). Mâchoires longues et étroites, avec une longueur considérable de symphyse. Dents très nombreuses.

Cette très maigre série de caractères différentiels est en grande partie due à *Pontoporia* du côté des Platanistides , et à *Monodon* et *Delphinapterus* du côté des Delphinides. Autrement, la famille des Platanistidae serait extrêmement distincte. Les deux derniers genres ont des vertèbres cervicales distinctes, et chez le Béluga en tout cas, cela se traduit extérieurement par un cou bien distinct. De plus, comme M. True l'a fait remarquer, les os ptérygoïdes n'ont pas en dessous la cavité involutée qui caractérise les autres dauphins ; et ils ont, ce que les autres dauphins n'ont pas, une articulation vers l'extérieur avec les os du toit du crâne. Sir W. Flower a décrit le fait qu'à Inia (et la même chose se produit à Pontoporia) les palatins sont séparés les uns des autres par l'intervention du vomer. Dans cette caractéristique, ils ressemblent à certains Ziphioïdes , *Berardius* , *Oulodon* (= *Mesoplodon*) *grayi* et *Hyperoodon* . Les vrais dauphins semblent également montrer la même intervention du vomer dans quelques cas. Il n'y a donc rien de distinctif des Delphinidae dans cette caractéristique.

L'existence de côtes sternales cartilagineuses chez *Inia* et *Platanista* montre une affinité entre ces deux genres et les Physeteridae. *Pontoporia* ressemble à un dauphin en ce sens, comme il l'est également dans le mode d'articulation des côtes avec la colonne vertébrale. Mais cette dernière question a déjà été traitée. La principale raison pour laquelle on place *Pontoporia* avec les deux autres genres est la ressemblance étroite que son crâne présente avec celui d' *Inia* .

Le premier genre de cette famille que l'on remarquera est *Platanista* . Voici ses principaux caractères :— Nageoire dorsale absente. Yeux rudimentaires.

Nageoires pectorales grandes et tronquées à l'extrémité. Dents, environ vingt-neuf dans chaque moitié de chaque mâchoire. Omoplate dont l'acromion coïncide avec son bord antérieur. Crâne avec d'énormes crêtes maxillaires et les palatins entièrement cachés par les ptérygoïdes. La longueur de la définition ci-dessus servira à indiquer à quel point la structure de ce « dauphin » est anormale à bien des égards.

Il n'existe apparemment qu'une seule espèce, *P. gangetica* , le "Susu". Le nom vernaculaire indien est dérivé du son que fait l'animal lorsqu'il jaillit. C'est un habitant du Gange et de l'Indus, ainsi que de leurs affluents, et remonte très haut ses cours d'eau. On pense également qu'il est purement fluviatile et qu'il ne déserte jamais les rivières pour la mer. *Platanista* vit principalement en fouillant dans la boue des crevettes et du poisson. Des grains de riz ont également été retrouvés dans l'estomac, mais cela semblerait accidentel. Le long museau du Susu a été comparé au long museau du Gavial, originaire de la même région. Cette baleine atteint une longueur de plus de 9 pieds, mais cette longueur est exceptionnelle. Son anatomie a été minutieusement décrite par le Dr Anderson. [252]

Le genre suivant, *Inia* , doit donc être caractérisé :— Nageoire dorsale rudimentaire ; pectoraux grands et ovales. Dents, jusqu'à trente-deux de chaque côté, souvent avec un tubercule supplémentaire. Crâne sans grandes crêtes maxillaires ; palatins non cachés par les ptérygoïdes, mais divisés par le vomer. Les vertèbres de ce genre sont peu nombreuses, quarante et une seulement en tout, qui se répartissent ainsi : C 7, D 13, L 3, Ca 18. Les particularités de la colonne vertébrale sont plusieurs. En premier lieu, ainsi qu'il a été mentionné dans la définition de la famille, tous les cols sont séparés et individuellement d'une certaine longueur. Deuxièmement, l'axe présente une meilleure trace d'un processus odontoïde que chez n'importe quelle autre baleine, à l'exception de *Platanista* , où elle est encore plus évidente. La région lombaire est remarquable par sa limitation à trois vertèbres. Le sternum, par ce qu'il faut considérer comme convergence, ressemble un peu à celui des baleines à os de baleine. Il se compose d'une seule pièce, de forme à peu près ovale, à laquelle sont apparemment attachées seulement deux paires de côtes sternales (cartilagineuses). Dans le membre antérieur, les proportions entre l'humérus et le radius ressemblent davantage à celles des mammifères terrestres ; c'est-à- *dire que* l'humérus est nettement le plus long, l'inverse étant généralement observé chez les baleines. Mais *Platanista* est encore une fois d'accord avec *Inia* . Les dents sont remarquables par le fait que les plus postérieures de la série ont un lobe supplémentaire ; ils ne sont pas purement coniques comme le sont généralement ceux des baleines.

Il n'y a qu'une seule espèce, *Inia geoffrensis* , qui habite les Amazones et atteint une longueur de 8 pieds. Ses variations de couleurs sont assez extraordinaires, à moins qu'elles ne puissent être attribuées au sexe, ce qui a été nié. Certains individus sont entièrement roses ; d'autres sont noirs dessus et roses dessous. Les Indiens croient que cette Baleine attaque un homme dans l'eau, et on ajoute que les *Sotalia* des mêmes ruisseaux le défendront de ces attaques ! Il est donc naturel qu'une vénération superstitieuse s'attache à ce dauphin, ce qui ennuie le naturaliste qui veut des spécimens, comme l'a constaté le professeur Louis Agassiz.

Dans le genre *Pontoporia* [253], la nageoire dorsale est bien développée et falciforme. Les dents sont très nombreuses, 200 en tout. Les côtes s'articulent comme chez les Dauphins. Le crâne ressemble beaucoup à celui d'Inia et l'omoplate est, comme dans ce genre, « normale ».

Le nom propre de *Pontoporia* est en réalité *Stenodelphis* , nom qui fut utilisé pour la première fois par Gervais un mois ou deux avant Gray, qui le sépara du vague *Delphinus* de son découvreur original, Gervais lui-même. Il a un museau plus long qu'Inia , qui, étant courbé vers l'extrémité vers le bas, suggère curieusement le crâne d'un Courlis. Dans les détails, cependant, le crâne ressemble énormément à celui d' *Inia* . C'est presque symétrique. La formule vertébrale semble être la suivante :— C 7, D 10, L 5, Ca 20 = 42, une seule sur le nombre de vertèbres d' *Inia* . Le sternum est en deux morceaux. Sur les dix paires de côtes, les trois premières sont à deux têtes. Ceux-ci et les suivants ont des moitiés sternales rejoignant le sternum, dont les trois premières sont ossifiées, la dernière n'étant apparemment qu'un simple ligament.

Il existe une seule espèce du genre, *P. blainvillii* . Cette Baleine est décrite par M. Lydekker comme étant d'une couleur marron clair , s'harmonisant avec les eaux de l'estuaire des Amazones et de La Plata qu'elle habite. La même couleur caractérise *Sotalia pallida* de ces régions du monde, et peut être une adaptation de couleur . Mais les récits existants sur la couleur de ce dauphin varient, très probablement en accord avec des variations réelles, telles que celles exposées par *Inia dont* nous avons déjà parlé. *Pontoporia blainvillii* est un petit dauphin mesurant environ 4 pieds de long.

fossiles . — Plusieurs genres existants de dauphins sont également connus à l'état fossile, ainsi que des baleines ziphioïdes étroitement liées aux formes existantes. Nous ne traiterons ici que de quelques genres d'odontocètes fossiles dont la structure s'écarte des formes existantes.

Le genre *Physodon* est du Miocène et a été trouvé en Patagonie. Il semble être le plus proche allié des Physeteridae, mais devrait probablement former une famille distincte. *Physodon* n'était pas aussi gros que *Physeter* , le crâne mesurant seulement 10 pieds environ. Il se rapproche donc en taille de *Kogia* , et il est intéressant de noter que son museau relativement plus court évoque également le nain Cachalot. Le contour général du crâne ressemble cependant davantage à celui de *Physeter* , et il y a la même cavité profonde pour le logement des spermaceti. La principale caractéristique intéressante du crâne est la présence de dents dans les deux mâchoires et le fait que deux ou trois sont logées dans les prémaxillaires. C'est précisément ce que l'on retrouve chez les plus anciennes baleines, les Zeuglodonts.

Les dauphins éteints, apparemment attribuables aux Platanistidae , sont les plus nombreux parmi les formes antérieures de cétacés, et il est significatif que les premières formes connues de ceux-ci remontent à l'Éocène.

Le genre *Iniopsis* de M. Lydekker , [254] avec une espèce, *I. caucasica* , provient de roches qui semblent être de cet âge. La partie postérieure du crâne de cet animal, la seule connue, présente la même excavation carrée des maxillaires qui caractérise *Inia* et *Pontoporia* . Sa mâchoire inférieure était fine et possédait de nombreuses dents.

Le long museau et les mâchoires des Platanistidés , particulièrement exagérés chez *les Pontoporia* parmi les formes vivantes, se retrouvent constamment chez ces Platanistidés du Tertiaire .

Eurhinodelphis avait un bec trois fois et demie plus long que le crâne, alors que chez *Pontoporia* les proportions sont de 2:1. Les dents aussi étaient très nombreuses.

Le genre *Argyrocetus* , issu des strates tertiaires de Patagonie, était un animal à peu près aussi grand que le dauphin existant. Il avait le rostre élancé et les nombreuses dents des Platanistides et les excavations carrées des maxillaires. *Argyrocète patagonicus* possédait également des caractères archaïques, suggérant encore des affinités antérieures. Les deux condyles du crâne, au lieu d'être étroitement appliqués au crâne, se dessinaient d'une manière plus semblable à celle que l'on rencontre chez les mammifères terrestres. Les os nasaux, au lieu d'être des rudiments abrégés, sont bien développés comme chez les Zeuglodonts archaïques. Les vertèbres cervicales de cette Baleine sont toutes parfaitement libres les unes des autres et individuellement longues. Le crâne est dans l'ensemble bilatéralement symétrique ; c'est là encore une caractéristique plus prononcée chez les Platanistidae que chez les autres Odontocètes. A ces caractères généralisés des cétacés s'ajoutent certains qui montrent que l'animal était trop spécialisé pour être l'ancêtre direct de toute forme existante. L'extrémité de la mandibule était retournée et dépourvue de dents, sa forme étant tout à fait unique chez les Cétacés. D'autres formes alliées, telles que *Zarrhachis* et *Priscodelphinus* , présentaient la même longueur de vertèbres cervicales.

Une famille très distincte de baleines disparues est celle des **Squalodontidae** . Ils comblent dans une certaine mesure le fossé entre les Odontocètes existants et les Archéocètes de l'Éocène (Zeuglodonts).

Le crâne de ces baleines ressemblait dans l'ensemble à celui d'un dauphin. Mais ils possédaient des dents nettement spécialisées en incisives, canines et molaires. Les molaires ont un tranchant grossièrement dentelé comme chez les Zeuglodonts et sont également dans une certaine mesure à deux racines. Mais ils sont plus nombreux et se rapprochent jusqu'à présent des conditions qui caractérisent les Odontocètes modernes les plus typiques. *Squalodon* avait un long bec et *Prosqualodon* avait un crâne dont les proportions sont plus proches de celles de *Kogia* .

SOUS-ORDRE 3. ARCHEOCETI.

Cette division de la tribu des Baleines n'embrasse qu'une seule famille, **les Zeuglodontidae** , dont on ne peut distinguer avec certitude qu'un seul genre, *Zeuglodon* .

Zeuglodon est une forme éocène de grande taille, avec des dents en nombre limité et disposées en trois séries comme incisives, canines et molaires. Les molaires sont à double racine, ce qui a donné son nom au genre. Les os nasaux étant longs au lieu d'être rudimentaires comme ceux des autres baleines, l'évent se situe plutôt au milieu du visage. Le crâne non plus ne ressemble pas à celui d'une baleine sur un certain nombre d'autres points. Ainsi les prémaxillaires prennent leur juste part dans le contour de la mâchoire supérieure ; et, en outre, portent les dents incisives. Les pariétaux se rejoignent au dessus en crête et ne sont pas exclus du toit du crâne. Les vertèbres du cou ne sont en aucun cas raccourcies ; ils ne sont pas non plus fusionnés. Les côtes sont à deux têtes et le sternum est composé de plusieurs morceaux. Certains naturalistes, en particulier le professeur D'Arcy Thompson, [255] ont attribué une relation entre les phoques et ces anciens cétacés ; mais d'autres [256] ont contesté ce point de vue principalement au motif que les caractères qui semblent ressembler à ceux d'un phoque sont simplement des caractères généralisés et, jusqu'à présent, tout au plus, ne ressemblent pas à ceux d'une baleine. Ainsi, le long cou et le caractère dentelé des dents peuvent être acceptés comme ressemblant à ceux d'un sceau d'une part ; mais d'un autre côté, une simple dent dentée et un long cou ne sont en aucun cas des caractéristiques d' organisation que nous devrions considérer comme incongrues chez une forme ancienne de cétacé qui se nourrissait probablement de poissons. L'humérus de *Zeuglodon* , selon M. Lydekker , met hors de cause toute éventuelle parenté proche avec les Sceaux. Mais la question en litige peut être étudiée plus en détail en se référant aux trois mémoires cités ci-dessous.

CHAPITRE XIII

CARNIVORA [257] — FISSIPÉDIE

Ordonnance VII. CARNIVORE

Cet ordre peut être ainsi défini : — Quadrupèdes petits à grands, terrestres, arboricoles ou aquatiques, d'habitudes généralement carnivores. Les dents ont généralement des bords tranchants et tranchants, et les canines sont bien développées ; les incisives sont petites et au nombre de quatre à six. Le nombre d'orteils n'est jamais inférieur à quatre. Il y a généralement des griffes fortes et acérées. Les clavicules sont incomplètes ou absentes. Dans la main, les os du scaphoïde et de la lune sont toujours unis. Le cerveau est bien développé et les hémisphères sont bien alambiqués. L'estomac est toujours simple, tandis que le caecum, s'il est présent, est toujours petit. Les membres de ce groupe ont un placenta décidu et zonaire.

Le petit nombre de caractères utilisés dans la définition ci-dessus est principalement dû au fait que les phoques et les otaries, bien qu'ils se rapportent sans aucun doute à cet ordre, ont subi dans leur métamorphose en animaux aquatiques tant de changements que certains des Les principales caractéristiques de la structure de leurs parents terrestres ont été perdues. Ce groupe sera cependant à nouveau caractérisé . Nous traiterons à présent de la division des terres des Carnivores, les CARNIVORES FISSIPEDIA , comme on les appelle généralement. Le nom leur est bien entendu donné pour les distinguer de la division correspondante de la PINNIPEDIA . Dans ce dernier groupe, les pieds et les mains sont modifiés en « nageoires » ; dans l'autre, les doigts et les orteils sont fendus, comme chez les bêtes terrestres en général.

SOUS-ORDRE 1. FISSIPEDIA.

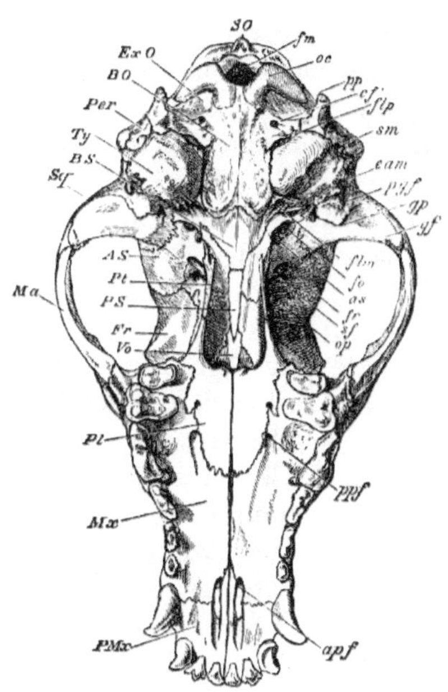

FIGUE. 190.— Sous la surface du crâne d'un chien. × ½. *apf*, Foramen palatin antérieur ; *AS*, alisphénoïde ; *comme*, ouverture postérieure du canal alisphénoïde ; *BO*, basioccipital ; *BS*, basephénoïde ; *cf*, foramen condylien ; *eam*, méat auditif externe ; *ExO*, exoccipital ; *flm*, *flp*, foramen lacerum moyen et postérieur ; *fm*, foramen magnum ; *fo*, foramen ovale ; *Fr*, frontal; *fr*, foramen rond ; *gf*, fosse glénoïde ; *gp*, processus post-glénoïde ; *Ma*, malaire; *Mx*, maxillaire ; *oc*, condyle occipital ; *op*, foramen optique ; *Par*, partie mastoïde du périotique ; *pgf*, foramen post-glénoïde ; *Pl*, palatin ; *PMx*, prémaxillaire ; *pp*, processus paroccipital ; *ppf*, foramen palatin postérieur ; *PS*, présphénoïde ; *Pt*, ptérygoïde ; *sf*, fissure sphénoïdale ou foramen lacerum anterius ; *sm*, foramen stylomastoïdien ; *SO*, supraoccipital ; *Sq*, processus zygomatique du squamosal ; *Ty*, bulle tympanique ; *Vo*, vomer. (De *l'ostéologie* de Flower .)

Une caractéristique très marquée des carnivores terrestres réside dans la structure des dents. Les incisives sont presque toujours au nombre de six et sont quelque peu faiblement développées dans de nombreux cas. Les canines sont presque toujours de très grandes dents solides et sont toujours présentes. Chez certains chats disparus, ils atteignaient des dimensions énormes. Le nombre de dents jugales n'est pas toujours identique ; mais la dernière prémolaire de la mâchoire supérieure et la première vraie molaire de la mâchoire inférieure, connues sous le nom de dents « carnassières » ou « sectorielles », marquent une différence de structure entre les dents d'écrasement antérieures et postérieures ; celles situées devant la dent carnassière ont des arêtes coupantes et sont souvent simplement de petites dents coniques ; ceux en arrière ont des couronnes plus larges et sont tuberculées ; ceux de formes plus simples sont souvent trituberculés ; ceux des autres avec de nombreux tubercules. La dent carnassière est souvent, mais pas toujours, beaucoup plus grande et surtout plus longue que le reste de la série molaire et prémolaire. Il est moins prononcé chez certains Arctoidea omnivores. Le crâne des Carnivores est plus long chez les types les plus primitifs, comme les Canidés, et plus court chez les Félidés plus spécialisés . L'orbite n'est presque jamais complètement fermée par l'os, bien que le processus post-orbitaire du frontal se rapproche parfois du processus ascendant correspondant de l'arc zygomatique. Le palais, complètement ossifié, remonte quelquefois assez loin derrière les dents ; elle s'étend toujours jusqu'à la dernière molaire. La bulle tympanique est souvent très gonflée et, si elle est plus plate, comme chez les Ours, elle est en tout cas grande et bien visible. La mâchoire inférieure a un processus coronoïde élevé et le condyle est allongé transversalement, cette partie de l'os étant enroulée dans une forme presque cylindrique ; il s'insère très étroitement dans la cavité glénoïde, et l'articulation est de ce fait très stricte, avantage évident chez un être qui a un si grand besoin de puissance de la mâchoire.

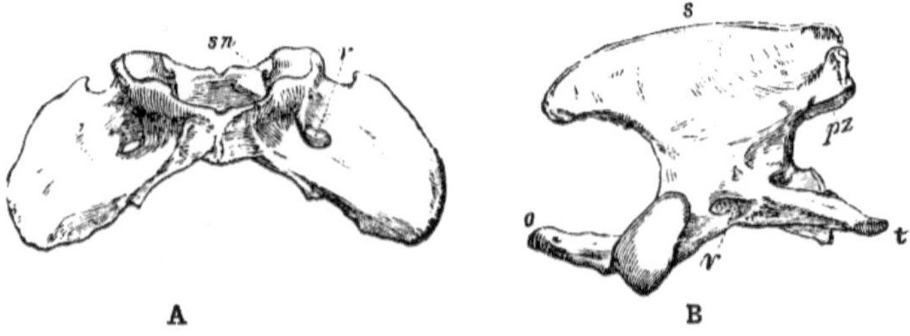

FIGUE. 191.— **A** , Atlas du chien. Vue ventrale, × ½. **B** , Axe du Chien. Vue latérale, × ⅔ . *o* , Processus odontoïde ; *pz* , zygapophyse postérieure ; *s* , apophyse épineuse ; *sn* , foramen du premier nerf spinal ; *t* , processus transversal ; *v* , canal vertébrartériel . (De *l'ostéologie* de Flower .)

Dans la colonne vertébrale, l'atlas présente toujours de grands processus en forme d'ailes ; la colonne vertébrale de la vertèbre axiale a une forme allongée antéro-postérieure. Les apophyses transverses des quatrième à sixième cervicales sont, en règle générale, doubles. Cependant, ces caractéristiques, bien que caractéristiques des Carnivores, ne sont en aucun cas distinctives. Le vrai sacrum ne consiste qu'en une seule vertèbre à laquelle les iliaques sont attachées ; mais au plus deux autres vertèbres sont fusionnées avec celle-ci. La clavicule est toujours petite et parfois assez rudimentaire, voire absente. L'épine de la scapula est bien développée et divise presque également la surface de cet os. Les chiffres du Carnivora sont pour la plupart au nombre de cinq et ne sont jamais inférieurs à quatre. Le mode de progression peut être digitigrade ou plantigrade, et le mode de marche intermédiaire semidigitigrade se produit également. Le cerveau de tous les carnivores est grand et bien alambiqué. La disposition des circonvolutions est caractéristique. Il y a trois ou quatre gyri disposés les uns autour des autres, dont le plus bas entoure la fissure sylvienne. L'estomac de ces créatures est toujours de forme simple, sans subdivisions. Le caecum n'est jamais grand et peut être, comme dans la tribu des Ours, complètement absent.

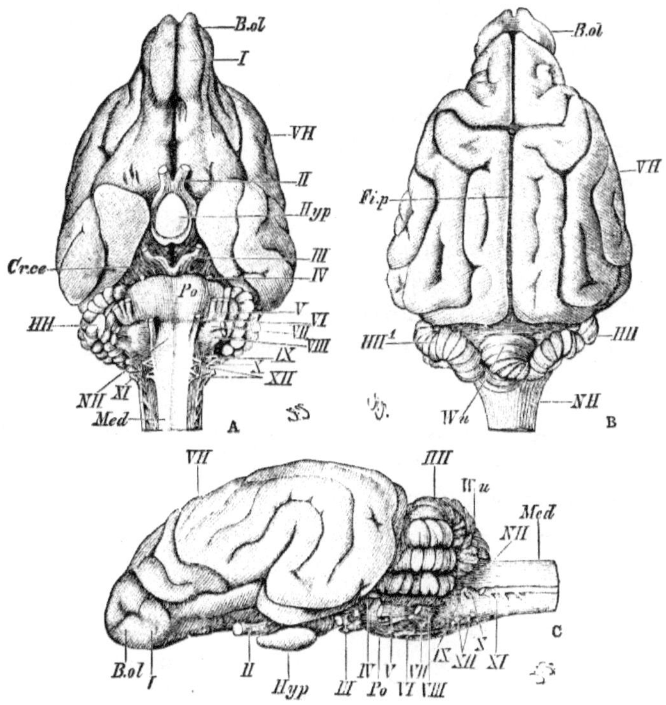

FIGUE. 192.— Cerveau de chien. **Un**, ventral ; **B**, dorsale ; **C**, face latérale. *B.ol*, lobe olfactif ; *Cr.ce*, crura cerebri; *Fi.p*, grande fissure longitudinale ; *HH*, *HH* [1], lobes latéraux du cervelet ; *Hyp*, hypophyse; *Med*, moelle épinière ; *NH*, moelle allongée ; *Po*, pons Varolii; *VH*, hémisphères cérébraux ; *Wu*, lobe moyen (vermis) du cervelet ; *I-XII*, nerfs cérébraux. (D'après Wiedersheim *Anatomie comparée*.)

La répartition du Carnivora est mondiale, à l'exclusion uniquement de la région australienne, si, comme cela semble probable, le Dingo de cette région est une espèce introduite. Les traits les plus frappants de leur répartition sont peut-être les suivants : — Il n'y a pas d'ours dans la région éthiopienne ni à Madagascar, et il n'y a qu'une seule espèce dans le néotropical. Les seuls carnivores de Madagascar sont les Viverridae, et sur les sept genres qu'on y trouve, six sont particuliers. Les Procyonidae sont presque entièrement répartis dans le Nouveau Monde ; sur seize genres de Mustelidae, cinq seulement appartiennent au Nouveau Monde, et seulement deux d'entre eux sont particuliers au continent américain. Les Hyénidés sont limités à l'Ancien Monde.

La classification des Carnivores est une question difficile et qui a donc été effectuée de manière très diverse . Il est regrettable que la classification de la Fleur (basée sur les recherches de HN Turner ainsi que sur les siennes, et acceptée par Mivart) échoue lorsqu'elle est appliquée aux formes fossiles. Car il sépare avec une grande netteté les genres existants en trois grandes divisions, les Cynoidea , Aeluroidea et Arctoidea, définissables par des caractères viscéraux aussi bien que par des caractères ostéologiques. L'anomalie apparente, également, d'un seul genre supposé de Viverrine, à savoir *Bassariscus* , existant en Amérique, alors que tous les autres membres de sa famille sont des formes de l'Ancien Monde, a été montrée par ses personnages comme n'étant ni une anomalie ni un fait. Il vaudra donc mieux diviser les Carnivores en familles Felidae, Machaerodontidae , Viverridae, Hyaenidae, Canidae, Ursidae, Procyonidae et Mustelidae, en indiquant en même temps les raisons pour et contre le maintien des trois divisions de Sir W. Fleur.

Famille. 1. Félidés. [258] —Cette famille ne comprend que les chats (*c'est-à-dire* les Lions, les Tigres, les « Chats », les Léopards de chasse, etc.), et doit être distinguée par les caractères suivants :— Dans le crâne, la bulle auditive est très gonflée, et là est un septum interne ; les processus paroccipitaux sont aplatis contre les bulles. Il n'y a pas de canal alisphénoïdal . La formule dentaire est I 3, C 1, Pm 3 à 2, M 1. La dent carnassière de la mâchoire supérieure a trois lobes jusqu'à la lame ; celle de la mâchoire inférieure est dépourvue de cuspide interne. Les doigts sont au nombre de cinq sur les pattes antérieures et de quatre sur les pattes postérieures. Le caecum est présent et petit. Cette famille ne contient que deux genres, *Felis* et *Cynaelurus*

.

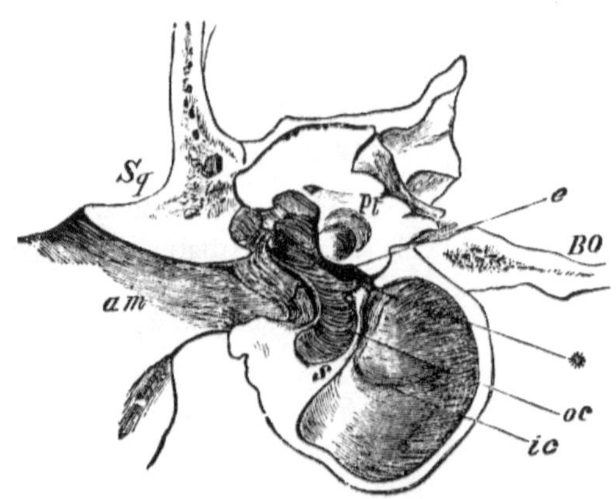

FIGURE. 193.— Section de bulle auditive du Tigre. *suis* , Méat auditif ; *BO* , basioccipital ; *e* , canal d'Eustache ; *ic* , *oc* , deux chambres de bulle divisées par *s* , septum ; *, leur ouverture de communication ; *Pt* , périotique ; *Carré* , squamosal ; *t* , anneau tympanique. (De *l'ostéologie* de Flower .)

Le genre *Felis* a une répartition très large, étant commun à la fois à l'Ancien et au Nouveau Monde. Ses caractères distinctifs, contrairement au *Cynaelurus* , sont principalement les suivants :— Les griffes sont rétractiles, et la rétractilité est plus nettement développée que chez le Guépard. La molaire n'est pas aussi alignée avec les autres dents ; le carnassier supérieur a en outre un tubercule interne. Les jambes sont relativement plus courtes.

La rétractilité complète des griffes est une caractéristique très distinctive des vrais chats. Cela se produit de cette manière : l'articulation terminale de l'orteil, qui est gainée de la griffe, se replie en gaine sur le côté extérieur ou au-dessus de la phalange médiane. Il est maintenu dans cette position par un ligament solide. Les muscles fléchisseurs redressent la phalange qui porte la griffe, de sorte que la position naturelle de l'animal est d'être dans un état de griffes rétractées, ce qui naturellement les préserve du frottement ; lorsqu'ils sont recherchés à des fins agressives, ils sont attirés vers la vue par l'action des muscles déjà mentionnés.

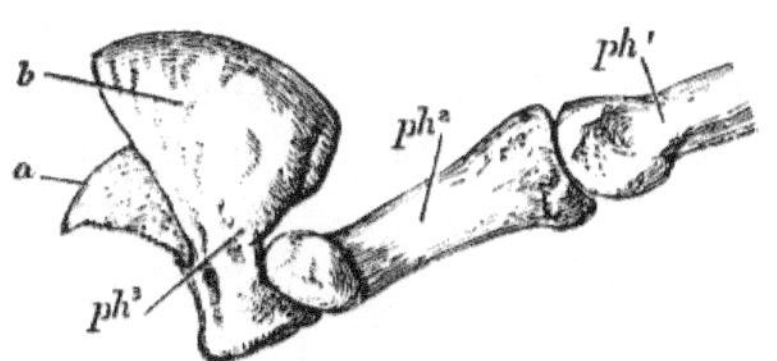

FIGURE. 194.— Les phalanges du chiffre moyen du manus du Lion (*Felis leo*). × ½. *a* , La partie centrale formant le support interne de la griffe cornée ; *b* , la lame osseuse réfléchie autour de la base de la griffe ; *ph* 1 , phalange proximale ; *ph* 2 , phalange moyenne ; *ph* 3 , phalange unguée. (De *l'ostéologie* de Flower .)

On a beaucoup écrit sur la forme de la pupille de l'œil de chat. Quelques observations minutieuses à ce sujet ont été faites par le Dr Lindsay Johnson [259] , qui a découvert que sur 180 chats domestiques, 111 avaient des pupilles rondes, et que 19 d'entre elles avaient la forme d'un ovale pointu, les conditions intermédiaires étant offertes par les autres. Ces 180 comprenaient des mâles et des femelles de nombreuses variétés. Lorsque la pupille de l'Œil de chat se contracte, elle forme une fente verticale avec deux trous d'épingle, un à chaque extrémité, par lesquels seule la lumière semble entrer. Chez la Genette et la Civette, la contraction de la pupille est comme chez le Chat. Chez le Lion, le Tigre — en fait apparemment chez tous les grands Chats — la pupille conserve sa forme circulaire même lorsque la contraction est pleinement effectuée . Le Dr Johnson a, en outre, [fait] quelques expériences intéressantes sur l'œil du phoque, créature qui doit, bien entendu, exercer ses pouvoirs de vision dans deux milieux et de l'un à l'autre. Ceci est effectué par la dilatation de la pupille lorsqu'elle est dans l'eau, et par sa contraction en une fente verticale aux bords parallèles et aux extrémités arrondies lorsqu'elle est dans l'air, la contraction étant dans une certaine mesure au moins sous l'influence de la volonté de l'animal.

le motif dominant est des taches noires ou bordées de noir sur un fond plus ou moins fauve . On rencontre également des rayures, comme chez le Tigre, mais ce sont généralement des rayures croisées, [261] tandis que chez les Viverridae apparentés, il existe de nombreux exemples de rayures longitudinales. Enfin, beaucoup de Chats, comme par exemple le Puma et l' Eyra , sont « unicolores », c'est-à-dire ont une teinte uniforme . De même que le cheval non rayé montre parfois des traces de l'existence antérieure de rayures, de même les chats unicolores sont parfois repérés lorsqu'ils sont jeunes ; c'est nettement le cas dans le cas du Puma ; tandis que le Lion est repéré comme un lionceau, et chez l'adulte, particulièrement chez la lionne, il existe des indications distinctes de ces taches. Il est donc évident qu'il y a des raisons de considérer qu'une condition tachetée est antérieure, au moins dans certains cas, à une couleur uniforme . Il existe diverses explications à ces teintes et à ces changements. Beaucoup soutiennent que la coloration a un rapport avec les habitudes de la créature : les chats tachetés, fait-on remarquer, sont en grande partie arboricoles ; c'est en tout cas le cas de la Jaguar ; et chez une créature arboricole, les taches, dit-on, donnent l'impression de taches de soleil brisées par le feuillage. En revanche, les Chats unis de teinte sable à terre s'assimilent en teinte à un sol sableux ou caillouteux. On pense que les rayures du tigre se rapprochent des hautes tiges parallèles des graminées et autres plantes de la couverture dense dans laquelle il vit. En faveur de ces vues est sans aucun doute le fait que chez d'autres mammifères et d'autres animaux appartenant à des groupes tout à fait différents, on rencontre les mêmes quatre plans de coloration. Des taches et des rayures croisées se trouvent chez les marsupiaux ; le jeune Tapir est tacheté tandis que l'adulte est uni , et ainsi de suite. Ce dernier fait sert cependant à illustrer un autre point de vue qui a été avancé pour expliquer ces marques caractéristiques des félidés. Eimer est arrivé à la conclusion qu'il y a et a eu une série régulière d'étapes dans l'évolution de ces marquages. La condition primitive était, pense-t-il, une condition rayée longitudinalement ; les rayures se sont ensuite divisées en taches, et les taches se sont réarrangées en rayures transversales ; les Puma et Lion unis constituent la dernière étape de cette évolution progressive. À l'appui de cette hypothèse, il y a le fait que les taches précèdent l'auto-coloration dans la croissance individuelle de ces animaux. La séquence exacte de ces marques est cependant contredite par les observations du Dr Haacke sur un certain poisson australien qui présente des rayures croisées lorsqu'il est jeune et des rayures longitudinales lorsqu'il est adulte, un renversement précis de ce qui devrait se produire du point de vue d'Eimer .

Les Felidae sont distribués presque universellement, à l'exception bien sûr de l'Australie et d'une bonne partie de la région australienne ; le siège du groupe se trouve sans doute sous les tropiques du Vieux Monde.

Les caractéristiques de quelques espèces de la tribu des Chats vont maintenant être données. Comme il existe en tout cas quarante-cinq espèces, cette étude devra être quelque peu incomplète.

Le Lion, *F. leo* , se distingue de toutes les autres espèces par la crinière du mâle. C'est un habitant de l'Afrique, de l'Inde et de certaines parties de l'Asie occidentale. Au cours de la période historique, elle s'est répandue en Europe. D'après Sir Samuel Baker, ceux d'entre nous qui n'ont pas vu le Lion dans ses repaires n'ont jamais vu un spécimen vraiment magnifique de la brute ; mais d'autres voyageurs ne sont pas d'accord et affirment qu'un lion captif est souvent un animal plus raffiné, en raison, bien entendu, d'une bonne alimentation. Contrairement à la majorité des Chats, le Lion ne sait pas grimper. Son rugissement (qui évoque tellement, vers la fin, celui de cet animal qui s'habillait autrefois de sa peau) est littéralement *après* sa proie. Le Lion, dit-on, ne rugit que le ventre plein. Le Lion a des habitudes principalement nocturnes, et on dit qu'il n'est pas du tout dangereux s'il n'est pas provoqué pendant la journée ; mais là encore les avis diffèrent. La queue de l'animal est munie à son extrémité d'une légère griffe, mais elle ne peut guère suffire à l'animal pour se fouetter avec fureur. Un lion vivra trente ou quarante ans et se reproduira librement en captivité. Les jardins de la Société Zoologique de Dublin sont réputés pour leur succès dans l'élevage de Lions ; mais, plus surprenant encore, cela a été accompli avec succès dans des ménageries itinérantes. La couleur « désert » du Lion est familière à tous. On dit que la ressemblance avec le sol desséché de certaines parties de l'Afrique est grandement rehaussée par les taches noires de la crinière, car dans certaines régions de ce continent le jaune aride du milieu général est diversifié par des morceaux de lave noire. C'est apparemment une illusion populaire de parler du Lion sans crinière de Guzerat . Il ne fait aucun doute que des Lions sans crinière viennent de là, mais il en va de même pour les jeunes Lions sans crinière d'autres endroits ; enfin, c'est simplement une question d'âge, et les vieux Lions du continent asiatique ont une crinière aussi complète que ceux d'Afrique.

Le Tigre, *F. tigris* , est un animal à peu près de la même taille que le Lion, qui se distingue bien entendu par ses rayures. Les squelettes ressemblent beaucoup à ceux des autres chats ; mais le crâne du Tigre se distingue de celui du Lion par le fait que les os nasaux remontent au-delà des apophyses frontales des maxillaires. Le Tigre est une bête exclusivement asiatique, s'étendant vers le nord jusqu'en Sibérie glacée. Les individus du nord ont une fourrure plus rapprochée et ont été inutilement séparés en tant que variété distincte. Neuf pieds six pouces est la taille moyenne d'un tigre adulte ; mais les peaux s'étirent, ce dont le sportif profitera parfois. Un « mangeur d'hommes » est un tigre qui a découvert « qu'il est bien plus facile de tuer un indigène que de chasser le rare gibier de la jungle ». Comme pour le Lion, les récits des voyageurs diffèrent énormément, notamment en ce qui concerne la force de la créature. Certains ont dit qu'un tigre pouvait facilement soulever un bœuf adulte et sauter avec lui dans la gueule par-dessus un obstacle considérable, affirmation ridiculisée par Sir Samuel Baker. Contrairement au Lion, le Tigre peut grimper aux arbres ; il entrera également volontairement dans l'eau et pourra nager dans des rivières considérables.

MHN Ridley [262] observe que les Tigres « nagent habituellement jusqu'à Singapour à travers le détroit de Johore, généralement en passant par les îles intermédiaires de Pulau Ubin et Pulau » . Tékong . Ils effectuent le passage de nuit et atterrissent tôt le matin. Comme une grande partie de la côte est constituée de mangroves et que les animaux ne risquent pas de traverser la boue, ils ne peuvent traverser que là où les rivages sont sablonneux et disposent ainsi de points de départ et d'atterrissage réguliers.

Le Tigre est principalement nocturne, mais commence ses déprédations vers cinq heures de l'après-midi, avant quoi il reste endormi dans les fourrés ombragés. Si le temps est pluvieux et venteux, il devient agité et erre plus tôt. Sous la provocation d' une faim extrême , il chassera pendant la journée. La faim, elle aussi, produit naturellement une extrême audace. M. Ridley raconte l'histoire de quatre tigres qui gravirent les marches d'une maison à la recherche du maître de la maison ou de son chien, et y pénétrèrent par effraction, les habitants se retirant en leur faveur . Les Malais ont des superstitions à propos des Tigres, qui sont précisément mises en parallèle avec les histoires d'hommes et de loups en Europe. "Certaines personnes sont censées avoir le pouvoir de se transformer en tigres pendant une courte période, et de reprendre leur forme humaine à leur guise. La transformation commence par la queue en premier, et le tigre humain est si complètement changé que non seulement il a toutes les actions et l'apparence. du tigre, mais en reprenant sa forme humaine, il est tout à fait inconscient de ce qu'il a fait dans l'état de tigre. M. Ridley conteste les histoires courantes concernant les mangeurs d'hommes. Si un tigre a goûté une fois la chair humaine , il ne se limite pas toujours ensuite à cet article de régime, et ce ne sont pas non plus les seuls animaux âgés et relativement édentés qui chassent l'homme. Qu'ils fassent un lourd tribut aux coolies est un fait incontestable, et nombreux sont les artifices pour empêcher les autres de connaître le sort de l'un de leurs collègues, ou de se rendre compte de la présence dans le voisinage de l'un des redoutés . bêtes.

Le Léopard ou Panthère, *F. pardus*, a, comme le Lion, une aire de répartition africaine et asiatique. L'animal est tacheté de rosettes de taches noires entourant un champ central de couleur fauve du corps en général. Certaines taches sont pleines et noires. "Le pantere semblable au smaragdyne " semble être une description inadéquate de ce chat, à moins qu'on se réfère effectivement aux yeux. Les anciens lui attribuaient une odeur des plus parfumées . Comme pour le tigre, une variété nordique de ce carnivore a une fourrure plus rapprochée et plus longue. Il y a une tendance au mélanisme chez cet animal, le léopard noir étant relativement commun, particulièrement, semble-t-il, dans les hautes terres. Plusieurs autres variations de couleur sont connues. Ceux-ci ont reçu différents noms spécifiques ; mais il semble qu'il n'y ait en réalité qu'une seule espèce de Léopard. Le Léopard peut grimper avec l'agilité de n'importe quel chat. Sir S. Baker réserve le nom de Panthère aux grands léopards, qui atteignent une longueur de 7 pieds 6 pouces. Mais il n'existe aucune distinction valable entre deux de ces variétés. Le Léopard est aussi féroce que le Tigre ; et Sir Samuel Baker conseille de ne pas expérimenter le pouvoir de l'œil humain lorsqu'on rencontre une de ces brutes sans armes.

FIGURE. 195.— Léopard des neiges. *Felis oncia.* × 1 / 20 .

Le léopard des neiges ou once, *F. uncia* , est une belle créature confinée aux hauts plateaux d'Asie centrale. La couleur de fond est blanche et les taches sont plus grandes que celles du léopard ordinaire. Deux exemples de ce carnivore plutôt rare ont été récemment exposés dans les jardins de la

Zoological Society de Londres. Le Léopard nébuleux, *F. nebulosa* , est un animal de taille considérable (6 pieds de longueur totale).

Le chat pêcheur, *F. viverrina* , d'Inde et de Chine, mesure environ 3 pieds 6 pouces, queue comprise. Ses taches noires sur fond gris-brun ont tendance à former des lignes longitudinales. Il s'agit en fait, selon la théorie d'Eimer , d'un cas de bandes longitudinales se fragmentant en taches. Il diffère de la plupart des chats en s'attaquant aux poissons, bien que l'on ne sache pas comment il les attrape. Il se nourrit également du gros escargot *Ampullaria* . En plus de celles-ci, il existe vingt-quatre espèces de chats trouvés dans l'Ancien Monde, principalement dans la région orientale, de taille petite à moyenne.

FIGUE. 196.— Lynx européen. *Félis lynx.* × 1 / 12 .

Le lynx européen, *F. lynx* , a des pattes plutôt longues, une queue courte et des oreilles touffues et pointues. Il ne possède que deux prémolaires dans la mâchoire supérieure au lieu des trois habituelles. Il semble douteux que le lynx asiatique puisse être distingué du lynx européen, mais la forme espagnole, *F. pardina* , semble distincte. Le Lynx commun, parfois appelé *F. canadensis* , est également présent en Amérique, où il existe d'autres formes, connues sous les noms spécifiques de *F. rufa* et *F. baileyi* .

En Amérique, il existe en tout seize espèces de chats, si l'on admet trois espèces de lynx, dont aucune cependant, selon le Dr Mivart , ne diffère du lynx européen et asiatique (*F. lynx*).

Le plus grand des chats américains est le Jaguar, *F. onca* . C'est une créature arboricole avec un corps long et lourd et des membres courts. Son pelage ressemble beaucoup à celui du Léopard, mais les taches sont plus grandes et plus nettement disposées en groupes. Il existe un certain nombre de rangées distinctes de spots. La longueur du corps à elle seule ne dépasse pas 4 pieds. Ils se nourrissent en grande partie de Capybara et de tortues, qu'ils surprennent sur le sable au moment de pondre leurs œufs ; les reptiles sont retournés sur le dos, de manière à ne pouvoir s'échapper, et le Jaguar les dévore alors facilement. Le Jaguar poursuivra même la tortue dans l'eau et dévorera ses œufs et les petits nouvellement éclos.

FIGURE. 197.— Jaguar. *Felis onca.* × 1 / 15 .

L'Ocelot est un autre chat américain tacheté. *F. pardalis* [263] s'étend de l'Arkansas en Amérique du Nord vers le sud, son aire de répartition correspondant à celle du Jaguar. Bien que petit pour l'un des « plus grands chats », l'Ocelot inspirait un respect considérable au capitaine Dampier, qui remarquait à son sujet : « Le chat-tigre a à peu près la taille d'un bouledogue, avec une ferme courte, un corps en forme de dogue. , mais pour tout le reste, sa tête, la couleur de ses cheveux, sa manière de chasser, ressemblent beaucoup au tigre , seulement un peu moins... Mais je les ai souhaités plus loin quand je les ai rencontrés dans les bois ; parce que leur aspect semble très majestueux et féroce.

FIGUE. 198.— Ocelot. *Felis pardalis.* × 1 / 10 .

Le Puma, *F. concolor* , le Lion américain comme on l'appelle dans le nord, est un animal un peu plus petit que le précédent, et de couleur fauve uniforme , tendant au blanc sur l'abdomen et à une bande sombre le long du dos. Les jeunes, comme déjà mentionné, sont très distinctement repérés. Comme le Tigre, le Puma peut supporter des températures extrêmes ; il est également à l'aise dans la neige de l'Amérique du Nord et parmi les forêts tropicales et les marécages du sud. C'est une créature féroce en ce qui concerne les cerfs, les lamas, les ratons laveurs, même les mouffettes et les nandous, mais, selon M. WH Hudson, elle n'attaquera pas l'homme et le défendra même contre le Jaguar. [264] En captivité, le Puma ronronnera comme un chat.

L' Eyra , *F. eyra* , est un autre chat américain uni , qui présente une curieuse ressemblance avec le *Cryptoprocta totalement distinct* de Madagascar.

Le chat sauvage d'Europe, *F. catus* , est présent dans la plus grande partie de l'Europe, ainsi qu'en Asie du Nord. Il était sans aucun doute commun à une certaine époque dans ce pays, même s'il ne semble jamais avoir étendu son aire de répartition en Irlande. Mais le véritable chat sauvage est désormais rare sur cette île et confiné à certains districts d' Écosse. De nombreux chats sauvages présumés ont été vus et même abattus ; mais il s'agit trop souvent de chats sauvages, *c'est-à-dire de* chats tigrés domestiques revenus à une vie de chasseur. Le vrai chat sauvage diffère des races domestiques par son corps et ses membres proportionnellement plus longs, sa queue plus courte et plus épaisse ; les coussinets des orteils ne sont pas tout à fait noirs. La période de gestation du chat sauvage, selon M. Cocks, est d'environ une semaine plus longue que celle de n'importe quel chat domestique.

Le chat domestique est en fait considéré comme le descendant du *F. caffra oriental* , ou (peut-être *et*) du très proche *F. maniculata* . Il est cependant fort probable qu'après son introduction dans ce pays comme animal domestique, il se soit croisé avec le chat sauvage. De nombreuses espèces alliées de chats se croisent, même deux espèces aussi éloignées que le Lion et le Tigre. Il existe des raisons archéologiques et linguistiques intéressantes pour considérer le chat domestique comme une importation. La légende du chat de Dick Whittington indique qu'il s'agit d'un animal rare et précieux, ce qu'un *F. catus apprivoisé* n'aurait pas été à cette époque. Il y a eu une promulgation au Pays de Galles d'une sanction contre quiconque tuerait le chat du roi, ce qui suggère encore une fois sa rareté et sa valeur. Le nom même « Chat » est une allusion à une origine étrangère. Certains le dériveraient de Perse, et c'est sur cela que repose l'idée que le Chat vient de Perse. Mais il semble que Puss soit le même que Pasht et Bubastis, montrant jusqu'à présent une origine égyptienne pour l'animal. Les chats ancestraux mentionnés ci-dessus sont originaires d'Égypte. [265]

Le genre *Cynaelurus* , qui ne comprend qu'une seule espèce, *C. jubatus* , le Guépard ou Léopard chasseur, est séparé de *Felis* par un certain nombre de caractères. D'abord les griffes sont non rétractiles, ou du moins moins rétractiles que celles des vrais Chats. Il a en outre des pattes plus longues. La molaire est davantage alignée avec les autres dents de la mâchoire et la dent carnassière supérieure n'a pas de tubercule interne. MM. Windle et Parsons ont récemment souligné de nombreuses caractéristiques musculaires semblables à celles d'un chien. Cet animal est à peu près aussi gros qu'un léopard, mais il présente de simples taches noires. Comme son nom vernaculaire l'indique, il est utilisé à des fins sportives et est assez facilement apprivoisé . Il ronronnera comme le Puma. Le guépard est présent en Inde, en Perse, au Turkestan et également en Afrique ; cette dernière forme est parfois, quoique tout à fait inutilement, séparée sous le nom de *C. lanigera* . Le genre est présent sous forme fossile dans les gisements de Siwalik en Inde, l'espèce étant connue sous le nom de *C. brachygnatha* .

Famille. 2. Machaerodontidés . — Il s'agit d'une famille de chats totalement éteints qui s'étend de l'Éocène au Pléistocène. Leur structure générale est semblable à celle des Félidés ; mais ils diffèrent par un certain nombre de caractéristiques squelettiques. Il existe donc un canal alisphénoïde et, comme chez l'ours, un foramen postglénoïde . Il existe également un foramen carotide distinct, ce qui n'est pas le cas chez les vrais chats. Les dents se distinguent souvent par la taille énorme des canines supérieures, qui sont « des armes à blessures pénétrantes, sans rivale parmi les animaux carnivores ». Celles-ci devaient être exposées sur les côtés du menton lorsque la bouche était fermée, et il a même été suggéré que l'animal possédant ces canines exagérées aurait difficilement pu fermer correctement sa gueule. Les canines inférieures étaient souvent au contraire très réduites, et de fait ressemblaient à des incisives. En retraçant la série de ces chats , nous constatons une réduction graduelle des dents depuis un nombre plus presque complet jusqu'à la dentition spécialisée des chats existants. Le genre *Proaelurus* , dans l'aire de répartition du Miocène, avait quatre prémolaires dans chaque mâchoire, et deux molaires dans la partie inférieure et une dans la partie supérieure. Il s'agit du plus grand nombre de dents trouvées chez tous les membres du groupe.

La ressemblance de ce genre avec *Cryptoprocta* a été insistée. *Archaelurus* a subi une réduction, puisqu'une prémolaire de la mâchoire inférieure a disparu, sa formule étant ainsi I 3/3 C 1/1 Pm 4/3 M 1/2. L'étape suivante est représentée par *Dinictis* avec trois prémolaires dans les deux mâchoires. Il existe de nombreuses espèces de ce genre qui sont toutes américaines et miocènes. Ce genre a cinq doigts sur les pattes postérieures et était probablement plantigrade. Il avait des griffes rétractiles.

Dans le genre *Nimravus,* la formule dentaire est encore plus réduite. Une autre prémolaire de la mâchoire inférieure a disparu, la formule étant donc I 3/3 C 1/1 Pm 3/2 M 1/2. *Nimravus Gomphodus* était un carnivore de la taille d'une panthère. Il n'a pas de troisième trochanter sur le fémur, processus présent dans l'os correspondant de *Dinictis* . *Pogonodon* était un animal tout aussi grand dans lequel les prémolaires étaient au nombre de trois dans chaque mâchoire, mais les molaires sont devenues réduites à une dans la mâchoire inférieure, comme c'est le cas dans ce genre et dans d'autres genres de la mâchoire supérieure . Enfin, *Hoplophoneus* a acquis la dentition des Chats existants.

Les Machaerodons , cependant, montrent des exemples avec une dentition encore plus réduite que celle du chat existant le plus réduit, à savoir. le Lynx, qui n'a que deux prémolaires dans chaque mâchoire et une molaire. Chez *Eusmilus,* la molaire des deux mâchoires est unique et il n'y a qu'une seule prémolaire dans la mâchoire inférieure.

Le genre *Machaerodus* lui-même, qui semble inclure *Smilodon* , est référé par Cope aux vrais chats, et non aux Nimravidae , comme il appelle la famille que nous avons appelée ici les Machaerodontidae . Ces créatures sont connues sous le nom de « Tigres à dents de sabre » et étaient très largement répandues, présentes en Amérique du Sud ainsi qu'en Europe et en Amérique du Nord. "Ce n'est rien", remarque le professeur Cope, "mais les caractères des canines les distinguent des félins typiques, c'est chez eux qu'il faut chercher la cause de leur échec. La suggestion du professeur Flower semble être la bonne, à savoir que la longueur de ces dents est devenue un inconvénient et un obstacle pour leurs propriétaires. Je pense qu'il ne fait aucun doute que les énormes canines des Smilodons ont dû empêcher de mordre la chair des gros morceaux, de manière à interférer grandement avec l'alimentation, et de maintenir les animaux en mauvais état. La taille des canines est telle qu'il est impossible de les utiliser comme instruments coupants, sauf avec la bouche fermée, car celle-ci n'aurait pas pu être suffisamment ouverte pour permettre à un objet d'y pénétrer de la bouche. Même lorsqu'elle s'ouvre jusqu'à laisser passer la mandibule derrière les sommets des canines, il semble qu'il y ait un risque que ces dernières soient happées par la pointe de l'une ou l'autre canine et contraintes de rester ouvertes, provoquant une famine précoce. Tel a peut-être été le sort du bel individu du *S. neogaeus*, Lund, dont le crâne a été retrouvé au Brésil par Lund, et qui nous est familier par les figures de de Blainville.

Machaerodus est placé parmi les Felidae en raison du fait que les foramens condyloïdes et carotidiens s'unissent au foramen lacerum posterius . Mais comme chez au moins une espèce, *M. palmidens* , il existe un canal alisphénoïde, qui a cependant disparu dans les formes américaines les plus récentes, il semble permis de conserver le genre dans la famille des Machaerodontidae , bien que son existence réduise le caractère différentiel des cette famille au minimum. Le genre remonte à l'Éocène.

Famille. 3. Viverridés. — Les civettes, les genettes et leurs espèces diffèrent des chats sur plusieurs points. Ils ne forment cependant pas un ensemble aussi uniforme que les Chats ; de sorte que la difficulté est, comme l'a remarqué le Dr Mivart , de ne pas les diviser en sous-familles, mais d'éviter d'en faire trop. Mais avant de procéder à la subdivision de la famille, nous décrirons les caractères de la famille et les comparerons avec ceux des Félidés.

Tous les Viverridae sont des créatures relativement petites. La tête et le corps sont plus allongés que chez les Chats. Les doigts et les orteils sont généralement au nombre de cinq ; mais il y en a (par exemple *Cynictis*) où la formule des doigts est comme chez les Chats, *soit* quatre sur l'arrière-pied. Dans le Suricate, les doigts sont également réduits à quatre. Les griffes ne sont peut-être jamais complètement rétractiles, [266] et souvent ne le sont pas du tout. Les formules dentaires des genres diffèrent considérablement ; mais chez la majorité il y a plus de dents que chez les Félidés. Les papilles coniques et pointues bien connues de la langue du chat ne sont pas présentes. La majorité ont une glande odorante sous la queue, dont est dérivée la civette parfumée. Il existe un certain nombre de caractères ostéologiques qui différencient les deux familles ; ainsi le canal alisphénoïde est parfois présent. La bulle est divisée, comme chez les Chats, mais est rétrécie extérieurement.

Il semble clair, d'après certains caractères, *c'est-à* -dire la dentition plus complète, les mains et les pieds à cinq doigts, les griffes non rétractiles, etc., que les Civettes sont à un niveau de spécialisation inférieur à celui des Chats.

Sous-Fam. 1. Euplérines . — Le genre *Eupleres* est à bien des égards le type le plus aberrant de Viverridé et est placé dans une sous-famille, Euplerinae . Sa particularité est la dentition très particulière : particulière par la petite taille des canines, le caractère canin des prémolaires antérieures et la ressemblance des prémolaires avec les molaires. Dans certains caractères des dents, *Eupleres* ressemble à un Insectivore et était autrefois groupé avec cette famille. Il y a quatre prémolaires et deux molaires dans chaque mâchoire de chaque côté. Il a cinq orteils sur les membres antérieurs et postérieurs ; le crâne est très mince. Il ne possède pas de canal alisphénoïde. La seule espèce, *E. goudotii* , *est de* couleur gris olive , avec des bandes sombres sur les épaules chez les jeunes. Le nez et la lèvre supérieure sont rainurés. Il n'y a pas de glandes odoriférantes. Il semble s'enfouir dans le sol et se contente peut-être d'un régime de vers. *Euplères* est originaire de Madagascar, où vivent tous les Viverridae les plus particuliers.

Sous-Fam. 2. Galidictiinae . — Mivart a placé dans cette sous-famille les trois genres des Mascareignes, *Galidia* , *Hemigalidia* et *Galidictis* . Chez eux, l'orbite n'est pas entourée d'os ; il n'y a pas de canal alisphénoïde et il y a cinq orteils et doigts.

Galidia ne comprend qu'une seule espèce, *G. elegans* , *de* couleur marron , avec une queue cerclée de noir. Les griffes ne sont pas rétractiles. La glande odorante est absente. Il y a cinq chiffres sur la main et le pied. Il y a trois prémolaires et deux molaires de chaque côté de chaque mâchoire. Le caecum est (pour un Aeluroïde) long et pointu au sommet ; elle est bien deux fois plus longue que celle de *Genetta* .

Le genre *Hemigalidia est* étroitement lié à *Galidia* , dont il existe deux espèces. Il se distingue du dernier genre par la queue non annulée. Il diffère également par la formule dentaire, qui est pour les molaires Pm 4/3 M 2/1. Cet animal est appelé par Buffon le Vansire . Il énumère correctement ses broyeurs, et le distingue du Furet !

Galidictis est un troisième genre de Madagascar contenant deux espèces, dont l'une a malheureusement été nommée *G. vittata* , conduisant peut-être à une certaine confusion avec le *Galictis totalement distinct. vittata* . Comme dans les deux derniers genres, les chiffres sont cinq. La formule dentaire est celle de *Galidia* . Il se distingue des deux autres genres de sa sous-famille par les rayures longitudinales brunes de la partie supérieure du corps grisâtre.

Sous-Fam. 3. Cryptoproctines . — *Cryptoprocta* [267] représente une sous-famille particulière, les Cryptoproctinae , et ne comprend qu'une seule espèce, la Fossa (*C. ferox*) de Madagascar. C'est le plus grand carnivore de Madagascar, mesurant environ deux fois la taille d'un chat, mais avec un corps allongé ; la couleur est brun fauve sans rayures. L'animal est actif et souple dans ses mouvements, et on dit qu'il est d'une férocité presque sans exemple. Sa position systématique exacte a été beaucoup discutée. Par Zittel, il est placé dans une sous-famille (comprenant les *Proaelurus* et *Pseudaelurus* *éteints*) des Felidae. Mivart et Lydekker , en revanche, le considèrent comme un genre des Viverridae. La formule dentaire des molaires, Pm 3/3 M 1/1, ressemble plus à celle des *Felidae* qu'à celle des *Viverridae* , et les dents ont une structure plus féline. Les griffes des pieds sont rétractiles. Quant à la structure interne, les Fossa s'accordent en grande partie avec les Viverridae, mais cette famille n'a pas de points de différence très marqués avec les Felidae ; mais là où l'anatomie s'écarte de celle des Félidés, elle se rapproche de celle des Viverridés, notamment dans le système musculaire.

FIGUE. 199.— Fosse. *Cryptoprocta ferox.* × 1 / 6 .

Les genres restants et de loin les plus nombreux de civettes sont regroupés par le professeur Mivart en deux sous-familles : les VIVERRINAE , comprenant les genres Viverra , Viverricula , Fossa , Genetta , Prionodon , Poiana , Paradoxurus, *Arctogale* , Hemigale , Arctictis , Nandinia . , et *Cynogale* ; et les HERPESTINAE , comprenant les genres *Herpestes* , *Helogale* , *Cynictis* et probablement *Bdeogale* et *Rhynchogale* . Chez les Viverrinae , les doigts sont toujours au nombre de cinq, les griffes sont plus ou moins rétractiles, les glandes odoriférantes préscrotales sont généralement présentes et l'anus ne s'ouvre pas en sac. En revanche, les Herpestinae se caractérisent par la non-rétractilité des griffes, l'absence des glandes en question et le fait que l'anus s'ouvre sur un sac terminal.

Sous-Fam. 4. Viverrines . — *Viverra* comprend les vraies civettes. Le genre, à l'exception d'une espèce africaine, a une aire de répartition orientale. La formule molaire est la formule complète pour les Viverridae, à savoir. PM 4/4 M 2/2. La sécrétion de la glande préscrotale de *V. civetta* donne la civette du commerce.

Le « Rasse », genre *Viverricula* , a été séparé génériquement des vraies civettes. Il est remarquable qu'il soit commun à Madagascar [268] et à de nombreuses régions de la région orientale. Il est de plus capable de grimper aux arbres, ce que ne sont pas ses congénères. Il n'a pas de crinière comme *Viverra* et est de constitution plus légère.

FIGUE. 200.— Civette Chat. *Viverra civette* . × 1 / 6 .

Prionodon ou *Linsang* diffère des deux derniers genres par la perte d'une molaire supérieure. Il se rapproche ainsi des Chats, avec lesquels il s'accorde également au niveau des pattes poilues. C'est un genre purement oriental. Il ressemble également aux chats dans la mesure où les griffes sont apparemment assez rétractiles, une caractéristique peu courante dans le groupe. Il existe trois espèces du genre. *P. pardicolor* a de grandes taches noires et une queue annelée. Son corps mesure environ 15 pouces de longueur. Le Dr Mivart a commenté le caecum particulièrement petit qui, comme celui d' *Arctictis* , semble sur le point de disparaître.

Genetta , y compris les Genêt, est presque purement africaine. Il a la formule dentaire complète de *Viverra* ; mais se distingue par l'absence de poche odorante et par une bande de peau nue courant le long du métatarse. Ces animaux sont tous brunâtres jaunâtres à grisâtres avec des taches plus foncées. La Genette commune, *G. vulgaris* , est originaire du sud de l'Europe et vient tout juste d'arriver en Asie ; c'est aussi l'Afrique du Nord. Le Genet, un animal « ayant un appétit pour le petit carnage », est l'un de ces petits carnivores qui peuvent peut-être être considérés comme signifiés par le mot γα λ ῆ , et **semblent** avoir « fonctionné » comme des chats chez les Grecs. Encore récemment, à l'époque de Bélon, on nous dit (par lui) que les Genêts étaient communs et apprivoisés à Constantinople.

Poiana , contenant une seule espèce africaine, un animal tacheté et entièrement ressemblant à Genet, a été séparé en un genre distinct. Le Dr Mivart considère cependant qu'il s'agit d'un *Prionodon* qui a acquis un tarse semblable à celui de Genet.

Arctictis , ne contenant qu'une seule espèce, *A. binturong* , le Binturong, est en quelque sorte une forme exceptionnelle. C'est une créature arboricole noire, peu répandue dans la région orientale, avec une queue entièrement préhensile. Cette caractéristique et son pied plantigrade à semelle nue lui ont valu d'être considéré comme plus allié à l'Arctoidea. C'est cependant sans doute un allié de *Paradoxurus* . Le caecum est petit, voire absent. La dentition est I 3/3 C 1/1 Pm 4/3 M 2/2. La structure de l'animal a été étudiée par Garrod. [269]

Le genre *Fossa* est une Viverrine confinée à Madagascar. Il n'y a qu'une seule espèce, *F. daubentoni* , la « Fossane ». Il se distingue de *Viverra* par la présence de deux taches dénudées sur la face inférieure du métatarse dans le membre postérieur et par l'absence de poche odorante. L'animal n'est pas beaucoup tacheté et rayé, mais les rayures chez les jeunes sont beaucoup plus marquées.

Du genre *Paradoxurus,* il existe une dizaine ou une douzaine d'espèces appartenant entièrement à la région orientale. Les dents sont comme chez *Viverra* , mais parfois les molaires sont réduites à une seule. Les pupilles sont verticales. La queue, bien que longue, n'est pas préhensile, "mais l'animal semble avoir le pouvoir de l'enrouler dans une certaine mesure, et chez les spécimens en cage, l'état enroulé devient souvent confirmé et permanent" (Blanford) . Ce fait explique le nom *Paradoxurus* ; car on ne peut guère s'attendre à une queue préhensile chez un animal de la position zoologique des civettes palmistes, et pourtant sa torsion occasionnelle a conduit à l'origine à l'idée qu'il en était ainsi. Le genre possède des glandes odoriférantes. La dentition est I 3/3 C 1/1 Pm 4/4 M 2/2. *P. niger* , la civette indienne, comme d'autres espèces, n'est pas souvent observée à l'état sauvage. Il est arboricole et, comme les autres membres du genre, se nourrit d'un régime alimentaire mixte, composé de toutes sortes de petits vertébrés et d'insectes, variés par fruits. Une autre espèce, *P. grayi* , est si nettement végétarienne dans ses habitudes qu'elle fait des ravages considérables dans les plantations d'ananas des îles Andaman.

Arctogale est un autre genre oriental avec des dents très petites, celles de la série molaire étant à peine en contact. La plante des pieds est plus nue que chez le dernier genre, et les glandes odoriférantes, si elles sont présentes, semblent petites et mal développées. Il a également une longue queue et son mode de vie est arboricole. Il n'y a « rien de particulier enregistré » quant à ses habitudes. Les espèces sont *A. leucotis* et *A. stigmatica* .

FIGUE. 201.— La civette de Hardwicke. *Hémigale hardwicki* . × 1 / 5 . (De *la nature* .)

Étroitement allié aux deux derniers genres est *Hemigale* , également un genre oriental. Il se distingue du *Paradoxurus* par le fait qu'il a la plante des pieds beaucoup moins nue, bien qu'elle le soit plus que chez *Viverra* ou *Prionodon* . La coloration de l'espèce *H. hardwicki* (un animal malais) est très particulière. Le corps est bagué de cinq ou six larges bandes transversales et la partie basale de la queue est également annelée, une caractéristique rare dans le groupe. Une deuxième espèce de ce genre est *H.hosei* , de Bornéo. Il est de couleur noirâtre , mais n'est pas une variété mélanique de ce dernier.

Nandinia ne semble jamais posséder de caecum. [270] Il est également particulier chez les Carnivores par la non-ossification de la partie postérieure de la bulle. C'est un genre africain, contenant deux espèces tachetées. La queue est annelée.

La cynogale est en tout cas une civette partiellement aquatique, à queue courte, palmée, de couleur brun rougeâtre, qui vit de poissons et de crustacés et habite la péninsule malaise, Sumatra et Bornéo. Il a de longues « moustaches » et on dit qu'il a une tête ressemblant singulièrement à celle de la « loutre » insectivore *Potamogale* . Le métatarse est chauve et le sexe et l'hallux sont très bien développés.

Sous-Fam. 5. Herpestines . — Il existe plus de vingt espèces d' *Herpestes* (mangoustes) réparties entre les régions éthiopiennes et orientales, une espèce, *H. ichneumon* , étant également trouvée en Europe. La fourrure a un aspect « poivre et sel » ; les pieds sont plantigrades. Il y a cinq doigts et orteils. Le pollex et l'hallux sont petits ; la queue est longue. Le tarse et le métatarse sont généralement nus. L'espèce égyptienne « a été injustement baptisée chat de Pharaon ». Elle est peut-être mieux connue sous le nom de Souris du Pharaon. La bête ressemble tellement à un chat qu'elle détruira les rats et les souris ; et il a été exporté vers les plantations de sucre dans ce but précis. Plus célèbres sont ses combats avec des serpents venimeux. Selon Aristote et Pline, l'Ichneumon recouvre d'abord son corps d'une couche de boue dans laquelle il se vautre, puis, avec cette armure , il peut défier le serpent. Topsell raconte mieux l'histoire. L'Ichneumon s'enfouit dans le sable, et "quand l' aspe aperçoit sa rage menaçante, tourne bientôt sa queue , provoque le combat de l'ichneumon , et, la bouche ouverte et la tête haute, entre dans la lice, à sa propre perdition. Car l'ichneumon n'ayant pas peur de cette grande bravade, accepte la rencontre, et prenant la tête de l' aspe dans sa bouche, la mord pour empêcher que son venin ne soit rejeté. " Aux Antilles, l'animal a été décrit comme attaquant sans peur. le mortel Fer de Lance et recevant ses morsures en toute impunité ; on ajoute aussi qu'il mangera les feuilles d'une plante particulière comme antidote ! La véritable explication du résultat de ces rencontres est bien sûr l'agilité de l'Ichneumon [271]— *fort cauteleuse beste* , comme dit Belon.

Une autre espèce, *H. albicauda* , se distingue, comme son nom l'indique, par sa queue blanche. Une espèce de ce genre, *H. urva* , parfois élevée au rang générique sous le nom d' *Urva* , est en partie aquatique ; il se nourrit de crabes et de grenouilles, mais il est tout à fait disposé à se nourrir de volailles et de leurs œufs.

Helogale est un genre dont la validité paraît douteuse (au Dr Mivart). Il est africain et contient deux espèces.

FIGUE. 202.— Ichneumon à queue blanche. *Herpeste albicauda* . × 1 / 5 .

Cynictis est un genre africain, avec cinq doigts sur les membres antérieurs et quatre sur les membres postérieurs. Comme dans *l'herpeste* , l'orbite est entièrement entourée d'os. Il n'existe qu'une seule espèce, *C. penicillata* , qui est de couleur rougeâtre et possède une queue touffue.

Bdeogale , également africain, a les orteils encore plus réduits ; il n'y en a que quatre sur les deux membres. Le tarse est poilu et la queue touffue. Ce sont « des animaux très rares et on ne sait rien de leurs habitudes». On sait cependant qu'ils tuent des serpents venimeux, car le Dr Peters a retiré une vipère rhinocéros de l'estomac de l'un d'entre eux.

Rhynchogale [272] diffère de tous les autres genres de Viverridae, à l'exception de *Crossarchus* et *Suricata* , en ce qu'il n'a pas de rainure sur le museau. Il y a cinq chiffres. Il existe la dentition viverrine complète, avec cinq prémolaires à la mâchoire supérieure ; mais cela peut être une anomalie. [273]

Crossarchus diffère du dernier en n'ayant que trois prémolaires de chaque côté de chaque mâchoire. Il est également africain et il en existe plusieurs espèces.

Suricata est le dernier genre des Viverridae ; il est également africain, et ne contient qu'une seule espèce, *Suricata tetradactyla* , le « Suricate » du Cap. Le Suricate n'a que quatre orteils à chaque pied ; le tarse et le métatarse sont nus en dessous. Le corps est bagué en arrière. Il y a quinze vertèbres dorsales et l'orbite est fermée par un os. Le Suricate vit dans les grottes et les crevasses rocheuses et creuse des terriers. C'est un animal distinctement diurne et assis sur ses pattes postérieures à la manière d'une marmotte. Comme Buffon l'a remarqué chez un spécimen apprivoisé (qu'il pensait être originaire du Surinam), l'animal aboie comme un chien. Le Suricate est en grande partie végétarien et vit de racines.

FIGURE. 203.— Suricate. *Suricata tétradactyle.* × ¼.

Famille. 4. Hyénidés. — Bien que les Hyènes semblent appartenir à cette dernière famille — peut-être surtout en raison de leur taille — elles leur sont néanmoins très proches, plus encore qu'à la tribu des Chats. On se souvient que les rayures et les taches des Hyènes sont très proches de celles des Genet et des Suricate.

Il existe certes deux genres parmi les Hyaenidae, *Hyaena* lui-même avec trois espèces [274] et le loup Aard , *Proteles* , avec une seule. Mais le Dr Mivart estime que l'Hyène tachetée devrait former un genre à part, *Crocuta* , procédé qui a été initié par le regretté Dr Gray du British Museum. Les Hyénidés se distinguent par les caractères suivants :— Il y a généralement quatre orteils, toujours ainsi au pied postérieur. Les griffes ne sont pas rétractiles. Le nez et la lèvre supérieure sont rainurés. La formule molaire est Pm 4/3 M 1/1. La plante des pieds est couverte de poils sur le tarse et le métatarse. Pas de glandes odoriférantes. Queue courte. Vertèbres dorsales plus nombreuses que chez les autres Aéluroïdes , *soit une* quinzaine. La bulle n'est divisée que par un septum rudimentaire.

FIGURE. 204.- Hyène tachetée. *Crocuta maculata* . × 1 / 12 .

Les genres *Hyaena* et *Crocuta* , respectivement la Hyène rayée et la Hyène tachetée, ont une aire de répartition africaine et asiatique, *Crocuta* étant limitée à l'Afrique du Sud. Il n'y a ni hallux ni pollex.

FIGURE. 205.— Hyène rayée. *Hyène striée.* × 1 / 12 .

Les Hyènes, stigmatisées par Sir Samuel Baker comme des « créatures de caste inférieure », se nourrissent principalement de charognes. De nombreuses superstitions arabes leur sont associées. Certaines particularités dans la structure des organes de reproduction ont conduit à croire qu'une Hyène changeait de sexe chaque année. Ses hurlements presque humains sont censés être un piège délibéré pour le voyageur imprudent . Il existe également une légende selon laquelle dans l'œil de la Hyène se trouve une pierre qui, si elle est placée sous la langue d'un homme, lui confère le don de prophétie.

Protèle présente de nombreuses ressemblances avec les Hyènes, mais aussi certaines différences ; pour beaucoup, il est placé dans une famille distincte. Il n'existe qu'une seule espèce, *P. cristata* , le loup Aard d'Afrique du Sud. Extérieurement, il ressemble beaucoup à une hyène, le pelage étant rayé et les oreilles, bien que plus longues, ressemblant à celles d'une hyène. Il y a aussi une crinière. Il y a cependant cinq orteils sur les pieds antérieurs. Les dents sont plus faibles, en particulier les molaires, qui sont également moins nombreuses. Le crâne, comme chez *Hyaena* , n'a pas de canal alisphénoïde, mais la bulle tympanique est divisée par un septum. L'animal semble se nourrir en grande partie d'insectes, en particulier de termites, ainsi que de charognes. [275]

Hyénoïdes disparus *Ictitherium* semble être une transition entre eux et les Viverridae. Sa dentition, 3/3, 1/1, 4/3, 2/1, est celle d'un Viverrid, et les pieds sont à cinq doigts. La dent carnassière supérieure, cependant, ressemble à celle de *Hyène* en ce sens qu'elle possède une forte cuspide interne. D'autres genres éteints de Hyènes sont *Lycyaena* et *Hyaenictis* . Le genre *Hyaena* lui-même remonte au Miocène et était présent en Europe jusqu'au Pléistocène.

La Hyène des cavernes de ce pays semble impossible à distinguer de *Crocuta maculata* , bien qu'elle ait reçu le nom de *H. spelaea* .

Famille. 5. Canidés. [276] — Cette famille ne peut être divisée en plus de cinq genres et est universellement distribuée à l'exception de la Nouvelle-Zélande. La bulle auditive est lisse et arrondie et possède intérieurement un septum très incomplet, s'étendant sur environ un quart ou un tiers de la cavité. Le méat présente un dessous de lèvre assez proéminent. Le processus paroccipital est long et important. La mastoïde est distincte, quoique peu développée. Le foramen glénoïde est grand ; le foramen condyloïde est bien visible et le canal carotide est profond dans le foramen lacerum posterius . Les trois derniers personnages ressemblent à des ours ; la forme de la bulle est Aeluroïde . Le nombre des dents varie quelque peu, et le tableau suivant servira à indiquer la réduction graduelle observable du nombre des molaires :

Otocyon	I 3/3 C 1/1 Pm 4/4 M (3 ou 4)/4
Canis en général	I 3/3 C 1/1 Pm 4/4 M (3 ou 2) /(4 ou 3)
Cyon	I 3/3 C 1/1 Pm 4/4 M 2/2
Icticyon	I 3/3 C 1/1 Pm 4/4 M (2 ou 1)/2

Tous les Chiens ont un caecum [277] de forme cylindrique simple. Chez *C. cancrivorus* , *C. jubatus* et *Nyctereutes procyonides,* cet organe est droit ou très légèrement courbé ; chez d'autres chiens, il est enroulé en sforme de -, parfois avec une torsion supplémentaire. Les chiens ont, en règle générale, cinq orteils, dont un tombant à *Lycaon* . La queue est assez longue et nettement touffue. Il existe chez de nombreuses espèces une glande à la racine de la queue, dont la présence peut fréquemment être détectée par l'aspect humide dû à la sécrétion suintante. La grande majorité des Canidés existants appartiennent au genre *Canis* . Mais on peut certainement distinguer trois, et plus probablement quatre, autres genres.

Le genre *Icticyon* ne contient qu'une seule espèce récente, le Bush Dog (*I. venaticus* , Lund) de Guyane britannique. L'animal a un aspect quelque peu paradoxal, en tout cas nettement différent de celui d'un chien, étant assez long dans le corps (environ 2 pieds de long), plus court dans les pattes et avec une grosse tête. Il est de couleur noirâtre , tirant vers le brun doré sur la tête et le dos. Sir W. Flower, à qui nous devons notre principale connaissance de sa structure, le caractérise comme un jeune renard et avec les manières enjouées d'un chiot. L'animal semble chasser en meute et à l'odeur, et a une réputation de férocité. *Icticyon* diffère de *Canis* et s'accorde avec l'Indien *Cuon* en ce qu'il n'a que quarante dents, la dernière molaire ayant disparu des mâchoires supérieure et inférieure. Le caecum, contrairement à celui de la majorité des Canidés, n'est que légèrement courbé. Le cerveau, assez curieusement, présente une particularité semblable à celle d'un chat. Il a été souligné que les genres *Cuon* et *Icticyon* ressemblent aux chiens primitifs par leur corps long et leurs pattes courtes. [278]

Un genre *Nyctereutes* est généralement séparé de *Canis* pour l'inclusion de *N. procyonides* uniquement. La séparation est basée sur la coloration étonnamment inhabituelle de ce chien. C'est un petit animal, avec de nombreux longs poils blancs sur le dos. Le visage, la poitrine et une grande partie du ventre sont noirs. Son aspect rappelle nettement celui d'un raton laveur , [279] notamment par les taches noires sous les yeux, d'où bien sûr le nom scientifique et le pseudo-vernaculaire « Chien ressemblant à un raton laveur ». Il habite la Chine et le Japon. Quant à la structure, rien ne justifie son exclusion du genre *Canis* . Garrod, cependant, mentionne la taille inhabituellement grande du lobe spigélien du foie.

FIGURE. 206.— Chien ressemblant à un raton laveur. *Nyctereutes procyonides* .
× 1 / 6 .

Wortman et Malkens [280] ont institué un genre *Nothocyon* pour les espèces *C. urostictus* [281] et *C. parvidens* du Dr Mivart , qui sont toutes deux des formes sud-américaines.

Le genre *Otocyon* ne contient qu'une seule espèce, *O. megalotis* , espèce africaine, assez répandue sur ce continent (du Cap au Somaliland, dans les districts sableux), et parfois confondue avec le Fennec à cause de ses longues oreilles. Sa principale différence structurelle avec les autres Chiens est qu'il y a une molaire supplémentaire dans chaque mâchoire, la formule molaire étant ainsi M 3/4 voire 4/4. De plus, les dents carnassières ne sont pas aussi prononcées, et le professeur Huxley a particulièrement insisté sur la ressemblance de certaines dents des joues avec celles des Arctoïdes les plus primitifs . L'angle de la mâchoire inférieure est infléchi, caractère cependant qui semble être plus général qu'on ne l'admet habituellement chez les animaux qui ne se rapportent pas aux marsupiaux. Il est possible *qu'Otocyon* soit une forme persistante ressemblant à un Créodont qui s'est développée dans une direction curieusement et de la manière la plus détaillée parallèle à celle des Chiens. Si, cependant, nous pouvons supposer l'ajout de la molaire, alors cette conclusion anormale mais pas nécessairement intenable est évitée.

Le genre *Cuon* , ou *Cyon* , a été institué pour les deux ou trois espèces de chiens orientaux (*C. primaevus* , *C. dukkunensis* , etc.) qui s'accordent entre elles par la perte constante d'une molaire dans la mâchoire inférieure, ou, il faut dire une perte presque constante, car la dent manquante est parfois représentée. La dernière des deux espèces citées, le Dhole, est, comme ses congénères, un animal qui chasse en meute ; on dit qu'il chasse même le féroce tigre, et qu'il est ainsi l'un des rares animaux capables d'affronter le plus grand et le plus féroce des carnivores.

Le genre *Lycaon* est un type très distinct, se différenciant des autres chiens par la possession de seulement quatre orteils sur les membres antérieurs et postérieurs, et par la formule dentaire, qui est Pm 4/4 M 2/3. La seule espèce est *L. pictus* , le chien de chasse du Cap. Il ressemble singulièrement à une Hyène [282] en apparence générale ; la couleur de fond gris ocre avec des marques noires et les longues oreilles produisent cette ressemblance. L'animal doit son nom vernaculaire à son habitude de chasser en meute. Son aire de répartition s'étend sur une bonne partie de l'Afrique. La présence de cette espèce (ou du moins du genre, car le nom *L. anglicus* a été utilisé) dans les grottes du Glamorganshire semble montrer qu'il s'agit d'un immigrant relativement récent en Afrique. Quant à ses structures viscérales, *Lycaon* [283] ne diffère pas beaucoup des autres chiens. Il n'a cependant pas de lytta sous la langue. Les intestins sont ainsi divisés : gros, 9 pieds 1 pouce ; petit, 1 pied 3 pouces. Cela contraste avec les proportions observables chez certains autres chiens. Alors que d'autres chiens n'ont qu'un rudiment cartilagineux de la clavicule, *Lycaon* possède un représentant considérablement plus grand de cet os.

FIGUE. 207.— Renard Fennec. *Canis zerda* . × 1 / 5 .

FIGUE. 208.— Loup des Prairies ou Coyote. *Canis latrans.* × ⅛.

La majeure partie des chiens, des loups, des renards et des chacals est ainsi laissée pour inclusion dans le genre *Canis* . Mais les nombreux membres de ce genre peuvent, selon le professeur Huxley, être classés en deux séries par certains caractères crâniens. Il a appelé les deux séries "Alopecoid" ou Fox-like, et " Thooid " ou Wolf-like. Il a été suggéré d'utiliser le nom générique *Vulpes* pour le premier et *Canis* pour le second. Les caractères qui seront traités immédiatement sont également à noter parmi les Chiens appartenant à des genres déjà séparés. Ainsi *Lycaon* est distinctement Thooid . Les personnages en question sont les suivants : — Dans la série Fox, le sinus aérien frontal des Thooïdes est absent ; la cavité crânienne est en forme de poire, sans angle abrupt coïncidant avec le sillon supra-orbitaire, comme il en existe dans l'autre groupe ; le processus coronoïde de la mandibule est plutôt plus haut et plus recourbé chez le Renard, tandis que la profondeur de la mandibule au niveau de la première molaire est plus grande.

FIGUE. 209.— Loup japonais. *Canis hodophylax*. × ⅛ (De *la nature* .)

A la série des Renards appartiennent entre autres les espèces *C. lagopus* (Renard arctique), *C. zerda* (le Fennec), *C. chama* (le Renard argenté d'Afrique), *C. virginianus* (le Renard de Virginie), *C. velox* (le Renard Kit), et bien sûr le Renard Commun de ce pays. Par contre, les Chiens proprement dits (comme *C. dingo*), les Loups (*C. lupus* , *C. pallipes* , *C. niger*), le Loup japonais (*C. hodophylax*), le Loup rouge d'Amérique (*C. jubatus*), les chacals (*C. aureus* , *C. anthus* , etc.), le loup des prairies (*C. latrans*) et un certain nombre de formes américaines, comme *C. azarae* , son proche allié *C. cancrivorus* (= *C. rudis*), *C. antarcticus* , *C. magellanicus* , etc., sont décidément des loups plutôt que des renards.

Le renard arctique, *Canis lagopus* , est connu pour sa robe d'été bleuâtre et sa robe d'hiver d'un blanc pur sous les noms de "Renard bleu" et "Renard blanc" respectivement. C'est un habitant du nord de l'Arctique; mais autrefois, comme le montrent ses vestiges, il descendait jusqu'à des latitudes aussi méridionales que l'Allemagne et ce pays. Le point le plus méridional qu'il habite actuellement est l'Islande. Ce petit renard est bien connu pour être l'un des rares animaux à changer de robe pour devenir entièrement blanche en hiver. Ce changement n'est cependant pas absolument universel ; et M. Trouessart a même affirmé que le changement supposé n'existe pas, mais que les couleurs sont une question d'âge et de sexe. Ce renard se nourrit d'oiseaux et de carcasses de baleines et de phoques ; on dit aussi qu'il dévore les coquillages et qu'il stocke même de la nourriture lorsqu'elle est abondante pour les saisons de disette. On a observé qu'un renard « emportait dans sa bouche des œufs provenant d'un nid de canard eider, un à la fois, jusqu'à ce que tous soient retirés » ; et en hiver, « gratter un trou dans la neige très profonde pour trouver une *cache* d'œufs en dessous ». Ces anecdotes sont racontées par Sir Leopold M'Clintock ; mais d'autres ont également affirmé les habitudes de conservation de ce renard, qui ne dispose en réalité que d'une courte période de l'année pendant laquelle il peut attraper de la nourriture vivante convenable.

Canis vulpes , le Renard, n'est pas seulement originaire d'Angleterre, mais s'étend aussi loin à l'est que l'Egypte, le soi-disant *C. aegyptiacus* n'étant tout au plus qu'une simple variété. Il existe en effet des variétés dans ces îles ; le renard anglais étant plus rouge, le écossais plus gris. Non seulement le renard est une bête anglaise véritablement indigène, mais ses restes remontent très loin dans le passé. Ses os se trouvent dans le Red Crag, un dépôt du Pliocène. Sa prédominance actuelle est sans aucun doute due à sa préservation comme bête de chasse. Il vit dans des terriers, soit en les creusant lui-même, soit en prenant possession de ceux d'un autre animal ; le Blaireau souffre ainsi, et on dit qu'il a été vaincu non pas par les dents du Renard cambrioleur, mais par ses habitudes bien plus répugnantes ! Il est curieux que l'expression « rousseur » ne convienne pas aussi bien à cet animal qu'à bien d'autres. L'habitude de "simuler la mort" est très répandue dans le monde animal, mais du moins pas courante chez notre Renard. La sagacité du Renard semble être un peu plus proverbiale que réelle ; la littérature regorge de ses réalisations. Le digne archevêque d'Upsala, Olaus Magnus, figurait des renards plongeant leur queue dans les ruisseaux, puis en retirant les écrevisses curieuses qui s'étaient emparées d'eux. « C'est un être rusé, vif et libidineux », observait un écrivain du siècle dernier.

Parmi les chacals, il existe de nombreuses espèces, africaines et orientales. M. de Winton admet la liste suivante d'espèces africaines [284] :— *C. anthus* , *C. variegatus* , *C. mesomelas* , *C. lateralis* . *C. mesomelas* se distingue par la large tache noire au milieu du dos. Ces animaux ne semblent pas aller en meute comme le font tant de canidés ; ils vivent de charognes, mais volent aussi les nids de poules et commettent d'autres déprédations sur le bétail des agriculteurs. Le « Quaha », *C. lateralis* , se distingue du dernier par son écorce pointue et par la bande latérale évidente qui lui a donné son nom. Il est curieux qu'il vive en apparente amitié avec *C. mesomelas* , puisque les habitudes des deux sont identiques et conduiraient, pourrait-on supposer, à une lutte acharnée pour l'existence, dans laquelle l'un des deux disparaîtrait. Parmi les chacals indiens, *C. aureus* est le type le plus familier.

FIGUE. 210.— Loup. *Canis lupus.* × ⅛.

Le loup européen, *Canis lupus* , était autrefois, mais n'est plus, un habitant des îles britanniques. Leur ancienne prévalence est indiquée par de nombreux noms de villes et de villages, tels que Ulceby et Usselby dans le Lincolnshire, la ville de Wolverton et Woolmer Forest. À l'époque saxonne, les loups étaient très abondants ; et encore récemment, sous le règne d'Elizabeth, on pouvait les voir à Dartmoor et dans la forêt de Dean. Dans la New Forest, ils étaient chassés au XIIe siècle. Il semblerait que le dernier loup anglais ait été tué sous le règne d'Henri VII. En Ecosse, cependant, ils ont persisté beaucoup plus longtemps. C'est en 1743 que fut le dernier meurtre. Mais avant cette période, ils avaient commencé à devenir extrêmement rares, car le prix d'une peau en 1620 est coté à 6 £: 13: 4. En Irlande, les loups s'attardèrent encore plus longtemps ; on pense que vers 1770 est la date de leur extinction définitive sur cette île. Le Loup est aujourd'hui réparti sur la plus grande partie de l'Europe, de l'Asie du Nord et de l'Amérique du Nord, la forme américaine n'étant pas considérée comme distincte de son alliée européenne. De nombreuses légendes se sont accumulées autour de ce féroce carnivore. Aristote, généralement précis dans l'ensemble, "en dit encore plus sur les loups que ce que l'expérience justifie". Pline, incapable de distinguer le vrai du faux, était à cet égard « un auditeur avide de toutes les histoires de vieilles femmes ». Aelian ajouta à ses merveilles et affirma que le loup ne peut pas pencher la tête en arrière ; s'il lui arrive de marcher sur la fleur de la scille, elle devient aussitôt engourdie. Alors le renard rusé, craignant son ennemi plus puissant, prend soin de parsemer son chemin de scilles ! La conversion des hommes en loups était une superstition bien connue, datant de l'époque grecque et romaine ; il a constitué la base d'une grande partie des persécutions contre la sorcellerie au Moyen Âge et au-delà, et a laissé sa marque dans le folklore, *par exemple* le loup dans "Le Chaperon Rouge".

Les loups indiens, *C. pallipes* , *C. chanco* et *C. laniger* , ne sont guère, voire pas du tout, différents de *C. lupus* . Le professeur Huxley a remarqué la ressemblance de *C. pallipes* avec un chacal, comblant ainsi le fossé très insignifiant qui peut être considéré comme séparant les chacals et les loups.

Le Dingo, *Canis dingo* , est une espèce intéressante et quelque peu mystérieuse de chien ou de loup. Comme on le sait, c'est une espèce australienne ; mais il ne semble pas être certain s'il a été apprivoisé et introduit en Australie par les races indigènes, ou s'il s'agit d'une véritable espèce australienne indigène.

La couleur de cette espèce varie, mais elle est généralement brun rougeâtre ; il est cependant souvent gris et même presque noir. Qu'il soit indigène ou introduit, le Dingo est un fléau pour les colons australiens, dévorant les moutons, qu'il détruit généralement en lui arrachant la panse. Il ne chasse généralement pas en meute. On dit que le Dingo simule la mort avec tant de persistance qu'on sait qu'un individu est partiellement écorché avant de bouger. Des restes de Dingo ont été trouvés dans les graviers des rivières en Australie où aucun reste humain n'a été détecté. Cela plaide en faveur de son caractère autochtone ; mais, d'un autre côté, on a fait remarquer que l'homme lui-même sur le continent australien remonte à des temps très anciens et qu'il se peut donc qu'il ait encore importé ce compagnon avec lui. Quoi qu'il en soit, c'est une créature plutôt sauvage maintenant. Le Dr Nehring , chercheur expert en matière d'animaux domestiques, a déclaré que le squelette du Dingo ne suggère pas du tout un animal sauvage mais une race purement sauvage.

Le chien domestique est généralement appelé *Canis familiaris* ; mais aux restes des cavernes osseuses, le nom de *C. ferus* ou *C. mikii* a été donné. Il ne fait aucun doute que le Chien était très tôt « l'ami de l'homme ». Ses restes ont été rencontrés dans les dépotoirs des cuisines danoises, dans les habitations lacustres des lacs suisses et au cours de l'âge du bronze en Europe en général. Mais "il y a peu de questions plus controversées en archéologie de l'histoire naturelle que celle de l'origine du chien". Ses restes déjà évoqués peuvent dans de nombreux cas plaider pour son utilisation comme aliment. Mais dans un tumulus néolithique, un chien a été retrouvé enterré avec une femme, les squelettes des deux étant *in situ* ; cet animal avait à peu près la taille d'un chien de berger. Le chien actuel est divisé en plus de 180 races différentes ; mais dans un ouvrage d'« Histoire naturelle », il semblerait déplacé d'énumérer et de caractériser ces produits artificiels. Les auteurs varient dans leurs opinions quant à la souche qui a donné naissance aux races domestiques du passé et d'aujourd'hui. Le chacal, le Bunasu (*C. primaevus*) et le loup indien (*C. pallipes*) ont été proposés comme ancêtres probables. Il est plus probable qu'il y ait beaucoup de mélanges et que divers types sauvages aient été sélectionnés par l'homme dans divers pays.

disparus . — De nombreuses espèces de canidés existantes se trouvent également dans les dépôts du Pléistocène des pays qu'elles habitent actuellement. Quelques-uns montrent une gamme plus large dans le passé immédiat que dans le présent. Ainsi *Lycaon* (*L. anglicus*) a été rencontré dans des grottes du Glamorganshire, tandis *qu'Icticyon* d'Amérique du Sud semble être un congénère du *Speothos* des grottes brésiliennes. L' *Otocyon africain* semble être présent dans des gisements en Inde. Il existe également de nombreuses espèces éteintes appartenant au genre *Canis* , qui remontent au Pliocène.

Les premiers types de chiens ont été classés dans différents genres. *Cynodictis* est une forme éocène issue des strates européennes. Le crâne ressemble résolument à une civette, avec un museau court. Les pattes antérieures et postérieures étaient à cinq doigts, avec un pollex et un hallux bien développés. La dentition était celle des chiens modernes, les molaires étant au nombre de deux dans la mâchoire supérieure et de trois dans la mâchoire inférieure. L'aspect général de la créature et la forme du squelette ressemblaient beaucoup à ceux du genre Viverrine *Paradoxurus* , dont, ainsi que des chiens, *Cynodictis* aurait pu être un ancêtre.

Simocyon du Miocène supérieur constitue le type d'une sous-famille distincte de chiens, les Simocyoninae . Le crâne est court, large et haut ; le raccourcissement du crâne affectant les mâchoires a réduit considérablement les dents ; les trois premières prémolaires sont très petites, tombent rapidement et sont donc souvent déficientes. Il n'y a que deux molaires dans chaque mâchoire. Ce type est bien sûr loin du Chien ancestral. Il s'agit d'une branche très spécialisée d'un type ancien. *La céphalogale* est moins spécialisée ; il y a les quatre prémolaires habituelles. *Enhydrocyon* est une forme intermédiaire ; il a perdu une prémolaire dans chaque mâchoire.

Amphicyon , formant le type d'une autre sous-famille, les Amphicyoninae , bien que généralement placé parmi les chiens, nous présente de nombreuses caractéristiques semblables à celles de l'ours dans son organisation . Les pieds, par exemple, étaient plantigrades et à cinq doigts. Le cubitus et le radius sont spécialement comparés aux mêmes os de la tribu des Ours. Le crâne, en revanche, a la forme d'un chien. Les molaires sont grandes, larges et écrasantes et ressemblent à celles d'un ours. La plus grande espèce connue, *A. giganteus* , a à peu près la taille de l'ours brun. *Amphicyon* est un genre du Miocène. L'Éocène et son allié sont *Pseudamphicyon* . Ce genre possède, comme *Amphicyon* , la dentition complète de quarante-quatre dents. Chez les Amphicyoninae , les pieds sont généralement à cinq doigts, l'humérus a un foramen entépicondylien et le fémur un troisième trochanter. Les molaires supérieures sont grandes.

Le genre américain et étroitement apparenté *Daphaenus* a également des pieds plantigrades et a dans sa structure de nombreuses réminiscences des Créodontes. Il en va de même pour l' *Uintacyon de l'Éocène* .

Cynodesmus est étroitement lié à *Cynodictis* . Il présente des éléments anciens combinés à des éléments assez modernes. Le crâne est décrit comme étant semblable à celui d'un Créodonte, mais la dentition est celle des chiens microdontes modernes. Conformément à son âge, les circonvolutions cérébrales de ce Chien sont beaucoup plus simples que chez les Chiens existants, et les hémisphères recouvrent moins le cervelet.

Le Carnivora ressemblant à un ours ou Arctoidea. — Cette division des Carnivores qui est typiquement représentée par les Ours, embrasse trois familles récentes, qui sont unies par un certain nombre de caractères. Ces Carnivores sont toujours plantigrades ou presque. Ils ont presque toujours cinq orteils. Les griffes ne sont pas rétractiles, ou tout au plus semi-rétractiles comme chez le Panda. Dans le crâne, la bulle tympanique est souvent déprimée et n'est pas aussi globulaire et évidente que chez les chats. Sa cavité n'est pas divisée par un septum. Les processus paroccipitaux ne lui sont pas appliqués. La dent carnassière est moins mise en valeur dans ce groupe que chez les Chats.

Ces caractères doivent cependant être utilisés avec prudence, car ils ne sont pas universellement applicables. Une bulle arctoïde assez typique se présente sous une forme telle que *Cercoleptes* . La bulle elle-même est un peu plus renflée que chez *l'Ursus* , mais elle s'aplatit de la même manière vers le méat osseux. Les processus paroccipitaux , peu développés, sont à une distance de ¼ de pouce du bord postérieur de la bulle. Chez le Raton laveur, les bulles sont beaucoup plus gonflées et les processus paroccipitaux en sont plus proches. Chez le Putois marbré, *Putorius sarmaticus* , les bulles sont assez gonflées et il y a peu d'aplatissement vers le méat : les processus paroccipitaux , bien que légers, sont en contact avec la base des bulles, bien que leurs extrémités libres en soient détournées. Enfin, chez *Ictonyx* , les bulles sont très gonflées ; il y a peu d'aplatissement vers le méat, et les apophyses paroccipitales , elles-mêmes très gonflées, sont étroitement pressées contre les bulles. Les Mustelidae se rapprochent donc, dans ce domaine comme dans d'autres caractères, des Aeluroïdes .

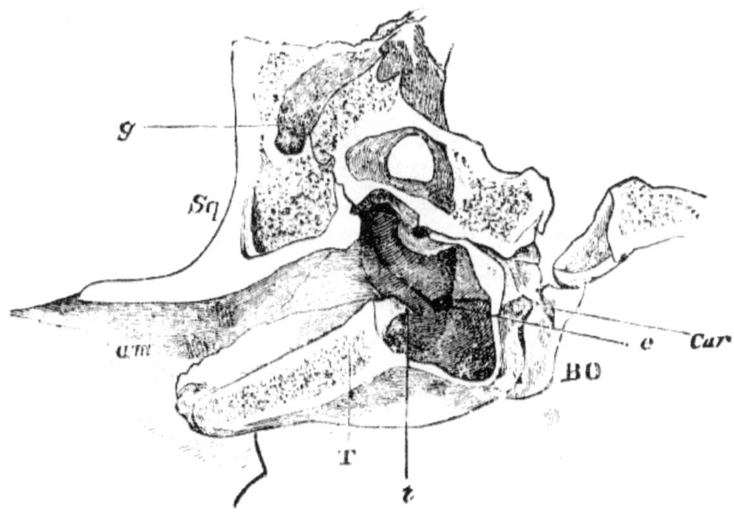

FIGURE. 212.— Coupe de la bulle auditive gauche et des os environnants d'un ours (*Ursus ferox*). *un m* , Méat auditif externe ; *BO* , basioccipital ; *Voiture* , canal carotide ; *e* , canal d'Eustache ; *g* , canal glénoïde ; *Carré* , squamosal ; *T* , tympanique ; *t* , anneau tympanique. (De Flower, *Proc. Zool. Soc.* 1869.)

Il n'y a pas de caecum, une caractéristique qui distingue les Arctoidea de tous les Carnivores à l'exception des Viverrids *Nandinia* et *Arctictis* (occasionnellement). Le cerveau est caractérisé par la possession de ce que le Dr Mivart a décrit comme la « pastille ursine », un tractus situé autour du milieu des hémisphères, défini en arrière par le sillon crucial et formé par l'émergence à la surface du cerveau de le gyrus hippocampique.

Les Arctoidea sont très largement distribués. Mais il existe quelques curieuses exceptions. Il n'y a donc aucun représentant du groupe (comme on pouvait s'y attendre) dans la région australienne ; ils sont totalement absents de Madagascar ; tandis que les vrais Ours (famille des Ursidae) sont totalement absents de l'Afrique éthiopienne, et ne sont représentés que par une seule espèce, *Ursus ornatus*, dans la région néotropicale.

Il est à noter que les Arctoidea ne présentent jamais de taches ou de rayures croisées (sauf les anneaux sur la queue), qui sont une caractéristique si courante de la coloration des formes félines.

En mettant entre parenthèses les trois familles décrites dans les pages suivantes, l'accent est mis sur un certain nombre de traits incontestablement communs. La paléontologie semble cependant suggérer que les Mustelidae se rapprochent des Viverridae. Le fait que les ours et les chiens soient reliés par des genres anciens éteints n'interfère pas avec leur distinction actuelle.

La disposition systématique de ces Carnivores n'est pas facile. Il peut être utile, cependant, de donner une méthode de disposition permettant de placer commodément les genres.

Le groupe le plus primitif est peut-être celui des vrais Ours, famille des Ursidae ; car chez eux, les molaires sont deux au-dessus et trois en bas, et n'ont donc pas diminué en nombre comme chez certains des autres membres de l'ordre. De plus, les ours ont des reins lobés, caractère qui se rencontre souvent chez les petits d'animaux qui, à l'âge adulte, ont des reins lisses, peut être considéré comme un caractère primitif. Les pieds sont en outre complètement plantigrades. Cette famille ne contiendra que trois genres, *Ursus*, *Melursus* et *Aeluropus*.

Vient ensuite la famille des Procyonidae, chez plusieurs membres dont une molaire est perdue en dessous, bien que chez d'autres la formule plus archaïque soit conservée. Les reins sont simples. Cette famille contient les genres américains *Procyon*, *Nasua*, *Bassariscus*, *Bassaricyon*, *Cercoleptes* et la forme de l'Ancien Monde *Aelurus*.

La troisième famille, les Mustelidae, a la formule molaire réduite à 1/2 ou 1/1. Les reins sont simples sauf chez la Loutre. A cette famille sont attribués les genres suivants :— *Arctonyx*, *Conepatus*, *Meles*, *Mephitis*, *Taxidea*, *Mydaus*, *Mellivora*, *Helictis*, *Ictonyx*, *Mustela*, *Galictis*, *Grisonia*, *Putorius*, *Gulo*, et les aquatiques *Lutra*, *Enhydris* et *Aonyx*.

Famille. 6. Procyonidés. — Cette famille est principalement présente en Amérique, le genre *Aelurus* étant seul originaire de l'Ancien Monde. Mais Zittel inclurait avec les genres de cette famille les genres Viverrine et Oriental *Arctictis*, procédé qui est peut-être difficilement admissible, bien que l'absence occasionnelle de caecum chez cet animal soit jusqu'ici en faveur d'une telle alliance. La nature largement végétale de sa nourriture et ses habitudes arboricoles lui confèrent une certaine ressemblance avec certains des membres du groupe actuel de carnivores. Les Procyonidae ont deux molaires dans chaque moitié de chaque mâchoire. Les dents carnassières ne sont pas typiquement développées et les molaires sont larges et tuberculées. La queue est longue, souvent préhensile et souvent annelée selon la disposition de son motif de couleur . Le canal alisphénoïde est absent sauf chez l' *Aelurus aberrant* . Des foramens condyloïdes et postglénoïdes sont présents. Les membres de cette famille sont plantigrades.

FIGUE. 213.— Raton laveur. *Procyon Lotor.* × 1 / 5 .

Le genre *Procyon* comprend au moins deux espèces de raton laveur, la forme septentrionale, *P. lotor* , et la forme sud-américaine, *P. cancrivorus* . A ceux-ci, on pourrait éventuellement en ajouter un troisième, *P. nigripes* . Ce genre se caractérise par la longueur et la mobilité des doigts, et en effet il utilise beaucoup ses mains. Il n'a pas de rainure médiane sur le museau, comme on le trouve chez de nombreux autres Arctoïdes ; les oreilles sont moyennement grandes ; la queue n'est pas longue, représentant environ un tiers de toute la longueur de l'animal, queue comprise. La plante des pieds est nue. Ses membres sont très longs (pour un Arctoïde), ce qui donne à l'animal un aspect replié lorsqu'il marche. Il y a quatre prémolaires et deux molaires de chaque côté de chaque mâchoire. Il y a quatorze paires de côtes, dont dix paires atteignent le sternum. Ce dernier est composé de neuf pièces.

La première espèce nommée doit son nom au fait, dont il existe de nombreuses preuves, qu'elle plonge sa nourriture dans l'eau. En effet, l'animal fréquente les bords des cours d'eau, chasse les écrevisses dans les eaux peu profondes, sous les pierres, et capture également des poissons. Non seulement cet animal est partiellement aquatique, mais il peut aussi bien grimper : « ils s'installent dans les arbres, mais exercent leurs activités ailleurs ». L'animal s'apprivoise facilement, mais c'est un animal de compagnie fastidieux en raison de sa curiosité insatiable et de son habileté à se servir de ses mains, qui lui permettent d'ouvrir les portes et généralement de fouiller partout. Les ratons laveurs sont pour la plupart des créatures nocturnes.

Le genre *Bassaricyon* [285] comprend deux espèces, toutes deux américaines, *B. alleni* étant originaire de l'Équateur et *B. gabbii* du Costa Rica. Ils ont tellement l'aspect d'un Kinkajou qu'un spécimen, arrivé au Jardin Zoologique, a été présenté et inscrit comme l'un de ces animaux. Il existe néanmoins de nombreuses différences entre les deux genres. La queue de *Bassaricyon* n'est pas préhensile, et l'animal, comme le montre la fig. 214, a un museau plus pointu ; le cerveau ressemble davantage à celui de *Bassariscus* . La ressemblance avec *Cercoleptes* peut difficilement être considérée comme un exemple de « mimétisme », tant les formes sont étroitement liées, et l'avantage d'une telle imitation reste à prouver. Le museau du *Bassaricyon* est rainuré ; les oreilles sont assez grandes ; la plante des pieds est nue ; il n'y a qu'une seule paire de tétines. Il y a deux molaires et quatre prémolaires pour chaque demi-mâchoire.

FIGUE. 214.— Bassaricyon . *Bassaricyon alleni* . × 1 / 5 .

Les vertèbres dorsales sont au nombre de treize ; neuf des côtes atteignent le sternum. L'élancement et la convexité du bord inférieur de la mâchoire inférieure, ainsi que le faible processus angulaire, distinguent ce genre de son allié sans aucun doute proche *Cercoleptes* . La formule dentaire est également différente.

Bassariscus a une queue annelée comme celle d'un raton laveur et est également présent dans l'aire de répartition américaine ; il s'accorde en outre avec le raton laveur en ce qu'il est nocturne et principalement arboricole. Il existe apparemment trois espèces, dont *B. astutus* est la plus connue, ayant été exposée à plusieurs reprises dans les jardins de la Société Zoologique, les derniers exemples ne datent que de 1900. On a longtemps cru que l'animal était un allié de l'Oriental. Paradoxes, et son apparition en Amérique était donc déroutante. Les véritables affinités de la créature ont cependant été définitivement mises au repos par Sir W. Flower, et des récits ultérieurs sur son anatomie ont confirmé cette opinion. [286] Les vertèbres sont plus nombreuses que chez *Procyon* , et les dents sont légèrement différentes ; sinon, il présente de nombreuses ressemblances avec son plus proche allié. Les oreilles sont longues ; le nez est rainuré ; et les paumes et les plantes sont nues.

FIGUE. 215.— Bassarisque rusé . *Bassariscus astutus.* × 1 / 5 . (De *la nature* .)

Le Kinkajou, *Cercoleptes* , est également un arctoïde américain. Cela s'étend du centre du Mexique jusqu'au Rio Negro au Brésil. Il fut autrefois confondu, et, vu son aspect extérieur, ce n'était pas étonnant, avec les Lémuriens. Sir R. Owen a dissipé cette opinion par une dissection minutieuse de la créature. Néanmoins, il existe certaines caractéristiques anatomiques qui le différencient des Carnivores et ressemblent aux Lémuroïdes. [287] Il a été souligné que la forme de la mâchoire inférieure « ressemble beaucoup à celle du *Microrhynchus lémuroïde* ». Il ne fait cependant aucun doute qu'il est à juste titre placé dans le groupe actuel. La queue est très préhensile, et l'animal est donc, comme on pourrait le supposer, purement arboricole. Il possède quelque vingt-huit vertèbres. Ce genre a un sillon médian sur le nez. Les griffes sont longues et pointues, et les paumes et la plante des pieds sont nues. Il y a trois prémolaires et deux molaires. Il y a quatorze vertèbres dorsales, dont neuf sont reliées au sternum à neuf articulations par des côtes.

Il n'existe qu'une seule espèce, *C. caudivolvulus* , de couleur brun jaunâtre uniforme .

FIGUE. 216.— Kinkajou. *Cercoleptes caudivolvulus.* × 1 / 6 .

FIGUE. 217.— Coati. *Nasua rufa* . × 1 / 6 .

Nasua , le Coati, s'étend du Texas au Paraguay et compte deux espèces. Au Guatemala, il atteint une hauteur de 9 000 pieds sur les montagnes. Le nez est formé par une trompe courte et très mobile, d'où son nom. Le nom mexicain indigène de la créature est « Quanhpecotl ».

Le Coati est en grande partie arboricole et chasse les iguanes en grandes bandes, certains d'entre eux se trouvant sur les arbres et d'autres au sol. Il arrache également des vers et des larves, ce à quoi son long museau lui convient. Les molaires du genre ressemblent à celles de *Procyon* .

Il n'y a pas de rainure médiane sur le nez. Les paumes et les plantes sont nues. Six trayons apparaissent. Il y a treize vertèbres dorsales. *Nasua nasica* [288] et *N. rufa* sont les espèces les plus connues et peut-être les seules. La couleur de la fourrure varie beaucoup et a conduit à l'utilisation d'autres noms pour des espèces supposées.

Aelurus , le panda, est un animal de grande taille que l'on trouve dans le sud-est de l'Himalaya jusqu'à une hauteur de 12 000 pieds. Il a une fourrure brillante de couleur rougeâtre et un "visage blanc ressemblant à celui d'un chat". La formule molaire qui le distingue des Arctoïdes du Nouveau Monde appartenant aux Procyonidae, ainsi que de son éventuel allié *Aeluropus* , est Pm 3/4 M 2/2. L'anatomie de l'animal a été décrite par Sir W. Flower. [289] Le Dr Mivart a souligné que le museau, bien que court, est retourné d'une manière rappelant distinctement celui de *Nasua* . L'animal habite les forêts et se nourrit presque entièrement de nourriture végétale. Il mange cependant des œufs et des insectes. Bien qu'il vive en grande partie au sol, il est également arboricole et possède des griffes acérées semi-rétractiles. On dit qu'il est ennuyeux à la vue, à l'ouïe et à l'odorat, et pourtant, malgré ces inconvénients, il est également dépourvu de ruse ou de férocité. Ses habitudes ont été comparées à celles d'un Kinkajou.

Procyonidés fossiles . — Outre plusieurs genres existants, on connaît les restes de diverses formes éteintes de Procyonidae. *Leptarctus* , avec une espèce, *L. primaevus* , est d'âge pliocène, mais n'est connu que par une branche de la mâchoire inférieure. Il semble "offrir un certain nombre de caractères de transition entre les Procyonidae les plus typiques et les *Cercoleptes aberrants* ". [290]

Famille. 7. Mustélidés. — Contrairement à ce qui a été dit à propos des mœurs des Procyonidae, les Mustelidae sont pour la plupart des « voleurs assoiffés de sang » et sont répandus sur toute la surface du monde , à l'exception de l'Australie et de Madagascar. Les molaires sont généralement réduites à une seule dans la mâchoire supérieure, et parfois à une seule dans la mâchoire inférieure, ce qui donne ainsi « une sorte de ressemblance *prima facie* avec la dentition féline ». Il n'y a pas de canal alisphénoïde ; On trouve des foramens postglénoïdes et condyloïdes.

Sous-Fam. 1. Mélines . — De cette sous-famille, il existe des représentants à la fois dans l'Ancien et dans le Nouveau Monde.

FIGUE. 218.— Blaireau. *Meles taxus.* × 1 / 6 .

Meles , le blaireau, a une aire de répartition exclusivement paléarctique . [291]
Le Dr Mivart dit que *Meles* a une région dorsale relativement plus longue que
tout autre carnivore, et qu'elle est plus proche de ses alliés *Ictonyx* et *Conepatus*
. La formule molaire est, comme dans *Arctonyx* , *Mydaus* et *Helictis* , Pm 4/4
M 1/2. Les molaires diffèrent de celles de tout autre carnivore par la taille
beaucoup plus grande des premières molaires que des dernières prémolaires.
Le nez n'est pas rainuré ; la plante des pieds est nue. Les griffes des pattes
antérieures sont beaucoup plus longues que celles des pattes postérieures.

Le genre *Arctonyx* est un « blaireau ressemblant à un cochon » de l'Hindostan
, de l'Assam et du nord de la Chine. L'épithète « en forme de cochon » est
dérivée du museau long et mobile, tronqué et doté de narines terminales. Il
est remarquable d'avoir une partie du palais formée par les ptérygoïdes,
comme chez les Baleines et certains Édentés (ex. *Myrmecophaga*). Il y a seize
vertèbres dorsales. *A. Collaris* vit dans les fissures des roches ou dans les trous
creusés par lui-même. C'est une bête purement nocturne.

Le genre singulier *Mydaus* , contenant l'espèce *M. meliceps* , la Teledu ou
Javanese Skunk, est un habitant de Java et de Sumatra. Il fréquente les
montagnes de ces îles, dans le sol desquelles il s'enfouit à la recherche de vers
et de larves. Il n'y a qu'une seule espèce, qui ressemble "à un blaireau
miniature, de couleurs assez excentriques ". Il est brun noirâtre, avec un
dessus de tête blanc jaunâtre et une bande de la même couleur sur le dos. Il
se distingue par son museau allongé, tronqué obliquement et ses narines
placées inférieurement. Quant aux caractères ostéologiques, il présente une
symphyse de la mandibule plus oblique que chez tout autre carnivore. On dit
que la sécrétion des glandes anales rivalise avec celle de la Skunk en termes
d'offensivité et de distance à laquelle elle peut être propulsée.

Sous-Fam. 2. Mustélines . — Les représentants se produisent à la fois dans l'Ancien et dans le Nouveau Monde ; mais les genres et même les espèces sont dans un ou deux cas communs aux deux.

FIGUE. 219.— Taïra. *Galictis Barbara* . × 1 / 7 .

Galictis Barbara , [292] la Tayra, est un animal brun, allongé et ressemblant à une belette, originaire du Mexique et d'Amérique du Sud. Comme c'est le cas de la Belette, elle est parfois grégaire, un troupeau d'une vingtaine ayant été observé. La plante des pieds est nue et la formule molaire est Pm 3/3 M 1/2. Dans ces caractères, le Grison (*G. vittata*) s'accorde avec *G. barbara* ; mais il a été attribué à un genre différent, *Grisonia* .

Le Grison, « cette belette sauvage et diabolique », comme le dit M. Aplin , [293] est connu aussi sous le nom de « Hurón ». Elle rivalise presque avec la Skunk dans la puissance de l' odeur qu'elle peut émettre lorsqu'elle est enragée. Un spécimen piégé était placé dans une cage à environ 50 mètres de la maison, et même à cette distance, il était désagréablement facile de savoir quand quelqu'un rendait visite à l'animal - du moins lorsque le vent tournait dans la bonne direction. Il est jaune grisâtre dessus et noirâtre dessous, présentant, comme on l'a remarqué, une curieuse similitude avec le Ratel. Le nez de cet animal est dépourvu de sillon médian, comme on le trouve chez le Tayra ; cependant la plante des pieds est nue comme chez cet animal, et il marche presque plantigrade. Il diffère aussi de *Galictis* en ce qu'il possède seize [294] au lieu de quatorze vertèbres dorsales. Onze des côtes atteignent le sternum. Compte tenu des différences qui existent entre certains autres genres d' Arctoïdes , on peut raisonnablement admettre qu'un genre *Grisonia* est tenable.

FIGUE. 220.—— Grisons. Grisonie vittata . × 1/7 .

G. allamandi est de couleur plus foncée que le Grison, avec une bande blanche du front au cou. M. T. Bell a décrit un individu apprivoisé mangeant des œufs, des grenouilles et même un jeune alligator.

Un troisième genre de ce groupe a été récemment fondé par M. Oldfield Thomas [295] pour un petit animal africain dont la coloration ressemble à celle des Grisons. Le nom donné au genre, Galeriscus , vise à suggérer sa ressemblance avec le Grison (Galera ou Grisonia). Le principal trait distinctif de ce genre, dont le squelette n'est pas encore connu, est la présence de quatre doigts seulement sur chaque membre ; le pollex et l'hallux étant totalement absents. Les oreilles de ce Grison sont courtes.

Le genre Mustela comprend les martres et les sables, qui se distinguent du genre suivant par la formule molaire qui est Pm 4/4 M 1/2. Le même caractère les sépare de Galictis , ainsi que le dessous des pieds généralement poilu. Cependant, sous les latitudes plus méridionales, les palmiers sont parfois nus. Le nez est rainuré et les oreilles sont courtes et larges. Le genre est largement distribué, étant commun à l'Ancien et au Nouveau Monde. Dans l'Ancien Monde, il s'étend de l'Europe à Java, Sumatra et Bornéo. La plus grande espèce du genre est l'American Pekan, un animal qui peut mesurer 46 pouces de longueur, queue comprise. Il existe deux espèces de Sable, l'une européenne (M. zibellina), l'autre américaine.

La seule espèce britannique du genre est la martre des pins, M. martes . Il est brun foncé, avec une gorge jaune brunâtre et atteint une longueur d'environ 17 pouces, avec une queue de huit pouces. Il devient rare, mais reste assez courant au pays des Lacs. L'animal est en grande partie arboricole, d'où son nom vernaculaire. On l'appelle aussi Marten Cat. L'allié M. foina , la martre des hêtres, a été déclaré, mais ne l'est apparemment pas, un habitant de ces îles. La couleur de l'animal est d'un brun riche. Il a de petits yeux et oreilles et une queue courte. La paume des mains et la plante des pieds sont poilues ; le museau est nu, et présente une rainure comme chez les Cercoleptes , etc.

Le Glutton, *Gulo* , est un genre bien marqué, ne contenant qu'une seule espèce, dont l'aire de répartition est circumpolaire. La dentition est Pm 4/4 M 1/2. La férocité mais non la voracité de cet animal semble avoir été exagérée. Il se nourrit principalement de carcasses et n'est pas vraiment un bon chasseur. Quant aux carcasses , Olaus Magnus raconte en langage simple la façon dont l'animal se dilate au cours d'un repas, et bientôt, après avoir suivi la pratique des anciens Romains, revient au banquet : " Creditur a natura creatum annonce ruborem hominum qui vorando bibendoque vomir redeuntque annonce mensam "!

C'est l'un des rares animaux terrestres qui s'étend complètement autour du pôle. Il n'y a aucune différence à noter entre les spécimens de l'Ancien Monde et ceux du Nouveau Monde. C'est maintenant une forme entièrement septentrionale, mais à l'époque du Pléistocène, elle atteignait aussi loin au sud que ce pays. L'espèce fossile semble être *Gulo luscus* et ne peut être distinguée des formes vivantes.

Putorius , le genre qui englobe la tribu des belettes, contient de nombreuses espèces connues sous le nom de belettes, d'hermines, d'hermines, de furets, de putois, de visons et de visons. Non seulement le genre est commun à l'Ancien et au Nouveau Monde, mais dans quelques cas, l'espèce (par ex. *P. erminea*) s'étend de l'Asie à l'Amérique. La formule molaire est Pm 3/3 M 1/2. La forme du corps est exagérée, la longueur du tronc jusqu'aux membres étant très grande. Les pattes sont plus ou moins poilues en dessous et les animaux sont digitigrades. Le nez est rainuré. Les vertèbres dorsales varient de treize à seize.

FIGUE. 221.— Putois. *Mustela putorius.* × 1 / 6 .

Il y a quatre représentants britanniques de ce genre :—

Le Putois, *P. foetidus* , est un animal de couleur brun foncé . Sa longueur totale est d'environ 2 pieds, dont la queue occupe environ 7 pouces. C'est une espèce interdite par les gardes-chasse et est donc en voie d'extinction dans ce pays. Il est excessivement assoiffé de sang, comme le sont apparemment tous les membres de ce genre, et tue par simple gratuité. Le Furet est simplement une variété domestiquée du Putois.

L'hermine ou hermine, *P. erminea* , est brun rougeâtre dessus, blanche dessous. En hiver, dans certaines localités, il devient blanc à l'exception du bout noir de la queue. Ce changement de couleur a un certain rapport avec le degré de latitude. Elle est universelle dans le nord de l'Écosse, rare dans le sud de l'Angleterre. Comme c'est le cas de certains autres animaux qui changent généralement de couleur en hiver, il y a des individus qui semblent avoir perdu le pouvoir de changement, et d'autres qui changent d'une manière apparemment capricieuse, sans influence de la saison ou du froid. Comme tant d'autres animaux, l'Hermine semble parfois migrer, ce qu'elle fait en grands groupes. De tels groupes seraient dangereux et attaqueraient un homme qui croiserait leur chemin.

La belette, *P. vulgaris* , a à peu près la même couleur que l'hermine, mais est un animal plus petit ; il en diffère également par le fait qu'il ne subit aucun changement saisonnier. Il est tout aussi agile et féroce, et doit être encouragé, car il exerce en grande partie sa férocité sur les campagnols et les taupes, qu'il peut poursuivre sous terre. Comme d'autres espèces de *Putorius* , il semble tuer ses proies en mordant le cerveau.

La quatrième espèce britannique est l'hermine irlandaise récemment décrite, *P. hibernicus* . C'est un peu intermédiaire entre les deux derniers.

Poecilogale est un genre récemment institué par M. Thomas pour une petite belette sud-africaine, *P. albinucha* , colorée comme la Zorilla , *c'est à dire* avec des rayures blanchâtres sur fond noir, mais qui en diffère par sa formule molaire réduite, qui est Pm 2/2 M 1/ 1 ou 1/2.

Lyncodon [296] est considéré comme plus douteux ; il est sud-américain (Patagonien), avec la même formule molaire que les formes les plus réduites du dernier genre, *soit* Pm 2/2 M 1/1. Les oreilles sont courtes et presque invisibles ; les griffes des membres antérieurs sont longues, celles des membres postérieurs courtes. Il n'est pas tout à fait certain qu'il ne s'agisse pas « d'une forme méridionale aberrante de *Putorius brasiliensis* ». Que sa distinction soit justifiée semble être démontré par la découverte dans la même région d'une espèce fossile, *L. luganensis* . Matschie le place près de *Galictis* .

Le Ratel, *Mellivora* , est commun à l'Inde et à l'Afrique de l'Ouest et du Sud. C'est un animal noir avec un dos gris et du gris sur le dessus de la tête, le contraste de couleur évoquant une carapace dorsale. Il court au trot rapide. L'animal vit beaucoup au sol, mais peut grimper aux arbres. Ses habitudes sont exclusivement nocturnes. En Inde, il a la réputation de se nourrir de cadavres, une opinion qui n'a probablement aucun fondement, si ce n'est qu'il peut creuser. La formule molaire est Pm 3/3 M 1/1. Il y a quatorze vertèbres dorsales. Les espèces africaines et indiennes se distinguent à peine les unes des autres. Les oreilles sont très petites. La queue est courte. Le museau est plutôt pointu et la plante des pieds et les paumes sont nues.

FIGURE. 222.— Ratel. *Mellivora capensis.* × ⅛.

La structure d' *Helictis* a été décrite par feu le professeur Garrod [297] ainsi que par Sir W. Flower dans son exposé général sur le squelette carnivore. L'animal, originaire d'Asie de l'Est, est parfois de couleur gaie . *H. subaurantiaca* , l'espèce disséquée et figurée par Garrod, est d'un noir et d'un orange variés. Le genre est arboricole et la queue peut être modérément longue et touffue. Les oreilles sont petites ; le nez est rainuré ; les paumes sont nues, mais la plante des pieds est velue. Il y a quatorze vertèbres dorsales. La formule molaire est Pm 4/4 M 1/2.

Le Zorilla , *Ictonyx* , est le dernier des genres de Melinae de l'Ancien Monde . Il est africain et s'étend des parties tropicales du continent jusqu'au Cap. « Par la couleur et les marques, remarque le Dr Mivart , ainsi que par l' odeur de la sécrétion de ses glandes anales, la ou les deux espèces qui forment ce genre ressemblent aux mouffettes ; à tel point qu'elles habitent la même région. , et s'ils étaient dépourvus de sécrétions offensives, on dirait certainement qu'ils imitent les mouffettes. La formule molaire du genre est Pm 3/3 M 1/2. Il y a quinze vertèbres dorsales. Le nez est rainuré et la plante partiellement poilue.

Le blaireau d'Amérique, *Taxidea* , est un fouisseur aux goûts omnivores, et à son ancienne habitude sont corrélées les immenses griffes des pattes antérieures. Il est nord-américain, mais pénètre au Mexique. La formule molaire est comme dans les genres américains *Mephitis* et *Conepatus* , *et comme dans l' Ictonyx* de l'Ancien Monde , et elle diffère donc de celle de *Meles* . Outre la grande taille des griffes de la main, qui sont relativement plus grandes que celles de tout autre Carnivore, le genre *Taxidea* se distingue de tous les Arctoïdes (en fait, de tous les Carnivores) à l'exception de *Mydaus* , par le fait que le membre pelvien est de même longueur que le pectoral. Le museau est poilu sauf à l'extrémité ; c'est rainuré. L'animal est carnivore et subsiste des espèces de nourriture très variées suivantes : « spermophiles, arvicolas , œufs d'oiseaux et escargots, ainsi que des rayons de miel, de la cire et des abeilles ».

La mouffette, *Mephitis* , est un animal américain comptant plusieurs espèces, réparties de l'Amérique du Nord à l'Amérique centrale. La couleur noir et blanc distingue le genre, qui est en outre marqué par le fait que le troisième doigt de la main est relativement plus long que chez tout autre carnivore à l'exception *des Taxidea* . Les semelles sont en partie poilues. C'est un animal fouisseur terrestre doté de pouvoirs bien connus pour se protéger des agressions. Mais néanmoins, la Skunk a ses ennemis, et elle n'est pas aussi insensible qu'on le suppose parfois. Le puma, la harpie et le grand-duc d'Amérique l'attaqueront et le dévoreront au moins occasionnellement. La formule molaire est Pm 3/3 M 1/2. Il y a seize vertèbres dorsales.

Conepatus est une forme plus méridionale de Skunk, s'étendant jusqu'en Amérique du Sud. Sa dentition ressemble à celle de *Mephitis* à l'exception de la perte d'une prémolaire supérieure. Ce genre, qui a été encore subdivisé, diffère de *Mephitis* par le fait que la plante des pieds est entièrement nue, tandis que chez Mephitis celles des membres postérieurs sont partiellement poilues. Il n'a pas de rainure sur le nez. Sa queue est plus courte que celle de *Mephitis* . Cette Skunk a les mêmes habitudes que la précédente. Dans certaines régions de l'Amérique du Sud , les animaux sont si abondants et leur odeur si puissante que le soir on en dégage généralement une odeur reconnaissable . On dit que c'est bon pour les maux de tête !

Sous-Fam. 3. Lutrinae . — De cette sous-famille, il existe au moins deux genres. *Enhydris* (*Latax*), [298] la loutre de mer, est confinée aux rives du Pacifique Nord. Elle est plus purement aquatique que les autres loutres. Des spécimens ont été vus nageant à quinze milles de la terre. La démarche de la créature sur terre suggère celle d'un animal marin ; les pattes postérieures palmées sont repliées sur les jointures lors de la progression sur terre, et la locomotion est effectuée par une série de ressorts courts à partir de ces pieds ; la Loutre ne marche pas « dans l'acceptation ordinaire du terme ». La queue est aplatie, deux fois plus large qu'épaisse, et se termine par une pointe émoussée . *Enhydris* se nourrit principalement de crabes et d'oursins, mais aussi de poissons. Sa formule dentaire est particulière en raison principalement de la réduction des incisives inférieures. La formule est la suivante : I 3/2 C 1/1 Pm 3/3 M 1/2.

Les dents molaires de cette créature, conformément à son régime alimentaire, ont perdu les pointes acérées des Mustélidés en général ; les couronnes sont aplaties et les tubercules très obtus. En cela, il contraste avec *Lutra* et présente une certaine ressemblance avec le raton laveur crabier, *Procyon cancrivorus* ; mais les dents sont encore plus émoussées. *Enhydris* se nourrit en grande partie d'oursins et de crustacés et a besoin de dents émoussées pour écraser les coquilles dures de ses proies. Il est intéressant de constater que les habitudes de cet animal ont été modifiées par l'intervention de l'homme. Cette créature est recherchée depuis longtemps en raison de sa précieuse fourrure. Au lieu de se nourrir et de se reproduire sur le rivage dans des endroits facilement accessibles à ses poursuivants, la loutre de mer s'est désormais davantage tournée vers le large. Il utilise des masses d'algues flottantes à ces fins et chasse pour se nourrir dans les eaux plus profondes, à une plus grande distance du rivage. Parallèlement à la rareté croissante de la loutre de mer, le prix de sa peau a énormément augmenté : alors qu'en 1888 le prix moyen par peau était de 21 £ : 10 shillings, la valeur d'une peau fine est aujourd'hui d'au moins 100 £, et comme jusqu'à 200 £ et même 250 £ ont été donnés. L'animal est capturé au filet, au matraque et au harpon. [299] Des lits miocènes de Siwalik, des restes d'une forme alliée, *Enhydridon* , ont été obtenus, dont les dents sont quelque peu intermédiaires dans leurs couronnes entre *Lutra* et *Enhydris* .

Lutra , y compris les Loutres, est largement distribué. Manus et pes sont palmés. Les oreilles sont petites et poilues. Le nez n'est pas cannelé, et la partie nue est très circonscrite ; les griffes des pattes postérieures sont aplaties et ressemblent quelque peu à des ongles. Il en existe une dizaine d'espèces, mais bien entendu, comme c'est le cas partout dans le monde, un bien plus grand nombre de noms ont été donnés. La formule molaire est similaire à celle d' *Enhydris,* sauf qu'il y a une prémolaire supplémentaire dans la mâchoire supérieure. Il y a quatorze paires de côtes, dont onze paires atteignent le sternum à dix articulations. Les caudales sont au nombre de vingt-trois. La loutre du Cap, la loutre « sans griffes », a été séparée en tant que genre *Aonyx* . Il en va de même pour le *Pteronura sud-américain brasiliensis* . Mais dans aucun des cas, la séparation n'est autorisée par M. Thomas dans une récente révision du genre. [300] Cette dernière espèce a la réputation d'être très féroce, et est connue en Uruguay sous le nom de "Lobo de pecho blanco ." L'espèce britannique, *L. vulgaris* , atteint une longueur d'environ 2 pieds, avec une queue de 16 pouces ; elle s'étend sur toute l'Europe et une grande partie de l'Asie. Cette loutre s'enfouit souvent dans les rives du les cours d'eau qu'il fréquente, et dans le terrier, en mars ou avril, la femelle met bas ses petits, au nombre de trois à cinq. Elle fréquente également le bord de la mer.

FIGUE. 223.— Loutre. *Lutra vulgaris.* × 1 / 6 .

fossiles . — Outre un certain nombre de genres existants, il existe des membres fossiles de cette famille qui ne peuvent être attribués à des genres existants. Ces dernières remontent dans le temps jusqu'à l'Éocène. *Stenoplesictis* , l'une de ces formes éocènes appartenant à la sous-famille des Mustelinae , se distingue des Mustelines vivantes par ses pattes relativement longues. Dans ce genre comme dans plusieurs autres, il y a deux molaires supérieures.

Famille. 8. Ursidés. — Cette famille a une distribution presque universelle et ne comprend que trois genres, *Ursus* , *Melursus* et *Aeluropus* .

Ursus a les paumes et les plantes nues, sauf chez l'ours polaire, qui a besoin d'une semelle poilue pour marcher facilement sur les surfaces glacées. Les oreilles sont assez grandes et le nez peut être traversé ou non par un sillon médian. [301] La formule molaire [302] est Pm 4/4 M 2/3. Le cerveau est naturellement (en raison de la taille des animaux de ce genre) richement alambiqué. Les reins lobés ont déjà été mentionnés pour définir cette famille (voir p. 426).

FIGUE. 224.— Ours himalayen. *Ursus tibétain* . × 1 / 15 .

Un très grand nombre d'espèces d'ours ont été décrites. Mais c'est l'opinion de M. Lydekker [303] et d'autres que beaucoup d'entre eux doivent en réalité être rapportés à l'ours brun européen ; dans ce cas, le grizzli d'Amérique du Nord, l'ours isabélin, l'ours syrien, un ours d'Algérie, l'ours du Kamschatkan et du Japon, outre l' *Ursus fossilis éteint* des grottes du Pléistocène, doivent être considérés comme de légères modifications de *l'Ursus arctos* . En revanche, le grand ours des cavernes, U. *spelaeus* , et l' ours bleu du Tibet (U. *pruinosus*) sont des espèces distinctes, à ne pas confondre avec U. *arctos* . Ni, bien sûr, l' U. *ornatus péruvien* et l'ours malais, U. *malayanus* .

FIGUE. 225.— Ours malais. *Ursus malayanus* . × 1 / 12 .

L'ours polaire a même été placé dans un genre distinct, *Thalassarctos* , ce qui est tout à fait inutile. La couleur blanche de cet ours a tendance à devenir plus brune avec l'âge. C'est l'un des rares mammifères qui s'étendent tout autour du pôle ; l'ours polaire est bien entendu un animal purement arctique. La principale nourriture de l'ours polaire est le phoque. Sur trente ours examinés, M. Koettlitz a constaté que quinze seulement avaient des restes d'animaux dans l'estomac, et ces restes étaient invariablement des phoques. L'animal chasse apparemment par l'odorat plutôt que par la vue ou l'ouïe, ces deux sens semblant quelque peu émoussés. Les mâles et les femelles errent séparément, sauf bien sûr pendant la saison de reproduction. Les ours creusent des trous dans lesquels ils peuvent rester un certain temps, mais il n'y a pas d'hibernation. À l'époque du Pléistocène, l'ours polaire s'étendait jusqu'à Hambourg, au sud. La femelle a quatre mamelles, en position pectorale.

Melursus ne comprend que *M. labiatus* , l'ours paresseux de l'Inde. Cet animal a un museau retroussé, décrit comme ressemblant beaucoup à celui de *Mydaus* , le Teledu. Le museau n'a pas de rainure. Tous les ours sont en grande partie végétariens et se nourrissent d'insectes ; mais cet Ours l'est particulièrement. Il se plaît dans les nids de termites, et son énergie à détruire ces collines pour le bien de leurs habitants est si grande que le nom de « paresseux » parut à Sir Samuel Baker tout à fait inapproprié.

Aeluropus , un carnivore rare ne comptant qu'une seule espèce, *A. melanoleucus* , n'est pas de taille inférieure à l'ours brun et se distingue par sa coloration largement blanche. Il a été découvert dans les montagnes du Thibet oriental par le Père David, et décrit par Milne-Edwards [304] comme un genre distinct et nouveau, le découvreur lui-même l'ayant nommé comme espèce d' *Ursus* . C'est une créature se nourrissant de légumes et de forme volumineuse, avec une queue rudimentaire et une tête courte et large ; en fait, il ressemble plus à un Ours qu'à un Procyonide (avec quel groupe il est placé par certains). La largeur de la tête, cependant, est plus grande que chez tout autre carnivore ; c'est *Aelurus* et *Hyaena qui s'en rapproche le plus* . La formule molaire est Pm 4/3 M 2/3. Les semelles sont poilues. Il n'y a pas de canal alisphénoïde. Les molaires sont particulièrement grandes et multicuspides .

FIGUE. 226.— *Aeluropus mélanoleucus* . × 1 / 12 .

fossiles . — Le genre *Ursus* lui-même remonte au Pliocène. Le célèbre ours des cavernes, *Ursus spelaeus* de l'époque du Pléistocène, était l'une des créatures carnivores les plus communes au tout début de l'ère actuelle. C'était aussi énorme qu'un ours polaire ou un grizzly. Le crâne est remarquable par le fait que les trois premières prémolaires, qui sont petites chez tous les ours, sont tombées tôt dans la vie. Un nombre immense de noms ont été donnés à des espèces qui sont probablement les mêmes que cet ours des cavernes de l'Antiquité.

Hyaenarctos est le genre le plus ancien de vrais Ursidae. Il remonte au Miocène moyen et s'étendait sur l'Europe et l'Afrique du Nord.

Arctotherium est un genre américain du Pléistocène. La ressemblance de certains canidés disparus avec les ours a déjà été commentée.

CHAPITRE XIV

CARNIVORA (*SUITE*)—PINNIPEDIA (PHOQUES ET MORSES)—CREODONTA

SOUS-ORDRE 2. PINNIPEDIA

Ce groupe comprend les phoques, les lions de mer et les morses, [305] tous des créatures aquatiques et, pour la plupart, marines. Étant aquatiques , ils ont acquis dans une certaine mesure une forme semblable à celle d'un poisson, mais pas aussi complètement que les baleines et même les Sirenia. Ceci est plus complet en ce qui concerne le groupe des Phoques, où les membres postérieurs sont devenus soudés à la queue et sont inefficaces comme pattes de marche, où les oreilles externes ont disparu et où la forme générale du corps est effilée. et donc semblable à un poisson. Les morses et les otaries sont moins modifiés dans ce sens ; dans ce dernier cas (pas dans le premier), l'oreille externe, bien que petite, est persistante et les membres postérieurs sont capables d'être utilisés comme organes de progression sur la terre ferme. Les caractères généraux applicables aux Carnivores, donnés sur une page précédente, s'appliquent à la Pinnipedia .

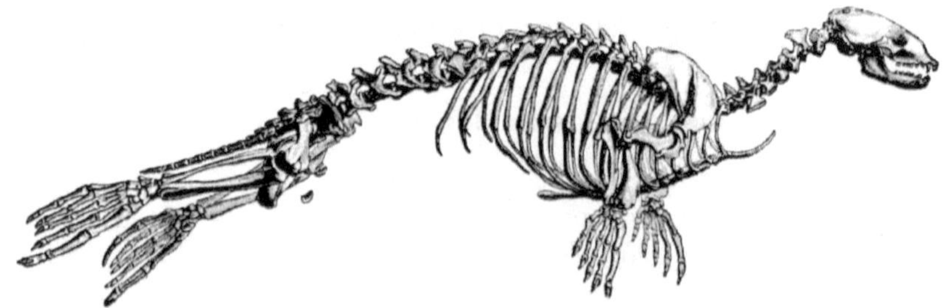

FIGUE. 227.— Squelette de sceau. *Phoca vituline* . (D'après de Blainville.)

Les caractères confinés à la Pinnipedia dans son ensemble sont principalement les suivants :— La plus grande partie des membres est enfermée dans la peau, les mains et les pieds sont entièrement palmés, et il y a une tendance pour les ongles à disparaître, et pour les phalanges à augmentation en nombre, caractères qui ne sont évidemment pas diagnostiques de l'ordre mais corrélés à une vie aquatique, puisqu'ils réapparaissent, et sont même exagérés, chez les Cétacés. Les dents sont particulières en ce sens que la dentition de lait est faible et tombe tôt. Cette insistance excessive sur l'une des deux séries de dents est une autre ressemblance avec les baleines, où, cependant, c'est la dentition de lait qui est la plus prononcée, la dentition « permanente » étant faible et tombant très tôt. Mais la dentition des Pinnipèdes présente d'autres ressemblances avec les

Cétacés, qui sont, il faut le rappeler, considérées par certains comme une modification de la souche Carnivore, auquel cas, bien entendu, les ressemblances peuvent être génétiques plutôt que dues à une adaptation dans les deux cas. Il existe une nette tendance vers une série d'homodontes, les dents grinçantes étant souvent très simples et la dent carnassiale très distincte de nombreux carnivores terrestres étant absente. Enfin, le nombre de dents du fond montre des signes d'augmentation ; et le professeur Kükenthal a découvert que cette augmentation est due à la division des dents existantes. Voici un point de ressemblance avec les nombreuses dents des baleines à dents typiques. Le Dr Nehring a découvert que dans plusieurs exemples d'*Halichoerus grypus*, les cinq dents normales du fond étaient passées à six, et la molaire supplémentaire se trouvait à la fin de la série, suggérant ainsi un allongement de la mâchoire couplé à une augmentation du nombre de dents.

Les incisives des Pinnipedia diffèrent de celles des Carnivores terrestres en ce qu'elles sont presque toujours inférieures aux 3/3, du moins chez l'animal adulte. En possédant des reins lobulés, les Pinnipèdes diffèrent de tous les carnivores terrestres, à l'exception des loutres et des ours, ce qui est un fait significatif.

Dans les caractères du squelette, les Pinnipèdes présentent de nombreuses particularités. La partie crânienne du crâne est proportionnellement à la partie faciale plus grande que chez les carnivores terrestres ; il n'y a pas d'os lacrymal et l'orbite est dans une certaine mesure défectueuse en termes d'ossification. Le canal alisphénoïde, caractéristique si importante chez les Carnivores, peut être présent ou absent. Il est présent par exemple chez *Otaria jubata* . [306] Ce genre a également des bulles tympaniques plus primitives, petites et robustes, qui sont gonflées et ressemblent davantage à des chats chez d'autres. Les vertèbres présentent une particularité intéressante des Créodontes dans les arrangements complexes et imbriqués des zygapophyses des vertèbres dorsales. Les ossicula auditus diffèrent de ceux de leurs alliés terrestres par leur grande taille et leur croissance massive. En cela, ils sont devenus semblables à ceux des Baleines et des Siréniens.

FIGUE. 228.— Lion de mer de Patagonie. *Otaria jubata.* × 1 / 20 .

Il n'y a aucun doute sur leur grande ressemblance avec les carnivores terrestres, mais la question est de savoir à quel groupe de carnivores ils ressemblent le plus. La Loutre semi-aquatique et *l'Enhydris* , encore plus aquatique (marine) , suggèrent une affinité dans cette direction. Le corps long et les pattes courtes de la Loutre, qui est plus à l'aise à poursuivre les poissons dans les ruisseaux qu'à se dandiner maladroitement sur les rives des ruisseaux, semblent nécessiter peu de changements extérieurs pour la convertir en un petit phoque, tandis que le long et les doigts postérieurs entièrement palmés d' *Enhydris* ressemblent encore plus à ceux d'un pinnipède. Les Lions de mer, chez lesquels l'oreille externe a été conservée, et chez lesquels les membres ne sont pas devenus aussi entièrement inutiles à la progression sur terre que chez les Phoques, semblent être l'étape intermédiaire dans l'évolution de ces derniers. Ce n'est cependant pas l'opinion du Dr Mivart , qui, sans s'engager définitivement sur ce point, présente quelques preuves de l'hypothèse selon laquelle les carnivores marins sont diphylétiques . Cette double origine ne provient cependant pas de deux groupes de carnivores terrestres. Le Dr Mivart , comme beaucoup d'autres, soutient que les Pinnipedia dans leur ensemble sont sans aucun doute plus proches des Arctoidea que de l'une ou l'autre des deux sections restantes du sous-ordre. L'un des caractères structurels les plus frappants dans lesquels ils montrent cette ressemblance est le cerveau ; la pastille particulière d'Ursine, déjà traitée comme un caractère si distinctif de l'Arctoidea, est répétée dans la Pinnipedia .

Il existe cependant d'autres points de ressemblance qui semblent plutôt indiquer une origine Créodonte. *Patriofelis* est un genre qui, à plus d'un titre, peut être considéré comme un ancêtre possible de ces animaux. La particularité créodonte des vertèbres a déjà été évoquée. On peut ajouter que la partie faciale du crâne est petite chez *Patriofelis* , qui paraît d'ailleurs avoir eu un canal alisphénoïde. Une ressemblance très remarquable réside dans la structure de l'astragale. Celle-ci n'est pas profondément rainurée sur la facette tibiale comme c'est le cas chez les carnivores fissipés. On pourrait considérer cela comme un exemple de dégénérescence chez les phoques aquatiques, qui n'utilisent pas leurs membres comme organes de marche. Mais le professeur Wortman [307] a fait remarquer que chez la loutre de mer, qui est entièrement aquatique, le sillon existe et est clair. La ressemblance offerte aux phoques par les pattes étalées du *Patriofelis* est remarquée sous la description de ce genre. [308]

FIGUE. 229.— Cap Sea-Lion. *Otaria pusille* . × 1 / 16 .

Famille. 1. Otariidés. — La famille des Otariidae [309] est sans doute la moins modifiée des Carnivores aquatiques. Il est donc rationnel de commencer l'enquête du groupe par cette famille. Ils ont conservé, comme nous l'avons déjà noté, l'indépendance des membres postérieurs ; l'oreille externe est présente, quoique petite ; il y a un cou évident et les narines sont au bout du museau, comme chez les créatures terrestres en général. Les ongles sont petits et rudimentaires, à l'exception de ceux des trois doigts médians du pied. C'est un fait singulier que chez les Otaires , l'angle de la mâchoire inférieure est « autant fléchi que chez n'importe quel marsupial ». La littérature relative à cette famille est abondante et il semble difficile de concilier les opinions très diverses sur le nombre de genres à admettre. M. Allen a classé les neuf espèces qu'il a autorisées en six genres ; mais des noms plus génériques ont été proposés. A l'autre extrême se trouve le Dr Mivart , qui ne parle que d'un seul genre, *Otaria* ; de ce genre, le nombre d'espèces n'est en aucun cas convenu. Il ne peut cependant y avoir aucun doute sur la distinction de l'otarie à fourrure du Nord, *O. ursina* (le « sceau » du commerce et la cause des complications internationales), de l'otarie à crinière de Patagonie, *O. jubata* , [310] de *l'O. pusilla* du Cap, de l' *O. gillespiei de Californie* , de *l'O. hookeri* des îles Auckland, et de quatre ou cinq autres. L'aire de répartition du genre est large, mais elle est principalement antarctique. Il est habituel de parler de « phoques à poils » et d'« otaries à fourrure », ces dernières étant les espèces qui produisent la « peau de phoque » commerciale. La différence est que chez les otaries à fourrure, le sous-poil est dense et doux, ce qui manque chez l'autre groupe. Il est cependant impossible de faire de ce caractère la base d'une subdivision générique. Il existe une otarie à fourrure, *O. nigrescens* , en Amérique du Sud, ainsi que la forme nordique la plus connue.

Famille. 2. Trichéchidés. — Cette famille ne contient qu'un seul genre, *Trichechus* , le Morse ou Morse, ou *Odobaenus* , comme semble être le terme le plus correct. C'est un résultat fastidieux d'une conformité exacte aux règles de priorité dans la nomenclature que le nom *Trichechus* doive être appliqué au lamantin. Il n'existe qu'une seule espèce de morse, bien qu'on ait tenté de montrer que les formes du Pacifique et de l'Est sont différentes. L'animal est arctique et circumpolaire. Le morse se caractérise par les énormes canines de sa mâchoire supérieure, qui forment les défenses bien connues et atteignent une longueur de 30 pouces. L'animal peut progresser sur terre comme les Lions de mer ; mais, comme chez les Sceaux, il n'y a pas d'oreilles externes, bien qu'il y ait une légère protubérance au-dessus du méat auditif . Les poils solides de la lèvre supérieure sont aussi épais que des piquants de corbeau. Le membre pectoral a des ongles, mais ceux-ci sont petits, comme chez les Lions de mer. La surface inférieure du manus présente une plaquette verruqueuse qui ne peut qu'aider à maintenir un pied sur la glace glissante. Les membres postérieurs ont des ongles plus longs, mais encore plus petits et de taille inférieure. Il n'y a pas de queue libre. Le foie de cet animal est très sillonné, mais pas autant que chez *Otaria* , mais plus que chez *Phoca* . Les reins sont bien entendu lobulés, comme chez les autres Carnivores aquatiques. La formule dentaire du lait semble être I 3/3 C 1/1 Pm + M 5/4. Chez l'adulte la formule [312] est I 1/0 C 1/1 M 3/3.

FIGUE. 230.— Sceau commun. *Phoca vituline* . × ⅛. (De Parker et Haswell's *Zoology* .)

Famille. 3. Phocidés. — Les vrais phoques n'ont pas d'oreilles externes, et les narines sont tout à fait dorsales, comme chez d'autres animaux aquatiques, comme le crocodile. Il y a évidemment une approche des conditions caractéristiques des Baleines. Les membres postérieurs sont inutiles pour la locomotion sur terre. Ils sont liés à la queue et ne forment fonctionnellement qu'une partie de la queue. Dans cette famille, il y a en tout cas huit genres.

Phoca et *Halichoerus* ne sont pas très éloignés l'un de l'autre. Dans les deux cas, il y a cinq griffes bien développées sur les pieds et les mains. Ils sont britanniques et ont généralement une aire de répartition arctique et tempérée. Pour une raison ou une autre, le regretté Dr Gray a placé *Halichoerus* dans la même sous-famille que le morse ! *Phoca* n'est pas seulement marine, mais on la trouve dans la Caspienne et dans le lac Baïkal. On pense que leur existence dans ces mers intérieures est le vestige d'une ancienne connexion avec la mer. *Halichoerus grypus* est un grand phoque mesurant 8 pieds de long à maturité. Sa couleur est gris jaunâtre, avec des taches et des taches gris plus foncées. Il n'est pas rare sur les rivages de nos îles, notamment des Hébrides et de l'Argyllshire . Le sceau le plus commun est *Phoca vitulina* , ne mesurant pas plus de 4 à 5 pieds de long, et de la même coloration tachetée que la dernière. Ce phoque a cependant une répartition beaucoup plus large, tant dans l'Arctique qu'en Grande-Bretagne, en Amérique et dans le Pacifique Nord. Un fait curieux à propos de ce phoque est qu'il n'est pas impatient d'avoir de l'eau douce ; non seulement il remontera les rivières, mais il vivra dans les lacs intérieurs. On dit qu'il est particulièrement sensible aux sons musicaux. *P. hispida* est britannique, mais un visiteur rare dans nos îles. C'est essentiellement une espèce arctique. Le phoque du Groenland, *P. groenlandica* , est ainsi appelé en raison de la barre noire en forme de harpe chez les mâles, qui commence au niveau des épaules et s'étend jusqu'aux cuisses. Comme les autres phoques mentionnés, les petits sont blancs à la naissance. Comme son nom scientifique peut le déduire, cette espèce est également présente dans l'Arctique. C'est également un visiteur rare sur ces côtes.

Le genre *Cystophora* est le seul autre genre dont il existe un représentant britannique. On l'appelle phoque à capuchon à cause d'un sac gonflable placé sur le visage, avec lequel on dit qu'il tente de terrifier ses ennemis. Le genre a une incisive de moins dans chaque moitié de chaque mâchoire que *Phoca* et *Halichoerus* . Sa formule est I 2/1 alors que ces genres sont tous deux 3/2. *C. cristata* est une grande espèce atteignant une longueur de 10 pieds. La couleur du dos est gris foncé avec des taches de couleurs plus foncées . Seuls quelques individus ont été recensés sur nos côtes.

Sténorhynchus (= *Ogmorhinus*) est un genre antarctique. Les pattes postérieures sont dépourvues de griffes. Les incisives sont 2/2. Les molaires ont une cuspide supplémentaire, *soit* trois en tout.

Le genre *Leptonyx* , qui ne compte qu'une seule espèce, *L. weddelli* , a une aire de répartition purement antarctique. Comme le dernier genre, il a deux incisives et n'a que des griffes rudimentaires sur les pattes postérieures ; les premier et cinquième orteils sont d'ailleurs les plus longs. Le genre diffère principalement du dernier par les simples couronnes coniques des molaires, qui n'ont pas les cuspides supplémentaires de *Stenorhynchus* .

Ommatophoca est un autre genre antarctique avec une seule espèce, *O. rossi* . Dans ce genre, les pattes postérieures n'ont pas de griffes, et les premier et cinquième orteils sont plus longs que les autres. Les griffes des pattes antérieures sont rudimentaires. L'immense taille des orbites donne le nom au genre. Il y a deux incisives et les molaires sont toutes très petites.

Monachus est un genre nordique habitant la Méditerranée et l'Atlantique, à proximité de Madère et des îles Canaries. Il possède des ongles rudimentaires sur les deux paires de pieds. Le premier et le cinquième orteil des pattes postérieures sont plus longs que les autres. Comme pour les genres précédents, les incisives sont au nombre de deux dans chaque mâchoire. Les espèces sont *M. albiventer* , le phoque moine, et *M. tropicalis* , le phoque de la Jamaïque.

Allié à *Cystophora* est le genre *Macrorhinus* , avec (éventuellement) deux espèces, dont l'une est antarctique, l'autre fréquente ou fréquente la côte californienne. Les incisives sont au nombre de deux dans la mâchoire supérieure et d'une seule dans la mâchoire inférieure. Les prémolaires sont au nombre de quatre et la molaire ; toutes les dents sont petites et simples, mais ont de longues racines. Le nez du mâle possède une trompe dilatable. L'éléphant de mer du sud est *M. leoninus* et atteint une longueur d'environ 20 pieds. On le rencontre sur les côtes de Kerguelen et de quelques autres îles plus ou moins isolées. Ses habitudes ont été étudiées et décrites par plusieurs observateurs, à commencer par Anson au siècle dernier. Le regretté professeur Moseley a donné un bon récit de ce monstre marin dans son livre sur le voyage du « Challenger ». Lorsque l'animal est enragé, le bout du museau est dilaté ; mais lorsque cela se produit, il n'y a pas de trompe longue et pendante comme on l'a parfois décrit. Le gonflage affecte la peau située au sommet du museau, qui remonte donc plutôt vers le haut lors du gonflage. La région gonflée, selon M. Vallentin , cité par MJT Cunningham, mesure environ 1 pied de long chez un individu de 17 pieds. Il a été affirmé que cette trompe est une structure temporaire, apparaissant uniquement pendant la saison de reproduction ; mais des observations récentes ont montré que cette affirmation est inexacte ; il persiste toute l'année. Les mâles se battent beaucoup pendant la saison de reproduction et produisent un rugissement qui a été comparé au « bruit que fait un homme en se gargarisant ». Les femelles et les jeunes mâles beuglent comme un taureau. Les mâles se battent bien sûr avec leurs dents, tombant littéralement les uns sur les autres de tout leur poids. M. Cunningham pense que l'utilisation de la trompe est destinée à protéger le nez des blessures ; ou que cela peut être simplement le résultat d'une « excitation émotionnelle ». Dans tous les cas, le Phoque à nez vésical, *Cystophora* , est sans aucun doute protégé des blessures par la possession d'une cagoule correspondante. Le nez est l'endroit le plus vulnérable, et l'existence de ce capuchon permettrait d'éviter les effets d'un coup dans cette région. Moseley, cependant, a dit de *Macrorhinus* qu'il ne peut pas être étourdi par des coups sur le nez comme le peuvent les autres phoques ; mais il attribue cela, non au museau dilaté, mais à la crête osseuse du crâne et à la solidité des os autour du nez. Ce phoque rampe avec difficulté sur la terre, et à mesure que les animaux se déplacent, « le vaste corps tremble comme un grand sac de gelée, à cause de la masse de graisse dont tout l'animal est enveloppé, et qui est aussi épaisse qu'elle l'est dans un baleine." [313] Lorsqu'ils sont couchés sur le rivage, ces animaux grattent le sable et le jettent sur eux-mêmes, apparemment pour ne pas être gênés par les rayons directs du soleil, aux effets desquels ils sont très sensibles. L'éléphant de mer est doux et inoffensif, à moins qu'il ne soit enragé et, bien sûr, pendant la saison de reproduction.

Ordonnance VIII. CRÉODONTE.

Ce groupe de Mammalia entièrement éteint peut être ainsi caractérisé : — Mammifères carnivores petits à grands, avec un crâne dans l'ensemble semblable à celui des Carnivores et des dents tranchantes ; chiffres avec phalanges onguiculées ; queue longue; extrémités généralement à cinq, parfois à quatre chiffres. Dans le carpe, une centrale est présente et le scaphoïde et la lunaire sont séparés. Emboîtement des zygapophyses postérieures dorsales et lombaires très parfait. Cerveau petit mais alambiqué.

Ce groupe, qui correspond au CARNIVORA PRIMIGENIA de M. Lydekker , n'est pas facile à séparer absolument de l'existant et plus particulièrement de certains des membres éteints du CARNIVORA VERA . Ils se rapprochent également extrêmement des Condylarthra , les ancêtres présumés des Ungulata , et comme eux commencent dans les premiers dépôts du Tertiaire.

Leur ressemblance avec les marsupiaux carnivores a également été soulignée ; mais il semblerait que la succession des dents chez les Créodontes soit typiquement euthérienne.

Les caractéristiques du groupe peuvent être illustrées par une description du genre *Hyaenodon* , après quoi certaines des déviations de structure les plus importantes montrées par d'autres genres seront évoquées.

Hyaenodon est à la fois américain et européen et s'étend à travers l'Éocène et le Miocène supérieur. C'est un Créodont très spécialisé et présente donc bien les caractères distinctifs du groupe. Une douzaine d'espèces ont été décrites. L'un des plus connus est l'américain *H. cruentus* , et la description suivante y fait référence. La partie arrière du crâne est basse et large et est comparée par le professeur Scott (qui a décrit cette espèce et d'autres) comme étant « un peu semblable à celle d'un opossum ». [314] Le crâne tout entier est long, et le sommet porte une grande crête sagittale. Les processus paroccipitaux sont courts et étroitement appliqués aux processus mastoïdes. Le mésethmoïde est plus grand que chez les marsupiaux carnivores et les fronts sont très grands. La bouche a une structure particulière ; chez la plupart des espèces, les extrémités postérieures des palatins sont séparées par une étroite fissure qui s'élargit progressivement, formant ainsi les narines postérieures. Chez *H. leptocephalus* les narines postérieures sont ramenées très en arrière par la rencontre des alisphénoïdes . Le présphénoïde, contrairement à ce que l'on trouve chez le Chien par exemple, est en grande partie masqué par le vomer qui le recouvre. La mandibule a une symphyse longue et forte et son angle n'est pas fléchi. Le membre antérieur est décrit comme étant « faible par rapport au Carnivora moderne ». Le scaphoïde et la lunaire sont séparés, et il y a une centrale. Les dents nous présentent presque la formule typique. Il ne manque qu'une seule molaire à la mâchoire supérieure. Les canines sont agrandies. Il a été suggéré, à partir d'un examen de son palais, que *Hyaenodon* était un animal semi-aquatique ; les fentes profondes aux extrémités des phalanges semblent pointer dans la même direction, puisqu'elles ressemblent en cela au genre *Patriofelis* , qu'il y a d'autres raisons de considérer comme aquatique. Ce dernier genre a un membre antérieur qui ressemble beaucoup à celui des Pinnipedia , les doigts sont très étalés et semblent avoir supporté une sorte de pagaie. En tout cas, il se nourrissait certainement de tortues aquatiques, car leurs restes ont été retrouvés dans ses coprolites. Le nom *Limnofelis* , également appliqué à ce qui semble avoir été des membres de ce genre, suggère leurs habitudes. *Patriofelis* , au moins une espèce, semble avoir eu à peu près la taille d'un lion.

Le mésonyx a un cerveau qui est en réalité plus petit que celui du marsupial *Thylacinus* . L'os lacrymal est très gros et s'étend un peu sur la face, comme c'est aussi le cas chez *Hyaenodon* ; cette condition se retrouve également chez les Insectivora et chez *Thylacinus* . La vertèbre axiale a une épine de forme curieuse, qui est très différente du processus en forme de hache de cette vertèbre habituelle chez les Carnivores, mais n'est pas sans rappeler ce qui existe dans les genres Arctoïdes *Meles* et *Mydaus* . Les membres présentent une grande disparité en longueur et semblent présenter un dos très arqué au fur et à mesure de la progression de la créature. Le carpe ressemble étonnamment à celui des Insectivores . Il y a comme chez les autres Créodontes une séparation entre le scaphoïde et le lunaire ; la centrale semble être présente. Le bassin « ressemble le plus à celui de l'ours », les métacarpiens et le tibia, ainsi que quelques autres os, ressemblent à ceux de l'Hyène. En fait , cet animal présente ces caractères combinés qui sont communs aux formes archaïques.

CHAPITRE XV

RODENTIES—TILLODONTIA

Ordonnance IX. RONGEURS [315]

Animaux petits à moyennement grands, poilus, parfois avec des épines. Orteils avec des ongles en forme de griffes, ou se rapprochant parfois des sabots. Généralement plantigrade, et seulement occasionnellement et partiellement carnivore. Canines absentes ; incisives longues et fortes, poussant à partir de pulpes persistantes, et avec de l'émail uniquement ou principalement sur la face antérieure, produisant un bord en forme de ciseau ; molaires peu nombreuses (deux à six), séparées des incisives par un large diastème. Caecum (presque toujours présent) très gros et de structure souvent compliquée. Cerveau, sinon lisse, avec peu de sillons, les hémisphères ne chevauchant pas le cervelet. Surface du crâne plutôt plate ; orbites non séparées des fosses temporales ; os malaire au milieu de l'arc zygomatique ; palais très étroit, avec des foramens incisifs allongés ; surface articulaire de la mâchoire inférieure allongée antéro-postérieurement. Clavicules généralement présentes. Testicules généralement abdominaux. Placenta décidu et de forme discoïde.

Les rongeurs sont un très grand assemblage de créatures généralement petites, parfois très minuscules, englobant un nombre énorme de types génériques vivants. Ils sont répartis partout dans le monde, y compris dans la région australienne, et, étant petits et souvent nocturnes, et en aucun cas particuliers dans leur régime alimentaire, ils ont réussi à prospérer et à se multiplier dans une plus grande mesure que tout autre groupe de mammifères vivants. Ce sont principalement des créatures terrestres et creusent ou vivent souvent dans des terriers préfabriqués. Certains cependant, comme les Campagnols, sont aquatiques ; d'autres, *par exemple* les écureuils, sont arboricoles, et il existe des rongeurs « volants », illustrés par le genre *Anomalurus* . Leur habitat est en fait aussi large que celui de tout autre ordre de mammifères, et plus large que celui de la plupart des autres.

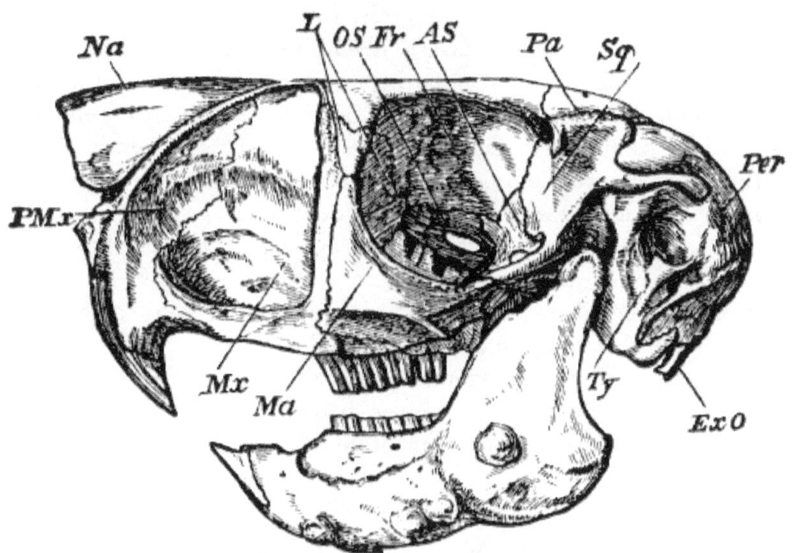

FIGUE. 231.— Vue latérale du crâne du lièvre sauteur (*Pedetes café*). × 3 / 5 . *AS* , Alisphénoïde ; *Ex.O* , exoccipital ; *Fr* , frontal; *L* , lacrymal ; *Ma* , malaire; *Mx* , maxillaire ; *Na* , nasal ; *OS* , orbito-sphénoïde ; *Pa* , pariétal ; *Per* pointe vers la grande bulle supratympanique ou mastoïde ; *PMx* , prémaxillaire ; *Carré* , squamosal ; *Ty* , tympanique. (De *l'ostéologie* de Flower .)

La caractéristique anatomique la plus distincte des Rongeurs concerne les dents. Ils sont sans exception entièrement dépourvus de canines. Il existe ainsi un long diastème entre les incisives et les molaires. Une autre particularité est que, dans de nombreux cas, la dentition est absolument monophyodonte. Chez les Muridés, par exemple, il ne semble pas y avoir de dentition de lait. Dans cette famille, il n'y a que trois molaires ; mais dans d'autres types où il y a quatre, cinq ou six molaires, la première, deux ou trois, selon le cas, ont des prédécesseurs laitiers et peuvent ainsi être appelées prémolaires. Cela a été définitivement prouvé comme étant le cas du lapin commun, qui possède un nombre inhabituellement élevé de six dents grinçantes dans chaque moitié de la mâchoire supérieure à l'âge adulte. Les trois premiers d'entre eux ont des précurseurs du lait. D'un autre côté, l'existence de quatre molaires ne signifie apparemment pas toujours que la première est une prémolaire ; car Sir W. Flower a constaté que chez *Hydrochoerus* , [316] aucune des dents n'avait de précurseurs, du moins autant qu'on pouvait le déceler par l'examen d'un très jeune animal. Le Lapin semble également exceptionnel, dans la mesure où la deuxième incisive de la mâchoire supérieure et l'incisive de la mâchoire inférieure ont des précurseurs de lait. En tout cas, la tendance au monophyodontisme est particulièrement marquée chez ce groupe de mammifères. Les incisives des rongeurs sont généralement constituées dans chaque mâchoire d'une seule paire de dents longues et fortes, qui poussent à partir de pulpes persistantes et atteignent une très grande longueur, s'étendant en arrière dans la mâchoire jusqu'à proximité de la partie postérieure du crâne. Ces dents sont renforcées dans la mâchoire supérieure par une petite seconde paire chez le Lagomorpha uniquement. Les incisives sont en forme de ciseau et souvent brunes ou jaunes sur la face externe, comme c'est également le cas chez certains Insectivores. Cette forme particulière et leur force les rendent particulièrement capables de l'action de rongement qui caractérise les rongeurs. On a fait remarquer que là où les incisives sont plus larges qu'épaisses, les pouvoirs de rongement sont faiblement développés ; et qu'au contraire, là où ces dents sont plus épaisses que larges, les animaux sont de bons rongeurs. Les incisives ont souvent un sillon antérieur, ou il peut s'agir de sillons.

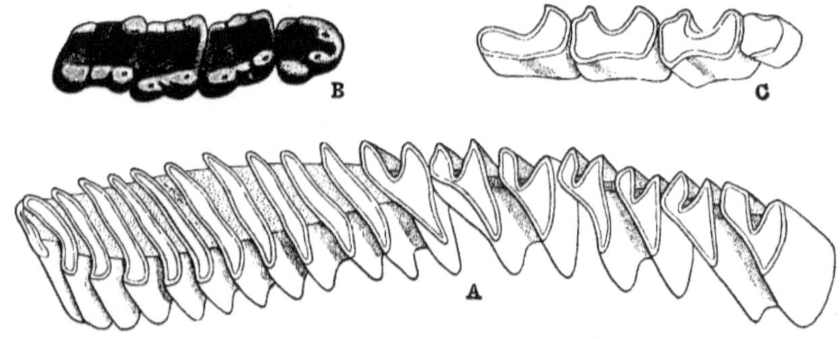

FIGURE. 232.— Molaires de rongeurs. **A** , de Capybara (*Hydrochoerus*) ; **B** , de l'Écureuil (*Sciurus*) ; **C** , de *Ctenodactylus* . (D'après Tullberg .)

Les dents jugales varient en nombre de deux (*Hydromys*) à six (Lapin) de chaque côté des deux mâchoires. Quatre est le nombre prédominant en dehors de la grande division des rongeurs ressemblant à des rats. Ils sont souvent placés selon un angle par rapport au plan horizontal de la mâchoire, regardant vers l'extérieur et obliquement par rapport à son axe longitudinal ; les dents individuelles sont également souvent courbées, nous rappelant celles de *Toxodon* . Cela ne se produit bien sûr que dans les genres qui ont des dents d'hypselodonte. Le motif des dents varie beaucoup et les différentes formes rappellent les dents de plus d'un autre groupe de mammifères. Ils sont soit bunodont, soit lophodont. Dans de nombreux cas, la dent est entourée d'une crête d'émail, soit presque simple, soit au contour plus compliqué ; ces dents ne sont en aucun cas évocatrices des Toxodontes . Certaines molaires des Lophodontes ne sont en aucun cas différentes de celles des Proboscidea. Chez *Sciurus vulgaris,* la crête qui l'entoure est divisée en tubercules, ce qui donne à la dent une ressemblance frappante avec celles d' *Ornithorhynchus* . D'autres genres ont des dents comme celles de nombreux ongulés. Sir J. Tomes [317] a montré que la structure minuscule de l'émail diffère selon les différents groupes de rongeurs.

Le crâne présente certains caractères primitifs. En premier lieu, il n'y a pas de distinction entre la fosse orbitale et la fosse temporale. [318] Les sutures entre les os conservent leur distinction très longtemps. D'autres traits caractéristiques sont les suivants :— Les nasales sont grandes, tout comme les apophyses paroccipitales . Le palais situé devant les molaires n'est pas distinct des côtés du crâne, son bord s'arrondissant progressivement au-dessus. C'est aussi très étroit. Les prémaxillaires sont grands par rapport aux grandes incisives. Il existe souvent un foramen infra-orbitaire très élargi à travers lequel passe une partie du muscle masséter. L'os jugal se trouve au milieu de l'arc zygomatique, qui est complet et énormément élargi chez le Cavai tacheté (*Coelogenys paca*). Comme chez de nombreux marsupiaux, l'os jugal s'étend parfois vers l'arrière jusqu'à la cavité glénoïde, où s'articule la mâchoire inférieure. On dit ordinairement, avec un manque absolu d'exactitude, que les hémisphères cérébraux des Rongeurs sont lisses et sans circonvolutions. Cette erreur a été répétée à maintes reprises dans les manuels scolaires. En fait, les hémisphères cérébraux de nombreuses formes sont assez bien alambiqués, le degré de sillonnement correspondant, comme dans tant de groupes de mammifères, à la taille de l'animal. C'est en tout cas généralement vrai, bien que le grand castor, avec ses rares circonvolutions, constitue une exception. Les formes plus petites, telles que *Mus* , *Sciurus* , *Dipus* et *Cricetus* , ont un cerveau assez lisse. Le cerveau le plus sillonné de tous les rongeurs qui aient été examinés est celui de l'énorme *Hydrochoerus* . La fissure sylvienne est très généralement peu prononcée ; mais il est particulièrement bien marqué chez *Lagostomus* . Chez tous, ou chez la plupart des rongeurs, les hémisphères sont séparés du cervelet par un intervalle, les lobes optiques étant visibles entre les deux.

La cavité buccale de ce groupe de mammifères est divisée en deux chambres par une croissance poilue derrière les incisives ; cette disposition est utile pour les animaux qui utilisent leurs fortes incisives comme outils de rongement et d'excavation ainsi que pour leur alimentation ; car il permet aux substances d'être rongées sans que les produits de l'action semblable à un ciseau ne soient entraînés dans la cavité buccale. Les Rongeurs ont pour la plupart un estomac simple de forme normale ; mais dans quelques-uns, cela se complique d'un constriction marqué qui sépare la partie cardiaque de la partie pylorique. Le Hamster, par exemple, est ainsi caractérisé . Chez tous les membres de l'ordre, à l'exception du Loir et de certaines formes alliées, le caecum est grand et souvent sacculé. Sous certaines formes (par exemple *Arvicola* , *Myodes* , *Cuniculus*), le gros intestin est enroulé sur lui-même en spirale, un état de fait fortement évocateur des ruminants.

Les Rongeurs sont principalement divisibles en deux grands groupes, les Simplicidentata et les Duplicidentata , caractérisés principalement par les incisives supérieures. Dans le premier cas, il n'y a qu'une seule paire de ces dents ; dans ce dernier, une deuxième paire plus petite se trouve derrière la première.

SOUS-ORDRE 1. SIMPLICIDENTATA.

SECTION 1. SCIUROMORPHA .

Les Anomaluri sont séparés par Thomas et d'autres de cette section comme une section égale, tandis que par Tullberg ils sont regroupés avec *Pedetes* .

Famille. 1. Anomaluridés . — Le genre *Anomalurus* évoque à première vue les écureuils volants d'Asie, *Pteromys* . Il s'agit cependant d'un genre entièrement africain et se distingue des rongeurs asiatiques par une série d'écailles à la racine de la queue, imbriquées, carénées et formant peut-être un « organe grimpeur ». Ce caractère sert également à distinguer le genre actuel de *Sciuropterus* . En outre, le cartilage qui soutient le patagium jaillit du coude. Il y a quatre molaires dans chaque moitié de chaque mâchoire. Les yeux et les oreilles sont grands. Il y a cinq doigts et orteils, mais le pouce est petit, bien que muni d'un ongle. Le sternum a sept articulations et neuf côtes y parviennent. La clavicule est forte. Huet , qui a récemment monographié le genre, [320] autorise six espèces. Les espèces varient en taille.

Anomalurus peli semble, selon M. WH Adams, [321] être une espèce commune sur la Gold Coast ; il est coloré en noir et blanc, mais malgré l'avertissement que cette couleur devrait véhiculer, il est considéré par l'indigène peut-être plutôt omnivore comme « la plus grande délicatesse ». L'animal est nocturne, mais n'affecte que les nuits claires de lune. Leur « vol » consiste en un saut d'une branche haute à une branche plus basse, après quoi ils remontent dans l'arbre jusqu'à un point d'observation pour un autre saut. On dit qu'ils se nourrissent de noix ; mais Tullberg n'a trouvé que des restes de feuilles dans l'estomac.

Idiurus est un genre récemment décrit allié à *Anomalurus* . Il existe en tout cas deux espèces, *I. zenkeri* et *I. macrotis* . Le pouce est plus réduit que chez *Anomalurus* , et le péroné, contrairement à ce qu'on trouve dans ce genre et chez la plupart des Sciuromorphes , est fusionné avec le tibia en dessous.

Un troisième genre, décrit très récemment et allié aux deux précédents, est *Aëthurus* . Il est originaire du Congo français [322] et s'en distingue par l'absence de membranes volantes. Il possède cependant le coussinet de grandes écailles. Il n'existe qu'une seule espèce, *A. glirinus* . Il a une queue touffue noire. Les processus postorbitaux des fronts font totalement défaut : il n'y a pas même pas de traces visibles dans *Anomalurus* . Le pouce a disparu. Si l'on doit

- 428 -

comparer *l'Anomalurus* aux écureuils, pense donc M. de Winton, le genre actuel est probablement diurne en raison du manque de membranes volantes.

Famille. 2. Sciuridés. — Les écureuils, genre *Sciurus* , ont une aire de répartition mondiale, à l'exception de la région australienne et de l'île de Madagascar.

Les yeux et les oreilles sont grands ; la queue est bien sûr longue et touffue. Les pieds antérieurs ont un pouce discret ; les pattes postérieures ont quatre orteils. La plante des pattes antérieures est nue ou velue, celle des pattes postérieures est poilue. Il y a douze ou treize vertèbres dorsales, et en correspondance sept ou six lombaires . Les vertèbres caudales peuvent atteindre vingt-cinq. Dans le crâne , les frontaux sont larges et il existe de longs processus postorbitaux. Le foramen infra-orbitaire n'est, en règle générale, pas grand, mais sa taille est augmentée sous quelques formes. Le nombre de morceaux d'os distincts dans le sternum est de cinq. Les molaires de la mâchoire supérieure sont au nombre de cinq, mais la première est très petite et tombe rapidement.

Les écureuils sont souvent plutôt brillamment colorés . Le Sc chinois . *castaneiventris* a une fourrure grise avec une riche face inférieure de couleur châtain . L'écureuil Malabar, *Sc. maximus* , comme son nom l'indique, un grand animal, a une fourrure rougeâtre foncé ou châtain sur le dessus, qui devient jaune en dessous . L'écureuil commun, le lytill squerell plein de besynesse , "qui est l'écureuil de ce pays, est rouge brunâtre sur les parties supérieures et blanc en dessous. Il s'étend de ce pays jusqu'au Japon. Comme beaucoup d'autres rongeurs, l'écureuil aime la nourriture animale et mange les deux œufs. et les jeunes oiseaux. Des brosses en "poils de chameau" sont fabriquées à partir de cet animal. Le genre *Tamias* , dont l'aire de répartition est presque exclusivement nord-américaine, est inclus par le Dr Forsyth Major [323] dans ce genre, qui comprend alors considérablement plus d'une centaine d'espèces.

Les spermophiles éthiopiens, genre *Xerus* , ont un crâne plus allongé que *Sciurus* et les processus postorbitaux sont plus courts. Les pieds ne sont pas poilus.

Nannosciurus forme un genre d'écureuils parfaitement distinct. Ces « écureuils pygmées » se distinguent par la possession d'un « visage » très allongé et par la région frontale très large. Les dents diffèrent de celles du *Sciurus* par certains aspects et ont été spécialement comparées par Forsyth Major à celles du Loir . Quatre espèces de ce genre sont malaises ; l'un est ouest-africain.

Le *Rheithrosciurus de Bornéo macrotis* est la seule espèce de son genre. Le genre peut être distingué par les molaires extrêmement brachyodontes , cette caractéristique étant plus marquée dans ce genre que chez tous les autres écureuils. On l'appelle « l'écureuil à dents rainurées », en raison des « sillons verticaux parallèles de sept à dix minutes qui parcourent la face avant de ses incisives ». [324]

Le genre *Spermophilus* comprend un grand nombre (une quarantaine) d' animaux paléarctiques et néarctiques appelés Sousliks. Les oreilles sont petites ; il y a des poches à joues comme chez *Tamias* . L'aspect général de l'animal ressemble à celui d'une marmotte, et ils comblent l'écart extrêmement étroit qui sépare les marmottes des vrais écureuils. Anatomiquement, le crâne ressemble à celui d' *Arctomys* ; les molaires sont au nombre de cinq dans la mâchoire supérieure et de quatre dans la mâchoire inférieure. Le caecum est relativement très petit ; les mesures sur un spécimen de *S. tredecimlineatus* , disséqué par le Dr Tullberg , étaient : intestin grêle, 580 mm ; gros intestin, 170 mm.; et caecum, 27 mm. Chez *Tamias* également, le caecum n'est pas très développé. Ces animaux creusent par habitude.

Les chiens de prairie, genre *Cynomys* , dont l'espèce la plus connue est peut-être *C. ludovicianus* , ressemblent beaucoup aux écureuils, mais ce ne sont pas des créatures arboricoles ; ils vivent dans des terriers au sol, comme l'indique leur nom vernaculaire. Le genre est entièrement nord-américain et quatre espèces ont été différenciées.

Le chien de prairie ou marmotte des prairies mesure environ 10 pouces à un pied de longueur. La queue ne mesure pas plus de 2 pouces. Les oreilles sont très petites ; le pouce est pleinement développé et porte une griffe. Les mesures des différentes sections de l'intestin sont les suivantes :— Intestin grêle, 860 mm.; gros intestin, 690 mm.; caecum, 75 mm. Le caecum n'est donc pas grand comparativement. Ces animaux creusent des terriers dans les plaines herbeuses qu'ils partagent avec le Hibou terrestre (*Speotyto cuniculaire*) et avec les crotales, les trois espèces semblant vivre en parfaite amitié. Il est probable que les hiboux utilisent des terriers bien construits et que les serpents à sonnettes viennent là pour s'occuper de leurs petits.

Arctomys , sont étroitement liées à ces dernières . Ils diffèrent par le caractère rudimentaire du pouce et par la queue plus longue. Les yeux et les oreilles sont petits. La répartition du genre est Néarctique et Paléarctique . Il existe dix espèces du genre. La marmotte alpine, *A. marmotta* , est familière à la plupart des gens. L'animal vit dans les hauteurs des Alpes et, lorsque le danger menace, il pousse un sifflement aigu. Il hiberne en hiver et on peut trouver jusqu'à dix à quinze animaux étroitement entassés dans un seul terrier soigneusement bordé.

La seule autre espèce européenne est *A. bobac* , la marmotte de Sibérie, présente à l'extrême est de l'Europe et également asiatique. Il existe quatre espèces nord-américaines, dont la marmotte du Québec, *A. monax* .

FIGUE. 234.— Écureuil volant. *Ptéromys alborufus* . × 1 / 5 .

Le genre *Pteromys* (dont le nom propre, antérieur de cinq ans *à Pteromys* , semble être *Petaurista*) est confiné à la région orientale, où l'on compte une douzaine d'espèces. Les membres sont unis par un parachute s'étendant jusqu'aux orteils, et soutenus en avant par un cartilage fixé aux poignets. Il y a aussi des membranes unissant en avant les membres antérieurs au cou, et en arrière unissant les membres postérieurs à la racine de la queue et un peu au-delà. Le crâne et la formule dentaire sont comme chez Sciurus, mais le dessin des molaires, qui est très compliqué, semble plaider pour un mode de nutrition différent. Il y a douze paires de côtes. Le gros intestin (chez *P. petaurista*) est presque aussi long que le petit, et le caecum est également « colossal » ; les mesures chez un individu de l'espèce nommée étaient : intestin grêle, 670 mm ; caecum, 320 mm.; gros intestin, 650 mm. Le caecum est disposé en spirale. Les tétines sont constituées de trois paires, en position non inguinale.

La taille de ces écureuils est de 16 à 18 pouces sans compter la queue, qui est plus longue. Ces animaux peuvent faire un saut extrêmement long à l'aide de leur membrane volante. Près de quatre-vingts mètres est la plus longue distance indiquée pour ces excursions aériennes. On dit qu'ils sont capables de se diriger dans une certaine mesure lorsqu'ils sont en l'air. Comme cela semble être le cas de nombreux rongeurs, ces animaux se nourrissent en grande partie de coléoptères et d'autres insectes, outre l'écorce, les noix, etc.

Le genre allié *Sciuropterus* a une aire de répartition beaucoup plus large. Il s'étend dans la région paléarctique et en Amérique du Nord, en plus d'être trouvé en Inde. Il n'y a ici aucune membrane atteignant la queue. Les paumes et les plantes sont velues. Le caecum est beaucoup plus court, tout comme le gros intestin. Ce dernier, chez *S. volucella* , ne dépasse pas le tiers de la longueur de l' intestin grêle. Dans d'autres caractéristiques, il n'y a pas de différences notables dans la structure, sauf que les mamelles, toujours trois paires, peuvent être inguinales.

Du genre *Eupetaurus* [325], on ne connaît qu'une seule espèce, limitée aux hautes altitudes à Gilgit et peut-être au Thibet. Sa principale différence avec les autres genres d'écureuils volants est que les molaires sont des hypselodontes au lieu de brachyodontes . La membrane interfémorale est rudimentaire ou manquante. La seule espèce est *E. cinereus* . On pense qu'il vit « sur les rochers, peut-être au milieu des précipices ». Le Dr Tullberg attribue les dents de l'hypsélodonte au fait que les mousses dont il est censé se nourrir peuvent contenir beaucoup de sable et de terre mélangées, ce qui conduirait naturellement à une usure plus rapide des dents, et donc à la nécessité d'un bon approvisionnement. de tissu dentaire pour faire face à cette destruction.

Famille. 3. Castoridés . — Celle-ci, la troisième famille des Sciuromorpha , ne contient qu'un seul genre, *Castor* , le Castor, avec au plus deux espèces, l'une nord-américaine, l'autre européenne. Ce grand rongeur a de petits yeux et de petites oreilles, comme il sied à un animal aquatique, et la queue est extrêmement large et couverte d'écailles ; les apophyses transverses des vertèbres caudales, afin de mieux soutenir les tissus épais situés à l'extérieur d'elles, sont divisées en deux au milieu de la série. Les pattes postérieures sont beaucoup plus grandes que les pattes antérieures et sont plus palmées que chez tout autre rongeur aquatique.

Dans le crâne, le foramen infra-orbitaire est petit comme chez les écureuils. Le processus postorbital a pratiquement disparu. Les quatre molaires se détachent latéralement des mâchoires. Les incisives, comme on peut le déduire d'après les habitudes, sont particulièrement fortes. L'estomac présente près de l'entrée de l' œsophage une tache glandulaire qui semble ressembler à celle du Wombat (voir p. 144). Chez les deux sexes, le cloaque est très distinct et relativement profond.

Les deux espèces du genre sont *C. canadensis* et *C. fibre* . Cette dernière est bien entendu l'espèce européenne, que l'on retrouve aujourd'hui dans plusieurs des grands fleuves d'Europe, comme le Danube et le Rhône. Mais elle devient partout rare et limitée à des colonies assez petites et isolées.

Dans ce pays, il est absolument éteint et ce depuis bien avant la période historique. Il n'existe apparemment aucune preuve documentaire de sa survie jusqu'à cette période. Mais les nombreux noms de lieux qui portent le nom de cet animal illustrent son ancienne prédominance. Des exemples de tels noms sont Beverley dans le Yorkshire et Barbourne ou Beaverbourne dans le Worcestershire. Au Pays de Galles, cependant, les castors semblent avoir persisté plus longtemps. Mais ils étaient rares en Principauté pendant une centaine d'années avant la Conquête normande. Le roi Howel Dda , décédé en 948 après J.-C. , fixa le prix d'une peau de castor à 120 deniers, les peaux de Cerf, de Loup et de Renard ne valant que 8 deniers pièce. Le castor était appelé par les Gallois « Llost-llyddan », ce qui signifie « à large queue ». Son existence dans le pays se transmet sous le nom de Llyn-ar-afange , qui signifie lac aux castors . Le dernier signalement positif du Castor au Pays de Galles semble être la déclaration de Giraldus Cambrensis qu'en 1188 l'animal se trouvait encore dans la rivière Teivy dans le Cardiganshire. En Écosse, on dit que le castor a persisté jusqu'à une date ultérieure. L'Irlande n'a jamais été atteinte. Les restes de cet animal par leur abondance montrent l'ancienne prévalence de *C. fibre* dans ce pays. Il est connu dans les marais du Cambridgeshire et dans des dépôts superficiels ailleurs. La Tamise avait autrefois ses castors, et apparemment ils étaient largement répandus dans tout le pays.

Le castor ne fournit pas seulement des cols et des manchettes pour les manteaux ; on s'en servait, comme chacun le sait, pour fournir des chapeaux. Mais l'utilité de l'animal ne s'arrête pas là aux yeux de nos ancêtres. Le révérend Edward Topsell a observé que "pour donner une grande facilité au gowt , les peaux de castors brûlées avec de la poudre sèche Les oynions "sont excellents. La castoréine en tant que médicament, si elle n'est pas réellement utilisée, fait partie de la pharmacopée tout récemment. Elle est dérivée des glandes anales communes à ce rongeur et à d'autres, ainsi qu'à de nombreux autres mammifères.

Une grande forme éteinte de castor est *le Trogontherium* , [326] trouvé dans le « lit forestier » de Cromer. Le crâne est environ un quart plus long que celui de *Castor* . Il a une bulle moins gonflée et des processus postorbitaux légèrement plus prononcés que *Castor* . La troisième molaire (quatrième dent de meulage) est relativement plus grande que chez *Castor* et a une couronne un peu plus pliée. Le foramen magnum est plus triangulaire.

Famille. 4. Haplodontidés . — Une famille distincte semble être nécessaire pour le genre *Haplodon* , dont les caractères seront donc fusionnés avec ceux de sa famille. Il se distingue de la plupart des autres créatures ressemblant à des écureuils par le fait qu'il n'y a pas de processus postorbital vers le frontal. Les molaires sont au nombre de cinq dans la mâchoire supérieure et de quatre dans la mâchoire inférieure. Le Sewellel , *H. rufus* , comme les autres espèces du genre (*H. major*), se trouve en Amérique du Nord à l'ouest des montagnes Rocheuses. Il a les habitudes de la marmotte des prairies et a une queue courte, des oreilles moyennement longues et des pieds à cinq doigts. Tullberg est d'avis que cet animal représente presque la forme ancestrale de la tribu des Écureuils.

SECTION 2. MYOMORPHES .

Cette subdivision des Rongeurs ne contient, d'après la récente estimation de M. Thomas, [327] pas moins de 102 genres. Il est donc évidemment impossible de faire autre chose que de se référer à quelques-unes des plus intéressantes d'entre elles. Ce groupe est à nouveau réparti dans les familles suivantes :—

(1) Gliridae , dont les Loir .

(2) Muridés, Rats, Souris, Gerbilles, Rats d'eau australiens, Hamster.

(3) Bathyergidae, Cape Mole, etc.

(4) Spalacidae , rats bambou.

(5) Geomyidae , rats en poche.

(6) Heteromyidae , rats kangourous.

(7) Dipodidés , Gerboises.

(8) Pédétidés .

Les Gliridae n'ont pas de caecum, comme c'est habituel chez les Rodentia. Il est vrai que tous les genres n'ont pas été disséqués, mais on sait que chez le vrai Loir, ainsi que dans le genre *Platacanthomys* , le caecum est absent.

En dehors de ces quelques exceptions, les rongeurs ressemblant à des souris possèdent tous un caecum, bien que celui-ci ne soit souvent pas très gros. Ce sont tous des animaux de petite taille et modifiés pour adopter une grande variété d'habitudes et d'habitats. Il existe des formes fouisseuses, nageuses et grimpantes. Le groupe a une aire de répartition universelle, incluant même la région australienne, dans laquelle ils sont les seuls rongeurs.

Famille. 1. Gliridés . — Cette famille, appelée aussi Myoxidae [328] , HYPERLINK "https://gutenberg.org/files/39887/39887-h/39887-h.htm" \l "Nt_328" comprend les Loirs, et est entièrement une famille de l'Ancien Monde, absente seulement de la région malgache. Son caractère différentiel le plus important est l'absence totale de caecum et de toute frontière nette entre l'intestin grêle et le gros intestin. Les molaires sont généralement au nombre de quatre. Les yeux et les oreilles sont bien développés.

Le genre *Muscardinus* comprend uniquement le Loir commun, *M. arellanarius* . Cette petite créature de 3 pouces de long avec une queue de 2½ pouces est bien entendu un habitant bien connu de ce pays. On le trouve également partout en Europe. Il n'est pas particulièrement abondant dans ce pays, et on dit qu'un bon spécimen vaut une demi-guinée. Comme son nom spécifique l'indique, il vit en grande partie de noisettes ; mais il sucera aussi les œufs et dévorera les insectes. L'animal fait un « nid » en forme de boule creuse. Son hibernation est bien connue, et a également donné naissance au nom allemand (« Schläfer ») du groupe. Il était bien connu d'Aristote, qui donna ou adopta le nom Ἐ λει ὸ ς pour l'animal. Son sommeil hivernal, évocateur de la mort, et sa revivification au printemps ont donné à l'évêque de Salamine, Épiphane, un argument en faveur de la résurrection de l'homme. La fourrure était considérée à l'époque de Pline comme un remède contre la paralysie et aussi contre les maladies des oreilles.

Le genre *Myoxus* ne comprend également qu'une seule espèce, *M. glis* , ce qu'on appelle le "Loir gras" du continent. Il n'a pas de gonflement glandulaire à la base de l' œsophage , comme cela se produit dans le dernier genre et chez *Graphiurus* . De *Graphiurus,* il existe treize espèces, toutes africaines. Le genre ne diffère pas beaucoup du précédent. Il existe cependant une région glandulaire de l' œsophage . *Eliomys* est le dernier genre de Loir typique. Son aire de répartition est paléarctique .

Platacanthomys , de forme semblable à celle du Loir, a, comme les autres Loir, une longue queue, sur laquelle les longs poils grossiers sont disposés en deux rangées sur les côtés opposés vers la pointe ; il est représenté par une seule espèce, *P. lasiurus* , originaire de la côte de Malabar. Son port est arboricole. La fourrure est mêlée d'épines aplaties. Les molaires sont réduites à trois de chaque côté de chaque mâchoire. Cette forme a été échangée entre les « Souris » et les « Loirs » ; mais la découverte par M. Thomas de l'absence du caecum plaide fortement en faveur de sa localisation correcte parmi les Gliridae . *Typhlomys* est un genre allié, également originaire de la région orientale. Celui-ci et le dernier sont placés dans une sous-famille spéciale des Gliridae , Platacanthomyinae , par M. Thomas.

Famille. 2. Muridés. — Cette famille, celle des Rats et des Souris au sens large, est la famille de Rongeurs la plus étendue. M. Thomas n'y comprend pas moins de soixante-seize genres. Les molaires sont généralement au nombre de trois. La queue est assez longue, voire très longue, et la plante des pieds est nue.

Sous-Fam. 1. Murinés . — Les vrais rats et souris peuvent être considérés comme formant une sous-famille, les Murinae . Le genre *Mus* , comprenant les Rats et les Souris au sens restreint du terme, comprend environ 130 espèces. Ils sont exclusivement présents dans l'Ancien Monde, étant seulement absents de l'île de Madagascar. Dans le Nouveau Monde, il n'existe aucune espèce du genre restreint *Mus* . Les yeux et les oreilles sont grands ; le pollex est rudimentaire et porte un clou au lieu d'une griffe. La queue est en grande partie écailleuse. Tous les membres du genre sont de petits animaux, certains très minuscules. Dans ce pays, il existe cinq espèces [329] du genre, à savoir. la souris des moissons, *M. minutus* , qui a un corps de seulement 2½ pouces de long avec une queue tout aussi longue. C'est le plus petit des quadrupèdes britanniques à l'exception de la Petite Musaraigne. La souris des bois, *M. sylvaticus* , est environ deux fois plus grande ; elle diffère également de cette dernière espèce en ce qu'elle fréquente les granges, et est ainsi parfois confondue avec la souris commune, dont elle se distingue cependant par sa coloration et ses oreilles plus longues. Ce dernier, *M. musculus* , est trop familier pour nécessiter davantage de description. Il s'en est produit une curieuse variété. Celui-ci a une peau épaissie et plissée comme celle d'un rhinocéros, et les poils ont disparu. Le rat noir, *M. rattus* , ressemble à une grande souris et est plus petit et de couleur plus noire que le « rat hanovrien ». On l'appelle parfois le « vieux rat anglais », mais il ne semble néanmoins pas être un rongeur véritablement indigène. Il a été tellement vaincu par la compétition avec le rat hanovrien qu'il n'est plus une espèce commune dans ce pays.

Le Hanovrien ou Rat surmulot, *M. decumanus* , est un animal plus grand et plus brun que le précédent. Sa distribution est très étendue à travers le globe, sans doute en grande partie parce qu'elle est facilement transportée par l'homme. Il en va de même pour la souris commune, dont la véritable origine doit être mise en doute. Le Dr Blanford pense que le lieu d'origine du Brown Eat est la Mongolie. Le nom de « Rat de Hanovre » est jusqu'à présent justifié, à tel point que l'animal semble être arrivé dans ce pays vers 1728. Mais il n'y a aucune raison de l'appeler, comme on le fait parfois, Rat surmulot.

Certains membres de ce genre, dont la fourrure est entrecoupée d'épines, ou qui sont assez épineux, ont été séparés en un genre, *Leggada* , ce qui, cependant, n'est généralement pas autorisé.

Un autre proche allié est *Chiruromys* , qui a une queue fortement préhensile, caractéristique qui n'est pas commune chez les Myomorpha , bien que *Dendromys* , une forme fréquentant les arbres, et *Mus minutus* , déjà mentionnés, présentent le même caractère. De nombreuses souris semblent avoir une queue préhensile, qu'elles peuvent enrouler autour des branches ; mais il n'est pas aussi complètement développé que chez l'espèce que nous venons de nommer.

Un certain nombre d'autres genres se rapportent aux vraies souris, la sous-famille des Murinae de la classification de Thomas. L' *Acomys syrien et africain* a une fourrure très épineuse, à tel point que "quand il a les épines dressées, il est presque impossible de le distinguer au premier coup d'œil d'un petit hérisson". Les genres *Cricetomys* , *Malacomys* , *Lophuromys* , *Saccostomus* , *Dasymys* sont limités à la région éthiopienne. *Nesokia* est orientale, atteignant également la région paléarctique . *Vandeleuria* , *Chiropodys* , *Batomys* , *Carpomys* sont orientales, les deux dernières étant confinées aux Philippines.

Un autre genre philippin particulier est *Phlaeomys* , de grande taille, et son allié est *Crateromys* , initialement confondu avec lui. *Batomys Granti* est également confiné à Luçon. Ses molaires sont au nombre de trois, comme celles du *Carpomys également restreint et philippin melanurus* , qui est une forme arboricole. Il existe une deuxième espèce, *C. phaeurus* .

Phlaeomys est cependant placé par M. Thomas dans une sous-famille distincte, **les Phlaeomyinae** , et est retiré des Murinae .

Hapalomys , qui ne compte qu'une seule espèce, est birman. *Pithecochirus* est javanais et sumatra. *Conilurus* (également connu sous le nom de *Hapalotis*) est un genre contenant des espèces appelées rats gerboises, en raison de leur mode de progression. Ce sont des formes désertiques et australiennes. Il existe seize espèces.

FIGUE. 235.— Souris épineuse. *Acomys cahirinus* . × ½.

Mastacomys , avec une seule espèce, est limité à la Tasmanie. *Uromys* , qui compte environ huit espèces, est originaire du Queensland et habite également les îles Aru et les îles Salomon. Le Célébésien *Echiothrix* , ou *Craurothrix* comme on devrait apparemment l'appeler à juste titre, est un autre genre ne contenant qu'une seule espèce. *Golunda* est à la fois oriental et éthiopien, une espèce présente dans chaque région. Les belles petites souris barbaresques rayées, *Arviacanthis* (ou *Isomys*), sont africaines, septentrionales et tropicales.

Le genre *Saccostomus* ressemble aux hamsters en présence de poches sur les joues. Ses dents sont cependant murines. Il est en accord avec *Steatomys* par la queue relativement courte. Le caecum est plutôt long.

Sous-Fam. 2. Hydromyines . — Le genre *Hydromys* , [330] dont il existe plusieurs espèces, la plus connue étant *H. chrysogaster* , est une forme exclusivement australienne et a un port aquatique. Il mesure environ un pied de long et possède une queue assez longue. Les membres antérieurs et postérieurs sont palmés, en correspondance avec ses habitudes. Le rat d'eau australien est noir, avec un mélange de poils dorés sur le dos et de couleur dorée en dessous, avec une bande médiane plus claire. Le pouce est petit et la sangle des mains n'est pas aussi marquée que celle des pieds. Les molaires ne sont que deux dans chaque moitié de chaque mâchoire. Le caecum est plutôt petit, les mesures du tube digestif étant : intestin grêle, 895 mm.; gros intestin, 278 mm.; caecum, 70 mm. Allié à ce dernier se trouve *Xeromys* , un genre également australien, mais limité au Queensland. Il a été établi par M. Thomas, [331] qui a découvert qu'il a la même formule réduite *qu'Hydromys* . *Xeromys* , cependant, n'est pas un animal aquatique et a des pattes non palmées.

Dans les hautes terres de Luzon, M. Whitehead a découvert, et M. Thomas a décrit tout récemment, [332] un certain nombre de rongeurs particuliers. Parmi ceux-ci, les genres *Chrotomys* , *Celaenomys* et *Crunomys* sont alliés aux *Hydromys d'Australie et de Nouvelle-Guinée* .

Chrotomys whiteheadi est inhabituel parmi les Muridés, dans sa coloration marquée par une bande pâle sur le dos. La créature a la taille du rat noir (*Mus rattus*). Il est terrestre et non aquatique, malgré sa ressemblance avec *Hydromys* . Les molaires sont cependant au 3/3.

Crunomys fallax ressemble plus à *Hydromys* . Il possède cependant trois molaires, comme dans le dernier genre. Mais le crâne a la forme aplatie caractéristique d' *Hydromys* par opposition à *Mus* .

Comme *Batomys* , *Celaenomys silaceus* est également quelque peu intermédiaire entre *Hydromys* et *Mus* . Il est décrit comme ressemblant beaucoup à une musaraigne et possède un museau très pointu. Ses habitudes, M. Whitehead est « absolument incapable de les deviner ». Comme *Hydromys* et *Xeromys,* ce rongeur n'a que deux molaires.

Sous-Fam. 3. Rhynchomyinae . — Le genre *Rhynchomys* , ne contenant qu'une seule espèce, *Rh. soricioides* (de Thomas), est aussi, comme ses noms génériques et spécifiques l'indiquent, une forme quelque peu semblable à celle d'une musaraigne en aspect externe. Le crâne, lui aussi, ressemble à celui d'un Insectivore dans son allongement, et les incisives inférieures sont portées en pointes en forme d'aiguilles. Les deux molaires sont excessivement petites et l'écart toujours grand entre les mâchoires est donc grandement exagéré. Il est suggéré que ce rat est un mangeur d'insectes, mais rien de positif n'est connu.

Sous-Fam. 4. Gerbilles . — Les Gerbilles forment une autre sous-famille, les Gerbillinae , des Muridés, ou une famille, selon certains. Le genre le plus connu est *Gerbillus* , y compris les Gerbilles proprement dites. Ces animaux appartiennent à l'aire de répartition de l'Ancien Monde et appartiennent aux trois régions de cette partie du monde. Il existe un grand nombre d'espèces dans le genre, plus d'une trentaine. Ils ont une forme semblable à celle d'une gerboise, avec des membres postérieurs plutôt longs et une queue longue et poilue. Mais les pattes postérieures ainsi que les pattes antérieures sont à cinq doigts. Les molaires ne présentent aucune trace de tubercules, mais seulement des lamelles transversales d'émail. Les incisives sont orange ; ils sont blancs chez *Dipus* . *Gerbille le pyramidum* mesure 90 mm. long, avec une queue de 125 mm. Les oreilles sont longues, 13 mm. La queue a des poils plus longs au bout.

FIGUE. 236.— Gerbille. *Gerbille aegypte* . × ½.

Psammomys est différent à certains égards. La queue est plus courte que chez *Gerbillus* ; sa longueur chez un individu de 165 mm. était de 130 mm. Comme chez *Gerbillus,* il y a quatre paires de trayons, deux pectorales et deux inguinales. Ce genre a une aire de répartition exclusivement paléarctique . *Meriones* a une gamme co-étendue avec celle de *Gerbillus* .

Pachyuromys est un genre éthiopien à queue courte. Comme l'indique son nom générique, la queue est non seulement courte mais aussi épaisse et charnue.

Sous-Fam. 5. Otomyines . — Les genres alliés, *Otomys* et *Oreinomys* , sont éthiopiens. *Otomys unisulcatus* a une queue plus courte que le corps, les mensurations d'une femelle de cette espèce étant de 137 mm. avec une queue de 87 mm. L'oreille est longue, d'où le nom ; il mesurait dans ce spécimen 20 mm.

Sous-Fam. 6. Dendromyines . — Le genre *Deomys* est une forme africaine, constituée d'une seule espèce de la région du Congo. *D. ferrugineus* a une couleur rougeâtre comme son nom l'indique ; les semelles sont bien nues et la queue est longue et fine. Il est considérablement plus long que le corps, mesurant (moins un fragment de la pointe) 172 mm, tandis que le corps mesure 125 mm. long. Les caractères des dents molaires, qui sont au nombre de trois, sont intermédiaires dans leur forme entre ceux des vrais Rats et ceux des Hamsters.

Dendromys est également présent en Éthiopie. Il existe plusieurs espèces. *D. mesomelas* est une petite créature de 60 mm. long, avec une queue de 90 mm.

Steatomys est un autre genre africain, allié au dernier. Sa queue, cependant, ne mesure que la moitié de la longueur du corps. Les deux genres restants sont *Malacothrix* et *Limacomys* . Leur aire de répartition est africaine.

Sous-Fam. 7. Lophiomyines . — Allié aux hamsters se trouve le genre singulier d'Afrique de l'Est *Lophiomys* , avec une seule espèce, *L. imhausi* , de Milne-Edwards. [333] La taille est comprise entre celle d'un lapin et celle d'un cochon d'Inde. L'estomac est courbé et quelque peu intestiniforme . On l'a surnommé Rat à Crête en raison de « la crête proéminente de poils raides qui descendent le long du dos ». Les doigts et les orteils sont au nombre de cinq, et la très longue queue est recouverte de poils plus longs que ceux du corps en général. Le pollex est rudimentaire et l'hallux est opposable.

La caractéristique structurelle la plus remarquable de ce genre concerne le crâne et, pour cette raison, il a été considéré comme le type d'une famille distincte. La fosse temporale derrière l'œil est recouverte d'une plaque osseuse complète, formée par une excroissance du pariétal rencontrant une excroissance de la malaire ; cette disposition singulière des os rappelle les conditions qui existent chez les tortues. De plus, le crâne tout entier est couvert de granulations disposées symétriquement, comme on n'en trouve chez aucun autre mammifère ; il évoque plutôt le crâne de certains poissons. On pense que la plaque osseuse déjà mentionnée n'est pas vraiment une partie des os dont elle semble être un prolongement, mais simplement une ossification des fascias dans cette région. L'atlas est granulé comme le crâne ; il y a seize paires de côtes et une faible clavicule. Les molaires sont au nombre de trois et d'une forme particulière. Ils présentent, dans le cas des trois premiers, des crêtes transversales d'où se dressent deux tubercules pointus et longs. Les autres dents ont deux crêtes. Les incisives sont jaune pâle. La forme des dents et la petitesse du caecum suggèrent que ce rongeur n'est pas aussi purement végétarien que les autres et qu'il se nourrit en grande partie d'insectes.

Sous-Fam. 8. Microtines . — Les campagnols ou rats d'eau forment un groupe distinct d'animaux murins, auquel a été appliqué le nom de sous-famille de Microtinae du genre *Microtus* (plus généralement connu sous le nom d' *Arvicola*), un genre qui comprend le rat d'eau et le rat des champs. Campagnols de ce pays. Ce genre a des oreilles courtes et une queue courte et poilue. Sa constitution est plus robuste et plus maladroite que celle des Rats. Le genre est confiné aux régions paléarctique et néarctique. Dans ce pays, il existe trois espèces. Le plus connu est le Campagnol d'Eau ou Rat d'Eau, *M. amphibius* , qui a été observé par la plupart des gens et qui fréquente les ruisseaux, les étangs et les canaux. Les pieds, curieusement, ne sont pas palmés, ce qui semble plaider en faveur de l'adoption récente d'une vie aquatique. M. Trevor- Battye a remarqué que cet animal, lorsqu'il nage à loisir, utilise uniquement ses membres postérieurs, portant les deux antérieurs sur les côtés comme un phoque. Le Campagnol des rivages, *M. glareolus* , est une espèce plutôt locale dans ce pays. C'est un campagnol terrestre et fouisseur. Le Campagnol des champs, *M. agrestis* , est devenu célèbre à cause des « fléaux » auxquels son immense nombre a parfois donné lieu. C'est la plus petite espèce et sa fourrure est brun grisâtre comme celle du Campagnol aquatique, le Campagnol des rivages étant plus rouge. Pour donner une idée du coût des déprédations de cet animal, M. Scherren cite [334] un agriculteur qui a témoigné devant la Commission agricole à l'effet qu'en évaluant les dégâts d'un campagnol à deux pence, le montant de la perte subie sur une ferme de 6 500 acres en deux ans, ce serait 50 000 £ !

Le genre *Fiber* se rapproche beaucoup du dernier. C'est un genre nord-américain. Les pattes postérieures sont légèrement palmées ; la queue est un peu plus courte que le corps, comprimée et écailleuse, avec des poils épars. Le pouce est court, mais avec une griffe pleinement développée. Comme dans le dernier genre, l'intestin grêle et le gros intestin ont à peu près la même longueur, et le caecum mesure environ un quart de la longueur de l'un ou l'autre. On l'appelle « Musquash ».

De *Fiber zibethicus* , ou plutôt d'une forme étroitement apparentée, *F. osoyoosensis* , du lac Osoyoos près des Rocheuses, M. Lord écrit [335] qu'il se construit une maison de joncs bâtie à partir du fond à 3 ou 4 pieds de profondeur. eau. Il est en forme de dôme et s'élève à environ un pied de l'eau. "Si un canard mort ou grièvement blessé est laissé sur la piscine, il est immédiatement saisi, remorqué dans la maison et condamné." Il apparaît donc que ce rongeur, comme tant d'autres, est largement carnivore. On a également affirmé qu'il mangeait du poisson.

Neofiber est un genre allié, présent en Amérique du Nord. L'espèce *N. alleni* est comparée, quant à sa forme extérieure, au campagnol aquatique *M. amphibius* . Il a cependant une queue plus courte.

Un autre membre très connu de cette sous-famille est le Lemming. Le nom s'applique cependant à deux genres bien distincts. Le genre *Cuniculus* , comprenant le lemming barré, *C. torquatus*, est un habitant de l'Amérique du Nord, de la Sibérie et du Groenland. La queue est courte, sa longueur est de 12 mm. contre une longueur de corps de 101 mm. Les pieds sont recouverts de fourrure en dessous, ce qui n'est pas inhabituel chez les mammifères de l'Arctique. Les oreilles sont très fines. Le pouce est bien développé et porte une griffe.

Chez *Myodes*, en revanche, qui n'est pas un animal arctique aussi marqué, bien que présent dans les régions paléarctiques et néarctiques, les oreilles sont plutôt plus grandes, bien que toujours plus petites que celles de *Microtus*. Le dessous des pieds est également fourré. La queue est également courte. On dit communément que les deux genres se distinguent par les pattes poilues du *Cuniculus* et par l'absence de fourrure dans le genre actuel. Selon Tullberg, cela ne semble pas être le cas. Les différences sont donc tellement réduites qu'il semble presque inutile de conserver les deux genres. L' espèce de *Myodes* la plus connue est bien entendu le Lemming scandinave, *M. lemmus*. Cet animal était présent dans ce pays au Pléistocène (tout comme *C. torquatus*), et récemment le Dr Gadow a trouvé des restes avec des peaux attachées dans des grottes au Portugal. Il se peut qu'il survive encore dans les montagnes de la péninsule.

L'habitat actuel du Lemming en Scandinavie est constitué par les grands plateaux, hauts de 3 000 pieds au centre . Les migrations n'ont pas lieu avec régularité ; vingt ans même peuvent s'écouler avant l'apparition dans les terres cultivées de ces hordes innombrables si familières (en ce qui concerne leur description) à tout le monde. Les Lemmings ne reviennent pas de leur exode. Ils meurent de diverses causes, notamment de combats entre eux. Leurs principaux ennemis, cependant, sont les loups et les gloutons, les buses et les corbeaux, les hiboux et les labbes, qui s'attaquent aux hordes de migrants. Leur augmentation soudaine en nombre rappelle l'augmentation similaire à certaines époques du campagnol des champs, à laquelle il a déjà été fait référence.

Ellobius est un genre de l'Ancien Monde, qui mène une vie « Talpine », et possède par conséquent des oreilles externes rudimentaires et de très petits yeux. La queue est courte. Contrairement à ce que l'on pourrait attendre de son mode de vie, les griffes sur les doigts ne sont pas fortes.

murins ressemblant à des campagnols sont *Phenacomys* et *Synaptomys* d'Amérique du Nord, et Siphneus d' Asie paléarctique . *Evotomys* fait partie de ces genres communs aux régions paléarctique et néarctique, mais la majeure partie des espèces sont nord-américaines.

Sous-Fam. 9. Sigmodontidés . — C'est le nom donné à une autre sous-famille de rongeurs murins, un groupe qui comprend les hamsters de l'Ancien Monde ainsi qu'un grand nombre de genres sud-américains d'animaux ressemblant à des rats. Parmi ces derniers, il y en a un très grand nombre, la majeure partie du groupe étant américaine.

Les hamsters, du genre *Cricetus* , comme on l'appelle habituellement, bien qu'apparemment le nom correct soit Hamster, sont des formes de l'Ancien Monde de rats en poche. Le hamster commun, *C. frumentarius* , mesure environ 210 mm. long, avec une queue de 58 mm. Il a des poches sur les joues. Le petit et le gros intestin ne sont pas très inégaux en longueur, et le caecum est assez gros, mesurant environ un sixième à un septième de la longueur de l'un ou l'autre. C'est une créature qui se nourrit uniquement de légumes et, en Allemagne, où elle se trouve (et de quelle langue son nom vernaculaire est dérivé), elle hiberne pendant l'hiver dans son terrier, après s'être préalablement entourée d'une grande accumulation de nourriture transportée là-bas.

Onychomys , *Sigmodon* et *Peromyscus* sont particuliers à l'Amérique du Nord . Le genre *Sigmodon* , les Rats cotonniers, atteint l'Amérique centrale, et va même un peu plus au sud. Les deux autres genres, bien que principalement nord-américains, étendent également leur aire de répartition vers le sud. *Onychomys a* des coussinets poilus , état de fait qui caractérise un certain nombre de ces rongeurs.

Les genres *Megalomys* , *Chilomys* , *Reithrodontomys* , *Eligmodontia* , *Nectomys* , *Rhipidomys* , *Tylomys* , *Holochilus* , *Reithrodon* , *Phyllotis* , *Scapteromys* , *Acodon* , *Oxymycterus* , *Ichthyomys* , *Blarinomys* , *Notiomys* sont des formes sud-américaines. *Oryzomys* et *Rheithrodontomys* sont communs aux deux parties du Nouveau Monde.

Le genre *Ichthyomys* est remarquable en raison de ses habitudes peu semblables à celles des rongeurs et de certains changements structurels associés. *I. stolzmanni* a été obtenu sur le mont Chanchamays au Pérou, à une altitude de 3 000 pieds ; c'est un mangeur de poisson habituel et vit dans les ruisseaux. Une autre espèce, *I. hydrobates* , était autrefois appelée *Habbrothrix* . Le crâne présente des ressemblances avec celui de l' *Hydromys australien* ; mais les caractères d'adaptation les plus marqués sont ceux des dents et du caecum. Les bords tranchants des incisives supérieures forment un revers vd'une utilité évidente pour retenir un poisson glissant. Le caecum est très réduit, court et étroit. La forme générale de la créature, semblable à celle d'une loutre, est en grande partie due à sa tête aplatie, bien que « sa taille et ses proportions générales soient semblables à celles du rat noir commun ». [336]

Cette sous-famille contient un certain nombre de genres de Madagascar, à savoir. *Brachytarsomys* , *Nesomys* , *Hallomys* , *Brachyuromys* , *Hypogeomys* , *Gymnuromys* et *Eliurus* .

Sous-Fam. 10. Néotomines . — La dernière sous-famille des Muridae est celle des Neotominae , contenant les genres nord-américains *Neotoma* , *Xenomys* , *Hodomys* et *Nelsonia* .

Famille. 3. Bathyergidés. — Cette famille contient plusieurs genres constitués de formes souterraines. Tous ces rongeurs s'accordent sur un certain nombre de caractères, dont les principaux sont les suivants :—

Les yeux sont très petits et les oreilles externes sont réduites à la plus simple frange de peau autour de l'ouverture auditive. Les pattes sont courtes, tout comme la queue ; la couverture capillaire est réduite - une réduction qui trouve son point culminant dans l' *Hétérocéphale presque nu* . Étant des créatures fouisseuses, un certain nombre d'autres modifications conformes à ce mode de vie sont visibles dans leur structure. Les incisives supérieures ressortent devant les lèvres fermées et empêchent l'entrée de la terre. Pour la même raison, les narines sont petites, et le front peu élargi entre elles.

Le genre *Bathyergus* ne contient qu'une seule espèce, le Rat-taupe du Cap, que l'on trouve en Afrique australe ; il est de taille modérée, ne dépassant pas les dimensions d'un petit lapin. Sur les membres antérieurs se trouvent des griffes extrêmement longues, parmi lesquelles celle portée par le deuxième doigt est la plus longue et la griffe du pouce la plus courte. Les pattes postérieures n'ont en aucun cas des griffes aussi longues. Le grattage et le creusement sont naturellement principalement effectués par les membres antérieurs. Le petit et le gros intestin sont de longueur égale, et chacun mesure un peu plus de six fois la longueur du caecum ; dans ces mesures, le genre actuel diffère du suivant.

Géorhychus . — De ce genre africain, il existe une dizaine d'espèces. Les griffes ne sont pas aussi longues que chez le dernier genre, mais il y a, comme chez *Bathyergus* , quatre dents molaires sur chaque moitié de chaque mâchoire. Les mesures intestinales dans un exemple de *G. capensis* étaient : intestin grêle, 25 pouces ; caecum, 4 pouces ; gros intestin, 15 pouces.

Le genre *Myoscalops* ou *Heliphohius* (également présent en Afrique) possède six dents postérieures de chaque côté. Un certain nombre d'espèces parfois référées au dernier genre sont placées ici par M. Thomas. Les griffes sont petites.

L'un des genres les plus remarquables de cette famille est le petit *Heterocephalus* d'Abyssinie et du Somaliland. Comme le remarque justement M. Thomas, [337] c'est « une petite créature d'aspect particulier, de la taille de la souris commune, mais qui ressemble presque plus à un petit chiot sans poils en raison de sa peau presque nue, de ses petits yeux et de ses yeux particuliers. physionomie." Bien qu'apparemment nu, il y a de nombreux poils épars sur tout le corps et les orteils sont bordés de poils raides, ce qui doit être avantageux pour un animal fouisseur. Il existe deux espèces, *H. glaber* (décrit à l'origine par Rüppell) et *H. phillipsii*, dont notre connaissance est due à M. Thomas. La longueur de la créature entière, queue comprise, ne dépasse pas 134 mm, les deux espèces ayant approximativement les mêmes dimensions. M. Lort Phillips, le découvreur de l'espèce qui porte son nom, écrit « que cette petite créature, appelée ' Farumfer ' par les Somali, vomit par endroits des groupes de cratères miniatures, qui ressemblent exactement à des volcans en éruption active. Comme les bêtes étaient à l'œuvre, je les observais fréquemment, et je constatais que la terre meuble issue de leurs excavations était amenée au fond du cratère et envoyée avec une grande force dans l'air dans une succession de secousses rapides, et qu'eux-mêmes ne Je me suis aventuré hors de l'abri des terriers. [338]

Famille. 4. Spalacidés . — "Les Spalacidae ", observe le Dr Blanford , "sont parfois appelés taupes de rongeurs et ressemblent à une taupe dans son aspect général, ayant un corps cylindrique, des membres courts, de petits yeux et oreilles, de grandes griffes et une queue courte ou rudimentaire." L'existence d'une valvule spirale dans le caecum caractérise peut-être cette famille ; mais on ne l'a trouvé à l'heure actuelle que dans les deux genres *Spalax* et *Rhizomys* .

Spalax a des yeux et des oreilles externes discrets. La queue est totalement absente. Les incisives inférieures sont plus développées que chez les autres rongeurs ; ils font saillie dans une gaine osseuse au-delà de l'extrémité postérieure de la branche montante de la mâchoire inférieure. L'omoplate est longue et étroite. Le gros intestin fait la moitié de la longueur de l'intestin grêle. L'animal semble n'avoir que deux paires de mamelles, l'une pectorale, l'autre inguinale.

Spalax typhlus d'Egypte, qui n'est probablement pas différent de la forme européenne, creuse de vastes terriers, certaines branches mesurant même 30 à 40 mètres de longueur. Dans une « chambre dôme », située le long du parcours d'un de ces terriers, le Dr Anderson a trouvé pas moins de 68 ampoules emmagasinées. Ses yeux ne sont que des points noirs parmi les muscles, mais ils semblent cependant avoir une organisation appropriée . Il existe au total huit espèces du genre, dont l'aire de répartition est entièrement paléarctique .

Le genre *Rhizomys* , comprenant un certain nombre d'espèces connues sous le nom de rats bambou, a une aire de répartition purement orientale. *Rh. sumatrensis* atteint une longueur de 19 pouces; l'espèce la plus connue, *Rh. badius* , ne mesure au plus que 9 pouces de longueur. Dans les deux cas, les mesures excluent la queue, qui fait un quart à un tiers de la longueur du corps, et n'est pas écailleuse mais presque nue, avec quelques poils épars. . Les molaires sont au nombre de trois et les incisives sont généralement de couleur orange ; mais parfois les incisives supérieures sont blanches comme chez *Rh. Badius* . Il y a treize vertèbres dorsales. Dans *Rh. pruinosus,* le gros intestin est considérablement plus long que l'intestin grêle ; les longueurs des deux sections de l'intestin sont respectivement de 42 et 30 pouces. Chez une autre espèce, le gros intestin est légèrement plus court que l'intestin grêle. Dans *Rh. badius,* les deux parties de l'intestin sont presque exactement de même longueur. Il y a trois paires de tétines inguinales et deux paires de tétines pectorales. Le nom *Rhizomys* semble avoir été donné aux animaux de ce genre parce qu'ils se nourrissent en grande partie de racines. Ils creusent des terriers et, comme beaucoup d'autres animaux fouisseurs, se nourrissent le soir. Comme c'est le cas pour d'autres formes, *Rhizomys* creuserait à l'aide de ses dents ainsi que de ses griffes.

FIGUE. 237.— Rat de bambou. *Rhizomys badius.* × ¼.

Tachyoryctes est un genre africain étroitement apparenté au dernier. Il existe trois espèces éthiopiennes. Il se distingue principalement par le motif différent sur la surface de meulage des molaires.

Famille. 5. Géomyidés . — Cette famille de rongeurs fouisseurs est limitée à l'Amérique du Nord et à l'Amérique centrale. Les animaux ont des poches sur les joues, ainsi que de petits yeux et oreilles, en accord avec leur mode de vie. Les griffes des membres antérieurs sont très fortement développées.

Le genre *Geomys* comprend environ huit espèces, originaires d'Amérique centrale et d'Amérique du Nord, mais ne s'étendant pas loin vers le nord. Les incisives de la mâchoire supérieure sont rainurées de deux rainures. Il y a trois paires de tétines : une axillaire et les deux autres inguinales.

Thomomys , sans rainures sur les incisives, atteint le Canada au nord et ne s'étend pas aussi loin au sud que le dernier genre.

Allié à cette famille, et même uni à elle par Tullberg , mais tenu séparé par Thomas, se trouve le

Famille. 6. Hétéromyidés . — Les membres de cette famille sont également américains, mais ne sont pas confinés aux régions centre-nord de ce continent, car le genre *Heteromys* s'étend jusqu'en Amérique du Sud.

Le genre *Dipodomys* , avec douze espèces, est de forme semblable à la Gerboise, comme le montreront les mesures suivantes d'un exemple de *D. merriami* . La longueur de la tête et du corps était de 85 mm ; de la queue 127 mm.; l'arrière-pied mesure 32 mm. Il n'a que quatre orteils. Le membre postérieur est plus long que les membres antérieurs.

Chez *Perodipus*, la même forme est exposée. Il y a cependant cinq orteils et la plante du pied est poilue. La vertèbre axiale et les deux vertèbres suivantes sont fusionnées.

Perognathus est un troisième genre. Il a la même forme générale élancée, mais la queue n'est pas si longue, étant à peine plus longue que le corps. Les membres postérieurs sont également plus courts. Les mamelles de celui-ci et de *Perodipus* sont comme chez *Geomys* . Les deux genres restants de la famille sont *Heteromys* et *Microdipodops* .

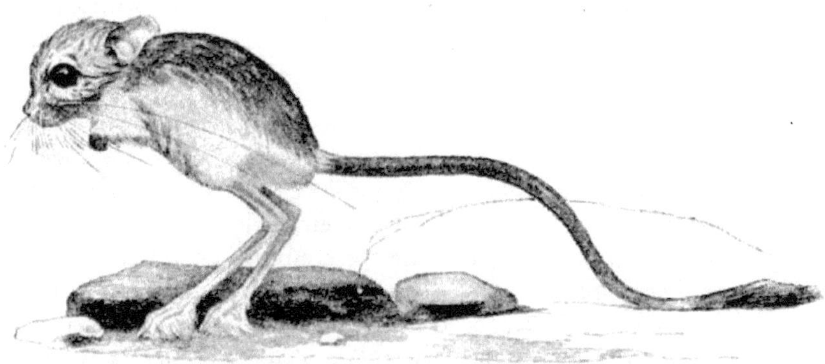

FIGURE. 238.— Gerboise. *Dipus hirtipes* . × ⅓ . L'Europe de l'Est.

Famille. 7. Dipodidés . — Cette famille se compose de petites créatures vivant en plaine, sauteuses ou arboricoles, communément appelées Gerboises. Les principaux caractères anatomiques de la famille sont les suivants :— Il existe un large foramen infra-orbitaire. Les molaires sont toujours réduites, la prémolaire étant absente soit dans la mâchoire inférieure seule, soit dans les deux mâchoires. Cette famille présente une ressemblance évidente avec *Dipodomys* (d'où le nom de ce dernier) et avec certains autres membres de la famille américaine des Heteromyidae . On retrouve même la même ankylose des vertèbres cervicales. On retrouve d'ailleurs la même association de formes à pattes longues et à pattes plus courtes qui caractérise les Heteromyidae .

FIGUE. 239.— Os du pes droit de Gerboise, *Dipus aegyptius* . × ¾. *un* , Astragale ; *c* , calcanéum ; c^2, cunéiforme moyen ; c^3, cunéiforme externe ; *cb* , cuboïde ; *n* , naviculaire ; I-IV, du premier au quatrième orteil. (De *l'ostéologie* de Flower .)

Dipus typique est un quadrupède de petite taille avec de longues oreilles nues et une longue queue. Les dix espèces sont toutes paléarctiques . Les membres antérieurs sont courts et comportent cinq doigts, et le sexe court n'a pas de griffe ; les membres postérieurs sont excessivement longs et ne comportent que trois doigts. La structure osseuse de ces membres est remarquable. Les trois métatarsiens sont allongés presque comme ceux d'un oiseau et ankylosés ensemble. Les doigts ont de longues phalanges qui seules atteignent le sol lorsque l'animal saute. C'est un fait curieux, et pas si facilement identifiable avec le mode de vie, que les vertèbres cervicales de ce genre sont ankylosées ensemble, à l'exception de l'atlas, qui est libre ; la disposition est exactement comme celle du cachalot. La dernière vertèbre est cependant parfois libre. Les Gerboises non seulement sautent, mais creusent, et on dit que leurs puissantes incisives sont utilisées pour creuser dans un sol pierreux. Ils sont mangés par les Arabes et sont, ou ont été, appelés Daman Israel, *c'est-à-dire* Agneau d'Israël. Chez *D. hirtipes,* le corps et la queue mesurent respectivement 4½ et 7 pouces. Les pattes postérieures portent en dessous une touffe de poils longs. Le genre *Euchoreutes* [339] nouvellement fondé par MWL Sclater est un peu plus primitif dans ses caractères que *Dipus* . La forme générale est la même, avec de longues oreilles et une longue queue. Mais il y a cinq orteils sur le membre postérieur, les deux latéraux, bien que cloués, étant beaucoup plus courts que les trois du milieu. Il a un «long museau semblable à celui d'un cochon» et la queue est cylindrique comme chez la plupart des autres gerboises, avec une touffe de poils plus longs à l'extrémité. Les dents incisives, cannelées chez *Dipus* , sont ici lisses, comme chez *Alactaga* . L'espèce a probablement été obtenue « dans les plaines sablonneuses autour de la ville de Yarkand ».

Alactaga ressemble beaucoup *à Euchoreutes* ; il a cinq orteils, une queue cylindrique touffue, des poils à l'extrémité distiques, des incisives lisses et une prémolaire présente dans la mâchoire supérieure. Il diffère également d' *Euchoreutes* par la bulle auditive beaucoup plus petite ainsi que par le fait que le foramen infra-orbitaire n'a pas de passage séparé pour le nerf, lequel passage doit être distingué à la fois chez Dipus *et* chez *Euchoreutes* . L'espèce la plus connue est le lapin sauteur de Sibérie, *A. jaculus* . Sous les extrémités des trois orteils principaux des pieds se trouvent de remarquables coussinets en forme d'éventail. Chez *A. decumana,* le corps et la queue mesurent respectivement 7 et 10 pouces, les oreilles 2 pouces. *Platycercomys* , un quatrième genre de la famille, est beaucoup moins connu et se différencie des trois derniers genres par le fait qu'il n'a aucune prémolaire, la formule des dents de grincement étant donc 3/3. La queue est également aplatie et « en forme de lancette ». Il s'étend de la Sibérie à la Nubie, et entre ainsi tout juste dans la région éthiopienne.

Les gerboises ci-dessus sont les plus typiques. Il reste plusieurs formes qui ne ressemblent pas du tout à la Gerboise dans leur mode de vie, mais qui, pour des raisons anatomiques, sont néanmoins placées avec elles. *Zapus* , un genre américain, à l'exception d'une espèce paléarctique , est transitoire dans la mesure où ses pattes postérieures sont plutôt longues, mais il n'y a pas autant de différence entre elles que chez les Dipodidae typiques . *Sminthus* se situe à l'extrême opposé de *Dipus* . Ses pieds sont courts et d'égale longueur ; il grimpe dans les arbres et peut peut-être être considéré comme le plus proche de tous les Dipodidae de la forme ancestrale du groupe.

Famille. 8. Pédétidés . — Le genre *Pedetes* ne contient qu'une seule espèce, *P. caffer* , le lièvre sauteur d'eau. L'animal évoque une grande gerboise en raison de ses habitudes de saut, de ses longs membres postérieurs et de sa longue queue. La longueur d'un exemplaire de bonne taille est d'environ 17 pouces, avec une queue de la même longueur. Les yeux et les oreilles sont grands. Les mains ont cinq doigts et les pieds seulement quatre doigts, l'hallux étant bien sûr le doigt absent. Dans le squelette, il est intéressant de noter que les deuxième et troisième vertèbres cervicales sont si rapprochées qu'il ne peut y avoir de mouvement libre ; intéressant car chez *Dipus* les cervicales sont en réalité ankylosées. Les vertèbres dorsales sont au nombre de douze. L'intestin grêle est long, mesurant 7 pieds 4 pouces, tandis que le caecum est court, mesurant seulement 8 pouces de long. Le gros intestin mesure 3 pieds 10 pouces de long. La vésicule biliaire paraît absente, [340] état de choses exceptionnel chez les Rongeurs. Un fait singulier dans l'anatomie de cet animal est l'existence d'une cloison séparant la partie inférieure de la trachée. Cela se rencontre parfois chez les oiseaux. Comme on peut le supposer à ses grands yeux, le Spring Haas, comme on l'appelle parfois, est nocturne. Ses longs membres postérieurs lui permettent de sauter d'énormes distances. C'est un rongeur fouisseur.

SECTION 3. HYSTRICOMORPHA .

Famille. 1. Octodontidés . — Les rongeurs de cette famille sont de taille petite à moyenne, le seul géant, relativement parlant, de la famille étant le « Rat d'Eau », *Myocastor* . Les orteils ne sont pas réduits à une exception près ; la queue est longue dans la plupart des genres. Les tétines sont placées en hauteur sur les côtés du corps. La clavicule est entièrement ossifiée. Tous les genres sont présents en Amérique du Sud ou en Amérique centrale, à l'exception de *Petromys* . [341]

Sous-Fam. 1. Octodontidés . — *Octodon* compte quatre espèces, toutes réparties au Chili, au Pérou et en Bolivie. Le Degu, *O. degus* , a une longueur de 160 mm., avec une queue de 105 mm. long. Les oreilles mesurent 18 mm. long. À la racine des griffes se trouvent des poils longs et raides qui semblent servir de « peignes ». La queue a des poils longs mais peu épars. Il y a douze paires de côtes. Les longueurs des différentes sections de l'intestin sont les suivantes : intestin grêle, 680 mm.; caecum, 90 mm.; gros intestin, 390 mm. Ces animaux vivent en grandes compagnies. Le genre *Habrocoma* (plus correctement, semble-t-il, s'écrit *Abrocoma*) est étroitement apparenté, avec deux espèces. *H. bennetti* mesure 204 mm. long, avec une queue de 103 mm. Les oreilles sont longues, 22 mm. Les pieds antérieurs ne portent aucune trace extérieure du pouce. Des poils raides comme ceux qui caractérisent *Les octodon* se trouvent également dans ce genre. La fourrure est très douce. La fourrure de la queue est beaucoup plus épaisse que chez *Octodon* .

Spalacopus , qui n'a qu'une seule espèce, *S. poeppigi* , est un animal fouisseur, d'où, en effet, et en raison de sa ressemblance avec *Spalax* , il tire son nom. Les oreilles conformes à la vie souterraine sont courtes, seulement 5 mm. de longueur dans un exemple de 120 mm. La queue est également réduite, étant dans le même exemple seulement 42 mm. en longueur. Comme dans les deux derniers genres, le gros intestin mesure environ la moitié de la longueur de l'intestin grêle.

Le « Tuco-tuco », genre *Ctenomys* , a également des oreilles et une queue courtes. Les griffes des pattes antérieures sont plus longues que celles des pattes postérieures.

Une forme apparentée est *Aconaemys* (mieux connue sous le nom de *Schizodon*), avec des caractères externes similaires ; il habite les hautes localités des Andes.

Petromys est le seul genre de la sous-famille dont l'habitat n'est pas américain. C'est une forme africaine et il n'existe qu'une seule espèce. Son anatomie est conforme à celle des genres déjà considérés. La principale différence de structure réside dans les dents. Leur surface est inégale et diffère de celle des autres Hystricomorphes "en ce que l'émail à l'intérieur de chaque dent de la mâchoire supérieure et à l'extérieur de chaque dent de la mâchoire inférieure forme deux tubercules, auxquels correspondent des rainures dans la position inversée des dents appliquées. ".

Sous-Fam. 2. Loncherines . — Le genre *Echinomys* avec treize espèces appartient à la région néotropicale. Les membres du genre sont appelés « Rats épineux » car ils ont des épines mélangées à la fourrure. La queue est longue et les oreilles sont très bien développées. Les deux pieds sont à cinq doigts. La queue est écailleuse et poilue. *Trichomys* (également appelé *Nelomys*) est très proche du précédent et provient également de la même partie du monde.

Le genre *Cannabateomys* ne contient qu'une seule espèce, *C. amblyonyx* , qui était autrefois incluse dans le genre *Dactylomys* , mais qui a récemment été séparée par le Dr Jentink. [342] L'animal est brésilien et a une longueur totale de 520 mm., dont 320 mm. appartiennent à la queue. C'est un rat grimpeur et, conformément à ce mode de vie, il a subi quelques modifications. Les pieds antérieurs sont constitués de quatre doigts, les deux orteils du milieu étant nettement plus longs que les extérieurs. Les pattes postérieures sont à cinq doigts avec le même développement plus important des deux orteils du milieu. Les griffes sont petites et ressemblent un peu à des ongles.

Dactylomys , également brésilien, et ne comportant qu'une seule espèce, *D. dactylinus* , diffère de ce dernier par le fait que les molaires sont de forme plus simple ; elles sont divisées en deux lobes, dont chacun n'a qu'un seul pli d'émail, alors que chez *Cannabateomys* ces dents ont plusieurs plis d'émail. De plus, la queue n'est que légèrement poilue.

Loncheres avec dix-huit espèces est un autre genre néotropical allié au précédent. De petites épines sont, comme chez beaucoup de ces genres, mêlées à la fourrure. Ce genre compte jusqu'à dix-sept vertèbres dorsales, ce qui représente un nombre inhabituellement élevé. *L. guianae* est connu sous le nom de « rat porc-épic ». Les genres alliés, également sud-américains, et sans épines dans leur fourrure, sont *Mesomys* , *Cercomys* et *Carterodon* .

Le *Thrinacodus sud-américain* est également connu sous une seule espèce, [343] *T. albicauda* , qui a un peu plus que la moitié distale de la longue queue de couleur blanche . Les pieds antérieurs ont quatre orteils. Les oreilles sont larges et courtes.

Sous-Fam. 3. Capromyines . — Une troisième sous-famille des Octodontidae est formée par les genres *Myocastor* , *Capromys* , *Plagiodontia* et *Thrynomys* , qui sont tous des formes néotropicales à l'exception du dernier qui est africain.

Thrynomys (mieux connu peut-être sous le nom d' *Aulacodus*) est un genre de rongeur africain, contenant environ quatre espèces. Le plus connu d'entre eux est *T. swindernianus* , le rat terrestre d'Afrique de l'Ouest et du Sud. Sa structure a été étudiée par Garrod, [344] par Tullberg , [345] et par moi-même. [346] La fourrure est mêlée de poils aplatis ; la queue est modérément longue, environ la moitié de la longueur du corps. Les pieds antérieurs comportent cinq doigts, mais les deux doigts à chaque extrémité de la série sont assez petits. Les pattes postérieures ne comportent que quatre doigts, l'hallux étant absent. Les griffes des pattes postérieures sont plus fortes que celles des pattes antérieures. Les oreilles ne sont pas longues. Les membres sont résolument courts, d'où le nom de « Cochon de Terre » parfois appliqué à cet animal. Les molaires sont au nombre de quatre dans les deux mâchoires. Les incisives de la mâchoire supérieure sont rainurées deux fois. Il y a treize vertèbres dorsales. La longueur de l'intestin grêle est de 60½ pouces, celle du gros 49 ; le caecum est court, mesurant seulement 8 pouces de long. Il est remarquable que l'acromion soit relié au reste de l'épine de la scapula par une articulation.

Myocastor , un nom qui semble avoir la priorité sur le plus familier *Myopotamus* , s'applique à un grand rongeur aquatique sud-américain. L'aspect général de l'animal évoque un Rat d'Eau de grande taille (il a été exposé dans des expositions comme un produit phénoménal des égouts de Londres !) ; la queue est presque aussi longue que le corps. Les oreilles sont petites. Les membres sont courts. La queue est nue. Les pattes postérieures sont palmées, mais pas autant que chez *Hydromys* . Un petit pouce est présent. L'animal a treize paires de côtes ; les molaires sont au nombre de quatre dans chaque mâchoire. Le gros intestin est plus de trois fois plus long que le petit, et le caecum est, comme dans le dernier genre, relativement court.

Capromys est un genre [347] remarquable par sa répartition restreinte. On le trouve uniquement dans les îles de Cuba et de la Jamaïque. Il existe quatre espèces, parmi lesquelles *C. melanurus* est un animal de couleur brun foncé avec une queue plus noire, presque aussi grande qu'un lapin. Le nom natif de ce rongeur est « *hutia* ». Il est également remarquable d'avoir un estomac plus compliqué que ce n'est la règle chez les mammifères de ce groupe. L'organe est divisé par deux étranglements en trois compartiments. Chez *C. pilorides,* le foie est parfois divisé d'une façon extraordinaire en petits lobules. *Capromys* possède un grand nombre de seize vertèbres dorsales.

Famille. 2. Cténodactylidés . — Pour ces genres africains, il semble admissible de former une famille distincte, bien que Thomas, Flower et Lydekker n'accordent qu'aux genres *Ctenodactylus* , *Pectinator* et *Massoutiera* le rang de sous-famille. D'autre part, Tullberg a entièrement supprimé ces genres de la section Hystricomorphe et les a placés comme une section de la sous-tribu Myomorphi de la tribu Sciurognathi . C'est principalement la forme de la mandibule qui a conduit à ce placement, car chez ces rongeurs, comme chez tous les rongeurs semblables à l'écureuil et au rat, et contrairement à ce que l'on trouve dans les genres hystriciformes , le processus angulaire de la mandibule n'est pas courbé latéralement. .

Le genre *Ctenodactylus* tire son nom des poils particulièrement forts qui forment une structure en forme de peigne sur les pattes postérieures et cachent les griffes ; ceux-ci seraient destinés à habiller la fourrure. Le Gundi d'Afrique du Nord, *C. gundi* , a une longueur de 190 mm, avec une queue courte de 17 mm. Les oreilles ne sont que de taille moyenne. La formule dentaire des molaires est 4/3. Les incisives sont blanches. Les pieds ont quatre doigts et les membres postérieurs sont les plus longs. Le gros intestin est nettement plus long que l'intestin grêle.

Pectinateur spekii est le seul représentant d'un genre non loin de *Ctenodactylus* ; c'est un petit rongeur, mesurant 6 pouces de longueur, à l'exclusion d'une queue plutôt touffue de près de 3 pouces de long. Il vient d'Abyssinie. Il a un peu l'apparence d'un écureuil, qui est renforcée par le fait qu'en position assise, la queue est courbée sur le dos ; lors de la course, la queue est réalisée droite. Il n'y a que quatre orteils visibles à l'extérieur sur les membres antérieurs et postérieurs, mais le pollex et l'hallux existent dans le squelette, avec une seule phalange chacun. Il n'y a qu'une seule paire de mamelles, et en correspondance avec celle-ci, seuls deux ou trois petits sont produits à la fois. Les pattes postérieures ont des soies très semblables à celles du *Ctenodactylus* . Les molaires sont cependant en 4/4. Il y a douze côtes, dont six atteignent le sternum. Ce dernier est composé de six pièces, et le manubrium dans sa largeur suggère antérieurement celui des Biscaches. Les clavicules sont présentes. [348]

FIGUE. 240.— Carpincho. *Hydrochoerus capybara.* × 1 / 12 .

Famille. 3. Caviidés. — Cette famille, qui comprend les Cavies et les Capybara, est entièrement sud-américaine et antillaise. Il embrasse des animaux de taille moyenne à grande, le Capybara (ou Carpincho) étant le plus grand des rongeurs existants. Les oreilles sont bien développées. Les doigts sont généralement réduits et les membres de cette famille ne possèdent qu'une queue rudimentaire. Les cheveux, bien que rêches, ne sont pas épineux. Les autres caractères feraient mieux d'être différés jusqu'à ce que les différents genres soient traités . Nous commencerons par le géant de la famille, le genre *Hydrochoerus* . Ce genre ne contient qu'une seule espèce, *H. capybara* d'Amérique du Sud. Il atteint une longueur d'environ 4 ou 5 pieds. Les oreilles ne sont pas grandes ; la queue est complètement absente. Les pattes antérieures sont à quatre doigts, les pattes postérieures à trois doigts ; les doigts sont palmés, mais pas à un très grand degré, et les ongles ont l'apparence de sabots. Il y a quatorze vertèbres dorsales ; la clavicule est absente. Dans le crâne, les processus paroccipitaux sont très longs. Le foramen infra-orbitaire est grand. Le fait le plus remarquable concernant les dents est la grande taille de la molaire postérieure de la mâchoire supérieure ; elle a quatorze plis d'émail, plus que toutes les dents antérieures n'en possèdent collectivement. Les incisives sont blanches et rainurées devant. Les mesures du tube digestif données par Tullberg sont : intestin grêle, 4350 mm ; caecum, 450 mm.; gros intestin, 1500 mm.

FIGUE. 241.— Cavy de Patagonie. *Dolichotis patachonique* . × 1 / 10 .

Le Capybara ou Carpincho est en grande partie aquatique dans ses habitudes. Leur « localité préférée », écrit M. Aplin , [349] « est une large lagune dans la rivière, meublée d'eau libre, et aussi de lits de « camelotes », — une berge herbeuse ouverte et en pente d'un côté, où les Carpinchos peuvent s'allonger pendant la journée par temps plus frais, dormir et se prélasser au soleil ; de l'autre, une berge basse, recouverte de broussailles « Sarandi » poussant dans la boue noire puante et les eaux peu profondes au-delà. Ils se mettent toujours à l'eau lorsqu'ils sont alarmés, à un rythme et avec une démarche qui rappellent à M. Aplin un cochon. Lorsqu'ils sont dans l'eau, ils nagent lentement avec la partie supérieure de la tête, y compris le nez, les yeux et les oreilles, au-dessus de la surface. Mais ils peuvent plonger sur une distance et un temps considérables, et déjouer leurs ennemis en cherchant l'abri d'une masse de plantes aquatiques et en s'y couchant, le nez juste au-dessus de la surface.

Le genre *Dolichotis* [350] a de longues oreilles et ressemble généralement à un lièvre aux pattes plutôt longues. Les pattes avant sont à quatre doigts, les pattes postérieures à trois doigts. Le Cavy de Patagonie, comme on appelle cet animal, possède douze vertèbres dorsales et des clavicules rudimentaires. [351] Les processus paroccipitaux sont longs ; les incisives sont blanches et ne sont pas rainurées en avant. Le sternum comporte six morceaux et sept côtes y parviennent.

Cavia , y compris l'espèce *C. porcellus* , le cochon d'Inde (dont le nom est apparemment une corruption de cochon de Guyane), a le même nombre d'orteils sur ses pattes postérieures et antérieures que le Capybara. Le nom appliqué à la souche sauvage dont est issu notre cochon d'Inde est le Cavia agité. La fourrure est grisâtre ; chez les animaux domestiques, la couleur est trop connue pour nécessiter une description.

Famille. 4. Dasyproctidés . — Le genre *Coelogenys* ne comprend que deux espèces. *C. paca* , connu sous le nom de « Cavia tacheté » ou « Paca », a un corps brun, avec des taches blanches comme celles d'un Dasyure ; c'est l'un des plus grands rongeurs et il a une queue assez courte. La main et le pied sont tous deux dotés de cinq chiffres ; mais le pouce est petit, et dans le pied les trois orteils du milieu dépassent considérablement les autres en longueur. L'arrière-pied est pratiquement composé de trois doigts. Le péroné n'est pas aussi réduit que chez *Dolichotis* . Le crâne de l'animal est remarquable par l'extraordinaire développement en largeur de l'arc jugal, qui est sculpté extérieurement. Il y a une grande cavité formée au-dessous, à l'extrémité maxillaire de cet immense arc, par la courbure de l'os vers l'intérieur, qui loge une cavité continue avec la bouche. Le palais a en avant une crête de chaque côté, et est ainsi séparé des côtés de la face d'une manière qu'on ne retrouve pas [352] chez les alliés de *Coelogenys* . Les clavicules sont présentes. Il y a treize vertèbres dorsales. Les incisives sont colorées en rouge devant. L'animal est sud-américain et se limite sur ce continent à la sous-région brésilienne. Cette espèce de Paca , la plus connue , est appelée Gualilla par les indigènes de l'Équateur ; dans le même district, on rencontre une autre forme que les indigènes appellent Sachacui (signifiant Forest Cavy). Il arrive très souvent qu'un nom autochtone différent exprime une réelle différence spécifique ; et à cette dernière forme MT Stolzmann a donné le nom de *C. taczanowskii* . [353] Cette forme, contrairement au Paca commun , qui aime les forêts et les terrains bas à proximité de l'eau, est alpin dans son habitat, vivant sur des montagnes de 6 000 à 10 000 pieds. Il creuse de la même manière que son congénère et est très recherché comme aliment, sa viande possédant un « goût exquis ». Il est poursuivi par des chiens, à l'aide desquels l'une des deux entrées du terrier est gardée, et l'animal est enfumé et tué à coups de bâton.

Le genre *Dasyprocta* , contenant les rongeurs connus sous le nom d'Agoutis, est divisible en plusieurs espèces, apparemment au nombre d'une douzaine, qui sont toutes, comme les Pacas , confinées à la région néotropicale. Ils ont cependant une aire de répartition beaucoup plus large dans cette région et sont présents aussi loin au nord qu'en Amérique centrale et dans certaines îles des Antilles. Ils sont de taille un peu plus petite que le Paca et sont sans taches. La couleur est brun doré sous certaines formes, mais a généralement un aspect verdâtre, tacheté de rousseur, grisonnant. La queue est trapue, les membres postérieurs sont nettement plus longs que ceux du Paca , et les deux orteils latéraux ont disparu des pieds — ce qui semble être une conséquence des plus grandes capacités de course de l'Agouti. Les trois métatarsiens sont étroitement serrés l'un contre l'autre, et le pied est comme en route vers le pied très modifié de la Gerboise. Les pieds antérieurs sont cependant à cinq doigts. La clavicule est rudimentaire, [354] alors qu'elle est bien développée chez le Paca . Le crâne n'a pas les modifications particulières de celui de ce dernier type. Le sternum comporte sept morceaux et huit côtes y parviennent. Une curieuse différence entre ce genre et le dernier réside dans les proportions relatives des régions de l'intestin. Les chiffres donnés par Tullberg pour les deux animaux sont : pour *Coelogenys* , intestin grêle, 4800 mm ; caecum, 230 mm.; gros intestin, 21 000 mm. ; — pour *Dasyprocta aguti*, le même auteur donne : intestin grêle, 4 200 mm. ; caecum, 200 mm.; gros intestin, 1000 mm. L'Agouti, dit M. Rodway, [355] est aussi rusé que le Renard. "S'il est poursuivi, il court le long des bas-fonds d'un ruisseau pour cacher son odeur aux chiens, ou nage plusieurs fois dans le même but. Il ne court jamais droit lorsqu'il est poursuivi, mais se double, se cachant souvent jusqu'à ce qu'un chien passe. , puis s'enfuit dans une autre direction. Comme le renard, il est chassé depuis très longtemps et, comme Reynard, il est devenu plus sage avec chaque génération.

FIGUE. 242.— Agouti. *Dasyprocta aguti.* × 1 / 10 .

Famille. 5. Dinomyidés . — Le genre *Dinomys* du Dr Peters [356] est une forme très peu connue et remarquable d'Amérique du Sud, alliée au Capybara, au Chinchilla et à d'autres rongeurs d'Amérique du Sud. On ne le connaît que par un seul exemplaire trouvé errant dans une cour d'une ville du Pérou. Il ressemble extérieurement et a à peu près la même taille que le Paca , mais a une queue velue. L'animal est à quatre doigts et plantigrade ; les oreilles sont courtes et les narines sont sen forme de . Il est généralement considéré comme appartenant à une famille distincte qui ne comprendra qu'une seule espèce, *D. branickii* .

Famille. 6. Chinchillidés. — Cette famille, également sud-américaine, contient trois genres, [357] qui s'accordent tous pour avoir de longs membres, surtout les membres postérieurs, et une queue touffue et bien développée. Les cheveux sont extrêmement doux, d'où la valeur commerciale du « chinchilla ».

Le genre *Chinchilla* , ne contenant qu'une seule espèce, *C. laniger* , est une petite créature ressemblant à un écureuil, vivant à des hauteurs considérables dans les Andes. Les yeux, comme c'est une créature nocturne, sont naturellement grands ; et les oreilles aussi. Les pattes antérieures ont cinq doigts, les pattes postérieures seulement quatre ; ils sont munis de clous faibles. L'orteil le plus interne de l'arrière-pied possède une griffe plate en forme de clou. Il y a treize vertèbres dorsales et la longue queue en a plus de vingt. La clavicule est bien développée, comme dans les autres genres de cette famille. Le gros intestin de cet animal est extraordinairement long ; les proportions des différentes régions de l'intestin sont indiquées par les mesures suivantes : intestin grêle, 820 mm ; caecum, 125 mm.; gros intestin, 1340 mm. Une telle disproportion entre le gros intestin et le petit, au profit du premier, est un fait bien étrange dans l'anatomie de ce Rongeur.

Le genre *Lagidium* (également appelé *Lagotis*), qui comprend le « Chinchilla de Cuvier », est également un habitant des montagnes. Il existe plusieurs espèces de ce genre, qui diffère du *Chinchilla* par l'avortement complet du pouce et du gros orteil. Les proportions intestinales sont celles du *Chinchilla* . Les oreilles et la queue sont longues. *L. cuvieri* mesure 1½ pieds de longueur.

Lagostomus , encore une fois, n'a qu'une seule espèce, *L. trichodactylus* . L'animal a une queue environ la moitié de la longueur du corps. Les doigts sont réduits par rapport au *Chinchilla* , il n'y en a que quatre sur les pattes antérieures et trois sur les pattes postérieures. Il n'y a que douze vertèbres dorsales et sept côtes atteignent le sternum. Dans le crâne, une marque distinctive des deux derniers genres est la séparation du foramen infra-orbitaire en deux par une fine lamelle osseuse. Le gros intestin mesure entre la moitié et le tiers de la longueur de l'intestin grêle et diffère donc beaucoup de celui du *Chinchilla* .

FIGUE. 243.— Vizcache. *Lagostomus trichodactyle* . × 1 / 10 .

Le Vizcacha vit en sociétés de vingt à trente membres, [358] dans un « village » (« Vizcachera »), une douzaine de terriers qui communiquent entre eux. Ils restent à la maison pendant la journée et sortent le soir. Leurs terriers, comme ceux de la marmotte des prairies, abritent d'autres créatures, qui vivent apparemment en bons termes avec les Biscaches ; tels sont la chouette des terriers, une petite hirondelle et une *Geositta* . Le Renard affecte également ces terriers, mais il expulse ensuite le propriétaire légitime du terrier qu'il choisit. Lorsque les jeunes renards naissent, la renarde chasse les Vizcachas pour se nourrir. Le Vizcacha a une voix très variée, produisant « des tons gutturaux, soupirants, aigus et graves », et M. Hudson doute qu'il existe « une autre bête à quatre pattes aussi bavarde ou avec un dialecte aussi étendu ». Ces animaux sont très amicaux et se rendent de village en village ; ils tenteront de sauver leurs amis s'ils sont attaqués par une belette ou un pécari, et de déterrer ceux enfouis dans leurs terriers par l'homme.

Famille. 7. Cercolabidés . — Un certain nombre de caractères qui différencient cette famille des Hystricidae ou porcs-épics terrestres de l'Ancien Monde sont donnés sous la description de ces derniers. Les principaux caractères extérieurs sont la queue préhensile, le mélange d'épines et de poils et la nature de la plante du pied. Sur ces points, les Cercolabidae du Nouveau Monde diffèrent des Hystricidae de l'Ancien Monde . Il est intéressant de remarquer que dans les deux familles nous avons des formes à queue longue et à queue courte. *Cercolabes* correspond à *Atherura* ou *Trichys* , et *Erethizon* à *Hystrix* .

Le genre *Erethizon* , l'« Urson » du Canada, possède une queue courte et trapue. Ses épines sont presque cachées par des poils enveloppants. Les pattes antérieures ont quatre orteils, les pattes postérieures cinq. La queue courte de cette créature est remarquable si l'on réfléchit à ses habitudes d'escalade. Il s'agit cependant d'une arme avec laquelle il frappe latéralement l'ennemi.

FIGUE. 244.— Porc-épic arboricole brésilien. *Sphingourus préhensilis* . × 1 / 6 .

Du genre néotropical *Cercolabes* (parfois appelé *Sphingurus* , *Synetheres* ou *Coendou*), il existe huit ou neuf espèces, toutes trouvées en Amérique centrale et en Amérique du Sud. L'animal est arboricole et possède, en correspondance avec cette habitude, une queue préhensile. Les épines ne sont pas aussi grosses que chez les porcs-épics terrestres et sont souvent de couleur jaunâtre ou rougeâtre. En corrélation avec ses habitudes de fréquentation des arbres, les os du *Cercolabes* présentent certaines différences par rapport à ceux du porc-épic terrestre. L'omoplate est plus large et plus ronde en avant que celle d' *Hystrix* ; les phalanges du pouce (qui est rudimentaire) sont fusionnées comme chez l' *Erethizon canadien* ; mais ceux du très petit hallux sont également fusionnés, alors qu'à *Erethizon* , comme à *Hystrix* , ils sont séparés. Dans une espèce, *C. insidiosus* , Sir W. Flower déclare qu'il y a jusqu'à dix-sept vertèbres dorsales et trente-six caudales . La queue est donc très longue. Chez *C. villosus* il y a quinze dorsales et vingt-sept caudales ; huit côtes atteignent le sternum, qui est composé de sept morceaux, le sixième étant très petit. Les clavicules sont bien développées. Un fait curieux à propos de *C. villosus* est que la cavité acétabulaire est perforée (des deux côtés), ou du moins seulement fermée par une membrane. Chez de nombreuses formes de rongeurs, l'os est très fin dans cette région. Ce fait diminue peut-être l'importance de la perforation du cotyle de l' *Échidné* (voir p. 109).

Du genre apparenté *Chaetomys* , également néotropical, il n'y a qu'une seule espèce qui habite le Brésil. Il a une orbite presque complètement fermée, caractéristique qui le différencie du dernier animal et qui montre également qu'il s'agit d'une forme plus modifiée. La couverture épineuse est moins prononcée que chez ses alliés.

Famille. 8. Hystricidés . — Cette famille se caractérise par le fait que tous ses membres possèdent des épines ; mais la queue, si elle est longue, n'est pas préhensile, et la plante des pieds est lisse et non couverte de tubercules rugueux, comme chez les porcs-épics arboricoles de la famille suivante, les Erethizontidae . La clavicule est moins développée que chez les formes arboricoles. Dans les organes de digestion, il existe des points de différence familiale entre les deux groupes de rongeurs épineux. La langue a des écailles dentelées disposées en rangées transversales dirigées vers l'arrière. Une vésicule biliaire, bien que pas toujours présente, est parfois trouvée ; il n'existe apparemment jamais chez les porcs-épics arboricoles et à *Erethizon* . Les poumons présentent une grande tendance à la subdivision, qui semble particulièrement marquée dans le genre *Atherura* . Le caecum semble également être plus court chez le porc-épic terrestre. Chez *Hystrix cristata,* l'intestin grêle mesure 15 pieds 7 pouces ; le caecum, 8 pouces ; le gros intestin, 4 pieds 4 pouces :— à *Atherura africana* le caecum mesure 7½ pouces; le gros intestin, 1 pied 10 pouces. Les mesures correspondantes des *Synetheres les villosités* étaient : intestin grêle, 7 pieds 3 pouces ; caecum, 1 pied 4 pouces; gros intestin, 2 pieds 7 pouces. À *Erethizon,* le caecum mesure 2 pieds 4 pouces de longueur. Ces différences sont trop importantes et trop constantes dans un certain nombre de formes présumées alliées pour être négligées.

également attiré l'attention [359] sur un certain nombre de différences musculaires, telles qu'on pourrait s'attendre à ce qu'elles se produisent entre des animaux ayant des habitudes aussi différentes.

Le genre *Hystrix* englobe les porcs-épics les plus connus. C'est un genre dont l'aire de répartition est étendue, s'étendant des Indes orientales à l'Afrique et même en Europe. Il en existe plusieurs espèces, dont l' *Hystrix cristata commune* est la plus connue et celle que l'on trouve en Europe.

FIGUE. 245.— Porc-épic commun. *Hystrix cristata.* × 1 / 10 .

Les épines de la forme commune et des autres sont solides au milieu du corps, mais sur la queue elles se dilatent en piquants creux, qui font beaucoup de bruit. Ils sont généralement noirs et blancs, le milieu de la colonne vertébrale étant rayé de noir. Une grande crête de poils longs et grossiers sur la tête est à l'origine du nom scientifique de la forme bien connue. Parfois, dans ce genre, comme chez les porcs-épics arboricoles du Brésil, les épines sont orange ou jaunes ; mais on dit que la couleur se perd vite dans ce pays. En fait, c'est la chose la plus facile au monde de laver avec de l'eau du robinet ordinaire une grande partie de la couleur jaune des épines des *Sphingurus d'Amérique du Sud*. La même chose peut être le cas avec le pigment des porcs-épics de l'Ancien Monde. Il y a quatorze à quinze vertèbres dorsales et quatre ou cinq lombaires . La longueur de la queue varie, mais elle est plus courte que la longue queue des formes arboricoles du Nouveau Monde. Il semble impossible, en évoquant le porc-épic, d'échapper à certaines observations sur sa prétendue habitude de tirer avec ses piquants. Pour une raison ou une autre, Buffon a le mérite d'avoir inventé, ou du moins de promulguer, cette légende, qui s'est même développée en racontant que les piquants seraient capables de pénétrer dans les planches de bois. Ce que Buffon a dit *à* ce sujet, c'est : « Le merveilleux est communément cru avec plaisir et augmente à mesure qu'il passe par le nombre des mains. » C'est bien sûr le cliquetis des épines et la chute occasionnelle des épines qui ont déclenché la légende. Ce sont cependant d'excellentes armes offensives, et l'animal charge un peu en arrière pour en tirer le meilleur parti contre l'ennemi. Les épines, cependant, ne constituent en aucun cas une protection absolue, puisque, comme nous l'informe M. Ridley, [360] les tigres tueront et mangeront ces animaux tout comme le Thylacine est apparemment indifférent à l'armature épineuse de *l'échidné* .

Parmi le porc-épic à queue en brosse, *Atherura* [361], il existe en tout cas deux espèces, l' *A. africana d'Afrique de l'Ouest* et l' *A. fasciculata de Malaisie* . Il est intéressant de noter que le vide dans la répartition actuelle est partiellement comblé par la découverte de dents fossiles près de Madras. Le genre ne diffère pas beaucoup en apparence externe de *Hystrix* ; il a cependant une queue un peu plus longue ; il y a moins de grosses épines, et il y en a une touffe au bout de la queue, d'où vient le nom du genre. Les os frontaux projettent une petite distance entre les nasaux, caractéristique qui ne semble pas apparaître chez les vrais porcs-épics. Il y a quatorze vertèbres dorsales et cinq lombaires . Les vingt-quatre vertèbres caudales de ce porc-épic montrent combien sa queue est plus longue que celle d' *Hystrix* ; car dans les douze derniers, c'est à peu près le nombre.

Un troisième genre de porc-épic de l'Ancien Monde est le singulier *Trichys* . [362] Il n'en existe qu'une seule espèce, *T. lipura* . Il est curieux que sur trois exemples, tous originaires de Bornéo, deux étaient totalement dépourvus de queue. Mais cela semble être simplement une mutilation, bien qu'il soit singulier que les indigènes déclarent qu'il n'a pas de queue. On ne peut s'empêcher de penser à la façon dont les lézards perdent parfois leur queue lorsqu'on les picote. La queue de ce genre fait plus de la moitié de la longueur du corps et de la tête. *Trichys* a seize vertèbres dorsales et six vertèbres lombaires. Il y a une touffe de piquants au bout de la queue, qui sont minces et comprimés, quoique tronqués à l'extrémité libre et creux ; ils représentent de manière plus rudimentaire la touffe beaucoup plus forte au bout de la queue des autres porcs-épics. Il est curieux que ce porc-épic et d'autres possèdent un mécanisme d'avertissement de leurs ennemis exactement comparable à celui du serpent à sonnette. Il y a seize vertèbres dorsales.

SOUS-ORDRE 2. DUPLICIDENTATA.

La principale caractéristique de ce groupe est l'existence de deux paires d'incisives dans la mâchoire supérieure, dont les internes sont très petites et se trouvent derrière les externes. Dans le crâne, le foramen infra-orbitaire est petit ; les foramens incisifs sont très grands. La queue est courte ou absente.

Famille. 1. Les Léporidés. — Cette famille se distingue des Lagomyidae par les longues oreilles, par la queue présente quoique courte et par les membres plus longs. Il y a six dents appartenant à la série molaire dans la mâchoire supérieure et cinq identiques dans la mâchoire inférieure. La clavicule est imparfaite.

Le genre connu le plus ancien de cette famille, *Lepus* , était, jusqu'à la découverte toute récente de *Romerolagus* , le seul genre. Son aire de répartition est universelle, sauf l'Australasie et Madagascar, et comprend une soixantaine d'espèces. Ce sont les lièvres et les lapins, les premiers étant attribués aux formes aux membres plus longs.

Comme chaque manuel de zoologie contient un exposé plus ou moins élaboré de la structure du Lapin commun, et comme il n'y a que peu de différences structurelles entre les membres du genre, un bref exposé des particularités génériques du Lepus suffira *ici* . Les pattes antérieures sont à cinq doigts, les membres postérieurs à quatre doigts. Le tégument poilu pénètre dans la cavité buccale et l'intérieur des joues est recouvert de poils. La plante des pieds est par ailleurs poilue. Les os maxillaires sont curieusement sculptés.

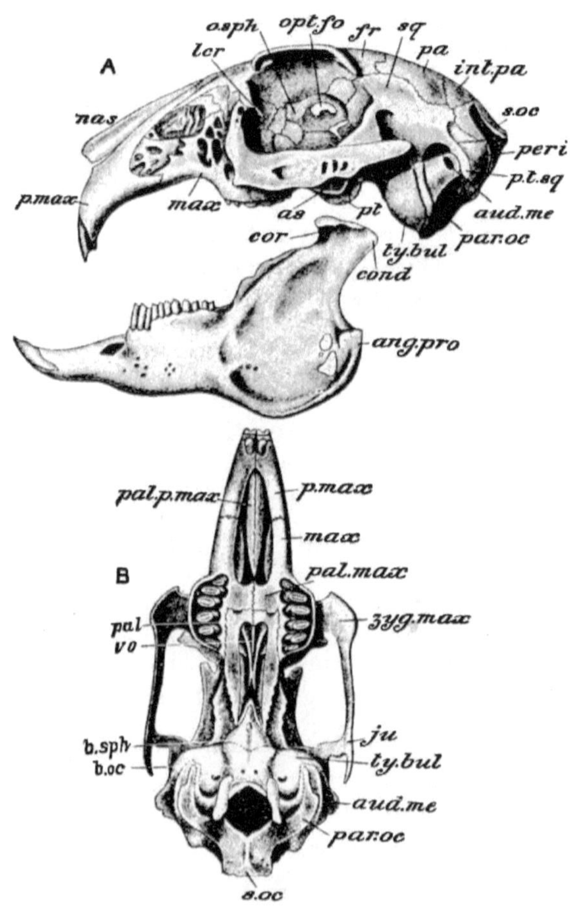

FIGURE. 246.— *Lepus cuniculus*. Crâne. **A** , vue latérale ; **B** , vue ventrale. *ang.pro* , Processus angulaire de la mandibule ; *comme* , alisphénoïde (processus ptérygoïdien externe) ; *aud.me* , méat auditif externe ; *b.oc* , basioccipital ; *b.sph* , basephénoïde ; *cond* , condyle ; *cor* , processus coronoïde ; *fr* , frontal; *int.pa* , inter-pariétal ; *ju* , jugal; *lcr* , lacrymal; *max* , maxillaire ; *nas* , nasal; *opt.fo* , foramen optique ; *o.sph* , orbitosphénoïde ; *pa* , pariétal; *copain* , palatin; *pal.max* , plaque palatine du maxillaire ; *pal.p.max* , processus palatin du prémaxillaire ; *par.oc* , processus paroccipital ; *péri* , périotique; *p.max* , prémaxillaire ; *pt* , ptérygoïde ; *ptsq* , processus post-tympanique du squamosal ; *s.oc* , supraoccipital ; *carré* , squamosal; *ty.bul* , bulle tympanique ; *vo* , vomer; *zyg.max* , processus zygomatique du maxillaire. (De Parker et Haswell's *Zoology* .)

Le lapin commun, *L. cuniculus* , diffère du lièvre commun par ses oreilles et ses pattes relativement plus courtes. Les oreilles n'ont pas, à un degré aussi marqué, le bout noir de celles du lièvre. De plus, l'animal produit des petits nus et vit dans des terriers creusés dans sa propre excavation. Une différence dans la structure du caecum, qui distingue le lapin du lièvre, a été soulignée par le professeur WN Parker. [363] Ces différences ont conduit certains à approuver sa séparation des lièvres en un genre *Oryctolagus* . On pense que cet animal est une espèce introduite et qu'il a été introduit par l'homme dans ces îles. Son territoire d'origine est la péninsule espagnole, le sud de la France, Alger et certaines îles de la Méditerranée. M. Lydekker pense que la seule autre espèce de *Lepus* qui peut être considérée comme un "Lapin" est le *L. hispidus asiatique* .

Parmi les lièvres, il existe deux espèces dans ce pays. Le lièvre commun, *L. europaeus* (le nom *L. timidus* semble vraiment applicable à une autre espèce à laquelle nous allons faire référence actuellement), s'étend dans toute l'Europe à l'exception de l'extrême nord de la Russie et de la Scandinavie. Il n'est pas connu en Irlande et, curieusement, les tentatives d' acclimatation de cet animal dans cette île ont échoué, situation qui contraste avec la fatale facilité avec laquelle le Lapin a été introduit en Australie. L'Irlande possède cependant le lièvre variable, *L. timidus* (également appelé *L. variabilis*), une espèce commune dans d'autres régions d'Europe et qui s'étend jusqu'au Japon. Cette espèce se distingue de son alliée par le fait qu'elle devient souvent blanche en hiver à l'exception du bout noir des oreilles. En Irlande, ce changement ne se produit pas toujours ; mais M. Barrett-Hamilton a commenté le fait que les lièvres de cette espèce changent effectivement dans les montagnes irlandaises. Il semble que chez cet animal, le passage de la tenue d'hiver à la tenue d'été s'effectue par la disparition effective des poils blancs et leur remplacement par une nouvelle pousse de poils « bleus ». Un changement similaire se produit chez le *L. americanus américain* .

Le Dr Forsyth Major a noté que les diverses espèces de lièvres se distinguent par l'état des sillons des incisives supérieures. Ainsi, deux espèces africaines, *L. crawshayi* et *L. Whytei* , doivent être séparées par le fait que chez la première les incisives sont assez plates, alors que chez *L. Whytei* le sillon est plus proéminent et il y a un second sillon peu profond.

Le genre *Romerolagus* [364] est une découverte assez récente. On le trouve sur les pentes du Popocatepetl au Mexique ; il a l'aspect général du dernier genre, et on l'appelle « Lapin ». Il habite les parcours dans les hautes herbes qui recouvrent les flancs de la montagne. Extérieurement, il ressemble un peu au Pikas, puisqu'il n'a pas de queue visible. Les oreilles sont également courtes et les pattes postérieures relativement courtes. Le crâne ressemble beaucoup à celui du Lapin ; mais dans d'autres détails ostéologiques, c'est aberrant. Ainsi la clavicule est bien complète, et seulement six côtes s'articulent avec le sternum, au lieu des sept qu'on trouve chez le Lapin.

Famille. 2. Lagomyidés . — Les animaux de cette famille sont plus petits que les lièvres et les lapins ; ils ont des oreilles courtes en forme de campagnol et pas de queue externe. Les membres semblent également plus courts. Comme il n'y a qu'un seul genre, les caractères de la famille peuvent être décrits en relation avec ceux du genre, connu sous le nom de *Lagomys* (apparemment plus correctement *Ochotona*). De ce genre, il existe environ seize espèces, principalement asiatiques ; une espèce étend son aire de répartition jusqu'en Europe de l'Est et trois sont nord-américaines.

Le crâne n'a pas les rainures supra-orbitaires des lapins et présente un processus arrière bien marqué de l'arc zygomatique. Il y a dix-huit vertèbres dorsales. Les molaires et prémolaires sont au nombre de cinq.

Les noms vernaculaires de « Pika » et de « Lièvres siffleurs » ont été appliqués aux membres de ce genre, ces derniers en raison de leur cri particulier. Ils vivent en groupe parmi les rochers et creusent des terriers. On les trouve généralement à des altitudes considérables : ainsi *L. roylei* , le « lièvre-souris de l'Himalaya », se trouve à des altitudes pouvant atteindre 16 000 pieds ; tandis que *L. ladacensis* monte encore plus haut, 19 000 pieds ayant été enregistrés. Avec les habitudes de la marmotte, en ce qui concerne la vie dans des terriers et à de grandes altitudes, les animaux de ce genre, avec leur forme trapue et leurs oreilles courtes, ne sont pas sans rappeler ces animaux. Dans le passé, ce genre était présent plus généralement en Europe. Des espèces des gisements du Miocène ont été rencontrées en Angleterre, en France, en Allemagne et en Italie.

Rongeurs fossiles . — Un assez grand nombre de genres de rongeurs existants sont connus même dans les strates les plus anciennes de la période tertiaire. Les écureuils (et même le genre *Sciurus* lui-même) sont présents à l'Éocène supérieur. Il en va de même pour les genres *Myoxus* et (en Amérique du Sud) *Lagostomus* . *Spermophilus* , *Acomys* , *Hystrix* , *Lagomys* , *Lepus* , *Hesperomys* sont connus dans les roches du Miocène. *Rhizomys* , *Castor* , *Cricetus* , *Mus* , *Microtus* et quelques autres semblent être originaires, autant que nous le savons, du Pliocène, tandis qu'une série encore plus large de genres existants sont du Pléistocène. Il est intéressant de noter que certains genres disparus étaient beaucoup plus grands que les formes récentes. Actuellement, *Hydrochoerus* est le plus gros rongeur ; mais le genre *Megamys* de la formation Pampas d'Argentine était « presque aussi grand qu'un bœuf ». L'éventail plus large de genres dans le passé est illustré par *Hystrix* , qui, désormais une forme de l'Ancien Monde, est représentée par des restes du Miocène et du Pliocène d'Amérique.

C'est un fait significatif que des genres vivants, *Sciurus* est le plus ancien ; car il a été souligné que, sous un certain nombre de aspects, les écureuils sont parmi les rongeurs les plus primitifs. L'arc zygomatique est mince et n'a donc pas acquis la spécialisation que l'on retrouve dans cette partie du crâne chez les autres rongeurs ; de plus, « l'os jugal n'est soutenu par aucun processus provenant du maxillaire exactement comme chez l' Ungulata primitif ». Les pieds ne sont pas non plus spécialisés , bien que ce soit le cas de nombreux autres genres. On peut également remarquer que les dents ressemblent beaucoup à celles d' *Ornithorhynchus* par leur caractère multituberculé.

Quelques formes fossiles ont déjà été traitées dans les pages précédentes.

Les deux genres *Castoroides* et *Amblyrhiza* , originaires du Pléistocène d'Amérique du Nord et des Antilles, sont habituellement considérés comme formant une famille. Le crâne du premier genre indique un animal de la taille d'un ours. Il est comparé à celui de *Castor* , mais il possède un large foramen infra-orbitaire. Les dents sont au nombre de quatre dans chaque mâchoire et sont formées de trois à cinq lamelles ; les incisives de cet animal sont puissantes mais courtes. *Amblyrhiza* , quant à elle, a de longues incisives rainurées longitudinalement vers l'avant. Il a une fibule libre. Ce dernier ainsi que d'autres personnages ont amené Tullberg à le retirer de son association avec *Castoroides* .

Commande X. TILLODONTIA.

Ce groupe de mammifères de l'Éocène doit être défini par un certain nombre de caractères, dont les plus importants sont les suivants :— Les incisives sont élargies, poussent à partir de pulpes persistantes et sont recouvertes d'émail sur la surface externe seulement ; ce sont ceux de la deuxième paire seulement, la première et la troisième ayant disparu ou devenues petites. Les canines sont réduites dans les formes ultérieures.

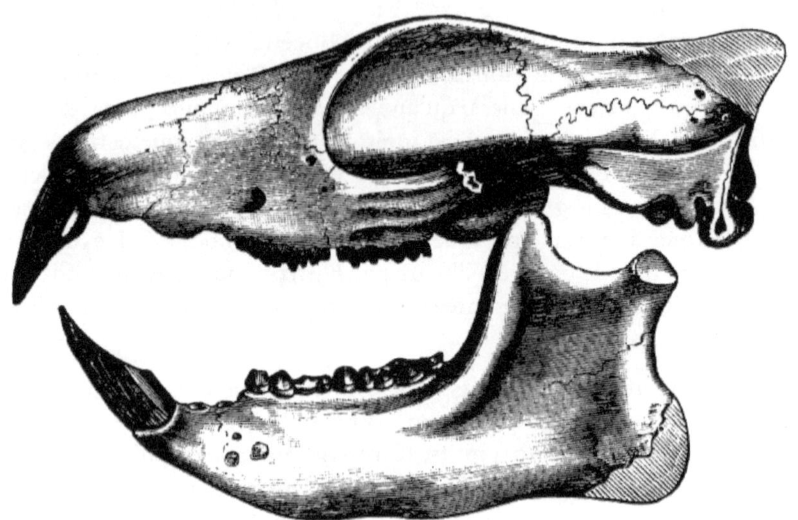

FIGUE. 247.— *Tillothérium fodiens* . Vue latérale gauche du crâne. (De Flower, d'après Marsh.)

Ces animaux ont été considérés comme des rongeurs ancestraux, auxquels les caractères dentaires que nous venons de mentionner présentent clairement des ressemblances. La forme la plus ancienne connue est *Esthonyx* . Ce genre présente des caractères aussi primitifs, par rapport à ses représentants ultérieurs, que l'existence des trois paires d'incisives dans la mâchoire supérieure, mais seulement de deux dans la mâchoire inférieure. Les incisives élargies des deux mâchoires ne semblent pas provenir de pulpes persistantes.

Anchippodus , une forme plus tardive, conserve encore la paire supérieure des premières incisives sous une forme vestigiale ; les fortes secondes incisives sont issues de pulpes persistantes. Le genre le plus récent, *Tillotherium* , présente les caractéristiques du groupe à leur apogée. Les fortes incisives en forme de ciseau, qui sont renforcées par une petite paire supplémentaire uniquement dans la mâchoire supérieure, sont persistantes. Les dents grinçantes sont de type trituberculaire ; il y en a trois de chaque sorte dans la mâchoire supérieure, mais dans la mâchoire inférieure seulement deux prémolaires de chaque côté. C'est en tout cas le cas de certains, tandis que d'autres en ont trois. La canine, bien que présente dans les deux mâchoires, est insignifiante. Comme dans de nombreux types anciens, il existe un foramen entépicondylien dans l'humérus. Les pieds étaient à cinq doigts et portaient des griffes acérées et comprimées latéralement. Le crâne a été comparé dans son aspect général à celui d'un ours.

CHAPITRE XVI

INSECTIVORA-CHIROPTÈRES

Ordre XI. INSECTIVORE.

Les Insectivores [365] sont un ordre de mammifères auquel il est (pour citer le professeur Huxley) « extrêmement difficile de donner une définition ». Ce ne sont cependant pas de grands animaux, et la plupart d'entre eux ont des habitudes nocturnes - deux circonstances qui peuvent avoir quelque chose à voir avec leur survie aux âges passés, tout comme peuvent avoir aussi leur modification dans des modes de vie aussi nombreux et divers. ; car tout témoigne de l'ancienneté du groupe. Ils sont par exemple plus ou moins plantigrades. Le museau est généralement long et se prolonge souvent par une trompe courte. [366] Il existe une tendance à ce que les dents soient d'un type généralisé et leur nombre est souvent de quarante-quatre, typique des mammifères. De plus, les dents trituberculées , qui sont certainement une forme de dent ancienne, sont courantes ; et même les Insectivores des régions méridionales du globe, *par exemple* Les Centetidae , les Solenodontidae et les Chrysochloridae présentent le trituberculisme le plus répandu , un fait important compte tenu de l'âge de la vie animale de ces régions du monde. Les membres sont, en règle générale, dotés de cinq doigts. Les hémisphères du cerveau sont généralement lisses et ne s'étendent pas sur le cervelet. Le palais est souvent fenestré comme chez les Marsupiaux, et comme chez ce groupe la mâchoire inférieure est parfois infléchie. Mais ce dernier caractère se retrouve également chez les otaries et ailleurs. Les clavicules sont généralement présentes, mais pas à *Potamogale* .

Il existe en outre une nette tendance à la disparition des dents de lait fonctionnelles, ce qui est particulièrement visible à *Sorex* , où il n'y a que sept dents de lait, dont aucune n'a jamais coupé la gencive. Cette suppression de la dentition de lait ressemble à celle des marsupiaux, des édentés et des baleines, qui semblent tous être — les premiers le sont certainement — d'anciennes formes de vie mammifère.

Il existe également un cloaque assez bien défini, bien que peu profond, dans de nombreux genres. Enfin, les testicules sont purement abdominaux chez certains, et chez aucun d'entre eux il n'y a une descente complète dans un scrotum, comme chez l' Eutheria, plus développée .

SOUS-ORDRE 1. INSECTIVORA VERA.

Famille. 1. Érinacéidés . — Cette famille comprend les genres *Erinaceus* , *Hylomys* et *Gymnura* .

Hylomys , considéré par Dobson comme faisant partie de *Gymnura* , est séparé par Leche. [367] *H. suillus* est un animal malais, de petite taille, mesurant environ 5 pouces de long, avec une queue courte. Comme *Gymnura,* il est sans âme. Les oreilles sont décidément grandes et nues. Il y a une paire de tétines inguinales et une paire de tétines thoraciques. La couleur le dessus est brun rouille avec des parties inférieures blanc jaunâtre. Les paumes et les plantes sont entièrement nues. Dans sa forme générale, il rappelle bien plus *Tupaia que ses propres parents immédiats.* Sa position systématique ne fait cependant aucun doute lors de l'examen du squelette et des dents. Une variété a été décrite à des altitudes de 3 000 à 8 000 pieds sur le mont Kina Balu à Bornéo. Il possède une dentition complète de quarante-quatre dents. Il y a quatorze paires de côtes. Comme dans *Gymnura,* le tibia et le péroné sont réunis en dessous. Le genre est considéré par Leche comme le type existant d' Erinaceidae le plus ancien .

Gymnura [368] est aussi une forme malaise avec la dentition complète de la dernière, mais avec quinze paires de côtes et une queue plus longue, composée de vingt-trois vertèbres au lieu de quatorze. Il n'existe, comme chez *Hylomys* , qu'une seule espèce, *G. rafflesii* . Cet animal a une odeur particulière , ressemblant à des légumes cuits décomposés. La surface inférieure de la queue est rugueuse, et le Dr Blanford pense qu'elle pourrait être utile à l'animal pour grimper. Son tiers terminal comprimé et la frange de poils raides sur sa surface inférieure indiquent, selon le Dr Dobson, des pouvoirs de nage, ou en tout cas une ascendance pas très lointaine de créatures nageuses. Son alimentation est purement insectivore.

Erinaceus , y compris les hérissons, est un genre largement répandu : paléarctique , oriental et éthiopien. Il en existe une vingtaine d'espèces. Les épines familières distinguent les hérissons de leurs alliés, ainsi que le fait qu'ils ne possèdent que trente-six dents, la formule étant I 3/2 C 1/1 Pm 3/2 M 3/3. Il y a quinze ou quatorze côtes et la queue est très courte et ne comporte que douze vertèbres. Comme à *Gymnura* , il n'y a pas de caecum. La canine supérieure a généralement, comme chez les autres Erinaceidae , deux racines, mais pas chez *E. europaeus* , qui est l'un des hérissons les plus modifiés.

Le Hérisson est une créature plus omnivore que *Gymnura* . Il se nourrit non seulement d'insectes et de limaces, mais aussi de poules et de jeunes gibiers à plumes, et enfin de vipères. Quatre, et dans certains cas jusqu'à cinq ou six petits, naissent à la naissance ; ils sont aveugles, avec des épines blanches douces et flexibles. Par temps chaud et sec, les hérissons disparaissent ; ils sortent par temps pluvieux. Le hérisson anglais, comme on le sait, hiberne. Les espèces indiennes ne le font pas. Le hérisson est parfois veule, ce qui peut être considéré comme une réversion atavique. [369]

Le Hérisson a acquis la réputation d'emporter des pommes transpercées sur ses épines. Blumenbach décrit ainsi curieusement cette habitude et d'autres de l'animal, dont il donne le nom anglais de « hedgidog » : « Il se nourrit des productions des deux règnes organisés , miaule comme un chat, et peut avaler une quantité énorme de mouches cantharides. Il est certain qu'il pique les fruits avec les épines de son dos, et les porte ainsi dans son terrier." [370]

Le *Palaeoerinaceus du Miocène* est si peu différent de *l'Erinaceus* qu'il est en réalité difficilement séparable de manière générique. *Erinaceus* est donc clairement l'un des genres vivants de mammifères les plus anciens.

La Necrogymnura de la même époque et des mêmes couches (Phosphorites du Quercy) est sans doute une forme ancestrale. Le palais est perforé comme chez *Erinaceus* (il n'en est pas de même chez *Gymnura* et *Hylomys*), mais dans l'ensemble il se rapproche le plus de *Hylomys* .

Famille. 2. Tupaiidés . — Cette famille contient les genres *Tupaia* et *Ptilocercus* . *Tupaia* a une aire de répartition orientale, s'étendant jusqu'à Bornéo. Il existe une douzaine d'espèces, généralement arboricoles et présentant l'aspect extérieur des écureuils. Il a été suggéré qu'il s'agissait d'un cas de mimétisme, l'animal tirant un certain avantage de sa ressemblance avec le rongeur. Le nom Tupaia, il faut ajouter, signifie Écureuil, et l'Écureuil au long nez, *Sciurus laticaudatus* , lui ressemble si extraordinairement qu'« il faut regarder les dents » pour les distinguer. De plus cet écureuil, comme certains Tupaias , vit en grande partie au sol parmi les bûches tombées. *Tupaia* ressemble à un lémurien dans toute son orbite. La formule dentaire est I 2/3 C 1/1 Pm 3/3 M 3/3 = 38. Selon Garrod, la sublingua ressemble également à celle de *Chiromys* . Il y a un minuscule caecum chez *T. belangeri* , aucun chez *T. tana* .

Ptilocercus [371] a une partie postérieure de la queue en forme de stylo, une modification que l'on retrouve chez d'autres groupes d'animaux. La queue de certaines Phalangers, par exemple, présente cette même modification. Le reste de la queue est écailleux. L'animal, comme l'a fait remarquer le Dr Gray, [372] ressemble beaucoup à une Phalanger. L'orbite est entière comme à *Tupaia* . Les doigts et les orteils sont au nombre de cinq. La seule espèce, appelée d'après Sir Hugh Low, GCMG, *P. lowi* , est un animal de Bornéo.

Famille. 3. Centétidés . — Cette famille est entièrement confinée à l'île de Madagascar. Il comprend environ sept genres. Le genre le plus connu est *Centetes* . *C. ecaudatus* , le Tanrec, Tenrec ou Tendrac, est un animal d'environ un pied de longueur, sans queue et avec quarante-quatre dents. [373] L'animal immature est si différent du parent qu'il apparaît sous une forme tout à fait différente. Il comporte trois rangées étroites d'épines le long du dos, qui ne disparaissent complètement que lorsque la dentition permanente a été acquise. Même alors, les poils sont plutôt épineux, particulièrement ceux de l'arrière de la tête, qui se dressent lorsque l'animal est gêné. Le Tanrec se nourrit principalement de vers de terre. C'est « probablement le plus prolifique de tous les animaux », puisque jusqu'à vingt et un petits auraient été mis au monde à la naissance. Certains Opossums ont cependant vingt-cinq mamelles.

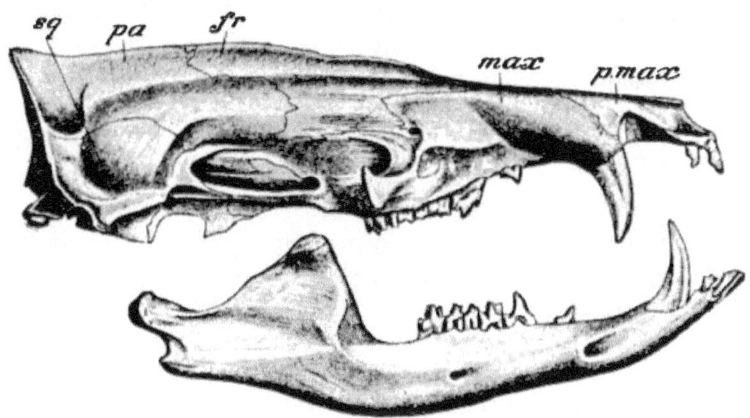

FIGUE. 248.— Crâne de Tenrec. *Centètes écaudatus* . *fr* , Frontal; *max* , maxillaire ; *pa* , pariétal; *p.max* , prémaxillaire ; *carré* , squamosal. (D'après Dobson.)

Hemicentetes [374] est un genre composé de deux espèces. Ceux-ci ont des épines mélangées à la fourrure du dos. Il n'y a pas de caecum chez ce genre ou chez d'autres Centetidae . Les dents sont au nombre de quarante, il n'y a que trois molaires.

Ériculus setosus est un petit Insectivore, ressemblant extérieurement à un petit Hérisson. Il est couvert d'épines rapprochées qui, contrairement à ce que l'on trouve chez *Erinaceus* , s'étendent sur la queue courte. Le nombre total de dents est de trente-six, la formule étant I 2/2 C 1/1 Pm 3/3 M 3/3.

Echinops [375] est un autre genre épineux qui est un stade en avance sur *Ericulus* , car encore une autre molaire a été perdue, réduisant le nombre total de dents à trente-deux. La formule dentaire est donc I 2/2 C 1/1 Pm 3/3 M 2/2. Les zygomates sont réduits à de simples fils.

Microgale , un genre récemment institué par M. Thomas, est un petit insectivore à fourrure avec une longue queue qui fait plus du double de la longueur de la tête et du corps. La queue ne compte pas moins de quarante-sept vertèbres, ce qui est relativement plus long que celui de tout autre mammifère.

Limnogale , découvert par Forsyth Major, est un genre aquatique, également poilu et non épineux, qui s'est éloigné du type Centetid et s'est tourné vers une vie aquatique. L'espèce unique, *L. mergulus*, a à peu près la taille de *Mus rattus* ; il a des orteils palmés et une queue puissante comprimée latéralement. Des clavicules sont présentes, ce qui n'est pas le cas du *Potamogale*.

Oryzoryctes est un Centetid ressemblant à une taupe . Il a des membres antérieurs fouisseurs, mais une queue assez longue. Ce genre est poilu comme les deux derniers. On dit qu'il s'enfouit dans les rizières et qu'il fait beaucoup de mal. Les dents sont au nombre de quarante, trois incisives et trois molaires dans chaque moitié de chaque mâchoire.

Famille. 4. Potamogalidés . — Cette famille contient deux genres, *Potamogale* et *Geogale* .

Potamogale Le velox est un animal d'Afrique de l'Ouest qui, bien qu'insectivore, a les habitudes d'une loutre. C'est "un peu plus grand qu'une hermine". La face supérieure du corps est brun foncé, le ventre jaune brunâtre. Il a une tête plate et une longue queue comme l'Hermine, mais la queue est comprimée latéralement et très épaisse. Les yeux sont très petits ; la narine a des valves. Les orteils ne sont pas palmés ; mais les deuxième et troisième orteils sont réunis sur toute la longueur de leurs premières phalanges. Le long de la face externe du pied se trouve une fine extension du tégument. En nageant, les pieds sont remontés le long du corps, la sangle ne serait donc d'aucune utilité ; mais le mince aplatissement empêche le bord du pied de gêner le mouvement de l'animal. M. du Chaillu le décrit comme attrapant du poisson, qu'il poursuit avec une extrême rapidité dans les eaux claires des montagnes qu'il fréquente ; mais le Dr Dobson, remarquant qu'aucun estomac n'a été examiné, pense que les insectes aquatiques sont plus probablement ses proies. On ne sait pas si l'animal possède un caecum. La formule dentaire [376] est I 3/3 C 1/1 Pm 3/3 M 3/3. L'animal est exceptionnel parmi les Insectivores en ce qu'il ne possède pas de clavicules. [377] Il y a seize côtes ; il n'y a pas d'arc zygomatique et les ptérygoïdes convergent vers l'arrière.

La géogale , avec une espèce, *G. aurita* , est un petit représentant de cette famille originaire de Madagascar. Il n'a que trente-quatre dents. Lorsqu'il sera mieux connu, il sera peut-être nécessaire, pense M. Lydekker , de faire de cet animal le type d'une famille à part. Le tibia et le péroné sont distincts et ne se confondent pas comme chez *Potamogale* .

Famille. 5. Solénodontidés . — Cette famille ne contient qu'un seul genre.

Solénodon. Ce genre, comprenant deux espèces, l'une originaire de Cuba, l'autre d' Haïti , était autrefois appelé Centetidae . Il présente cependant de nombreux points de divergence avec les membres de cette famille avec quelques points d'accord généraux. Il est possible que son isolement dans les deux îles antillaises mentionnées soit comparable à celui des Centetidae à

Madagascar ; ils sont tous deux survivants d'un ancien groupe d'insectivores éteint ailleurs. *Solenodon* a presque la dentition complète. Il n'a perdu qu'une seule prémolaire, et possède donc en tout quarante dents. La formule est donc I 3/3 C 1/1 Pm 3/3 M 3/3. Il diffère également des Centetidae en n'ayant que deux mamelles inguinales au lieu des deux mammaires inguinales et thoraciques ; le pénis du mâle ne dépasse pas d'un cloaque, mais se trouve en avant. D'un autre côté, les molaires ont leurs cuspides disposées à la v manière des Centetidae , fait qui, de l'avis de certains, indique simplement un trituberculisme ancien qui n'indique pas d'affinité particulière. Il n'a d'ailleurs pas de zygoma dans le crâne, ni de caecum. Le Dr Dobson a en outre répertorié un certain nombre de différences dans l'anatomie musculaire entre les deux familles. *Solénodon* a une longue queue nue. Le museau, toujours développé chez les Insectivores, est extraordinairement long chez ce genre. C'est un animal à fourrure et non épineux. *S. cubanus* est sujet à des accès de rage lorsqu'il est irrité, caractéristique qu'il a en commun avec les musaraignes et les taupes ; on dit également qu'il a la manière, semblable à celle d'une autruche, de cacher sa tête dans une crevasse, "se pensant apparemment alors en sécurité". Mais on ne sait rien du genre à l'état sauvage.

Famille. 6. Chrysochloridés . — Cette famille ne contient que le genre *Chrysochloris* , comprenant environ cinq espèces, toutes originaires d'Afrique au sud de l'équateur. Le nom scientifique du genre, ainsi que le nom vernaculaire Cape Golden Mole, sont dérivés des beaux poils irisés qui sont entrelacés avec une fourrure plus douce et non irisée. *Chrysochloris* a vdes dents cuspidées en forme de celles que possèdent les Centetidae et les Solenodontidae . Dans le crâne comme chez les Macroscelidae , etc., mais pas chez les Centetidae , il y a des zygomates complets . Ce sont des taupes d'habitude, et les yeux sont couverts de peau ; les oreilles, d'ailleurs, n'ont pas de conques. Les dents sont au nombre de quarante ou trente-six, la réduction étant causée par la perte d'une molaire dans les formes qui en possèdent le plus petit nombre. [378] Il est intéressant de remarquer que l' adaptation à la vie de creuseur se fait d'une manière tout à fait différente de celle des vraies Taupes (*Talpa*). Chez ces derniers, les membres antérieurs sont modifiés de position par l'allongement du manubrium sterni , entraînant avec lui les clavicules extraordinairement raccourcies (fig. 251). Chez *Chrysochloris* , en revanche, le même besoin (*c'est-à-dire* que les membres dépassent le moins possible des côtés du corps, tandis que la longueur des membres est conservée et que l'effet de levier des muscles n'est pas affecté) est satisfait par un évidement des parois du thorax, les côtes et le sternum étant ici convexes vers l'intérieur. Le sternum et les clavicules ne sont pas modifiés. Le tibia et le péroné sont ankylosés en dessous. En outre, dans le manuscrit, il n'y a que quatre chiffres, dont les deux du milieu sont considérablement agrandis. Dans les grains de beauté, il y a cinq doigts, et tous sont élargis ; il y a aussi un grand os sésamoïde radial, qui est aussi bon qu'un sixième doigt (ce que certains anatomistes considèrent d'ailleurs comme étant, en commun avec des structures similaires chez d'autres animaux). Le pied n'a que quatre orteils.

FIGUE. 249.— Taupe d'Or. *Chrysochlore trevelyani* . **A** , Surface inférieure de l'avant-pied. × ½. (D'après Günther.)

Famille. 7. Macroscelidae . [379] —Cette famille comprend trois genres, tous africains et principalement éthiopiens.

Les Macroscelides , les musaraignes éléphants, sont des créatures sauteuses ressemblant à celles d'une musaraigne, combinées à un aspect marsupial. Le radius et le cubitus, ainsi que le tibia et le péroné, sont ankylosés. Il y a cinq doigts et orteils. Il y a un caecum comme chez quelques Insectivores. La formule dentaire, telle que révisée par Thomas, [380] est I 3/3 C 1/1 Pm 4/4 M 2 /(2 ou 3), le nombre total étant donc quarante ou quarante-deux. Il existe plusieurs espèces de ce genre.

FIGUE. 250.— *Rhynchocyon chrysopygus* . × ¼. (D'après Günther.)

Rhynchocyon et *Petrodromus* diffèrent de *Macroscelides* par le fait qu'ils n'ont pas de pattes postérieures aussi longues. La formule dentaire du premier est I (1 ou 0)/3 C 1/1 Pm 4/4 M 2/2 = 34 ou 36, du second I 3/3 C 1/1 Pm 4/4 M 2/ 2 = 40. À *Petrodromus* , les orteils sont réduits à quatre ; à *Rhynchocyon,* il n'y a que quatre chiffres dans le manus ainsi que dans le pes. Cet animal, comme son nom l'indique, a une trompe assez longue, qui peut être courbée, et ressemble vraiment beaucoup à la trompe d'un éléphant miniature, ainsi qu'à celle du Desman (Myogale) . Il possède treize paires de côtes et un caecum bien développé. Le Dr Günther a souligné qu'à *Petrodromus tetradactylus* les poils de la partie inférieure de la queue sont des poils élastiques rigides de 5 mm. longue, avec un renflement à l'extrémité libre. L'utilité de cette singulière modification n'est pas du tout apparente. On pense *que Pseudorhynchocyon* , de l'Oligocène européen, est apparenté à cette famille.

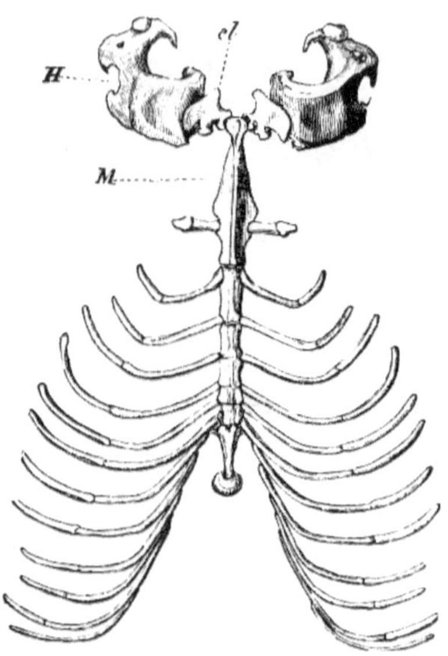

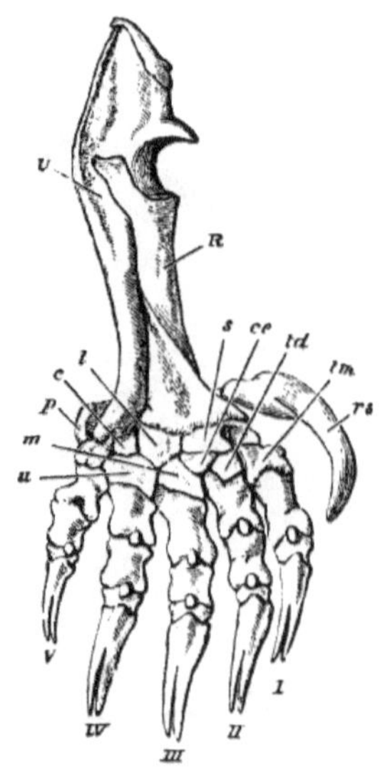

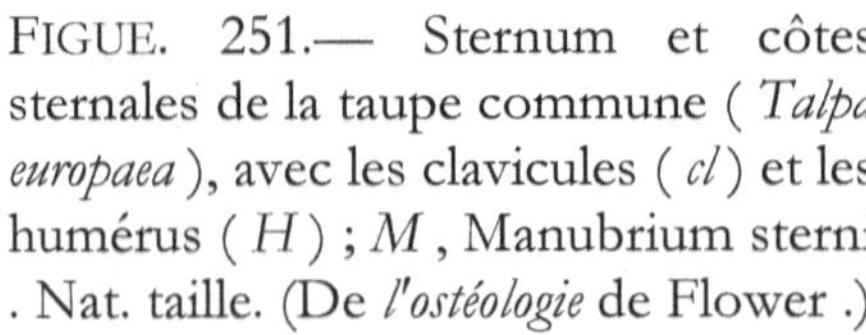

FIGUE. 251.— Sternum et côtes sternales de la taupe commune (*Talpa europaea*), avec les clavicules (*cl*) et les humérus (*H*) ; *M* , Manubrium sterni . Nat. taille. (De *l'ostéologie* de Flower .)

FIGUE. 252.— Os de l'avant-bras et du manus de la taupe (*Talpa europaea*). × 2. *C* , cunéiforme ; *ce* , centrale; *l* , lunaire; *m* , magnum; *p* , pisiforme; *R* , rayon ; *rs* , sésamoïde radial (falciforme) ; *s* , scaphoïde ; *td* , trapèze ; *tm* , trapèze ; *U* , cubitus ; *u* , inciforme ; *IV* , les chiffres. (De *l'ostéologie* de Flower .)

Famille. 8. Talpidés. — Cette famille est confinée aux régions paléarctique et néarctique, ou pratiquement, étant répartie à peu près également en ce qui concerne les genres ; une taupe vient de franchir la frontière de la région orientale. Le genre *Talpa* est entièrement réparti dans l'Ancien Monde et comprend plusieurs espèces, dont la taupe commune, *T. europaea* , est la plus connue. Il y a quarante dents, l'une des molaires de la dentition complète des mammifères n'étant pas représentée. Dans la denture de lait, il y a une prémolaire supplémentaire, qui n'est pas représentée par un successeur dans la denture permanente. La formule est donc I 3/3 C 1/1 Pm 4/4 M 3/3. Il n'y a pas d'oreilles externes et les yeux sont rudimentaires ; la fourrure douce et soyeuse est familière à tout le monde. Le sternum présente une forte crête, associée à un puissant développement des muscles pectoraux, si nécessaires à un animal fouisseur. L'animal, il est à peine besoin de le préciser, vit sous terre dans des terriers creusés par lui-même, qui n'ont pas, a-t-on dit, la forme élaborée et, semble-t-il, fantaisiste que leur attribuent de nombreux écrivains. Parfois, les taupes apparaissent au-dessus du sol. Leur nourriture principale est constituée de vers de terre, et il n'est peut-être pas déplacé de citer le récit pittoresque de Topsell sur leur poursuite des annélides : « Lorsque les vers sont suivis par des moisissures (car en creusant et en soulevant, ils connaissent d'avance leur propre perdition), ils volent vers la surface et même le sommet de la terre, la bête stupide sachant que le moule , leur adversaire, n'ose pas les suivre dans la lumière, de sorte que leur esprit en fuyant leur ennemi est plus grand que de se retourner lorsqu'ils sont piétinés . On a récemment dit [381] que les taupes emmagasinaient les vers de terre pour les consommer pendant l'hiver, en leur mordant la tête pour les empêcher de ramper.

Les pétoncles , un genre américain, sont une créature ressemblant à une taupe aux habitudes largement aquatiques, comme le montrent ses pattes postérieures palmées ; il a une queue courte et nue. Apparemment, comme les Musaraignes, il n'a pas de canines inférieures.

Condylura , un autre genre américain, est appelé taupe à nez étoilé en raison d'une curieuse structure rayonnante au bout du museau.

Myogale , le Desman, a un comportement encore plus aquatique et relie les taupes aux musaraignes, bien que, comme chez beaucoup de premiers, il ait des canines plus basses. Il a des pattes postérieures palmées et une longue queue. Une espèce est présente dans les Pyrénées, l'autre en Russie. Quelques autres genres (*Urotrichus* , *Uropsilus* , *Scaptonyx* , *Dymecodon* , *Scapasius* , *Perascalops*) appartiennent à la même famille.

Famille. 9. Soricidés . — Les vraies musaraignes ont une gamme beaucoup plus large que les autres familles de l'ordre actuel. Dans la région paléarctique on trouve *les Sorex* , *Crossopus* , *Crocidura* , *Nectogale* , *Chimarrogale* . Le premier est également néarctique et atteint l'Amérique centrale. Dans la région éthiopienne se trouve le seul genre particulier *Myosorex* , mais *Crocidura* y est également présent. *Blarina* et *Notiosorex* sont de gamme « Sonora » ; *Soriculus* oriental. *Crocidura* , *Anurosorex* et *Chimarrogale* entrent également dans cette région. *Sorex* a des dents aux extrémités de couleur rougeâtre , sa formule dentaire étant, d'après les recherches récentes de M. Woodward, I 3 /(2 ou 3) C 1/0 Pm 3/1 M 3/3 = 32 ou 34.

Par conséquent, par rapport aux autres Insectivores, le fait le plus remarquable que l'on retrouve dans toute la famille est l'absence de canines inférieures. En plus de cela, le genre peut être connu — la famille en fait — par la grande taille de la première paire d'incisives. Dans la formule ci-dessus, il est possible, pense M. Woodward, qu'il y ait des erreurs ; il ne sait pas si la canine supérieure supposée n'est pas une quatrième incisive, et si la première prémolaire n'est pas réellement la canine. Une autre caractéristique particulière de la dentition du *Sorex* est la suppression des dents de la dentition de lait, qui sont sans fonction et probablement non calcifiées. Le genre *Sorex* est terrestre. La queue est longue et couverte de poils. Il existe deux espèces dans ce pays, *S. vulgaris* et *S. minutus* . Le premier est la Mégère de la légende et de la superstition ; et c'est sans doute l'espèce qui a donné son nom aux membres les plus indomptables du sexe doux, bien que ce soient les mâles qui soient particulièrement pugnaces. Quant à la légende, tout le monde a entendu parler de la musaraigne du frêne dont les feuilles, après qu'une musaraigne a été insérée vivante dans un trou creusé dans l'arbre, sont spécifiques des maladies du bétail, causées par la musaraigne elle-même qui rampe dessus.

Le révérend Edward Topsell , auteur de *The Historie of Four-footed Beastes* , qui défend sa véracité en affirmant qu'il n'écrit pas « pour les gens grossiers et vulgaires, qui étant totalement ignorants du fonctionnement de l'apprentissage, condamnent actuellement tout ce qui est étrange ». choses », dit de la Mégère que « c'est une bête vorace, feignant d'être douce et apprivoisée, mais, lorsqu'on la touche, elle mord profondément et devient mortelle. Elle a un esprit cruel , désireux de blesser quoi que ce soit, et il n'y a aucune créature qui puisse il l'aime, ou il l'aime, parce qu'il est craint de tous. Il est probable que tout ce sentiment rustique est dû aux puissants effluves qu'émet sans doute la Mégère.

S. minutus a la particularité d'être le plus petit mammifère britannique ; il est plus rare que le précédent. Cette forme se trouve dans les Alpes, ainsi que l'espèce particulièrement alpine *S. alpinus* , qui habite les Alpes, les Pyrénées, les Carpates et le Hartz.

Crossopus fodiens , la Musaraigne d'eau, a également des dents tachées de brun. Il n'est pas rare dans ce pays et vit dans des terriers creusés au bord des cours d'eau qu'il affecte.

Outre ces deux genres, *Soriculus* , *Blarina* et *Notiosorex* ont des dents à pointe rouge. Chez *Crocidura* , *Myosorex* , *Diplomesodon* , *Anurosorex* , *Chimarrogale* et *Nectogale* , les dents sont à pointe blanche. Ce sont tous les genres de la famille autorisés par le regretté Dr Dobson dans une revue de cette famille. [382]

Chimarrogale et *Nectogale* sont des genres aquatiques. Le premier se compose d'une espèce himalayenne et bornée et d'une espèce japonaise, qui n'ont pas de pattes palmées, mais une queue avec une frange de poils allongés.

Nectogale elegans est l'un des animaux caractéristiques du plateau tibétain . Il a des pattes palmées. Les dents sont comme dans *Chimarrogale* I 3/2 C 1/0 Pm 1/1 M 3/3.

Les autres genres ont des habitudes terrestres.

FIGUE. 253.— *Galéopithèque volans* . × ⅓ . (D'après Vogt et Specht.)

La famille **des Galeopithecidae** ne contient qu'un seul genre, qui a été parfois rapporté aux Lémuriens, aux Chauves-souris, ou qui est devenu le type d'un ordre spécial de mammifères. Il vaut mieux le considérer comme un Insectivore aberrant, si différent des autres formes qu'il nécessite un sous-ordre spécial pour sa réception.

Galeopithecus [383] habite la région orientale. C'est un animal plus grand que tout autre Insectivore, de la taille d'un chat, et possède un patagium s'étendant entre le cou et le membre antérieur, entre le membre antérieur et le membre postérieur, et entre le membre postérieur et le membre antérieur. queue. Ce patagium est abondamment pourvu de musculature, mais les doigts ne sont pas allongés comme chez les Chauves-souris pour son maintien. Cependant, quant au degré de son développement, le patagium de cette créature se situe à mi-chemin entre celui du *Sciuropterus* , d'une part, et celui des chauves-souris, d'autre part. Il présente de nombreuses caractéristiques remarquables dans son organisation . Le cerveau ressemble à celui des Insectivores par l'exposition des corps quadrijumeaux par la légère extension en arrière des hémisphères cérébraux ; mais sa surface supérieure est marquée de deux sillons longitudinaux de chaque côté, état de choses (en combinaison) sans précédent parmi les Mammalia. Les dents sont particulières en raison de la structure singulière en forme de « peigne » des incisives inférieures. C'est cependant une exagération de ce que l'on trouve chez *Rhynchocyon* et *Petrodromus* , tandis que le même style de dents, quoique moins développé, caractérise certaines chauves-souris. Les Tupaiidae et certains Lémuriens montrent ce que le Dr Leche considère comme le début de la même chose. Comme chez *Tupaia,* il y a également une indication de la sublingua typiquement lémurine . L'estomac est plus spécialisé que chez les autres Insectivores, la région pylorique étant étendue comme un tube plus étroit . Il y a un caecum. Une particularité du tractus intestinal est que le gros intestin est plus long que le petit.

Ordonnance XII. CHIROPTERES.

On peut ainsi définir les chauves-souris : Mammifères volants, dont les phalanges des quatre doigts de la main suivent le sexe très allongées, et supportent entre elles et les membres postérieurs et la queue une fine membrane tégumentaire qui forme l'aile. Le rayon est long et courbé ; le cubitus rudimentaire. Le genou est dirigé vers l'arrière, en raison de la rotation du membre vers l'extérieur par la membrane de l'aile. De la face interne de l'articulation de la cheville naît un processus cartilagineux, le calcar, qui soutient la partie interfémorale de la membrane alaire. Les mamelles sont thoraciques ; le placenta discoïde et décidu. Les hémisphères cérébraux, lisses, ne s'étendent pas sur le cervelet.

FIGUE. 254.— Barbastelle. *Synote barbastellus* . × ½. (D'après Vogt et Specht.)

Cette importante commande de mammifères était autrefois placée chez les Primates. Il n'est pas douteux cependant qu'ils forment un ordre parfaitement distinct ; aucune connaissance des formes fossiles ne comble en aucune façon le fossé qui les distingue des mammifères les plus élevés. L'élément le plus marquant de leur organisation est clairement les ailes. Ceux-ci sont constitués d'une membrane, expansion du tégument, munie de nerfs, de vaisseaux sanguins, etc., qui se trouvent principalement tendus entre les doigts 2 à 5. Ces doigts eux-mêmes, extrêmement allongés, agissent comme les côtes d'un parapluie, et lorsque l'aile est repliée, ils entrent en contact. Outre cette partie de l'appareil volant, il y a une zone de membrane située devant le bras, qui correspond à la membrane de l'aile de l'oiseau, mais qui, chez les chauves-souris, occupe une place tout à fait secondaire. Chez l'oiseau, en revanche, il y a un métapatagium , qui est la partie principale de l'aile de la chauve-souris. Il semble tout à fait possible que chez *Archaeopteryx* , le métapatagium ressemble davantage à une chauve-souris. De plus, une membrane directrice, comme celle qui borde la queue chez certains ptérosaures , se trouve de manière interfémorale chez les chauves-souris et comprend la totalité ou une partie de la queue. Le pollex ne prend aucune part dans l'aile, mais fait saillie, fortement armé d'une griffe, depuis la marge supérieure.

Les os de cet ordre de mammifères sont minces et moelleux ; ils sont donc légers et remplissent la fonction de vol. Un des traits les plus remarquables parmi les caractères extérieurs de la tribu des chauves-souris réside dans les membranes extraordinaires et souvent très compliquées qui entourent les narines. Ceux-ci sont au moins souvent plus fortement développés chez les mâles que chez les femelles, et peuvent peut-être être en partie relégués dans la catégorie des caractères sexuels secondaires. Mais il semble qu'ils aient aussi une fonction tactile importante, et permettent aux créatures de voler sans toucher les corps qui s'immiscent sur leur chemin. Les oreilles aussi sont souvent très grandes, et l'on peut supposer que le sens de l'ouïe est d'autant plus aigu. Chez la chauve-souris commune de ce pays, les oreilles ne sont pas très inférieures en longueur à la tête et au corps de l'animal réunis. Les oreilles sont de toutes formes et offrent des caractères précieux dans la disposition systématique des membres de l'ordre.

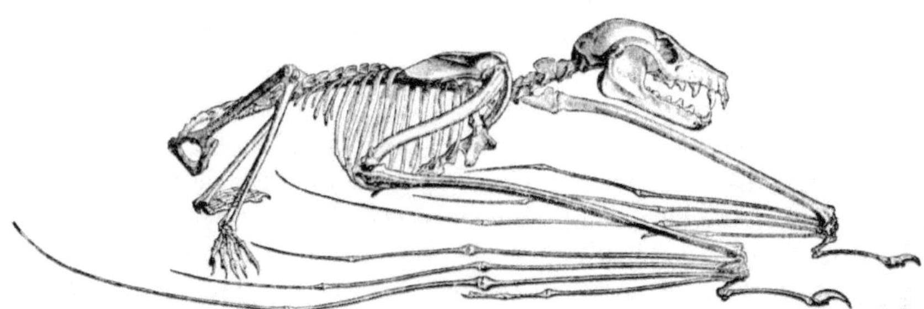

FIGUE. 255.— Squelette de Flying Fox. *Pteropus jubatus.* × ⅛. (D'après de Blainville.)

Dans le crâne des chauves-souris, il y a très rarement une séparation complète entre les fosses orbitales et temporales ; le canal lacrymal est en dehors de l'orbite. Les tympans sont annulaires et dans un état rudimentaire. Le centre des vertèbres a tendance à devenir ankylosé chez les individus âgés ; les caudales n'ont pas de processus, mais ressemblent à celles qui se trouvent tout à fait à la fin de la série chez les animaux à longue queue. Le sternum est caréné pour une meilleure fixation des muscles pectoraux, principaux muscles du vol. Les côtes, très aplaties, sont parfois ankylosées par leurs bords. Il y a une clavicule bien développée. Dans le carpe, le scaphoïde, la lune et le cunéiforme sont tous fusionnés. Dans le membre postérieur, le péroné est rarement complètement développé.

Les chauves-souris sont divisibles en deux groupes principaux, qui sont ceux des Mégachiroptères et des Microchiroptères.

SOUS-ORDRE 1. MÉGACHIROPTÈRES.

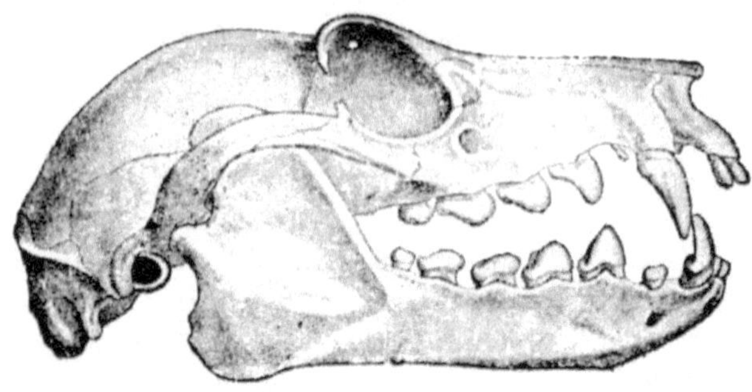

FIGUE. 256.— Crâne de *Ptéropus fuscus* . × 3 / 2 . (D'après de Blainville.)

Les **Pteropodidae** sont des chauves-souris frugivores, généralement de grande taille. La principale caractéristique est le fait que les molaires ne sont pas tuberculeuses, mais marquées d'un sillon longitudinal, qui est cependant caché dans le genre *Pteralopex* par des cuspides. Le palais se prolonge derrière les molaires. L'index a trois phalanges et est généralement griffé. Les oreilles sont ovales et les deux bords sont en contact à la base de l'oreille. La queue, si elle est présente, n'a rien à voir avec la membrane interfémorale. Ce groupe est entièrement à portée de l'Ancien Monde. Le genre *Pteropus* englobe les créatures connues sous le nom de renards volants. Ce sont les formes les plus grandes du sous-ordre, ayant parfois une étendue d'aile de 5 pieds (c'est le cas de *P. edulis*). Le museau est long, et la face donc d'apparence « foxy ». Le bord interne des narines fait saillie, une préparation pour les narines tubulaires de *l'Harpyia* . La queue est absente. Les prémolaires sont au nombre de trois et les molaires au nombre de deux. La région pylorique de l'estomac est étendue et tordue sur elle-même. De ce genre, il existe près de soixante espèces, s'étendant de Madagascar au Queensland. Trente espèces habitent la région australienne, vingt la région orientale. Madagascar en compte sept, et une espèce vient tout juste d'entrer dans le Paléarctique . La présence de ce genre en Inde et à Madagascar est un de ces faits qui soutiennent l'opinion soutenue, sur ces bases et sur d'autres, par le Dr Dobson et le Dr Blanford , selon laquelle une connexion entre l'Inde et Madagascar a dû exister autrefois ; car on pouvait difficilement croire que ces créatures au vol lent étaient capables de traverser de vastes étendues d'océan par leurs seuls efforts. [384]

FIGUE. 257.— Renard volant. *Ptéropus poliocéphale* . × ⅓ .

Pteropus est représenté dans la région éthiopienne par le genre allié *Epomophorus* . Il en existe peut-être une douzaine d'espèces. Les dents sont réduites à deux prémolaires dans la mâchoire supérieure, trois restant en dessous ; tandis qu'il n'y a qu'une molaire dans chaque mâchoire supérieure et deux dans chaque mâchoire inférieure. Le Dr Dobson a étudié la structure des remarquables sacs pharyngés qui existent dans le cou du mâle et sont capables de se gonfler.

Le Pteralopex des Îles Salomon a des oreilles plus courtes que celles de nombreux *Pteropus* , sinon ses caractères externes sont les mêmes. Comme dans *Ptéropus nicobaricus* , ce genre a les orbites fermées par un anneau osseux, phénomène extrêmement rare chez les Chauves-souris. Les canines ont deux cuspides. Les caractères du grincement des dents ont déjà été évoqués. Il n'est pas certain que la seule espèce de ce genre, *P. atrata* , se nourrisse ou non de légumes. *Harpyia* a des oreilles plus courtes et des narines extraordinairement prolongées et tubulaires. Il y a une allusion à la cuspide accessoire des canines mentionnées ci-dessus chez *Pteralopex* . Les incisives sont réduites à une sur chaque mâchoire supérieure et aucune en dessous. *Cynopterus* a aussi souvent des canines bituberculées . C'est un genre oriental comprenant plusieurs espèces.

Nesonycteris , avec une espèce des Îles Salomon, *N. woodfordi* , a la formule dentaire I 2/1 C 1/1 Pm 3/3 M 2/3. L'index n'a pas de griffe ; la queue est absente. Les prémaxillaires sont séparés en avant.

Eonycteris , avec une seule espèce troglodyte de Birmanie , *E. spelaea* , n'a pas non plus de griffe sur l'index ; la formule dentaire est plus complète en raison de la présence d'une incisive supplémentaire en dessous. La langue est très longue et armée de papilles. Il y a une queue courte mais distincte.

Notopteris , originaire de Nouvelle-Guinée et des îles Fidji, se distingue des genres apparentés par sa longue queue.

Les genres restants de chauves-souris frugivores sont *Boneia* , *Harpyionycteris* , *Cephalotes* , *Callinycteris* et *Macroglossus* , de la région orientale, et *Scotonycteris* , *Liponyx* et *Megaloglossus* de la région éthiopienne ; enfin, il y a le *Melonycteris australien* .

SOUS-ORDRE 2. MICROCHIROPTÈRES.

Les membres de ce sous-ordre sont pour la plupart des chauves-souris insectivores, bien que parfois « frugivores ou sanguivores ». Les molaires sont multicuspides avec des cuspides acérées. Le palais ne se prolonge pas derrière la dernière molaire. Le deuxième doigt n'a qu'une seule phalange, ou aucune ; parfois il y en a deux. Il n'a pas de griffe. L'oreille a ses deux côtés séparés de leur point d'origine sur la tête. Le groupe est de distribution de l'Ancien Monde.

Famille. 1. Rhinolophidés . — Les chauves-souris de cette famille possèdent des excroissances feuillues autour des narines. Les oreilles sont grandes mais n'ont pas de tragus. L'index n'a pas de phalange du tout. Les os prémaxillaires sont assez rudimentaires et suspendus aux cartilages nasaux. En plus des mamelles pectorales, ils possèdent deux processus en forme de trayon situés dans l'abdomen. La queue est longue et s'étend jusqu'à l'extrémité de la membrane interfémorale.

Le genre *Rhinolophus* a une grande feuille nasale et un antitragus à l'oreille. Le premier orteil a deux articulations, les autres orteils en ont trois chacun. La dentition est I 1/2 C 1/1 Pm 2/3 M 3/3. Il existe près d'une trentaine d'espèces du genre, limitées à l'Ancien Monde. Deux espèces sont présentes dans ce pays, à savoir. *R. ferrum equinum* , le grand rhinolophe et le petit rhinolophe, *R. hipposiderus* . Le nom est bien sûr dérivé de la forme de la feuille nasale.

Le genre *Hipposiderus* et certaines formes alliées sont placés à l'écart de *Rhinolophus* et de ses alliés immédiats dans une sous-famille *des Hipposiderinae*

. Le genre type *Hipposiderus* , ou, comme on devrait apparemment l'appeler, *Phyllorhina* , est présent dans l'Ancien Monde, comme tous les autres membres de la famille.

La feuille nasale est compliquée et il n'y a que deux phalanges dans tous les orteils ; il n'y a pas d'antitragus à l'oreille. Un trait curieux dans l'ostéologie du genre, et même de la sous-famille, est le fait que le processus iléo-pectiné est relié à l'ilium par un pont osseux ; cet arrangement est unique parmi les mammifères.

Le genre *Anthops* , connu uniquement dans les îles Salomon et représenté là-bas par une seule espèce (*A. ornatus*), possède une feuille nasale extraordinairement compliquée. La queue, comme celle du *Coelops oriental* , également représentée par une seule espèce (*C. frithii*), est rudimentaire.

Le Triaenops , éthiopien et malgache, possède, comme le Rhinonycteris australien , une queue bien développée. *Triaenops* a également une feuille nasale très compliquée.

Famille. 2. Nyctéridés . — Cette famille se distingue des Rhinolophidae par le fait que l'oreille a un petit tragus et par les prémaxillaires petits et cartilagineux. En plus de ces deux caractères, on peut ajouter que la feuille nasale est bien développée, mais n'est pas aussi compliquée que dans la dernière famille. Le genre type *Nycteris* est éthiopien et oriental, neuf espèces étant africaines et une seule, *N. javanica* , étant, comme son nom spécifique l'indique, originaire de l'Est. *La mégadermie* se distingue par la perte des incisives supérieures. Il n'y a pas de queue et les oreilles sont particulièrement grandes. Ce sont des chauves-souris carnivores, et *M. lyra* , appelée « chauve-souris vampire indienne », affecte principalement les grenouilles en tant qu'élément de régime.

Famille. 3. Vespertilionidés . — Cette famille n'a pas le nez feuille des autres familles. Les ouvertures des narines sont des ouvertures simples, rondes ou en croissant. L'oreille a un tragus et la queue n'est pas beaucoup produite derrière la membrane interfémorale. Il y a deux phalanges au chiffre index.

Cette famille, en nombre d'espèces, dépasse largement toute autre famille de chauves-souris. L'estimation la plus récente, celle de PL et WL Sclater , en autorise 190. Mais les types génériques sont loin d'être aussi nombreux que chez les Phyllostomatidae . C'est un fait significatif si l'on réfléchit à l'étendue géographique des deux familles. Les Vespertilionidae sont présents sur toute la terre, tandis que les Phyllostomatidae sont pratiquement limités au continent sud-américain et pénètrent tout juste dans la région néarctique. Ils habitent donc une zone plus restreinte et, en raison de la compétition, se sont spécialisés plus librement que les Vespertilionidae , largement répandus et donc peu peuplés .

Le genre *Vesperugo* est de loin le plus grand genre de cette famille, regroupant pas moins de soixante-dix espèces. La queue est plus courte que la tête et le corps réunis ; les oreilles sont séparées et de taille moyenne ou courte ; le tragus est généralement court et obtus. La dentition est I 2, C 1, Pm 2 ou 1, M 3. Il est remarquable que ce genre, contrairement à la plupart des chauves-souris, produit deux petits à la fois. Le genre est universel dans son aire de répartition, et une espèce, la chauve-souris sérotine, connue dans ce pays, s'étend même du Nouveau Monde à l'Ancien ; mais avec une créature si petite, la possibilité d'un transport accidentel par l'homme ne doit pas être laissée de côté. Les espèces britanniques sont : *V. serotinus* , la Sérotine déjà mentionnée ; *V. discolor* , dont un seul exemple s'est produit et peut avoir été introduit ; *V. noctula* , dont les habitudes ont été décrites par Gilbert White ; *V. leisleri* ; et la Pipistrelle, *V. pipistrellus* , qui est le membre du genre le plus connu dans ce pays.

Le genre *Vespertilio* comprend quelque quarante-cinq espèces et son aire de répartition est mondiale. Il a une prémolaire de plus dans la mâchoire supérieure que *Vesperugo* . Il n'existe pas moins de six espèces britanniques, parmi lesquelles *V. murinus* est la plus grande espèce de chauve-souris enregistrée dans ce pays, mais elle n'est pas tout à fait certainement indigène.

Plecotus a de très longues oreilles. La dentition est I 2/3 C 1/1 Pm 2/3 M 3/3. Le tragus est très gros. Il n'y a que deux ou peut-être trois espèces, dont l'une est nord-américaine et l'autre est la chauve-souris à longues oreilles, *P. auritus* , de ce pays, mais s'étendant jusqu'en Inde. La voix aiguë, inaudible pour certaines oreilles, de cette chauve-souris a été entendue *par* tout le monde.

Synotus comprend la Barbastelle britannique, *S. barbastellus* , ainsi qu'une forme orientale. Il diffère du dernier genre principalement par la perte d'une prémolaire inférieure. Les oreilles ne sont pas non plus si grandes. *Otonycteris* , *Nyctophilus* et *Antrozous* sont des genres alliés ; le dernier est californien, les autres sont des formes de l'Ancien Monde.

Kerivoula (ou *Cerivoula*) possède un tragus long, pointu et étroit. La queue est aussi longue ou plus longue que la tête et le corps. La dentition est comme chez *Vespertilio* ; mais les incisives supérieures sont parallèles au lieu d'être divergentes comme dans ce genre. Les couleurs vives *K. picta* est, de ce fait même, l'espèce la plus connue. Le nom *Kerivoula* , une corruption du cinghalais " Kehel " vulha , "signifie chauve-souris plantain. Cette chauve-souris a été décrite comme ressemblant, lorsqu'elle est dérangée pendant la journée, à un énorme papillon plutôt qu'à une chauve-souris, ce qui est naturellement associé à des teintes sombres . D'autres espèces sont présentes dans les régions orientales, australiennes et éthiopiennes. .

Miniopterus a une prémolaire en moins dans la mâchoire supérieure ; il a une longue queue comme dans le dernier genre. Une espèce, *M. scheibersi* , possède presque l'aire de répartition la plus large de toutes les chauves-souris, puisqu'elle s'étend de l'Europe du Sud à l'Afrique, l'Asie, Madagascar et l'Australie.

Natalus est une forme alliée de l'Amérique tropicale et des Antilles. Il doit principalement être séparé de *Kerivoula* par le court tragus de l'oreille.

Les thyroptères sont également sud-américains. Il se distingue par les curieux disques en forme de ventouse sur le pouce et le pied. Celles-ci « ressemblent en miniature aux ventouses des seiches ». Le genre malgache *Myxopoda* , qui ne compte qu'une seule espèce, possède également un coussinet adhésif mais en forme de fer à cheval sur le pouce et le pied.

Scotophilus a des oreilles plus courtes avec un tragus effilé. La queue est plus courte que la tête et le corps et est presque contenue dans la membrane interfémorale. La dentition est I 1/3 C 1/1 Pm 1/2 M 3/3, avec une autre incisive supérieure chez le jeune. C'est africain, asiatique et australien.

Ce genre semble être lié à *Vesperugo* par le genre proposé par M. Dobson, ou sous-genre comme on le considère généralement, *Scotozous* . [385] Le genre *Nycticejus* , fondé pour l'inclusion de *Scotozous dormeri* , une espèce indienne, devrait, selon le Dr Blanford , remplacer par priorité le nom *Scotophilus* . Mais comme ce nom (*Nycticejus*) est celui introduit par Rafinesque, dont les travaux étaient si incertains et peu fiables, il semble préférable de retenir le nom plus connu de *Scotophilus* , introduit par William Elford Leach.

Le genre *Chalinolobus* [386] a des oreilles courtes et larges avec un tragus élargi. Un lobule charnu distinct fait saillie de la lèvre inférieure de chaque côté de la bouche. La queue est aussi longue que la tête et le corps. La formule dentaire est I 2/3 C 1/1 Pm 2/2 ou 1/2 M 3/3. Le genre est présent en Afrique, en Australie et en Nouvelle-Zélande ; mais les espèces africaines, avec des prémolaires diminuées et une coloration pâle, ont été distinguées sous le nom de *Glauconycteris* .

Famille. 4. Emballonuridés. — Les chauves-souris appartenant à cette famille n'ont pas de feuille nasale. Le tragus est présent, mais souvent très petit. Les oreilles de cette famille sont souvent unies. Il y a deux phalanges au majeur. La queue est en partie libre, soit perçant la membrane interfémorale et apparaissant sur sa face supérieure, soit se prolongeant au-delà de son extrémité. Le visage est obliquement tronqué en avant, les narines apparaissant au-delà de la lèvre inférieure.

L'*Emballonura* a une aire de répartition australienne, orientale et mascareigne. Les oreilles se dressent séparément et il existe un tragus assez développé et étroit. La queue perce la membrane interfémorale. La formule dentaire est I 2/3 C 1/1 Pm 2/2 M 3/3.

Rhinopoma a les oreilles unies ; les incisives sont réduites d'une de chaque côté de chaque mâchoire, et les prémolaires sont réduites de la même manière, mais seulement dans la mâchoire supérieure.

Noctilio est un genre américain de deux ou trois espèces, qui possède une paire d'incisives supérieures nettement grandes, qui cachent complètement la paire externe. Pour ces raisons, cette chauve-souris fut éloignée de ses alliés et placée par Linné parmi les rongeurs, exemple du désavantage du système artificiel de classification. Il a été démontré que l'espèce nommée *N. leporinus* se nourrit de poissons.

Furia , *Amorphochilus* , *Rhynchonycteris* , *Saccopteryx* , *Cormura* et *Diclidurus* sont d'autres genres néotropicaux de la même famille.

Le genre *Taphozous* [387] possède une queue qui perce la membrane interfémorale, apparaissant sur sa face supérieure ; il est susceptible d'être retiré. Les prémaxillaires sont cartilagineux. La dentition est I 1/2 C 1/1 Pm 2/2 M 3/3. Les incisives supérieures disparaissent souvent. De nombreuses espèces du genre ont un sac gulaire, s'ouvrant en avant entre les mâchoires. Ceci est mieux développé chez les mâles. Le genre s'étend de l'Afrique à l'Asie en passant par la Nouvelle-Guinée et l'Australie. Il en existe une douzaine d'espèces.

Le genre *Molossus* [388] a des pattes courtes et des péronés bien développés. La queue est épaisse et charnue et se prolonge bien au-delà du bord de la membrane interfémorale. Les oreilles sont réunies au-dessus du nez ; le tragus est minuscule. La dentition est I 1/1 ou 1/2 C 1/1 Pm 1/2 ou 2/2 M 3/3. Ce genre, confiné aux régions tropicales et subtropicales de l'Amérique, possède des ailes longues et étroites. Les chauves-souris peuvent ainsi voler rapidement, se retourner avec aisance et capturer des insectes au vol puissant. Il existe un grand nombre d'espèces.

Nyctinomus est un genre allié et compte également de nombreuses espèces. Ceux-ci s'étendent dans les deux hémisphères. Les principales différences avec *Molossus* sont que les os prémaxillaires sont séparés en avant ou unis par du cartilage, et que les incisives peuvent être au nombre de trois dans la mâchoire inférieure.

Famille. 5. Phyllostomatidés . — Les chauves-souris de cette famille sont extrêmement nombreuses et presque entièrement confinées à l'Amérique du Sud. Aucun d'entre eux ne se produit en dehors du Nouveau Monde. Il existe environ trente-cinq genres. Les membres de la famille se distinguent par la présence de la feuille nasale, par les prémaxillaires bien développés et par la possession de trois phalanges au niveau du majeur. Ils sont grands et le tragus de l'oreille est bien développé.

Vampyrus d'Amérique du Sud contient la grande espèce V. Spectrum, qui, semble-t-il principalement en raison de son "aspect rébarbatif", était censée être une suceuse de sang. Ce genre possède deux incisives de chaque côté de la mâchoire supérieure.

Le genre *Glossophaga* représente un autre type de structure dans cette famille. La langue est longue et extensible, et très atténuée vers la pointe, où elle est couverte de papilles fortes et recourbées. On pensait autrefois que cette structure indiquait une habitude de sucer le sang ; mais son utilisation semble être simplement celle d'extraire l'intérieur mou des fruits, dont vit principalement la chauve-souris. Les incisives ne sont qu'une de chaque côté de la mâchoire supérieure. Les chauves-souris vraiment hématophages de cette famille appartiennent aux genres *Desmodus* et *Diphylla*. Le premier est le vampire, l'espèce étant connue sous le nom de *Desmodus rufus*. Ces chauves-souris n'ont pas de queue ; il n'y a pas de vraie molaire ; les canines sont grandes et l'unique paire d'incisives supérieures tout à fait caniniformes, très pointues et fortes. Ce sont les principales dents de l'agression. Conformément à son régime sanguin, le vampire possède un intestin particulièrement modifié. L'œsophage est pourvu d'un alésage si petit que rien d'autre que de la nourriture liquide ne pourrait y passer ; l'estomac est de forme intestinale .

CHAPITRE XVII

PRIMATS

Ordonnance XIII. PRIMATS.

Le plus grand des mammifères, les Primates, [389] peut ainsi être différencié des autres groupes :— Mammifères entièrement poilus, généralement arboricoles, à cinq doigts sur les membres antérieurs et postérieurs, pourvus d'ongles plats (sauf dans le cas de certains Lémuriens et les Ouistitis), les phalanges qui les portent étant aplaties à l'extrémité et élargies plutôt que diminuées en taille. Les pieds antérieurs saisissent généralement les mains, et les pieds postérieurs marchent ainsi que (généralement) les organes de préhension, et le mode de progression est plantigrade. Les trayons, sauf chez *Chiromys* , sont en position thoracique et même axillaire. Le crâne se caractérise par le fait que les vacuités orbitales et temporales sont, au moins en partie, séparées par de l'os. Les clavicules sont toujours présentes. Le carpe a des os lunaires et scaphoïdes séparés, et le central est souvent présent. Il existe rarement un foramen entépicondylien dans l'humérus, sauf chez certains Lémuriens archaïques. Le fémur n'a pas de troisième trochanter. L'estomac est généralement simple, n'étant sacculé que chez les Semnopitecinae . Le caecum est toujours présent et souvent volumineux.

Ce grand groupe pourrait facilement être divisé en deux ordres distincts, les singes et les lémuriens, s'il n'y avait pas certains types de fossiles. Comme le montre la description de *Nesopithecus* et de *Tarsius* , les véritables lignes de démarcation entre *tous* les singes et *tous* les lémuriens sont très rares. En revanche, il est un peu difficile de tracer une ligne de démarcation nette entre les Primates dans leur ensemble – ou du moins entre la section des Lémuriens – et les Créodontes, un groupe vers lequel tant d'autres semblent converger. Il est controversé, par exemple, si les Chriacidae parmi les lémuriens disparus sont à juste titre placés, ou s'ils devraient être renvoyés aux Creodonta . Le nombre de caractères primitifs observés chez les Primates, jusque chez l'Homme lui-même, est remarquable. Parmi ceux-ci, les plus importants sont les cinq doigts des deux membres et la marche plantigrade, la présence de clavicules et d'une centrale et l'absence d'un troisième trochanter. Toutes ces caractéristiques distinguent les premiers Eutheria .

SOUS-ORDRE 1. LEMUROIDEA. [390]

Les animaux connus sous le nom de Lémuriens, de par leurs habitudes nocturnes et fantomatiques, sont à un niveau d' organisation inférieur à celui de l'autre division des Primates. Même la forme externe permet de distinguer facilement les membres du sous-ordre actuel des Anthropoïdes supérieurs.

La tête ressemble plus à celle d'un renard, avec un museau pointu ; il lui manque l'expression humaine du visage, même du plus bas parmi les singes. La longue queue n'est jamais préhensile, et il n'y a jamais aucune trace de poches sur les joues ou de callosités tégumentaires, qui sont souvent si caractéristiques des singes. Les Lémuriens sont d'accord avec le reste des Primates pour avoir des mamelles pectorales (parfois des mamelles abdominales sont présentes en plus, et chez *Hapalemur* - chez le mâle au moins - il y a une maman sur chaque épaule), pour avoir des pouces et des orteils opposables, et pour les chiffres aplatis. La queue varie d'une absence totale (chez le *Loris*) à une grande longueur et une touffe chez l'Aye-aye. Les membres pectoraux sont toujours plus courts que les membres postérieurs ; l'inverse est parfois le cas chez les Anthropoidea. Un curieux contraste entre les deux divisions des Primates concerne les doigts des mains et des pieds. Chez les Anthropoïdes, c'est l'hallux ou pollex qui est sujet à de grandes variations. Chez les Lémuriens, au contraire, le pouce et le gros orteil sont toujours bien développés, mais le deuxième ou le troisième doigt présente constamment quelque anomalie ; ainsi l'allongement singulier du troisième doigt de la main chez *Chiromys* et l'absence de l'index chez le *Potto* . [391] Chez tous les Lémuriens, le deuxième orteil est muni d'un ongle pointu, à la différence des ongles aplatis des autres doigts et orteils, et chez *Tarsius* le troisième est également pourvu de cette façon. Quant à l'ostéologie, la forme de la tête, déjà évoquée, indique certaines des différences de crâne qui distinguent les Lémuriens des Anthropoïdes. Le boîtier cérébral est petit par rapport au visage ; les fosses orbitales et temporales sont en communication, bien que les os frontaux et jugals soient unis derrière l'orbite. Les deux moitiés de la mâchoire inférieure ne sont pas invariablement ossifiées pour former une seule pièce, comme c'est le cas chez la plupart des singes. Le foramen lacrymal se trouve sur la face, devant l'orbite. Les dents sont caractéristiques, non pas tant par leur nombre (la formule dentaire est généralement I 2, C 1, Pm 3, M 3 = 36) que par la disposition des incisives. Les incisives de la mâchoire inférieure et les canines se projettent vers l'avant d'une manière que l'on ne retrouve que chez quelques singes américains ; comme chez les singes, il y a quatre incisives dans chaque mâchoire, mais, à l'exception du *Chiromys très aberrant* , il y a un espace dans la mâchoire supérieure entre les incisives des deux côtés. Les canines de la mâchoire inférieure sont par ailleurs souvent incisiformes . Il existe une sublingua bien développée sous la langue (voir p. 61). L'estomac est parfaitement simple ; et le caecum, toujours présent et de longueur variable, n'a jamais d'appendice vermiforme. La vésicule biliaire est toujours présente. Le cerveau diffère de celui des Anthropoïdes en ce que le cervelet est exposé, comme chez les mammifères inférieurs. Les circonvolutions sur les hémisphères cérébraux ne sont pas très développées, circonstance cependant qui (voir p. 77) peut avoir plus de rapport avec la taille des animaux qu'avec leur développement mental.

Bien que le cerveau, dans ses grandes lignes, ne ressemble pas à celui des autres primates, il existe certaines ressemblances ; le plus frappant d'entre eux est peut-être la présence, bien que dans un état assez rudimentaire, de la « fissure simienne ».

Le cerveau des Lémuriens a été principalement étudié par Flower, [392] par Milne-Edwards, [393] et par moi-même. [394] Il existe également un certain nombre d'articles épars traitant de types particuliers , tels que les mémoires d'Owen [395] et d'Oudemans [396] sur le cerveau (et l'anatomie générale) de *Chiromys* . Sans entrer dans de grands détails , on peut affirmer d'une manière générale que l'anatomie du cerveau de ce groupe confirme la classification adoptée dans ce travail.

Un trait curieux de l'anatomie des Lémuriens, qu'ils partagent avec des animaux aussi éloignés d'eux dans le système que les Edentata , est la rupture de certaines des artères des membres pour former des retia mirabilia ; rien de tel n'est connu chez les autres Primates.

La différence peut-être la plus remarquable entre les Lémuriens et les Anthropoïdes, qui sont en réalité, à bien des égards, plus étroitement liés qu'on pourrait le déduire du résumé ci-dessus des différences, réside dans la structure du placenta. Les Lémuriens sont d'accord avec les Ongulés pour avoir un placenta non décidu.

Une caractéristique curieuse confinée à la sous-famille des Lemurinae a été découverte pour la première fois par moi-même chez *Hapalemur griseus* . [397] Sur l'avant-bras (voir Fig. 258) se trouve une zone de peau durcie, qui s'élève en processus ressemblant à une colonne vertébrale. Pleinement développé, cet organe est caractéristique du mâle, la zone étant délimitée chez la femelle, mais dépourvue d'excroissances épineuses. En retirant la peau , une glande de la taille et de la forme d'une amande apparaît. Chez les autres lémuriens, il n'y a pas de peau modifiée, mais une petite touffe de poils particulièrement longs, également présents chez *l'Hapalemur*, et une petite glande sous la peau. La glande de *l'Hapalemur* peut être comparable à une étendue de peau durcie du *Lemur catta* , qui se projette dans une large mesure et a été qualifiée d'« organe grimpant ».

Une touffe presque exactement similaire d'excroissances en forme de colonne vertébrale existe à l'extrémité inférieure de la cheville de *Galago garnetti* . Les épines sont noires et courbées, tout comme chez *Hapalemur* . Il semble également y avoir une glande. Cette structure n'est pas plus universelle dans le genre *Galago que ne l'est la zone d'épines dans le genre Hapalemur* .

Outre cette glande et la zone d'épines qui la recouvre, le même Lémurien ainsi que *Chirogaleus* et certaines espèces de *Lémuriens* possèdent à la face interne un faisceau de poils longs et raides associés à des glandes sébacées inhabituellement grandes ; ces structures ne sont bien entendu pas homologues de la glande du bras d' *Hapalemur* , puisqu'elles coexistent chez la même espèce. Ils ne sont d'ailleurs pas particuliers aux Lémuriens, mais existent chez l'Écureuil, le Chat Domestique, le Léopard, le Bassaricyon, la *Loutre* ⸱ divers Marsupiaux, et sans doute chez beaucoup de mammifères qui ont besoin d'un organe tactile, pour ces poils sont associés à une grosse branche du nerf radial.

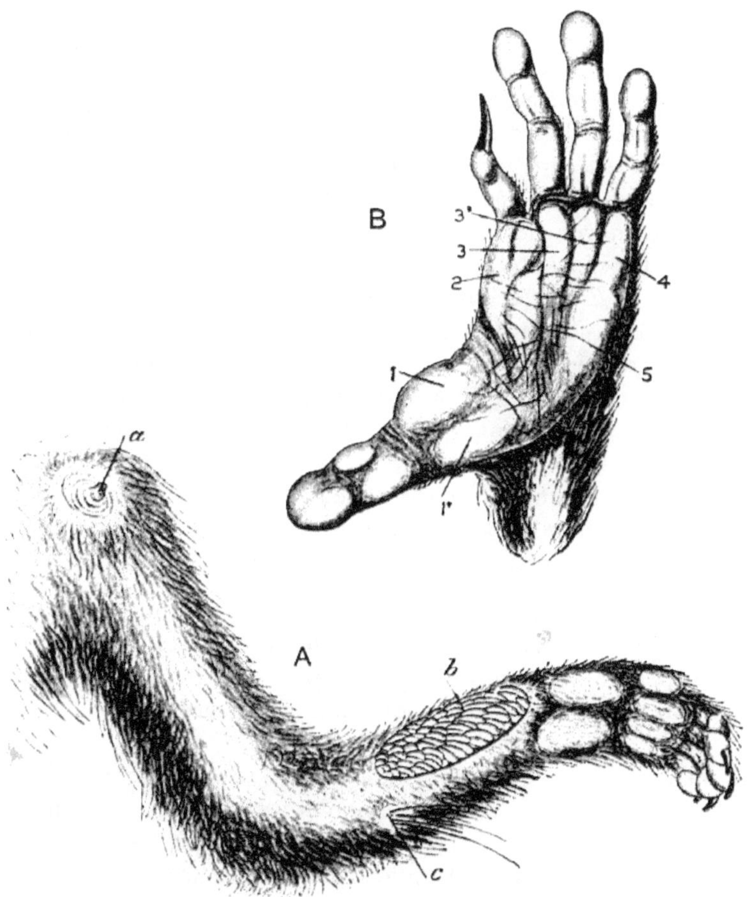

FIGURE. 258.— A, bras gauche d' *Hapalemur griseus* ♂. *un* , tétine ; *b* , épines sur la glande du bras ; *c* , poils tactiles. B, pied gauche du *Nycticebus tardigrad* . 1 à 5, coussinets sur la plante du pied. (D'après Sutton, et Mivart et Murie . [399])

Les Lémuriens ont à l'heure actuelle une répartition des plus remarquables. Il existe au total une cinquantaine d'espèces, réparties dans dix-sept genres. Trente-six espèces sont confinées à Madagascar et à quelques petites îles voisines . Le reste se trouve dans la région éthiopienne et orientale. Le reste du monde est actuellement totalement dépourvu de lémuriens, même si, comme nous le verrons dans la suite, l'ordre était plus largement répandu sur le globe dans le passé.

Famille. 1. Lémuridés. — Cette famille peut être utilement subdivisée en quatre sous-familles.

Sous-Fam. 1. Indrisines . — Cette sous-famille est limitée à Madagascar et a été traitée de manière exhaustive par M. Grandidier et le professeur Milne-Edwards dans l' *Histoire de Madagascar* . Ces lémuriens contrastent avec les autres par la grande taille de leurs membres postérieurs par rapport à leurs membres antérieurs. Les oreilles sont courtes. La queue varie en longueur. Le pouce n'est que légèrement opposable et les orteils sont palmés. Corrélés aux deux premiers de ces caractères, ces Lémuriens, lorsqu'ils sont au sol, progressent au moyen des membres postérieurs, en tenant leurs bras au-dessus de leur tête. Le nombre de dents est réduit, le total étant de trente. La formule [400] est I 2/2 C 1/0 Pm 2/2 M 3/3. Le côlon ou gros intestin, tel que le représente Milne-Edwards, possède une remarquable spirale en forme de ressort de montre, très évocatrice des ruminants et de certains rongeurs. Ceci, cependant, n'existe que dans *Propithèque* et *Avahis* . Le caecum de cette sous-famille est particulièrement grand. Le cerveau est caractérisé par le développement relativement léger de la fissure angulaire du *Propithèque* et *de l'Avahis* ; c'est en eux une position antérieure. Chez *Indris,* il est plus sformé et plus grand que chez *Lemur* . La fissure pariéto-occipitale est assez bien développée, ainsi que la fissure antéro-temporale.

Le genre *Indris* a des oreilles externes plus prononcées que les deux autres genres de la sous-famille. La queue est rudimentaire. Les incisives de la mâchoire supérieure sont sous-égales et rapprochées, celles de la mâchoire inférieure présentent des crêtes longitudinales marquées sur la surface externe, ce qui suggère un *Galeopithecus* (voir p. 520). Les molaires sont quadricuspidées . Il n'y a qu'une seule espèce, *I. brevicaudata* , qui est de couleur noire , diversifiée de blanc sur le croupion et les membres. Le terme « Indri » [401] signifie, tout comme « Aye-aye », « regarder ». L'un des noms indigènes de l' animal, « Amboanala », signifie « chien de la forêt », et dérive non seulement des hurlements lamentables de la créature, mais aussi du fait que dans certaines parties de l'île, il est utilisé comme un animal. chien pour chasser les oiseaux.

Ces hurlements sont en grande partie effectués au moyen d'une poche laryngée, qui est décrite comme différente de celle des singes ; le mécanisme doit également différer de celui de *Megaladapis* , dans la mesure où la mâchoire inférieure n'est pas profonde comme chez ce lémurien disparu. L'Indri est le plus grand des lémuriens, mesurant environ deux pieds de longueur. Il est arboricole et social, voyageant en grandes compagnies. Comme c'est le cas pour le *Propithèque* , les indigènes de Madagascar tiennent l'Indri en admiration et en vénération. Il est curieux que le nom de Lémurien ou fantôme soit particulièrement applicable à l'Indri ou Babakote dans un sens différent de celui qui a conduit à son adoption par Linné. Les indigènes croient en effet que les hommes après la mort deviennent des Indris. Naturellement, ces Lémuriens ont donc profité de cette superstition en étant presque parfaitement immunisés contre la destruction. Leurs « cris mélancoliques et prolongés » sont probablement à l'origine d'une grande partie des terreurs fantomatiques qu'ils inspirent.

Le genre *Avahis* [402] ne compte qu'une seule espèce, *A. laniger* , qui est la plus petite de cette sous-famille. Il mesure un pied de long sans la queue. L'Avahi a une longue queue (15 pouces de longueur) comme *le Propithecus* . Les incisives externes sont plus grandes que les incisives internes, différenciant ainsi le genre du *Propithecus* . Les molaires de la mâchoire supérieure sont quadricuspidées , celles de la mâchoire inférieure sont cinq cuspidées. Ce genre ne possède que onze paires de côtes au lieu des douze d' *Indris* et *de Propithecus* . Les Avahis, contrairement aux Propikas et aux Indrinas , mènent une vie solitaire ou se déplacent en couple. Ils sont d'ailleurs totalement nocturnes.

Le genre *Propithecus* se caractérise par une fourrure plutôt soyeuse que laineuse, cette dernière étant le type de fourrure que l'on retrouve dans les deux autres genres de la sous-famille. Ce sont également des animaux plutôt plus gros, le corps atteignant une longueur de près de 2 pieds. La queue est longue comme chez *Avahis* ; les incisives internes sont plus grandes que les externes. Les « Propithèques », comme on appelle ces lémuriens, ont une réputation de douceur de caractère, mais, comme c'est le cas pour les autres animaux, les mâles se battent pour la possession des femelles pendant la saison de reproduction. Ils sont principalement végétariens et voyagent en grandes entreprises. Il en existe au moins trois espèces, et plusieurs variétés sont autorisées. Les couleurs de ces Lémuriens sont vives, et réparties de manière à former des bandes contrastées ; ainsi *P. coquereli* , une variété de *P. verreauxi* , a une face noire et un corps principalement blanc, avec des taches d'un riche marron sur les membres et sur la poitrine.

Ces lémuriens sont diurnes et sont particulièrement actifs tôt le matin et le soir, dormant ou, en tout cas, restant silencieux pendant la chaleur de la journée. Leur aptitude à la vie arboricole est démontrée par l'existence d'un pli de peau en forme de parachute entre les bras et le corps, ce qui suggère un début de parachute plus complet des renards volants, etc. On dit que ces lémuriens sont vénérés et donc protégé des blessures par les indigènes de Madagascar.

Sous-Fam. 2. Lémurinés . — Les « Vrais Lémuriens » sont tous des habitants de Madagascar et des Comores. Ils n'ont pas les membres postérieurs aussi longs que les membres de la dernière sous-famille, et les orteils ne sont pas non plus palmés. La formule dentaire diffère de celle des Indrisinae en ce qu'il y a une prémolaire supplémentaire de chaque côté de la mâchoire supérieure, et souvent une incisive supplémentaire dans la mâchoire inférieure, soit un total de trente-six dents. Parfois, cependant, les incisives de la mâchoire supérieure font totalement défaut.

Le Hattock , genre *Mixocebus* , est une créature rare, connue uniquement d'une seule espèce, *M. caniceps* . Comme c'est rare, on ne sait rien de ses habitudes. Il possède une paire d'incisives supérieures. La créature mesure un pied et demi de long, à l'exclusion de la queue, qui est un pouce plus longue que le corps.

Genre *Lepilemur* . — Les Lémuriens appartenant à ce genre, entièrement confinés à Madagascar, comme le sont tous les Lémuriens , ont reçu le nom parfaitement inutile et pseudo-vernaculaire de « Lémuriens sportifs » ; un nom tout aussi inapproprié et pas du tout ingénieux de « doux lémuriens » étant attribué au genre allié *Hapalemur* . Chez *Lepilemur*, il existe sept espèces qui se distinguent des *Mixocebus* par la queue plus courte que le corps. Il n'y a pas d'incisives à la mâchoire supérieure. La dernière molaire est tricuspidée dans la mâchoire supérieure ; celle de la mâchoire inférieure comporte cinq cuspides. Ce sont des créatures nocturnes et on sait peu de choses sur leurs habitudes. Avant la visite du Dr Forsyth Major à Madagascar, seules deux espèces du genre étaient connues ; il en a ajouté cinq autres. La longueur du corps est de 14 pouces et celle de la queue de 10 pouces chez *L. mustelinus* , qui est la plus grande espèce.

Le genre *Hapalemur* [403] a un museau plus court que *Lemur* et des oreilles plus courtes. Il y a deux paires de mamans au lieu d'une seule ; ce sont sur la poitrine et l'abdomen. Chez le mâle, il y en a une paire sur l'épaule. Les incisives sont petites, sous-égales et placées les unes derrière les autres ; le dernier est à l'intérieur des canines. Les molaires de la mâchoire supérieure et la dernière prémolaire n'ont que trois cuspides bien marquées ; dans la mâchoire inférieure, ils en ont quatre. Le caecum est plus arrondi et n'est pas aussi long que chez *Lemur* ; il diffère de celui des autres Lémuriens en ce qu'il n'a que deux mésentères de soutien, tous deux pourvus de vaisseaux sanguins. Comme chez *Lepilemur* et les Indrisinae , le carpe n'a pas d'os central.

Le genre, qui est confiné à l'île de Madagascar, compte deux espèces, dont l'une, *H. simus* , est la plus grande et a un museau plus large, et ne possède pas la glande du bras particulière (Fig. 258) déjà décrite dans *H .griseus* . Selon M. Shaw, la première espèce se nourrit principalement d'herbe et n'aime pas les baies et les fruits, qui sont habituellement si appréciés des lémuriens. Certains pensent cependant qu'il n'existe qu'une seule espèce d' *Hapalemur* . *H. griseus* mesure 15 pouces de long et a une queue de la même longueur. Son nom indigène est « Bokombouli ». Il est nocturne et s'adonne particulièrement aux bambous dont il se nourrit et parmi lesquels il vit. Il est souvent exposé dans les jardins de la Société Zoologique ; mais les spécimens semblent toujours être des mâles. Ce lémurien est d'une couleur gris fer foncé avec une teinte jaune, plus marquée chez les individus qui ont reçu le nom spécifique distinct de *H. olivaceus* .

Le genre *Lémurien* se distingue par la longue queue, au moins moitié moins longue que le corps, par la face allongée et par le museau en forme de renard ; les dents sont présentes au nombre complet de la famille, à savoir. trente-six; les incisives sont petites et de taille égale, et sont séparées les unes des autres et des canines par des espaces. Les molaires de la mâchoire supérieure ont cinq cuspides, mais il n'y en a que quatre dans la mâchoire inférieure.

Ce genre est entièrement confiné à Madagascar et aux îles Comores et comprend plusieurs espèces dont le nombre exact est douteux. Wallace dans sa *répartition géographique* en autorise quinze ; Dr Forbes seulement huit, avec une abondante quantité de variétés. L'une des espèces les plus connues est *le Lemur catta* , le Lémur catta, ou le « Chat de Madagascar » des marins. *Lemur macaco* présente un dimorphisme sexuel remarquable, le mâle étant noir et la femelle, autrefois décrite comme une espèce distincte, *L. leucomystax* , étant brun rougeâtre avec des moustaches et des touffes d'oreilles blanches. Cela a conduit à une confusion avec une espèce totalement distincte, *L. rufipes* , dont le mâle (considéré comme distinct et appelé *L. nigerrimus*) est entièrement noir. Cette dernière identification est cependant considérée par le Dr Forsyth Major [404] comme n'étant pas tout à fait certaine à l'heure actuelle.

Le jeune Lémurien est au moins parfois porté par la mère sur son ventre ; sa queue passe autour de son dos puis autour de son propre cou.

Les lémuriens de ce genre s'accordent avec ceux de certains autres genres par le volume de leur voix, qui est constamment exercée. Certains se déplacent le jour, d'autres la nuit. Ils sont insectivores et carnivores ainsi que végétariens ; et M. Lydekker suggère [405] que leur abondance et leur rusticité doivent être attribuées à ce penchant pour un régime alimentaire mixte. *Lemur catta* semble être le seul membre du genre à ne pas être arboricole. Il vit parmi les rochers où se trouvent peu d'arbres, et ceux qui sont très rabougris. De nombreuses espèces de *lémuriens* sont toujours visibles dans les jardins de la Société Zoologique. Quatorze « espèces » ont été exposées à un moment ou à un autre.

Sous-Fam. 3. Galaginines . — Cette sous-famille se retrouve sur le continent africain ainsi qu'à Madagascar ; mais les genres sont différents dans les deux districts. A Madagascar nous avons *Opolemur* , *Microcebus* et *Chirogale* ; sur le continent, *Galago* . Les membres de cette sous-famille ont des oreilles nettement grandes, mais peu poilues ; la queue est longue. Un caractère squelettique très marqué distingue cette sous-famille des autres Lémuridés et les rapproche du *Tarsius* , c'est-à-dire l'allongement du calcanéum et du naviculaire de la cheville. La formule dentaire est comme chez *Lemur* . Les bandes de support du caecum appartiennent à cette sous-famille comme au genre *Lemur* . Il n'y a que deux plis, dont un médian et non vasculaire ; le pli latéral porte un vaisseau sanguin et est rejoint par le frein médian. Le cerveau est peu connu. La seule figure du cerveau de *Galago* est celle de moi-même. Il y a quatre mamans, deux sur la poitrine et deux sur l'abdomen.

Le genre *Galago* comprend en tout cas six espèces distinctes. Ils sont tous africains et s'étendent sur tout le continent, depuis l'Abyssinie jusqu'au sud jusqu'au Natal, et jusqu'à la Sénégambie à l'ouest. Les incisives de la mâchoire supérieure sont petites et égales ; il y a un écart entre la canine et la première prémolaire. Les molaires et la dernière prémolaire ont quatre cuspides ; la dernière molaire de la mâchoire inférieure a une cinquième cuspide supplémentaire comme chez *Macacus* , etc. Les Galagos sont principalement nocturnes et sont plus ou moins omnivores. Grâce à leurs longues pattes postérieures, ces animaux, lorsqu'ils quittent les arbres, avancent sur le sol en sautillant comme un kangourou. *Galago senegalensis* fait un nid dans la fourche de deux branches, où il dort pendant la journée. Le Grand Galago (*G. crassicaudatus*) est nommé par le Portugais "Rat du cocotier". Sir John Kirk, qui a donné son nom à une variété de cette espèce, raconte qu'elle est incapable de résister aux fascinations du vin de palme, dont elle s'enivre facilement, et par conséquent bravera probablement la captivité. J'ai fait référence ci-dessus (p. 536) à la tache d'épines sur le tarse de *G. garnetti* .

Le genre *Chirogale* est entièrement confiné à Madagascar. Il se distingue du *Galago* par le fait que les incisives internes sont plus grandes que les externes. Il existe cinq espèces connues du genre : quatre antérieures à la récente visite du Dr Forsyth Major à Madagascar, et une cinquième ramenée par lui. [406] A propos de ce genre, le naturaliste que nous venons de mentionner a observé que tous les Lémuriens de Madagascar, y compris l'aberrant *Chiromys* , diffèrent des formes africaines par le fait que l'anneau tympanique « est complètement entouré par la bulle osseuse , mais sans osseux ». connexion avec le même. Il considère ce caractère si important qu'il justifie l'inclusion de toutes les formes des Mascareignes dans un groupe par opposition à un autre groupe constitué des Lémuriens continentaux. Dans ce cas, *Chirogale* devra être séparé de son étroite association avec *Galago* . Toutefois, pour le moment, elle reste dans la position la plus généralement acceptée.

FIGUE. 260.- Lémurien nain de Smith. *Microcebus smithii* . × ¾.

FIGUE. 261.— Lémurien souris. *Chirogale coquereli* . × ½.

Microcebus contient le plus petit parmi les lémuriens. *M. smithii* a un corps de seulement 5 pouces de long, la queue mesurant encore 6 pouces. Il est présent à Madagascar et comprend cinq espèces.

Opolemur , le lémurien à grosse queue, était ainsi appelé en raison d'un dépôt de graisse formé principalement à la racine de la queue et destiné à supporter le temps d'hibernation de la créature. Mais en réalité, cette particularité existe également à *Chirogale* . D' *Opolemur* , on ne connaît que deux espèces, et de l'une d'elles, nommée d'après M. Thomas du British Museum, il n'en existe que trois exemplaires dans les musées, c'est-à-dire dans un musée, le nôtre à South Kensington. Beaucoup de ces lémuriens nains sont extrêmement rares. Dans ce genre et dans les deux derniers, le palais présente une paire de fenêtres postérieures, dont on trouve également des traces chez d'autres Lémuriens, mais qui sont particulièrement grandes chez les *Microcebus* . C'est, bien entendu, un caractère bien connu des Marsupiaux et aussi, ce qui est plus important dans le présent contexte , de certains Insectivores.

Sous-Fam. 4. Lorisines . — Cette sous-famille est la seule à avoir une large répartition et elle contient, à l'exception de *Tarsius* , les seuls membres asiatiques du groupe. En corrélation avec sa large répartition, il existe plus de divergences dans les caractères anatomiques que ce n'est le cas avec les autres sous-familles des Lémuridés. Dans les caractères externes, les trois genres de cette sous-famille s'accordent par leur petite taille, leur queue courte ou entièrement déficiente, leurs grands yeux fixes et le caractère rudimentaire, ou absence, de l'index, qui n'est jamais pourvu d'ongle ; chez tous, le pouce diverge largement des autres doigts, et le gros orteil est si divergent qu'il est dirigé vers l'arrière. Dans le cerveau, il y a un caractère commun aux trois genres, c'est la petite longueur de la fissure angulaire. Le caecum, qui est long, est soutenu par trois plis, dont le médian est anangieux , et s'attache quelquefois au plus long des deux plis latéraux, qui sont vasculaires. Les membres de cette sous-famille ont plus de vertèbres dorsales que chez les autres lémuriens ; la gamme va de quatorze à *Loris* à seize à *Nycticebus* .

Le genre *Nycticebus* ne contient qu'une seule espèce, N. *tardigradus* , bien que quatre autres noms aient été donnés à des variétés supposées. De plus, le genre lui-même a été nommé *Stenops* , ainsi que le genre suivant *Loris* . Le corps de cet animal est plus robuste que celui du prochain à décrire. Le professeur Mivart a fait remarquer que, bien qu'asiatique comme le Loris, il présente davantage de ressemblances avec le Potto africain. L'index est petit ; l'intérieur des deux incisives est plus petit que l'extérieur, mais les deux d'un côté sont rapprochés. Ils peuvent être réduits à un de chaque côté de la mâchoire supérieure.

FIGUE. 262.— Loris lent. *Nycticébus tardigrad* . × ⅓ .

L'animal a une large répartition dans l'Est, présent en Assam et en Birmanie , dans la péninsule malaise, au Siam et en Cochinchine, à Sumatra, à Java, à Bornéo et aux Philippines. Ses noms vernaculaires signifient « Bashful Cat » et « Bashful Monkey » en allusion à ses habitudes nocturnes et timides. Il vit parmi les arbres qu'il ne quitte pas volontairement. Ses mouvements sont délibérés, comme son nom populaire, Slow Loris, l'indique ; mais cela compense cela par une vigoureuse ténacité. Les animaux "font un curieux bavardage lorsqu'ils sont en colère, et lorsqu'ils sont contents la nuit, ils émettent un sifflement court mais mélodieux d'une seule note invariable, qui est considéré par les marins chinois comme présageant du vent". De nombreuses superstitions se sont accumulées autour de cette créature inoffensive quoique plutôt étrange. Son influence sur les êtres humains est aussi active lorsqu'il est mort que lorsqu'il est vivant. « Ainsi, écrit M. Stanley Flower [407] , un Malais peut commettre un crime qu'il n'a pas prémédité, et découvrir ensuite qu'un ennemi avait enterré sous son seuil une partie particulière d'un loris qui, à son insu, l'a contraint à agir à son propre désavantage. La vie du Loris, ajoute M. Flower, « n'est pas une vie heureuse, car il voit continuellement des fantômes ; et c'est pourquoi il cache son visage dans ses mains !

Le genre *Perodicticus* contient deux espèces bien reconnaissables , connues respectivement sous le nom d'Angwantibo et de Bosman's Potto. Le premier a été considéré comme faisant référence à un genre distinct, *Arctocebus* . Un curieux caractère interne du Potto qui est visible, ou du moins peut être ressenti, à l'extérieur, sont les longs processus neuraux des vertèbres cervicales, qui dépassent le niveau de la peau. L'index est rudimentaire, tout comme la queue, étant à peine visible (environ un pouce de longueur) chez le Potto. La couleur des deux genres est gris rougeâtre, plus rouge chez le Potto. Les incisives sont égales et minuscules. Les deux espèces sont confinées dans leur aire de répartition à l'Afrique de l'Ouest et sont arboricoles comme les autres membres de la sous-famille. Le Potto semble partager le mode de progression tranquille de ses parents asiatiques, si l'on en croit Bosman, son descripteur original. Il dit : « Par les nègres appelés Potto, mais que nous connaissons sous le nom de Sluggard, sans doute à cause de sa nature paresseuse et paresseuse ; une journée entière étant assez peu pour qu'il avance de dix pas. » Le même écrivain n'apprécie pas du tout son apport aux connaissances zoologiques, car il remarque que le Potto « n'a rien de bien particulier si ce n'est son odieuse laideur ». L'Angwantibo est rare et peu connu. Notre connaissance de son anatomie est dérivée d'un article de Huxley. [408] Il s'agit d'un animal mesurant environ 10½ pouces de longueur totale jusqu'au bout de la queue, qui ne mesure qu'un quart de pouce de long. Les mains et les pieds sont plus petits que ceux du *Perodicticus* . L'index est rudimentaire et ne comporte que deux phalanges et aucune trace d'ongle. En cela, il est d'accord avec le Potto, mais « les apophyses épineuses des vertèbres cervicales ne se projettent pas de la manière décrite par van der Hoeven dans le Potto, bien qu'elles puissent être facilement ressenties à travers la peau ». La formule dentaire de ce genre à partir du dernier est I 2/2 C 1/1 Pm 3/3 M 3/3. La dernière molaire inférieure a une cinquième cuspide, qui manque au Potto. La dernière molaire supérieure est tricuspide. Il est bicuspide chez le Potto. Il semble impossible de ne pas être d'accord avec le professeur Huxley sur le fait que les Angwantibo ont droit à une séparation générique.

Le genre *Loris* ne contient également qu'une seule espèce, *L. gracilis* , et est, comme son nom l'indique, un animal de constitution plus élancée que le Loris lent. Ses yeux sont très grands et ses membres excessivement minces. L'index est semblable à celui de *Nycticebus* . La couleur n'est pas non plus très différente, étant d'un gris jaunâtre, mais il lui manque la bande dorsale qui distingue son parent. Les dents incisives sont égales et très petites. La dernière molaire supérieure possède quatre cuspides au lieu des trois de *Nycticebus* . Ce lémurien est confiné au sud de l'Inde et à Ceylan, et a à peu près les mêmes habitudes que ce dernier. Mais il est un peu plus actif et peut capturer de petits oiseaux lorsqu'ils dorment sur les arbres ; son régime alimentaire, cependant, est mixte et est à la fois végétarien et animal.

Un mystérieux lémurien, que nous plaçons commodément comme une sorte d'appendice à la famille actuelle en raison de sa localité, a été brièvement décrit par Nachtrieb des Philippines. La queue est rudimentaire ; il y a deux incisives supérieures, mais jusqu'à six inférieures. On peut se demander ce qu'est réellement la bête.

FIGUE. 263.— Oui-oui. *Chiromys madagascariensis* . × 1 / 10 .

Famille. 2. Chiromyidés . — Cette famille ne contient qu'un seul genre et espèce, l'Aye-aye, *Chiromys madagascariensis* , dont les caractères sont donc pour le moment ceux de la famille ainsi que du genre et de l'espèce. Les caractéristiques extérieures de cet animal extraordinaire seront rassemblées à partir d'une inspection de la figure 263, d'où l'on verra que le nom antérieur de *Sciurus* donné à la créature n'était en aucun cas un abus de langage. L'aspect d'écureuil est bien entendu dû principalement aux incisives fortes et longues. Quant aux caractères externes, qui ont une importance systématique, on peut attirer l'attention sur la queue longue et touffue, sur la plus grande longueur des membres postérieurs, sur les trayons abdominaux (une paire) chez la femelle et surtout sur les troisième doigt singulier de la main, fin et allongé. Le pouce est, comme chez les autres Lémuriens, opposable et possède un ongle plat ; les autres doigts ont des griffes, ainsi que les orteils, à l'exception du gros orteil, qui a un ongle plat comme le pouce.

L'anatomie de cet animal a retenu l'attention d'un nombre considérable d'observateurs, depuis Sir R. Owen, qui fut le premier à donner un compte rendu cohérent de toute son organisation . L'article le plus récent est celui du Dr Oudemans . [409] Les dents sont très différentes de celles des autres lémuriens. La divergence la plus remarquable réside dans les incisives, qui ne sont présentes qu'au nombre d'une seule paire dans chaque mâchoire, et ont la forme de celles des Rodentia, et, de la même manière que dans ce groupe, poussent à partir de pulpes persistantes. De même, comme chez les rongeurs, il n'y a pas de canines. Il y a deux prémolaires dans la mâchoire supérieure (aucune dans la mâchoire inférieure) et en tout douze molaires, ce qui fait un total de dix-huit dents. L'intestin a un caecum moyennement long. Le cerveau a été décrit de manière plus complète par Oudemans , qui disposait de nouveaux matériaux avec lesquels travailler, le cerveau décrit par Owen ayant été extrait d'une carcasse conservée dans un esprit . La fissure angulaire est bien développée, comme chez Lemur et l'Indri ; mais il ne rejoint pas l' inféro -frontal. La fissure antéro-temporale est également bien développée.

"Le nom d'Aye-aye", écrit Sonnerat , le découvreur de l'animal, "que j'ai retenu pour lui, est un cri de surprise des habitants de Madagascar." On dit cependant habituellement que l'animal lui-même émet un son qui peut s'écrire de la même manière (ou avec une initiale H). C'est un animal arboricole et nocturne, ce qui explique son excès de rareté à une époque. Dans l'un de ses nombreux essais éloquents sur l'histoire naturelle, feu MPH Gosse a présenté l'Aye-aye comme exemple d'une créature au bord de l'extinction. On le rencontre cependant maintenant plus fréquemment, bien que la superstition des indigènes rende sa capture assez difficile. Il y a un spécimen au moment d'écrire ces lignes dans les jardins de la Société Zoologique. Il y a eu quelques discussions quant à l'utilisation du majeur mince : on dit qu'il peut l'enfoncer dans les alésages de la larve d'un certain coléoptère que le Lémurien affectionne particulièrement, et peut extraire l'insecte, ou à tout moment. Découvrez sa position lorsqu'elle peut être extraite par les puissantes dents en forme de ciseau. La préférence des Aye-aye pour l'alimentation animale de toute sorte, y compris les insectes, a été à la fois réaffirmée et niée ; et M. Bartlett a vu la créature utiliser son doigt fin pour se peigner les cheveux et à d'autres fins des « toilettes ». Le Dr Oudemans a représenté dans son article une pomme qui a été largement mangée par les *Chiromys* ; la pulpe charnue a été entièrement excavée, ne laissant que le noyau et la peau, qui sont intacts. Le révérend M. Baron est l'un des derniers écrivains sur le mode de vie de *Chiromys* . [410] Il affirme qu'il habite les parties les plus denses des forêts. Il a l'habitude de rôder par couples, et la femelle ne produit qu'un seul petit à la naissance. Un nid, d'environ 2 pieds de diamètre, est constitué de brindilles placées dans de hautes branches. Celui-ci est occupé pendant le jour et on y entre par un trou sur le côté. En ce qui concerne la vénération superstitieuse dans laquelle l'animal est tenu, on dit que si une personne dort dans la forêt, les Aye-aye lui apporteront un oreiller. "Si un oreiller est pour la tête, la personne deviendra riche ; si elle a pour les pieds, elle succombera bientôt au pouvoir fatal de la créature, ou du moins sera ensorcelée." Mais un contre-enchantement peut être obtenu. On dit que le respect pour cette bête conduit les indigènes à enterrer soigneusement un spécimen retrouvé mort.

Famille. 3. Tarsiidés. — Cette famille ne comprend également qu'un seul genre, *Tarsius* , auquel l'opinion générale n'appartient qu'à une seule espèce ; il existe cependant au moins quatre noms spécifiques différents enregistrés. L'aspect général de l'animal n'est pas sans rappeler celui d'un Galago, avec lequel il s'accorde également dans l'allongement de la cheville ; mais l'allongement est plus prononcé dans le genre actuel. Les oreilles sont grandes et les yeux sont extraordinairement développés. Les doigts et les orteils se terminent par de grands disques expansés et sont munis d'ongles aplatis, sauf sur les deuxième et troisième orteils, qui ont des griffes. La queue est plus longue que le corps et est touffue à son extrémité. Le crâne ressemble plus à celui des Anthropoïdes qu'à celui de tout autre lémurien. La ressemblance est due à la séparation presque complète de l'orbite et de la fosse temporale par l'os ; il reste cependant un vide pour marquer les caractères lémurines de l'animal. Le placenta a également été comparé à celui des singes. La formule dentaire est celle du genre *Lemur*, à l'exception de l'absence d'une incisive de chaque côté de la mâchoire inférieure ; le nombre de dents est donc de trente-quatre. Les incisives de la mâchoire inférieure sont dressées et non couchées comme chez les autres lémuriens. Le caecum est de longueur moyenne. Le cerveau est presque lisse, mais il existe une fissure sylvienne et une fissure antéro-temporale, laquelle n'atteint pas le bord inférieur du cerveau, mais divise la partie médiane du lobe temporal. Le nom de Tarsier, comme on peut le déduire, a été donné à l'origine à cette créature par Buffon à cause de sa cheville anormale, et il l'a comparé à la Gerboise, comme quel animal le Tarsier saute lorsqu'il descend jusqu'à terre. Le genre est malais, mais son aire de répartition s'étend aux Philippines, aux Célèbes et à Bornéo. Les Tarsiers sont nocturnes et particulièrement arboricoles ; ils vivent en couples, dans des trous dans les tiges des arbres et sont principalement insectivores dans leur nourriture. Un, rarement deux petits naissent à la naissance. Contrairement à ce que l'on trouve chez de nombreux lémuriens, le Tarsier est une créature silencieuse, et émet tout au plus un « cri aigu et aigu ». Le Dr Charles Hose, qui a étudié cette créature, a remarqué que la mère porte souvent son petit dans sa bouche comme un chat. Comme tant de lémuriens, cet animal suscite une peur superstitieuse, qui est sans doute le résultat de son apparence la plus étrange. [411]

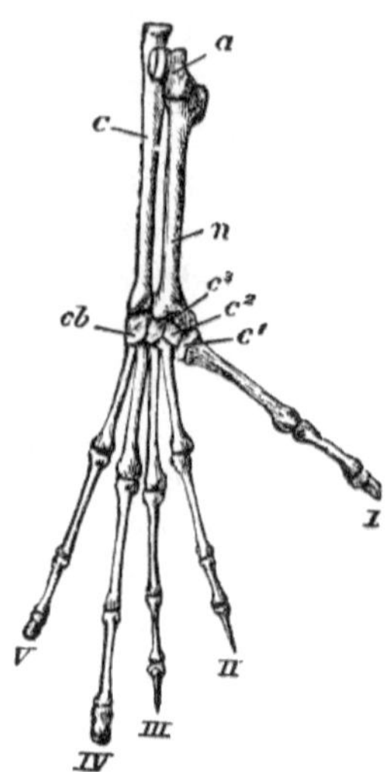

FIGUE. 264.— pes droit du *spectre Tarsius* . (Nat. taille.) *un* , Astragale ; *c* , calcanéum ; *c*^{1} , cunéiforme interne ; *c*^{2} , cunéiforme moyen ; *c*^{3} , cunéiforme externe ; *cb* , cuboïde ; *n* , naviculaire ; *IV* , les chiffres. (De *l'ostéologie* de Flower .)

Lémuriens fossiles . — Les Lémuroïdes sont une race très ancienne ; ils remontent aux toutes premières strates de l'Éocène, les lits de Torrejon et de Puerco, qui, comme nous l'avons déjà dit, sont considérés comme se rapportant davantage au Crétacé qu'à l'époque tertiaire. L'une de ces premières formes appartient au genre *Mixodectes* , un genre qui a été placé, bien qu'avec une requête, dans l'ordre des Rodentia. Il semble cependant qu'il s'agisse d'un lémurien et il est présent dans l'aire de répartition américaine. Les incisives ont été considérées comme faisant valoir qu'elles se trouvaient sur la trace directe de *Chiromys* ; mais d'autres caractéristiques, plus particulièrement la forme de l'astragale, ont été utilisées pour argumenter la justice de l'inclusion de ce type dans l'ordre des Rodentia. Allié, comme on le suppose, à cette forme est *Indrodon* , également l'un des gisements éocènes les plus bas des États-Unis. *Indrodon malaris* est connu à partir de fragments de presque toutes les parties du squelette. Ils indiquent l'existence d'une créature d'environ la moitié de la taille de *Lemur varius* . Il avait des membres minces et une queue longue et puissante. L'humérus, comme chez tant d'animaux archaïques, possède un foramen entépicondylien. Le fémur possède trois trochanters et le péroné s'articule avec l'astragale. Il n'est pas toujours facile de distinguer ces mammifères primitifs les uns des autres, de sorte qu'il faut faire appel aux moindres caractères pour nous aider. L'un des groupes contemporains avec lesquels ces premiers Lémuriens pourraient être confondus est celui des Condylarthra ; il est donc important de noter que chez *Indrodon* l' articulation calcanéo -cuboïdale est presque plate et non courbée comme c'est le cas dans le premier groupe. Les dents sont de type trituberculaire. Les incisives ne sont pas connues, mais les molaires et prémolaires sont chacune au nombre de trois. A la même famille, appelée **Anaptomorphidae** , est rattaché le genre *Anaptomorphus* , qui a été spécialement comparé à *Tarsius* . Ce petit animal possède une face de Lémurin aux orbites énormes. Il a une prémolaire inférieure à celle *d'Indrodon* . Il a été constaté qu'A . *homonculus* avait un foramen lacrymal externe. [412]

Une autre famille, celle des **Chriacidae** , semble planer à la frontière des Lémuriens et des Créodontes, ayant été mentionnée par divers paléontologues . Le professeur Scott suggère leurs relations avec les Lémuriens ou au moins avec les Primates, tandis que Cope insiste sur leurs affinités avec les Créodontes. Une difficulté soulevée par Scott était que chez *Chriacus* les prémolaires de la mâchoire inférieure étaient espacées. Mais il semble que cela ne soit pas fatal à leur inclusion parmi les Primates, puisque *Tomitherium* , un « Primate incontestable », présente la même caractéristique. Si *Chriacus* est un Lémurien, c'est un type plus ancien que ceux qui ont été considérés ; car il a la dentition euthérienne typique de quatre prémolaires et trois molaires. Ces dents, notamment les molaires supérieures, sont particulièrement comparées aux dents correspondantes du *Lémurien* et *du Galago* . De ce genre et du genre apparenté *Protochriacus* , plusieurs espèces sont connues.

Adapis , représentant d'une autre famille, est l'un des Lémuroïdes anciens les plus connus. Il a la dentition typique des mammifères de quarante-quatre dents en série serrée sans diastèmes. Les orbites sont complètement séparées de la cavité temporale, les yeux tournés vers l'avant. Les canines sont grandes et caniniformes. Le crâne est profondément strié en arrière avec la crête sagittale habituelle. Ce genre est européen et correspond au *Tomitherium américain de l'Éocène déjà mentionné* , appartenant peut-être à la même famille.

Nesopithecus est un genre éteint de Madagascar, récemment décrit par le Dr Forsyth Major. [413] Il existe deux espèces, *N. roberti* et *N. australis* . La formule dentaire est I 2, C 1, Pm 3, M 3, pour la mâchoire supérieure, la mâchoire inférieure n'ayant qu'une seule paire d'incisives. Le foramen lacrymal se trouve juste à l'intérieur ou sur le bord de l'orbite, de sorte qu'un caractère distinctif des Lémuriens est perdu. Le genre ressemble également à un singe dans la forme des canines et des incisives, celles-ci ayant été spécialement comparées par le Dr Forsyth Major à celles des Cercopithecidae . Les molaires aussi concordent avec celles de la même famille. Il existe cependant une caractéristique importante dans laquelle *Nesopithecus* ressemble non seulement aux lémuriens par opposition aux singes, mais aussi aux lémuriens malgaches. Comme déjà mentionné (p. 544), le Dr Major a montré que chez les Lémuriens malgaches, y compris même les *Chiromys aberrants* , et chez les *Adapis tertiaires et européens* , la bulle tympanique n'est pas produite par une extension ossifiée de l'anneau tympanique , mais de l'os périotique adjacent, l'anneau restant séparé et se trouvant à l'intérieur de la bulle entièrement formée. Cette caractéristique montre de manière concluante qu'Adapis *est* un lémurien et que *Nesopithecus* , supposé à l'origine être un singe, ne peut pas être retiré des Lemuroidea , même si ses ressemblances avec les primates supérieurs le sont sans aucun doute. Cependant, cette caractéristique, combinée au fait que les cavités orbitales et temporales sont en communication, montre la position lémuroïde du *Nésopithèque* , même s'il est tout à fait concevable qu'il soit en passe de devenir un Singe.

Une famille, **les Megaladapididae** , a été fondée assez récemment par le Dr Forsyth Major [414] pour inclure les restes d'un gigantesque lémurien éteint de Madagascar, qui, lorsqu'il était vivant, autant que nous pouvons en juger d'après le crâne, devait avoir trois ou quatre ans. fois la taille du chat commun. Le prénom *Mégaladapis madagascariensis* a été attribué au fossile en raison de certaines ressemblances avec l' *Adapis , également éteint* . Il diffère des autres Lémuriens par un certain nombre de caractères qui justifient conjointement son inclusion dans une famille distincte. La petite taille des orbites suggère une vie diurne ; les mandibules profondes, qui, contrairement à celles des autres Lémuriens, sont complètement mélangées au niveau de la suture, suggèrent l'existence d'un appareil hurlant, comme chez les *Mycètes* . Le cas cérébral bas est un caractère que l'on retrouve chez tant de mammifères éteints appartenant à de nombreux ordres différents qu'il ne pèse ni dans un sens ni dans l'autre lorsqu'on considère la position systématique de l'animal. La forme des molaires, qui sont au nombre de trois dans chaque moitié de chaque mâchoire comme chez les autres Lémuriens, est, selon le découvreur, comme celle du genre *Lepilemur* . Les incisives et les canines ne sont pas connues. D'une forme encore plus grande, *M. insignis* , les molaires sont connues. [415]

SOUS-ORDRE 2. ANTHROPOIDES.

Les singes diffèrent des lémuriens en ce que les mamelles sont toujours limitées à la région thoracique ; l'orbite, bien qu'entourée d'os comme chez les Lémuriens (et chez *Tupaia* , un Insectivore très semblable aux Lémuriens), ne s'ouvre pas librement en arrière dans la fosse temporale comme chez les Lémuriens (sauf *Tarsius*). L'ouverture lacrymale se trouve à l'intérieur de l'orbite plutôt qu'à l'extérieur ; les hémisphères cérébraux sont plus développés et cachent, ou presque, le cervelet ; les incisives supérieures sont en contact étroit ; quelques autres points sont mentionnés sous la description des caractères des Lémuriens. Il existe au total environ 212 espèces de singes et de singes. Ils ont une aire de répartition tropicale et subtropicale et, à quelques exceptions près, sont impatients du froid.

Les Singes sont principalement divisibles en deux grandes divisions, qui ont été appelées, à cause des caractères de leur nez, les Catarrhines et les Platyrrhines. Dans le premier cas, les narines regardent vers le bas et sont rapprochées ; dans ce dernier cas, ils sont séparés par une large cloison cartilagineuse et les ouvertures sont dirigées vers l'extérieur. Mais de nombreux autres points de différence séparent ces deux groupes de la tribu des Singes. Les Catarrhines ont souvent ces remarquables callosités ischiatiques, plaques de peau dure et de couleurs vives ; la queue peut faire totalement défaut en tant qu'organe distinct, comme c'est le cas, par exemple, chez les singes anthropoïdes ; il y a souvent des poches sur les joues, de sorte que, comme l' a fait remarquer M. Lydekker, si l'on observe un singe en train de ranger des noix dans ses joues pour référence future, nous pouvons être certains que sa maison est dans l'Ancien Monde, car les Catarrhines sont exclusivement habitants de l'Ancien Monde, tandis que les Platyrrhines sont exclusivement présents dans le Nouveau Monde. De plus, ceux des Catarrhines qui possèdent une longue queue, comme les membres du genre *Cercocebus* , ne montrent jamais le moindre signe de préhensilité dans cette queue. Les dents des Catarrhines sont invariablement au nombre de trente-deux, la formule étant I 2/2 C 1/1 Pm 2/2 M 3/3 = 32.

Chez les singes de l'Ancien Monde, il existe un méat auditif externe osseux, qui fait défaut (en tant que structure osseuse) chez les Platyrrhines. Feu MWA Forbes a souligné que dans la plupart des formes du Nouveau Monde, les pariétales et les malaires entrent en contact ; chez les Singes de l'Ancien Monde , ils sont empêchés d'entrer en contact par les frontaux et les alisphénoïdes . Les Platyrrhines peuvent avoir le même nombre de dents ; c'est le cas des Ouistitis, mais chez eux il y a trois prémolaires et deux molaires ; chez les autres singes du Nouveau Monde, il y a trente-six dents, mais parmi elles trois sont des prémolaires et trois molaires.

Non seulement ces deux groupes de Primates sont aujourd'hui absolument distincts, mais ils le sont, à notre connaissance, depuis très longtemps, puisqu'aucun reste fossile de Singes, du tout intermédiaire, n'a été découvert jusqu'à présent. Cela a conduit à suggérer que les singes sont ce qu'on appelle des diphylétiques , *c'est-à-* dire qu'ils sont issus de deux souches d'ancêtres distinctes. Il est cependant difficile de comprendre dans cette perspective les très grandes similitudes qui sous-tendent les divergences qui viennent d'être évoquées. Mais, d'un autre côté, il est tout aussi difficile de comprendre comment il se fait que, après avoir été séparés les uns des autres pendant si longtemps, ils n'aient pas divergé davantage dans leur structure qu'ils ne l'ont fait. Les Platyrrhines semblent constituer la base de la série. C'est un autre exemple de l'existence de créatures archaïques en Amérique du Sud.

GROUPE I. *PLATYRRHINE.*

Famille. 1. Hapalidés . — Nous pouvons commencer l'histoire des Singes Platyrrhines par les Hapalidae ou Ouistitis ; car cette famille est structurellement inférieure aux autres. Elles ont trente-deux dents, disposées comme dans la formule suivante : I 2/2 C 1/1 Pm 3/3 M 2/2 = 32. Les molaires ont trois tubercules principaux, et non quatre comme dans les formes supérieures. Les doigts sont pour la plupart griffés et non cloués, comme dans les types supérieurs ; le gros orteil porte seul un ongle plat. La queue est également annelée, état caractéristique de nombreux groupes inférieurs de mammifères, mais non des grands singes. Les hémisphères cérébraux sont lisses, mais cela tient plutôt à leur petite taille qu'à leur faible position zoologique. La queue des Ouistitis, contrairement à celle de tant d'autres singes américains, n'est pas préhensile bien qu'elle soit longue.

Le genre *Hapale* se distingue largement de l'autre genre, *Midas* , par le fait que les incisives inférieures sont inclinées vers l'avant comme chez les Lémuriens. Ce sont de petits singes au pelage doux et à longue queue, familiers à tout le monde . Il existe environ sept espèces, dont l'aire de répartition est entièrement limitée au Brésil, à la Bolivie et à la Colombie, une seule espèce, *H. pygmaea* , s'étendant vers le nord jusqu'au Mexique.

Parmi les tamarins du genre *Midas* , il existe un peu plus d'espèces, environ quatorze. Ils sont répartis en Amérique du Sud et en Amérique centrale. Puisque ces deux genres sont arboricoles, il est extraordinaire qu'ils n'aient pas la queue préhensile de leurs alliés américains. Cependant, comme feu M. Bates a observé un individu de l'espèce *M. nigricollis* tomber la tête en avant d'une hauteur d'au moins 50 pieds, se poser sur ses pattes et s'enfuir comme si de rien n'était, il est évident que qu'aucun pouvoir de préhension supplémentaire n'est absolument nécessaire. Certains Tamarins ont une longue crinière ; cela se voit bien chez *M. rosalia* , ou plutôt chez *M. leoninus* , qui, sinon identique à lui, du moins lui est très étroitement lié. Le nom est évidemment dérivé du personnage auquel il fait référence, et le singe, décrit à l'origine par le voyageur von Humboldt, aurait « l'apparence d'un petit lion ». *M. bicolor* est un exemple d'espèce sans crinière, mais avec une tache blanche autour de la bouche, ressemblant à « une boule de coton blanc comme neige » tenue dans les dents.

Famille. 2. Cébidés. — Les autres singes américains appartiennent à la famille des Cebidae. Celle-ci se distingue de la dernière par le fait qu'elle comporte une molaire supplémentaire, ce qui fait ainsi trente-six dents en tout. La queue, parfois très courte, est le plus généralement longue et très préhensile, étant nue à l'extrémité, partie donc particulièrement préhensile ; cet état de choses se rencontre souvent chez les animaux à queue préhensile. Les Cébidés, bien que pour la plupart plus grands que les Ouistitis, n'approchent jamais en taille les singes de l'Ancien Monde.

Typique de la famille est le genre *Cebus* , comprenant les singes « capucins », et composé de près d'une vingtaine d'espèces ; la queue, bien que préhensile, est couverte de poils jusqu'au bout, ce qui indique une préhensilité moins parfaite que celle présentée chez certains singes dont la surface inférieure est nue jusqu'au bout de la queue. Le pouce est bien développé. Le genre s'étend du Costa Rica au Paraguay. Le singe le plus commun qui accompagne les orgues de rue de ce pays est un *Cebus* . C'est une illusion populaire que ces singes et d'autres singes sont des animaux qui se nourrissent uniquement de légumes. *Cebus* est en effet particulièrement friand de chenilles, tout comme les Ouistitis.

Allié à *Cebus* est *Lagothrix* , le singe laineux, dont *L. humboldti* est l'espèce la plus connue, il n'y en a en effet qu'une autre. C'est un animal plus grand et plus lourd que n'importe quelle espèce de *Cebus* ; et la laine de la fourrure, semblable à celle d'un lièvre, a suggéré son nom scientifique à son descripteur original, von Humboldt. Il possède une queue parfaitement préhensile, nue à son extrémité. Le pouce et le gros orteil sont bien développés. Ce sont des singes purement frugivores, et sont connus sous le nom de " Barrigudos " par les Portugais du pays amazonien à cause de leur ventre proéminent, dû apparemment à l'immense quantité de fruits consommés. Ils sont, ou étaient, très consommés par les indigènes.

Les Brachyteles sont un genre peu connu, reliant le dernier genre au genre suivant. Le dessous de la fourrure est laineux ; le pouce est petit ou absent. La queue est nue en dessous.

Les singes araignées, *Ateles* ou Coaitas , ont été décrits comme les singes américains les plus typiquement arboricoles. L'utilisation de la queue préhensile peut fréquemment être étudiée dans des exemples vivants dans les jardins de la Société Zoologique. Avec cette «cinquième main», le singe cherche un endroit où saisir et tourne solidement sa queue, la déplaçant avec la plus grande facilité d'un point à l'autre. Lorsque la queue est ainsi utilisée, elle est portée dressée au-dessus de la tête. Le fait que ce genre ne possède pas de pouce fonctionnel serait associé à l'extrême perfection de son adaptabilité à une vie exclusivement arboricole. La main sans pouce peut agir comme un crochet tout aussi efficace pour suspendre le corps ; et ce qui est inutile dans la nature tend à disparaître. Ces singes ont une large aire de répartition, s'étendant du Mexique au nord à l'Uruguay au sud. Il existe dix espèces. La chair de nombreux singes est mangée non seulement par les indigènes mais aussi par les Européens ; mais on dit que les singes-araignées fournissent la nourriture la plus sapide de toutes.

FIGUE. 265.— Singe-araignée. *Atèles ater*. × 1 / 12 .

Les singes hurlants, genre *Mycetes* , ont également reçu les noms génériques appropriés d' *Alouatta* et *Stentor* . Le premier de ces deux noms est, en effet, celui qui devrait proprement être appliqué au genre. Mais *Mycetes* est peut-être mieux connu. Le "hurlement" est produit par des diverticules sacculaires du larynx, plus grands que ceux des autres singes américains, comme les *atèles* , où ils sont cependant également développés. Les os hyoïdes sont également énormément élargis et caverneux, tandis que la mâchoire, afin d'accueillir et de protéger ces diverses structures, est inhabituellement grande et profonde. Les Hurleurs sont dotés d'une queue entièrement préhensile. Le pouce est présent. Ils sont décrits comme étant l'aspect le plus hideux des singes américains, et de l'intelligence la plus basse, à laquelle cette dernière caractéristique est associée à un cerveau moins alambiqué que chez *Ateles* , par exemple. Le bruit produit par ces singes est audible à des kilomètres à la ronde et ne serait pas dû à l'émulation, c'est-à-dire qu'il *ne* serait pas comparable au chant ou à la conversation, mais servirait à intimider leurs ennemis. L'histoire racontée sur ces singes et sur d'autres singes à queue préhensile, selon lesquels ils traversent les rivières au moyen d'un pont de singes entrelacés, est apparemment dénuée de vérité. Il existe six espèces, réparties en Amérique centrale et en Amérique du Sud.

Les singes écureuils, genre *Chrysothrix* , sont de petites créatures à tête longue, l'occiput dépassant. Leur queue, bien que longue, n'a pas de zone nue à l'extrémité et n'est pas préhensile. C'est un fait remarquable que les proportions du crâne, comparées à la face, sont plus grandes, non-seulement que chez les autres singes, mais que chez l'homme lui-même. Le pouce est court, mais pas aussi court que chez les singes-araignées. Les hémisphères cérébraux sont très lisses ; mais, comme nous l'avons déjà remarqué, c'est une question de taille et non de position basse dans la série. Il peut sembler à première vue que cette affirmation contredit celle faite à propos des Hurleurs. Mais ces derniers sont de grands singes, et devraient donc, pour ainsi dire, avoir un cerveau plus complexe ; mais ce n'est pas le cas. Comme beaucoup de singes américains, les singes écureuils sont grégaires et, malgré leur queue, arboricoles. Ils se nourrissent en grande partie d'insectes, attrapent également de petits oiseaux et dévorent leurs œufs. Il existe quatre espèces, parmi lesquelles *C. sciurea* est la plus commune et est constamment présente dans les jardins de la Société Zoologique. Humboldt affirmait que lorsqu'il était vexé, ses yeux se remplissaient de larmes ; mais Darwin n'a pas réussi à voir cette expression très humaine d'une émotion.

Callithrix est un genre non loin du dernier et, comme lui, on le trouve aussi bien en Amérique centrale qu'en Amérique du Sud. Il se distingue principalement du *Chrysothrix* par la non-extension de la tête en arrière et par le caractère plus poilu de la queue. La mâchoire inférieure est plutôt profonde, comme chez les Hurleurs ; mais il n'existe pas, ou on n'a pas découvert, d'appareil hurlant comme celui de *Mycètes* . Néanmoins, le professeur Weldon [416] a trouvé chez une femelle de *C. gigot* une zone d'ossification sur le cartilage thyroïde du larynx qui peut être une indication de quelque chose de plus chez le mâle. Il existe onze espèces.

Nyctipithecus , les singes Doroucouli , est un genre d'apparence quelque peu lémurine, causée par leurs grands yeux. Mais ils rappelaient à Bates un hibou ou un chat-tigre ! Ils ont une queue longue mais non préhensile. Comme chez les Ouistitis, les incisives inférieures se projettent vers l'avant à la manière des Lémuriens. Le pouce est très court. Une particularité de ce genre réside dans les vingt-deux vertèbres dorso -lombaires. Comme chez *Chrysothrix* , mais pas comme chez *Callithrix* , les hémisphères du cerveau sont lisses. Il existe cinq espèces, dont une est présente aussi loin au nord que le Nicaragua ; le reste est brésilien et s'étend jusqu'en Argentine.

FIGUE. 266.—— Ouakari à face rouge . *Brachyure rubicundus* . × 1 / 5 .

Les singes Ouakari , *Brachyurus* , [417] sont, comme leur nom l'indique, des formes à queue courte. Deux espèces, *B. rubicundus* et *B. calvus* , ont la face rouge vif ; *B. melanocephalus* en a un noir. Il y a un petit pouce. Le cerveau est assez alambiqué et doit être spécialement comparé à celui de *Cebus* et *de Pithecia* . L' espèce *B. rubicundus* a en tout cas une longueur d'intestins et de caecum absolument et relativement plus grande que tout autre singe américain connu.

FIGUE. 267.— Saki à nez blanc. *Pithécie albinasa* . × 1 / 5 . (De *la nature* .)

Le fait le moins remarquable concernant ces singes Ouakari n'est pas leur répartition en Amérique du Sud. Nous ne pouvons faire mieux que de citer le résumé donné par MM. PL et WL Sclater dans leur *Geography of Mammals* , qui est le suivant : « Chacun d'eux, comme l'a montré d'abord Bates et ensuite expliqué plus en détail par Forbes, est limité à un nombre relativement petit. étendue de forêt sur les rives de l'Amazonie et de ses affluents. Le Ouakari à tête noire (*B. melanocephalus*)... ne se rencontre que dans une étendue traversée par le Rio Negro ; le Ouakari à tête chauve semble être confiné à la triangle formé par l'union de l'Amazonie avec un autre affluent, le Japura, et le Ouakari Rouge jusqu'aux forêts de la rive nord de l'Amazonie, en face d' Olivença , et situées entre le cours d'eau principal et la rivière Içá . Chacun d'eux prend évidemment la place des autres dans son district particulier. De ce type particulier de distribution, peu d'exemples sont connus parmi les mammifères, mais de nombreux cas quelque peu similaires ont été observés chez les oiseaux, les reptiles et les insectes.

Le genre *Pithecia* , le Sakis , se compose de cinq espèces à longues queues touffues, non préhensiles. Ils sont barbus et ont un pouce. Comme le dernier genre, *Pithecia* ne s'étend pas en Amérique centrale. Les incisives se projettent en avant et la mâchoire inférieure est profonde, bien que l'appareil hurlant de *Mycètes* fasse défaut. Les incisives fines, rapprochées et saillantes rappellent beaucoup celles des Lémuriens. *Brachyurus* ressemble beaucoup *à Pithecia* à cet égard, et tous deux diffèrent nettement d'un genre tel que *Cebus* , où les incisives inférieures sont verticales. Une particularité anatomique des *Pithécies* est la largeur des côtes. *P. satanas* est peut-être l'espèce la plus connue, mais toutes les cinq ont été exposées dans les jardins de la Zoological Society. Comme son nom l'indique, *P. satanas* est entièrement noir ; il présente un curieux point de différence avec *P. cheiropotes* dans sa manière de boire. Cette dernière espèce, comme son nom l'indique, utilise sa main pour boire, tandis que *P. satanas* met sa bouche à l'eau. *P. albinasa* est noir avec une tache rouge sur le nez, à l'intérieur de laquelle se trouve à nouveau une petite tache blanche.

GROUPE II. CATARRHINE.

Les singes catarrhines sont divisibles en trois ou peut-être seulement deux familles, les Cercopithecidae et les Simiidae , auxquelles il faut ajouter les Hominidae. Les Simiidae sont parfois appelés les singes anthropoïdes.

Famille. 1. Cercopithecidae . — Parmi les Cercopithecidae, il y a huit genres (peut-être neuf) à reconnaître , qui peuvent être répartis en deux sous-familles. La première de ces deux sous-familles, celle des **Cercopithecinae , présente les** caractères suivants : — Il existe des poches sur les joues dans lesquelles les animaux stockent temporairement la nourriture. L'estomac est simple et globuleux ; cela correspond à une alimentation mixte. La queue est longue ou courte, voire pratiquement absente.

FIGUE. 268.— Singe Tcheli . *Macaque tcheliensis* . × 1 / 6 . (De *la nature* .)

Le genre le plus connu est sans aucun doute *Macacus* . Cela inclut tous les macaques communs, le singe à bonnet, le singe à queue de cochon, etc. Dans ce genre, nous constatons que les mâles sont plus grands que les femelles et ont des canines plus fortes. Les callosités ischiatiques sont bien développées. Le genre est purement asiatique, s'étendant jusqu'au Japon, à l'exception du singe de Barbarie, *M. inuus* , également connu sous le nom de singe de Gibraltar. Il existe au total dix-sept espèces.

Macaque inuus est sans doute originaire de Gibraltar. Elle y est cependant définitivement établie à l'heure actuelle et soigneusement entretenue. C'est un grand singe sans queue externe, ce qui le rend unique parmi les membres de son genre. A une époque, son extinction sur le "Rocher" était presque achevée, mais trois individus étaient connus. En 1893, le gouverneur de Gibraltar informa M. Sclater qu'il en avait lui-même dénombré jusqu'à trente dans un seul troupeau. Ses déprédations semblent avoir conduit à exprimer dans certains milieux le souhait d'une diminution des effectifs ; mais les sentiments du côté opposé semblent être plus forts, de sorte que quel que soit le mode réel de son introduction sur le « Rocher », il y restera en tout cas intact pour le moment.

M. tcheliensis est une espèce trouvée dans les montagnes Yung-ling au nord de la Chine. C'est, à l'exception peut-être du *M. speciosus* , la forme de singe la plus septentrionale. Il est intéressant car, comme le Tigre de ces régions, il a revêtu une couche de fourrure supplémentaire pour lui permettre de lutter contre les hivers rigoureux. Il est douteux qu'il s'agisse de plus qu'une variété du singe rhésus (*M. rhesus*).

M. nemestrinus , « le macaque à queue de cochon », est dressé par les indigènes de l'Est à grimper sur les cocotiers et à sélectionner et jeter avec soin uniquement les fruits mûrs. Sir Stamford Raffles fut apparemment le premier à faire état de cette intelligence utile de l'animal, et le Dr Charles Hose de Bornéo l'a confirmé.

Le macaque japonais (*M. speciosus*) est bien connu grâce au travail des artistes japonais. C'est la seule espèce de singe trouvée au Japon et elle s'étend très loin vers le nord.

Une forme plutôt rare est *M. leoninus* . Il a une queue courte et est présent en Birmanie . *M. silenus* se distingue par une collerette de longs poils clairs entourant le visage. On l'appelle parfois le Wanderoo ; mais cela est apparemment tout à fait inexact, puisque ce terme est utilisé par les Ceylanais pour désigner un *Semnopithecus* . Pour ceux qui souhaitent un nom « pseudo-vernaculaire », le Dr Blanford suggère le nom de Pennant, « Singe à queue de lion ».

Les espèces les plus communes du genre sont *M. cynomolgus* , *M. sinicus* et *M. rhesus* .

Le genre *Cercocebus* , y compris les singes connus sous le nom de Mangabeys, est confiné à l'Afrique de l'Ouest. Ils ont toujours une longue queue, aussi longue que le corps. Les paupières supérieures sont de couleur blanc pur . Les callosités ischiatiques sont plus prononcées que chez les Macaques. Chez les Mangabeys également, les poils ne sont pas entourés de barres de couleurs différentes , comme c'est le cas chez les Macaques et *les Cercopithèques* , ce qui leur donne la teinte verdâtre qui caractérise tant de ces deux derniers genres. Il n'y a pas de sacs aériens laryngés comme chez les Macaques. Il n'y a pas plus de sept espèces.

Le genre *Cercopithecus* (les Guénons) représente en Afrique les Macaques orientaux et paléarctiques ; le genre a une longue queue. Les poches à joues sont plus grandes que celles du genre *Macacus* . Les callosités ischiatiques sont moins étendues que dans ce genre. Un caractère dentaire distingue également ce genre de *Macacus* ; la dernière molaire de la mâchoire inférieure n'a, en règle très générale, que quatre cuspides au lieu des cinq qu'on trouve chez *Macacus* . Les crêtes supraciliaires du crâne ne sont en aucun cas aussi marquées que dans les genres alliés.

Une espèce, le Talapoin, *C. talapoin* , a été séparée en un genre distinct, *Miopithecus* , en raison du fait que les molaires inférieures n'ont que trois tubercules au lieu des quatre habituels. Mais si cela est fait, alors *Cercopithecus moloneyi* , qui a une molaire inférieure avec cinq tubercules, devrait également être séparé.

FIGUE. 269.— Diana Singe. *Cercopithèque diane* . × 1 / 6 .

Le genre *Cercopithecus* est limité à l'Afrique et ses nombreuses espèces ont souvent une aire de répartition très limitée. Ils sont souvent de couleur assez vive , avec des taches bleues et blanches sur le visage. Le Diana Monkey a une barbe blanche pointue. Chez le singe vervet (*C. lalandii*), un fait curieux a été remarqué dans les jardins de la Société zoologique il y a un an ou deux : on a observé que le jeune prenait dans sa bouche les deux mamelles de la mère en même temps. M. Sclater [418] dans une liste récente du groupe admet quarante-sept espèces, dont trente-trois ont été examinées par lui-même. Toutefois, par la suite, la liste a été réduite à quarante par la même autorité. L'une des espèces les plus rares est *C. escaliersi* , décrite pour la première fois à partir d'une peau prélevée sur un spécimen ayant vécu pendant une courte période au jardin zoologique.

Le genre *Cynocephalus* (ou *Papio*) comprend les babouins ; et le nom scientifique indique l'aspect chien de ces animaux, dû au museau saillant. *Cynocephalus* est confiné à l'Afrique et à l'Arabie. Plusieurs espèces du genre sont bien connues. Le Mandrill, *C. mormon* (ou *maimon*), a des crêtes bleues sur le museau, l'arête du nez étant rouge. L'animal vit en troupeaux, est féroce et omnivore. Le babouin Chacma, *C. porcarius* , est le plus grand des babouins. Il vit en Afrique du Sud en grands troupeaux. Le babouin arabe, *C. hamadryas* , est le babouin sacré des Égyptiens. Les noms de deux autres espèces, *C.*

thoth et *C. anubis* , nous rappellent également les anciens Égyptiens. Il existe au total onze espèces de *Cynocephalus* .

Gelada (ou *Theropithecus*) est séparé en un genre distinct. Bien que considéré comme un babouin, Garrod a souligné de nombreux points de ressemblance avec *Cercopithecus* . [419] Les deux espèces sont, comme les autres babouins, africaines.

Cynopithèque niger est un petit babouin noir des Célèbes. Il a des renflements sur le museau comme chez les autres babouins, mais en diffère par le fait qu'il est une créature plus aimable ainsi que par sa plus petite taille. Il a une queue rudimentaire, encore plus petite que la petite queue des babouins typiques. Il présente, comme eux, des callosités ischiatiques.

Dans la deuxième sous-famille **des Semnopitecinae** , les caractères distinctifs suivants sont distinctifs :— Tous les singes de ce groupe sont de forme élancée, avec une longue queue. Il n'y a pas de pochettes pour les joues. L'estomac est sacculé ; il est divisé en trois parties. Ceci s'accompagne d'un régime apparemment plus exclusivement végétarien que celui qui caractérise les autres singes, qui mêlent à leur régime alimentaire de fruits une forte proportion d'insectes, d'œufs, etc.

FIGUE. 270.— Singe célébésien noir . *Cynopithèque le niger* . × 1 / 5 .

Le premier dont nous traiterons est *le Colobe* , renfermant les Singes connus sous le nom de Guérézas. Ces créatures sont entièrement confinées au continent africain et ont un comportement arboricole. On a tenté de montrer que leurs affinités se portent davantage avec les Platyrrhins qu'avec le groupe dans lequel ils doivent réellement être placés. En faveur de leur rapprochement avec les singes américains, il n'y a que deux faits importants : le premier est l'absence pratique du pouce, qui rappelle bien sûr l'état caractéristique des *Ateles* ; en second lieu, les narines, dans leur largeur, ressemblent un peu à celles des Platyrrhines. Ce sont des singes élancés avec des callosités bien marquées. Ils ont un estomac sacculé complexe, ressemblant au gros intestin de certains autres animaux ; il n'est pas divisé en chambres distinctes comme l'estomac d'un ruminant ou d'une baleine. Le petit développement des poches sur les joues est apparemment corrélé à ce gros ventre. Ce genre, qui compte une dizaine d'espèces, se caractérise par de belles peaux, largement collectionnées. Les Arabes ont une légende selon laquelle une espèce, lorsqu'elle est blessée, et voyant sa capture et l'enlèvement de sa peau inévitable, déchire soigneusement cette dernière, afin que ses ravisseurs n'en profitent pas. Les espèces de ce genre sont les plus abondantes sur la côte ouest de l'Afrique. Il est intéressant de noter qu'une espèce, *C. kirki* , est limitée à l'île de Zanzibar, où elle est cependant presque éteinte.

Les « saints singes » ou Langurs, genre *Semnopithecus* , sont alliés aux derniers, mais leur aire de répartition est asiatique. Le pouce est mieux développé, mais encore plus court que chez les autres Cercopithecidae ; les callosités sont petites et les poches sur les joues sont absentes. Il existe un seul grand sac laryngé et l'estomac est complexe.

Ce genre est, comme le Tigre, souvent cité comme exemple d'une race censée être typiquement tropicale, existant habituellement dans les climats les plus froids. Une espèce de *Semnopithecus* a été observée grimpant sur des branches chargées de neige à une hauteur de 11 000 pieds dans l'Himalaya. Il en existe une trentaine d'espèces, qui s'étendent jusqu'à Bornéo à l'est.

Le nom *Semnopithecus* vient du fait que le Hanuman est considéré comme sacré par les hindous. L'espèce de *Semnopithecus* la plus connue est ce Langur ou Hanuman, *S. entellus* . Considéré comme un animal sacré et grâce aux avantages ainsi obtenus, il est devenu une nuisance dans les jardins et les cultures. Bien que la vénération avec laquelle les Hindous considèrent ces animaux ne leur permette pas de les tuer, ils sont extrêmement reconnaissants envers un Européen qui leur permettra de commettre un péché par procuration. Ce singe a d'immenses pouvoirs de saut : il peut franchir un espace de 20 à 30 pieds si un côté, celui d'où le saut est effectué, est considérablement plus haut que l'autre. Ils sont utiles au chasseur de tigre, car ils suivent et huent leur ennemi mortel. *S. schistaceus* est une espèce qui vit à de grandes hauteurs, au moins à 5 000 pieds, dans l'Himalaya.

Le genre *Nasalis* est difficilement séparable du genre *Semnopithecus* . C'est un animal de Bornéo qui se distingue par un long nez comique, qui non seulement suggère, mais va au-delà, le nez aquilin de l'espèce humaine. C'est sans doute pour cette raison que les Bornéens , imitant inconsciemment notre habitude de comparer les « indigènes » en général aux Singes, l'appellent d'un nom qui signifie « homme blanc ». *Le rhinopithèque* a aussi un nez long, mais plus nettement retroussé.

fossiles . — On sait également que plusieurs genres existants de singes de l'Ancien Monde ont existé dans le passé ; dans certains cas, leur répartition passée indique une plus grande étendue. Ainsi *Macacus* est désormais représenté – et cela est douteux – en Europe par le seul singe de Barbarie. Mais c'est à Montpellier qu'ont été mis au jour les restes de *M. priscus* , issus de couches pliocènes. On sait que le *Semnopithecus* asiatique a vécu pendant la période pliocène ; ses restes sont découverts en France et en Italie, ainsi qu'en Asie. En plus de ces formes existantes, un certain nombre de genres de l'Ancien Monde totalement éteints sont connus. La riche formation de Pikermi , près d'Athènes, a produit *des mésopithèques penteliques* ; ce singe a un crâne qui rappelle celui du *Semnopithecus* , tandis que les membres robustes ressemblent plutôt à ceux d'un macaque. Comme c'est le cas de nombreuses Catarrhines vivantes, les mâles ont des canines plus fortes. L'animal avait une longue queue.

Un caractère annexe analogue est montré par le fossile italien *Oreopithecus bamboulii* . Cet animal a été référé par un paléontologue aux singes semblables à l'homme, par un autre aux Cercopithecidae . Il suggère une forme ancestrale commune et son horizon est celui du Miocène moyen.

De même qu'il n'y a pas de singes platyrrhiniens dans l'Ancien Monde, de même il n'y a pas de Catarrhines rencontrées à l'état fossile dans le Nouveau

Monde ; les deux grandes divisions des singes étaient aussi distinctes dans le passé, autant que nous le sachions, qu'elles le sont aujourd'hui – un argument de poids en faveur de ceux qui voudraient les faire dériver de deux sources. Les genres existants, *Cebus* , *Mycetes* et *Callithrix* , vivant aujourd'hui en Amérique du Sud, sont également connus à l'état fossile. Le genre éteint *Homunculus* est connu des strates tertiaires de Patagonie, et une forme apparemment alliée est *Anthropops* . Ces créatures sont cependant à l'heure actuelle loin d'être connues de manière exhaustive.

Famille. 2. Simiidés . — Les singes anthropoïdes, ou semblables à l'homme, [420] peuvent être séparés des singes inférieurs en tant que groupe, Simiae , ou peut-être mieux, en raison des points de différence après tout minces, une famille Simiidae , qui a les caractéristiques distinctives suivantes personnages.

Bien qu'ils soient pour la plupart arboricoles, ces singes, lorsqu'ils arrivent au sol, progressent au moins de manière semi-dressée. De plus, quand, comme c'est habituellement le cas, ils posent leurs mains sur le sol pour les aider à marcher, ils ne s'appuient pas, comme le font les singes inférieurs, sur le plat de la main, mais sur le dos des doigts. Aucun des Anthropoïdes n'a de queue ou de poches sur les joues. Les callosités ischiatiques ne sont visibles que chez les Gibbons. Il existe généralement une poche laryngée de grande taille qui facilite la production de la voix généralement forte de ces créatures. Les poils sont un peu plus rares que chez les Cercopithecidae , ce qui est une approche de l'Homme. Le placenta diffère en détail de celui des singes inférieurs et est exactement semblable à celui de l'homme. Ces singes présentent d'autres différences par rapport aux Cercopithecidae sous-jacents , la plus grande longueur des bras par rapport aux jambes et la présence d'un appendice vermiforme au caecum. Dans ce dernier caractère, mais pas dans le premier, ils s'accordent avec l'Homme, que nous placerons dans une famille distincte, les Hominidés. Les singes anthropoïdes sont actuellement entièrement présents dans l'Ancien Monde et ont une aire de répartition intratropicale .

Les Gibbons, genre *Hylobates* , se situent tout à fait à la base de la série des singes anthropoïdes existants. Ce sont les plus petits et ceux qui fréquentent le plus les arbres de tous les membres de ce groupe. Cette habitude est liée à la particularité structurelle que leurs bras sont proportionnellement plus longs que chez les autres anthropoïdes. L'affinité des Gibbons avec les Catarrhines est prouvée par la présence de callosités ischiatiques distinctes mais petites. Les bras sont si longs que lorsqu'on marche debout, les mains touchent le sol. L'hallux est bien développé. Les côtes sont treize paires. Dans le crâne, le caractère le plus remarquable, comparativement aux autres anthropoïdes, est le fait de la grande taille des canines, qui sont de taille égale ou à peu près égale chez les deux sexes. Les molaires en revanche ont été particulièrement comparées à celles de l'Homme. Le cerveau est plus simple que dans les formes supérieures. Mais il n'est pas clair qu'il ne s'agisse pas d'un cas de complexité réduite de convolution allant de pair avec une petite taille.

FIGUE. 272.— Hoolock. *Hylobates, voyou.* × 1 / 6 .

Les Gibbons s'étendent à travers l'Asie du Sud-Est, de l'Assam et de la Birmanie jusqu'à Hainan. Le nombre d'espèces est un peu douteux. Il est clair qu'en premier lieu nous pouvons distinguer le Siamang, *H. syndactylus* , que certains considèrent effectivement comme un genre distinct. Elle est principalement à définir par le caractère syndactyle des deuxième et troisième orteils ; ils sont unis par la peau jusqu'à la dernière articulation. L'espèce de Hainan, *H. hainanus* , est probablement distincte, et les noms suivants ont été donnés à diverses autres espèces ou races, à savoir. *H. agilis* , *H. leuciscus* , *H. leucogenys* , *H. lar* , *H. hoolock* . Ces animaux peuvent marcher debout ; et lorsqu'ils le font, le gros orteil est séparé comme chez l'homme simple ou du moins non botté. La voix est bien connue pour être forte, et il est curieux que le Siamang, qui a une grande poche laryngée, ne soit pas surpassé à cet égard par les espèces chez lesquelles ce sac n'est pas développé.

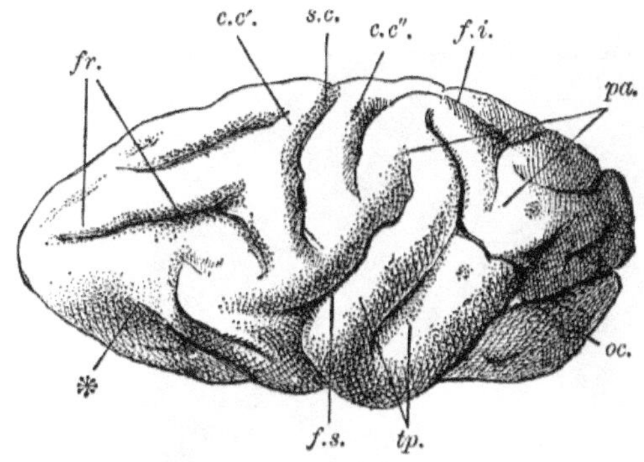

FIGUE. 273.— Cerveau du Gibbon (*Hylobates*). (Aspect latéral.) *cc* ', *cc* ",
Convolution centrale antérieure et postérieure ; *fi* , fissure interpariétale ; *fr* ,
lobe frontal ; *fs* , fissure sylvienne ; *oc* , lobe occipital ; *pa* , lobe pariétal ; *sc* ,
fissure de Rolando ; *tp* , lobe temporal ; *, fissure fronto -orbitale. (D'après
Wiedersheim *Structure de l'Homme* .)

Parmi les gorilles du genre *Gorilla* , il n'existe qu'une seule espèce, qui doit
apparemment et plutôt malheureusement être appelée *Gorilla gorilla* .

Le malheur est double : d'abord la répétition du même mot comme
appellation à la fois générique et spécifique est fastidieuse pour les oreilles et
barbare dans sa suggestion ; en second lieu, il est maintenant bien connu que
le « gorille » de Hannon, observé par ce voyageur carthaginois sur une île au
large de la côte africaine, n'était pas du tout un gorille au sens où l'on entend
aujourd'hui ce mot, mais probablement un babouin. L'aspect extérieur de ce
grand anthropoïde est familier grâce à de nombreuses reproductions. Le
mâle, comme d'habitude, est plus grand que la femelle et ses caractères sont
plus prononcés.

Le visage est nu et noir, et la peau est généralement d'un noir profond, même
à la naissance. L'oreille est relativement petite et est appuyée sur le côté de la
tête ; sa forme est tout à fait plus humaine que celle du chimpanzé, et cette
affirmation s'applique également à l'état rudimentaire des muscles de l'oreille,
qui sont plus rudimentaires que chez le chimpanzé. Le nez a une crête
médiane évidente et est donc prononcé comme un élément externe ; les
narines sont très larges. Les mains et les pieds sont courts, épais et larges ; les
chiffres sont palmés. Dans le pied, le talon est plus apparent que chez les
autres anthropoïdes. Ce n'est cependant pas aussi marqué que chez
l'Homme, et la phrase « Ex pede Herculem " a été judicieusement complété
par " Ex calce hominem ". Les cheveux sur la tête forment une sorte de crête,
qui peut être élevée lorsque l'animal est enragé. Le cou est épais et court, et
la bête a des épaules massives et un large poitrine.

FIGUE. 274.— Gorille. *Gorille gorille* , ♀. × ⅛.

S'il n'y avait pas le petit nombre de singes anthropoïdes et leur proximité avec l'homme, il est douteux que le gorille serait classé comme un genre distinct, [[421]] car dans sa structure interne il est très proche du chimpanzé. Le caractère microscopique des recherches sur l'anatomie de l'homme a quelque peu obscurci le sens propre de la perspective et a tendu à mettre plus en évidence qu'il ne semble nécessaire les divergences de structure observées chez le gorille. Le Dr Keith [422] a récemment résumé et commenté ces divergences, et le récit suivant de cet Anthropoïde est principalement déduit de ses mémoires.

La capacité crânienne du Gorille est supérieure à celle du Chimpanzé. Il n'est cependant pas possible de décider de ce point de vue si un crâne donné est celui de l'un ou de l'autre de ces Singes. Certains chimpanzés ont une capacité supérieure à celle de certains gorilles. Mais la moyenne est sans aucun doute celle indiquée. Il est à noter qu'il existe une correspondance entre la capacité crânienne et la taille du palais, la correspondance étant inverse : *plus* le cerveau est gros, plus le palais est petit. Cela s'applique à l'homme par rapport à ses parents singes, mais ne s'applique pas avec autant de précision au gorille, qui a un palais plus étendu que le chimpanzé ; son « développement brut » est bien supérieur à celui du Chimpanzé. Non seulement le palais est plus grand, mais les molaires, de forme légèrement différente, sont également plus grandes et plus fortes. Ceci est si clairement indiqué que "on peut dire presque avec certitude que toute dent molaire supérieure de plus de 12 mm de longueur est celle d'un gorille, et de moins de 12 mm celle d'un chimpanzé". Dans le squelette en général, on peut dire que les crêtes des attaches musculaires sur les os sont plus grandes chez le gorille. Les os nasaux ressemblent davantage à ceux des singes inférieurs dans leur longueur, et ils présentent une crête pointue plus marquée que chez le chimpanzé, qui disparaît cependant chez les animaux âgés. Il est curieux que les gorilles aient souvent une « fente palatine », due à l'incapacité de la partie palatine des os palatins à se rejoindre complètement. La conformation générale du crâne est moins brachycéphale chez le Gorille.

Les membres présentent un certain nombre de petites différences, qui sont associées à une vie plus complètement arboricole chez le chimpanzé que chez le gorille. Cette dernière se rapproche du mode de vie humain. Malgré ces différences, aucune ligne de divergence nette ne peut être établie entre les deux anthropoïdes africains, car il ressort des nombreux mémoires qui ont été écrits sur les deux qu'« il n'y a pratiquement aucune caractéristique dans aucun muscle ou muscle ». os trouvé chez un animal qui ne se retrouve pas également chez l'autre. Le talon du Gorille a déjà été évoqué. Ceci est bien entendu associé à un mode de progression plantigrade et donc non arboricole. Certains muscles du mollet de la jambe attachés au talon présentent une disposition plus humaine chez le Gorille que chez le Chimpanzé. Il est intéressant de constater que les muscles du petit orteil diminuent chez le Gorille comme chez l'Homme. Ceci est très clairement dû à la progression terrestre et nous pouvons appliquer la même explication à l'Homme et ignorer les bottes serrées ! Le bras du Gorille est moins adapté à la progression arboricole. Ses proportions diffèrent de celles du bras du Chimpanzé dans la mesure où l'avant-bras est plus court. Chez les deux animaux, le pouce n'est pas d'une grande utilité, et ce doigt est plus rétrograde chez le gorille, non seulement en termes de longueur proportionnelle, mais aussi en termes de masse musculaire. La ceinture de hanche raconte la même histoire. Il est plus large chez le Gorille et les muscles fessiers sont plus proéminents, toutes ces caractéristiques étant liées à la démarche plus droite.

Le cerveau des deux animaux a été étudié, mais pas dans le cas du gorille à partir d'un nombre suffisamment grand d'exemples pour permettre des généralisations de grande valeur. Dans l'ensemble, le gorille a le cerveau le plus gros, mais cela doit être ignoré par le fait qu'il a également un corps plus gros. Il est remarquable que le foie du gorille ressemble beaucoup plus à celui des singes inférieurs qu'à celui des autres anthropoïdes. Il possède, comme le chimpanzé, des sacs laryngés. La conclusion générale concernant la position relative des deux anthropoïdes africains semble être que le gorille est le plus primitif ; et comme ainsi il doit se rapprocher plus près du parent originel que le chimpanzé, on peut dire qu'il se rapproche aussi un peu plus près de l'homme, puisque le chimpanzé s'est éloigné de la souche commune par une autre ligne. Il ne faut cependant pas s'étendre indûment sur les ressemblances détaillées avec l'homme ; car ils proviennent principalement d'une tendance à adopter le mode de progression plantigrade.

Dans les caractéristiques mentales, il existe la plus grande différence entre les deux singes que nous considérons. Le chimpanzé est vif et, du moins lorsqu'il est jeune, enseignable et apprivoisé . Le Gorille, en revanche, est sombre et féroce, et tout à fait indomptable . Lorsqu'il est en colère, le gorille se frappe la poitrine, affirmation qui a été faite à l'origine, croyons-nous, par M. du Chaillu , mais qui a été contestée, bien qu'elle paraisse parfaitement vraie. On a pu observer un jeune gorille, exposé depuis quelque temps dans les jardins de la Société zoologique. Le cri du chimpanzé est différent du « hurlement » du gorille. De nombreuses écrits ont été écrits sur les manières de cet animal dans sa propre maison, y compris beaucoup de choses légendaires. On dit que le gorille se cache dans les profondeurs de la forêt et étend son pied préhensile pour saisir et étrangler un malheureux homme noir qui passe en contrebas. On dit aussi qu'il est possible de vaincre l'éléphant en le frappant violemment sur la trompe avec un gros bâton, et de froisser le canon d'un fusil avec ses dents puissantes.

Hormis les douteux "Pongo" et " Engeco " d'Andrew Battel, nos premières informations concernant le Gorille sont dues au Dr Savage, du nom duquel, en effet, feu Sir Richard Owen a appelé l'animal Troglodytes *savagei* , un nom qui doit être abandonné au profit d'un nom antérieur.

Le Gorille est limité dans sa répartition à la zone forestière du Gabon . Cela se passe en famille, avec un seul mâle adulte, qui doit ensuite contester sa position de chef de bande avec un autre mâle, qu'il tue ou chasse, ou par qui il est tué ou chassé. On dit que l'animal fait son nid dans un arbre comme l'Orang ; mais cette affirmation a été remise en question.

Il se nourrit des baies de diverses plantes et d'autres substances végétales ; il n'y a apparemment pas une inclination aussi marquée pour la nourriture animale que celle manifestée par le chimpanzé. A la recherche de leur nourriture, ils errent à travers la forêt, marchant en partie sur la main pliée et progressant d'un pas traînant. Il est à noter que l'on dit que le gorille marche sur la paume de la main et non sur le dos, comme c'est le cas du chimpanzé. Il peut facilement adopter la posture verticale et, dans ce cas, s'équilibre en grande partie avec ses bras. Le professeur Hartmann précise cependant que le dos de la main est également utilisé. Contrairement à la plupart ou à de nombreuses bêtes sauvages, le gorille ne montre aucune envie de s'enfuir lorsqu'il aperçoit un ennemi humain. Le Dr Savage remarque que « lorsque le mâle est aperçu pour la première fois, il pousse un cri terrible, qui résonne partout dans la forêt, quelque chose comme kh -ah ! kh -ah ! prolongé et aigu. » Cela s'accompagne de tactiques offensives auxquelles les indigènes ne sont pas volontairement confrontés. Lorsqu'il lance une attaque, le gorille se lève et, lorsqu'un animal adulte atteint une hauteur d'environ cinq pieds, il constitue un antagoniste des plus redoutables. On dit que l'attaque de l'un de ces animaux se fait avec la main, avec laquelle il frappe son adversaire à terre, puis utilise les puissantes canines. Les coups de poitrine qui annoncent une attaque sont une affirmation de M. du Chaillu . Elle a été niée avec une vigueur et une agressivité sans commune mesure avec l'importance de la question. [423]

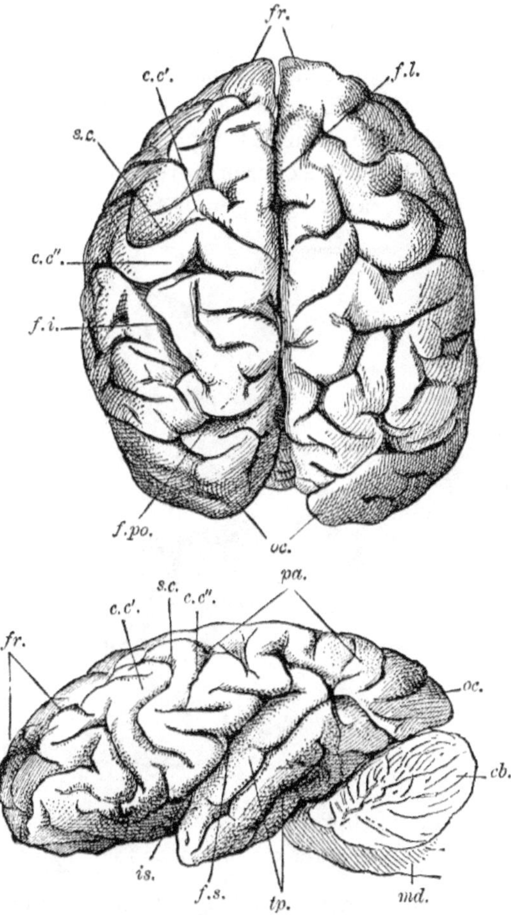

FIGURE. 275.- **A** , cerveau d'une femelle chimpanzé âgée de deux ans. × ½. (Aspect dorsal, montrant un développement asymétrique.) *cc* ', *cc* ", Circonvolutions centrales antérieures et postérieures ; *fi* , fissure interpariétale ; *fl*, la fissure longitudinale ; *f.po* , fissure pariéto-occipitale ; *fr* , lobes frontaux ; *oc* , lobes occipitaux ; *sc* , sillon central. **B** , Cerveau d'une femelle chimpanzé âgée de deux ans. × ½. (Aspect latéral.) *cb*, Cervelet ; *cc* ', *cc* ", circonvolutions centrales antérieure et postérieure ; *fr* , lobe frontal ; *fs* ,

fissure Sylvii ; *est* , île de Reil ; *md* , moelle allongée ; *oc* , lobe occipital ; *pa* , lobe pariétal ; *sc* , sulcus centralis ; *tp* , lobe temporal. (D'après Wiedersheim *Structure de l'Homme* .)

Les Chimpanzés, genre *Anthropopithecus* (ou *Troglodytes*), se distinguent du Gorille par les caractères mentionnés dans le récit de ce dernier animal. En bref, ils sont principalement les suivants : — Les oreilles sont grandes et se détachent généralement de la tête ; mais il y a des exceptions à noter actuellement. La pigmentation du corps n'est pas toujours aussi prononcée que chez le Gorille. Les os nasaux sont plus courts. Le crâne dans son ensemble est plus brachycéphale et les molaires sont plus petites. Les mains et les pieds sont beaucoup plus longs, l'animal étant plus purement arboricole que le Gorille. La femelle Chimpanzé est légèrement plus petite que le mâle, mais la grande disparité observable chez le Gorille ne caractérise pas son allié. L'animal, comme le gorille, possède de grands sacs aériens.

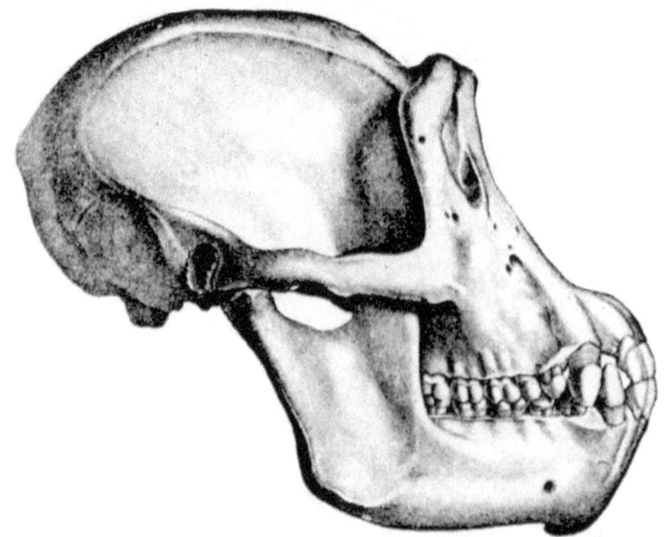

FIGURE. 276.- Crâne de chimpanzé. *Anthropopithèque troglodytes.* × ⅓ .
(D'après de Blainville.)

Les chimpanzés sont entièrement limités à l'Afrique, et bien qu'ils semblent s'étendre un peu plus à l'est que le gorille, la région forestière de la ceinture équatoriale est leur habitat.

Il a été mentionné en traitant du gorille que la caractéristique principale de cet animal, qui présente une différence constante avec le chimpanzé, est son comportement sombre et féroce. Le chimpanzé, en revanche, est vif et joueur, bien que souvent malveillant, et tout à fait apprivoisé , comme le montrent de nombreux exemples, notamment la fameuse « Sally » du jardin zoologique. La première mention d'animaux qui sont probablement des chimpanzés se trouve dans un ouvrage sur le Royaume du Congo, publié en 1598. Dans un extrait illustrant cet ouvrage, et dont une partie est reproduite dans l' essai du professeur Huxley mentionné ci-dessous, [424] les singes, qui correspondent à peu près dans leur apparence aux chimpanzés, sont représentés comme capturés par le dispositif de bottes chaulées que les singes enfilent. Cette idée a ensuite été imitée et mise en œuvre. Un peu plus tard, Andrew Battel a écrit sur le Pongo et sur une autre créature, l' Engeco . Ce dernier, quoi qu'il en soit du premier, est selon toute probabilité le chimpanzé, puisque le mot « Nchego » , maintenant appliqué à ces créatures, semble être le même mot. De là semble également dériver le terme marin « Jacko ». Qu'il existe ou non plus d'une espèce de chimpanzé, c'est une question qui a préoccupé et perplexe les naturalistes. Il est parfaitement clair qu'il existe de nettes différences dans les caractéristiques externes, du moins entre les individus. Nous sommes en droit de reconnaître trois formes, mais la question de leur distinction spécifique peut pour le moment être gardée en réserve. La plus courante d'entre elles est la variété connue sous le nom d' *A. troglodytes* . Ceci est fréquent dans les ménageries, bien que les spécimens visibles soient presque toujours jeunes et petits. Le visage et les mains sont de couleur chair et les oreilles sont très grandes. Les cheveux noirs prennent une teinte rougeâtre sur les flancs. La seconde variété est celle que du Chaillu a appelée *Troglodytes kooloo-kamba* . Cet animal semble être aussi le *T. aubryi* de MM. Gratiolet et Alix, [425] et être identique à deux singes connus sous les noms de « Mafuca » et « Johanna ». [426] Le premier d'entre eux a été exposé à Dresde, le second à l'exposition de MM. Barnum et Bailey. Les deux animaux ont été soigneusement étudiés. Ils diffèrent du chimpanzé commun par la couleur sombre du visage et, dans le cas de Mafuca , l'oreille était en forme de gorilline . Il en était de même pour l'oreille d' *A. aubryi* , tandis que Johanna en a une plus grande. Ces caractéristiques ont conduit à suggérer que le Kooloo-kamba était le résultat d'une mésalliance entre un gorille et un chimpanzé commun.

On a en tout cas affirmé que les deux Anthropoïdes se déplacent en compagnie ; mais il ne fait guère de doute qu'il ne s'agit pas ici d'un hybride. Les études minutieuses du Dr Keith [427] sur Johanna ont démontré l'impossibilité de considérer ce singe comme autre chose qu'un chimpanzé. L'animal a les manières et les manières du chimpanzé ; a un cri exactement comme celui d' *A. troglodytes* ; ne se frappe pas la poitrine comme un gorille lorsqu'elle est ennuyée. Cependant, les connaissances anatomiques de ce spécimen font actuellement défaut.

FIGUE. 277.—— Jeune Orang- Utan . *Simia satyre* . *Zeitschrift für Ethnologie* (*Anthropolog* . *Gesellschaft*), Bd. viii. (D'après Wiedersheim *Structure de l'Homme* .)

Anthropopithecus calvus [428] semble avoir au moins autant droit à la distinction que le précédent. Il a été décrit à l'origine par du Chaillu ; mais le Dr Gray, qui examina les peaux, pensa que la calvitie était accidentelle, puis, après cette sage prudence, entreprit de décrire, sous le nom d' *A. vellerosus* , peut-être la "pire" espèce de chimpanzé qui ait été ajoutée à la liste inutilement longue. des "espèces" de chimpanzés. A cette variété appartenait "Sally" [429] du Zoo, dont l'intelligence a été célébrée par feu le docteur Romanes. La forme est caractérisée par sa noirceur intense, le reflet rouge des autres Chimpanzés n'étant pas visible ; aussi par le crâne chauve, d'où bien sûr le nom. Les narines de ce singe, comme celles de Johanna, étaient quelque peu élargies et présentent ainsi une certaine ressemblance avec le gorille. Mais rien ne suggère qu'A . *calvus* soit le produit d'une union entre les deux anthropoïdes africains. Comme c'est le cas pour Johanna, Sally recevait et appréciait parfois de la nourriture pour animaux. Il est curieux que Sally et Johanna semblent toutes deux daltoniennes .

FIGUE. 278.— Jeune Orang- Utan . *Simia satyre* . *Zeitschrift für Ethnologie (Anthropolog . Gesellschaft)*, Bd. viii. (D'après Wiedersheim *Structure de l'Homme* .)

L'orang- outan , genre *Simia* , n'a qu'une seule espèce définissable, à savoir. *S. satyrus* . L'espèce supposée d'Owen, *S. morio* , ne peut être définie de manière satisfaisante. De nombreux autres noms spécifiques ont également été donnés à ce qui n'est selon toute probabilité qu'une seule espèce de grands singes anthropoïdes habitant les îles de Bornéo et de Sumatra.

FIGUE. 279.—— Squelette d'Orang. *Simia satyre* . (D'après de Blainville.)

Le nom d'Orang- Utan , appliqué désormais exclusivement au sujet de la présente description, était autrefois appliqué aussi au Chimpanzé, et à cet animal d'ailleurs, sous la version latinisée d' *Homo sylvestris* . L'Orang est un singe grand et lourd au ventre particulièrement protubérant et à l'expression mélancolique. Le visage du vieux mâle est élargi par une sorte d'expansion calleuse de peau nue sur les côtés. La couleur de l'animal est un brun jaune, variant selon la nuance exacte. Les oreilles sont particulièrement petites et gracieuses, étroitement pressées sur les côtés de la tête. La tête est très brachycéphale. Les bras sont très longs et, lorsque l'animal est en position verticale, ils atteignent la cheville. L'hallux est très court et généralement dépourvu d'ongle. Il est curieux que la tête du fémur soit détachée par un ligament de l'emboîture du bassin dans laquelle elle s'articule, état de choses qui peut donner au membre une plus grande liberté de mouvement, mais n'ajoute pas à sa force ; en effet, l'Orang a été décrit comme se déplaçant avec une grande prudence.

Ce singe habite les sols plats et boisés et vit principalement dans les arbres. Le mâle mène une vie solitaire sauf pendant la période de reproduction, mais la femelle se promène avec sa famille. Au sol, l'Orang marche sans grande aisance et utilise ses bras comme béquilles pour balancer son corps. Même sur les arbres, le progrès n'est pas rapide et s'accomplit grâce à des investigations minutieuses quant à la capacité des branches à supporter son poids. On dit que « l'Homme des Bois » construisait une cabane dans les arbres. C'est une exagération du fait qu'il construit un nid temporaire.

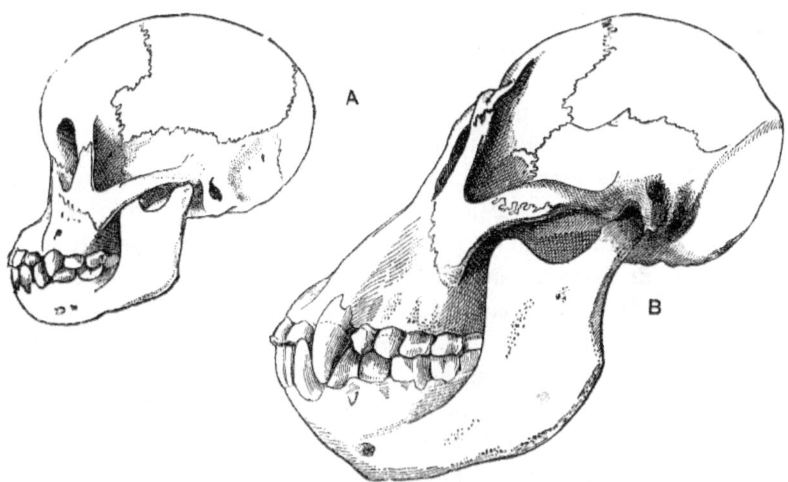

FIGUE. 280.— **A** , Crâne d'un jeune Orang- Utan . *Simia satyre* . (Un tiers de grandeur nature.) **B** , Crâne d'un orang- outan adulte . (Un tiers de grandeur nature.) (De Wiedersheim *Structure de l'Homme* .)

L'un de ces nids a récemment été décrit de manière détaillée par le Dr Moebius. Il a été trouvé (par le Dr Selenka) sur la fourche d'un arbre à une hauteur de 11 mètres du sol. Chaque nuit, semble-t-il, ou une nuit sur deux, l'animal se construit un nouveau nid, abandonnant l'ancien. Ces nids sont donc si nombreux dans les localités fréquentées par les Orangs, qu'on peut en trouver facilement une douzaine par jour. Le nid particulier examiné par le Dr Moebius mesurait 1,42 mètre de long et 0,80 mètre de large au maximum. Il était constitué d'environ vingt-cinq branches, brisées et disposées pour la plupart parallèles les unes aux autres. Au-dessus de cette charpente se trouvaient un certain nombre de feuilles volantes. Il ne fait donc aucun doute que ces nids ne sont en aucune façon des structures élaborées et qu'ils servent uniquement de lieux de couchage, et non de pépinières pour l'éducation des jeunes, comme on l'a affirmé.

L'Orang semble être généralement d'un caractère assez doux ; il attaquera rarement un homme sans provocation. Mais le Dr Wallace, qui a accumulé un grand nombre d'observations sur ces animaux, décrit une femelle Orang qui « sur un durian entretenait pendant au moins dix minutes une pluie continue de branches et de fruits à fortes épines aussi gros que 32 livres, ce qui nous a le plus efficacement tenus à l'écart de l'arbre sur lequel elle se trouvait. On pouvait la voir les casser et les jeter avec toutes les apparences de rage, poussant à intervalles réguliers un grognement puissant et signifiant évidemment un méfait . Le nom donné par les Dyaks aux Orangs est Mias Pappan . [430]

anthropoïdes fossiles . — L'anthropoïde fossile le plus intéressant est sans aucun doute le désormais célèbre *Pithecanthropus erectus* . Nous le devons en premier lieu à Dubois. [431] Mais il n'est guère d'anatomiste ou d'anthropologue qui n'ait pas eu son mot à dire sur ce vestige malheureusement très incomplet. La créature n'est connue que par un calvaire, deux dents séparées et un fémur. Et le fémur, en plus, est malade. M. Dubois a découvert ces restes dans l'île de Java dans des tufs andésitiques du Pliocène ou du moins du Pléistocène inférieur. Les restes ont été retrouvés en compagnie de *Stegodon* , aujourd'hui disparu, et *d'Hippopotamus* , que l'on ne trouve plus dans cette partie du monde. Le nom *de Pithécanthrope* lui fut donné par le découvreur afin de lui donner une habitation précise et un nom de *Pithécanthrope théorique* de Haeckel. Même les étudiants les plus exigeants en nomenclature des mammifères ne s'opposeront guère à l' utilisation d'un nom pour la seconde fois qui est, avec une certaine clarté, un *nomen nudum* ! L'animal, une fois dressé, devait mesurer 5 pieds 6 pouces de haut. Le contenu du crâne devait mesurer 1000 cm, soit 400 cm. plus que la capacité crânienne de n'importe quel singe anthropoïde, et tout aussi grande, voire un peu plus grande, que la capacité crânienne de certaines femelles australiennes et Veddahs . Mais comme ces derniers ne mesurent pas 1,50 mètre de hauteur, l'homme simiesque avait en réalité une cavité cérébrale moins grande. Le crâne dans son profil se situe à peu près à mi-chemin entre celui d'un jeune chimpanzé (jeune pour s'affranchir des modifications secondaires provoquées par la crête) et le crâne humain le plus bas, celui de l'Homme de Néandertal. Cette créature est véritablement, comme l'a dit le professeur Haeckel, « le « chaînon manquant » longtemps recherché », en d'autres termes, elle représente « le commencement de l'humanité ».

Les restes de singes, plus distinctement des singes que *des Pithécanthropes* , sont connus des strates du Miocène de France. Deux genres, *Pliopithecus* et *Dryopithecus* , sont connus. Le premier semble proche d' *Hylobates* . *Dryopithecus* ressemble plus à l'homme qu'à tout autre et semble avoir été aussi grand qu'un chimpanzé. Les incisives sont humaines dans leur taille relativement petite. Mais il a été souligné que la symphyse longue et étroite de la mâchoire inférieure présente une certaine ressemblance avec les Cercopithecidae .

Famille. 3. Hominidés. — Hormis *le Pithecanthropus* , qui fait peut-être partie de cette famille, mais dont les restes permettent de le laisser parmi les Simiidae , du moins pour le moment, la famille des Hominidae ne contient qu'un genre, *Homo* , et probablement qu'une seule espèce, *H. sapiens* . Les caractères de la famille peuvent donc se confondre avec ceux du genre. [432]

S'il est assez facile de distinguer un homme d'un singe, il n'est en aucun cas facile de trouver des caractères absolument distinctifs qui ne soient pas « relatifs ». Comme l'a souligné le professeur Haeckel, il n'y a en réalité que quatre caractères qui différencient l'homme : ce sont la marche droite et la modification qui en résulte des membres antérieurs et postérieurs vers cette position ; l'existence d'un discours articulé ; la faculté de raison. Qu'un groupe de psychologues ait raison de soutenir que la raison est un attribut humain distinctif, à ne pas confondre avec les capacités de raisonnement apparentes des animaux inférieurs, ou que d'autres soient fondés à séparer l'homme des animaux inférieurs seulement en termes de degré, il est clair que cette diversité même d'opinions nous empêche pour le moment d' utiliser ces caractères comme des différences absolues. Quoi qu'il en soit, la discussion de ces questions dépasse le cadre du présent ouvrage.

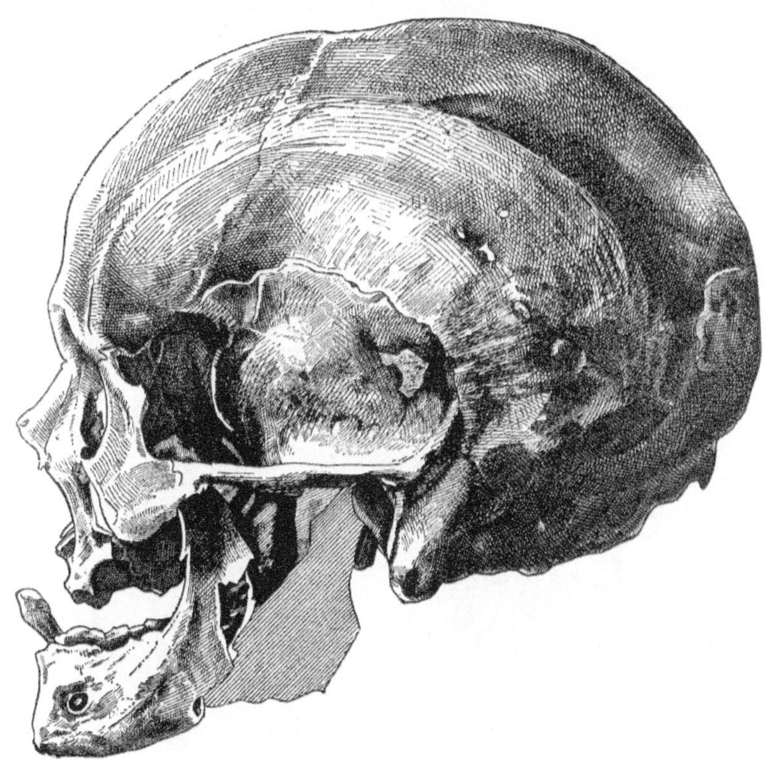

FIGUE. 281.— Crâne d'Emmanuel Kant. (D'après C. von Kupffer.) La grande taille du crâne est une caractéristique remarquable. (D'après Wiedersheim *Structure de l'Homme* .)

Anatomiquement, il existe un certain nombre de petits points qui distinguent l'Homme ; mais ils sont principalement dus à la démarche droite. On tente parfois de diviser l'Homme en un animal nu. Mais ce n'est là qu'une différence apparente ; le poil n'est pas tellement développé sur le corps que chez les Singes, sauf quelques anomalies occasionnelles, comme les divers hommes et femmes poilus que l'on peut voir dans les spectacles itinérants, et dans une moindre mesure les Ainos japonais, mais il est présent partout , comme le montre l'examen microscopique de la peau. Le crâne de l'Homme "est un boîtier osseux lisse et imposant, arrondi ou ovale", qui contraste avec le crâne plus petit et profondément strié des singes anthropoïdes. La forme du crâne correspond largement à celle du gros cerveau. La face ne dépasse pas autant que chez les singes anthropoïdes, bien qu'il ne faille pas trop insister sur ce caractère, car chez certains singes américains, la face est tout aussi peu projetée. Pourtant, nous comparons maintenant l'Homme avec ses plus proches parents, les Simiidae . Dans la mâchoire inférieure, la ligne antérieure de la symphyse est approximativement droite, c'est-à-dire perpendiculaire au grand axe de la mâchoire, tandis que les singes ont un menton plus reculé. La « belle courbe sigmoïde formée par les vertèbres lombaires et dorsales » est plus prononcée chez l'Homme, mais existe non seulement chez les Anthropoïdes, mais chez d'autres Singes. [433]

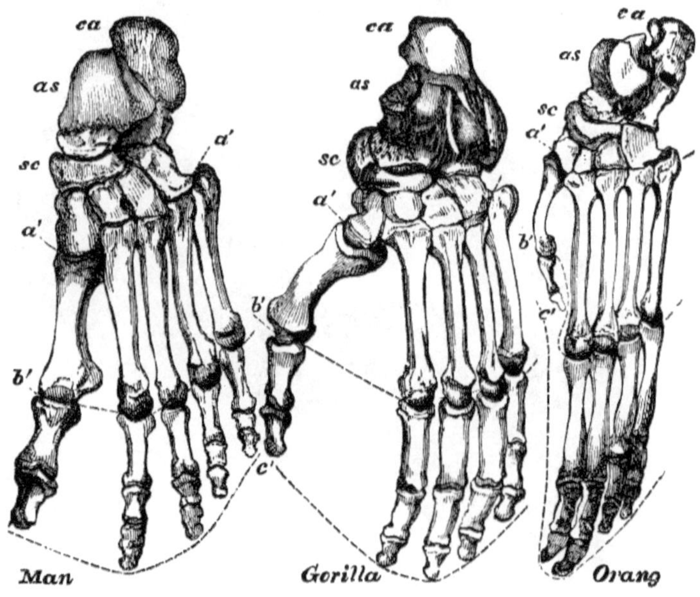

FIGUE. 282.— Pied de l'homme, du gorille et de l'orang de même longueur absolue, pour montrer la différence de proportions. La ligne *a'a'* indique la limite entre le tarse et le métatarse ; *b'b '* , celui entre cette dernière et les phalanges proximales ; et *c'c '* délimite les extrémités des phalanges distales. *comme* , Astragale; *ca* , calcanéum ; *sc* , scaphoïde. (D'après Huxley.)

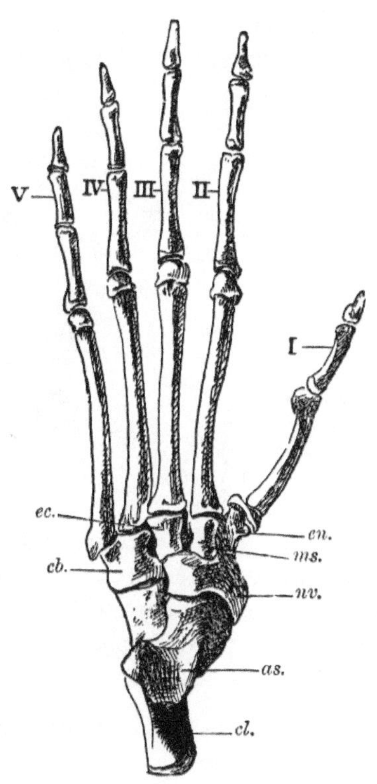

FIGUE. 283.— Squelette du pes gauche d'un chimpanzé. (Aspect dorsal.) *comme* , Astragale ; *cb* , cuboïde ; *cl* , calcanéum ; *ec* , ectocuneiforme ; *fr* , endocuneiforme ; *ms* , mésocuneiforme ; *nv* , naviculaire ; *IV* , chiffres. (D'après Wiedersheim *Structure de l'Homme* .)

Les membres antérieurs sont relativement courts, l'extrême longueur du bras étant telle que la main tendue n'atteint pas le genou. Le pouce est un doigt grand et utile chez l'Homme, bien plus que chez les Anthropoïdes. Par contre l' hallux n'est pas opposable. Ceci est, bien entendu, en corrélation avec l'attitude verticale, tout comme l'est également la plus grande épaisseur relative de ce doigt, sur lequel est exercée la plus grande pression lors de la marche. Quant aux muscles, le grand fessier est plus développé chez l'homme, le singe qui s'en rapproche le plus étant le gorille, animal chez lequel la vie est moins complètement arboricole que chez quelques autres. Le soi-disant « scansorius » n'est présent chez l'homme que de manière occasionnelle. On a souvent insisté sur le caractère rudimentaire des muscles de l'oreille pour le mouvement de l'oreille externe chez l'Homme, ainsi que sur leur activité fonctionnelle occasionnelle. Mais ici et ailleurs, les anomalies sont si nombreuses que « l'écart qui sépare habituellement le système musculaire de l'Homme de celui des Anthropoïdes semble être complètement comblé ». Ce sont des paroles du professeur Wiedersheim citées dans Testut , et qui expriment un résumé final de la question des muscles dans L'Homme et les singes.

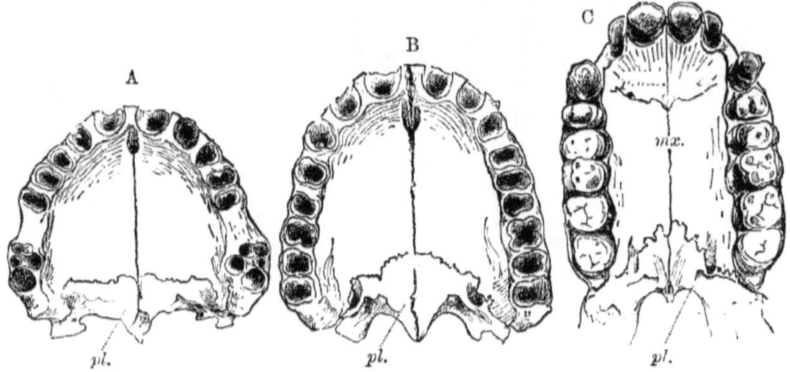

FIGUE. 284.— Le palais dur, **A** , d'un Caucasien ; **B** , d'un nègre ; **C** , d'un Orang- outan adulte , montrant les différences de forme des os. Le palais du Nègre représente un type de transition entre celui du Caucasien et celui de l'Orang. *mx* , maxillaire ; *pl* , palatin; *p.mx* , prémaxillaire. (D'après Wiedersheim *Structure de l'Homme* .)

Dans ses dents, l'homme se distingue par la petite exagération des canines, qui ne diffèrent guère, voire pas du tout, selon les deux sexes. Il existe également une absence totale de diastème. Les dents sont également dans l'ensemble plus faibles que chez les Anthropoïdes, bien que *Hylobates* soit très humain sur ce point.

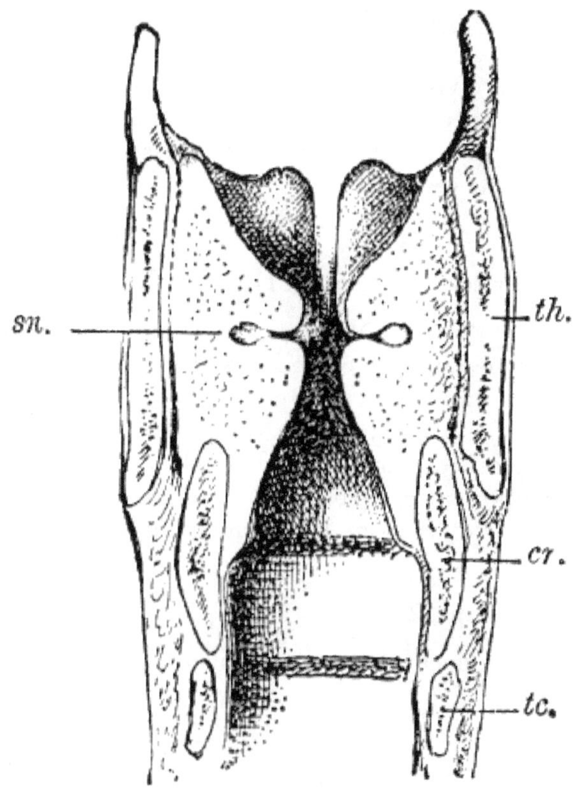

FIGUE. 285.— Larynx humain en coupe frontale. *cr* , cartilage cricoïde ; *sn* , sinus de Morgagni ; *tc* , premier cartilage trachéal ; *th* , cartilage thyroïde. (D'après Wiedersheim *Structure de l'Homme* .)

Il existe chez l'Homme une tendance à la disparition des incisives supérieures externes, et plus nettement encore des dents de sagesse, qui apparaissent très tardivement et sont souvent imparfaites. Dans un grand nombre de cas, la dent n'apparaît pas du tout. Dans le larynx, il n'y a pas de grand développement des grandes poches pharyngées des Anthropoïdes. Les minuscules diverticules de cet organe, connu des anatomistes humains sous le nom de ventricules de Morgagni, restent seuls pour témoigner d'un ancien appareil hurlant chez les ancêtres de l'Homme.

REMARQUES

[1] La dégénérescence du membre postérieur chez les Baleines et les Sirénias interdit l'utilisation de ce caractère comme caractère distinctif sur les principes préconisés par la sélection de la liste ci-dessus. Mais il serait absurde de laisser de côté les cheveux.

[2] " Über die Haare der Säugethiere ", *Morph. Jahrb* . XXI. 1894, p. 312.

[3] " Remarques über den Ursprung der Haare ," *Anat. Anz* . 1893, p. 413.

[4] Voir à ce sujet, p. 90 . Le Dr Bonavia a récemment avancé (*Studies in Evolution* , Londres, 1895) l'idée quelque peu fantastique selon laquelle les taches pigmentaires des carnivores et d'autres mammifères sont une réminiscence d'une maladie squameuse antérieure. Il n'y a aucune preuve directe que les mammifères primitifs étaient écailleux, et les Monotremata ou les Marsupiaux ne portent pas plus de traces d'une telle condition que les autres mammifères ; et ce sont les mammifères existants les plus mal organisés .

[5] *Proc. Zool. Soc.* 1887, p. 527.

[6] " Sur Marsupial rudimentaire bei Placentaliern , " *Morph. Jahrb* . xx. 1893, p. 276.

[7] Voir Haacke , "Sur l'ovule marsupial, la poche mammaire, etc., de l'échidné", *Proc. Roy. Soc.* 1885, p. 72 ; et " Über die Entstehung der Säugetiere ", *Biol. Centralbl* . viii. 1889, p. 8.

[8] Voir Gegenbaur *Éléments de Comp. Anat.* Trad. par Bell, 1878, p. 421.

[9] " À propos des beziehungen zwischen Mammartasche u. Marsupium, " *Morph. Jahrb* . XVII. 1891, p. 483.

[dix] *Catalogue des marsupiaux du British Museum* , 1886.

[11] Son indépendance de l' épistrophée est soulignée chez les Monotrèmes et certains Marsupiaux par sa fusion tardive avec cette vertèbre.

[12] Les intercentra sont rarement rencontrés en avant de la série caudale. M. Parsons a cependant enregistré leur apparition dans les vertèbres lombaires d' *Atherura* .

[13] *Études du Tufts College* , n° 6, 1900.

[14] Cf. le tatou *Peltephilus* , p. 186.

[15] Gegenbaur , *Vergl* . *Anat. Wirbelth* . Leipzig, 1898, p. 404.

[16] d'Ehler *Zool. Divers* , je . 1894.

[17] *Proc. Zool. Soc.* 1865, p. 567.

[18] *Vergl . Anat. der Wirbelth* . Leipzig, 1898, p. 497.

[19] À cette catégorie doivent peut-être être référés les morceaux cartilagineux présents chez le Lapin, le *Mus* et *le Sorex* (voir Fig. 29 ci-dessus).

[20] "Sur le coracoïde des vertébrés terrestres", *PZS* 1893, p. 585.

[21] La matière cornée a tendance à se former sur les extrémités ; des exemples bien connus sont les « griffes » sur la queue du lion, du léopard et du kangourou *Onychogale* . Pour un compte rendu du premier, voir *Proc. Zool. Soc.* 1832, p. 146.

[22] Cf. Tomes, *Un manuel d'anatomie dentaire* , 5e éd. Londres, 1898.

[23] *Matériaux pour l'étude de la variation* , Londres, 1894.

[24] *Morph. Jahrb* . XIX. 1892, p. 502.

[25] Il serait du plus grand intérêt, par rapport à ce problème et à bien d'autres, de déterminer la signification précise de la dentition monophyodonte d' *Ornithorhynchus* .

[26] *Proc. Zool. Soc.* 1899, p. 922.

[27] M. M. Woodward, cependant (*PZS* 1893, p. 467), est disposé à penser que chez certains Macropodidae en tout cas, la dent supposée de la deuxième série appartient en réalité à la dentition de lait, apparue tardivement entre Pm _ { 3} et Pm_{4}.

[28] Voir pour un résumé, Osborn, *American Nat.* Décembre 1897, p. 993.

[29] *par exemple* le « protoloph », le « métallophe », etc. (voir Fig. 36, p. 51), de la forme moderne de dent d'Ongulé.

[30] "Sur le type primitif des molaires plexodontes des mammifères", *Proc. Zool. Soc.* 1899, p. 555.

[31] *Jen. Zeitschr* . ii. 1866, p. 365.

[32] *Proc. Zool. Soc.* 1883, p. 8.

[33] *Proc. Zool. Soc.* 1894, p. 715.

[34] Béddard , *Proc. Zool. Soc.* 1895, p. 136.

[35] *Litre. Journaux . Micro . Sci.* XXIV. 1884, p. 9.

[36] *SB Jen. Gesells* . 1885, p. 1.

[37] *Proc. Roy. Phys. Soc. Édine.* viii. 1885, p. 354.

[38] *Phil. Trans.* clxxviii. 1887, p. 463.

[39] Robinson, *Études Biol. Laboratoire. Owens Coll.* ii. 1890, p. 35.

[40] Béddard , *Proc. Zool. Soc.* 1900, p. 667.

[41] Wallace, *La répartition géographique des animaux* , 1876. Heilprin , *La répartition des animaux* , Internat. Série scientifique, 1887. Beddard , *A Text-book of Zoogeography* , Cambridge Natural Science Manuals, 1895. Lydekker , *Geographical History of Mammals* , Cambridge Geographical Series, 1896. WL et PL Sclater , *The Geography of Mammals* , Kegan Paul and Co. 1899. .

[42] Ce terme est parfois utilisé dans un sens plus large ; cf. vol. viii. p. 74.

[43] Une série d'articles dans le *Phil. Trans.* pour 1888-96, dont un résumé utile du professeur Osborn a été publié dans l' *American Naturalist* , 1898, p. 309 ; voir aussi *Cambr . Nat. Hist.* viii. 1901, p. 303.

[44] Cf. vol. viii. p. 82.

[45] Il faudra peut-être exclure les baleines de la comparaison.

[46] *Anatomie dentaire* , 5e éd. 1898, p. 304.

[47] «Sur les mammifères fossiles de l'ardoise de Stonesfield», *Quart. Journaux . Micro . Sci.* xxxv. 1894, p. 407.

[48] Ce sillon a été trouvé dans le *Myrmecobius existant* , voir p. 154.

[49] *Trans. Académie de New York. Sci.* XIII. 1894, p. 234.

[50] Gegenbaur , *Zur Kenntniss der Mammarorgane der Monotremen* , Leipzig, 1886.

[51] *Litre. Journaux . Micro . Sci.* XXIV. 1884, p. 124.

[52] Béddard , *Proc. Roy. Phys. Soc. Edinb* . viii. 1885, p. 354.

[53] Voir *Phil. Trans.* clxxviii. 1887, où la littérature sur le sujet est entièrement citée.

[54] Les insertions et attachements musculaires ne soutiennent cependant pas entièrement la comparaison.

[55] *Journaux . Anat. Phys.* 1899, p. 309.

[56] *Proc. Zool. Soc.* 1864, p. 18.

[57] *Myrmecophaga aculeata* était le nom donné par Shaw.

[58] *Zaglossus* a apparemment la priorité comme nom ; mais *Proechidna* est mieux connu.

[59] *Proc. Zool. Soc.* 1892, p. 545.

[60] *Litre. J. Micr . Sci.* XXIX. 1888, p. 353.

[61] *Proc. Roy. Soc.* xlvi. 1889, p. 127. Voir également Stewart, *Quart. J. Micr*. *Sci.* xxxiii. 1892, p. 229.

[62] *Proc. Zool. Soc.* 1880, p. 649.

[63] De plus, « le corps calleux et la commissure antérieure… chez… *Erinaceus* et *Dasypus* ressemblent presque à des monotrèmes ».

[64] Voir Wilson et Hill, *Quart. J. Micr*. *Sci.* xxxix. 1899, p. 427.

[65] Chez *Dendrolagus* en tout cas. Voir *Proc. Zool. Soc.* 1895, p. 132.

[66] *Anat. Anz*. je . 1886, p. 338 ; et voir Weber, *ibid.* ii. 1887, p. 42.

[67] Les ouvrages traitant exclusivement des Marsupiaux sont : Lydekker , dans Allen's *Naturalists' Library* , 1894 ; Aflalo , *Histoire naturelle de l'Australie* , Macmillan and Co. 1896 ; Waterhouse, *Histoire naturelle des mammifères* , i . Londres, 1848 ; Oldfield Thomas, *Catalogue du British Museum des Marsupialia et Monotremata* , 1888.

[68] "Les commissures cérébrales chez les marsupiaux et les monotremata ", *Journ . Anat. Phys.* xxvii. 1893, p. 69.

[69] Lorsqu'il y en a plus de deux, *deux* sont particulièrement développées. Voir les Figs. 76, 77 (pages 149, 150).

[70] Voir pour une discussion plus approfondie de ce sujet les manuels zoogéographiques de M. Lydekker et de moi-même, cités à la p. 78 (note de bas de page).

[71] À cela s'ajoute l'observation de M. Thomas selon laquelle la famille des Opossums américains est « très étroitement apparentée aux Dasyuridae, dont, n'eût été sa position géographique isolée, elle serait très douteusement séparable ».

[72] Sauf chez les Diprotodontes sud-américains.

[73] *Proc. Zool. Soc.* 1893, p. 450.

[74] *Ibid.* 1876, p. 165.

[75] *Journal du Rt. L'hon. Sir Joseph Banks, Bart., KB, PRS* , édité par Sir Joseph Hooker, Londres, 1896.

[76] *Proc. Zool. Soc.* 1896, p. 683.

[77] *Proc. Zool. Soc.* 1875, p. 48.

[78] *Proc. Zool. Soc.* 1852, p. 103.

[79] *Proc. Zool. Soc.* 1895, p. 131.

[80] *Ibid.* 1884, p. 387.

[81] *Ibid.* 1884, p. 407.

[82] *Proc. Linn. Soc. NS Pays de Galles* , je . 1877, p. 34.

[83] "Sur quelques points de l'anatomie du koala", *Proc. Zool. Soc.* 1881, p. 180.

[84] Thomas, "Sur *Caenolestes* , un survivant encore existant des Epanorthidae d' Ameghino , et le représentant d'une nouvelle famille de Marsupiaux récents", *PZS* 1895, p. 870.

[85] Stirling et Zietz , *Mem. Roy. Soc. Australie-Méridionale* , je .; voir aussi une notice dans *Nature* , 18 janvier 1900.

[86] Tout récemment (*Proc. Linn. Soc. NSW* 1898, p. 1) le caractère carnivore de *Thylacoleo* a été réaffirmé par M. Broom.

[87] *Expédition scientifique Horn* , pt. ii. *Zoologie* , 1896, p. 36.

[88] Leche en a trouvé cinq et Waterhouse a déclaré que huit était le nombre.

[89] *Proc. Zool. Soc.* 1887, p. 527. Voir également Leche, *Biol. Foren . Förhandl* . 1891, p. 136 et la littérature citée.

[90] Des traces de coussinets cornés, comme ceux du Bec de canard, ont été affirmés exister chez cet animal. Ceci est extrêmement intéressant lorsqu'on le considère en conjonction avec ses molaires multituberculées.

[91] Voir pour un récit de cet animal, les mémoires du professeur Stirling in *Trans. Roy. Soc. Australie du Sud* , 1891, p. 154, et Gadow , *Proc. Zool. Soc.* 1892, p. 361.

[92] Le mâle, selon le professeur Spencer, possède une pochette rudimentaire.

[93] Pectoral et abdominal chez le tatou *Tatusia* .

[94] Un tatou plutôt problématique, *Necrodasypus* , a été enregistré dans les strates françaises. Il se compose de quelques écailles seulement.

[95] *Proc. Zool. Soc.* 1882, p. 358.

[96] *Trans. Linn. Soc.* (2) vii. 1898, p. 277.

[97] *c'est-à-dire de* grands lobes olfactifs.

[98] *Proc. Zool. Soc.* 1899, p. 1014.

[99] Voir pour l'anatomie Owen, *Trans. Zool. Soc.* iv. 1862, p. 117, et Forbes, *Proc. Zool. Soc.* 1882, p. 287.

[100] Pour le crâne des Édentés, voir généralement Parker, *Phil. Trans.* clxxvi. 1885, partie. je . p. 121.

[101] La couleur s'estompe en captivité en raison de la disparition des algues.

[102] Dans une lettre adressée au Dr Gray, citée par ce dernier dans une révision des Sloths, *Proc. Zool. Soc.* 1871, p. 428.

[103] Ce nom est écrit « *Prionodos* » par Gray, ce qui pourrait conduire à une confusion avec le Carnivore *Prionodon* .

[104] Pour l'anatomie de plusieurs formes, voir Garrod, *Proc. Zool. Soc.* 1878, p. 222, qui cite d'autres mémoires.

[105] Fleur, *Proc. Zool. Soc.* 1886, p. 419.

[106] Milne-Edwards, *Nouv . Cambre. Mus.* vii. 1871, p. 177.

[107] Voir notamment Lydekker , *An. Mus. La Plata, Pal. Arg.* iii. 1894.

[108] Le Dr Moreno et MA Smith Woodward dans *Proc. Zool. Soc.* 1899, p. 144 ; *Sagesse . Ergeb . Schwed . Expérimenté. Pays de Magellan .* ii. 1899, p. 149.

[109] *Proc. Roy. Soc.* xlvii. 1890, p. 246.

[110] *Proc. Zool. Soc.* 1893, p. 239, et 1896, p. 296.

[111] "Révision des Manidae au Musée de Leyde", *Notes Leyd . Mus.* iv. 1882, p. 193.

[112] Weber, *Zool. Ergebnisse un Reise à Niederl . Ost Indien* , 1892. Voir aussi Römer , dans *Jen. Zeitschr .* xxxi. 1896, p. 604, et Reh, *ibid.* xxx. 1895, p. 137.

[113] Voir Wortman, « Les Ganodontes et leur relation avec les Édentés », *Bull. Suis. Mus. Nat. Hist.* ix. 1897, p. 59.

[114] Cette créature est cependant parfois référée au voisinage des rongeurs.

[115] *Taureau. Amer. Mus. Nat. Hist.* ix. 1897, p. 321.

[116] "Notes sur certains spécimens de bois de daim, etc.", *Proc. Zool. Soc.* 1894, p. 485.

[117] *Taureau. Amér. Mus. Nat. Hist.* X. 1898, p. 159.

[118] Marsh, *Amer. Journaux . Sci.* xliii. 1892, p. 447.

[119] Voir WD Matthew, *Bull. Amer. Mus. Nat. Hist.* ix. 1897, p. 303.

[120] Ou peut-être plutôt aux Ongulés primitifs Condylarthra . Il est surtout comparé au *Periptychus* de ce groupe.

[121] L'omoplate de *P. bathmodon* est inconnue.

[122] Pour la structure de ce genre et de *Coryphodon* , voir Osborn, *Bull. Amér. Mus. Nat. Hist.* X. 1898, p. 169.

[123] Osborn, *Bull. Amer. Mus. Nat. Hist.* X. 1898, p. 81.

[124] Gadow , *Une classification des vertébrés, récents et éteints* , Londres, 1898.

[125] Voir Osborn, *American Naturalist* , février 1893, p. 118.

[126] Il n'est pas absolument clair si les deux ou un seul genre se trouvaient en Amérique. Différentes opinions ont été exprimées.

[127] Il faut cependant se rappeler qu'il y a une suggestion d'un caractère préhensile dans la main de *Phenacodus* (voir p. 203).

[128] Cope, *naturaliste américain* , xxxi. 1897, p. 485.

[129] *Nat américain.* Février 1900, p. 89.

[130] Il faut garder à l'esprit que les dents deviennent de plus en plus complexes, celles qui sont poussées en premier ont le moins de plaques. Le premier ne comporte que quatre plaques transversales.

[131] Forbes, *Proc. Zool. Soc.* 1879, p. 420.

[132] Voir Krueg , *Zeitschr , précité . sage . Zool.* xxxiii. 1881, p. 652, et Beddard , *Proc. Zool. Soc.* 1893, p. 311.

[133] Certaines personnes sont si convaincues du caractère indomptable de l'éléphant d'Afrique qu'il a même été suggéré que les animaux avec lesquels Hannibal traversa les Alpes n'étaient pas *E. africanus* , mais une espèce aujourd'hui éteinte !

[134] *Les bêtes sauvages et leurs mœurs* , Londres, 1890.

[135] Voir *Natural History of the Ancients* , par le révérend MG Watkins, Londres, 1896.

[136] *Taureau. Soc. Nat. d'Acclimat* . XLV. 1898, p. 41.

[137] *Trans. Zool. Soc.* ix. 1874, p. 1.

[138] Voir Busk dans *Trans. Zool. Soc.* vi. 1868, p. 227.

[139] Il existe cependant trois précurseurs laitiers des prémolaires, dont un n'a pas de successeur.

[140] Lydekker , *An. Mus. La Plata, Pal. Arg.* iii. 1894.

[141] MF Woodward "Sur la dentition lactée de *Procavia (Hyrax) capensis* , etc ", *Proc. Zool. Soc.* 1892, p. 38.

[142] "Sur les espèces des Hyracoidea ", *Proc. Zool. Soc.* 1892, p. 50.

[143] Sir WH Flower, *The Horse* , Londres, 1890.

[144] Voir Ewart, *The Penicuik Experiments* , Constable and Co., 1899.

[145] *Le Cheval* , Londres, 1890.

[146] Cuyer et Alix, *Le Cheval* , Paris, 1886.

[147] Lubbock, *Prehistoric Times* , Londres, 1865.

[148] J. Geikie, *Prehistoric Europe* , Londres, 1881.

[149] *Chevaux, ânes et zèbres* , Londres, 1895.

[150] *Proc. Zool. Soc.* 1884, p. 540.

[151] *Proc. Zool. Soc.* 1895, p. 688.

[152] Voir Pocock, *Ann. Nat. Hist.* (6) XX. 1897, p. 33.

[153] « Das Quagga », *Zool. Garten* , 1893, p. 289.

[154] De ce cheval, des restes ont été récemment découverts (voir Lönnberg , *Proc. Zool. Soc.* 1900, p. 379) dans la grotte qui a produit les restes de *Glossotherium* . Un morceau de peau recouvert de poils roux, éventuellement tachetés de zones plus pâles, serait une relique d' *Onohippidium* .

[155] *Trans. Phil américain. Soc.* XVIII. 1896, p. 55.

[156] *T. leucogenys* et *T. ecuadorensis* ne sont probablement pas distincts, ce dernier étant en réalité *T. terrestris* , l'ancien *T. roulini* .

[157] Voir Beddard , *Proc. Zool. Soc.* 1889, p. 252, et d'autres articles cités, pour l'anatomie du Tapir.

[158] *Sciences naturelles* , vi. 1895, p. 161.

[159] Garrod, *Proc. Zool. Soc.* 1873, p. 92 ; *ibid.* 1877, p. 707. Beddard et Treves, *Trans. Zool. Soc.* XII. 1887, p. 183.

[160] *Proc. Zool. Soc.* 1876, p. 443.

[161] *Proc. Zool. Soc.* 1894, p. 329. Voir également le document de M. Selous dans *Proc. Zool. Soc.* 1881, p. 275.

[162] PL Sclater , *Proc. Zool. Soc.* 1893, p. 514.

[163] Tout récemment, cependant, une espèce, *A. incisivum* , conservée à Darmstadt, a été découverte par le professeur Osborn comme possédant une légère rugosité sur les os frontaux, ce qui indique probablement la présence d'une corne rudimentaire, et le même auteur est apparemment enclin à placer dans *Aceratherium* les *Teleoceras à cornes* (voir p. 261).

[164] Osborn, *Bull. Amer. Mus. Nat. Hist.* X. 1898, p. 51.

[165] Voir Osborn, *Mem. Mus américain. Nat. Hist.* vol. je . point. iii. 1898.

[166] Scott, dans Gegenbaur *Festschrift* , ii. 1896, p. 351.

[167] Des restes du genre ont été rencontrés dans les Balkans.

[168] Voir notamment Osborn et Wortman, *Bull. Amér. Mus. Nat. Hist.* vii. 1895, p. 333, et Osborn, *ibid.* viii. 1896, p. 157.

[169] Voir Osborn, *Bull. Amer. Mus. Nat. Hist.* vii. 1895, p. 82.

[170] *N. Acta Acad. Caès . Léop . Voiture.* xxvii. 1885, p. 238.

[171] Voir Bateson, *Materials for the Study of Variation* , Londres, 1894, p. 387.

[172] Voir cependant p. 196 , pour une discussion sur *l'* arrangement le plus primitif.

[173] *Le Titanotherium* (voir p. 266) est exceptionnel.

[174] Des os d' *hippopotame* indiquent cependant la présence très récente de cet animal à Madagascar.

[175] «Sur l'hippopotame pygmée du Libéria», *Proc. Zool. Soc.* 1887, p. 612.

[176] Tomes, *Proc. Zool. Soc.* 1850, p. 160.

[177] Il existe cependant un doute sur les premières prémolaires.

[178] Le Dr Garson a étudié son anatomie, *Proc. Zool. Soc.* 1883, p. 413, et déclare que ses différences avec *Sus* sont « sans importance et peu nombreuses ».

[179] « Sur les espèces de *Potamochoerus* », *Proc. Zool. Soc.* 1897, p. 359.

[180] Marsh, *Amer. Journaux . Sci.* xlvii. 1894, p. 407.

[181] Osborn, *Bull. Amér. Mus. Nat. Hist.* vii. 1895, p. 102.

[182] Marsh, *Amer. Journaux . Sci.* xlviii. 1894, p. 262.

[183] Pour la structure de *Tragulus* , voir Milne-Edwards, *Ann. Sci. Nat.* (5) ii. 1864, p. 49.

[184] Marsh, *Amer. Journaux . Sci.* 1897, p. 165.

[185] C'est la robe d'hiver. En été, les deux chameaux perdent leurs longs poils rêches.

[186] Voir Wortman, *Bull. Amér. Mus. Nat. Hist.* X. 1898, p. 93.

[187] «Ostéologie du *Poebrotherium* », *Journ . Morph.* v.1891, p. 1.

[188] A moins que *Protoceras* (voir p. 284) ne soit muni de cornes.

[189] Sir Victor Brooke, « Sur la classification des cervidés », *Proc. Zool. Soc.* 1878, p. 883.

[190] Il a été occasionnellement enregistré chez un Axis Deer et chez une autre espèce, *Cariacus sourcilier* .

[191] Ce n'est pas tout le monde qui admet tant de genres. Je suis Sir Victor Brooke.

[192] Garrod, "Sur le cerf chinois nommé *Lophotragus michianus* par M. Swinhoe , " *Proc. Zool. Soc.* 1876, p. 757.

[193] *Proc. Zool. Soc.* 1877, p. 789.

[194] *Proc. Zool. Soc.* 1882, p. 636.

·[195] Sir W. Flower "Sur la structure et les affinités du cerf porte-musc (*Moschus moschiferus*)", *Proc. Zool. Soc.* 1875, p. 159 ; Garrod, *loc. cit.* 1877, p. 287 ; et F. Jeffrey Bell, *Proc. Zool. Soc.* 1876, p. 182.

[196] Pour les viscères, voir Garrod, *Proc. Zool. Soc.* 1877, p. 5, etc. ; et *ibid.* p. 289, etc.

[197] *Proc. Zool. Soc.* 1897, p. 273.

[198] *Les bêtes sauvages et leurs mœurs* , 1890, p. 151.

[199] Voir aussi Sclater , *Proc. Zool. Soc.* , 1901, II. p. 3.

[200] Forsyth Major. *Proc. Zool. Soc.* 1891, p. 315.

[201] « Sur la chute des cornes chez le Prongbuck », voir Bartlett, *Proc. Zool. Soc.* 1865, p. 718 ; Canfield, *ibid.* 1866, p. 105 ; Murie , *ibid.* 1870, p. 334 ; et Forbes, *ibid.* 1880, p. 540.

[202] La distinction entre les deux familles a été qualifiée de « fantaisiste ». On peut admettre que ce n'est pas génial.

[203] *Le Livre des Antilopes* , Londres, Porter, 1894-1900.

[204] Ils sont hétérosexuels chez les jeunes.

[205] WL Sclater , *La faune d'Afrique du Sud, Mammifères, i* . 1900.

[206] Il a malheureusement été découvert que *Taurotragus oryx* était le nom correct de l'Eland.

[207] AD Bartlett, "Sur certains bovins hybrides élevés dans les jardins de la Société", *Proc. Zool. Soc.* 1884, p. 399.

[208] Voir *Proc. Zool. Soc.* 1890, p. 592.

[209] *Proc. Zool. Soc.* 1899, p. 64.

[210] *Proc. Zool. Soc.* 1900, p. 142.

[211] Le nom *Trigonolestes* doit être substitué à *Pantolestes* .

[212] *Trans. Phil américain. Soc.* XVIII. 1896, p. 125.

[213] Pour une ostéologie complète, voir Wortman, *Bull. Amér. Mus. Nat. Hist.* vii. 1895, p. 145.

[214] Dans *Halicore* ; probablement aussi à *Manatus* . Voir Turner, *Trad. Roy. Soc. Edinb* . xxxv. 1889, p. 641.

[215] Kükenthal a découvert une épaisse couche de poils rudimentaires chez le fœtus du Lamantin, démontrant ainsi qu'il est le descendant d'un animal à fourrure comme le Phoque.

[216] «Sur le lamantin», en *Trans. Zool. Soc.* vol. viii. 1872, p. 127.

[217] Hartlaub , " Beiträge zur Kenntnis der Manatus- Arten ," *Zool. Jahrb* . 1886, p. 1.

[218] Beddard , "Notes sur l'anatomie d'un lamantin (*Manatus inunguis*)", *Proc. Zool. Soc.* 1897, p. 47.

[219] Voir Kükenthal dans " Zoolog . Forschungen " de Semon , *Denkschr* . *Jen.* 1897 ; Langkavel , "Der Dugong", *Zool. Garten* , 1896, p. 337.

[220] *Proc. Zool. Soc.* 1892, p. 77.

[221] Voir van Beneden et Gervais, *Ostéographie des Cétacés* ; et pour un compte rendu plus général Beddard , *A Book of Whales* , Londres, Murray, 1900.

[222] *Vergleichend-anatomische Untersuchungen an Walthiere* , Iéna, 1889-93.

[223] "Et à ses branchies aspire, et à sa trompe jaillit, une mer", a écrit Milton, et pense à bien d'autres.

[224] Celles-ci ont été enregistrées par le professeur Howes dans le Marsouin.

[225] Pour plus de détails et de littérature, voir Jungklaus ; *Jen. Zeitschr* . xxxii. 1898, p. 1.

[226] Dans *Proc. Zool. Soc.* 1886, p. 243.

[227] Perrin, "Notes sur l'anatomie de *B. rostrata* ", *Proc. Zool. Soc.* 1870, p. 805.

[228] von Haast , "Notes sur un squelette de *Balaenoptera australis* ", *Proc. Zool. Soc.* 1883, p. 592.

[229] *Ostéographie des Cétacés* , Paris, 1880, p. 130.

[230] *Mammifères marins de la côte nord-ouest de l'Amérique du Nord* , 1874.

[231] Cf. Arnaque, *local. cit.*

[232] Le nom prioritaire semble être *glacialis* .

[233] *Proc. Zool. Soc.* 1881, p. 969.

[234] *Actes Linn. Soc. Bordeaux* , 1881.

[235] Pour l'ostéologie, voir Hector, *Trans. Nouveau zèle. Inst.* vii. 1876, p. 251 ; et Beddard , *Trans. Zool. Soc.* XV. 1901, p. 87.

[236] *Journaux . de l'Anat .* xxvi. 1890, p. 270.

[237] *La Croisière du Cachalot* , Londres, 1900.

[238] Voir Pouchet , « Contribution à l'histoire du spermaceti », *Bergens Museums Aarbog pour 1893* , n° I.

[239] Yule, *Voyages de Marco Polo* , ii. Londres, 1874, p. 231.

[240] Voir Flower, *Trans. Zool. Soc.* viii. 1872, p. 203.

[241] *Bihang Suède . Akad . Manipuler .* viii. 1883.

[242] Fleur, *Trans. Zool. Soc.* X. 1878, p. 415 ; et HO Forbes, *Proc. Zool. Soc.* 1893, p. 216.

[243] *Trans. Zool. Soc.* XII. 1889, p. 241.

[244] *Anne. Sci. Nat.* (7), xiii. 1892, p. 259.

[245] *Proc. Zool. Soc.* 1882, pages 722, 726.

[246] *Taureau. Nat. Mus.* N° 36, 1889, p. 7.

[247] Voir un essai sur la chasse de cette baleine, par SHC Müller, dans *Fish and Fisheries* , Edinburgh (Blackwood), 1883.

[248] Grampus étant une contraction de *grand poisson* est un nom évident à appliquer à n'importe quelle baleine.

[249] Voir *Actes Soc. Linn. Bordeaux* , 1881 ; et pour une autre figure, également colorée , Fleur, en *Trans. Zool. Soc.* XI. 1880, pl. je .

[250] *Taureau. Nat. Mus.* N° 36, 1889.

[251] *Zool. Jahrb . Système. Theil* , vi. 1892, p. 442.

[252] *Recherches anatomiques Yunnan Exp.* 1878, p. 417.

[253] *Fleur, Trans. Zool. Soc.* vi. 1867, p. 106 ; et Burmeister, *Proc. Zool. Soc.* 1867, p. 484.

[254] *Proc. Zool. Soc.* 1892, p. 558.

[255] Thompson, *Études Mus. Dundee* , je . 1890 ; et *CR Congrès de Zoologie* , 1889, p. 225.

[256] Lydekker , *Proc. Zool. Soc.* 1892, p. 560.

[257] Pour un compte rendu général de l'ostéologie, voir Flower, *Proc. Zool. Soc.* 1869, p. 4 ; et pour l'anatomie musculaire, Windle et Parsons, *Proc. Zool. Soc.* 1897, p. 370, et 1898, p. 152.

[258] Voir St. G. Mivart « Sur les Aeluroidea », *Proc. Zool. Soc.* 1882, p. 135 : et *The Cat* , Londres, J. Murray, 1881.

[259] « Sur les pupilles des félidés », *Proc. Zool. Soc.* 1894, p. 481.

[260] « Observations... sur l'œil du phoque », *Proc. Zool. Soc.* 1893, p. 719.

[261] Il est à noter que chez le Tigre, certaines rayures ont des centres pâles et ressemblent donc à des taches arrachées, tandis qu'il y a aussi de petites taches noires.

[262] *Sciences naturelles* , vi. 1895, p. 89.

[263] Pour un compte rendu de ceci et d'autres mammifères présents en Amérique centrale, voir Alston dans MM. Godman et Salvin's *Biologie Centrali -Americana* , 1879-1882.

[264] Mais M. Belt dit que le « Tigre » n'attaque jamais l'homme à moins qu'il ne soit provoqué.

[265] Voir E. Hamilton, *The Wild Cat of Europe* , Londres, Porter, 1896 ; et MG Watkins, *Gleanings from the Natural History of the Ancients* , Londres, Elliot Stock, 1896.

[266] La rétractilité est la plus marquée chez les Linsang.

[267] Béddard dans *Proc. Zool. Soc.* 1895, p. 430.

[268] Là où il a probablement été introduit.

[269] *Proc. Zool. Soc.* 1873, p. 196.

[270] Fleur, *Proc. Zool. Soc.* 1872, p. 683.

[271] Voir aussi vol. viii. p. 591.

[272] Le nom original était *Rhinogale* .

[273] Il a été récemment affirmé qu'il s'agissait d'une anomalie.

[274] Pour l'anatomie des Hyènes, voir Morrison Watson dans *Proc. Zool. Soc.* 1877, p. 369 ; 1878, p. 416 ; et 1879, p. 79.

[275] Fleur, *Proc. Zool. Soc.* 1869, p. 457.

[276] Pour un compte rendu général des Canidae, voir Mivart , *A Monograph of the Canidae* , Londres, 1890.

[277] Fleur, *Proc. Zool. Soc.* 1879, p. 766.

[278] *Proc. Zool. Soc.* 1880, p. 70.

[279] La relation entre les Canidae et les Procyonidae ne doit pas être perdue de vue en considérant ce point de ressemblance extérieure.

[280] *Taureau. Amer. Mus. Nat. Hist.* XII. 1900, p. 109.

[281] *Proc. Zool. Soc.* 1890, p. 98.

[282] Temminck , son descripteur original, l'a placé dans le genre *Hyaena* .

[283] Voir Garrod, *Proc. Zool. Soc.* 1878, p. 373.

[284] *Proc. Zool. Soc.* 1899, p. 533.

[285] Voir Beddard , *Proc. Zool. Soc.* 1900, p. 661, pour l'anatomie.

[286] Béddard , *Proc. Zool. Soc.* 1898, p. 129.

[287] Il est curieux que le nom indigène de la créature soit "Pottos" (cf. bien sûr *Potto*) ; et en effet le nom générique *Potos* semble avoir la priorité sur *Cercoleptes* .

[288] « *Narica* » s'écrit généralement d'après Linné. Mais il s'agissait, selon M. Alston, probablement d'une erreur de la part de *Nasica* .

[289] *Proc. Zool. Soc.* 1870, p. 752.

[290] Voir Wortman, *Bull. Amer. Mus. Nat. Hist.* vi. 1894, p. 229.

[291] Comme petit point de ressemblance entre ce mustélidé et les Procyonidae, on peut mentionner les couleurs du visage. *M. anakuma* ressemble particulièrement au raton laveur.

[292] Voir *Trad. Zool. Soc.* ii. 1841, p. 201.

[293] *Proc. Zool. Soc.* 1894, p. 306.

[294] J'en ai trouvé quinze.

[295] *Anne. Nat. Hist.* (6) xiii. 1893, p. 522.

[296] Voir Matschie , *SB. Ges . Naturf. Berlin* , 1895, p. 171.

[297] *Proc. Zool. Soc.* 1879, p. 305.

[298] Lydekker , "Note sur la structure et les habitudes de la loutre de mer (*Latax lutris*)", *Proc. Zool. Soc.* 1895, p. 421 ; et *ibid.* 1896, p. 235.

[299] Voir un article de M. Lydekker dans *Knowledge* , avril 1898, dont plusieurs des faits ci-dessus sont tirés.

[300] « Notes préliminaires sur les caractères et la synonymie des différentes espèces de loutres », *Proc. Zool. Soc.* 1889, p. 190.

[301] Même apparemment chez la même espèce.

[302] Le nombre de prémolaires est réduit chez l'ours polaire.

[303] « L'Ours Bleu du Thibet », etc., *Proc. Zool. Soc.* 1897, p. 412.

[304] *Nov. _ Cambre. Mus.* vii. 1872, *Bull.* p. 92 ; et *Recherches pour servir à l'histoire naturelle des Mammifères* , 1868-1874, p. 321. Ce genre a été tout récemment (Lankester , *Trans. Linn. Soc.* viii. 1901, p. 163) définitivement référé aux Procyonidae.

[305] Pour les genres de Pinnipedia , voir Mivart , *Proc. Zool. Soc.* 1885, p. 484.

[306] Murie , *Trans. Zool. Soc.* viii. 1874, p. 501.

[307] *Taureau. Amer. Mus. Nat. Hist.* vi. 1894, p. 129.

[308] P. 456 ci-dessous.

[309] Voir notamment Allen, *North American Pinnipedes* , 1880.

[310] Murie , *Trans. Zool. Soc.* vii. 1894, p. 411.

[311] Cf. le Dugong, p. 336 .

[312] Kükenthal , *Jen. Zeitschr* . xxviii. 1894, p. 76.

[313] Cunningham, « Dimorphisme sexuel dans le règne animal », Londres, 1900 ; voir aussi Flower, *Proc. Zool. Soc.* 1881, p. 145.

[314] *Journaux . Ac. Sci. Philadelphie* , ix. 1886, p. 175.

[315] Voir notamment Tullberg , « Ueber das System der Nagethiere », *Act. Ak. Upsala* , 1899 ; et Alston, *Proc. Zool. Soc.* 1875, p. 61 ; et pour la nomenclature, Thomas, *Proc. Zool. Soc.* 1896, p. 1012 ; et Palmer, *Proc. Biol. Soc. Washington* ; XI. 1897, p. 241.

[316] *Proc. Zool. Soc.* 1884, p. 252.

[317] *Phil. Trans.* 1850, partie. ii. p. 529.

[318] Vu cependant dans *Chaetomys* .

[319] Voir Beddard , *Proc. Zool. Soc.* 1892, p. 596, et Gervais, *Journ . Zool.* je . 1872, p. 450.

[320] « Observations sur le genre *Anomalurus* », *Nouv . Cambre. Mus.* (2), vi. 1883, p. 277.

[321] « Sur les habitudes des écureuils volants du genre *Anomalurus* », *Proc. Zool. Soc.* 1894, p. 243.

[322] WE de Winton, "Sur un nouveau genre et espèce de rongeurs", etc., *Proc. Zool. Soc.* 1898, p. 450. Apparemment, juste au moment de la publication de cet article, Matschie décrivait le même animal que *Zenkerella* .

[323] *Proc. Zool. Soc.* 1893, p. 179.

[324] Fleur et Lydekker .

[325] Thomas, *J. Asiat . Soc. Bengale* , lvii. 1888, p. 256.

[326] ET Newton, *Trans. Zool. Soc.* XIII. 1892, p. 165 .

[327] *Proc. Zool. Soc.* 1896, p. 1016.

[328] Reuvens , "Die Myoxidae ou Schläfer ", Leyden, 1890, n'autorise qu'un seul genre, *Myoxus* , les autres genres adoptés ici étant appelés sous-genres.

[329] A quoi on pourrait peut-être en ajouter une sixième, la "Souris à cou jaune", *Mus flavicollis* .

[330] Pour l'anatomie, voir Windle, *Proc. Zool. Soc.* 1887, p. 53.

[331] *Proc. Zool. Soc.* 1889, p. 247.

[332] *Trans. Zool. Soc.* XIV. 1898, p. 377.

[333] *Nov. _ Cambre. Mus.* iii. 1867, p. 81.

[334] *Histoire naturelle populaire des animaux* , Londres, 1898.

[335] *Proc. Zool. Soc.* 1863, p. 95.

[336] Voir O. Thomas, « Sur certains mammifères du centre du Pérou », *Proc. Zool. Soc.* 1893, p. 333.

[337] « Notes sur le genre de rongeurs *Heterocephalus* », *Proc. Zool. Soc.* 1885, p. 845.

[338] *Proc. Zool. Soc.* 1885, p. 611.

[339] *Proc. Zool. Soc.* 1890, p. 610.

[340] Parsons, *Proc. Zool. Soc.* 1898, p. 858.

[341] Très probablement cette forme devrait plutôt être, comme c'est le cas par Thomas, référée au quartier de *Pectinator* , ce qui éclaircirait l'anomalie géographique.

[342] *Remarques Leyd . Mus.* 1891, p. 105.

[343] Günther, *Proc. Zool. Soc.* 1879, p. 144.

[344] *Proc. Zool. Soc.* 1873, p. 786.

[345] *Loc. cit.* (à la p. 458), p. 123.

[346] *Proc. Zool. Soc.* 1892, p. 520.

[347] Voir Dobson, *Proc. Zool. Soc.* 1884, p. 233.

[348] Peters, *trad. Zool. Soc.* vii. 1871, p. 397.

[349] « Notes de terrain sur les mammifères de l'Uruguay », *Proc. Zool. Soc.* 1894, p. 297.

[350] Béddard , *Proc. Zool. Soc.* 1891, p. 236.

[351] Tullberg déclare que ceux-ci sont absents. Je les ai trouvés, mais ce sont de très petits os, ne dépassant pas un demi-pouce de long.

[352] Il y a un faible développement de ces crêtes, mais derrière les foramens palatins chez *Dasyprocta aguti* .

[353] *Proc. Zool. Soc.* 1885, p. 161.

[354] Ou absent ?

[355] *Dans la forêt guyanaise* , Londres, 1894.

[356] *Mo. Ak. Berlin* , 1873, p. 551.

[357] Un compte rendu des trois genres se trouve dans *Trans. Zool. Soc.* je , 1833, p. 35, par MET Bennett.

[358] Hudson, « Sur les habitudes de Vizcacha », *Proc. Zool. Soc.* 1872, p. 822.

[359] *Proc. Zool. Soc.* 1894, p. 251, 680.

[360] *Nat. Sciences* , vi. 1895, p. 94.

[361] Voir Parsons. *Proc. Zool. Soc.* 1894, p. 675.

[362] Günther, *Proc. Zool. Soc.* 1876, p. 739, et 1889, p. 75 ; et Cederblom , *Zool. Jahrb . Système. Abth* . XI. 1897-98, p. 497.

[363] *Proc. Zool. Soc.* 1881, p. 624.

[364] *Proc. Biol. Soc. Washington* , x. 1896, p. 169.

[365] Voir notamment Dobson, *A Monograph of the Insectivora* , Londres, 1886-90.

[366] Même chez le *Potamogale* ressemblant à une loutre, la mâchoire supérieure, bien que large et plate, fait saillie considérablement au-delà de la mâchoire inférieure.

[367] " Bemerkungen über die Genealogie der Erinaceen ." In *Festschrift f. Liljeborg* , 1896. Voir aussi Anderson, *Trans. Zool. Soc.* viii. 1874, p. 453.

[368] Dobson, "Notes sur l'anatomie des Erinaceidae ", *Proc. Zool. Soc.* 1881, p. 389.

[369] Voir *Sciences naturelles* , xiii. 1898, p. 156.

[370] *Manuel d'Hist . Nat.* Trad. français. par Artaud, 1803.

[371] « Notes sur l'anatomie viscérale des Tupaia de Birmanie », *Proc. Zool. Soc.* 1879, p. 301.

[372] *Proc. Zool. Soc.* 1848, p. 23.

[373] Je cite Woodward, *Proc. Zool. Soc.* 1896, pour cette dentition. La quatrième molaire de la mâchoire inférieure n'est pas toujours présente. Il arrive tard, et seuls les *vieux* animaux le possèdent.

[374] Mivart dans *Proc. Zool. Soc.* 1871, p. 58.

[375] Thomas, *Proc. Zool. Soc.* 1892, p. 500.

[376] Allman déclare que les canines sont absentes. Je suis Flower et Lydekker .

[377] Voir Allman dans *Trans. Zool. Soc.* vi. 1869, p. 1.

[378] Le nom générique de *Chalcochloris* a été proposé par le Dr Mivart pour ces substances.

[379] Voir Peters, *Reise ensuite Mosambique* , 1852, pour les caractères extérieurs et l'anatomie.

[380] « Mammifères collectés par le Dr Emin Pacha », dans *Proc. Zool. Soc.* 1890, p. 446.

[381] Ritsema Bos, *Biol. Centralbl* . XVIII. 1898, p. 63.

[382] "Un résumé des genres de la famille des Soricidae ", *Proc. Zool. Soc.* 1890, p. 49.

[383] Leche, " Über Galéopithèque ," *K. Svensk . Ak. Handl* . 1886.

[384] Voir Dobson, *Ann. Nat. Hist.* (5) XIV. 1884, p. 153.

[385] Dobson, *Proc. Zool. Soc.* 1875, p. 370.

[386] *Ibid.* p. 381.

[387] Dobson, *Proc. Zool. Soc.* 1875, p. 546.

[388] *Ibid.* 1876, p. 701.

[389] Pour un compte rendu général des Primates, voir Forbes dans *Allen's Naturalists' Library* , Londres, 1894.

[390] Voir les documents du Dr Mivart dans *Proc. Zool. Soc.* 1864, -65, -66, -67 et -73 pour l'ostéologie et les dents.

[391] Murie et Mivart , *Trans. Zool. Soc.* vii. 1869, p. 1.

[392] *Trans. Zool. Soc.* v.1863, p. 103.

[393] *Hist. Nat. de Madagascar, Mamm* . 1875.

[394] *Proc. Zool. Soc.* 1895, p. 142.

[395] *Trans. Zool. Soc.* v.1863, p. 33.

[396] *Très bien . Ak. Amsterdam* , XXVI. 1890, art. 2.

[397] "Sur quelques points de la structure d' *Hapalemur griseus* " *Proc. Zool. Soc.* 1884, p. 301.

[398] Béddard , *Proc. Zool. Soc.* 1900, p. 661.

[399] Sur les glandes des bras des lémuriens, *Proc. Zool. Soc.* 1887, p. 369.

[400] Donc, au moins, la formule a été donnée; mais il est très possible que la prétendue deuxième incisive soit en réalité, à en juger par les autres Lémuriens, une canine.

[401] Les Malgaches, cependant, doivent avoir une définition vague, ou leurs interprètes ne sont pas bien ancrés dans les rudiments de la langue ; car Sonnerat précise qu'Indri signifie « homme des bois ».

[402] Syn. *Microrhynchus* .

[403] Béddard , *Proc. Zool. Soc.* 1884, p. 391, et 1891, p. 449 ; et Jentink, *note Leyd . Mus.* 1885, p. 33.

[404] *Proc. Zool. Soc.* 1899, p. 554.

[405] *Histoire naturelle royale* , Londres, 1894, p. 211.

[406] Voir *Novits Zoologiques* , vol. je . 1894, p. 2.

[407] *Proc. Zool. Soc.* 1900, p. 321.

[408] « Sur l'Angwantibo », *Proc. Zool. Soc.* 1864, p. 314.

[409] *Très bien . Ak. Amsterdam* , XXVI. 1890.

[410] *Proc. Zool. Soc.* 1882, p. 639 ; voir également le révérend GA Shaw, *Proc. Zool. Soc.* 1883, p. 44, 2e art.

[411] Pour un aperçu de la position de *Tarsius* , voir Earle, *Amer. Naturaliste* , xxxi. 1897, p. 569 ; et *Nat. Sciences* , x. 1897, p. 309.

[412] Voir Schlosser, *Beiträge Pal. Osterr . Suspendu.* 1888 ; aussi Osborn et Earle, *Bull. Amer. Mus. Nat. Hist.* vii. 1895, p. 16.

[413] *Proc. Zool. Soc.* 1899, p. 987.

[414] *Phil. Trans.* clxxxv. B, 1894, p. 15.

[415] Il semble possible que ce grand lémurien ait existé aussi tard qu'en 1658, lorsqu'une créature pouvant y répondre a été décrite par de Flacourt .

[416] "Notes sur *Callithrix gigot* ", *Proc. Zool. Soc.* 1884, p. 6.

[417] Forbes, *Proc. Zool. Soc.* 1880, p. 639.

[418] "Sur un nouveau singe africain du genre *Cercopithecus* , avec une liste des espèces connues", *Proc. Zool. Soc.* 1893, p. 243 ; voir aussi p. 441 .

[419] *Proc. Zool. Soc.* 1879, p. 451.

[420] Voir les livres cités p. 576 (note de bas de page).

[421] Ce n'est pas ainsi que tout le monde le considère.

[422] *Proc. Zool. Soc.* 1899, p. 296.

[423] Pour des récits sur les habitudes du gorille, compilés à partir de diverses sources, voir « Anthropoid Apes » de Hartmann, *International Scient. Ser.* Londres, 1885 ; HO Forbes, "Monkeys", dans Allen's *Naturalists' Series* , Londres, 1894 ; et Huxley, « La place de l'homme dans la nature », vol. vii. of *Collected Essays* , Londres, 1894.

[424] « La place de l'homme dans la nature », vol. vii. of *Collected Essays* , Londres, 1894.

[425] « Anthropoid Apes » de Hartmann, dans *International Sci. Ser.* Londres, 1885.

[426] *Nov. _ Cambre. Mus. Hist. Nat.* Paris, II. 1866.

[427] *Proc. Zool. Soc.* 1899, p. 296.

[428] Voir aussi Duckworth, *Proc. Zool. Soc.* 1898, p. 989.

[429] Pour la structure de ce singe, voir Beddard , *Trans. Zool. Soc.* XIII. 1893, p. 177 ; et pour les expériences sur son intelligence, Romanes, *Proc. Zool. Soc.* 1889, p. 316.

[430] Pour l'apparence extérieure de l'Orang, voir Hermes, *Zeitschr . F. Ethn .* 1876, un journal comportant des planches colorées .

[431] *Pithécanthropus erectus. Un homme menschenähnliche Forme d'Uebergangsform aus Java* , Batavia, 1894. Voir aussi Ernst Haeckel, *The Last Link* (avec notes de

H. Gadow), Londres, 1898 ; Manouvrier , *Amer. Journaux . Sci.* 1897, p. 213 (extraits) ; et Klaatsch , *Zoolog . Centralbl .* vi. 1899, p. 217.

[432] Voir notamment Wiedersheim , *La Structure de l'Homme* , trad. par Howes, Londres, 1895.

[433] Cunningham, « Mémoires de Cunningham », n° II. *Acad royale irlandaise.* 1886.